InDesign CC
设计与排版实用教程

韩绍强 / 编著

电子工业出版社
Publishing House of Electronics Industry
北京·BEIJING

内容简介

本书系统讲解了如何使用 InDesign 设计和制作图书、杂志等。本书以软件操作为主,兼顾书刊设计和排版规范、印刷要求,并且包含了电子书的制作知识;示例典型、全面,技巧实用;内容分为基本、通用、高端 3 个层次,便于读者分清轻重缓急,做到有的放矢地学习;附录中列有图书和杂志的设计参数、字体样式、操作速查表、正则表达式等,便于读者查询和选用。

本书适合作为美术编辑、排版设计人员的学习参考用书,也适合作为大中专院校和培训机构平面设计、视觉传达、印刷等专业的教材。

本书附赠讲解视频、示例素材、标点挤压设置等丰富资源。

未经许可,不得以任何方式复制或抄袭本书之部分或全部内容。
版权所有,侵权必究。

图书在版编目(CIP)数据

InDesign CC 设计与排版实用教程 / 韩绍强编著 .—北京:电子工业出版社,2020.4
ISBN 978-7-121-37998-7

Ⅰ . ①I… Ⅱ . ①韩… Ⅲ . ①电子排版 - 应用软件 - 教材 Ⅳ . ① TS803.23

中国版本图书馆 CIP 数据核字(2019)第 263913 号

责任编辑:牛 勇　　　　特约编辑:田学清
印　　刷:北京盛通数码印刷有限公司
装　　订:北京盛通数码印刷有限公司
出版发行:电子工业出版社
　　　　　北京市海淀区万寿路173信箱　　　　邮编:100036
开　　本:787×1092　1/16　　印张:32.25　　字数:867千字
版　　次:2020年4月第1版
印　　次:2025年7月第10次印刷
定　　价:108.00元

凡所购买电子工业出版社图书有缺损问题,请向购买书店调换。若书店售缺,请与本社发行部联系,联系及邮购电话:(010)88254888,88258888
质量投诉请发邮件至zlts@phei.com.cn,盗版侵权举报请发邮件至dbqq@phei.com.cn。
本书咨询联系方式:010-51260888-819,faq@phei.com.cn。

前　　言

本书系统讲解了如何使用 InDesign 设计和制作图书、杂志等，内容全面且实用：软件操作讲解、书刊设计知识兼备，基础内容、高级内容兼备，传统印刷、电子出版相关知识兼备。为了提高实用性，本书在内容和结构方面具有下述特点。

■ 示例

通过典型示例讲解操作方法，学以致用。经过多方面搜集，笔者尽可能地把实际操作中的常见问题都列举出来，使读者在将来的工作中做到胸有成竹！

■ 易错点

笔者结合当初自己学习 InDesign 的情景讲述了学习中容易产生困惑并出错的部分，希望读者能从中有所收获。

■ 排版规范

笔者根据多年来的学习和实践经验总结出了易于操作的排版规范，并将其整理成表。希望这些格式参数、行业惯例可以帮助读者制作出更专业的作品。

■ 印刷要求

由于超出设备能力的设计方案无法实现，为避免出现此类错误，本书穿插介绍了印刷要求及一些设计时的注意事项。

■ 分类

本书将内容按实际需求进行了分类，便于读者分清轻重缓急，加快进度并节约时间。

类　　别	适用人群	内容特点	分类标志[①]
立刻上手，完成简单工作	初学者	基本	■
中规中矩，完成平常工作	有初步基础者	通用	（无）
锦上添花，完成复杂工作	有相当经验者	高端	▲

注：① 分类标志在标题旁和奇数页的页码旁。通过查看页面右上角就可以快速判断当前翻开的页面里是否有"基本"和"高端"的内容。

- 零基础、任务急、需要立刻实际应用的读者，适宜学习"基本"部分的内容；
- 零基础、有时间学习、希望全面掌握的读者，适宜学习"基本"和"通用"部分的内容；
- 有一定基础、希望继续进阶的读者，适宜重点关注"通用"部分的内容；
- 有相当基础、希望攀登"高精尖"的读者，适宜重点关注"高端"部分的内容。

■ 本书约定

在本书的软件操作讲解文字中，对于有文字标识的菜单、按钮、选框等，为其名称添加了"【　】"，例如【文件】菜单、【确定】按钮、【启用段落线】选框；对于没有文字标识的图标（光标停留在其上面时，会显示文字说明），为其名称添加了"[　]"，例如，[钢笔工具] 图标、[两端对齐] 图标；对于对话框名称，使用双引号标注，例如，"文本框架选项"对话框。

为了叙述简单明了，并且在有限的篇幅里承载更大的信息量，本书采用下面右侧所示的描述方式，其含义等价于左侧文字。

文本对齐网格：	文本对齐网格：
选中文本框，单击【对象】菜单，单击【文本框架选项】子菜单，打开"文本框架选项"对话框，单击【基线选项】选项卡，勾选【使用自定基线网格】选框。	选中文本框，【对象】→【文本框架选项】，【基线选项】，勾选【使用自定基线网格】。

打开【字符样式】面板，右击"下画线"字符样式，在弹出的快捷菜单中选择【编辑下画线】命令，打开"字符样式选项"对话框。	打开【字符样式】面板，右击"下画线"字符样式→【编辑下画线】，打开"字符样式选项"对话框。

本书附录列举了图书和杂志的设计参数、字体样式、操作速查表、正则表达式等，便于读者查询和选用。本书附赠讲解视频、示例素材、标点挤压设置等资源。

本书的演示环境为 InDesign CC，对于不同的 InDesign 版本来说，其操作基本相同，只是高版本的 InDesign 会比低版本的 InDesign 多一些功能。

本书使用的方正字体由方正电子免费授权。

【读者服务】

微信扫码回复：37998

- 获取本书配套资源
- 获取各种共享文档、线上直播、技术分享等免费资源
- 加入本书读者交流群，与更多读者互动
- 获取博文视点学院在线课程、电子书20元代金券

目　　录

第 1 章　概述
1.1　软件、流程 ···2
　1.1.1　软件概况 ·····································2
　1.1.2　工作流程 ·····································3
1.2　图书、杂志概况 ·································4
　1.2.1　图书的结构 ·································4
　1.2.2　杂志的结构 ·································5
　1.2.3　装订方式 ·····································6
1.3　其他印刷相关知识 ···························7

第 2 章　工作界面
2.1　工作区 ··10
　2.1.1　软件界面 ···································10
　2.1.2　屏幕模式 ···································11
2.2　标尺参考线 ····································12

第 3 章　文档的创建与规划
3.1　页面 ···14
　3.1.1　对页、单页 ·······························14
　3.1.2　出血 ··14
　3.1.3　新建文档 ···································16
　案例 3-1：新建文档，制作画册 ········16
　案例 3-2：新建文档，制作图书 ········17
　案例 3-3：新建文档，制作二折页 ····18
　案例 3-4：新建文档，制作图书封面 ····19
　3.1.4　增加页面 ···································20
　3.1.5　移动、复制、删除页面 ············21
　3.1.6　远距离切换页面 ·······················21
　3.1.7　更改边距、分栏、页面尺寸 ····21
3.2　主页 ···22
　3.2.1　主页和页面 ·······························22
　3.2.2　创建、重命名主页 ···················23
　案例 3-5：制作图书第 1 章的书眉 ····23
　3.2.3　主页嵌套、编辑来自主页的内容 ····25
　案例 3-6：接上例，制作第 2 章、第 3 章的书眉 ····25
　3.2.4　应用主页 ···································27
　案例 3-7：图书页面应用各章的主页 ····27
　案例 3-8：分割主页里的跨页对象 ····28
3.3　页码 ···29
　3.3.1　设置页码 ···································29
　案例 3-9：设置画册的页码（1）······29
　案例 3-10：设置画册的页码（2）····31

　案例 3-11：设置图书的页码 ··············32
　3.3.2　特殊形式的页码 ·······················34
　案例 3-12：设置"06 / 07"形式的页码 ····34
3.4　图层 ···35
　3.4.1　图层面板 ···································35
　3.4.2　新建、应用图层 ·······················36
　案例 3-13：避免页码被遮挡 ··············36
　案例 3-14：一个文档两种版本 ··········37

第 4 章　排文
4.1　添加文本 ··40
　4.1.1　复制粘贴法 ·······························40
　案例 4-1：把 Word 文本排进 InDesign（1）····40
　4.1.2　置入法 ······································42
　案例 4-2：把 Word 文本排进 InDesign（2）····42
　4.1.3　巧用主页里的文本框 ················44
　案例 4-3：中英文对照，左页是中文，右页是英文 ····44
　案例 4-4：中英文对照，页面左侧是中文，
　　　　　　页面右侧是英文 ··············45
4.2　分页 ···46
　4.2.1　保持文本框串接 ·······················46
　案例 4-5：章标题另面起（1）··········46
　4.2.2　断开文本框串接 ·······················47
　案例 4-6：章标题另面起（2）··········47
4.3　文本与文本框 ·································48
　4.3.1　文本与框架的距离 ···················48
　案例 4-7：增大文本框内边距 ············48
　4.3.2　文本垂直对齐方式 ···················49
4.4　分栏 ···49
　4.4.1　文档设置法 ·······························50
　4.4.2　文本框设置法 ···························50
　案例 4-8：杂志分栏 ···························50
　4.4.3　手动摆放文本框法 ···················52
4.5　竖排 ···52
　4.5.1　文档设置法 ·······························52
　4.5.2　文章设置法 ·······························53
　案例 4-9：把文本改为竖排 ················53
　4.5.3　绘制竖排文本框法 ···················54
4.6　转行 ···54
　4.6.1　自动转行 ···································54
　4.6.2　强制转行 ···································54
　案例 4-10：长字符串手动转行 ··········54

4.6.3 强制不转行 ································· 55
4.6.4 分行缩排 ···································· 56
案例 4-11：制作简易的分式 ·············· 56
案例 4-12：制作简易的挂线表 ·············· 58
4.7 路径文字 ··· 60
4.7.1 创建路径文字 ···························· 60
4.7.2 横排、竖排、路径对齐、流动方向 ····· 60
案例 4-13：纠正路径文字的流动方向 ······ 61
4.7.3 文字的分布 ······························· 62
案例 4-14：文字沿圆周均匀分布 ··········· 62
4.7.4 文字的间距 ······························· 64
4.8 数据合并 ··· 65
4.8.1 每个页面一个记录 ······················ 65
案例 4-15：制作代表证 ····················· 65
4.8.2 每个页面多个记录 ······················ 70
案例 4-16：制作代表证（需要拼版）······ 70

第 5 章　字符

5.1 字体 ··· 74
5.1.1 安装字体 ··································· 74
5.1.2 使用字体 ··································· 74
5.2 复合字体 ··· 74
5.2.1 确认针对程序 / 文档 ····················· 74
5.2.2 字体搭配 ··································· 75
5.2.3 新建复合字体 ····························· 75
案例 5-1：方正新书宋、Times New Roman 组成
复合字体 ····················· 75
案例 5-2：竖排文本的标点排布 ············ 77
5.2.4 查看文档的字体信息 ···················· 79
5.3 字体大小、行距 ·································· 81
5.3.1 设置字号 ··································· 81
5.3.2 缩放框架 ··································· 81
5.3.3 缩放字符 ··································· 82
5.3.4 设置行距 ··································· 82
5.4 "活泼"排布 ······································ 83
5.4.1 旋转 ··· 83
5.4.2 倾斜 ··· 84
5.5 添加线条、色块 ·································· 85
5.5.1 下画线 ······································ 85
5.5.2 删除线 ······································ 85
5.5.3 着重号 ······································ 86
5.6 字间距 ·· 87
5.6.1 左侧增大空白 ····························· 87
5.6.2 右侧增大空白 ····························· 88
5.6.3 左侧和右侧缩小空白 ···················· 88
5.7 不同字数的文本 / 数字对齐 ···················· 89

5.7.1 网格指定格数 ····························· 89
案例 5-3：字数不等文本的首末对齐 ······· 89
5.7.2 数字空格 ··································· 90
5.8 调整垂直位置 ····································· 90
5.8.1 字符对齐方式 ····························· 90
5.8.2 基线偏移 ··································· 90
5.9 描边、填色 ·· 91
5.9.1 字符描边 ··································· 91
5.9.2 字符填色、字符的描边填色 ············ 92
案例 5-4：文字填充两种颜色 ··············· 93
5.10 字符样式 ·· 94
5.10.1 新建、修改、应用字符样式 ·········· 94
案例 5-5：设置填空题的答案 ··············· 94
案例 5-6：填空题隐藏答案 ·················· 97
案例 5-7：设置双行夹注 ····················· 98
5.10.2 字符样式的若干问题 ··················· 99

第 6 章　段落 I

6.1 基本格式 ··· 102
6.1.1 段首空两格 ······························· 102
6.1.2 对齐方式 ·································· 104
6.1.3 段前距、段后距 ························· 105
6.1.4 缩进 ·· 106
案例 6-1：制作悬挂缩进 ····················· 107
6.2 段落样式 ··· 108
6.2.1 新建、应用段落样式 ···················· 108
案例 6-2：设置正文、标题的文本格式 ···· 108
案例 6-3：设置文末的署名 ·················· 110
案例 6-4：设置条款文本的格式 ············ 112
6.2.2 修改段落样式 ····························· 114
案例 6-5：更改正文的字体 ·················· 114
6.2.3 段落样式的若干问题 ···················· 115
6.3 项目符号和编号 ·································· 116
6.3.1 项目符号 ·································· 116
案例 6-6：设置项目符号 ····················· 116
6.3.2 项目编号 ·································· 118
案例 6-7：设置项目编号 ····················· 118
案例 6-8：项目编号采用圈码形式 ·········· 119
案例 6-9：竖排文本，编号横排 ············ 120
案例 6-10：中英文间隔排列，共用编号 ···· 121
案例 6-11：指定某编号从头开始 ··········· 123
案例 6-12：项目多级编号 ···················· 124
6.3.3 标题的自动编号 ························· 125
6.4 特殊效果 ··· 126
6.4.1 段落线 ······································ 126
6.4.2 段落底纹 ·································· 127

案例 6-13：给段落添加底色	128
6.4.3 段落边框	130
案例 6-14：给段落添加边框	131
6.4.4 首字下沉	132
6.5 文字排版的要求	133
6.5.1 避头尾	133
6.5.2 单字不成行	134
6.5.3 单行不占面	134
6.5.4 防止背题	134
6.5.5 格式统一	134
6.5.6 行宽的讲究	134
6.5.7 文本块之间的对齐	135
案例 6-15：不同栏里的文本相互对齐	135
案例 6-16：使用框架网格创建文本	137
6.6 模仿样本的格式	139
6.6.1 使用扫描仪	139
6.6.2 获取格式信息	139

第 7 章 段落 II

7.1 制表符	142
7.1.1 分为两部分：左对齐、左对齐	142
案例 7-1：项目编号中使用制表符	142
案例 7-2：脚注中使用制表符	144
案例 7-3：人物对话中使用制表符（1）	146
7.1.2 分为两部分：左对齐、右对齐	147
案例 7-4：目录中使用制表符	147
7.1.3 分为两部分：右对齐、左对齐	149
案例 7-5：人物对话中使用制表符（2）	149
7.1.4 分为多部分：左对齐居多	151
案例 7-6：杂志版权页中使用制表符	151
案例 7-7：表单中使用制表符	154
7.2 标点挤压	156
7.2.1 基本规则	156
7.2.2 新建、修改、使用标点挤压设置	157
案例 7-8：减少冒号与引号等连续标点的间距	157
案例 7-9：解决避头尾后分号太靠近文字的问题	158
7.2.3 导入标点挤压设置	160
7.3 嵌套样式、GREP 样式	161
7.3.1 设置嵌套样式	161
案例 7-10：法律条款的编号设置成黑体	161
案例 7-11：项目编号后面的小标题设置成黑体	162
案例 7-12：在手工目录中上移前导符	164
案例 7-13：分为上下两行的标题使用不同的字体	165
案例 7-14：首字下沉的多个字符设置底色	166
案例 7-15：标题的编号设置底色	167
7.3.2 设置 GREP 样式	168

案例 7-16：括号内的文字设置成楷体	168
案例 7-17："P＜0.05"里的"P"变成斜体	170
案例 7-18：填空题末尾的答案设置成黑体	171
案例 7-19：缩小比号与数字的间距	173
案例 7-20：竖排文本的标点居中	174
案例 7-21：古文的标点移到外侧且不占位置	175
7.4 英文排版	176
7.4.1 选用书写器	176
7.4.2 设置语言	176
7.4.3 设置视觉边距对齐	177

第 8 章 查找与替换

8.1 查找与替换文本	180
8.1.1 GREP 查找替换	180
案例 8-1：条款后面的顿号换成全角空格	180
案例 8-2：在英文正文段首添加一个全角空格	182
案例 8-3：在选择题答案之间添加空格	184
案例 8-4：在序号、图名之间添加空格	185
案例 8-5：将选项卡、板块之前的引号换成实心方头括号	185
案例 8-6："步骤 1："改成"01"等	186
案例 8-7：中英文段落交替排列，把两者分离开	187
案例 8-8：文章末尾添加小图标	188
案例 8-9：应用段落样式	189
8.1.2 普通的查找与替换	190
8.2 查找与替换对象	192

第 9 章 图片

9.1 准备图片	194
9.1.1 图片来源	194
9.1.2 图片分辨率	194
9.1.3 颜色模式	196
9.2 置入图片、调整尺寸	196
9.2.1 作为新对象置入	196
9.2.2 替换现有的图片	197
案例 9-1：更换图片	197
9.2.3 置入已有的空框架	198
案例 9-2：批量置入相片，并添加姓名	198
9.3 框架与图片	200
9.3.1 选中框架、选中图片	200
9.3.2 剪裁图片	200
案例 9-3：设置胶装书刊的跨页图（1）	201
案例 9-4：设置胶装书刊的跨页图（2）	202
9.3.3 描边图片	203
案例 9-5：对图片添加白色描边	203
9.3.4 旋转图片	204

案例 9-6：制作"立"着的图片 ·················· 204
9.4 图片的链接与嵌入 ····························· 205
  9.4.1 图片置入文档的方式 ····················· 205
  9.4.2 浏览文中的图片 ··························· 205
  9.4.3 处理异常的图片 ··························· 206
9.5 导入 PSD、PDF、AI 文档 ·················· 206
  9.5.1 导入 PSD 文档 ····························· 207
  9.5.2 导入 PDF、AI 文档 ······················ 208
9.6 库 ··· 209
  案例 9-7：添加栏间线 ····························· 209
9.7 对象样式 ·· 210
  9.7.1 新建、应用对象样式 ····················· 210
  案例 9-8：设置"特别提示"文本框 ········· 210
  9.7.2 修改对象样式 ······························· 211
  案例 9-9：更改文本框的边框 ·················· 211
  9.7.3 对象样式的若干问题 ····················· 212

第 10 章 对象间的排布

10.1 堆叠、编组、锁定 ···························· 214
  10.1.1 堆叠 ·· 214
  案例 10-1：使文字的一部分隐藏在人像后面 ·········· 214
  10.1.2 编组 ·· 215
  10.1.3 锁定 ·· 215
10.2 对齐与分布 ······································· 216
  10.2.1 左侧、右侧、中心对齐 ················ 216
  案例 10-2：图标题与图居中对齐，整体在版心上居中 ········· 216
  案例 10-3：图片在栏里居中 ···················· 217
  10.2.2 间隙一致 ····································· 218
  案例 10-4：新增对象与现有对象保持现有的间隙 ······ 218
  案例 10-5：头尾文本框固定，中间的间隙相同 ········ 220
  案例 10-6：外侧图片与版心的间隙等于图片与图片的间隙 ······ 220
10.3 文本绕排 ·· 221
  10.3.1 常用的绕排类型 ·························· 221
  10.3.2 文字、图片的布局 ······················ 222
10.4 定位对象 ·· 223
  10.4.1 定位在行中 ································· 223
  案例 10-7：在字符之间添加小图标 ········· 223
  10.4.2 定位在行上 ································· 225
  案例 10-8：添加插图（1） ···················· 225
  案例 10-9：给标题添加底图 ···················· 226
  10.4.3 定位在其他地方 ·························· 228
  案例 10-10：在文本框左侧添加图片 ······· 228
  案例 10-11：添加边码 ···························· 229
  案例 10-12：添加插图（2） ··················· 231
  10.4.4 定位对象的若干问题 ··················· 232

第 11 章 颜色、特效

11.1 色板 ·· 234
  11.1.1 选用油墨 ····································· 234
  11.1.2 印刷色色板 ································· 234
  11.1.3 渐变色板 ····································· 236
  案例 11-1：设置渐变的文字 ···················· 236
  案例 11-2：设置渐变的底色（1） ·········· 238
  案例 11-3：设置渐变的底色（2） ·········· 239
  案例 11-4：文字填充两种颜色 ················ 240
  11.1.4 专色色板 ····································· 241
11.2 特效 ·· 242
  11.2.1 透明度 ·· 242
  案例 11-5：使图片上的文字更醒目 ········· 242
  11.2.2 混合模式 ····································· 244
  案例 11-6：制作阴阳文字 ······················· 244
  11.2.3 效果 ·· 245
11.3 叠印、陷印 ······································· 247
  11.3.1 叠印、陷印的含义 ······················ 247
  11.3.2 底色镂空或不镂空的选择 ············ 248
  11.3.3 底色镂空或不镂空的设置 ············ 248
  案例 11-7：大面积黑底，制作反白小字 ······ 248
11.4 色彩管理 ·· 250
  11.4.1 五大观念 ····································· 250
  11.4.2 色彩管理方案的设置 ··················· 251
  11.4.3 理想与现实 ································· 254

第 12 章 路径

12.1 路径简介 ·· 256
12.2 创建路径 ·· 256
  12.2.1 绘制矩形、椭圆 ·························· 256
  12.2.2 绘制多边形、星形 ······················ 257
  12.2.3 绘制直线 ····································· 257
  案例 12-1：制作图的指示线 ···················· 257
  12.2.4 绘制任意形状 ····························· 258
  12.2.5 导入 Illustrator、Photoshop 路径 ······· 259
  案例 12-2：用 Illustrator 制作旗形 ·········· 259
  案例 12-3：用 Photoshop 绘制伞形 ········ 260
  12.2.6 文字转为轮廓 ····························· 261
  案例 12-4：在文字笔画内填字 ················ 261
12.3 编辑路径 ·· 262
  12.3.1 修改路径 ····································· 262
  案例 12-5：把文字的笔画拉长、变形 ····· 262
  案例 12-6：制作成组的非矩形框架 ········· 262

12.3.2　合并路径 264
　　案例 12-7：把文字与色块重叠的部分镂空 264
　　案例 12-8：给图片添加白色方格 265
　　案例 12-9：制作圆环 266

第 13 章　表格

13.1　认识表格 268
　　13.1.1　宏观上相当于一个大字符 268
　　13.1.2　微观上相当于众多文本框 269
13.2　创建、设置表格 269
　　13.2.1　从零开始创建表格 269
　　案例 13-1：绘制表格，制作全线表 269
　　13.2.2　导入其他软件制作的表格 273
　　案例 13-2：置入 Word 表格，制作三线表 273
　　案例 13-3：置入 Word 表格，行交替填色 275
　　案例 13-4：置入 Word 表格，制作折栏表 277
　　案例 13-5：置入 PPT 表格，制作叠栏表 280
　　案例 13-6：置入 Excel 表格，制作续表 283
　　案例 13-7：置入 PDF 表格，段落线用作行线 285
13.3　单元格样式、表样式 286
　　13.3.1　概述 286
　　13.3.2　应用示例 287
　　案例 13-8：用表样式设置全线表 287
　　案例 13-9：用表样式设置三线表 289
　　案例 13-10：用表样式设置省略左、右墙线的表 292
　　案例 13-11：用表样式设置折栏表 293
　　案例 13-12：用表样式设置叠栏表 296

第 14 章　脚注、尾注、交叉引用

14.1　脚注 300
　　14.1.1　创建脚注 300
　　案例 14-1：导入 Word 里的脚注 300
　　14.1.2　设置脚注 301
　　案例 14-2：制作圈码形式的脚注编号 301
14.2　尾注 304
　　案例 14-3：导入 Word 里的尾注 304
　　案例 14-4：制作书末的参考文献（1） 304
14.3　交叉引用 306
　　14.3.1　创建交叉引用 306
　　案例 14-5：段落样式法创建交叉引用 306
　　案例 14-6：文本锚点法创建交叉引用 307
　　14.3.2　管理交叉引用 308

第 15 章　目录、索引

15.1　目录 310
　　15.1.1　设置自动目录 310
　　案例 15-1：制作目录"页码+空格+标题" 310
　　案例 15-2：制作目录"标题+斜杠+页码" 312
　　案例 15-3：制作目录"添加内容概要" 313
　　案例 15-4：制作目录"标题+多个小圆点+页码" 314
　　15.1.2　设置手工目录 316
　　案例 15-5：制作目录"添加作者" 316
　　案例 15-6：制作目录"段首实心方头括号里的内容作为标题" 318
　　15.1.3　移动、更新目录 320
15.2　索引 320
　　15.2.1　纯手工制作索引 321
　　案例 15-7：导入已制作好的 Excel 索引数据 321
　　15.2.2　利用 InDesign 的功能制作索引 323
　　案例 15-8：创建索引条目"指向页面" 323
　　案例 15-9：创建索引条目"指向其他主题词" 325
　　案例 15-10：生成索引并设置格式 326
　　15.2.3　移动、更新索引 326

第 16 章　输出

16.1　印前检查 328
　　16.1.1　更新交叉引用、目录、索引 328
　　16.1.2　查看印前检查结果 328
　　16.1.3　自定义印前检查配置文件 328
　　16.1.4　使用印前检查配置文件 329
　　16.1.5　把配置文件提供给其他电脑 330
16.2　文档打包 330
　　16.2.1　打包前的预检 330
　　16.2.2　打包 331
16.3　导出 PDF 文档 332
　　16.3.1　使用内置的预设导出 PDF 文档 332
　　16.3.2　自定义 PDF 预设 334

第 17 章　长文档的分解管理

17.1　分解长文档 336
　　案例 17-1：把长文档分成多个短文档 336
17.2　管理短文档 337
　　17.2.1　手工管理 337
　　17.2.2　书籍管理 337
　　案例 17-2：创建书籍并设置页码 337
　　案例 17-3：同步各文档里的格式 338
　　案例 17-4：制作书末的参考文献（2） 339

第 18 章　电子书

18.1　静态电子书 342
　　18.1.1　纯文字的电子书 342
　　案例 18-1：使用传统图书的文档发布电子书（1） 342

18.1.2 图表较多的电子书 343
案例 18-2：使用传统图书的文档发布电子书（2） 343
18.2 有动画和交互的电子书 344
  18.2.1 动画 344
  案例 18-3：渐显、放大、渐隐、飞入 344
  案例 18-4：左右对称飞入、边飞边旋转 346
  案例 18-5：图片自动循环切换 347
  18.2.2 交互（人机互动） 348
  案例 18-6：单击按钮，循环切换图片 348
  案例 18-7：单击小图，切换到对应的大图 349
  案例 18-8：单击图片，放大，再单击，复原 350
  案例 18-9：单击按钮，弹出文字，再单击，复原 352
  18.2.3 超链接 353
  案例 18-10：单击按钮，打开网页 353
  18.2.4 声音、视频 354
  案例 18-11：单击按钮，播放声音 354
  案例 18-12：单击按钮，播放视频 355
  18.2.5 制作电子画册 356

附录 A　设计参数

A.1 图书、杂志常用纸张 359
A.2 标准成品尺寸 360
A.3 边距、分栏 360
A.4 图书的格式 361
A.5 标题的格式 364
A.6 表格的设置 366
A.7 杂志的特有格式 368
A.8 折页 370
A.9 复合字体示例 371

附录 B　字体样式

B.1 字号、线条粗细 372
B.2 黑体 373
B.3 宋体 379
B.4 仿宋 383
B.5 楷体 384
B.6 隶书 386
B.7 混合 387
B.8 创意字体 389
B.9 常规书写 400
B.10 创意书写 403
B.11 英文无衬线体 404
B.12 英文衬线体 409
B.13 英文美术字 414

附录 C　操作速查表

C.1 视图 416
C.2 标尺 416
C.3 标尺参考线 417
C.4 页面 417
C.5 主页 420
C.6 页码 422
C.7 图层 424
C.8 导入 Word 文档 425
C.9 导入 Excel 文档 427
C.10 导入 PPT 文档 428
C.11 导入 PSD 文档 428
C.12 导入 PDF、AI 文档 429
C.13 导入 INDD 文档 429
C.14 排文 430
C.15 字符 436
C.16 段落 441
C.17 查找与替换文本 453
C.18 查找与替换对象 454
C.19 图片 454
C.20 对象间的排布 460
C.21 颜色、特效 463
C.22 路径 466
C.23 表格 468
C.24 脚注 474
C.25 尾注 475
C.26 交叉引用 476
C.27 目录 478
C.28 索引 479
C.29 输出 482
C.30 书籍 484
C.31 电子书 485
C.32 其他 489

附录 D　正则表达式

D.1 普通字符 490
D.2 基本、特殊元字符 490
D.3 数量元字符 492
D.4 位置元字符 494
D.5 回溯引用、前后查找 495

附录 E　其他

E.1 隐藏（非打印）字符 496
E.2 特殊符号 499
E.3 不同像素图片的实际尺寸（300ppi） 500

索引 501

► 概述

工作界面

文档的创建与规划

排文

字符

段落 I

段落 II

查找与替换

图片

对象间的排布

颜色、特效

路径

表格

脚注、尾注、交叉引用

目录、索引

输出

长文档的分解管理

电子书

Id **第 1 章 概述**

本章对软件、书刊进行了大概描述，这些与排版操作没有直接联系，但有助于读者合理使用软件，宏观了解图书、杂志，并在今后的工作中做到胸怀全局。

1.1 软件、流程

本节的内容有助于读者宏观地把控整个项目。

1.1.1 软件概况

排版工作需要以 InDesign 为核心,并以多个软件辅助,详见表 1-1。建议读者将这些软件全部安装。

表 1-1 InDesign 及相关软件概况

软件名称	使用场合	说明
Adobe InDesign	排版图书、杂志、画册、海报等	InDesign 的优势:众多页面、文字、图片的组织;众多文字、图片的关系的处理;众多文字按级别的统一处理;自动生成目录等
Adobe Photoshop	修改图片(位图);设计海报、宣传单、展板等;也可用于设计页数少的画册等	InDesign 里图片(位图)的修改全由它来完成
Adobe Illustrator	绘图(矢量图);页数少的排版	InDesign 里图片(矢量图)的绘制和修改全由它来完成。当然简单的图形不必使用 Illustrator,InDesign 就可以完成
CorelDRAW	与 Illustrator 类似	有些素材是 CDR 格式的,需要用它打开
Adobe Acrobat	制作、浏览、印前处理 PDF 文档	使用 InDesign 导出的 PDF 文档需要用它来查看、审阅。在将 Word、Excel、PowerPoint 文档导出为印刷用的 PDF 文档时,需要用它来制作
Adobe Bridge	浏览 PSD、AI、PDF、INDD 等文档,以及各种格式的图片	方便查看图片尺寸、分辨率、颜色模式等
Microsoft Office Word	文字处理;不太复杂且对颜色要求不高的排版	InDesign 里的文本、表格经常来源于它。在排版方面与 InDesign 相比有 3 点不足:①没有印刷色、专色的概念,不能用于对颜色要求高的场合;②没有参考线、图层、嵌套样式、GREP 样式、对象样式等功能,复杂的替换查找、单元格样式、表样式、复合字体、定位对象等功能不完善,这些功能关系着精确度和效率;③与 Photoshop、Illustrator 的联用性不好,影响效率和效果
Microsoft Office Excel	制作电子表格;分析数据	InDesign 里的表格、统计图表经常来源于它
Microsoft Office PowerPoint	制作幻灯片	它的内容不能直接置入 InDesign,必须采用复制粘贴法或者将其转换成 PDF 文档,然后添加进 InDesign

InDesign 的版本从低到高包括:CS6、CC 、CC 2014、CC 2015、CC 2017、CC 2018、CC 2019……通常使用高版本软件。另外需要注意:①安装程序需要通过官网、正规网站或其他可靠途径获取,以保证功能的齐全和稳定;②尽快更新,以修复问题,增加稳定性;③使用高版本软件可以打开低版本文档,反之不行。在将高版本文档存储为 IDML 格式后,才可以使用低版本软件打开该文档,但那些用高版本软件里特有的功能所做的效果就会消失。使用不同版本的软件相互打开文档可能会出现意外状况,所以要尽量使用相同版本的软件打开文档。同一台电脑通常可以安装多个版本的软件。

1.1.2 工作流程

图书、杂志、画册等的制作流程如下所述。

文字、图片、相关要求

- 由作者、编辑、客户完成。
- 文字最好要经过编辑初步加工。因为作者的原稿可能有很多地方不符合出版要求，如果先进行设计排版后再更改，则工作量会很大！
- 可能有些图片需要我们寻找。

设计、排版（本书的主题）

- 由排版人员完成。
- 浏览稿件。

  对于图书，第1章往往比较特殊，要仔细看一遍；后面的章挑一个典型的看一遍，以了解以下问题：书的内容、风格是什么？哪些是一级标题、二级标题、三级标题？是否有类似"小技巧"的特殊说明？章前页是单页的还是对页的？单页的只能排在右页吗？等等。

  对于杂志，要通读文章，以了解以下问题：哪些是副标题、插排、导言？哪些图需要靠近正文里介绍它的文字？哪些是实图（有文字硬性介绍，不允许擅自更换）？哪些是虚图（仅起装饰作用，允许自行更换）？等等。
- 把图片、文本在InDesign里组装成页面。在必要时，可以用Photoshop、Illustrator修改图片、绘制图形。
- 通常需要先制作样章（典型的几页，目的是让客户明确这本书完成后的样式），可以设计两三套方案。在由作者、编辑、客户确认后，再开始正式工作。
- 在遇到疑惑或困难时，要与作者、编辑、客户沟通。

校对、改样

- 由作者、编辑、客户、排版人员共同完成。
- 可以导出PDF文档或打印出来给作者、编辑、客户。需要注意：InDesign文档只能由排版人员修改，不能让其他人（尤其是不懂InDesign的人）修改。
- 通常至少反复3次，工作量较大。
- 校对符号及含义可参考国家标准《校对符号及其用法》（GB/T 14706—1993）。

输出

- 由排版人员完成。
- 输出适合印刷的PDF文档，用Acrobat查看和审阅。

印刷

- 由印刷厂完成。
- 在印刷厂内部需要进行多道工序，包括打样、制版、印刷、装订等。

1.2 图书、杂志概况

在图书、杂志、画册、宣传册中,图书和杂志较为复杂,在理解这两者之后其余的就会比较容易。

1.2.1 图书的结构

图书的结构见图 1-1、表 1-2(按通常翻阅时的先后顺序排列)。

图 1-1 图书的外观

表 1-2 图书的结构

名 称	内 容	说 明
腰封	宣传文字、条形码/书号/定价、二维码、出版社等	非必需。起美观作用,高度通常为图书高度的 1/3 左右
封面[①](封一)	书名(丛书的,还需印丛书名)、作译者、版次(初版不需要)、卷次(针对多卷书)、出版社、图片、图案、宣传用语等	必需。作者通常不超过 3 人,多出者省略,后面加"等"。姓名与姓名之间空一个字,不加标点符号。 翻译书要列出原作者国籍(加方括号置于姓名之前,如"[美]"),姓名可用英文
勒口	作者简介、系列图书的封面缩略图、宣传文字等	非必需。起美观作用并防止卷页。宽度为封面宽度的 40% 左右
封里(封二)	通常是空白的	必需
衬页、环衬	通常是空白的,也可印上装饰性图案	精装书必须有环衬,平装书依需求而定。起美观、加固等作用。紧挨着封二、封三。纸的品种可与内页不同,也可以仅仅颜色不同
彩插	放置精美的图片	非必需。摄影类或图片处理类的书用于展示效果,使用高档纸张。尽量不要将其设置在图书中部,以免给装订带来不便
扉页(内封)	大致与封面内容相同,只是没有封面复杂	必需。无论是单色还是彩色印刷,通常都跟正文保持一致
版权页	CIP 数据、书号、内容简介、书名、作者、责任编辑、特约编辑、出版社、印刷厂、开本、字数、出版年月、定价等	必需。也可以放置在最后一页
出版前言	向读者介绍该书的情况,如出版目的、著作价值、使用注意事项等	非必需

续表

名称	内容	说明
序	名人写的推荐	非必需
前言（引言）	写作目的、写作经历、主要内容、特点等	通常必需。若有第三版前言、第二版前言等，新的在前
目录（目次）	层次 2～3 级	除以下情况外，都要有目录。内容简单的小册子、以图为主的少儿图书、不分章节（或有章节序号，但无标题）的单部小说
正文	书的主要部分	必需。通常从右页开始，页码为"1"
插页	表、图在一页排不下，又不允许分页，只好排在尺寸较大的页面里	非必需
参考文献	参考或借鉴的著作、论文等	非必需。表达形式详见国家标准《文后参考文献著录规则》（GB/T 7714—2015）的规定
附录	补充说明正文，又不便列进正文	非必需
索引	关键词及其在正文里相应的位置	非必需。也可以放置在正文之前
后记（跋）	写作经过或评价等	非必需
封底里（封三）	通常是空白的	必需
封底（封四）	条形码/书号/定价（常在右下角）、分类建议、出版社、图书介绍、装帧设计者姓名等	必需
书脊（书背、后背）	书名、版次（初版不需要）、出版社等。多卷书应印总名称、分卷号	书脊宽度不小于 5mm 时，必需。书脊宽度小于 5mm 时，文字内容可改为印在封底靠近书脊边缘 15mm 以内的区域，此时出版社的名称宜省略

注：①狭义的"封面"仅指封一，广义的"封面"指封一到封四和书脊。为了避免歧义，表达狭义时宜用"封一"；表达广义时宜用"书皮"或"封皮"。

1.2.2 杂志的结构

杂志的结构见图 1-2、表 1-3（按通常翻阅时的先后顺序排列）。

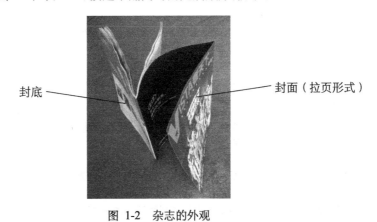

图 1-2 杂志的外观

表 1-3 杂志的结构

名称	内容	说明
封面（封一）	刊名、条形码、定价、刊号、出版年份、邮发代号、重点标题（还可带上页码）等	必需。少数做成拉页形式（放置大图、广告）
封二	通常是广告，少数放置目录	必需
卷首语、编辑推荐	可以占 1~2 面，还可以有作者的签名	非必需。少数放置在目录和版权页之间
目录（目次）	条目可按页码顺序排列，也可按重要性排列，还可以按栏目分列	必需。少数放置在版权页之后。可以有广告，甚至插入整版广告
版权页	杂志名称、社长、主编、责任编辑、主管单位、电话、刊号、邮发代号、定价、出版日期、地址、重要声明等	必需。通常与目录在一起，或与目录挨着与广告在一起。一般是竖排占一面的 1/3~1/2（可以排两面），也可独占一面
正文	杂志的主要部分	骑马订的中心跨页可做成折页，放置广告等
封三	通常是广告	必需
封底（封四）	广告、刊号等	必需
书脊	杂志名称、出版年份、期号等	书脊宽度不小于 5mm 时必需。阿拉伯数字应顺时针旋转 90°，也可改用汉字数字

1.2.3 装订方式

图书、杂志的常用装订方式有 3 种，见表 1-4。

表 1-4 常用装订方式

装订方式	使用场合	特点	排版注意事项
骑马订	不超过 96P[①]（铜版纸不超过 64P）的小册子、杂志等	价廉、档次低、牢固度差；页面可以完美平铺展开；中间页面的宽度略小于成品尺寸；没有书脊	页码数是 4 的倍数；超过 32P 时，中间页面的宽度会减少约 1~4mm（总厚度越厚，减少越多）
无线胶装	轻型纸、双胶纸类，400P 之内的书刊，是最常用的装订方式；纸张克数不得超过 130g，纸张太硬或太厚时易掉页	各方面均衡；页面不能完全平铺展开	内边距不能太小，通常不小于 20mm，书比较厚时不能小于 25mm；若希望版心看起来在页面里左右居中，则内边距要大于外边距；跨页图要设置驳接位[②]
锁线胶装	厚书或纸厚的书刊，如字典、艺术类、铜版纸画册	价格高、档次高、耐用，分为两种方式：①骑马订式锁线胶装，比较常见，页面能完全平铺展开，但不那么容易和平坦，因为锁线胶装的书通常较厚；②侧订式锁线胶装。页面不能完全平铺展开	不管采用哪种方式的锁线胶装，习惯上内边距的做法同上；骑马订式锁线胶装的跨页图不要设置驳接位，侧订式锁线胶装需要设置驳接位

注：①印刷厂术语：1 页 = 1 张 = 2 面 = 2 页面 = 2 页码 = 2P。为避免误解，在表达页数时宜用"P"（读 pei）。
②驳接位：跨页图放置在不能完全平铺展开的书刊里时，需在内侧重叠 5~7mm，以容纳被夹住的部分。

1.3 其他印刷相关知识

1. 印刷要求

设计师的创意需要天马行空，但实际操作时要回归现实，见表1-5。此处为了方便查看，仅做简单描述，在后面的相关示例中将予以详解。

表1-5 印刷厂对设计师的要求

类别	印刷要求	不符合的后果
位置	要求靠齐成品边缘的对象，必须向外延伸，直至超出成品边缘3mm，即留3mm出血	由于裁切误差，对象外缘可能会有白边，不美观
	不要求靠齐成品边缘的对象，必须距成品边缘3mm以上	由于裁切误差，对象可能会被裁剪
	对象边缘必须距页面装订侧（对页的内侧）边缘10mm以上（骑马订的书刊，无此限制）	对象可能会被夹在书脊夹缝里，影响阅读
	不要有横贯对页的线条，对齐要求严格的跨页图（骑马订的中心跨页，无此限制）	由于装订误差，可能无法严格对齐，不美观
颜色	反白细小文字的底色、细小文字、细线，必须用单黑或其他单色。最多使用3种油墨（大于9点的黑体或10.5点的宋体，可放宽要求）	由于套印误差，可能会有重影、文字和线条发虚的情况
	CMYK油墨总量不能过高，铜版纸的上限是330%，胶版纸的上限是300%（面积很小的区域，无此限制）	由于油墨不易干，容易脏版和粘版，产生废次品
	大面积黑色不要用单黑，可用C40 M0 Y0 K100	黑色单薄，不厚实
	叠印、陷印的设置若无法确定，就让印刷厂处理	由于套印误差或者设备油墨本身的特性，可能会有露白、印不踏实等情况
	色彩管理方面的设置若无法确定，则保持默认设置	成品颜色可能不正确
图片	图片的颜色模式应当是CMYK	将RGB转换为CMYK的工作可以由印刷厂完成，但在转换后，颜色往往不如原来的图片鲜艳和明亮，与设计师和客户在屏幕上看到的效果相差较大。如果转换工作由设计师完成，虽然不能缩小这种差距，但至少设计师和客户事先看到了大概，并且设计师还可以根据情况调色
	图片（位图）的分辨率最好能达到300ppi，最低不能小于200ppi	图片显得粗糙，不精细
细线	单色线条不能过细，通常粗细不小于0.035mm（0.1点），反白的线条粗细不小于0.15mm（0.43点）	由于设备性能、纸张等原因，线条可能会出现断线
文字	字体使用方正、汉仪等一线品牌	可能有缺字、糊字、标点符号错误等
	细小文字、反白文字适宜用粗一些的字体，不要用常规粗细的宋体	笔画太细，不易看清
	字号不宜小于6点，不能小于4点	不易于或不能阅读
输出	PDF文档要规范：四边都有出血，并且出血尺寸都相同；PDF文档是单页形式的；字体都嵌入或者另附字体文件	增加印刷厂的工作量和出错的概率

注：① 本表涉及的极限值（阈值）只是参考值，不同设备往往不同。

2. 打印

在平时查看效果时，适宜打印出来。例如，某文档在屏幕上看不出问题，但在打印后，我们可能就会发现"文字有点大，再小一点会更好"等类似问题。

3. 备份

文档适宜经常备份，尤其是异地备份。例如，在每天下班前或进行重大更改前，我们需要把文档复制一份。这不会花费很多时间，但备份文件很可能会在日后的工作中发挥作用。

4. 色谱

准备一本色谱（色卡），见图1-3。如果我们的屏幕普通，或者没有进行专业的色彩管理，那么屏幕显示的颜色往往不准，但色谱就可靠多了。

- 根据CMYK值就可以找到对应的色块。
- 此处的CMYK值通常以5为单位，所以我们设置的颜色值适宜以0或5结尾。

图1-3 色谱

概述

▶ 工作界面

文档的创建与规划

排文

字符

段落 I

段落 II

查找与替换

图片

对象间的排布

颜色、特效

路径

表格

脚注、尾注、交叉引用

目录、索引

输出

长文档的分解管理

电子书

Id 第 2 章　工作界面

本章对 InDesign 软件窗口进行整体介绍，在正式工作开始之前，熟悉我们的工作场所是必要的。另外还要根据个人习惯把各种工具整顿好，将区域划分好，以便后续操作。

2.1 工作区

2.1.1 软件界面

InDesign 软件界面见图 2-1。CC 版本默认是深色界面，为了印刷更清晰，本书调整为浅色界面。

工具箱
- 选择、文字、框架等工具，极常用。
- 右下角有黑色三角形的工具表示含有一组相关工具，只显示最近使用的那个工具。右击鼠标会全部显示出来。
- 如果工具箱不见了，就单击【窗口】菜单，勾选【工具】。

菜单栏
- 版面、文字、对象等菜单。
- 很多操作选项都能在此找到，但只有在其他地方找不到操作选项时，才会使用这里的操作选项，因为这里的操作选项位置通常较深。

控制面板
- 对象、字符、段落等设置参数，常用。
- 根据选中的对象或光标所处的位置的不同，会智能切换界面。
- 有些功能与面板中的重复，在使用时可依个人习惯选择。
- 如果控制面板不见了，就单击【窗口】菜单，勾选【控制】。

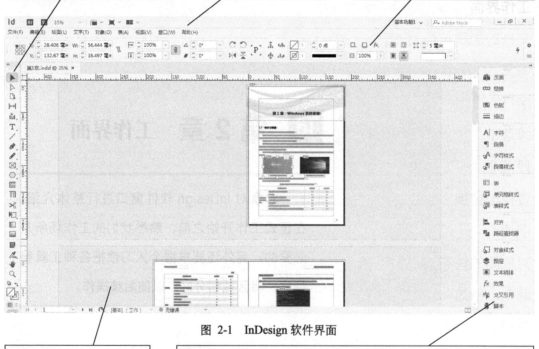

粘贴板
- 用于临时存放对象。
- 此处的对象不会被打印。若某对象的一部分在页面里，一部分在粘贴板里，则只会打印页面里的那一部分。

面板
- 页面、字符、段落等面板，极常用。
- 右击可选择关闭；拖动可改变顺序和组合；拖动左边缘可调整宽度；在【窗口】菜单中单击，可显示被关闭的面板。
- 若要保存这些设置，【基本功能】（默认）→【新建工作区】。在需要恢复时，单击【重置"××"】。
- 面板右上角有个下拉菜单，本书称之为【××】面板菜单。

图 2-1 InDesign 软件界面

➡ 视野拓展

光标不在文字输入状态时，按 Tab 键会隐藏工具箱、控制面板、面板；再次按 Tab 键，会恢复原状。

2.1.2 屏幕模式

常用的屏幕模式有 3 种，见图 2-2 和图 2-3。

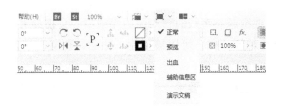

图 2-2 屏幕模式菜单

正常
- 显示全部内容，包含出血和非打印对象（例如描边粗细为 0 点的框架、网格、参考线、隐藏字符等）。
- 若没有显示框架，【视图】→【其他】→【显示框架边缘】，并确保在【视图】菜单中没有勾选【叠印预览】。
- 编排图文时宜用该视图。

预览
- 模拟最终成品进行显示，不显示出血和非打印对象（描边粗细为 0 点的框架、网格、参考线、隐藏字符等）。
- 若要更准确地显示对象，就需要在【视图】菜单中勾选【叠印预览】。
- 查看效果时宜用该视图。

出血
- 同"预览"，只是多显示了出血区域。
- 出血是为了避免因裁不准导致成品边缘的图片露出白边而特意向外扩展的区域，成品边缘的图片要向外延伸并填满该区域。下文还有具体叙述。

（a）正常

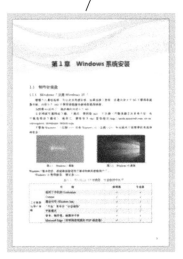

（b）预览

（c）出血

图 2-3 屏幕模式

2.2 标尺参考线

标尺参考线习惯称为参考线,就是在页面上画的虚拟的辅助线(见图 2-4),常用于将对象精确定位。参考线有如下特性:①参考线不会被打印;②在默认设置下,当拖动对象贴近或穿越参考线时,对象边缘或中心会被参考线吸附,从而更有利于精确定位;③参考线与普通对象一样,可以被复制、粘贴、删除、锁定、利用对齐面板对齐和分布等。

对象之间精确对齐是专业排版的要求,实现方法有多种,如对齐面板、智能参考线、标尺参考线、页边线、栏参考线等,各具特点。另外,标尺参考线还有给页面划分区域的作用。具体示例会在后续内容中讲解。

跨页参考线
- 按住 Ctrl 键,从标尺上拖到页面里即可创建跨页参考线。
- 其余同"页面参考线"。

页面参考线
- 从标尺上拖到页面里即可创建此线。
- 可先用拖动法粗略创建,然后在控制面板的【X】【Y】中输入数值以精确定位。
- 在【X】【Y】中输入数值,可以自动进行加减乘除运算。例如输入"85+17",它会自动计算为"102"。

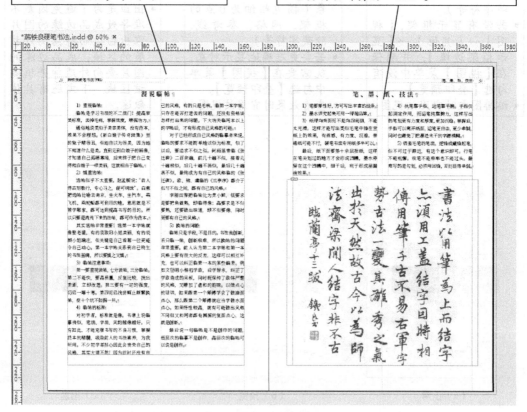

图 2-4 标尺参考线

➡ **参考线不能与其他对象一起被选中**

如果选框中既有参考线,又有其他对象,那么被选中的只能是其他对象;在选框中只有参考线时,才能选中参考线(可以同时选中多条参考线)。

概述

工作界面

▶ 文档的创建与规划

排文

字符

段落 I

段落 II

查找与替换

图片

对象间的排布

颜色、特效

路径

表格

脚注、尾注、交叉引用

目录、索引

输出

长文档的分解管理

电子书

Id 第 3 章 文档的创建与规划

从本章起,排版工作才算正式开始。排版操作总是"先底层,后上层;先主体,后零星",本章的内容就是针对"底层"的,相当于为以后的表演搭建舞台,非常重要!

第 3 章 文档的创建与规划

3.1 页面

3.1.1 对页、单页

对页就是两个页面左右紧贴在一起，看似为一个整体，见图 2-4。对页也称为跨页，模拟了书本翻开后的状态，其查看效果更直观。因此在设计图书、杂志时，要采用对页形式。

单页就是单独一个页面，见图 2-3。显而易见，在设计名片、展板、海报时，要采用单页形式。图 2-3 显示的是一份资料的首页，这份资料采用的是对页形式，但是其首页与单页形式完全相同，因此可以把它当作单页的示例。

3.1.2 出血

页面外侧的红色线框即表示出血位，见图 2-4（对页）和图 2-3（单页）。默认页面四边各留 3mm 出血。因为四边留有出血的文档有利于印前操作，所以书刊、画册内侧的出血尽管无须特意制作，也不要删掉出血位；页面四周边缘尽管空无一物，也适宜保留出血位。当然对于报纸中的一则广告（限制在一面中的一小块区域）而言，由于不涉及裁切，不用留出血位。

1. 注意成品边缘的对象

成品边缘的对象不能随意摆放，见图 3-1。

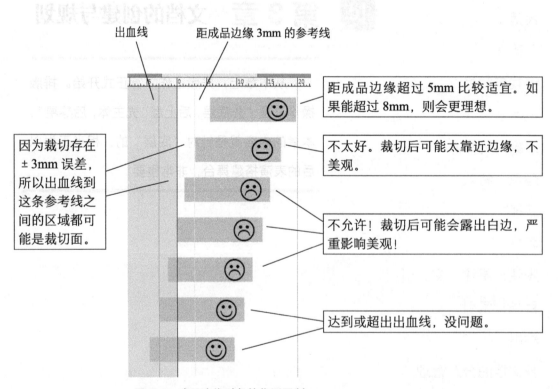

图 3-1 成品边缘对象的位置限制

2. 对页内侧出血的特性

对页中两页内侧是按成品尺寸并排相连的,所以内侧的出血不会显示出来,但是只要设置了出血,内侧的出血就是存在的,见图 3-2。

(a) InDesign 文档

(b) 导出的 PDF 文档:左页

(c) 导出的 PDF 文档:右页

图 3-2　对页内侧的出血

说明:上面的两个色块,只是为了说明问题而特意添加的,实际不会这样设计。另外,在内侧放置对象时,对于骑马订类的书籍而言,没什么问题;对于胶装类的书籍而言,要考虑是否有被夹住的风险,即是否容易阅读,具体可参考表 1-4。

➡ 出血可以不用,但在用的时候不能没有

如果设计师设置了出血,但不需要使用,则这对印刷厂而言并不是问题;如果需要使用出血,设计师却没有设置,则此时印刷厂虽然可以自行设置,但这样既增大了出错的概率,又可能效果不好。

3.1.3 新建文档

■ **案例 3-1：新建文档，制作画册**

项目要求：成品尺寸为大 16 开；页数为 20P；骑马订。

骑马订没有书脊，所以可以很方便地将封面与内文安排在一个文档里，见图 3-3。

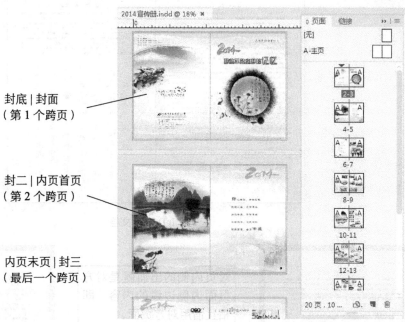

封底 | 封面
（第 1 个跨页）

封二 | 内页首页
（第 2 个跨页）

内页末页 | 封三
（最后一个跨页）

图 3-3 骑马订的页面排列

❶ 按 Ctrl+N 组合键，打开如图 3-4 所示的对话框。

❷ 输入宽度、高度，分别为 210mm、285mm。
- 此处是指成品尺寸，成品尺寸是多少这里就输入多少。出血尺寸与此处设置无关！
- 大 16 开的尺寸见第 360 页"标准成品尺寸"。
- 常用的尺寸可以保存为预设：单击【未命名×××】右侧的 [存储文档预设] 图标，输入名称，【保存预设】。以后打开【已保存】选项卡，直接选用即可。

❸ 输入页面数量，为 20。

❹ 输入起始页码，为 2。
- 起始页码为奇数时，首页在右侧。
- 起始页码为偶数时，首页在左侧。本例的起始页是封底，在左侧。

图 3-4 "新建文档"对话框（局部）

❺ 其余保持默认。单击【边距和分栏】，打开如图 3-5 所示的对话框。
- 其余项目的默认设置如图 3-4 所示，这符合多数情况。
- 更改默认设置的方法：不打开任何文档，按 Ctrl+Alt+P 组合键，即可设置。

❻ 输入边距。
- 边距决定了版心。版心是用来排正文的，页眉、页脚、页码不计在版心之内。
- 如果 4 个边距值不同，则要先确保中间的链条标志处在断开状态。
- 更多内容，见第 360 页"边距、分栏"。

❼ 输入栏数、栏间距。
- 如果全部或大部分页面需整页分栏，就在此处分栏；如果只是少数页面分栏，此处就不分栏，需要针对具体的文本框分栏。
- 更多内容，见第 360 页"边距、分栏"。

❽ 其余保持默认。单击【确定】，结束。

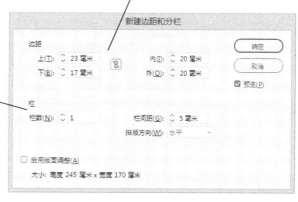

图 3-5 "新建边距和分栏"对话框

说明：此处封底的页码设置为 2，则封面的页码是 3，封二的页码是 4……但这不意味着最终印在成品上的页码就一定如此。我们可以根据需要重新定义页码，例如，可以设置为封底、封面不印页码，封二印页码为 2。

案例 3-2：新建文档，制作图书

项目要求：成品尺寸为 16 开；页数约 400P；胶装。

胶装有书脊，所以封面适宜单独一个文件（制作方法见案例 3-4），其余内容可使用下面两种方案之一。

- ■ 方案 1：文前（扉页、版权页、目录页等）单独一个文件，全部正文一个文件。如果电脑配置较好，并且由一个人制作，适宜用该方案。
- ■ 方案 2：文前一个文件，每章（或者几章）一个文件。优点：运行速度快；多人可同时编辑；万一文档坏了，损失的只是一部分。缺点：修改麻烦（使用"书籍"功能会大有改善，具体以后叙述）。

上述两种方案，初始创建文档的方法相同，操作可参考案例 3-1，参数设置见图 3-6。

出血保持默认！
- 本例及上例都没有提及出血，实际都是四边各留 3mm 出血，即默认设置。
- 本书没有特别说明时，都是指这种状态。

起始页码保持默认值 1，即首页在右侧（针对左翻本）。
- 左翻本：适用于绝大部分书刊，字行顺序从上到下，文字顺序从左到右横排；右侧是单数页码，左侧是双数页码。这是 InDesign 的默认设置，也是本书讲解的默认情况。
- 右翻本：适用于古书等书刊，文字顺序从上到下竖排，字行顺序从右到左；左侧是单数页码，右侧是双数页码。

图 3-6 "新建文档"对话框（局部）

案例 3-3：新建文档，制作三折页

项目要求：成品展开尺寸为大 16 开。

折页看似有多页，实际就是一张纸的两面。找一张空白纸，按折页方式（见第 370 页"折页"）折好后，用笔标好顺序，确定好方向，然后在软件里建模即可，见图 3-7。

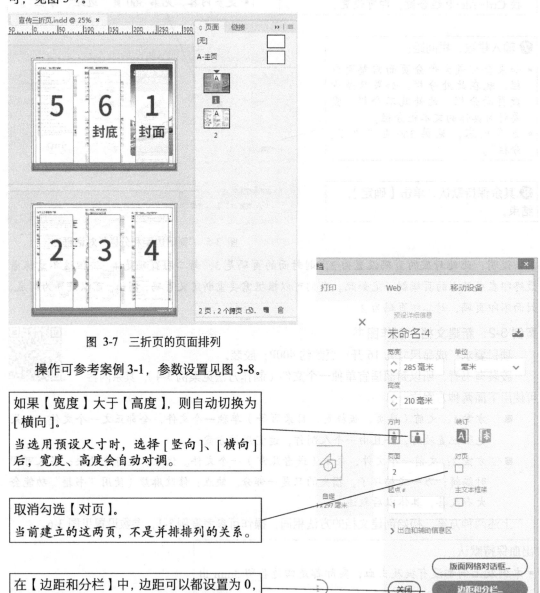

图 3-7 三折页的页面排列

操作可参考案例 3-1，参数设置见图 3-8。

如果【宽度】大于【高度】，则自动切换为 [横向]。
当选用预设尺寸时，选择 [竖向]、[横向] 后，宽度、高度会自动对调。

取消勾选【对页】。
当前建立的这两页，不是并排排列的关系。

在【边距和分栏】中，边距可以都设置为 0，也可以都设置为 5mm，当作安全边界线。

图 3-8 "新建文档"对话框（局部）

在建好文档后，可以用参考线把页面分成 3 块区域，见图 3-9。

➡ 确定页面尺寸、边距必须慎重

页面尺寸、边距决定了版心的大小和位置，在排版过程中，这些可以随时更改，但更改的后续处理往往很复杂，尤其是在中后期。

- 每块区域代表折叠后的成品，宽度是 95mm。还有一种更宽的三折页（大 8 开），折叠后的成品宽度是 140mm。
- 3 块区域的分界处不要真的画线，这是因为不画线印刷厂也知道从哪里折。而画线后，万一折偏了，反而不美观。
- 其实印刷厂在折叠时，并不是按等分折的，而是会将包在里面的那一部分的宽度折叠得比其他部分小 1～2mm，以免"吐舌"。所以当折页之间有硬性分界时，我们也应该这样微调相关区域的宽度。本例没有明显的分界，我们完全可以忽略这个问题。

将一个页面人为分成多个逻辑小页面的做法适用于页数少的情况；在页数多的情况下，保持一个页面为宜（需设置自动页码和目录），可以设置多页并排排列（见第 418 页"并排的页数"），最后采用跨页的形式导出 PDF 文档。

图 3-9 三折页的页面

建立参考线的步骤：

❶【版面】→【创建参考线】，打开如图 3-10 所示的对话框。

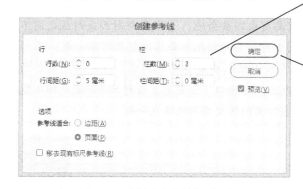

图 3-10 "创建参考线"对话框

❷ 设置【栏数】为 3，设置【栏间距】为 0mm。
- 等分为 3 栏。
- 分栏的左右两条参考线重合为一条。

❸ 单击【确定】。
- 这样可以建立类似于表格的参考线，方便、准确。
- 也可以用拖动法创建参考线，然后用【对齐】面板设置其分布。

❹ 选中这些参考线，复制、粘贴到另一页中，过程到此结束。

案例 3-4：新建文档，制作图书封面

项目要求：成品尺寸为 16 开；内页为 400P；70 克双胶纸。

这里的封面文档由封面、书脊和封底组成，确定书脊厚度是关键。

书脊厚度计算，见公式 3-1。

$$H = 0.5\,PT \tag{3-1}$$

式中： H —— 书脊厚度，单位为 mm；

P —— 页码数，无单位；

T —— 纸张厚度（见第 359 页"图书、杂志常用纸张"），单位为 mm。

书脊厚度 = 0.5×400×0.087 = 17.4（mm），封面文档宽度 = 185 + 17.4 + 185 = 387.4（mm）。所以，我们可以按 260mm × 387.5mm 的尺寸建立文档，并通过分栏划分区域，见图 3-11。

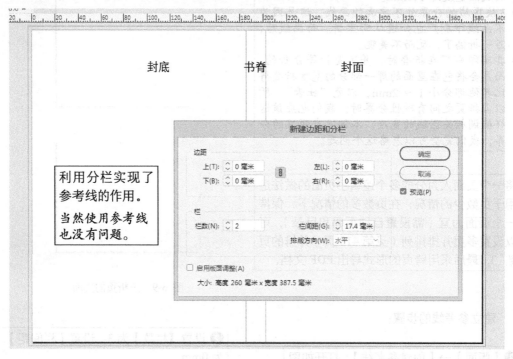

图 3-11　新建封面文档

注意：此处计算出的书脊厚度只是大概值，精确值需要联系印刷厂确定。所以最好先完成草稿，之后再确定。如果一定要提前定稿，就要留出回旋余地：①书脊与封面或封底之间不要有明显的分界线；②在书脊中放置文字和图案时，要特意把书脊厚度想象得窄一点；③封面和封底要特意把宽度向外扩大一些，并且左右边缘不要有重要的内容。另外，距书脊约 10mm 处各有一条压槽线，其附近不宜有重要内容；④勒口（如果有）与封面或封底之间不能有明显的分界线，如果封面或封底有底图，则勒口里的图文应与之连在一起。

3.1.4　增加页面

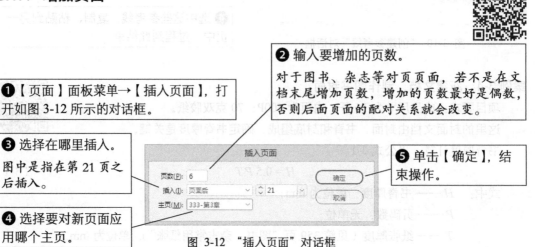

图 3-12　"插入页面"对话框

3.1.5 移动、复制、删除页面

打开【页面】面板，见图 3-13。

选中页面。
- 单击页面，选中一个页面。
- 单击页码，选中跨页。
- 按住 Shift 键进行上面的操作，选中连续多页。
- 按住 Ctrl 键进行上面的操作，选中任意多页。

直接拖动页面，即可移动页面；按住 Alt 键拖动页面，即可复制页面。
- 如果距离较远，不易拖动，可以改用菜单法：【页面】面板菜单→【移动页面】或【直接复制跨页】。
- 注意后面页面的配对关系是否发生了改变。

该标志说明查看该对页时，视图被旋转了。

单击［删除选中页面］图标，即可删除页面。

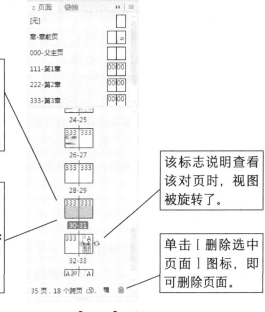

图 3-13 【页面】面板

3.1.6 远距离切换页面

- 方法 1：在【页面】面板中，双击需要的页面。
- 方法 2：单击窗口左下角页码右侧的下拉菜单，并单击需要的页码，见图 3-14。

3.1.7 更改边距、分栏、页面尺寸

更改边距、分栏、页面尺寸是比较烦琐的事情，尤其是在文档制作的中后期。

图 3-14 快捷切换页面

1. 更改边距、分栏

边距和分栏在自动排文时决定着文本框的大小和位置，在其他情况下仅起参考线的作用，所以在默认情况下，更改边距和分栏对已有对象不起作用。可以启用"版面调整"，使已有对象跟随新版心调整，但不要过度依赖此功能。具体操作见第 420 页"更改边距、分栏"。

2. 更改页面尺寸

在制作的前期，适宜采用 Ctrl+Alt+P 法，简单实在；中后期适宜采用"创建替代版面"法，以尽量减少后续手动调整的工作量。具体操作见第 419 页"更改全部页面尺寸"和"单独更改某页尺寸"。

对于边距、页面尺寸而言，如果一切排版工作都已完成，现在突然要更改，并且需要将整页内容作为一个整体进行缩放或移动，可以考虑不更改 InDesign 文档，而使用 Acrobat 更改导出的 PDF 文档。

3.2 主页

主页最大的用途是设置书眉。书眉分为上书眉（在页面顶部，居中或靠近外侧）、下书眉（在页面底部，居中或靠近外侧）、中缝（在页面外侧，竖排版面的书要用该方式）。上书眉、下书眉通常分别被称为页眉、页脚。

很多页的书眉里有相同的图片、文字，需要逐页添加吗？在以后修改时，需要逐页修改吗？主页圆满解决了这个问题，可以先把这些重复内容添加到主页里，然后把主页应用于页面。主页里的内容会自动出现在使用它的页面里，并且在主页里更改后，页面里的内容会随之自动更改。该内容可以是文本、图片、空框架，也可以是页码、章节标题等变量，还可以是参考线、页边距线。所以不仅是书眉，对于页面其他地方的相同内容，都应考虑将其设置进主页，以便利用主页进行统一管理。

3.2.1 主页和页面

主页是页面的幕后管理机构，主页里规定的，其下辖的各页都必须遵照执行，即由主页统一"指挥"（允许下属页面因地制宜，适当更改）；主页里没规定的，各页可以自由发挥。

文档里有哪些主页、页面？主页之间有何关系？每个页面使用了哪个主页？这些都可在【页面】面板中查看，见图 3-15。

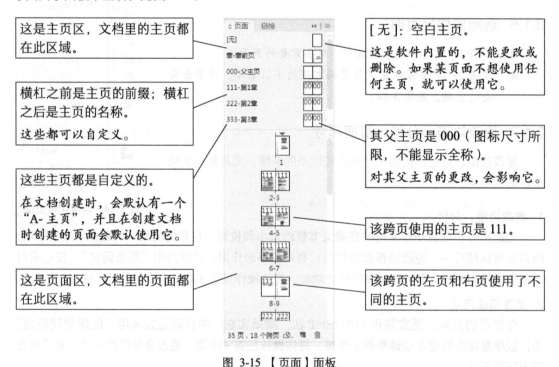

图 3-15 【页面】面板

某页面可以使用一个主页，也可以不使用主页，但不能同时使用多个主页。某个主页可以被一个页面使用，也可以被多个页面使用，还可以不被任何页面使用。

父主页影响子主页，子主页影响页面，并且父主页也可以直接影响页面。

3.2.2 创建、重命名主页

■ 案例 3-5：制作图书第 1 章的书眉

见图 3-16，左书眉是书名，右书眉是章名，这是经典形式（更多内容，见第 361 页"书眉"）。还有两个基本要求：左书眉和右书眉在同一水平面上；页码左右对称。

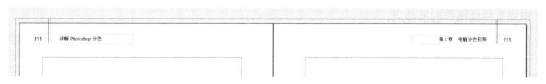

图 3-16　图书第 1 章的书眉（最终效果）

❶ 在【页面】面板中单击"A- 主页",【页面】面板菜单→【"A- 主页"的主页选项】，打开如图 3-17 所示的对话框。

- 文档默认有一个"A- 主页"，并且应用于全部页面。本例将继续使用它。
- 当然如果"A- 主页"另有他用，就选择【页面】面板菜单→【新建主页】，打开的对话框与图 3-17 基本相同。

❷ 输入前缀 111。

- 第 1 章主页的前缀建议设为"111"（图书超过百页）或"11"（图书不足百页），便于直观查看页码外观。
- 可以按默认的 A、B 等字母顺序命名；也可以按自己的喜好命名，但长度限制为 4 个字母、数字、汉字。

❸ 输入名称。

- 根据需要输入，名称可以很长。
- 可以使用有意义的名称，便于查看。

❹ 其余设置保持默认，单击【确定】。

图 3-17　"主页选项"对话框

如果要追求圆满，还有一个更高的要求：随着页码位数的改变，此距离不变。

这就要求左页的页码数字在文本框内左对齐，右页的页码数字在文本框内右对齐。

❺ 在【页面】面板中双击刚才设置的主页，即将视图切换到主页编辑模式，并制作左页书眉，见图 3-18。

- 在主页里制作书眉，这是主页的"拿手好戏"。
- 页码、文字怎么输入？图形怎么绘制？怎么填色？本书后面会详细介绍。此处直接使用现成的素材。

图 3-18　左页书眉

❻ 制作左页书眉的水平镜像。
- 组合为一个整体：使用[选择工具]全选左页书眉，按 Ctrl+G 组合键。
- 制作一个完全重合的副本：按 Ctrl+C 组合键，【编辑】→【原位粘贴】。
- 水平翻转该副本：在控制面板[参考点]里选择右侧的 3 个锚点之一，单击控制面板[水平翻转]图标，见图 3-19。左页书眉的水平镜像的制作效果见图 3-20。

锚点是后续操作的基准点。
后续操作包括：查看或改变坐标位置；改变宽度和高度；各种翻转、旋转等。

图 3-19 控制面板（局部）

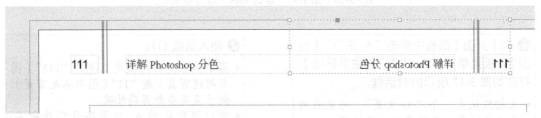

图 3-20 左页书眉的水平镜像的制作效果

❼ 把文字等对象水平翻转，见图 3-21。
- 取消组合，以单独调整各个对象：选中该水平镜像，按 Ctrl+Shift+G 组合键。
- 逐个水平翻转不能"反"的对象：选中该对象，在控制面板[参考点]里选择中心的锚点，单击控制面板[水平翻转]图标。

图 3-21 把"反"的对象改"正"

❽ 把右页书眉的内容设置好，见图 3-22。
- 文本由左对齐改为右对齐：使用[文字工具]选中文本，在【段落】面板中单击[右对齐]图标。目的就是保证左右书眉严格左右对称。
- 输入书眉文字：第 1 章　电脑分色初探。
- 组合为一个整体：全选右页书眉，按 Ctrl+G 组合键。

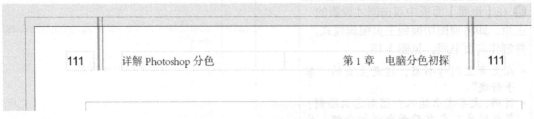

图 3-22 完成右页书眉的内容

❾ 把右页书眉移至右页对称的位置。

- 记录左页书眉左端距左页左边缘的距离：使用 [选择工具] 选中左页书眉，再在控制面板 [参考点] 里选择左侧的 3 个锚点之一，【X】值为 10.75mm（即该距离），见图 3-23。
- 把标尺零点从跨页左上顶点（默认）移至跨页右上顶点：拖动标尺的交叉区域（左上角带有虚线十字的方形区域），至跨页（是成品，不是出血）右上顶点。
- 使右页书眉右端距右边缘的距离为 10.75mm：使用 [选择工具] 选中右页书眉，在控制面板 [参考点] 里选择右侧的 3 个锚点之一，设置【X】值为 –10.75mm，按 Enter 键，见图 3-24。
- 把标尺零点恢复到默认位置：双击标尺的交叉区域。

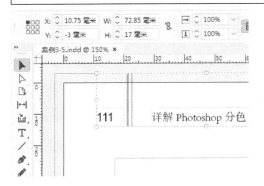 

图 3-23　左页书眉左端距左页左边缘的距离　　　　图 3-24　右页书眉右端距右页右边缘的距离

3.2.3　主页嵌套、编辑来自主页的内容

案例 3-6：接上例，制作第 2 章、第 3 章的书眉

第 1 章的书眉主页制作好后，可以使用文本变量（操作见第 421 页"页眉处显示章节标题"）来实现自动显示"第 2 章 ××""第 3 章 ××"等，即利用一个主页解决这个问题。但如果每章都有个性的内容（如不同颜色），就不能采用上面的方法，需要为每章设置一个主页，此时适宜采用主页嵌套法，见图 3-25。

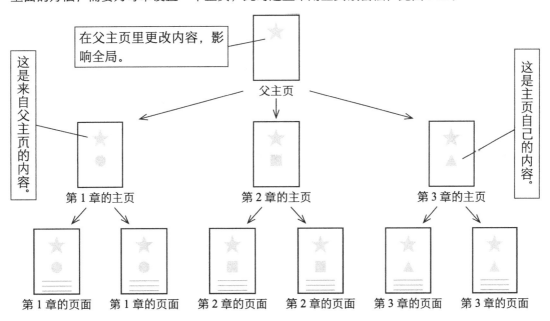

图 3-25　主页嵌套法示意图

❶ 把现有第 1 章的主页更名为"000- 父主页"。
- 操作方法同上例的步骤 1 至步骤 4。
- 不一定非要如此,也可按个人习惯命名。

❷ 针对每章不同的对象,在父主页里取消与其他对象的组合。
- 因为将来要在子主页里处理这些不同的对象,如果对象都组合在一起,就无法单独对待。
- 取消组合的操作,同上例的步骤 7。

❸ 新建第 1 章的主页。
- 【页面】面板菜单→【新建主页】,见图 3-26。在【基于主页】中选该父主页。
- 第 1 章主页里的内容与父主页相同,不需要更改或添加内容。

图 3-26 "新建主页"对话框

❹ 新建第 2 章的主页。
- 同步骤 3。
- 虽然其名称叫作第 2 章,但其内容仍然与第 1 章相同,见图 3-27。

来自父主页的对象,无法被选中,无法被编辑(页面里来自主页的对象,也是这种情况)。因为这些内容是由上级控制的,如果要更改,就应该在上级中更改。

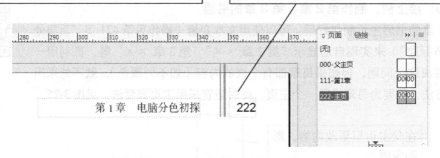

图 3-27 第 2 章的主页(局部,未完成)

❺ 按 Ctrl+Shift 组合键,单击欲修改的对象,即可修改,见图 3-28。
- 充分体现了"允许下属页面因地制宜,适当更改"。
- 对象一旦被这样更改,就脱离了上级的控制,但并没有完全脱离。
- 这是在子主页中更改来自父主页的对象,在页面中更改来自主页的对象也如此。

图 3-28 第 2 章的主页(局部)

❻ 制作第 3 章的主页，见图 3-29。
- 操作同步骤 4、步骤 5。
- 如果有后续章节，则使用同样的方法制作。

图 3-29　第 3 章的主页（局部）

3.2.4　应用主页

案例 3-7：图书页面应用各章的主页

项目要求：第 1 ~ 4 页使用第 1 章的主页；第 5 ~ 11 页使用第 2 章的主页；第 12 ~ 18 页使用第 3 章的主页，见图 3-30。

❶ 单击第 1 页，按住 Shift 键单击第 4 页，即可选中第 1 ~ 4 页。

❷ 按住 Alt 键单击第 1 章的主页，即可对选中的页面应用该主页。

❸ 按照同样的方法，对其余页面分别应用相应的主页。

页面必须按左右顺序应用主页。
- 页面的左页只能使用主页的左页；页面的右页只能使用主页的右页。
- 跨页里的两页可以使用不同的主页，但是仍要遵循上述规则。

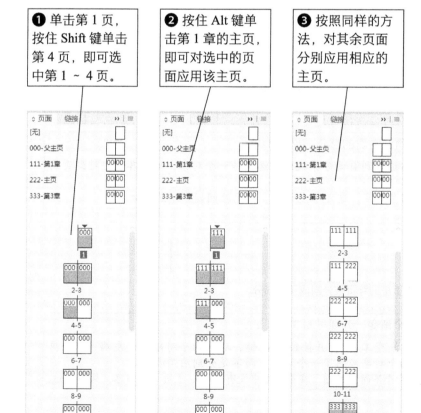

图 3-30　应用主页

案例 3-8：分割主页里的跨页对象

主页里的跨页对象既是左页里的对象，又是右页里的对象，所以无论应用哪一侧的主页，跨页对象都会整体出现，见图 3-31。

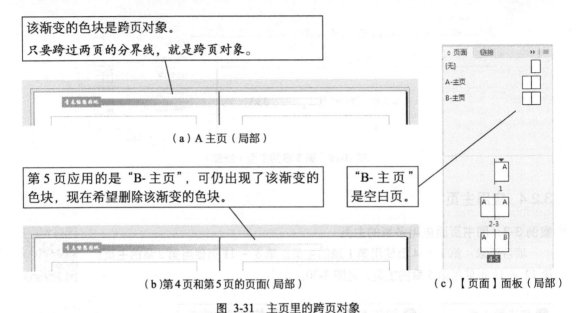

图 3-31　主页里的跨页对象

❶ 针对该跨页对象，制作一个完全重合的副本。
- 编辑"A-主页"，使用 [选择工具] 选中该对象的框架（本书对其简称为"选中该对象"），按 Ctrl+C 组合键，【编辑】→【原位粘贴】。
- 这样就得到了两个恰好重合的对象，外观同图 3-31（a）。

❷ 分别隐藏这两个对象左页和右页的部分，见图 3-32。
- 选中一个对象，拖动其右边框到页面分界线处。选中另一个对象，拖动其左边框到页面分界线处。
- 现在这两个对象分别应用了渐变，这是不允许的。若无此问题，就此结束。

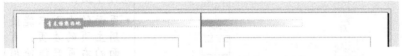

图 3-32　主页里的跨页被分割成了两部分

❸ 针对这两个对象应用一个渐变，外观见图 3-31（a）。
- 选中这两个对象，单击 [渐变工具]，并按住 Shift 键，从这两个对象的最左端，水平画线至最右端。这样就对两个对象应用了一个渐变，而不是分别应用渐变。
- 至此该跨页图被分割成了两个不跨页的图，在第 5 页中没有了"A-主页"的内容，见图 3-33。

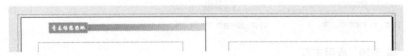

图 3-33　第 4 页和第 5 页的页面（局部）

3.3 页码

文档可以从头到尾采用一种页码格式；也可以把文档分成多个部分，并针对每部分设置不同的页码格式。

3.3.1 设置页码

操作分为两个阶段：①一个文档有几种页码格式，就分为几部分（节），分别设置每节的起始页码（续排或从某个数字开始）、数字形式（如罗马数字、16、016 等）；②将页码显示出来，并设置其文本格式。

案例 3-9：设置画册的页码（1）

项目要求：骑马订，见图 3-34；封面、封二、封三、封底不显示页码；内页的首页显示页码为 1。

> 骑马订的书刊适宜把封底挪到首页，并且首页的页码设为 2。详见案例 3-1。

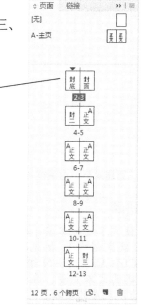

❶ 设置第 1 节的页码。
- 在【页面】面板中选中**第 1 节的首页**（封底，即文档的首页），【版面】→【页码和章节选项】，打开如图 3-35 所示的对话框。
- 【样式】选择【Ⅰ,Ⅱ,Ⅲ,Ⅳ...】。由于该页码不会被打印出来，实际上选哪个都可以，只要与其他节不同即可。也可以选择与其他节相同的，但此时需要加前缀，以示区别。
- 结果见图 3-36。整个文档的页码都是罗马数字的形式。

图 3-34 【页面】面板（页码设置前）

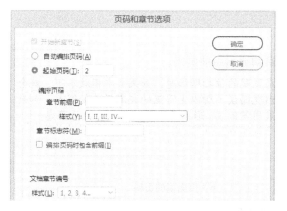

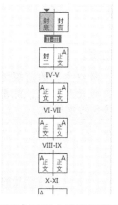

图 3-35 "页码和章节选项"对话框（局部）　　图 3-36 【页面】面板（设置了第 1 节的页码）

本节的页码不会被打印出来，所以它的起始页码、数字形式是什么都可以，只需要直接设置下一节即可，但本节页码的数字形式与下一节相同，如果不更改本节页码的数字形式，那么下一节页码就需要使用【章节前缀】（如"正文"），操作比较麻烦。

❷ 设置第 2 节的页码。

- 在【页面】面板中选中第 2 节的首页（正文的首页），【版面】→【页码和章节选项】，打开如图 3-37 所示的对话框。
- 【起始页码】输入 1，即从 1 开始计数。注意：左页为双数，右页为单数！否则，对页关系会错乱。
- 【样式】选【1,2,3,4...】。
- 结果见图 3-38。至此，页码设置完毕。剩下的工作：将希望显示的页码显示出来。

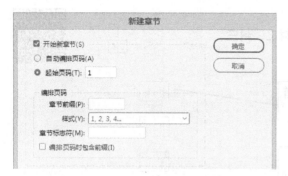

新建章节
开始新章节(S)
自动编排页码(A)
起始页码(T): 1
确定
取消
编排页码
章节前缀(P):
样式(Y): 1, 2, 3, 4...
章节标志符(M):
编排页码时包含前缀(I)

图 3-37 “新建章节”对话框（局部）

页面
链接
[无]
A-主页
黑三角符号表示该页面是一个新节的开始。
IV, 1
2-3
4-5
6-7
8-9
12 页，6 个跨页
封三不会打印页码，也不会导致其他部分使用前缀，所以尽管它不属于正文，也不必对其分节。

图 3-38【页面】面板（页码设置完毕）

❸ 将页码显示出来。

- 进入主页，使用［文字工具］单击文本框（如果没有，就先创建），把光标放在插入页码处，按 Ctrl+Alt+Shift+N 组合键，即添加了代表页码的文本变量，在使用该主页的页面中会出现相应的页码。
- 设置页码的文本格式，见图 3-39。
- 本操作只是将页码显示出来，实际上关于页码的设置（当然不含文本格式）都是在上一步确定的。

显示的是主页前缀。
这样并不直观，所以主页的前缀适宜使用数字。最大页数是几位数，就用几个数字，见案例 3-5 的步骤 2。
A
自动显示当前页码。
在页码的位数增加时，如果文本框放不下，就会出现错误，所以主页里的文本框要足够大。如果采用案例 3-5 形式的主页前缀，就无此顾虑。
6

（a）主页里的页码　　（b）页面里的页码

图 3-39　画册的页码

➡ 此处的章节与文章内容的章节无关

此处的章节是我们为了规划页码编排而将文档页面分成的组。文章的章节是作者将内容分成的组，两者并无关联。

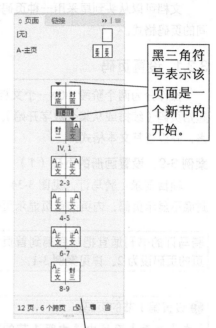

案例 3-10：设置画册的页码（2）

项目要求：骑马订，封面、封底不显示页码，其余部分都显示页码；从封二开始计数，并且显示为"- 02 -"。

❶ 不必设置第 1 节的页码。
- 第 1 节的页码不会被打印出来，不设置也无影响。
- 第 1 节的页码的数字形式是默认的阿拉伯数字，没有与其他部分重复。

❷ 设置第 2 节的页码。
- 在【页面】面板中选中第 2 节的首页（封二），【版面】→【页码和章节选项】，打开如图 3-40 所示的对话框。
- 【起始页码】输入 2，即从 2 开始计数。
- 【样式】选【01,02,03...】。
- 结果见图 3-41。至此，页码设置完毕。剩下的工作：将希望显示的页码显示出来。

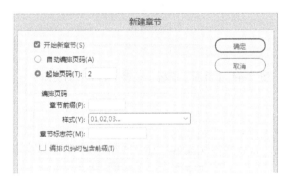

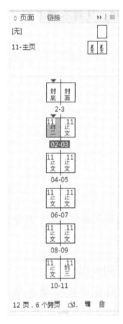

图 3-40 "新建章节"对话框（局部）　　图 3-41 【页面】面板（页码设置完毕）

❸ 将页码显示出来，操作同案例 3-9 的步骤 3，结果见图 3-42。

显示的是主页前缀。
主页前缀设置成了数字，很直观。

自动显示当前页码。
无位置不够的顾虑。

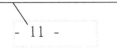　　

（a）主页里的页码　　　　（b）页面里的页码

图 3-42 画册的页码

■ 案例 3-11：设置图书的页码

项目要求：胶装；扉页、版权页不显示页码；前言、目录显示罗马数字页码，起始页码是罗马数字Ⅰ；正文首页显示阿拉伯数字页码 1。

❶ 设置第 1 节的页码。
- 在【页面】面板中选中第 1 节的首页（扉页，也是文档的首页），【版面】→【页码和章节选项】，打开如图 3-43 所示的对话框。
- 【样式】选择英文字母。因为页码不印出来，所以选哪个都可以，只要与其余节的样式不同即可。
- 结果见图 3-44。目前文档只有这一节。

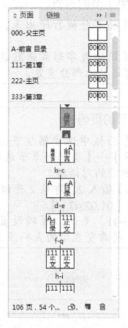

图 3-43 "页码和章节选项"对话框（局部）　　图 3-44 【页面】面板（设置了第 1 节的页码）

❷ 设置第 2 节的页码。
- 在【页面】面板中选中第 2 节的首页（前言），【版面】→【页码和章节选项】，打开如图 3-45 所示的对话框。
- 【起始页码】输入 1，即从 1 开始计数。
- 【样式】选【Ⅰ,Ⅱ,Ⅲ,Ⅳ…】。
- 结果见图 3-46。目前文档有两节。

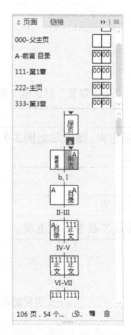

图 3-45 "新建章节"对话框（局部）　　图 3-46 【页面】面板（设置了第 2 节的页码）

❸ 设置第 3 节的页码。
- 在【页面】面板中选中第 3 节的首页（正文），【版面】→【页码和章节选项】，打开如图 3-47 所示的对话框。
- 【起始页码】输入 1，即从 1 开始计数。
- 【样式】选【1,2,3,4...】。
- 结果见图 3-48。目前文档有 3 节。至此，页码设置完毕。剩下的工作：将希望显示的页码显示出来。

图 3-47 "新建章节"对话框（局部）

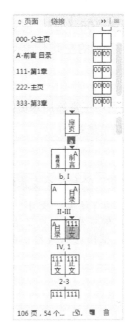

图 3-48 【页面】面板（页码设置完毕）

❹ 将页码显示出来，操作同案例 3-9 的步骤 3。
- 如果文档有多个主页，则需要在每个主页里逐个设置。对于子主页而言，只需要在其父主页里设置即可。
- 对于没有使用主页的页面，可以直接在页面里设置。

❺ 对不希望显示页码的个别页面，删除页码。
- 删除方法：在【页面】面板中双击该页面（将视图切换到页面编辑状态），按 Ctrl+Shift 组合键，单击欲删除的页码。
- 某页占页数，但不显示页码，称为暗码。页码属于书眉，那些本来有书眉，但特意删去书眉的页面就属于暗码。
- 重申：页码的设置都已经在【页码和章节选项】中确定好了，至于在某个页面中是否印出来，或者先印出来再删掉，都不会影响其他部分。

提醒：在设计图书、杂志时，如果页面排列异常，一定要确认下面两项内容。
- 按 Ctrl+Alt+P 组合键，勾选【对页】。
- 在【页面】面板菜单中勾选【允许文档页面随机排布】和【允许选定的跨页随机排布】。

小结：①文档有几种页码格式，就分为几个节。②需要从前到后，逐个设置每节的页码。对于页码不需要打印出来的节而言，如果其数字形式与其他节不冲突，可以不设置。③对于需要打印页码的页面而言，必须在主页里添加页码，然后将主页应用于这些页面；对于不需要打印页码的页面而言，则无须进行任何操作。④如果整体已经设置了页码，但希望个别页面不打印页码，可以在这些页面里将页码删除。

3.3.2 特殊形式的页码

案例 3-12：设置 "06／07" 形式的页码

项目要求：画册的左页不显示页码，右页显示左页和本页的页码。

❶ 在主页的右页中正常添加本页的页码，见图 3-49。可以看出主页的前缀是 11。

图 3-49　主页右页的页码文本框

❷ 在主页的左页，绘制一个文本框，见图 3-50。
- 使用 [文字工具] 绘制，大小、位置随意，只要在左页即可。本例将其绘制在了右上角。
- 要确认该文本框描边粗细为 0 点、无填色，即看似不存在。

图 3-50　主页左页添加的文本框

（a）主页右页的页码文本框（1）

（b）主页右页的页码文本框（2）

❸ 串接这两个文本框，右页的文本框在前。
- 选中右页的页码文本框，单击其右侧中部的空心小方块标志，见图 3-51（a）。
- 光标会变为往外灌注的标志，见图 3-51（b）。
- 移动光标至左页的文本框上，光标会变成串接的标志，然后需要单击该标志，见图 3-51（c）。
- 关于文本框的串接，下文有详述。

（c）主页左页的文本框

图 3-51　主页左右页文本框的串接

❹ 使用 [文字工具] 单击右页的文本框，并将光标置于左页页码处，【文字】→【插入特殊字符】→【标志符】→【下转页码】，结果见图 3-52。
- "下转页码"是与之串接的下一个文本框所在页面的页码。
- 本例中，左页和右页的文本框的串接以右页的文本框在前，即右页的文本框的下一个文本框是左页的文本框，所以"下转页码"表示左页的文本框所在页面的页码。

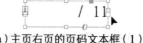

（a）主页右页里的页码

（b）页面右页里的页码

图 3-52　右页显示左页和本页的页码

一个页面显示两页的页码不是标准做法，也不是设置页码的首选方案。

另外，有一种情况与本例类似。一本书的内容采用中英文对照的排列方式，左页是英文，右页是中文。要求：右页不显示本页的页码，而显示对应左页的页码；左页正常显示自己的页码，即左页的页码是 6，右页的页码本来应该显示 7，但现在也显示 6。

当然也可以在左页中显示右页的页码，原理相同。

3.4 图层

图层类似于铺在页面上的透明纸，并且尺寸很大，铺满了每个页面。一个图层相当于一层透明纸，多个图层相当于多层透明纸叠放；页面里的每个对象都必须放在某层透明纸上，上层的透明纸会遮挡下层的透明纸。

图层可以调整上下次序、锁定、隐藏，常用于：①避免书眉（含页码）被遮挡；②一个文档有多种展示方案，即公共内容一个图层，每个方案一个图层；③锁定底图、背景等。

当然，并不是每个文档都要创建几个图层。实际上很多情形是没有上述需求的，此时我们完全不用设置图层，保持默认（即全部对象都在一个图层里）即可。

3.4.1 图层面板

打开素材文档，打开【图层】面板，见图 3-53。

英文图层是隐藏的，其余图层是显现的。
- 有眼睛标记表示显现；无眼睛标记表示隐藏；单击会相互转换。
- 在隐藏的图层中，其内容也会被隐藏。

本文档有 3 个图层，中文图层在最上层，公共图层在最下层。
- 上层中的内容会遮挡下层中的内容。
- 拖动可调整堆叠顺序。

中文图层中已经选中了一个或多个对象。
- 小方块中填充了颜色表示该图层中有对象被选中；小方块中没有填充颜色表示该图层中没有对象被选中。
- 拖动该填充颜色的小方块到其他图层，会在图层间移动所选对象（按 Alt 键拖动则复制）。
- 该小方块中的颜色也是图层中所有框架的标记颜色。

图 3-53 【图层】面板

公共图层是锁定的，其余图层是可编辑的。
- 有小锁标记表示锁定；无小锁标记表示可编辑；单击会相互转换。
- 在锁定的图层中，其内容也会被锁定。其中的对象不能被直接编辑，但如果应用了样式、色板，则依旧可以对其进行实时控制，即在修改这些样式、色板后，相关对象仍会立刻随之更改。

标记颜色，各不相同。
- 该颜色也是图层里所有框架的标记颜色。
- 在正常视图下，根据对象框架的标记颜色即可判断对象所在的图层。

中文图层是当前正在操作的图层，其他图层不处于操作状态。
- 有笔尖标记表示当前正在操作，无则表示当前不处于操作状态；单击无笔尖标记的图层的对应位置，会将笔尖切换过来。
- 只有在添加内容时才需关注该笔尖，因为在选中某个对象时，会自动切换到所在图层。

➡ 注意事项

①不区分主页和页面，所有的页面和主页里的图层及其堆叠、锁定、隐藏、当前编辑状态都相同。在任意地方对图层进行更改，都会立即在其他地方起相同的作用。

②不管当前处在哪个图层，都可以直接选中任何一个图层（只要没有锁定或隐藏）里的对象，就像全部对象都在一个图层里。其优点是不用手动切换图层；缺点是在添加对象前，要确认当前是哪个图层，避免添加到错误的图层里。

3.4.2 新建、应用图层

案例 3-13：避免页码被遮挡

文档第 2 页的页码被图片遮挡了，见图 3-54。

> 因为图片设置了透明效果，所以页码还能显现；如果图片不透明，页码会完全"消失"。

> 页码被遮挡的原因如下所述。
> - 文档只有一个图层。
> - 在同一个图层中，页码等来自主页的对象一律排在页面自己的对象之后。

（a）页面（局部）

（b）【图层】面板

图 3-54 页码被遮挡

❶ 新建一个图层，并将其置于顶层。
- 【图层】面板菜单→【新建图层】，见图 3-55。保持默认状态，单击【确定】。
- 新建的图层（图层 2）默认会在当前图层的上层（见图 3-56），所以本例不需要特意将其置于顶层。

图 3-55 "新建图层"对话框

❷ 将页码文本框移至图层 2。
- 编辑主页，选中页码文本框（共两个，可按住 Shift 键逐个单击）；单击【图层】面板，拖动图层 1 右侧的小方块至图层 2。结果见图 3-57。
- 如果不希望主页里的其他对象被遮挡，就可将它们都移至顶部的图层。
- 为保证图层 2 专用于书眉，可以将其锁定。

图 3-56 【图层】面板

图 3-57 页面（局部）

案例 3-14：一个文档两种版本

某说明书，要求纯中文一本，纯英文一本。操作方案见图 3-58。

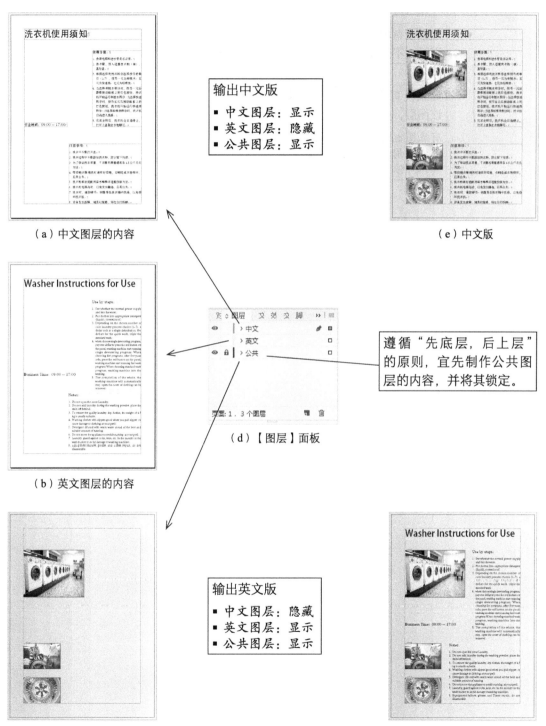

图 3-58　一个文档两种版本的图层规划

另外，可以采用一个中文文档、一个英文文档的方法，但这种方法有个缺点：当修改公共图层的内容时，需要分别修改，而且还要注意保持一致。

一个文档两种版本的情况不多见，在平时的工作中可以参考下面的图层规划，见图 3-59。

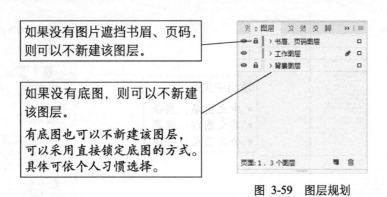

图 3-59　图层规划

概述

工作界面

文档的创建与规划

▶ 排文

字符

段落 I

段落 II

查找与替换

图片

对象间的排布

颜色、特效

路径

表格

脚注、尾注、交叉引用

目录、索引

输出

长文档的分解管理

电子书

Id 第 4 章 排文

在版心、书眉等布置好后，主角（如文本、图片）就该"登场"了。文本设置分为两个阶段：添加文本和设置文本格式。本章讲述第一阶段，即把文本添加进来并安排好位置。

4.1 添加文本

文本放置在文本框内，文本框放置在页面里，这是 InDesign 编排文本的方式。文本框可以手动创建，也可以自动创建。文本框还可以相互串接，从而使文本在文本框间流动，并且文本框可以手动串接，也可以自动串接。

文本大多来自 Word 文档，需要我们打字输入的情况较少。

4.1.1 复制粘贴法

复制粘贴法灵活、自主性强，并且默认去除源文本的格式，即会以纯文本的形式添加进来。

案例 4-1：把 Word 文本排进 InDesign（1）

❶ 把 Word 文本添加进 InDesign 文档里。
- 单击 [文字工具]（见图 4-1），可以拖动绘制文本框（按住 Shift 键，可以绘制正方形文本框）。
- 把 Word 里的文本复制、粘贴进该文本框，见图 4-2。

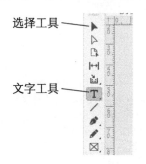

图 4-1　文字工具

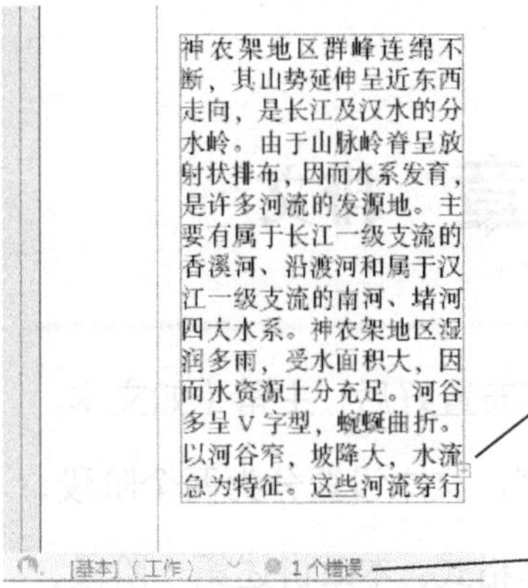

有红色加号标志，表示该文本框里有文本未完全显示，解决方法如下所述。
- 扩大现有的文本框（见步骤 2A）。
- 添加新文本框并与之串接（见步骤 2B）。
- 减小字号、行距等。为了保持整篇文档的一致性，通常不采用这种方法。
- 删除部分文本。通常不采用这种方法。

在默认设置下，状态栏（屏幕左下方）的"印前检查"也会出现红色警示，双击"×个错误"，会打开如图 4-3 所示的【印前检查】面板。

图 4-2　文本框（有溢流文本）

数字表示错误所在的页码，单击该数字，即可把视图切换过去并选中该文本框。

图 4-3　【印前检查】面板

本例出现了溢流文本的问题，如果没遇到此类问题，操作就此结束。

❷A 扩大文本框尺寸。
- 方法 1：使用 [选择工具] 选中文本框，拖动 4 条边中央或 4 个角上的某个小方框。结果见图 4-4。
- 方法 2：在光标处于文本输入状态时，按住 Ctrl 键拖动边框上的 8 个小方框之一。松开 Ctrl 键，光标会返回文本输入状态。

4 个角上的小方块或 4 条边中央的小方块，用于调整文本框大小。

"入口"是空心方块，表示向前没有串接文本框。

使用 [选择工具] 单击该"入口"，可向前串接文本框。

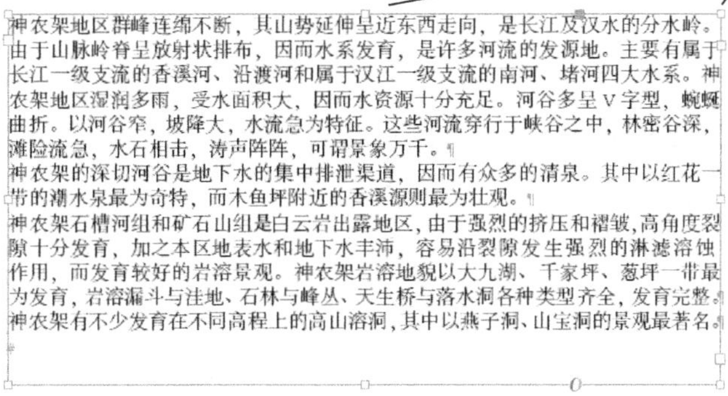

"出口"是空心方块，表示向后没有串接文本框。

使用 [选择工具] 单击该"出口"，可向后串接文本框。

图 4-4　文本框（无溢流文本）

❷B 添加一个文本框并与之串接。
- 使用 [选择工具] 单击图 4-2 中所示的红色加号，光标会变为向外串接的样式，见图 4-5。
- 绘制文本框，会自动接排未显示出来的文本。结果见图 4-6。

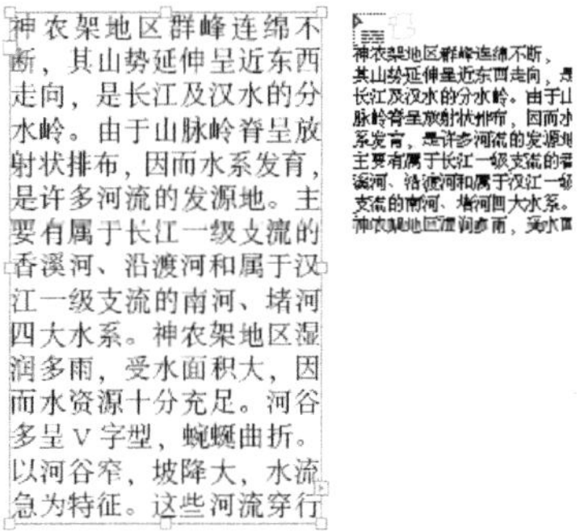

图 4-5　文本准备向外串接

图 4-6　添加并串接了一个文本框

仍然有溢流文本，需要继续添加文本框。

❸B 再添加一个文本框并与之串接，操作同上一步，结果见图 4-7。
- 没有溢流文本了，就此结束。
- 本例是边画文本框边串接，当然也可以先把文本框画好，再串接（操作见第 431 页"建立串接"）

图 4-7　添加并串接了第 2 个文本框

文本框可以是单独的，其中的文本只能在一个文本框里，见图 4-4；也可以是串接的，其中的文本在一组文本框里流动，见图 4-7。一个单独或多个串接的文本框里的文本称为一个文本流（这是本书里的叫法，通用的叫法是文章）。

选中文本框，从"入口""出口"的方块可知是否有文本框与之串接。空心方块表示无串接，见图 4-4；内有三角符号的方块表示有串接，见图 4-8。

知道有串接，但不知道和哪个文本框串接。

（a）隐藏了文本框串接

显示文本框串接后，可直观地看出串接关系。

按 Ctrl+Alt+Y 组合键，可切换隐藏和显示文本框串接的状态。

（b）显示了文本框串接

图 4-8 串接的文本框

4.1.2 置入法

置入法效率较高。文本可以以纯文本的形式添加进来，也可以保留源格式。

案例 4-2：把 Word 文本排进 InDesign（2）

❶ 按 Ctrl+D 组合键，打开如图 4-9 所示的对话框。

❸ 双击目标文档，打开如图 4-10 所示的对话框。

❷ 取消其他勾选，只勾选这一项。

图 4-9 "置入"对话框（局部）

❹ 去除格式还是保留格式？二者选其一。
- 去除格式：纯文本。文本格式由自己亲手设置，比较放心。
- 保留格式：一些文本格式可以带进 InDesign，从而减少工作量。但有些格式不能带进 InDesign（见第 425 页"导入 Word 文档"），并且文档格式可能很凌乱。

❺ 单击【确定】，光标会变成即将灌文的样式，见图 4-11。
- 若提示缺失 ×× 字体，可能是因为本电脑没有安装该字体；也可能是因为 InDesign 把 Word 设置的加粗（Blod）或倾斜（Italic）渲染效果视作新字体，当然这些"字体"并不存在。在 InDesign 里可以通过描边、倾斜达到这种效果，但往往不如专门的加粗或倾斜字体美观，所以要用专门的加粗或倾斜字体替换它们。
- 替换字体，可以现在操作，也可以随后操作。

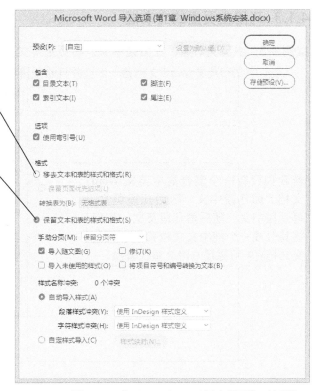

图 4-10 "Microsoft Word 导入选项"对话框

❻ 按住 Shift 键，在页面上单击。
- 会自动创建文本框（上边框是光标处的水平线，其余 3 个边框紧贴版心线或分栏线，所以适宜单击上版心线），文本会自动灌注进去。如果文本框可以容纳全部文本，就此结束；如果在文本框灌注满后还有多余的文本，会自动在下一栏或下一页（优先在下一栏；如果已是末栏，则在下一页；如果已是末页，则自动添加一页）添加串接的文本框并继续灌注，直至文本被全部放置完毕。
- 这就是自动排文，高效、简便。当然前面的复制粘贴法也可以采用自动排文：只需接着图 4-5 继续操作，按住 Shift 键，在页面上单击即可。

图 4-11 即将灌文

➡ 针对 Word 稿件，战略方向很重要

①在 InDesign 里制作还是在 Word 里制作？如果 Word 稿件已经编排得不错了（尤其是含有大量公式等不易置入 InDesign 的项目），并且对颜色要求不高，则可以直接在 Word 稿件中继续编排（Word 可以客串印前排版）。除此之外，可以把 Word 稿件导入 InDesign 中排版。

②如果确定在 InDesign 里制作，那么应当去除格式（复制粘贴法也属于该情况）还是保留格式？我们可以新建两个空白 InDesign 文档，然后分别用这两种方法导入，最后通过评估选择后续工作量较少的那种方法。

4.1.3 巧用主页里的文本框

案例 4-3：中英文对照，左页是中文，右页是英文

现有中文和英文 Word 文档各一个，并且希望排在一本书里，要求见图 4-12。

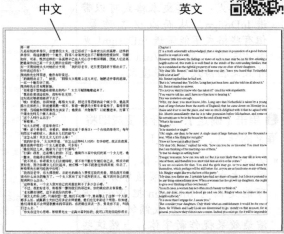

图 4-12 中文和英文对照（希望的效果）

若我们只有一个混合的中英文 Word 文档，即几段中文，随后几段英文，再几段中文，随后再几段英文。如何将其分成一个纯中文文档和一个纯英文文档呢？可采用 GREP 查找替换。

❶ 在左主页和右主页里，分别添加一个文本框，并且两个文本框不串接，见图 4-13。

- 相应的页面里会有这两个文本框，并且它们没有相互串接。
- 中英文就排在这些文本框内。

图 4-13 在主页里添加文本框

❷ 回到页面中，把中文灌进左页的文本框里，见图 4-14。

- 同案例 4-2 介绍的方法：按住 Shift 键，在页面上单击该文本框。
- 将文本灌注进该文本框。该文本框是孤立的文本框，在灌注满后，会自动灌注后方页面（如果已经是末页，则自动添加一页）里的这个来自主页的文本框，直至文本被全部灌注完毕。当然，这些文本框是串接的。

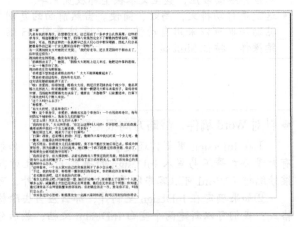

❸ 把英文灌进右页的文本框里，操作结束。效果见图 4-12。

图 4-14 置入中文

案例 4-4：中英文对照，页面左侧是中文，页面右侧是英文

现有中文和英文 Word 文档各一个，并且希望排在一本书里，要求见图 4-15。

上例和本例页面里的文本框都来自主页，所以有个重要特性：在主页里调整文本框的尺寸、位置后，页面里的文本框也会跟着调整。

本例左主页和右主页里的文本框有串接，在默认设置下，"智能文本重排"会生效，即出现溢流文本或空白页面时，文档会自动增减页数。若要关闭此功能，方法见第 431 页"智能文本重排"。

图 4-15　中文和英文对照（希望的效果）

❶ 在左主页和右主页里，各添加两个文本框。左主页里的左侧文本框与右主页里的左侧文本框串接；左主页里的右侧文本框与右主页里的右侧文本框串接。效果见图 4-16。

- 文本框串接的方法：选中前面的文本框，单击右下角那个较大的小方块（出口），再单击后面的文本框。
- 相应的页面里自然会有这四个文本框，并且两两串接。
- 中英文就排在这些文本框内。

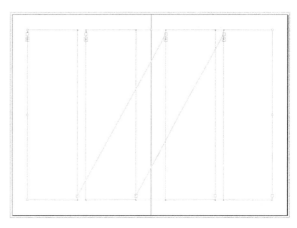

图 4-16　在主页添加文本框

❷ 回到页面中，把中文灌进页面左侧的文本框里，见图 4-17。

- 同案例 4-2 介绍的方法：按住 Shift 键，单击左页左侧的文本框。
- 将文本按串接顺序灌注。在灌注满后，会自动灌注后方页面（如果已经是末页，则自动添加一页）里的来自主页的串接文本框，直至文本被全部灌注完毕。当然，这些文本框是串接的。

❸ 把英文灌进页面右侧的文本框里，操作结束。效果见图 4-15。

图 4-17　置入中文

4.2 分页

我们经常需要把文本流从某处分开，使后面的文本在其他地方开始排。例如，章标题不接着前面的内容排，而是从随后的页面开始排。从奇数页码或偶数页码开始排都可以，是另面起；只能从奇数页码开始排，是另页起。操作方法有两种：保持文本框串接，断开文本框串接。

4.2.1 保持文本框串接

在保持文本框都串接的前提下，要使某处以后的文本"跳"到后面的某个文本框中，可借助分隔符实现。

案例 4-5：章标题另面起（1）

❶ 将光标置于要分页的交界处（"第"的左侧），见图 4-18。
- 在交界处之前的文本不受影响。
- 在交界处之后的文本会按我们的指示"跳"到后面的某个文本框中。

图 4-18　章标题接排

❷【文字】→【插入分隔符】，见图 4-19。

- 【框架分隔符】：从下一个文本框开始排。
- 【分页符】：从下一页码开始排，即另面起。
- 【奇数页分页符】：从下一奇数页码开始排，即另页起。
- 【偶数页分页符】：从下一偶数页码开始排。

图 4-19　【插入分隔符】菜单

❸ 单击【分页符】，结果见图 4-20。
- 原理：在第 1 章末尾加一个分页符（不可打印），该符号像普通字符一样在文本框里流动。但是它有个特性：它后面的字符不能和它排在一个文本框里，只能排在下一页的文本框里。
- 在第 1 章末尾加若干回车符，也可以使第 2 章恰好从下一页开始排。但这样做有个缺点：一旦文档被改动，就可能使第 2 章的起始位置偏离。

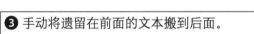

图 4-20 章标题另面起

除了插入分隔符，还可以在段落样式的【保持选项】里设置【段落起始】。

4.2.2 断开文本框串接

此处的断开文本框串接，不是将所有文本框的串接全部断开，而是将章与章之间的文本框串接断开，章内部的文本框仍保持串接。

案例 4-6：章标题另面起（2）

本例的方法也适合另页起，因为在断开文本框串接后，可以随意放置章标题所在的文本框。

❶ 选中断开点之后的文本框。

即选中如图 4-18 所示的右侧的文本框。

❷ 打开【脚本】面板，【用户】→【Version 4】，再双击【DivideStory】，见图 4-21。
- 图 4-18 所示的左右文本框虽然断开了串接，但它们仍分别保持与前后文本框的串接。
- 这是第三方脚本，需要自行安装。

图 4-21 【脚本】面板

❸ 手动将遗留在前面的文本搬到后面。

即把图 4-18 所示的左侧属于第 2 章的那几段文本剪切并粘贴到右侧文本框中。

如果没有 DivideStory 脚本，则可以使用下面两种方法之一。

- 方法 1：①用 SplitStory 脚本将全部文本框断开串接（详见第 432 页"断开串接"）；②进行上面的步骤 3；③手动串接各章内部的文本框，章之间可能要添加页面。
- 方法 2：①把文档复制出一个副本；②在原文档里，删除该文本流所在的页面或文本框，但要保留第 1 个页面或第 1 个文本框；③将光标放置在该文本框内，按 Ctrl+A 组合键全选文本并删除；④在副本文档里，剪切第 1 章的文本（将光标放置在起始位置，按住 Shift 键单击末尾位置，中间的文本都会被选中）并粘贴到剩下的文本框内，此时往往会有溢流文本，可以用自动排文的方法将其解决；⑤在副本文档里，剪切第 2 章的文本，在放置第 2 章的首页里粘贴，会自动建立一个文本框，然后调整文本框的尺寸及位置，并解决溢流文本；⑥用同样的方法处理后面的章节。

4.3　文本与文本框

文本默认紧贴框架，并且靠左、靠上分布。当然，这种状态是可以改变的。

4.3.1　文本与框架的距离

案例 4-7：增大文本框内边距

文字离框架太近，会不美观，应当增大间距，见图 4-22。

❶ 选中框架或将光标放在框架内，【对象】→【文本框架选项】，即可打开如图 4-23 所示的对话框。

❷ 调整边距值，结果见图 4-24。

- 若要四边的边距不同，就需要断开中间的链接标志。
- 可勾选【预览】，以便实时查看效果。

给年轻人的职场建议：①不要和上级开玩笑，因为上级和你开玩笑，是平易近人，而你和上级开玩笑，是目无尊长；②不要和上级争执，因为在争执完后，还得按上级的意见办，结果还不愉快。

图 4-22　文本与框架过近

图 4-23　“文本框架选项”对话框

给年轻人的职场建议：①不要和上级开玩笑，因为上级和你开玩笑，是平易近人，而你和上级开玩笑，是目无尊长；②不要和上级争执，因为在争执完后，还得按上级的意见办，结果还不愉快。

图 4-24　增大文本框内边距

使用［选择工具］双击下边框，下边框会移动到恰好适合文字的位置。结果见图 4-25。

见第 431 页“调整框架尺寸，使之恰好适合内容”。

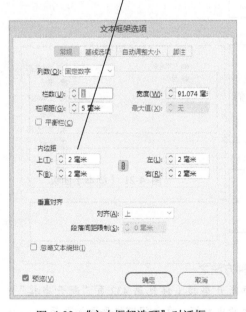

给年轻人的职场建议：①不要和上级开玩笑，因为上级和你开玩笑，是平易近人，而你和上级开玩笑，是目无尊长；②不要和上级争执，因为在争执完后，还得按上级的意见办，结果还不愉快。

图 4-25　下边框线适合内容

此处设置的文本框内边距，会对该文本框里的全部文字生效。若只需针对局部文本，就要使用其他的方法。例如，某文本框内有多个段落的文字，现在只希望增大其中一段文字与框架的左右距离，这时可以用段落里的左右缩进实现。具体操作会在后面的章节里讲解。

4.3.2 文本垂直对齐方式

在垂直方向上，文本在文本框内有 4 种对齐方式。打开如图 4-23 所示的对话框，单击【对齐】下拉菜单，见图 4-26，选择需要的对齐方式，结果见图 4-27。

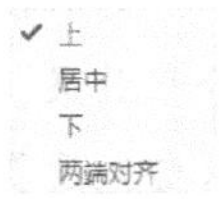

图 4-26 【对齐】下拉菜单

单击【两端对齐】，并将【段落间距限制】设置为 2mm。
- 两端对齐：文本上下撑满框架。
- 【段落间距限制】设为 2mm：保证段落间距大于行距 2mm，这样更美观。
- 通常不会采用该方法设置行距和段落间距，而是直接设置行距和段前后距。

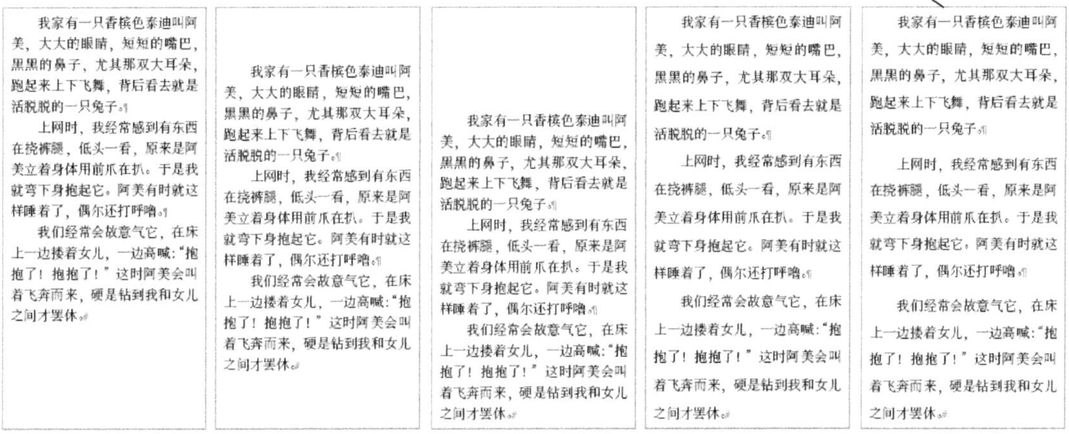

（a）上（默认设置）　　（b）居中　　（c）下　　（d）两端对齐　　（e）两端对齐+调整段落间距

图 4-27 垂直对齐方式

另外，文本在水平方向上的对齐方式是在段落里设置的。

4.4 分栏

图书往往不分栏，杂志多分为两栏（见图 4-28）或三栏，还常以"栏宽"区别各篇文章，例如，三栏的是一篇文章，两栏的是另一篇文章，见图 4-29。

图 4-28 《中国国家地理》2016 年第 7 期

图 4-29 《读者》2017 年第 19 期

设置分栏，有 3 种方法，适用于不同的情况。

4.4.1 文档设置法

在整个文档或很多页面的分栏情况统一时（如一本图书），宜采用本方法，效率高。

可以在新建文档时设置（见图 3-5 的步骤 7），也可以随后设置：选中主页或页面，【版面】→【边距和分栏】（见图 3-5 的步骤 7）。

说明：①文档设置法针对的是整个文档或很多页面，得到的是单个文本框（文章短）或多个串接的文本框（文章长），并且这些文本框并排排列，从而达到分栏效果，所以其本质是自动创建并摆放文本框；②设置的分栏对已经存在的文本无效，所以要先设置分栏，后添加文本；③本方法的优点是自动添加与栏等宽的文本框，并且将其自动放置好，所以在置入文本时要单击鼠标，不要手绘文本框；④可以设置不等宽的栏（见第 420 页"更改边距、分栏"）。

4.4.2 文本框设置法

在同一个文档里，分栏情况比较复杂时（如一本杂志），宜用本方法，灵活性大。

案例 4-8：杂志分栏

杂志的分栏见图 4-30。

（a）初始状态　　　　　　　　　（b）希望的结果

图 4-30　杂志的分栏

❶ 对文本框设置分栏。
- 选中框架或将光标放在框架内，【对象】→【文本框架选项】，即可打开如图 4-31 所示的对话框。
- 【栏数】输入 3。
- 【栏间距】输入 6mm。
- 单击【确定】，结果见图 4-32。

图 4-31　"文本框架选项"对话框（局部）

框架内的文本被全部分栏，但大标题、导言、作者、绿色装饰线不需要分栏。

图 4-32　全部文本分栏

❷ 对不需要分栏的段落设置不分栏。
- 选中大标题、导言、作者这3个段落，【段落】面板菜单→【跨栏】，打开如图4-33所示的对话框。
- 【段落版面】选【跨栏】。
- 【跨越】选【全部】，即跨所有栏。
- 单击【确定】，结果见图4-34。
- 适宜在大标题、导言、作者各自的段落样式里设置。

跨栏的文本与前、后正常分栏的文本的间距，有两种设置方法。
- 设置段落的段前距、段后距。在段落样式里设置后，覆盖面大。
- 设置段落的【跨越前间距】和【跨越后间距】（见第432页"整体已分栏，希望某个段落不分栏"），只针对跨栏与分栏的接触面。
- 如果跨栏的段落只有一段，那么这两个方法的效果相同。

图 4-33　"跨栏"对话框

❸ 放置图片，结果见图4-30（b）。
- 最后一栏文本必须恰好排满版面。通常借助调整图片大小或裁剪图片来实现，实在不行，要与编辑、作者商议，看是否能够添加或删除一些文字。不能调整字号和行距，因为对某个栏目而言，这些都是固定的，不能调整。
- 关于图片的操作，会在后面的章节讲解。
- 实际上，本例还未结束，因为不同栏之间的文本没有对齐。而如何对齐会在后面章节讲解。

图 4-34　大标题等不分栏

说明：①文本框设置法针对的是单个文本框或多个串接的文本框（需全选里面的文本），得到的是文本框内部分栏。②由于此方法是对文本框进行的设置，因此必须要有文本框，可以先创建文本框，然后添加文本，最后再分栏；也可以同时创建文本框和添加文本，然后分栏。③在分栏后，文本框内所有文本都会自动按栏排布。如果希望某些文本（只能是整个段落）不分栏，就需要特意对其设置跨栏。④只能设置等宽的栏。

4.4.3 手动摆放文本框法

有时栏宽、排布的情况会比较复杂，见图 4-35 和图 4-36，用前面两种方法难以实现，宜采用本方法。

与文档设置法一样，各栏都是一个个的文本框（在同一篇文章里是串接的），可以很方便地调整这些文本框的宽度、高度、位置，灵活性极大。

栏宽不相同。
- 文档设置法：栏宽可以不相同，但杂志的版面丰富多彩，不是很规整，不宜用该方法。
- 文本框设置法：栏宽只能相同。

栏的位置错开。
- 文档设置法：各栏都是单个文本框，位置可任意调整，可以错开排列，但不宜用该方法（原因同左）。
- 文本框设置法：位置错开，不便实现。

图 4-35 《电脑爱好者》2017 年第 20 期　　图 4-36 《VOGUE 服饰与美容》2017 年六月号

4.5 竖排

现代书一般全篇横排；古书一般全篇竖排；杂志一般全篇横排，也可以点缀几篇短文竖排（尤其是一面上有多篇文章时）。设置竖排文本的方法有 3 种。

4.5.1 文档设置法

在制作古书时，一般采用本方法；在制作现代书、杂志时，一般不采用本方法。

可以在新建文档时设置；也可以随后设置，按 Ctrl+Alt+P 组合键，打开如图 4-37 所示的对话框，并将【装订】设置为 [从右到左]。

说明：①在自动置入文本时（适宜单击版心的右边框线），文本会自动竖排；②对已经存在的横排文本采用如图 4-37 所示的设置后，不会自动改为竖排。尽管如此，古书也必须这样设置，因为这是页面排列次序的需要。至于文本竖排的问题，可用下面的方法解决。

图 4-37 "文档设置"对话框

4.5.2 文章设置法

对于已经存在的横排文本，若希望将其改为竖排，就可以采用本方法。

■ **案例 4-9：把文本改为竖排**

把文本改为竖排见图 4-38。

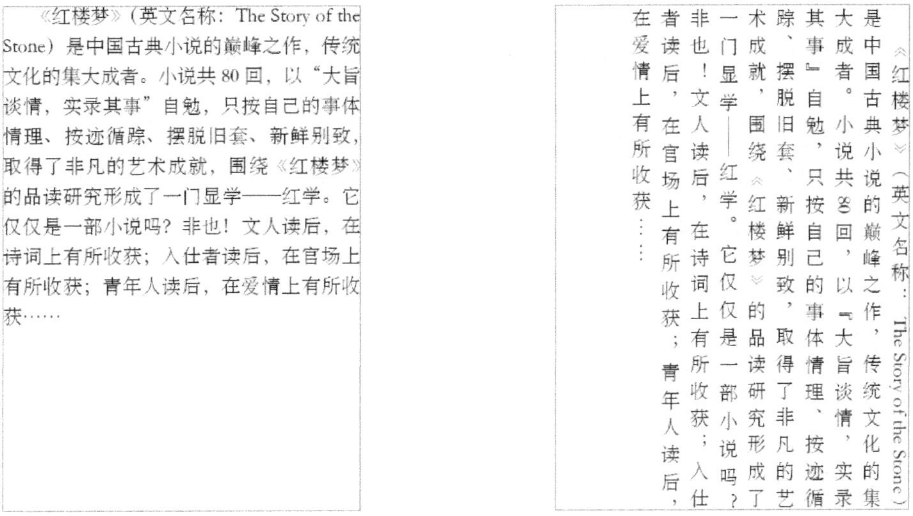

（a）初始状态　　　　　　　　　　　　（b）希望的结果

图 4-38　把文本改为竖排

❶ 把文章设置成竖排。
- 选中框架或将光标放在文本中，【文字】→【排版方向】→【垂直】。结果见图 4-39。
- 本操作以一篇文章（一个文本流）为单位，即对选中的文本框和与之串接的全体文本框都有效。

❷ 把引号改为竖排专用格式，结果参见图 4-38（b），操作方法如下所述。
- 方法 1：手动逐个更改，可以使用软键盘，见图 4-40。
- 方法 2：批量更改，即查找并更改。

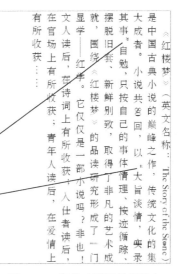

图 4-39　竖排（引号待更改）

图 4-40　软键盘

4.5.3 绘制竖排文本框法

在向 InDesign 文档里添加文本时，若设置了自动排文，则文本的横排和竖排无法自主选择，因为在图 3-6 或图 4-37 所示的设置界面中，装订方式已经确定了；若先绘制文本框，再手动输入或粘贴，就可以自主选择横排和竖排了。

使用如图 4-1 所示的 [文字工具] 绘制的文本框，里面的文本是横排的。使用如图 4-41 所示的 [直排文字工具] 绘制的文本框，里面的文本是竖排的。

说明：① 竖排文本里的标点、英文、阿拉伯数字的规范，见第 361 页"横排、竖排"，在默认设置下，InDesign 通常会自动设置好，但是引号不会自动转换；② 标点排布方面的特殊要求会在 GREP 样式中讲解。

图 4-41　直排文字工具

4.6 转行

转行也称换行，就是文本流到下一行继续排布，可以分为以下两种情况。

4.6.1 自动转行

在文本排满一行后自动转行，看似简单，实际上却会受到避头尾、书写器、标点挤压等的共同控制。这些设置决定了转行附近的字符是排在一行还是移至另一行。英文还会受到连字的影响。具体会在后面的章节讲解。

说明：① 此处的设置影响面广，会涉及整段文本；② 通常用作微调，即只影响转行附近的几个字符。

4.6.2 强制转行

指定在某处转行，又希望与原来的文本保持在一个段落里时，采用本方法。

案例 4-10：长字符串手动转行

长字符串手动转行见图 4-42。

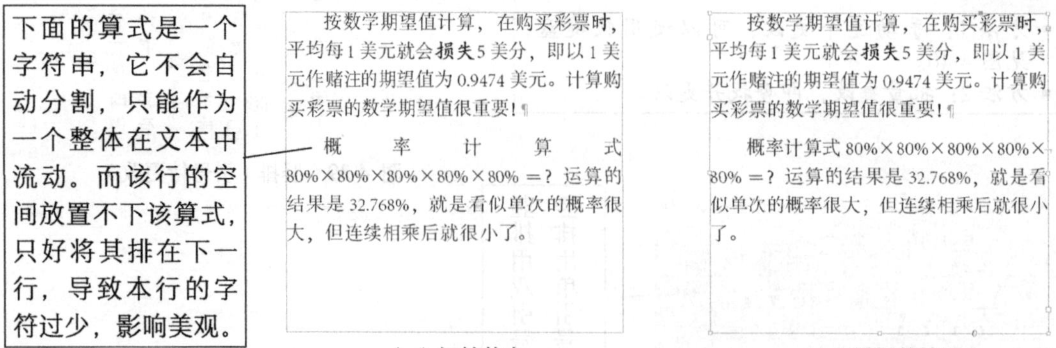

（a）初始状态　　　　　　　　　　（b）希望的效果

图 4-42　长字符串手动转行

❶ 把光标置于要转行的地方。
- 适宜在乘号之后转行,因为《物理科学和技术中使用的数学符号》(GB/T 3102.11—1993)中规定:加减乘除等符号要放在行尾,且在下一行开头不应重复这一符号。
- 本例有多个乘号,到底在哪个乘号之后转行合适呢?这需要进行几次试验并选择效果好的那一个。

❷ 按 Shift +Enter 组合键,结果见图 4-42(b)。
- 这就是强制转行,俗称"软回车"。转行后的文本仍属于原来的段落。
- 直接按 Enter 键,也会起到转行的效果,但转行的文本会新建一个段落。结果见图 4-43。

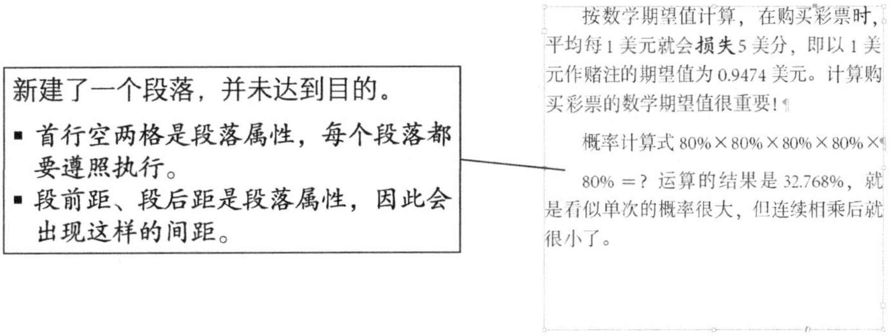

新建了一个段落,并未达到目的。
- 首行空两格是段落属性,每个段落都要遵照执行。
- 段前距、段后距是段落属性,因此会出现这样的间距。

按数学期望值计算,在购买彩票时,平均每1美元就会**损失**5美分,即以1美元作赌注的期望值为 0.9474 美元。计算购买彩票的数学期望值很重要!

概率计算式 80%×80%×80%×80%×80% =? 运算的结果是 32.768%,就是看似单次的概率很大,但连续相乘后就很小了。

图 4-43 按 Enter 键转行

说明:①软件具有自动转行的功能,但我们不能完全依赖此功能。因为软件不能自动分割长字符串,但我们也不必一行一行地检查,只需要查看段落的前几行即可。长字符串越靠近段首,造成的不利影响越显著;如果段落较长,并且长字符串靠近段尾,由于它前面的字符数量多,每个字符受到的影响较小,不利影响就不明显。②还可以采用在长字符串里添加空格(将其分成短字符串)的方法来解决这个问题。③中文数字默认不会从中间转行,如"一年三百六十五天都在想你"中的"三百六十五"。我们可以用上文提到的方法解决,但首选的方法是修改所用的段落样式,单击【日文排版设置】,取消勾选【连数字】(默认勾选)。

凡是希望把文本流从某个地方分成两行,但又不希望其分成两个段落的情况,都可以用本方法。例如,某标题的文本较多,希望转行,使用 Enter 键转行就成了两个段落,并且在自动生成的目录里会分成两条,这并不是所希望的效果。而使用本方法转行,就可以避免这个问题,而且在生成目录时还可以自动去除该软回车。

4.6.3 强制不转行

文本在一行排不下时肯定要转行。但是如果希望某些字符作为一个整体流动,即要么这些字符都不转行,要么这些字符一起转行,不得在它们中间转行,此时,就要对其设置【不换行】。

操作方法:选中需要处在同一行的文本,【字符】面板菜单→【不换行】,即可强行指定不转行的字符串。注意这样做会有一个弊端,见图 4-42(a)。

可以对静态字符(如重要人名)设置【不换行】;也可以对动态字符设置【不换行】,如防止孤字(段落末行只有一个字),即对段落末尾的 3 个字符(含一个标点)设置【不换行】,适宜通过 GREP 样式来实现。

4.6.4 分行缩排

分行缩排是把正常排列的文字中的一部分分成多行，并且使这些多行文字在整体上与正常排列的文字居中对齐。

▲ **案例 4-11：制作简易的分式**

制作简易的分式见图 4-44。

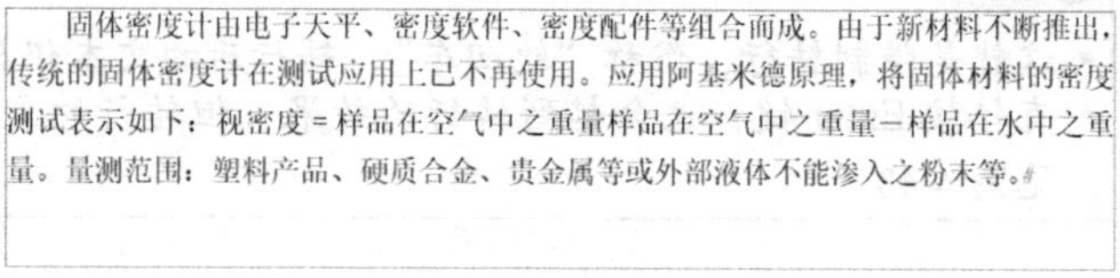

分式
- 分子、分母本来在一行，现在将它们分成两行，并且使它们在整体上与原来的文本居中对齐，这就是分行缩排。
- 若不采用分行缩排，就需要添加多个文本框，会给排版操作带来不便。

（a）初始状态

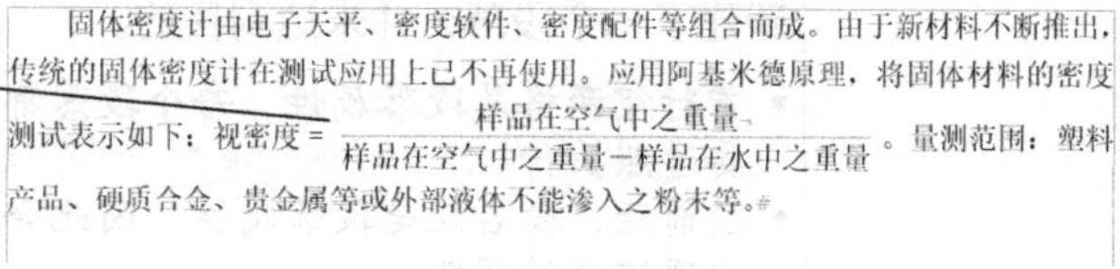

（b）希望的效果

图 4-44 制作简易的分式

❶ 选中需要分行缩排的文字，【字符】面板菜单→【分行缩排设置】，打开如图 4-45 所示的对话框，并设置以下内容。
- 勾选【分行缩排】，表示启用该功能。
- 勾选【预览】，表示随后的设置效果会实时显现出来。
- 【行】：输入 2，表示分为 2 行。
- 【分行缩排大小】：输入 100%，表示文本大小不变。希望文本大小是原来的百分之几就输入百分之几（限定 1% ~ 100%）。
- 【行距】：输入 3 点，表示行间距。
- 【对齐方式】：选【居中】，表示左右居中对齐（横排）。
- 单击【确定】，效果见图 4-46。

图 4-45 "分行缩排设置"对话框

分行缩排的文本看似多行，实则为一行。
- 往往与上下文本距离较近。
- 内部的行间距不能像普通文本那样设置，需要在专门的地方（见图 4-45）设置。

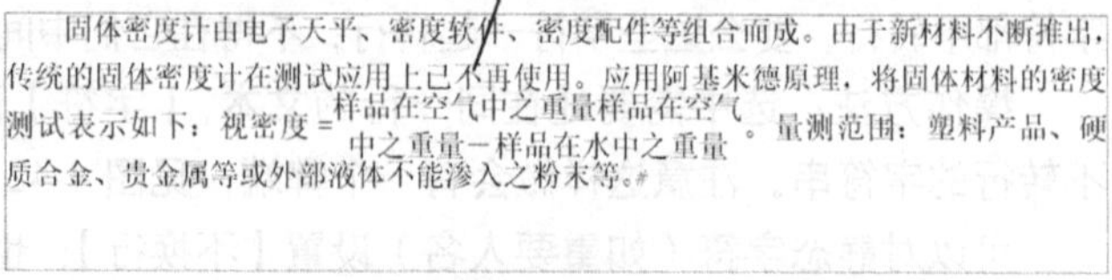

图 4-46 设置分行缩排

❷ 增大公式行与上下行的间距，结果见图 4-47。

- 选中公式所在行的上面一行中的某个字符（适宜在中央附近，以减少它移至其他行的概率），在【字符】面板中将 [行距] 设为 21 点。
- 选中公式中的一个或多个字符（任意），在【字符】面板中将 [行距] 设为 21 点。

❸ 手动设置分行，结果见图 4-48。

- 把光标放在希望分行的地方，按 Shift+Enter 组合键。
- 在设置过程中，文本框要够宽。否则可能会出现其他问题。必要时可以临时加宽文本框，分好行后再尝试把宽度恢复原状。

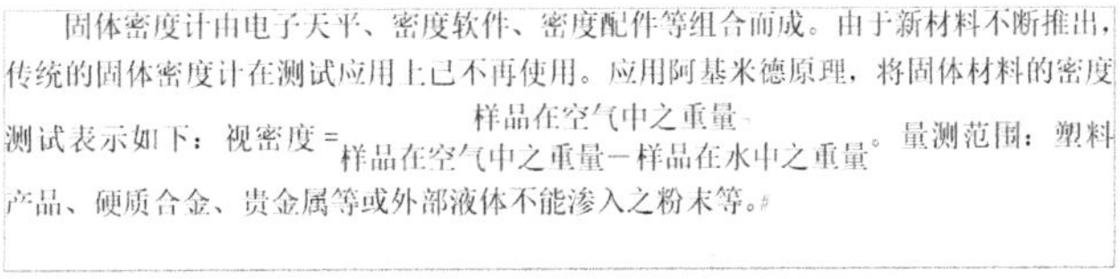

❹ 设置公式中间的横线，结果见图 4-49。

- 选中公式中的全部分母文本，【字符】面板菜单→【下画线选项①】，打开如图 4-50 所示的对话框（设置方法以后讲述）。
- 如果使用拖动法选中文本不易操作，则可以使用 Shift 键（在开头单击鼠标，按住 Shift 键在末尾单击鼠标）。

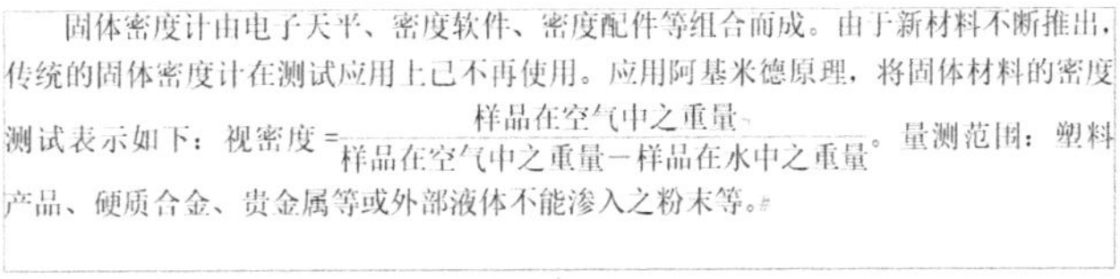

❺ 增大公式与左侧和右侧文本的间距，结果见图 4-44（b）。

- 选中"="，在【字符】面板中将 [字符后挤压间距] 设置为【1/3 全角空格】，即在等号后面增大了间距。
- 选中公式末尾的逗号在【字符】面板中将 [字符前挤压间距] 设置为【1/3 全角空格】，即在句号前面增大了间距。

每行的宽度默认近似相等。
- 若对换行位置没要求，这样就很匀称。
- 若对换行位置有要求，但软件不知道我们的要求，我们就要自己把关。

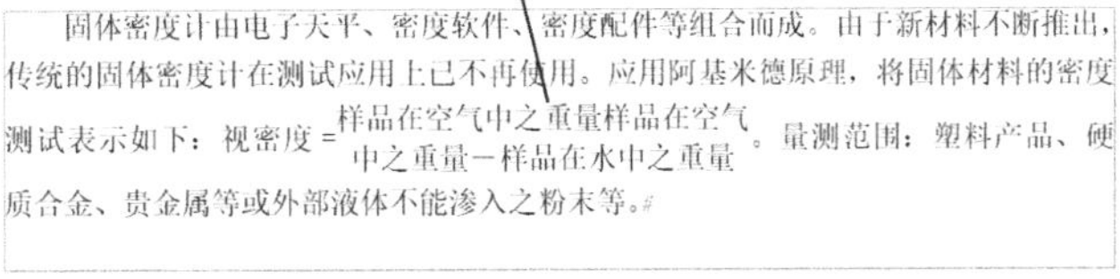

图 4-47　增大公式行与上下行的间距

图 4-48　手动设置分行

图 4-49　设置公式中的横线

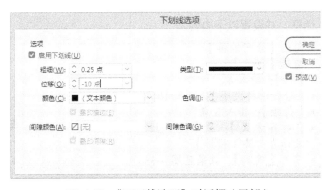

图 4-50　"下画线选项"对话框（局部）

---

① 图中的"下划线"应为"下画线"，特此说明。

案例 4-12：制作简易的挂线表

制作简易的挂线表见图 4-51。

①改变传动比，扩大驱动轮转矩和转速的变化范围，以适应经常变化的行驶条件，同时使发动机在有利的工况下工作；②在发动机旋转方向不变的情况下，使汽车能倒退行驶；③利用空挡，中断动力传递，使发动机能够启动、怠速，并便于变速器换挡或进行动力输出。

变速器的分类{手动变速器：通过齿轮直接传动。自动变速器：通过液力传递和齿轮组合的方式传动。无级变速器：以两个可改变直径的传动轮传动。双离合变速器：通过轴和行星齿轮变速。

科学合理地选配变速箱，是保证车辆安全经济行驶的重要条件。如何为一台既定的车选配变速箱呢？专家建议要从如下几个方面考虑：一是从发动机方面考虑，所选定的变速箱要与发动机的扭矩相匹配。

（a）初始状态

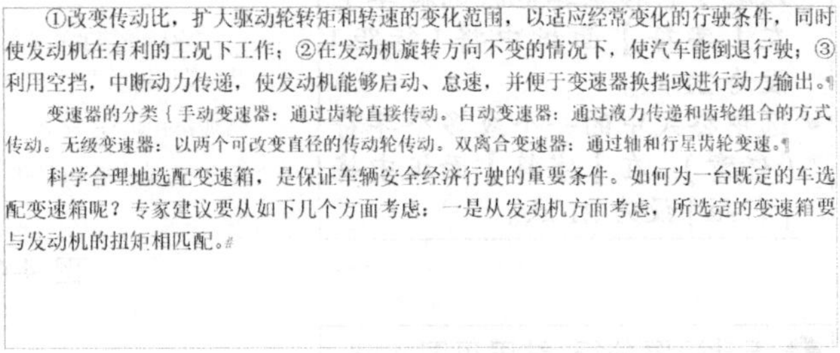

挂线表

- 属于特殊形式的表格，没有线框，也难以区分表头和表身。
- 字体可与正文相同，字号稍小。
- 若不采用分行缩排，就要添加多个文本框，会给排版操作带来不便。

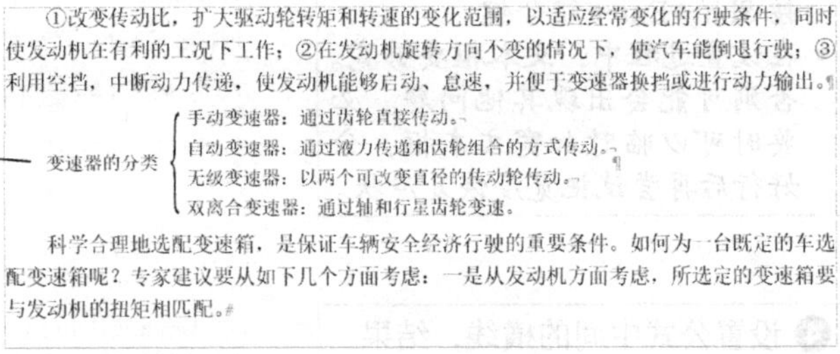

①改变传动比，扩大驱动轮转矩和转速的变化范围，以适应经常变化的行驶条件，同时使发动机在有利的工况下工作；②在发动机旋转方向不变的情况下，使汽车能倒退行驶；③利用空挡，中断动力传递，使发动机能够启动、怠速，并便于变速器换挡或进行动力输出。

变速器的分类 {
手动变速器：通过齿轮直接传动。
自动变速器：通过液力传递和齿轮组合的方式传动。
无级变速器：以两个可改变直径的传动轮传动。
双离合变速器：通过轴和行星齿轮变速。

科学合理地选配变速箱，是保证车辆安全经济行驶的重要条件。如何为一台既定的车选配变速箱呢？专家建议要从如下几个方面考虑：一是从发动机方面考虑，所选定的变速箱要与发动机的扭矩相匹配。

（b）希望的效果

图 4-51　制作简易的挂线表

❶ 选中需要分行缩排的文字，【字符】面板菜单→【分行缩排设置】，打开如图 4-52 所示的对话框，并设置以下内容。

- 勾选【分行缩排】。
- 勾选【预览】。
- 【行】：输入 4。
- 【分行缩排大小】：输入 100%。
- 【行距】：输入 5 点。
- 【对齐方式】：选【左 / 上】，表示左对齐（横排）。
- 单击【确定】，效果见图 4-53。

图 4-52 “分行缩排设置”对话框

①改变传动比，扩大驱动轮转矩和转速的变化范围，以适应经常变化的行驶条件，同时使发动机在有利的工况下工作；②在发动机旋转方向不变的情况下，使汽车能倒退行驶；③利用空挡，中断动力传递，使发动机能够启动、怠速，并便于变速器换挡或进行动力输出。

变速器的分类{ 手动变速器：通过齿轮直接传动。自动变速器：通过液力传递和齿轮组合的方式传动。无级变速器：以两个可改变直径的传动轮传动。双离合变速器：通过轴和行星齿轮变速。

科学合理地选配变速箱，是保证车辆安全经济行驶的重要条件。如何为一台既定的车选配变速箱呢？专家建议要从如下几个方面考虑：一是从发动机方面考虑，所选定的变速箱要与发动机的扭矩相匹配。

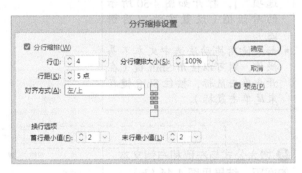

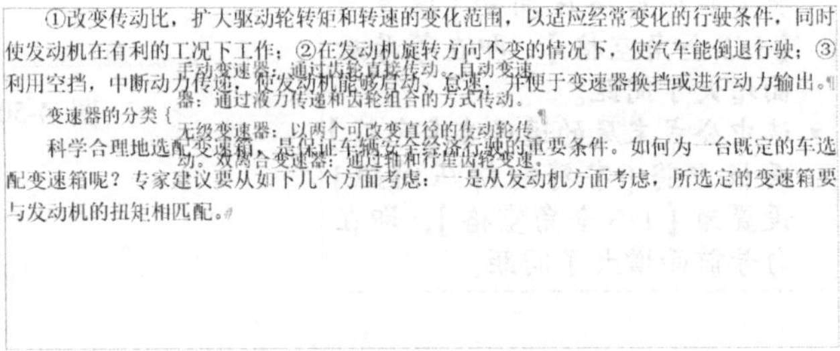

图 4-53　设置分行缩排

❷ 设置段前后距，结果见图 4-54。操作如下所述。
- 将光标置于"变速器的分类"段落，在【段落】面板中将 [段前间距] 和 [段后间距] 都设为 8mm。
- 段前后距就是段落之间额外增加的间距，具体以后讲述。

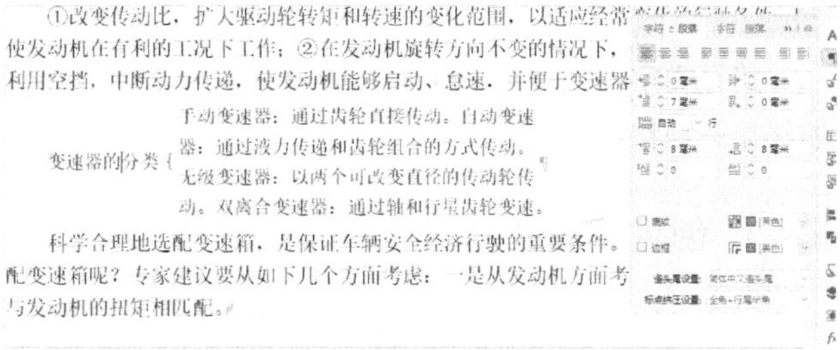

图 4-54 设置段前后距

❸ 手动设置分行，结果见图 4-55。操作如下所述。
- 将光标放在希望分行的地方，按 Shift+Enter 组合键。
- 设置过程中，文本框要够宽。

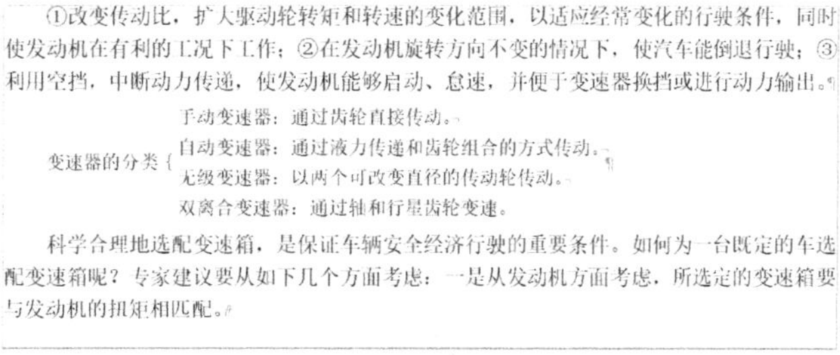

图 4-55 手动设置分行

❹ 放大大括号，结果见图 4-56。操作如下所述。
- 选中该大括号，在【字符】面板中将 [垂直缩放] 设为 600%，将 [水平缩放] 设为 200%。
- 与改变字号相比，这种缩放方法的好处参见 5.3.3 节。

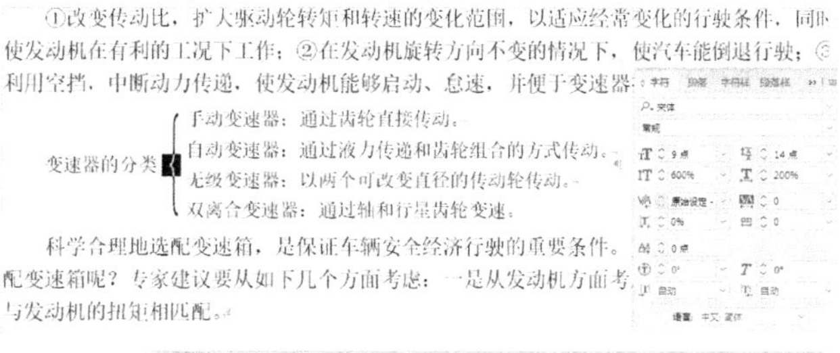

图 4-56 放大大括号

分行缩排还可以应用于古书的双行夹注，由于涉及字符样式，因此会在字符样式里讲解。综上所述，分行缩排的文本与上下行增大间距的方法如下所述。

■ 方法 1：增大字符的行距，见案例 4-11 的步骤 2。该方法在任何时候可以采用，但如果设置的字符移动到其他行，则会出现不理想的结果。

■ 方法 2：增大段落的段前后距，见案例 4-12 的步骤 2。该方法只有当分行缩排的文本处在段落首行、末行时才能使用，可靠性比较高，但如果分行缩排的文本在本段落内移动到其他行，则也会出现不理想的结果。

不论采用哪种方法，最后都要仔细检查。

4.7 路径文字

路径文字不是"规规矩矩"地排在框架内，而是沿着一条线（曲线、折线等）分布，这样的线是一种路径。

4.7.1 创建路径文字

使用 [路径文字工具] 或 [垂直路径文字工具]（见图 4-57），将光标置于路径上，在出现加号时（见图 4-58），单击鼠标，然后输入或粘贴文字。

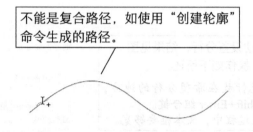

图 4-57　路径文字工具　　　　　图 4-58　创建路径文字

4.7.2 横排、竖排、路径对齐、流动方向

横排、竖排、路径对齐属于战略级别，需要先确定，见图 4-59。

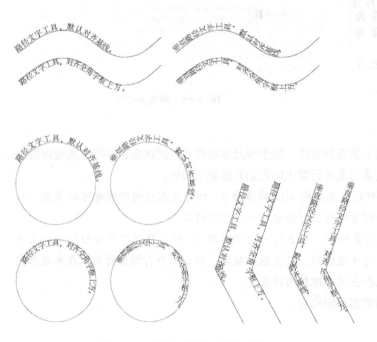

图 4-59　横排、竖排、路径对齐

> **横排、竖排**
> - 横排、竖排：指定文字是横向流动的还是竖向流动的。
> - 设置方法：可以在创建路径文字时确定，见图 4-57；也可以在之后转换，将光标放在文本中，【文字】→【排版方向】。

> **路径对齐**
> - 路径对齐：文字与路径的相对位置。
> - 设置方法：将光标放在文本中，【文字】→【路径文字】→【选项】，在【对齐】中选择，见图 4-60。

路径文字（创建路径文字、横排、竖排、路径对齐、流动方向） 61

图 4-60 "路径文字选项"对话框

路径有方向性，路径文字默认按路径的方向流动。人们习惯从左到右、从上到下地阅读，如果路径文字不是按照这个方向流动的，则需要纠正（当然，要求特殊效果的除外）。

案例 4-13：纠正路径文字的流动方向

纠正路径文字的流动方向见图 4-61。

（a）初始状态　　　　　　　　　　（b）希望的效果

图 4-61 纠正路径文字的流动方向

❶ 改变路径文字的流动方向，见图 4-62。
- 将光标放在文本中，【文字】→【路径文字】→【选项】，打开如图 4-60 所示的对话框，勾选【翻转】。
- 当然也可以更改路径的方向，两者效果相同。

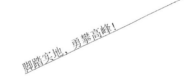

图 4-62 改变路径文字的流动方向

❷ 把文字移到路径的另一侧，见图 4-63。
- 在"路径文字选项"对话框（见图 4-60）中，【对齐】选择【全角字框上方】。
- 采用移动字符基线的方法也可以实现，不过这通常用于微调，大幅度调整还是适宜采用上面的方法。

图 4-63 把文字移到路径的另一侧

❸ 把文字对齐到路径的另一端，见图 4-64。
- 光标处在文本中，【段落】面板，[右对齐]。
- 感叹号已经紧贴右端了，只是因为它占了一个汉字的宽度，所以看似未贴紧。如果一定要视觉紧贴，可用标点挤压设置，将其与行尾的间距压缩 50%。

图 4-64 把文字对齐到路径的另一端

❹ 增大文字与路径的间距，见图 4-61（b）。
- 全选文字，在【字符】面板中将[基线偏移]设置为 −3 点。
- 在微调文字与路径的间距时，适宜采用本方法。

4.7.3 文字的分布

文字的分布属于战术级别，可以在后期进行调整，文字对齐见图4-65。

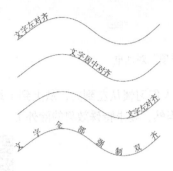

文字对齐
- 文字对齐：确定文字如何在路径上分布。
- 设置方法：把光标放在文本中，在【段落】面板中设置。具体设置以后讲述。

图 4-65　文字对齐

在调整文字的分布时，应先采用上述方法，因为上述方法便捷、精确。当上述方法不能满足需求时，可以手动设定文字的分布区域。

案例 4-14：文字沿圆周均匀分布

文字沿圆周均匀分布见图4-66。

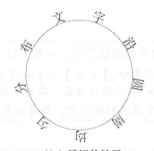

（a）初始状态　　　　　　　　（b）希望的效果

图 4-66　文字沿圆周均匀分布

❶ 对文字设置两端对齐，见图4-67。
- 将光标放在文本中，在【段落】面板中选择[全部强制双齐]。
- 文本会撑满允许的空间，并且均匀分布。

首个文字和末尾文字没有参与均匀分布。
- 两端对齐只是保证首个文字的左侧紧贴起始位置，末尾文字的右侧紧贴结束位置，其余文字均匀分布。
- 因为闭合路径的起始位置和结束位置非常近，所以就出现了这样的结果。

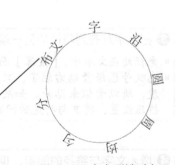

图 4-67　文字两端对齐

❷ 制作参考用的星形，见图 4-68。
- 选中这个圆，在控制面板中复制其宽度的数值。
- 使用 [多边形工具]（见图 4-69）单击页面空白处，打开如图 4-70 所示的对话框。将【多边形宽度】和【多边形高度】都设置为所复制的宽度数值；将【边数】设置为 9（路径文字有几个字，就设几个边）；将【星形内陷】设置为 50%。

图 4-68　星形

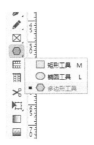

图 4-69　多边形工具

图 4-70　"多边形"对话框（局部）

❸ 把星形叠加在圆上，使水平方向和垂直方向都居中对齐，效果见图 4-71。
- 方法 1：对齐面板法。框选该星形和圆，单击圆（必须单击圆弧）；在【对齐】面板中单击 [水平居中对齐][垂直居中对齐]。关于【对齐】面板，以后讲述。
- 方法 2：拖动法。拖动星形至圆上，当水平、垂直的智能参考线都出现时，松开鼠标按键。

图 4-71　星形就位

❹ 把星形的一个角对准最后一个文字，见图 4-72。
- 选中星形，在控制面板中选择中心参考点。
- 调整 [旋转角度]。

图 4-72　旋转星形的位置

❺ 调整文字的起始位置，尽量使各个文字对齐星形的角，见图 4-73。
- 选中圆，将光标置于路径的开始标记附近，在出现箭头标志时拖动。
- 可能做不到绝对理想。如果追求完美，就把光标放在待调整的字符之间，尝试调整 [字偶间距]。
- 最后删除星形，效果见图 4-66（b）。

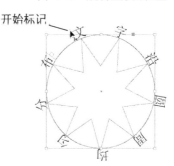

图 4-73　调整路径的开始标记

可以继续整体移动文字，例如把"文"排在圆的顶部，见图4-74。

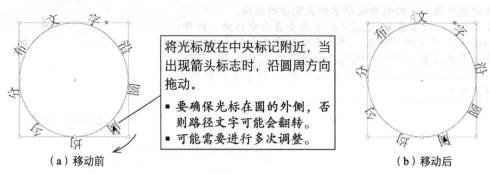

图 4-74 整体移动文字

4.7.4 文字的间距

文字的间距也属于战术级别。

针对多个文字，可以选中它们，调整【字符】面板里的[字符间距]；针对个别文字，可以将光标置于两者之间，调整【字符】面板里的[字偶间距]。具体以后讲述。

在急剧转向处，路径文字的间距往往会有异常，见图4-75。可以用上述方法解决此问题，但有缺点：在文本流动到别处后就会失效。因为该方法是针对具体字符的。在路径文字中有个理想的解决方法：将光标放在文本中，【文字】→【路径文字】→【选项】，打开如图4-76所示的对话框。

下面的方法有两个优点，如下所述。
- 转向越急，影响越大；没有转向（如直线）就没有影响，它会智能调整该变量。
- 该方法是针对位置的，所以无须考虑文本流动。

效果见图4-77。

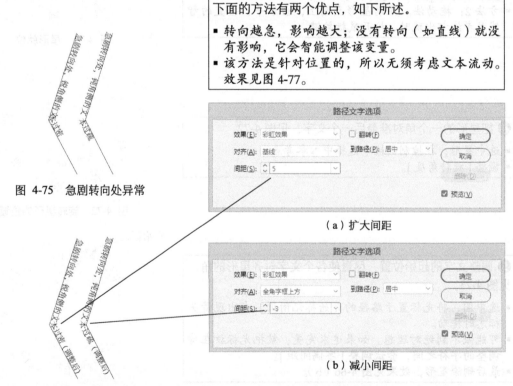

图 4-75 急剧转向处异常

（a）扩大间距

（b）减小间距

图 4-77 急剧转向处正常　　　　图 4-76 "路径文字选项"对话框

4.8 数据合并

数据合并用于批量制作名片、胸卡、邀请函等。先完整制作一个模板,然后数据源里的数据(文本、图片)会自动逐条填进相应的位置,自动生成多张作品,省去了人工复制、粘贴的麻烦。本节涉及的内容较多,建议放在第 9 章以后阅读。

4.8.1 每个页面一个记录

在最终生成的文档里,每个页面里只有一张名片,所以页面尺寸就是一张名片的尺寸。

▲ 案例 4-15:制作代表证

某公司召开会议,邀请了很多公司出席。与会人员的资料都被登记在了 Excel 文档里,现在要给每人制作一个代表证,见图 4-78。

图 4-78 代表证

❶ 制作 Excel 文件,见图 4-79。
- 删除一切无关的东西(批注可不删)。
- 横向是项目;纵向是个体。
- 项目名称不能为空,但具体内容不重要,因为它最终不会在页面里出现。
- 数据里不能有手动转行(按 Alt+Enter 组合键)。
- 内部不能有空列或空行。
- 在完成后,保存文档。

InDesign 把数据分为 3 类,根据项目名称的开头字符来判断它属于哪一类数据。
- 文字数据:不需要特意做什么。
- 二维码数据:要在列名称前面加 #。数据要符合规则。
- 图片数据:要在列名称前面加 '@。数据必须是图片的文件名,可用如图 4-79 所示的公式快速填写。

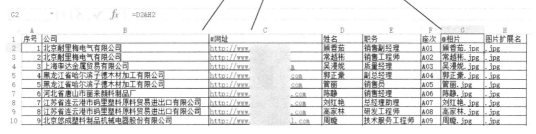

图 4-79 Excel 数据文件

❷ 制作数据源，见图 4-80。
- Excel 文档里只保留核心数据，无关内容一律删除。甚至外围的单元格里连空格也不要有。
- 把 Excel 文档另存为 Unicode 文本。
- 如有图片，宜与图片放在同一文件夹里，否则还要在 Excel 文档里对图片的数据加上路径，如 D:\客户图片\顾香茹.jpg。
- 关闭该 Excel 文档，单击【不保存】。

图 4-80 数据源

❸ 制作一个完整的样板。即选一个典型的人，并在 InDesign 里制作好，见图 4-81。
- 对于变化的文本（如职务、公司名称），要给最长的文本留够空间，否则长文本可能会溢流。
- 可以实现这样的效果：把文本框的宽度固定。当文本较多时，会自动压缩每个文字的宽度，使文本框恰好能放置这些文本。本例就对公司名称这样设置，方法如下所述（如果不需要这样的效果，就忽略下面的步骤 A、B、C）。

图 4-81 完整的样板

A 在文本框宽度够用时，宽度不变；在文本框宽度不够用时，宽度会自动扩大到恰好够用。操作如下所述。
- 选中文本框，【对象】→【文本框架选项】，打开"文本框架选项"对话框，见图 4-82。
- 【自动调整大小】选【仅宽度】，表示高度不变，宽度自动适应文本。
- 选择中心的锚点，表示文本框的中心固定不变，宽度在左右方向上平均增减。
- 【最小宽度】输入 68mm，表示当文字较少，即文本框的宽度有富余时，宽度不会变窄，而是仍然保持 68mm。
- 勾选【不换行】，表示文本始终保持一行。

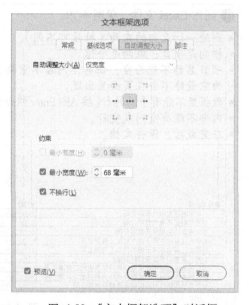

图 4-82 "文本框架选项"对话框

B 把文本框放进一个尺寸相同的框架内。

- 使用 [矩形框架工具]（见图 4-83）在文本框上画一个相同尺寸的框架，即框架与文本框恰好完全重叠。
- 选中文本框（第一次单击，选中的会是刚才画的框架；按住 Ctrl 键，再次单击，就会选中文本框）；按 Ctrl+X 组合键，选中框架，按 Ctrl+Alt+V 组合键，即可将其粘贴进框架内部。
- 本步骤把文本框放在一个等尺寸的容器内，可以通过这个容器限制文本框的尺寸。

用框架工具画的框架亦称占位符，其描边粗细默认是 0 点。

图 4-83 矩形框架工具

C 对框架应用对象样式，规定容器尺寸不变，让文本框去适应容器。即当文本框变大后，会压缩尺寸以适应容器。

- 选中框架，【对象样式】面板菜单→【新建对象样式】，勾选【将样式应用于选区】，单击【框架适合选项】，见图 4-84。
- 【适合】选【内容适合框架】。
- 【对齐方式】选中心锚点，表示以中心位置为基准。

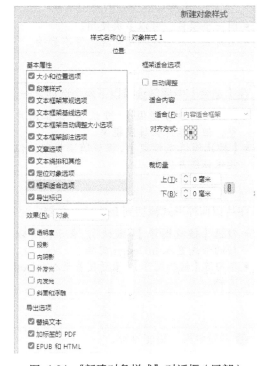

图 4-84 "新建对象样式"对话框（局部）

❹ 引入数据源，见图 4-85。

- 打开【数据合并】面板的方法：【窗口】→【应用程序】→【数据合并】。
- 【数据合并】面板菜单→【选择数据源】，选刚才另存的 Unicode 文本。
- 一个文档只能引入一个数据源文件。

这些代表数据源里的项目。

- 当然不一定都使用。
- 前面的图标表示了数据的类别。

图 4-85 【数据合并】面板

❺ 添加数据变量，见图 4-86。

- 文本变量：选中样板里的"顾香茹"，单击【数据合并】面板里的【姓名】；选中"销售副经理"，单击【职务】；等等。
- 图片变量：选中图片，单击【相片】。如果图片的尺寸不一，就要设置怎样显示这些图片，【数据合并】面板菜单→【内容置入选项】，见图 4-87。
- 二维码：选中放置二维码的框架，单击【网址】。

"<< >>"里是已经添加的数据变量。
- 同一个项目，可以多次使用。
- 名称显示不全也不用处理，没有影响。

图 4-86　添加数据变量

在【适合】中通常选择以下两个选项之一。
- 【按比例适合图像】（默认）：保证图片完整，但不能保证填满框架。
- 【按比例填充框架】：保证填满框架，但不能保证图片完整。

图片以何种形式添加到 InDesign 文档中呢？
- 勾选【链接图像】（默认），表示图片以链接的形式置入 InDesign 文档。
- 不勾选【链接图像】，表示图片嵌入 InDesign 文档。

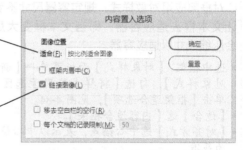

图 4-87　"内容置入选项"对话框

❻ 预览效果，见图 4-88。
- 在【数据合并】面板中勾选【预览】。
- 本步骤非必须，只是为了预先查看有无明显错误。

文字太多，出现了溢流文本。
- 本例设置了文本框自动增大，不会出现溢流文本，只是由于容器的尺寸固定，部分文本框会被遮挡，表观上相当于有溢流文本。本例设置了过大的文本框会自动缩小以适应容器，但该功能不会自动刷新，以后再设置一遍即可。
- 如果没有设置文本框自动增大，那么就会出现溢流文本，需要我们手动解决。

图 4-88　预览效果

❼ 批量生成代表证，见图 4-89。
- 【数据合并】面板菜单→【创建合并文档】，打开如图 4-90 所示的对话框。
- 【每个文档页的记录】选【单个记录】。
- 如果要限制文档页数，就打开【选项】选项卡，勾选【每个文档的记录限制】，输入限制的页数。
- 单击【确定】，会自动新建一个文档，包含批量生成的代表证。

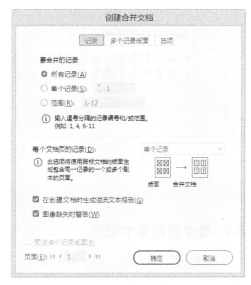

图 4-89　批量生成代表证　　　　　图 4-90　"创建合并文档"对话框

❽ 解决溢流文本。
- 本例设置了自动压缩文字宽度，但是该功能不会自动更新，所以造成了部分文本被遮挡（见图 4-88）。我们可以通过查找、替换来一次性解决上述问题。按 Ctrl+F 组合键，切换到【对象】选项卡，单击【查找对象格式】下面的方框区域，打开"查找对象格式选项"对话框，在【对象样式】中选前面新建的那个对象样式，单击【确定】；用同样的方法，在【更改对象格式】中也选这个新建的对象样式，见图 4-91。单击【全部更改】，则凡是使用了这个新建的对象样式的对象（即"公司名称"框架）都会重新应用这个新建的对象样式。
- 如果没有设置自动压缩文字宽度，就要逐个进行手动处理。

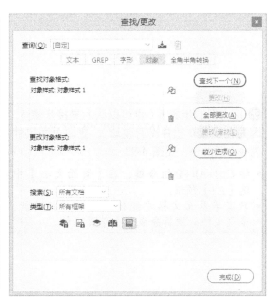

图 4-91　"查找 / 更改"对话框

代表证有两面,另一面的内容通常是固定内容,如日程安排等。有以下两种方案。

- 方案 1:这两面各自一个文档,单独制作,每个文档只有一个页面。
- 方案 2:这两面在一个文档里一起制作,这个文档有两个页面。引入数据源、添加变量等操作与上例相同,只是在最后批量生成时会以这两面为单位,见图 4-92。

> 多页文档的数据合并。
> - 不限于两面,有几面就以几面为单元。
> - 变量不限于集中在一面,可以每面都有。

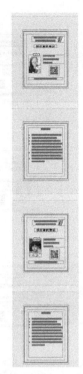

图 4-92　批量生成代表证(两面一起制作)

4.8.2　每个页面多个记录

在最终生成的文档里,每个页面含有多张名片,页面尺寸较大。

▲ **案例 4-16:制作代表证(需要拼版)**

同上例,但是要求将多张代表证拼在 A4 打印纸大小的页面里。
不必使用拼版软件,在 InDesign 里就可以解决。

❼ 接上例的步骤 6(也可以认为是接步骤 5,因为在步骤 6 里并没有改动)。更改页面尺寸为 A4 纸大小,见图 4-93。

- 按 Ctrl+Alt+P 组合键,在【页面大小】中选【A4】预设。
- 只有单页面文档才能使用这种拼版功能,多页文档必须拆分成多个单页文档。

图 4-93　更改页面尺寸

数据合并

❽ 批量生成代表证。
- 锁定的对象必须先解锁，按 Ctrl+Alt+L 组合键即可。
- 【数据合并】面板菜单→【创建合并文档】，打开如图 4-90 所示的对话框。
- 在【每个文档页的记录】中选择【多个记录】。
- 单击【多个记录版面】选项卡，见图 4-94。勾选【预览多个记录版面】，在【栏间】【行间】中调整代表证间距；在【上】【左】中调整页边距。
- 单击【确定】，会自动新建一个文档，包含批量生成的代表证，见图 4-95。

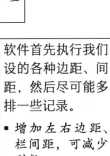

软件首先执行我们设的各种边距、间距，然后尽可能多排一些记录。
- 增加左右边距、栏间距，可减少列数。
- 增加上下边距、行间距，可减少行数。

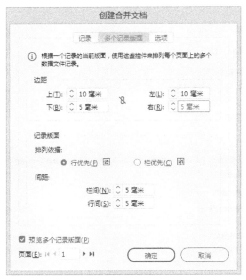

（a）设置界面

图 4-95　批量生成代表证（拼版）

（b）实时预览

图 4-94　"创建合并文档"对话框

解决溢流文本，同上例的步骤 8。

如果要自己打印，则适宜采用拼版以节约纸张。如果要交给印刷厂印刷，则可以直接给印刷厂提供单个记录。印刷厂是拼版方面的专家，不需要设计师先拼一次。

另外，如果日后代表们的资料需要变更，而在修改完 Excel 文件后，InDesign 文档不会自动随之变更，就需要重新制作数据源，接着在包含变量的 InDesign 文档里更新数据源，最后重新批量生成代表证，并处理溢流文本。

▲ 最后，讨论一下 Excel 里手动转行的问题。

Excel 单元格的宽度有限，里面的文本可以设置为自动转行，当文本流到达尽头时，会自动转行；也可以不设置自动转行，但多出的文本可能显示不出来（实际上还在，只是看不到）。不管是否自动转行，其本质仍是一行文本，所以完全可以在 InDesign 里进行数据合并。

但是如果在 Excel 里对文本设置了手动转行（即按 Alt +Enter 组合键），那么在 InDesign 里进行数据合并的结果就很难令人满意。

遇到确实需要在 Excel 里对文本设置手动转行的情形（见图 4-96），可以采用以下方法解决。

组成
乙烯40% 丙烯60%
丙烯腈30% 丁二烯70%

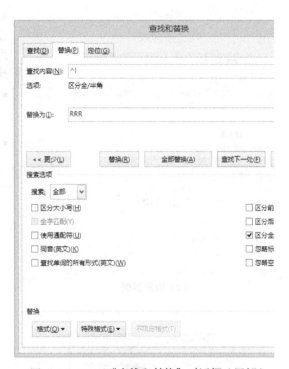

图 4-96 Excel 文本手动转行

❶ 把整个 Excel 数据表格，复制并粘贴到 Word 文档中。在 Word 文档里进行查找和替换，把手动换行符替换为一个肯定不会出现的字符串（如“RRR”），查找和替换的操作如下所述。

- 按 Ctrl+H 组合键，打开“查找和替换”对话框。
- 将光标放在【查找内容】里，【特殊格式】→【手动换行符】，会自动填上相应的语句。
- 在【替换为】里输入“RRR”，见图 4-97。
- 单击【全部替换】。

图 4-97 Word“查找和替换”对话框（局部）

❷ 选中该 Word 表格，复制并粘贴到一个新的 Excel 文档里。同时原来那个 Excel 文档就不再使用了。然后进行数据合并。

❸ 在最终的 InDesign 文档里进行查找和替换，把“RRR”替换为强制换行符。操作如下所述。

- 按 Ctrl+F 组合键，打开“查找 / 更改”对话框，切换到【GREP】选项卡。
- 在【查找内容】里输入“RRR”。
- 将光标放在【更改为】里，单击右侧【@】→【强制换行符】，会自动填上相应的语句。
- 在【搜索】中选择【文档】，见图 4-98。
- 单击【全部更改】。

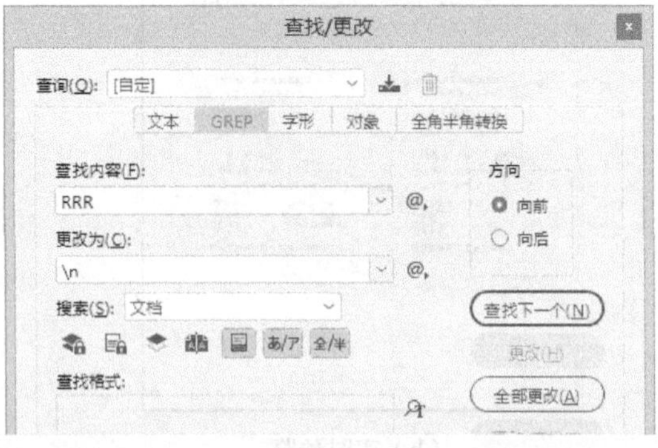

图 4-98 InDesign“查找 / 更改”对话框（局部）

概述

工作界面

文档的创建与规划

排文

▶ 字符

段落 I

段落 II

查找与替换

图片

对象间的排布

颜色、特效

路径

表格

脚注、尾注、交叉引用

目录、索引

输出

长文档的分解管理

电子书

Id 第 5 章 字符

InDesign 的优势在于处理文本，文本格式包括字符格式、段落格式。本章讲述字符格式。需要注意的是，字符格式针对的是字符，最小设置单位是单个字符。

5.1 字体

5.1.1 安装字体

操作系统自带的字体较少,需要安装自己需要的字体,并在安装时注意以下事项。① 不要安装过多字体,否则可能导致 InDesign 启动不畅。② 选择嵌入性不受限制的字体,以防该字体在输出的 PDF 文档里不能嵌入。右击字体文件,单击【属性】,查看【详细信息】中的【字体嵌入性】没有受限即可。当然本条也不绝对,因为有些软件可以修改字体的嵌入性。③ 同一个字体若有多种类型,如"××简""××GBK""××GB18030",优先选后者(字符集更大,同时包括繁体);TTF 字体、OTF 字体各有千秋,任选一个即可。④ 同一个字体若有多种版本,优先选用新版本。字体名称相同而版本不同的,字体本身通常相同。

5.1.2 使用字体

使用字体的注意事项:① 中文字体推荐使用方正、汉仪等一线品牌。② 版权问题。目前免费可商用的字体包括思源黑体、思源宋体、方正黑体、方正书宋、方正仿宋、方正楷体(这 4 个方正字体需方正免费书面授权),但具体情况可能会随时间变化,使用前一定要核实。③ 使用不同的工艺打印的文字的笔画粗细可能有差异。例如,使用铜版纸印刷的正文字体往往会比使用激光打印在普通 A4 纸上的笔画细。

使用字体的方法:选中文本,在【字符】面板或 [字符格式控制] 面板中的字体下拉菜单里选用。注意:① 有些字体包含了多个字形,见图 5-1;② 对于纯英文,应尽量使用英文字体。

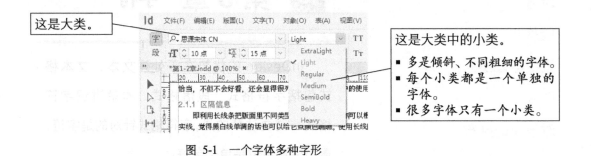

图 5-1　一个字体多种字形

5.2 复合字体

在中英文混排时,可以都使用中文字体,但如果找到了更合适的英文字体与中文字体搭配,那么对英文单独应用英文字体会更美观。此时,并不需要对其中的英文词语逐个应用英文字体,使用复合字体即可圆满解决这个问题。复合字体由中英文字体组合而成,在应用复合字体后,会自动对中文使用中文字体,对英文使用英文字体。

5.2.1 确认针对程序 / 文档

新建、导入、修改、删除复合字体的操作是针对程序的还是针对文档的呢?

针对程序:针对一切使用本台电脑里的 InDesign 软件打开或新建的文档。在不打开任何文档的情况下,进行复合字体方面的操作。

针对文档：仅针对某一个 InDesign 文档。需要打开该文档，在该文档中进行复合字体方面的操作。

对某一个文档而言，这两种操作没有区别，只不过针对程序的操作是"先天"就有的，而针对文档的操作是"后天"设置的。

然而，先天的也好，后天的也罢；正在被使用也好，没有被使用也罢，总之某一个文档里的所有复合字体都会自动嵌入该文档。之后，使用任何电脑打开这个文档，当初在该文档里出现的复合字体一个也不会少。所以，在其他人需要使用该文档的复合字体时，我们无须将复合字体单独导出，只需要把该文档直接提交给他即可。

5.2.2 字体搭配

字体搭配是复合字体的重点。

中英文字体搭配的原则：①风格一致，如中文黑体、等线体宜配英文无衬线体，中文宋体宜配英文衬线体；②字重一致，即粗细相近，这样才有浑然一体之感。附录列举了一些复合字体，仅供参考。

其实字体搭配并没有标准，仁者见仁，不过一定要认真比对，如果感觉自己搭配的英文字体不如中文字体自带的英文字体好看，也可以不设置复合字体。

5.2.3 新建复合字体

新建复合字体是针对程序的还是针对文档的呢？笔者在此建议：自己常用的且方案成熟（修改的可能性很小）的复合字体，选择针对程序创建；除此之外，都选择针对文档创建。

案例 5-1：方正新书宋、Times New Roman 组成复合字体

使用复合字体的效果，见图 5-2。

使用 Photoshop 创建或编辑位图图像，保存为 PSD 格式；使用 Illustrator 创建或编辑矢量图形，保存为 AI 格式；使用 Bridge 浏览图形图像；使用 InDesign 将图形、图像、文本组装成页面，并输出为 PDF 格式；最后使用 Acrobat 查看和审阅 PDF。
（方正新书宋）

> 其实单独看，这种字体也可以。

（a）未用复合字体

使用 Photoshop 创建或编辑位图图像，保存为 PSD 格式；使用 Illustrator 创建或编辑矢量图形，保存为 AI 格式；使用 Bridge 浏览图形图像；使用 InDesign 将图形、图像、文本组装成页面，并输出为 PDF 格式；最后使用 Acrobat 查看和审阅 PDF。
（方正新书宋 +TimesNewRoman）

> 英文使用专门的英文字体后，更加美观。
> - 通常来说，使用复合字体只是追求精益求精。
> - 如果没有现成的搭配方案，并且时间仓促，则可以不用复合字体。

（b）使用复合字体

图 5-2 中英文混排

❶【文字】→【复合字体】，打开如图 5-3 所示的对话框。

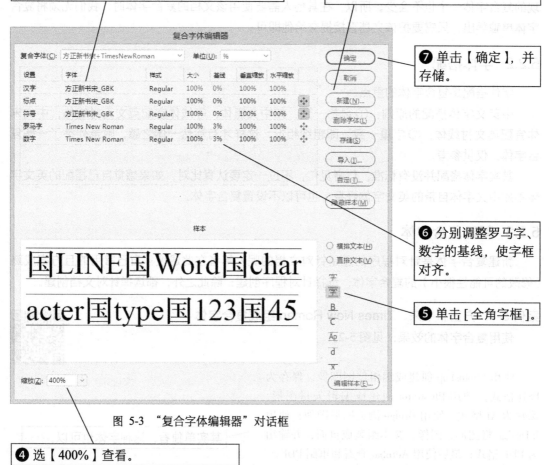

图 5-3 "复合字体编辑器"对话框

此处，字符默认被分成了 5 个集，在通常情况下是够用的。如果有特别需求，可以添加自定义的集，即从这 5 个集中划出一个或一部分字符自成一类，随后对这些"另类"字符单独设置。例如，含有间隔号的文字，应用本例设置的复合字体后，结果见图 5-4。

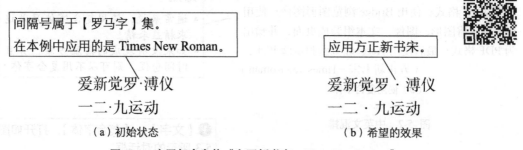

图 5-4 应用复合字体"方正新书宋 + TimesNewRoman"

复合字体　77

C 用软键盘输入间隔号。

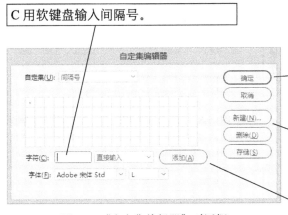

图 5-5　"自定集编辑器"对话框

A 在"复合字体编辑器"对话框（见图 5-3）中单击【自定】，打开如图 5-5 所示的对话框。

E 单击【确定】并存储，返回"复合字体编辑器"对话框，见图 5-6。

B 单击【新建】，输入名称，单击【确定】。返回"自定集编辑器"对话框。
- 名称可以是间隔号。
- 不能出现重名。

D 单击【添加】。

图 5-6　"复合字体编辑器"对话框（局部）

F 选方正新书宋。
间隔号本来属于罗马字集，现在对其进行单独设置。

复合字体的主要用途是中英文混排，但并不局限于此。例如，它还可以实现：一种中文字体作为主体，另一种中文字体用作标点；一部分文字正常排列，一部分文字沿基线移动少许。

案例 5-2：竖排文本的标点排布

竖排文本的标点排布见图 5-7。

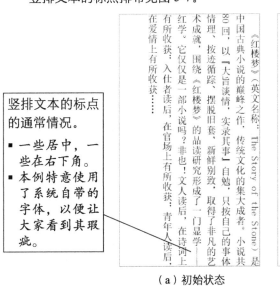

竖排文本的标点的通常情况。
- 一些居中，一些在右下角。
- 本例特意使用了系统自带的字体，以便让大家看到其瑕疵。

竖排文本的标点的特殊要求。
- 一律居中。
- 还可以使用 GREP 样式解决，以后讲述。

（a）初始状态　　　（b）希望的效果

图 5-7　竖排文本的标点排布

❶ 对所用的字体，自身与自身构建复合字体，见图 5-8。

- 创建复合字体的方法同上例。
- 目前为止，这个复合字体中的所有子集都使用一种字体，所有设置都是默认的，等同于未设置。

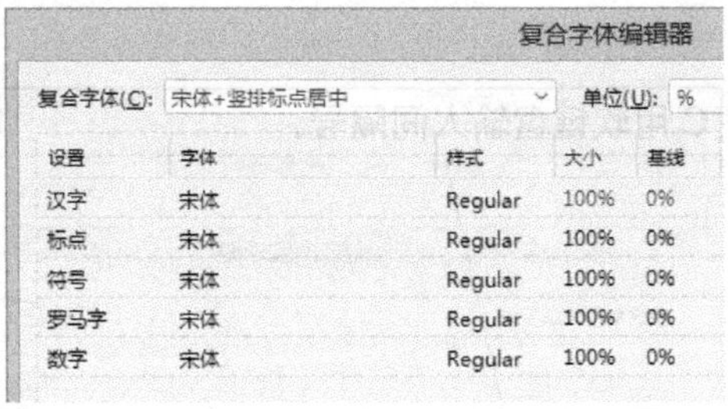

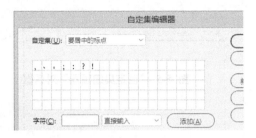

图 5-8 “复合字体编辑器”对话框（局部）

❷ 对要设置居中的标点，构建集，见图 5-9。

- 这些标点包括“，”“、”“。”“；”“：”“？”“！”（共 7 个）。
- 自定义集的方法同上例。

图 5-9 “自定集编辑器”对话框（局部）

❸ 对构建的标点集，设置字体、移动基线，见图 5-10。

- 字体使用同一个字体。
- 将【基线】设置为 −25%。

勾选【直排文本】，样本示例即可变为竖排，便于查看效果。

单击【编辑样本】，可自定义示例文本，见图 5-11。

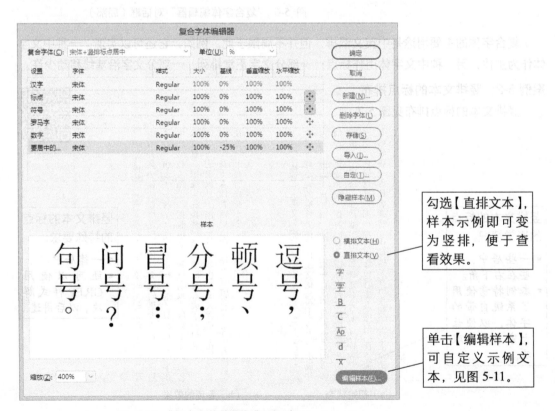

图 5-10 “复合字体编辑器”对话框

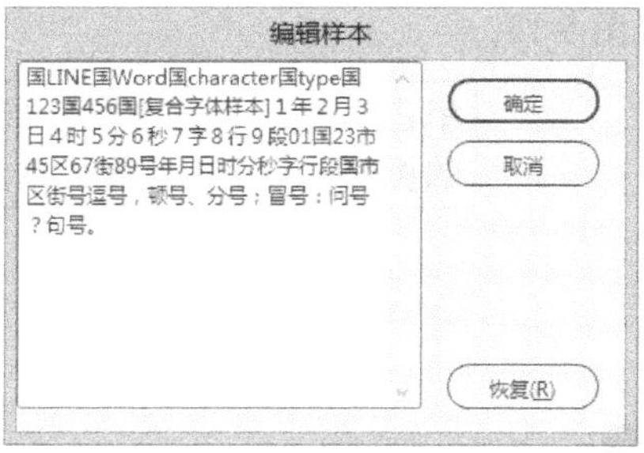

图 5-11 "编辑样本"对话框

一旦更改，这些样本内容就会一直保持，直至下次更改。

可以随时单击【恢复】，回到默认的内容。

综上所述，设置复合字体分为两个阶段。第一阶段，在字体、基线、宽高缩放方面有几种需求，就把字符分为几个集（默认有 5 个集，还可新建）。第二阶段，对每个集进行设置。

最后注意，如果多个文档里有重名但设置不同的复合字体，不要同时打开它们，否则后打开的文档中的该复合字体会自动更名为"原来的名字 -1""原来的名字 -2"等。如果一定要同时打开多个文档，则必须事先把将上述复合字体改为不同的名称或相同的设置。

5.2.4 查看文档的字体信息

【文字】→【查找字体】，打开如图 5-12 所示的对话框。

有黄色感叹号表示缺少字体，原因如下所述。
- 在之前选用字体时，电脑里安装了这些字体，但是现在使用的电脑中没有安装这些字体。
- 这些字体来自 Word、Excel 文档，并且在 Word、Excel 文档里对它们设置了加粗、倾斜的效果，见第 43 页步骤 5 的说明。

本文档正在使用的全部字体。
- 在复合字体中缺少某字体，该复合字体也会显示缺少。
- 复合字体由多种字体组成，每种字体都会在此列出。

在选中某字体后，可以查看该字体的一些信息。
- 被多少字符使用？若显示是 0，那么该字体一定是某个复合字体中的字体。
- 被多少样式使用？
- 被哪些样式使用？
- 使用的字符在第几页？

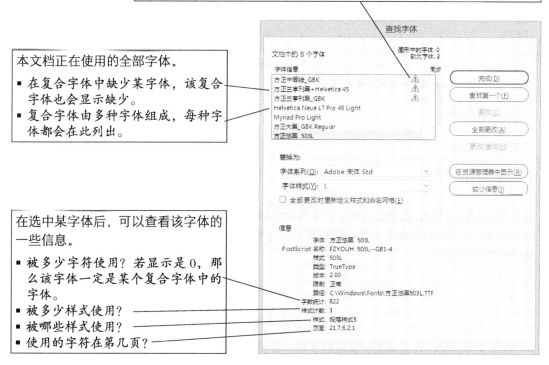

图 5-12 "查找字体"对话框

在缺少字体时，默认还会在多个地方提示，见图 5-13。

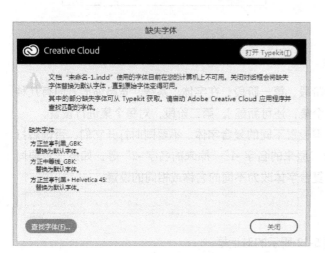

（a）打开文档时，自动弹出

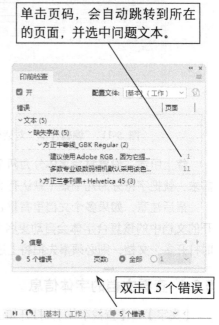

（b）【印前检查】面板

（c）相关样式的设置界面

（d）字体的设置界面

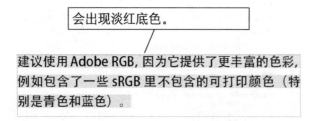

（f）文本中

（e）复合字体的设置界面

图 5-13　缺少字体时的提示

在缺少字体时，首先需要安装这些字体；若没有这些字体，则需替换这些字体，操作见第 436 页"替换字体"。

5.3 字体大小、行距

5.3.1 设置字号

设置字号是设置字体大小的主要方法。

设置方法：选中文本，在【字符】面板或 [字符格式控制] 面板（见图 5-14）中的 [字体大小] 里输入所需的字号。

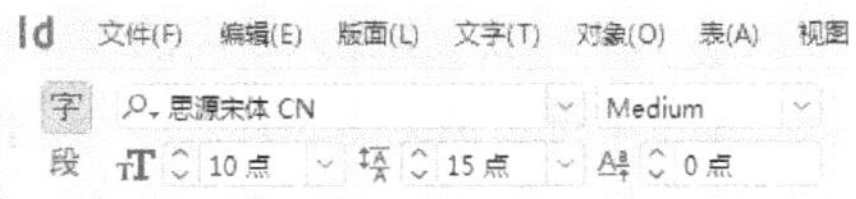
Id 文件(F) 编辑(E) 版面(L) 文字(T) 对象(O) 表(A) 视图
字 思源宋体 CN Medium
段 10 点 15 点 0 点

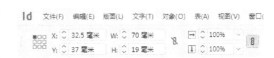

图 5-14 [字符格式控制] 面板（局部）

字体大小是指字符占用空间的高度，例如，字号 10 点表示字符占用空间的高度是 10 点。

5.3.2 缩放框架

在采用该方法时，框架和文本会被一起缩放。

操作方法：选中文本框，在【变换】面板或 [对象控制] 面板（见图 5-15）中的 [X 缩放百分比][Y 缩放百分比] 里输入相应数值。

Id 文件(F) 编辑(E) 版面(L) 文字(T) 对象(O) 表(A) 视图(V) 窗口
X: 32.5 毫米 W: 70 毫米 100%
Y: 37 毫米 H: 19 毫米 100%

图 5-15 [对象控制] 面板（局部）

示例见图 5-16。本例保持了首选项里的默认设置，更多内容见第 436 页“文本与框架一起缩放”。

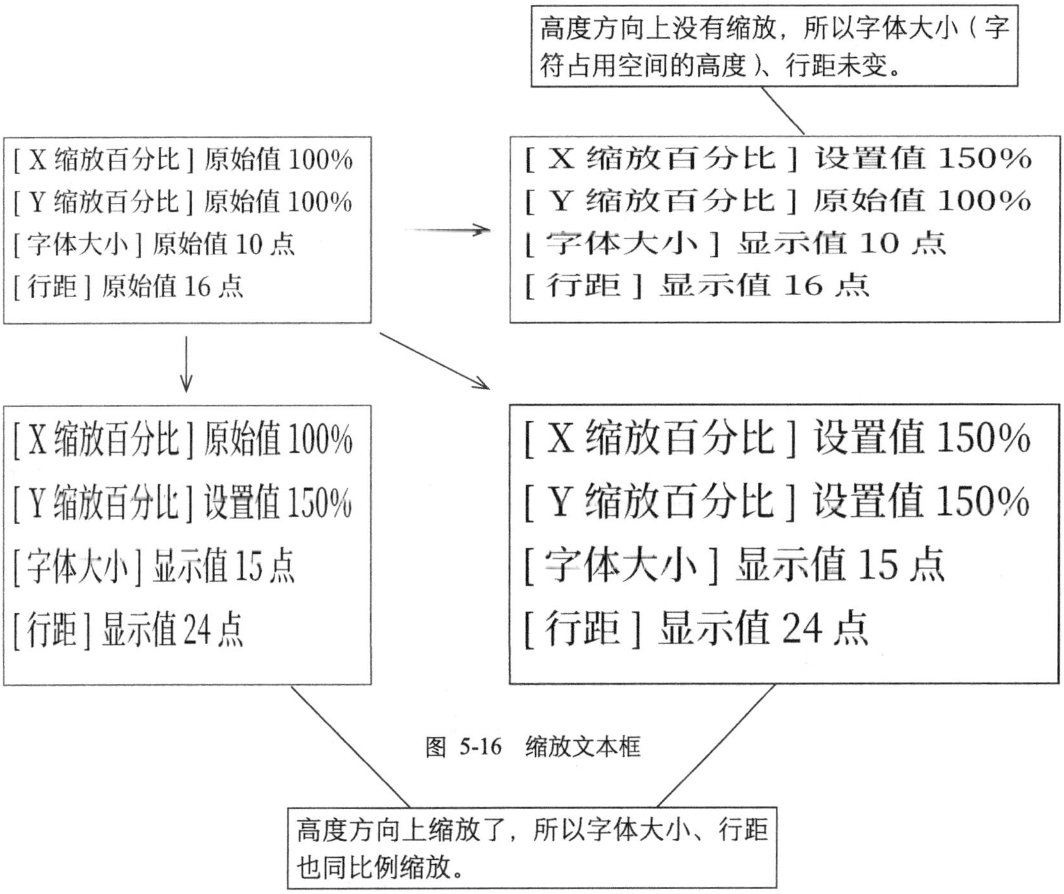
高度方向上没有缩放，所以字体大小（字符占用空间的高度）、行距未变。
[X 缩放百分比] 原始值 100%
[Y 缩放百分比] 原始值 100%
[字体大小] 原始值 10 点
[行距] 原始值 16 点
[X 缩放百分比] 设置值 150%
[Y 缩放百分比] 原始值 100%
[字体大小] 显示值 10 点
[行距] 显示值 16 点
[X 缩放百分比] 原始值 100%
[Y 缩放百分比] 设置值 150%
[字体大小] 显示值 15 点
[行距] 显示值 24 点
[X 缩放百分比] 设置值 150%
[Y 缩放百分比] 设置值 150%
[字体大小] 显示值 15 点
[行距] 显示值 24 点
高度方向上缩放了，所以字体大小、行距也同比例缩放。

图 5-16 缩放文本框

5.3.3 缩放字符

与改变字号相比，缩放字符有两个好处：①字号（字体大小）没有变化，所以不会改变本行其他文本的垂直位置；②高度、宽度的缩放量可以不同。

操作方法：选中文本，打开【字符】面板或[字符格式控制]面板（见图5-17），在[垂直缩放][水平缩放]里输入所需的缩放数值。

缩放字符示例见图5-18。

图 5-17　[字符格式控制]面板（局部）

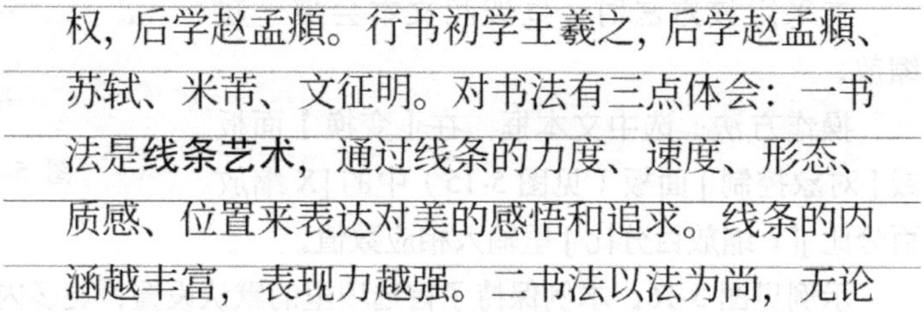

- 对字符本身而言，与更改字号的结果相同。
- 本行其他文本的垂直位置没有改变。若更改字号，则会改变，见图5-19。

（a）初始状态

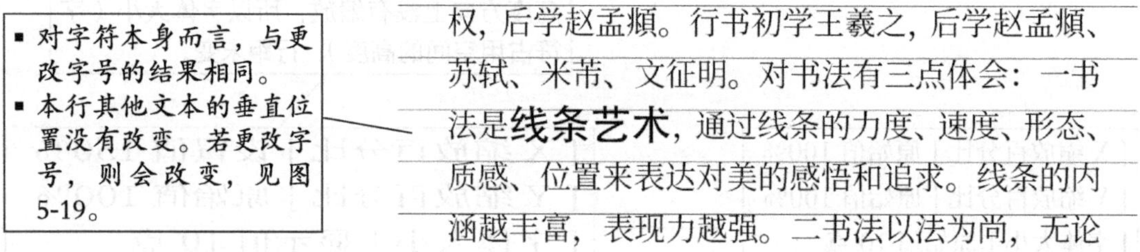

（b）希望的效果

图 5-18　缩放字符

5.3.4 设置行距

行距是本行文本的顶端与下一行文本的顶端之间的距离，见图5-19。

设置方法：选中文本，打开【字符】面板或[字符格式控制]面板（见图5-17），在[行距]里输入所需的行距值。

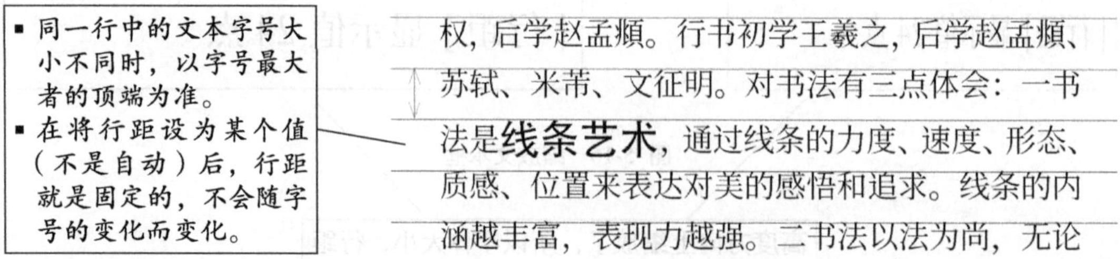

- 同一行中的文本字号大小不同时，以字号最大者的顶端为准。
- 在将行距设为某个值（不是自动）后，行距就是固定的，不会随字号的变化而变化。

图 5-19　行距

在默认情况下，行距是字符属性，所以一个段落可以设置多种行距。同一行中的字符的行距设置不一样时，以最大者为准。

在更改行距时，如果行距没有执行设置值，就核对以下两项。

①选中框架或将光标放在框架内，【对象】→【文本框架选项】，打开"文本框架选项"对话框，【常规】选项卡，【对齐】中不要选【两端对齐】。

②编辑所用的【段落样式】,【网络设置】里的【网格对齐方式】选【无】；或者选中段落，【段落】面板菜单，【网格对齐方式】选【无】。

5.4 "活泼"排布

5.4.1 旋转

旋转包括两种形式：旋转字符和旋转框架，见图 5-20。

（a）旋转字符　　　　　　　（b）旋转框架

图 5-20　旋转

旋转字符的操作方法：选中文本，在【字符】面板（见图 5-21）中的 [字符旋转] 里输入数值。

旋转框架的操作方法：选中框架，在 [对象控制] 面板（见图 5-22）中选择参考点（即围绕哪一点旋转），在 [旋转角度] 中输入数值。当然可以使用 [旋转工具]（见图 5-24）进行旋转。

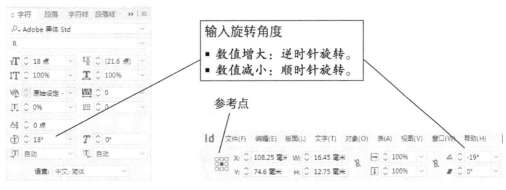

图 5-21　【字符】面板　　　　　　图 5-22　[对象控制] 面板（局部）

5.4.2 倾斜

倾斜包括两种形式：倾斜字符和切变框架，见图 5-23。

> 字符由矩形外形变为平行四边形外形。
> - 常用于海报宣传语等。
> - 中文书刊里，倾斜文字不多见。英文书刊里，倾斜文字较常见。
> - 很多英文有专门的倾斜字体，要优先使用倾斜字体，因为它更美观；中文往往没有专门的倾斜字体，只好使用这样的"伪斜体"。

"公交烦，打车难"

因为有 **租车**，让你【**商旅**】无忧

↓

"公交烦，打车难"

因为有 ***租车***，让你【***商旅***】无忧

（a）倾斜字符

> 框架及其中的全部字符作为一个整体，由矩形外形变为平行四边形外形。
> - 用于特殊的视觉效果，使用较少。
> - 在调整时，可能还需要结合使用旋转、缩放等。

（b）切变框架

图 5-23 倾斜

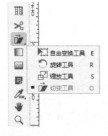

图 5-24 工具箱（局部）

倾斜字符的操作方法：选中文本，在【字符】面板（见图 5-21）中的 [倾斜（伪斜体）] 里输入数值。

切变框架的操作方法：选中框架，在 [对象控制] 面板（见图 5-22）中选择参考点（即哪一点固定），然后在 [X 切变角度] 里输入数值。当然，若想要更自由地操作，则需要使用 [切变工具]，见图 5-24。

5.5 添加线条、色块

5.5.1 下画线

下画线可以有多种形式，见图 5-25。

图 5-25 下画线

关于下画线，可设置如下参数。
- 与字符的上下相对位置。
- 粗细。
- 形状。
- 颜色。

下画线的设置方法：选中字符，【字符】面板菜单→【下画线选项】，打开如图 5-26 所示的对话框。勾选【启用下画线[①]】，然后设置各项参数。

图 5-26 "下画线选项"对话框

下画线的颜色。
- 只能选用色板里现有的颜色。若色板里没有，则需要事先在色板里建好。
- 可以是渐变色。

5.5.2 删除线

与下画线类似，但是删除线会遮挡字符，见图 5-27。

图 5-27 删除线

删除线的设置方法：选中字符，【字符】面板菜单→【删除线选项】，打开"删除线选项"对话框，类似于图 5-26，勾选【启用删除线】，然后设置各项参数。

---

① 图中的"下划线"应为"下画线"，特此说明。

5.5.3 着重号

着重号可以有多种形式，见图 5-28。

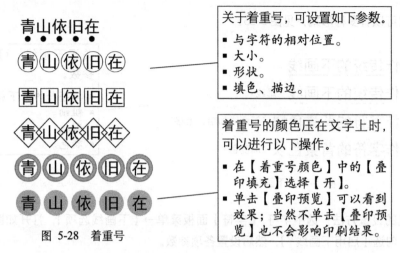

图 5-28 着重号

着重号的设置方法：选中字符，【字符】面板菜单→【着重号】→【着重号】，打开如图 5-29 所示的对话框。勾选【预览】，然后设置各项参数。

着重号的形状。
- 可以在【字符】里选用。
- 也可以在【字符】里选【自定】，然后在下面那个【字符】里用软键盘直接输入。

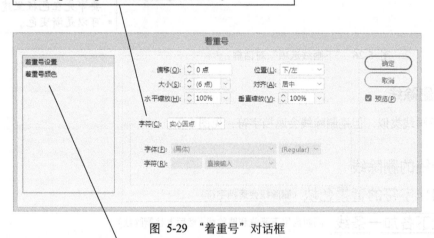

图 5-29 "着重号"对话框

着重号的颜色。
- 可以单独设置填充、描边的颜色。
- 可以调整描边的粗细。
- 可以设置叠印填充、叠印描边。关于叠印，以后再详细讲述。

5.6 字间距

对于横排文本（没有特别说明，本书描述的都是横排文本），调整字间距就是增减字符左侧和右侧的空白，方法有多种，见表 5-1。

表 5-1 增减字符左侧和右侧的空白

	左侧增大空白	右侧增大空白	左侧缩小空白	右侧缩小空白
字符前挤压间距	增大 1/8、1/4、1/3、1/2、3/4、1 个全角空格的大小			
字符后挤压间距		增大 1/8、1/4、1/3、1/2、3/4、1 个全角空格的大小		
字符间距		增大 0 ~ 10 个全角空格的大小（对应的设置值是 0 ~ 10000）		缩小 0 ~ 1 个全角空格的大小（对应的设置值是 0 ~ -1000）
比例间距		缩小 0 到几乎把空白全部缩减完（对应的设置值是 0 ~ 100%），只能两侧同时缩小		

需要注意的是，本书所涉及的增加全角空格，不是真的增加了空格，而是增加了相应空格的距离。

5.6.1 左侧增大空白

在字符的左侧增大空白，见图 5-30。

专业排版软件 InDesign 发布 20 年以上（原始）

专业 排版软件 I n D e s i g n 发布 20 年以上（字符前挤压间距 1/4 全角空格）

图 5-30 左侧增大空白

设置方法：选中字符，在【字符】面板（见图 5-31）中的 [字符前挤压间距] 里选择。

图 5-31 【字符】面板

5.6.2 右侧增大空白

在字符的右侧增大空白有两种方法，见图 5-32。

> 可优先使用 [字符后挤压间距] 的方法。
> - [字符后挤压间距]：可调整的幅度小，并且是分档的。
> - [字符间距]：可调整的幅度大，并且是无级调整。但是对于英文或阿拉伯数字前面那一个汉字，该汉字右侧增大的空白会多于设置值，显得不够精确。

专业排版软件 InDesign 发布 20 年 以上（原始）

专业排版软件 InDesign 发布 20 年 以上（字符后挤压间距 1/4 全角空格）

专业排版软件 InDesign 发布 20 年 以上（字符间距 250）

图 5-32 右侧增大空白

字符后挤压间距的设置方法：选中字符，在【字符】面板（见图 5-31）中的 [字符后挤压间距] 里选择。

字符间距的设置方法：选中字符，在【字符】面板（见图 5-31）中的 [字符间距] 里填写数值。计量单位是一个全角空格的千分之一。

5.6.3 左侧和右侧缩小空白

单独在字符左侧缩小空白，无法实现；单独在字符右侧缩小空白，可设置 [字符间距]；字符的左右两侧同时缩小空白，可设置 [比例间距]，见图 5-33。

> 可优先使用 [字符间距] 的方法。
> - [字符间距]：可调整的幅度大。极限缩小量是 1 个全角空格，即本字符不占位置，右侧的一个汉字与本字符全部重叠。
> - [比例间距]：可调整的幅度小，英文字母的压缩量大。

专业排版软件 InDesign 发布 20 年以上（原始）

专业排版软件 InDesign 发布 20 年以上（字符间距 -100）

专业排版软件 InDesign 发布 20 年以上（比例间距 100%）

图 5-33 左右侧缩小空白

比例间距的设置方法：选中字符，在【字符】面板（见图 5-31）中的 [比例间距] 里选择。

通常不调整字间距，只有在特殊需求时才调整。增大间距比缩小间距的使用机会多，并且通常使用字符样式来控制。相关示例，以后讲解。

最后介绍一下 [字偶间距]。通常使用 [字符间距]，只有在使用 [字符间距] 后，还需要调整个别字符时，才附加使用 [字偶间距]。更多内容，见第 438 页"字偶间距"。

5.7 不同字数的文本/数字对齐

▲ 5.7.1 网格指定格数

案例5-3：字数不等文本的首末对齐

字数不等文本的首末对齐见图5-34。

联系人：周美琳　　　　　　　　联系　人：周美琳
热线电话：0510-43313174　　　热线电话：0510-43313174
地址：无锡市惠山区智慧广场3F　地　　址：无锡市惠山区智慧广场3F
电子邮件：Zhouml@nytcxzz.com　电子邮件：Zhouml@nytcxzz.com

（a）初始状态　　　　　　　　　　（b）希望的效果

图5-34　字数不等文本的首末对齐

❶ 将文本框架转化为框架网格，见图5-35。操作如下所述。
- 选中文本框或将光标置于文本框内，【对象】→【框架类型】，勾选【框架网格】。
- 如果文本大小为12点，则可以跳过本步骤和下一步骤，因为网格大小默认为12点。
- 这些网格不会被打印出来，可以不显示：【视图】→【网格和参考线】→【隐藏框架网格】。

图5-35　框架网格

❷ 把网格大小设置为与文本大小相等，见图5-36。操作如下所述。
- 【对象】→【框型网格选项】，在【大小】中输入10点（本例的文本大小是10点），见图5-37。
- 目的：在下一步骤中设置的几个网格，其总宽度等于几个汉字的总宽度。

图5-36　网格大小与文本一致

图5-37　"框架网格"对话框（局部）

❸ 对需要对齐的文本，规定其分布宽度，见图5-38。操作如下所述。
- 选中"联系人"，在【字符】面板（见图5-31）中的[网格指定格数]里输入4（本例最长者为4个字，限定为1~20个字）。
- 分别选中"热线电话""地址""电子邮件"，进行上述操作。
- 当文本大小不是12点时，在下列情况下也可以直接进行本步骤。①某个格数恰好能满足需求。假如本例对齐的最长字数是6个字，那么需要规定的总宽度是10×6＝60（点），直接输入5即可，因为12×5＝60（点）。②不介意"联系人"这一类字分布的总宽度相当于目前多少个汉字的总宽度。

图5-38　应用网格指定格数

5.7.2 数字空格

数字空格的宽度为数字宽度，用于对齐数字，示例见图 5-39。

```
80g （0.065mm 内页）
105g （0.086mm 内页）
128g （0.1mm  海报、内页）
157g （0.15mm 封面、内页）
          ↓
 80g （0.065mm 内页）
105g （0.086mm 内页）
128g （0.1mm  海报、内页）
157g （0.15mm 封面、内页）
```

> 数字空格
> - 在位数少的数字前面插入数字空格来补足位数，就可实现对齐。
> - 数字空格能保证与数字等宽，半角空格则不能保证。
> - 设置段落缩进也可以达到目的，但不如这样方便。

图 5-39 不同位数的数字对齐

操作方法：将光标放在位数少的数字前面，【文字】→【插入空格】→【数字空格】。如果要插入多个数字空格，则可以先插入一个数字空格，然后复制、粘贴。

5.8 调整垂直位置

5.8.1 字符对齐方式

在一行文本中，如果字号大小不同，则可以规定以字号最大的字符为基准，其余字符向字号最大的字符对齐，见图 5-40。操作方法：选中字符，【字符】面板菜单→【字符对齐方式】，见图 5-41。

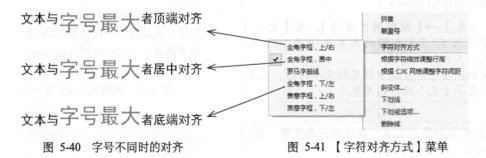

图 5-40 字号不同时的对齐　　　　图 5-41 【字符对齐方式】菜单

5.8.2 基线偏移

可以通过调整基线来控制字符的垂直位置，示例见图 5-42。

操作方法：选中字符，在【字符】面板（见图 5-31）中的 [基线偏移] 里填写或单击上下箭头。

利用基线偏移可以实现错落有致的效果，但是希望实现沿着某条直线或曲线排列的效果时，应考虑使用路径文字或两者相结合的方式。

基线偏移的另一个重要用途是在目录里上移前导符，具体以后讲解。

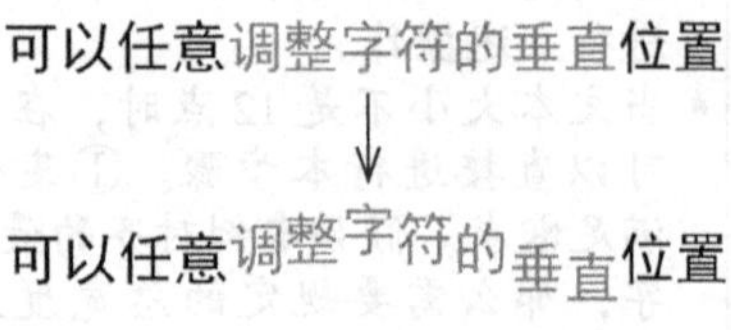

图 5-42 调整字符的基线

5.9 描边、填色

5.9.1 字符描边

通常只有大字才描边,除实现各种美术效果以外,描边是在图片不理想时设置字压图的常用方法,见图 5-43。

(a) 初始状态

(b) 字符描边

(c) 添加色块

(d) 图片减淡

图 5-43 字压图(图片不理想)

在字压图时,理想的图片需要具备以下特点。
- 有一片合适(如天空、草地、人物的衣服)的区域,以放置文字。
- 该区域的颜色单一。这样文字使用不同的颜色后,对比才够强烈,阅读起来才更清晰。

在图片不理想时,可以使用以下3种方法解决。
- 字符描边(仅适用于大字),文字用深色,描边用白色(纸色)。
- 添加色块,即在文字与图片之间添加色块,并降低色块的不透明度。
- 图片减淡,即降低图的不透明度。

对文字添加描边的方法：选中文字，打开【描边】面板，见图 5-44。

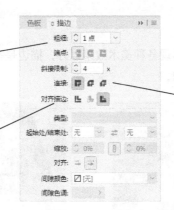

设置描边粗细。
▪ 0点表示没有描边。
▪ 在数字过大时，描边会模糊。
设置描边位置。
▪ 描边对齐中心：描边往内外平均扩展。
▪ 描边居外：描边只往外扩展（默认）。
色板
描边
粗细:
1点
端点:
斜接限制:
4
连接:
对齐描边:
类型:
起始处/结束处:
无
无
缩放:
0%
0%
对齐:
间隙颜色:
[无]
间隙色调:
设置转角类型。
▪ 斜接连接：尖角（默认）。
▪ 圆角连接：圆形，半径为描边宽度的1/2。
▪ 斜面连接：削平的尖角。

图 5-44 【描边】面板

若要设置多层描边，就要复制文本框架，然后对两个框架中的文本分别设置描边，最后把两个框架完全重叠在一起，描边粗者在下层。

5.9.2 字符填色、字符的描边填色

填色分为字符填色、字符的描边填色，两者可以单独设置。示例见图 5-45。

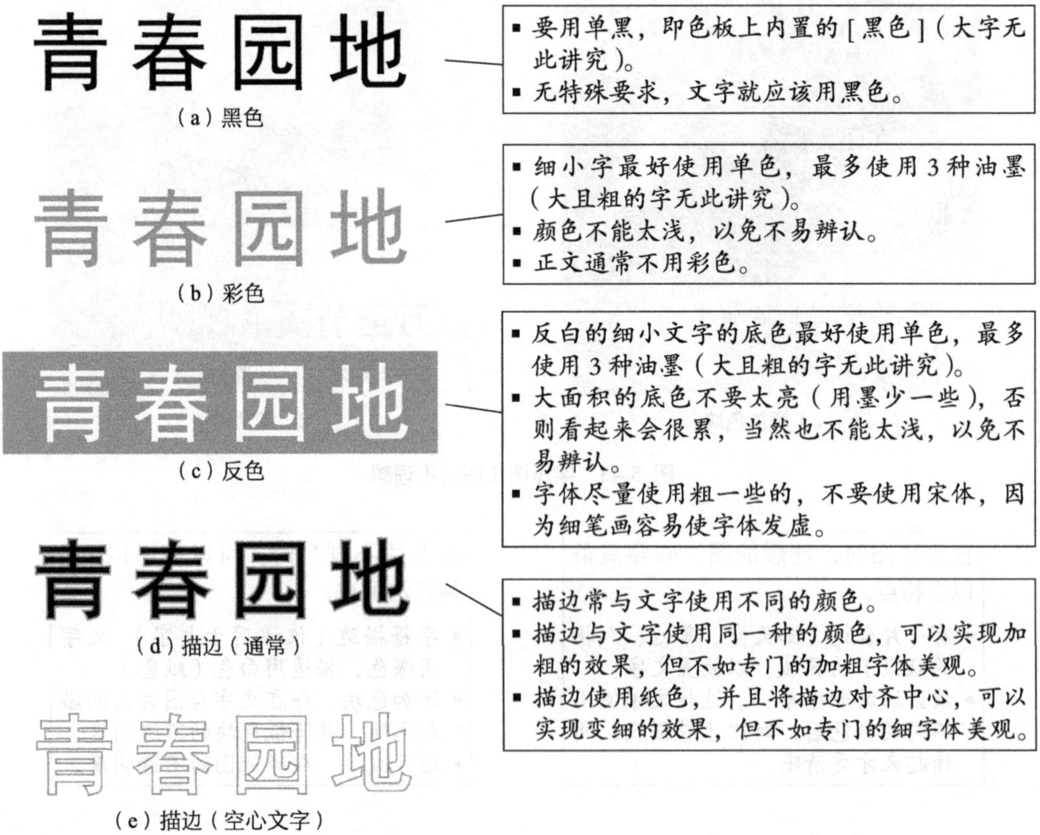

青春园地
（a）黑色
▪ 要用单黑，即色板上内置的[黑色]（大字无此讲究）。
▪ 无特殊要求，文字就应该用黑色。
青春园地
（b）彩色
▪ 细小字最好使用单色，最多使用3种油墨（大且粗的字无此讲究）。
▪ 颜色不能太浅，以免不易辨认。
▪ 正文通常不用彩色。
青春园地
（c）反色
▪ 反白的细小文字的底色最好使用单色，最多使用3种油墨（大且粗的字无此讲究）。
▪ 大面积的底色不要太亮（用墨少一些），否则看起来会很累，当然也不能太浅，以免不易辨认。
▪ 字体尽量使用粗一些的，不要使用宋体，因为细笔画容易使字体发虚。
青春园地
（d）描边（通常）
▪ 描边常与文字使用不同的颜色。
▪ 描边与文字使用同一种的颜色，可以实现加粗的效果，但不如专门的加粗字体美观。
▪ 描边使用纸色，并且将描边对齐中心，可以实现变细的效果，但不如专门的细字体美观。
青春园地
（e）描边（空心文字）

图 5-45 字符填色、字符的描边填色

文字填色、文字的描边填色的操作方法：

❶ 选中文本或框架（针对框架内的全部文本），打开【色板】面板，见图 5-46。

❷ 选中针对文本很重要。
- 若步骤 1 选中的是文本，就忽略本步骤。
- 若步骤 1 选中的是框架，要核对本步骤。

❸ 选中针对填色还是针对描边很重要。
- 实心 T：填色。
- 空心 T：描边。
- 谁在上面，表示当前针对谁。

❹ 单击颜色。
- 在使用某个颜色后，可以降低【色调】值，将颜色变淡。
- 可以是渐变色。渐变色的操作以后讲解。
- 创建、载入、重命名、删除色板等操作，以后讲解。

图 5-46 【色板】面板

案例 5-4：文字填充两种颜色

文字填充两种颜色的示例见图 5-47。

同一个字符不能填充两种颜色，这里采用了"障眼法"。
还有一种方法，就是使用渐变色，以后讲述。

图 5-47 一个字符两种颜色（希望的效果）

❶ 对字符设置一种颜色，见图 5-48。

图 5-48 设置一种颜色

❷ 原位粘贴一个副本，并将其设置为另一种颜色，见图 5-49。操作如下所述。
- 选中文本框，按 Ctrl+C 组合键，【编辑】→【原位粘贴】。原位粘贴的特性：若粘贴在原来的页面或跨页里，副本会与原件完全重合；若粘贴在其他页面或跨页里，副本的位置就是原件的位置。
- 对字符设置另一种颜色。这实际上是两层文本重叠在了一起，下层的文本恰好被上层的文本遮挡住了。

图 5-49 对副本设置另一种颜色

❸ 把副本文本框装进一个框架里，并且保持位置不变，见图 5-50。操作如下所述。
- 选中副本文本框，按 Ctrl+X 组合键。
- 使用 [矩形框架工具] 绘制一个框架，将其放置在原文本框上，并完全重叠。
- 选中该矩形框架，按 Ctrl+Alt+V 组合键。

图 5-50 在原位给副本文本框构造一个框架

❹ 利用刚才建立的框架剪裁副本，见图 5-51。操作如下所述。
- 往下拖动框架的上边框，即在剪裁副本的同时，露出原文本。因为文本框不能被这样剪裁，所以才需要步骤 3。
- 框选这些框架，按 Ctrl+G 组合键，即把它们组合在一起，以免在移动后发生错位。

图 5-51 剪裁副本

5.10 字符样式

字符样式用于定义字符格式，通常配合段落样式使用，即文本首先使用段落样式，然后如果希望对某些文本设置特别的字符格式（如红色、黑体、下画线、上移基线、后面加 1/3 全角空格），就可以对这些文本附加应用字符样式；如果没有这些特殊格式的需求，就无须使用字符样式。

字符样式可以手动应用，也可通过某些对话框自动应用（如项目符号和编号、首字下沉、嵌套样式、GREP 样式、脚注、交叉引用、索引、目录）。本节只举例说明手动应用的情况，自动应用的情况将在相应章节里列举。

样式还包括段落样式、单元格样式、表样式、对象样式、主页（广义上）、色板（广义上）等。使用样式有三大好处：①高效，格式只需在样式里设置一次，以后直接应用该样式即可，不需要在每处都把格式重复设置一遍；②便于做到格式整齐划一，通过样式统一控制格式，可以确保每处的格式都相同；③利于修改，通过修改样式来修改格式，可以"一呼百应"。值得一提的是，在内容较多时，使用样式的优势很明显。但是如果内容很少，就不必设置样式了。

5.10.1 新建、修改、应用字符样式

案例 5-5：设置填空题的答案

给填空题的答案添加下画线，并且把某些字符变为上标，见图 5-52。

1. 感觉苦味的感受器分布在舌根。
2. 引起肌肉兴奋 - 收缩耦联的最关键因素是胞浆内 Ca^{2+} 的浓度。
3. 心脏内传导电冲动速度最快的部位是浦肯野纤维。

图 5-52 设置下画线和上标

希望对某些文本设置特别的字符格式（有两种：下画线；下画线 + 上标），所以，需要两种字符样式，分别应用于这两类文本。
- 一种字符样式只设置下画线。
- 一种字符样式设置下画线和上标。

❶ 选中一处待使用字符样式的文本,【字符样式】面板菜单→【新建字符样式】,打开如图 5-53 所示的对话框。

❷ 输入名称。

在设置过程中或结束后,可在此查看已设置的项目。

❸ 勾选【将样式应用于选区】。
勾选此项表示在创建完成后,所选文本会直接应用该样式。

❹ 勾选【预览】。
- 勾选此项表示设置的项目会实时反映在所选文本中,便于查看效果。
- 选中的文本会以反色显示,若感觉不便,可单击【确定】结束创建,随后在不选中文本的情况下修改字符样式。
- 当遇到预览失效时(如在目录对话框里对页码新建字符样式),可以按上面的方法操作。

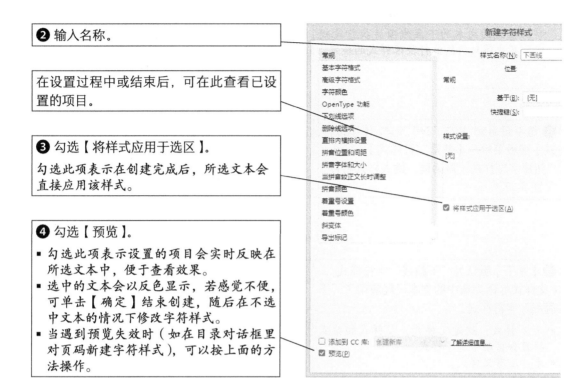

图 5-53 "新建字符样式"对话框(局部)

❺ 单击【下画线选项】,并设置下画线,见图 5-54。
- 仅设置需要控制的项目,其他项目勿动。
- 字符样式的优先级高于段落样式,一旦在字符样式里设置了,应用该字符样式的文本的此项格式就会不受段落样式的控制。我们当然希望不受控制的情况越少越好,所以不需要用字符样式控制的项目就不要在字符样式里设置!

❻ 单击【确定】,完成新建"下画线"字符样式。
- "下画线"字符样式会出现在【字符样式】面板中,见图 5-55。
- 选中的文本会自动应用"下画线"字符样式。

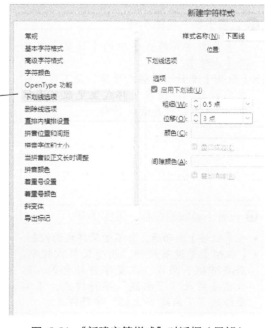

图 5-54 "新建字符样式"对话框(局部)

❼ 对需要的文本应用"下画线"字符样式，见图 5-56。
- 选中文本，打开【字符样式】面板，单击"下画线"字符样式。
- 字符样式只规定了下画线项目，应用该字符样式的文本的下画线项目执行此规定；其他项目仍然执行段落样式的规定。

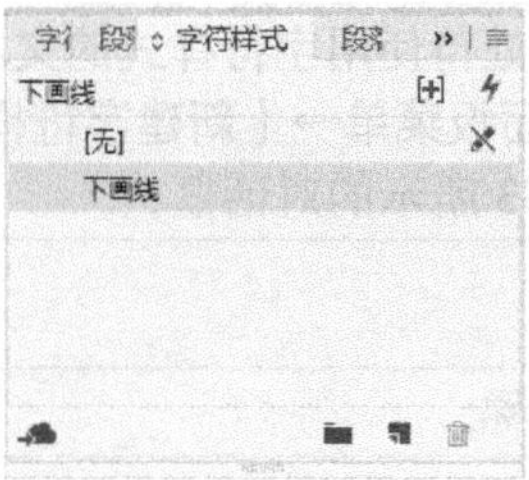

图 5-55 【字符样式】面板

1. 感觉苦味的感受器分布在舌根。
2. 引起肌肉兴奋－收缩耦联的最关键因素是胞浆内 Ca2+ 的浓度。
3. 心脏内传导电冲动速度最快的部位是浦肯野纤维。

图 5-56 设置下画线

❽ 选中图 5-56 中的"2+"文本，【字符样式】面板菜单→【新建字符样式】，打开"新建字符样式"对话框，输入样式名称，见图 5-57。

❾【基于】默认为"下画线"字符样式（父样式），因为选中的文本已经应用了"下画线"字符样式。
- ××样式：这是父样式，父样式的格式项目会自动带进子样式。
- 无：没有父样式。

图 5-57 "新建字符样式"对话框（局部）

❿ 设置上标，见图 5-58。
- 在【基本字符格式】中的【位置】里选择【上标】。
- 【位置】是新增的格式项目，会不受父样式的控制。即使在父样式里更改了【位置】，也不会对其造成影响。

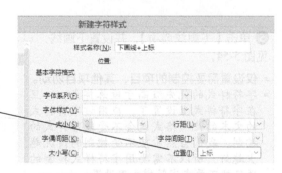

图 5-58 "新建字符样式"对话框（局部）

⓫ 设置下画线的位移，见图 5-59。
- 在【位移】改动后，会不受父样式的控制。
- 【粗细】等没有改动，仍受父样式控制。若要增粗下画线、改变字符颜色等，则只需要修改"下画线"字符样式，不需要修改"下画线＋上标"字符样式。

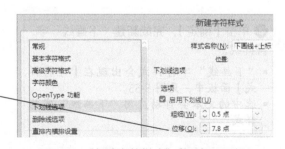

图 5-59 "新建字符样式"对话框（局部）

字符样式   97

⑫ 单击【确定】，完成新建"下画线＋上标"字符样式。

- "下画线＋上标"字符样式会出现在【字符样式】面板里，见图5-60。
- 选中的文本会自动应用"下画线＋上标"字符样式，见图5-52。
- 为其他同类文本应用该字符样式。

图 5-60 【字符样式】面板

案例 5-6：填空题隐藏答案

接上例，需要隐藏答案，但保留下画线，见图5-61。

1. 感觉____的感受器分布在舌根。
2. 引起肌肉兴奋－收缩耦联的最关键因素是_____。
3. 心脏内传导电冲动速度最快的部位是_____。

图 5-61 填空题隐藏答案

希望对某些文本设置特别的字符格式（白色），恰好这些文本都应用了字符样式。

- 在字符样式里把字符颜色改为白色后，这些文本的颜色就会自动变为白色。
- 这些文本使用了两种字符样式，本来都需要更改，但由于存在父子关系，只需要更改父样式，子样式就会自动随之更改。

❶ 打开【字符样式】面板（见图5-60），右击"下画线"字符样式→【编辑"下画线"】，打开"字符样式选项"对话框。

- "下画线"是"下画线＋上标"的父样式，即两者有嵌套关系。
- **修改样式适宜采用这种右击法**，以免不小心使该样式成为默认样式。

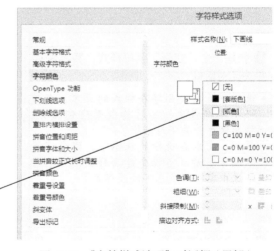

❷ 设置字符颜色，见图5-63。

- 【字符颜色】选[纸色]，见图5-62。
- 之前，没有设置【字符颜色】，表示字符颜色这一项在字符样式里不受控制，即字符颜色遵守段落样式里的规定。

图 5-62 "字符样式选项"对话框（局部）

下画线也"消失"了？

- 当初在字符样式里没有设置下画线的颜色，见图5-54。因此下画线的颜色为默认设置，即跟随文本颜色。
- 现在文本被设置为白色，下画线自然也是白色了。

1. 感觉   的感受器分布在舌根。
2. 引起肌肉兴奋－收缩耦联的最关键因素是   。
3. 心脏内传导电冲动速度最快的部位是   。

图 5-63 字符设为白色

❸ 设置下画线颜色,效果见图 5-61。
- 在【下画线选项】中的【颜色】里选 [黑色],见图 5-64。
- 在字符样式里设置了下画线颜色,对于应用了该字符样式的文本而言,之后在段落样式里设置的下画线颜色就不起作用了。

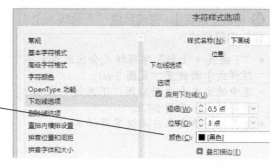

图 5-64 "字符样式选项"对话框(局部)

案例 5-7:设置双行夹注

对竖排文本设置双行夹注,见图 5-65。

希望对某些文本设置特别的字符格式(分行缩排),所以需要对这些文本应用字符样式,并且在该字符样式里设置分行缩排。
- 本例为了说明哪些文本需要设置双行夹注,特意将其设为了红色。
- 实际上双行夹注的文本和其他正文一样,都应该是单黑的。

图 5-65 双行夹注

❶ 新建一个"空壳"字符样式,将其保存并关闭对话框。
- 选中一处待使用字符样式的文本,新建一个字符样式,不对其设置任何格式,将其保存并关闭对话框。
- 原因:文本在选中的状态下,黑色背景不便于查看。可以先建立样式,然后在不选中字符的状态下修改样式。

❷ 修改该字符样式,并设置分行缩排,见图 5-66。

❸ 逐处应用该字符样式,效果见图 5-65。
- 文本的红色是事先手动设置的字符格式,所以会自动添加到本字符样式中。
- 现在可以在本字符样式里将其设为黑色,所有双行夹注的文本都会变为黑色。

图 5-66 "字符样式选项"对话框(局部)

5.10.2 字符样式的若干问题

1. 在字符样式里，如何取消设置已经设置的项目

在图 5-67 中，如何实现每个项目都不受字符样式的控制？设置方法见图 5-68。

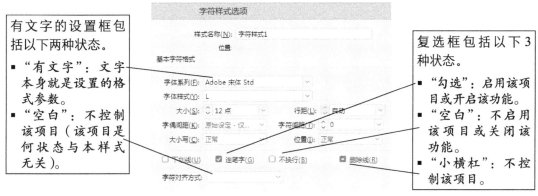

（a）基本字符格式

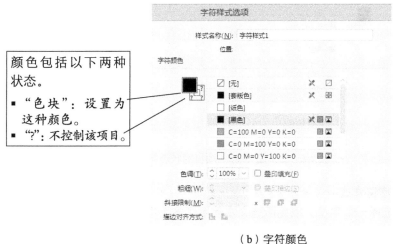

（b）字符颜色

图 5-67 "字符样式选项"对话框（局部）

➡ 注意事项

①字符样式的优先级高于段落样式，低于手动设置。例如，段落样式里定义为宋体，字符样式里定义为黑体，那么文本会是黑体；如果将段落样式中的定义改为楷体，那么文本仍是黑体；但如果选中文本并将其手动设为楷体，那么文本会改为楷体。

②字符样式里没有定义的项目会按段落样式里的规定。例如，段落样式里定义为黑色，字符样式里没定义颜色，那么文本会是黑色；如果将段落样式中的定义改为红色，那么文本会是红色。

③在没有选中对象时，不要单击除 [无] 以外的任何字符样式，否则本文档里新建的文本会默认使用该字符样式。而右击字符样式就无此顾虑，所以修改字符样式宜采用右击的方式。

④文本在应用某字符样式后，若不想再应用该字符样式，也不想应用其他字符样式，则使用 [无] 字符样式。

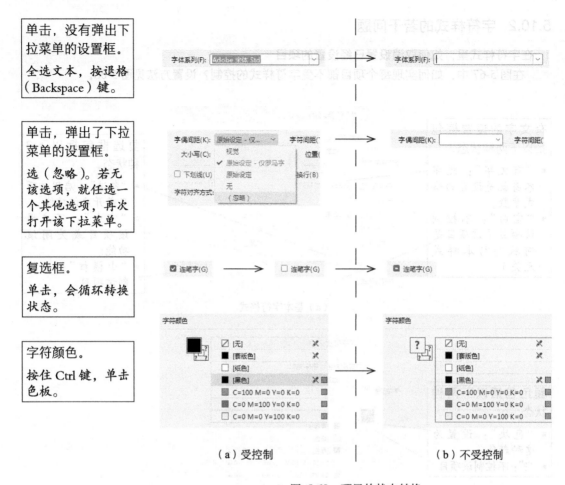

(a)受控制　　　　　　　　　　(b)不受控制

图 5-68　项目的状态转换

2. 查看某文本应用了哪个字符样式

选中该文本(最好只选择一个字符,以免所选文本使用了多个字符样式),打开【字符样式】面板,见图 5-69。

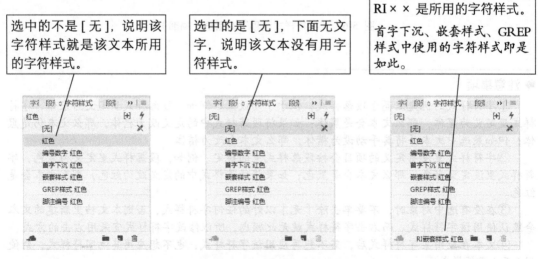

图 5-69　【字符样式】面板

第 6 章　段落 I

段落格式是文本设置的重要部分，段落样式更是其核心，相关内容较多，所以本书将其分为两章，本章大多属于基础操作。段落格式针对的是段落，最小设置单位是单个段落。

6.1 基本格式

在设置段落格式前，要选中需要设置的段落：将光标放在段落中即表示选中该段落，拖动光标可选中多个段落。

段落格式可以在两个地方设置：①【段落】面板（见图6-1），默认在窗口右侧；②［段落格式控制］面板，默认在窗口上部。这两者的设置方法比较类似。当然还可以通过段落样式来设置段落格式。

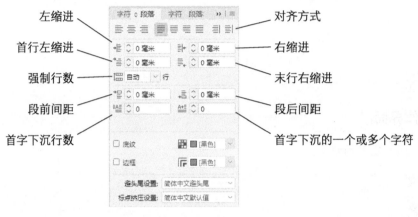

图 6-1 【段落】面板

6.1.1 段首空两格

❶ 不打开任何文档，打开【段落】面板（见图6-1），在【标点挤压设置】中选【基本】，打开"标点挤压设置"对话框。

- 不打开任何文档：本操作针对一切使用本 InDesign 软件新建的文档。需要注意的是，本操作对现有的文档不起作用。
- 本方法的原理：段首符（每段第一行的首个字符前面的一个虚拟字符）与段落第一行中的首个字符的间距默认为 0，现在将该间距增加 200% 全角空格，即实现了段首空两格的功能。关于标点挤压，以后讲述。

❷ 单击【新建】，在【名称】中可以输入"简体中文默认值（段首空两格）"，在【基于设置】中选一个基准（如【简体中文默认值】），单击【确定】，返回"标点挤压设置"对话框，见图6-2。

- 应该选自己最常用的标点挤压预设作为基准。
- 名称还可以设为"实际选的基准标点挤压（段首空两格）"。

❺ 单击【确定】，保存。

❸ 选【2 个字符】。

❹ 选【标点挤压缩进 - 半角前括号】。

- 基于【简体中文默认值】时，宜选此选项。
- 基于其他方案时，可能要选择【标点挤压缩进 + 半角前括号】等。总之，最终目的是段首的前引号占半角位置。

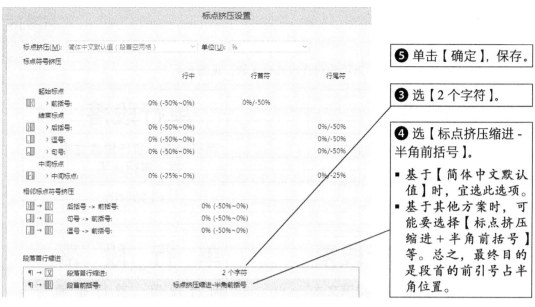

图 6-2 “标点挤压设置”对话框（局部）

❻ 设置默认的标点挤压。操作如下所述。

- 在【段落】面板中的【标点挤压设置】里选一个自己最常用的标点挤压预设。若没有，就选【简体中文默认值】。
- 若不进行本步骤，则刚才建的“简体中文默认值（段首空两格）”方案就成了默认设置，以后添加的所有文本都会段首空两格，但通常不希望如此。

❼ 在以后有需要时，在【段落】面板中的【标点挤压设置】里选这个“简体中文默认值（段首空两格）”方案即可（结果见图 6-3），不必重复前面的步骤。

- 因为前面建立的段首空两格的方案是建立在某个标点挤压方案（步骤 2 确定的）基础上的，所以如果现在要用其他标点挤压方案，就需要以这个方案为基础另行设置。
- 本方法便捷、精确，是设置段首空两格的最佳方案。但在调整字符间距后（小概率事件），本方法就不再适用，此时可改用以下方法之一：①手动或采用 GREP 查找替换，在段首添加两个全角空格；②设置项目符号和编号，符号用纸色，并且在符号后加一个全角空格；③设置首行缩进，并且保证字号和字符间距不再改变。

　　采用标点挤压法设置的段首空两格，有两大特色：一是随着字号的变化，会自动变化；二是简单快捷，一招摆平。

　　采用标点挤压法设置的段首空两格，有两大特色：一是随着字号的变化，会自动变化；二是简单快捷，一招摆平。

图 6-3 段首空两格（字号改变后依然精确）

6.1.2 对齐方式

1. 一两行文本

一行或两行文本的段落，常用的对齐方式有4种，见图6-4。

（a）左对齐　　　　　　　　　　（b）居中对齐

（c）右对齐　　　　　　　　　　（d）全部强制双齐

图6-4　一两行文本的对齐

2. 多行文本（短行）

多行文本的段落在每行的字数较少时，常用的对齐方式有两种，见图6-5。

左对齐
- 优点：字符间距自然。
- 缺点：右端往往不能填满框架，也不整齐。

双齐末行齐左
- 优点：右端填满框架，整齐。
- 缺点：字符间距往往变大；末行字距却不变，这很容易造成末行与其余行不一致。

（a）左对齐　　　　（b）双齐末行齐左

图6-5　多行文本的对齐（短行）

上述两种对齐方式都不够理想，但做到下面一点，情况往往有所改善。

将行宽（栏宽）设置成字号的整数倍。例如，字号是10点、一行有8个文字，行宽＝10×8＝80（点）。在文本框（或栏）宽度设置框里输入80pt，软件会自动换算成28.222mm。注意：该数值是净宽度（文字实际能用的宽度），即减去文本框左右内边距、段落左右缩进后的宽度。

不只是针对短行，这种方法对所有超过两行的文本都有价值。

3. 多行文本（长行）

多行文本的段落在每行的字数较多时，适宜使用双齐末行齐左，见图6-6。

左对齐
- 优点：同前。
- 缺点：同前。

双齐末行齐左
- 优点：同前。
- 缺点：同前。但不明显，因为每行的字数多，在调整字间距时每个字符所调整的间距就少，所以字间距的改变不明显。

各行往往不能恰好放满字符，会剩余一点点空间（不够放置一个字符），并且各行剩余的空间往往不能恰好相同。所以各行的字间距相同时，边缘就不齐；边缘齐时，字间距就不同。

各行往往不能恰好放满字符，会剩余一点点空间（不够放置一个字符），并且各行剩余的空间往往不能恰好相同。所以各行的字间距相同时，边缘就不齐；边缘齐时，字间距就不同。

（a）左对齐　　　　　　（b）双齐末行齐左

图6-6　多行文本的对齐（长行）

■ 6.1.3　段前距、段后距

段前距、段后距是分别在段落的前面、后面额外增加的间距，常用于增加标题之间、标题与正文之间的空白，见图6-7。

正义常不设置段前距、段后距。级别最低的标题也常不设。

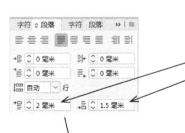

这是对标题"1.2.4"设置的段前距、段后距。
- 通过段前距、段后距来调整标题前后的空白。
- 标题前面的空白不能少于后面的空白！即标题要更靠近后面，以彰显与后面的关系更密切。

图6-7　标题前后留空白

标题"1.3"的级别高。
- 标题级别越高，前后留的空白越大。
- 段间增加的距离 = 前一段的段后距 + 后一段的段前距。

在图 6-7 中，标题"1.2.3"设置了段前距，但其前面却没留出空白。这是因为当某段起始于栏或框架的顶部（即使前方有串接的段落）时，该段的段前距就不起作用。实际上，对于这个标题"1.2.3"而言，这就是我们希望的效果。

但这种情况也有弊端，一级标题都是另面起或另页起的，所以它总是起始于框架的顶部，我们对其设置的段前距通常不起作用，通常我们希望一级标题前面留有空白，见图 6-8。

解决方法如下所述。
- 方法 1：设置基线偏移，往下移动文本。
- 方法 2：增加该文本框架的顶部内边距。

此处的空白是设置标题"第 1 章"的段后距还是设置标题"1.1"的段前距？还是两个都设置？

- 适宜按从低级别到高级别的顺序设置段前距、段后距。
- 在图 6-7 中，可以先确定三级标题"1.2.4"的段前距、段后距；然后确定二级标题"1.3"；最后确定一级标题"第 1 章"。

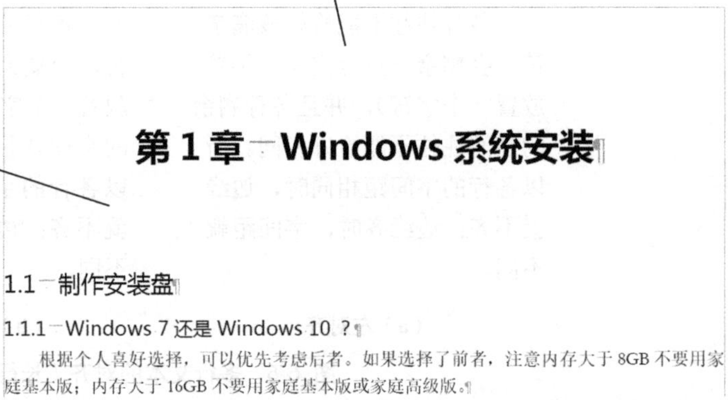

第 1 章 Windows 系统安装

1.1 制作安装盘

1.1.1 Windows 7 还是 Windows 10？

根据个人喜好选择，可以优先考虑后者。如果选择了前者，注意内存大于 8GB 不要用家庭基本版；内存大于 16GB 不要用家庭基本版或家庭高级版。

图 6-8 一级标题前面留空白的问题

6.1.4 缩进

1. 左缩进和右缩进

左缩进和右缩进用于增加文本与框架的间距，针对的是一个或多个段落；增加框架内边距也能达到目的，但针对的是框架内的全体文本。如果只想增大框架内一部分段落与框架的左间距和右间距，就需要采用左缩进法和右缩进法，见图 6-9 和图 6-10。

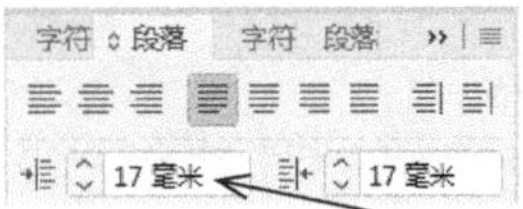

这是对"注意"段落设置的左缩进和右缩进。
- 只针对指定的段落，不影响其他的文本。背景色块是段落底纹（以后讲解）。
- 当然也可以通过增加一个文本框来实现这种效果，但是不如这种方法简便。

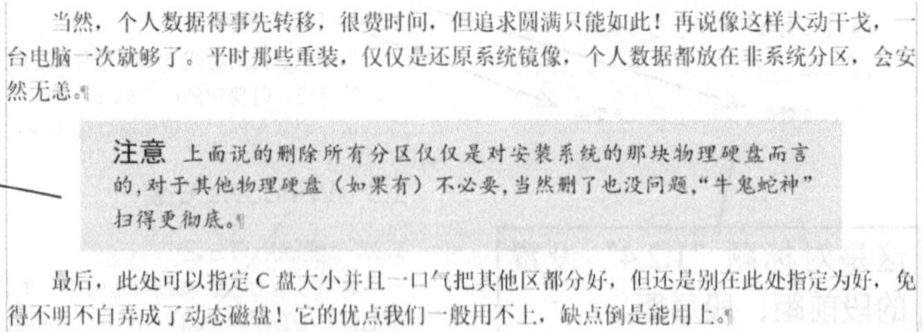

当然，个人数据得事先转移，很费时间，但追求圆满只能如此！再说像这样大动干戈，一台电脑一次就够了。平时那些重装，仅仅是还原系统镜像，个人数据都放在非系统分区，会安然无恙。

> **注意** 上面说的删除所有分区仅仅是对安装系统的那块物理硬盘而言的，对于其他物理硬盘（如果有）不必要，当然删了也没问题，"牛鬼蛇神"扫得更彻底。

最后，此处可以指定 C 盘大小并且一口气把其他分区都分好，但还是别在此处指定为好，免得不明不白弄成了动态磁盘！它的优点我们一般用不上，缺点倒是能用上。

1.3.2 自动创建的隐藏分区

如果删除了所有分区或者是新硬盘，Windows 安装好后，会自动出现一个（MBR 硬盘）

图 6-9 正文里的"提示文字"

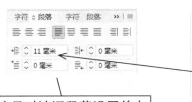

这是对诗词段落设置的左缩进。

- 每段只有一行，且字数不等。最长者的位置要居中或偏左。
- 如果每行字数相等，可以直接居中对齐，不用设置左缩进。

念奴娇·赤壁怀古

大江东去，浪淘尽，千古风流人物。
故垒西边，人道是，三国周郎赤壁。
乱石穿空，惊涛拍岸，卷起千堆雪。
江山如画，一时多少豪杰。

遥想公瑾当年，小乔初嫁了，雄姿英发。
羽扇纶巾，谈笑间，樯橹灰飞烟灭。
故国神游，多情应笑我，早生华发。
人生如梦，一尊还酹江月。

【作者】

苏轼(1037年1月8日－1101年8月24日)字子瞻，又字和仲，号"东坡居士"，世称"苏东坡"。汉族，眉州眉山（今四川眉山，北宋时为眉山城）人，祖籍栾

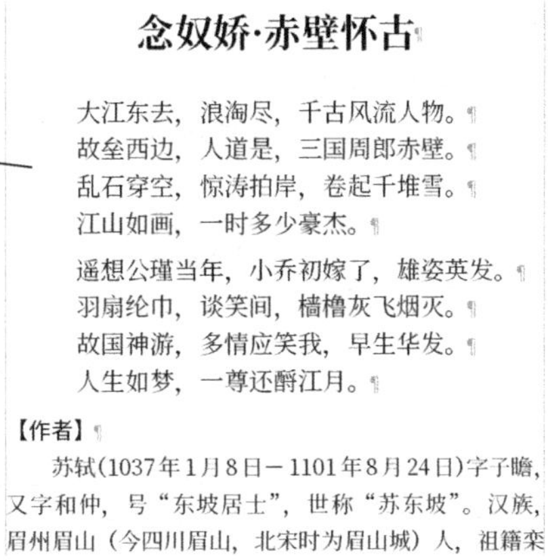

图 6-10　诗词版式

2. 首行左缩进

案例 6-1：制作悬挂缩进

首行左缩进常与左缩进联用，制作悬挂缩进，见图 6-11。

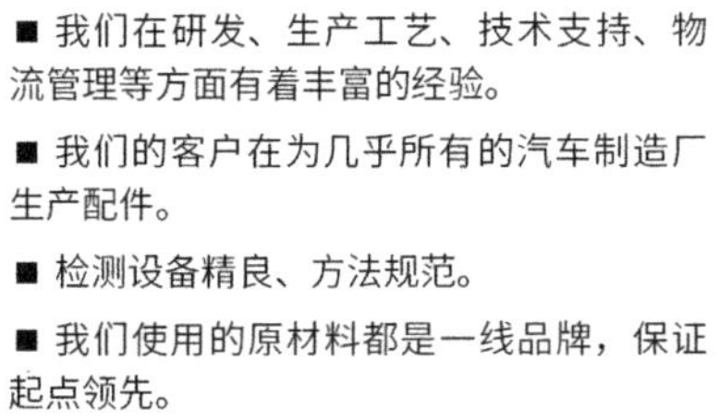

■ 我们在研发、生产工艺、技术支持、物流管理等方面有着丰富的经验。

■ 我们的客户在为几乎所有的汽车制造厂生产配件。

■ 检测设备精良、方法规范。

■ 我们使用的原材料都是一线品牌，保证起点领先。

（a）原始

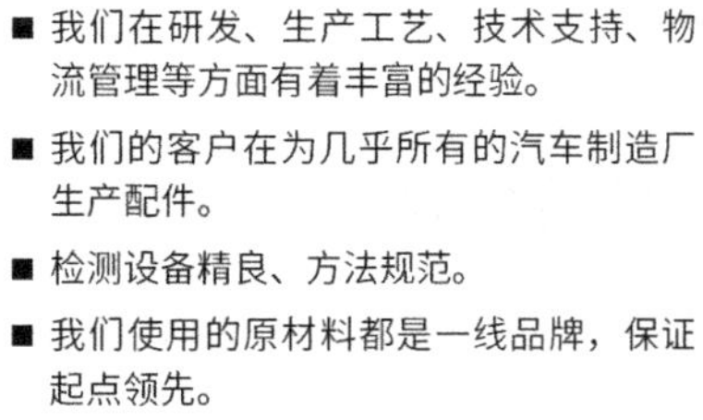

■ 我们在研发、生产工艺、技术支持、物流管理等方面有着丰富的经验。

■ 我们的客户在为几乎所有的汽车制造厂生产配件。

■ 检测设备精良、方法规范。

■ 我们使用的原材料都是一线品牌，保证起点领先。

（b）希望的效果

图 6-11　悬挂缩进

❶ 在首行首个字（除去符号、编号）左侧画一条参考线，见图 6-12。

- 一定要画精确，使其恰好贴着字的边缘。
- 必要时可放大视图。

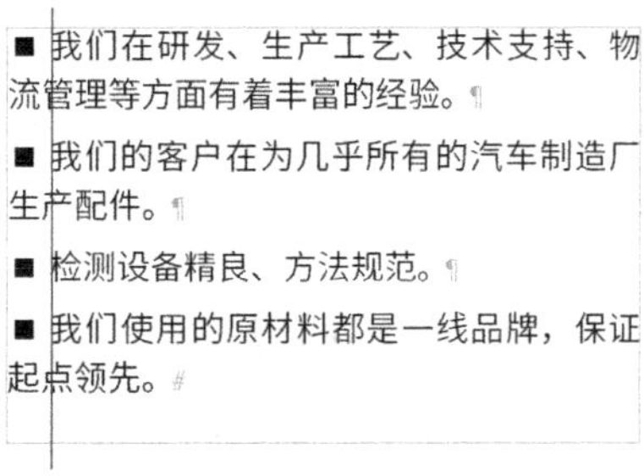

■ 我们在研发、生产工艺、技术支持、物流管理等方面有着丰富的经验。

■ 我们的客户在为几乎所有的汽车制造厂生产配件。

■ 检测设备精良、方法规范。

■ 我们使用的原材料都是一线品牌，保证起点领先。

图 6-12　画对齐用的参考线

❷ 设置左缩进，见图 6-13。

- 一定要精确，使第二行首个字恰好贴着参考线的边缘。
- 往往需要多次微调。

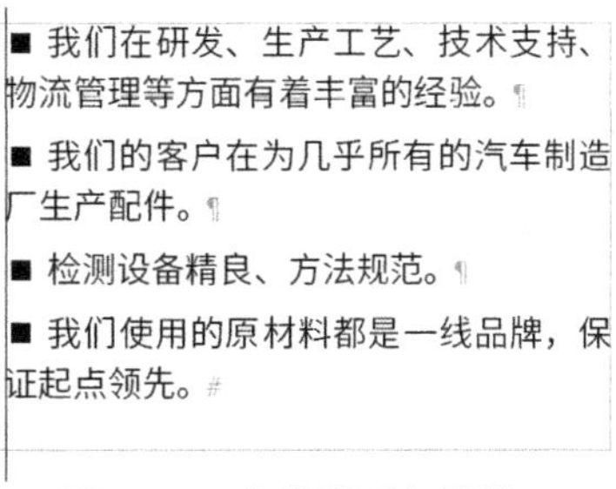

■ 我们在研发、生产工艺、技术支持、物流管理等方面有着丰富的经验。

■ 我们的客户在为几乎所有的汽车制造厂生产配件。

■ 检测设备精良、方法规范。

■ 我们使用的原材料都是一线品牌，保证起点领先。

图 6-13　左缩进至参考线

❸ 设置首行左缩进，见图 6-14。
- 在【段落】面板的 [首行左缩进] 中直接输入左缩进的负值，不需要微调，见图 6-15。
- 原理：首先设置左缩进 a，即把所有行往右移动 a；然后设置首行左缩进 –a，即把首行往左移动 a。最终结果是首行不动，其余行往右移动 a，这就是悬挂缩进。

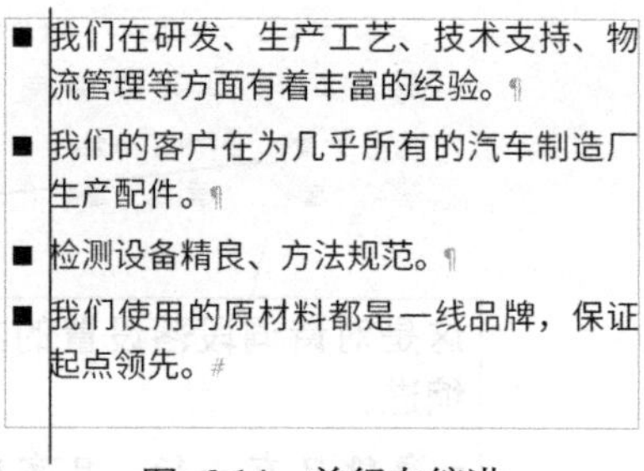

图 6-14　首行左缩进

首行左缩进是建立在左缩进的基础上的。比如，首行左缩进 –3mm 表示：在各行执行左缩进后，首行往左移动 3mm。注意首行往左移动是有限度的，即文本必须保持在框架内。

此外，悬挂缩进的排法也叫齐肩排（齐字排），即首行以下的各行，与首行除去序号、符号的"字"对齐排列；不悬挂缩进的排法叫齐口排（顶格排），即首行以下的各行，对齐版心线排列。

图 6-15　【段落】面板（局部）

6.2　段落样式

段落样式非常重要，除字数少的情况（如名片、封面）外，都要使用段落样式来设置文本格式。

段落样式和字符样式都可以控制文本格式，但有很大区别。①管辖范围不同。字符样式只能控制字符格式；段落样式可以控制字符和段落格式。②在本辖区内的控制范围不同。字符样式可以控制全部项目，也可以只控制一项或几项；段落样式只能控制全部项目。③优先级不同。文本在应用段落样式后，再应用字符样式，会无条件执行字符样式。反之则不然，段落样式默认对字符样式定义的项目无效。④应用场合不同。通常使用段落样式；只有在对某些文本设置特别的字符格式（如字体、颜色、大小）时，才使用字符样式。

6.2.1　新建、应用段落样式

▍案例 6-2：设置正文、标题的文本格式

示例见图 6-16。

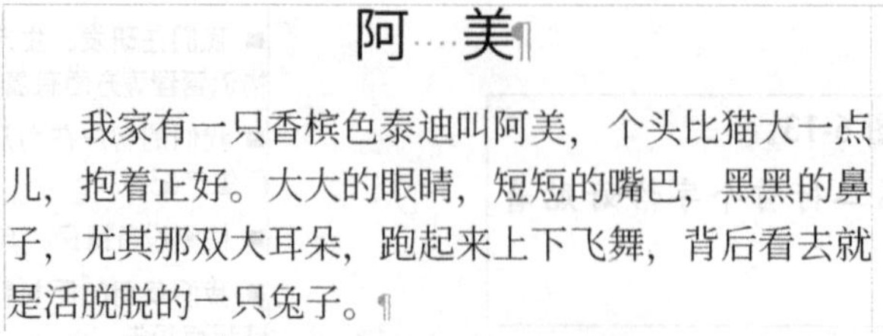

图 6-16　正文、标题的格式

❶ 将光标放在正文段落内,【段落样式】面板菜单→【新建段落样式】,打开如图 6-17 所示的对话框。
- 正文是主体,我们就先设置正文。
- 创建段落样式有两种方法:先设置格式,后创建样式;边设置格式,边创建样式。本例采用后者。

❺ 选择父样式,即在该样式的基础上创建。未改动的项目与父样式相同且受父样式控制。
- [无段落样式]:软件内置,不能删除,不能更改,也不会出现在【段落样式】面板中。该样式定义的是最基本的文本格式,相当于所谓的"没有格式"。所以选该样式作为父样式相当于未设置父样式。
- [基本段落]:软件内置,不能删除,可以更改。在默认设置下,内容与[无段落样式]相同,新建的文本会使用该段落样式。可以将自己最常用的字体、字号规定在里面,当然这与[无段落样式]就不再相同了。在修改后,如果希望恢复默认设置,就选[无段落样式]为其父样式,然后单击【重置为基准样式】。
- ××样式:用户自行建立的段落样式。

❻ 设置格式。
- 全部字符和段落格式都可以在此设置。
- 若没有设置,会使用父样式里规定的格式。

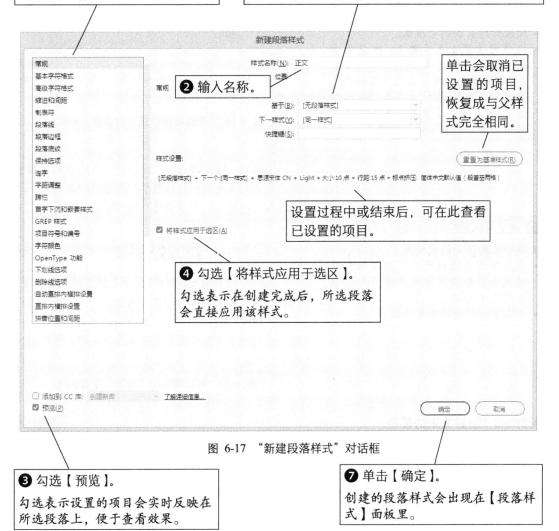

❷ 输入名称。

单击会取消已设置的项目,恢复成与父样式完全相同。

设置过程中或结束后,可在此查看已设置的项目。

❹ 勾选【将样式应用于选区】。
勾选表示在创建完成后,所选段落会直接应用该样式。

图 6-17 "新建段落样式"对话框

❸ 勾选【预览】。
勾选表示设置的项目会实时反映在所选段落上,便于查看效果。

❼ 单击【确定】。
创建的段落样式会出现在【段落样式】面板里。

❽ 应用"正文"段落样式，见图 6-18。
- 将光标放在某个正文段落内，或选中多个正文段落，打开【段落样式】面板，单击"正文"段落样式。
- 由于正文段落最多，因此可以选中全部文本，都应用正文段落样式，然后处理标题。本例采用此方法。

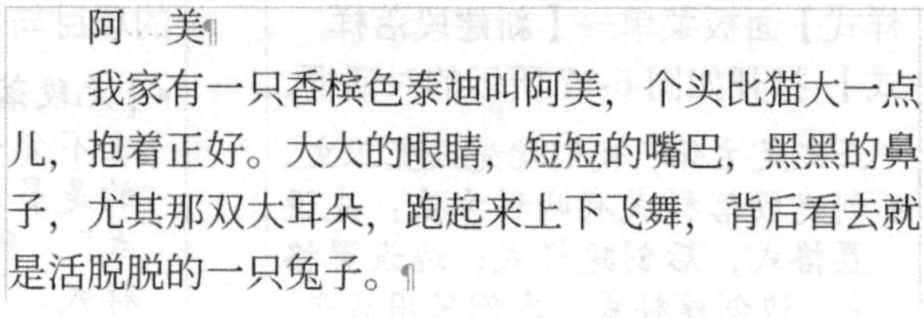

阿　美
我家有一只香槟色泰迪叫阿美，个头比猫大一点儿，抱着正好。大大的眼睛，短短的嘴巴，黑黑的鼻子，尤其那双大耳朵，跑起来上下飞舞，背后看去就是活脱脱的一只兔子。

图 6-18　全部文本都应用"正文"段落样式

❾ 新建标题的段落样式，见图 6-19。
- 不要针对首个标题，因为这样不便于查看段前距的设置效果。
- 删除标题前面的空段落。
- 操作同步骤 1 至步骤 7。注意在步骤 5 中会自动选"正文"作为父样式（因为事先应用了正文段落样式），要改为 [无段落样式] 或 [基本段落]。可以单击【重置为基准样式】，从而去除"正文"带来的格式。

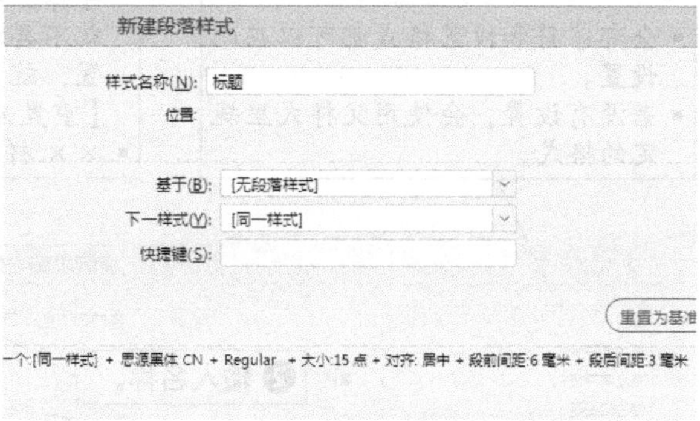

图 6-19　"新建段落样式"对话框（局部）

实验二：阿美睡着时，偷偷把一块肉放到它鼻子前。它会口水先流出来接着醒？还是仅仅鼻孔动一动但没醒？还是……安娜文苑：周亚娟

我的好朋友

温暖的秋风使人温暖舒畅，所有的庄稼都成熟了。我正在看着电视，听见门外有人敲门，一定是外公回来了，打开门一看，外公脸上洋溢着甜美的笑容，我把外公打量了一番，看看又带了什么东西。猫！我大叫了一声。

❿ 逐个对标题应用"标题"段落样式。
- 删除标题前面的空段落。
- 在应用新段落样式后，原段落样式就完全被新段落样式代替，一切按新段落样式执行。
- 图书里的标题通常有多级。

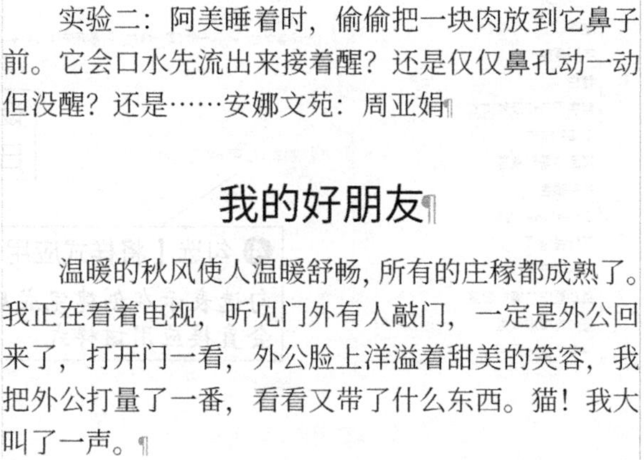

图 6-20　对标题应用"标题"段落样式

▲ **案例 6-3：设置文末的署名**

接上例，希望把署名（见图 6-20）设置成图 6-21 的效果。

署名文字居右，要求如下所述。
- 字体用楷体。
- 右对齐，但要留大约两个字符的距离。
- 在本行空间不够时，要整体转行，不能从中间断开。

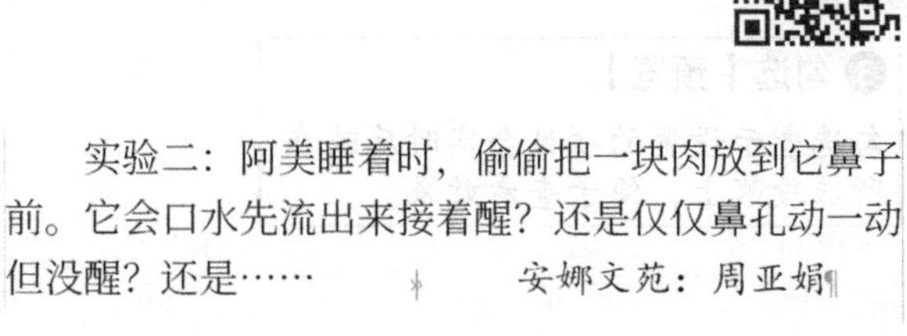

实验二：阿美睡着时，偷偷把一块肉放到它鼻子前。它会口水先流出来接着醒？还是仅仅鼻孔动一动但没醒？还是……　　　安娜文苑：周亚娟

图 6-21　文末的署名

❶ 在署名文字前面插入右对齐制表符，见图 6-22，操作如下所述。
- 将光标置于正文与署名文字之间，按 Shift+Tab 组合键。
- 右对齐制表符的作用：将其后面的文本与框架的右边缘对齐，即撑满文本框。

实验二：阿美睡着时，偷偷把一块肉放到它鼻子前。它会口水先流出来接着醒？还是仅仅鼻孔动一动但没醒？还是……　　　安娜文苑：周亚娟

图 6-22　插入右对齐制表符

❷ 针对有署名的段落，新建段落样式，见图 6-23，操作如下所述。
- 操作同步骤 1 至步骤 7。注意在步骤 5 中会自动选"正文"作为父样式（因为事先应用了正文段落样式），这样才能做到与"正文"时刻保持一致。
- 该段落样式可以命名为"正文末段署名"。
- 调整末行缩进，使署名文字与框架的边缘空约两个字符，见图 6-24。

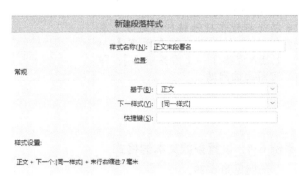

图 6-23　"新建段落样式"对话框（局部）

实验二：阿美睡着时，偷偷把一块肉放到它鼻子前。它会口水先流出来接着醒？还是仅仅鼻孔动一动但没醒？还是……　　　安娜文苑：周亚娟

图 6-24　在段落样式里设置末行缩进

❸ 针对署名文字，新建字符样式，见图 6-25，操作如下所述。
- 该字符样式命名为"文章作者"。
- 字体用楷体。
- 勾选【不换行】。设置了不换行的字符会作为一个整体流动。

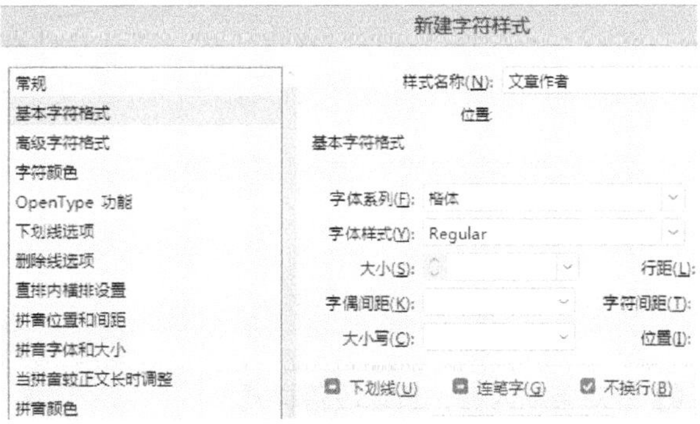

图 6-25　"新建字符样式"对话框（局部）

❹ 针对其他署名文字，逐个手动进行下面 3 项操作，见图 6-26。
- 插入右对齐制表符。
- 应用"正文末段署名"段落样式。
- 应用"文章作者"字符样式。

我坐在大门口等啊等，猫始终没有回来，我猜想，它应该想自己独立生活，等学会了，还会回来找我的。
　　　　　　　　　静云轩：夏岚

图 6-26　文末的署名

❺ 针对文本明显稀疏的段落（见图 6-27），添加右齐空格（见图 6-28）。

- 文本稀疏的原因：署名的几个字符本来有几个在上一行，有几个在下一行。但由于设置了不分行，所以只能一起转到下一行，这就造成了上一行文本的字数过少。由于设置的是两端对齐（除了末行），所以文本显得稀疏。
- 将光标放在硬性转行的地方（本例为问号的后面），【文字】→【插入空格】→【右齐空格】，即可解决该问题。

虽然，我的一盆吊兰枯萎了，但两只坚持不懈、以吃为终生目标的鹦鹉却告诉了我合作力量的巨大。合作，可以使我们完成一些看起来遥不可及的事。动物都明白的事，为什么我们人做不到呢？

听风阁：周佳乐#

图 6-27 文本明显稀疏

虽然，我的一盆吊兰枯萎了，但两只坚持不懈、以吃为终生目标的鹦鹉却告诉了我合作力量的巨大。合作，可以使我们完成一些看起来遥不可及的事。动物都明白的事，为什么我们人做不到呢？

听风阁：周佳乐#

图 6-28 添加右齐空格

案例 6-4：设置条款文本的格式

示例见图 6-29。

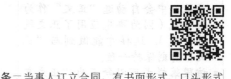

条款文本的格式要点：
- 段首空两格。
- "第 × 条"应用黑体。
- "第 × 条"右侧有一个全角空格。
- 非首行顶格排。

第十条 当事人订立合同，有书面形式、口头形式和其他形式。法律、行政法规规定采用书面形式的，应当采用书面形式。当事人约定采用书面形式的，应当采用书面形式。

第十一条 书面形式是指合同书、信件和数据电文（包括电报、电传、传真、电子数据交换和电子邮件）等可以有形地表现所载内容的形式。

第十二条 合同的内容由当事人约定，一般包括以下条款：
（一）当事人的名称或者姓名和住所；
（二）标的；
（三）数量；

图 6-29 条款文本

❶ 针对条款内容，新建段落样式，见图 6-30。

- 一个段落样式只能定义一种字符格式，因此对"第 × 条"应用的黑体现在只能忽略。
- 新建段落样式的方法同前。标点挤压设置在【日文排版设置】栏目里。

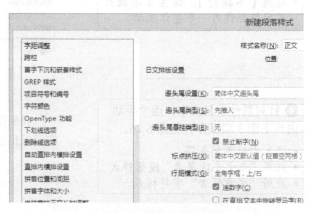

图 6-30 "新建段落样式"对话框（局部）

❷ 针对条款内容，应用段落样式，见图 6-31。

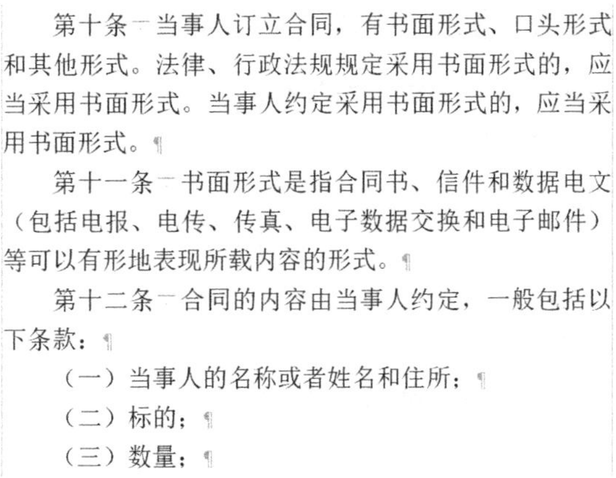

第十条　当事人订立合同，有书面形式、口头形式和其他形式。法律、行政法规规定采用书面形式的，应当采用书面形式。当事人约定采用书面形式的，应当采用书面形式。

第十一条　书面形式是指合同书、信件和数据电文（包括电报、电传、传真、电子数据交换和电子邮件）等可以有形地表现所载内容的形式。

第十二条　合同的内容由当事人约定，一般包括以下条款：
（一）当事人的名称或者姓名和住所；
（二）标的；
（三）数量；

图 6-31　应用段落样式

❸ 针对"第 × 条"这几个文字，新建字符样式，见图 6-32。
- 把那些特别的字符格式定义在字符样式里。
- 本例需要设置的就只有一项格式——黑体。

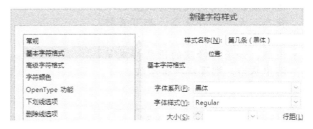

图 6-32　"新建字符样式"对话框（局部）

❹ 针对"第 × 条"这几个文字，应用字符样式，效果见图 6-29。
- 逐条选中文本，应用字符样式。
- 这种手工操作在相应文本数量少时可以接受；在相应文本数量多时，效率很低。用嵌套样式或 GREP 样式可以解决此问题，以后讲述。

　　当一个段落需要包含多种字符格式时，无法仅依靠段落样式实现。此时要先把"小众"的字符格式暂时忽略，把"大众"的字符格式定义在段落样式里，并对全体文本应用该段落样式；然后把"小众"的字符格式定义在字符样式里；最后对相应的文本应用该字符样式。这就是经典的"段落样式为主体，字符样式作点缀"。

　　应用字符样式有多种途径，推荐按下列优先顺序使用。

　　① 在相关设置对话框里设置，如项目符号和编号、首字下沉、交叉引用、脚注、索引、目录。在设置好后，会自动对相应的文本应用字符样式。该方法简单，可靠，应用范围窄。

　　② 嵌套样式。在设置好后，会自动对相应的文本应用字符样式。该方法略有难度，可靠，应用范围一般。

　　③ GREP 样式。在设置好后，会自动对相应的文本应用字符样式。该方法难度高，可靠性依赖于正则表达式的严密程度，应用范围较广。

　　④ 选中文本，手动应用字符样式。该方法属于纯手工劳动，简单，可靠性依赖于个人的细心程度，无应用范围限制，任何场合都能使用。

6.2.2 修改段落样式

■ 案例 6-5：更改正文的字体

接案例 6-3，希望把正文的字体改为思源黑体 Light。

❶ 打开【段落样式】面板（见图 6-33），右击"正文"段落样式→【编辑"正文"】，打开"段落样式选项"对话框。
- 在修改段落样式之前，可以将光标放在某个使用该样式的段落里，此时在段落样式面板中，该段落样式呈选中状态；也可以不选中任何对象，此时段落样式面板里默认使用的段落样式呈选中状态。无论哪种状态，都可直接右击修改。
- 当然，如果待修改的段落样式呈选中状态，则可以双击修改。

图 6-33 【段落样式】面板

❷ 修改文本格式，见图 6-34。
- 把字体改为思源黑体 Light。样式内容见图 6-35。
- "正文末段署名"段落样式不必更改，因为它会自动跟随父样式改变。这是样式嵌套的优点之一。

儿渐渐不灵了，现在阿美已经不理我了。实验结果，阿美知道手机里的是假的。¶
　　实验二：阿美睡着时，偷偷把一块肉放到它鼻子前。它会口水先流出来接着醒？还是仅仅鼻孔动一动但没醒？还是……　　　　安娜文苑：周亚娟

图 6-34 更改正文的字体

此外，在图 6-35 中可以查看该段落样式设置了哪些项目。

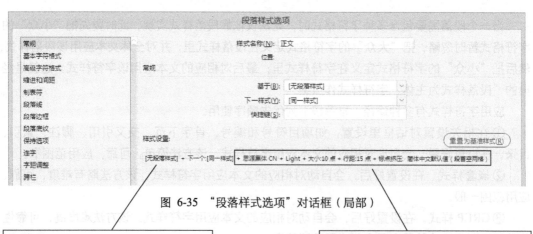

图 6-35 "段落样式选项"对话框（局部）

父样式
- 显示在最左侧的方括号内。
- 右侧没列出的项目，与父样式相同。

与父样式不同的地方
- 这是所有在本样式里设置的项目。
- 一个加号表示一个项目。

图 6-35 中已列出的项目，一看便知；未列出的项目，可以转到父样式里查看。[无段落样式] 不能查看，通常也不必查看，因为它可以理解成“纯文本”或“没有格式”；如果一定要查看，就查看 [基本段落]，在默认设置下两者是相同的。

当然，可以逐条翻阅【基本字符格式】【高级字符格式】……但项目太多，此法并不方便。

6.2.3 段落样式的若干问题

1. 段落样式右侧为何多了个加号

示例见图 6-36。

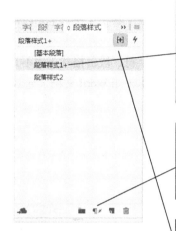

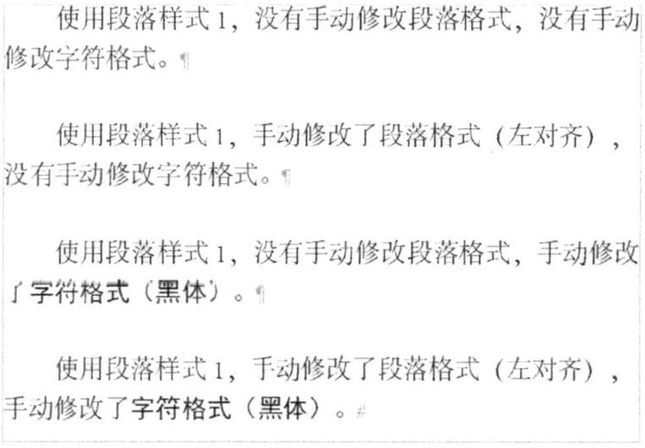

后面有“+”：在光标所在的段落或选中的段落里手动修改了段落格式或字符格式。

- 如果只是手动修改了字符格式，但没有选中这些字符（光标也没紧贴该字符的右侧），不会出现加号。
- 由于手动修改的段落、字符格式优先于段落样式，因此这些手动修改的格式被称为优先选项。

[清除选取中的……] 图标呈黑色（可用状态）：同上。

- 只要手动修改了字符格式，不管是否选中这些字符，该图标都呈黑色。
- 单击该图标会去除手动修改的段落和字符格式。

[样式优先选项高亮工具]，示例见图 6-37。

- 手动修改了段落格式，该段落每行的左侧出现蓝色块。
- 手动修改了字符格式，这些字符出现蓝底色。
- 不需要选中段落和字符，就能区分更改的是段落还是字符格式，以及哪些字符被更改了。

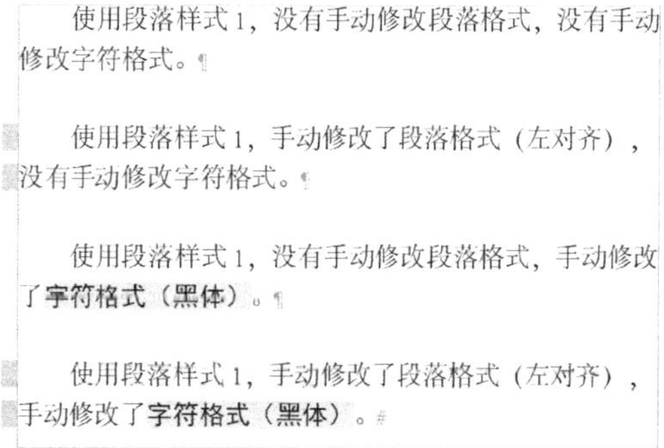

图 6-36 【段落样式】面板

使用段落样式 1，没有手动修改段落格式，没有手动修改字符格式。¶

使用段落样式 1，手动修改了段落格式（左对齐），没有手动修改字符格式。¶

使用段落样式 1，没有手动修改段落格式，手动修改了字符格式（黑体）。¶

使用段落样式 1，手动修改了段落格式（左对齐），手动修改了字符格式（黑体）。#

（a）关闭（默认）

使用段落样式 1，没有手动修改段落格式，没有手动修改字符格式。¶

使用段落样式 1，手动修改了段落格式（左对齐），没有手动修改字符格式。¶

使用段落样式 1，没有手动修改段落格式，手动修改了字符格式（黑体）。¶

使用段落样式 1，手动修改了段落格式（左对齐），手动修改了字符格式（黑体）。#

（b）开启

图 6-37 [样式优先选项高亮工具] 示例

➡ 注意事项

在没有选中对象的状态下，不要单击除 [基本段落] 以外的段落样式，否则本文档里新建的文本会默认使用该段落样式（右击就无此顾虑，所以修改段落样式宜采用右击的方式）。

说明：①出现"+"，可能是无意造成的，此时需要想办法消除它；②出现"+"，也可能是特意为之，例如，避头尾间断类型默认先推入，对于绝大多数段落而言这个设置的效果较好，但是有一个段落里的文字间距过小，就要将这一个段落手动修改为先推出。当然，如果此种情况的段落有多个，可以考虑为它们新建一个段落样式（要基于现有的段落样式）；③文本是否使用了字符样式，在上述两个图中无法体现。

2. 如何更改文本的默认格式

例如，"方正新书宋"是我们常用的字体，"全角+行尾半角"是我们常用的标点挤压设置，那怎样使文本默认采用它们？当然只是针对新建的文档。

推荐的方法：不打开任何文档，按F11键打开【段落样式】面板，修改 [基本段落]，把需要的格式设置进去。此设置对已有的文档无影响，已有文档里的 [基本段落] 不变。

如果后期希望恢复默认设置，则按上述方法修改 [基本段落]，在【基于】中选 [无段落样式]，单击【重置为基准样式】。

更改文本的默认格式还有一个方法：不打开任何文档，直接修改字符、段落格式（而不是在段落样式里修改）。但该方法有些瑕疵，如对导入的去除格式的文本（如 Word 文档）无效；对脚注、尾注无效。

6.3 项目符号和编号

6.3.1 项目符号

案例 6-6：设置项目符号

示例见图 6-38。

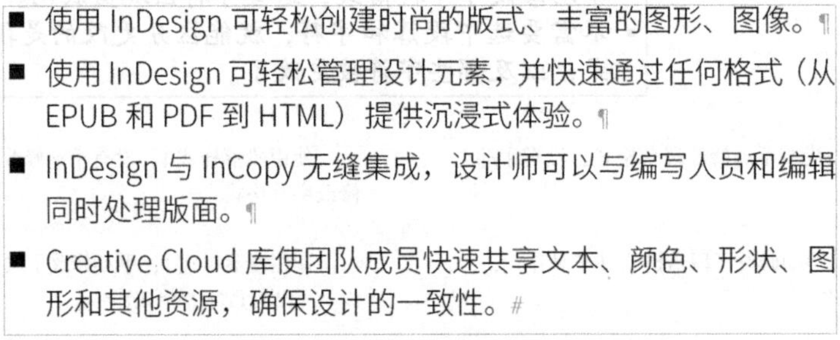

- 使用 InDesign 可轻松创建时尚的版式、丰富的图形、图像。
- 使用 InDesign 可轻松管理设计元素，并快速通过任何格式（从 EPUB 和 PDF 到 HTML）提供沉浸式体验。
- InDesign 与 InCopy 无缝集成，设计师可以与编写人员和编辑同时处理版面。
- Creative Cloud 库使团队成员快速共享文本、颜色、形状、图形和其他资源，确保设计的一致性。

图 6-38 项目符号

❶ 针对这些文本，新建段落样式或修改当前段落样式，单击左侧【项目符号和编号】，见图6-39。
- 由于段落样式用途十分广泛，关于文本格式，本书从此转为在段落样式窗口里讲述。
- 实际上，直接设置的窗口与段落样式里的窗口基本相同，可以通过【段落】面板或其面板菜单打开。

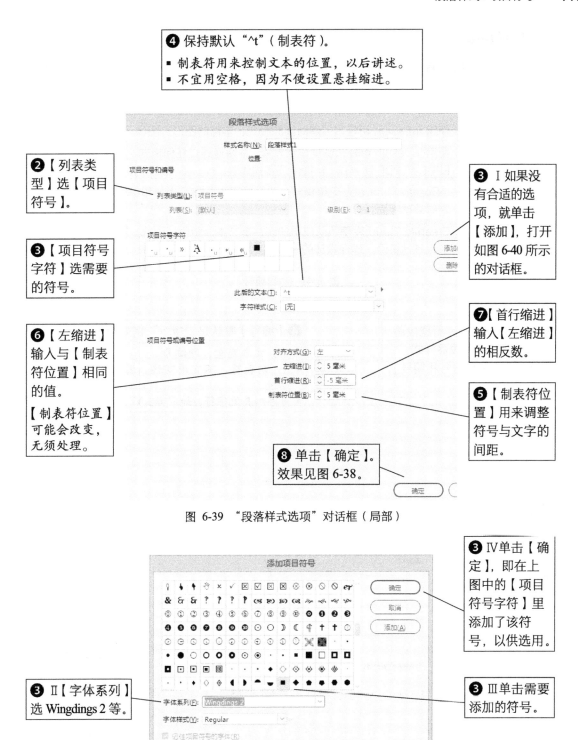

图 6-39 "段落样式选项"对话框(局部)

图 6-40 "添加项目符号"对话框

6.3.2 项目编号

案例 6-7：设置项目编号

示例见图 6-41。

1. 使用 InDesign 可轻松创建时尚的版式、丰富的图形、图像。¶
2. 使用 InDesign 可轻松管理设计元素，并快速通过任何格式（从 EPUB 和 PDF 到 HTML）提供沉浸式体验。¶
3. InDesign 与 InCopy 无缝集成，设计师可以与编写人员和编辑同时处理版面。¶
4. Creative Cloud 库使团队成员快速共享文本、颜色、形状、图形和其他资源，确保设计的一致性。#

图 6-41　项目编号

❶ 针对这些文本，新建段落样式或修改当前段落样式，单击左侧【项目符号和编号】，见图 6-42。

❹【编号】默认是"^#.^t"，例如会显示成"2."。
- ^#：文本变量，即编号。
- ^t：制表符。不宜用空格，因为不便设置悬挂缩进。
- 可添加其他字符，如"^#）^t"，结果会是"2）"。

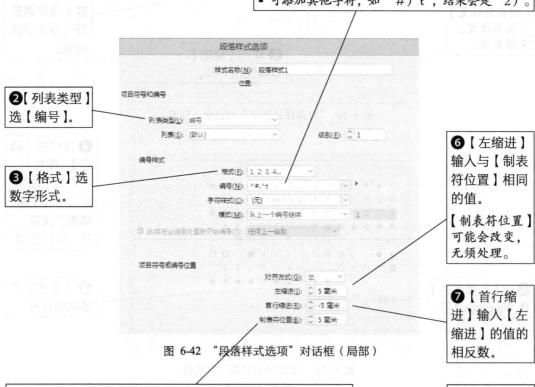

❷【列表类型】选【编号】。

❸【格式】选数字形式。

❻【左缩进】输入与【制表符位置】相同的值。

【制表符位置】可能会改变，无须处理。

❼【首行缩进】输入【左缩进】的值的相反数。

图 6-42　"段落样式选项"对话框（局部）

❺【制表符位置】调整编号与文字的间距。
- 不可过小，否则设置无效，会自动改用默认制表符位置。
- 随着编号数字位数的增加，可能会导致上述情况发生，如从"9."变到"10."，所以要预先考虑这种情况。

❽ 单击【确定】，效果见图 6-41。

案例 6-8：项目编号采用圈码形式

示例见图 6-43。

⑨ 多色调分色法：这一过程将平滑的颜色转换分裂成可见的渐变时，它也常被称作梯级法或条带。

⑩ 杂色：一种点状图案，类似于电视接收不到信号时出现在这个图案常用于模糊两种颜色之间的清晰过渡。它用多种替原来的直线过渡边缘。

⑪ 抖动：利用两种纯色图案来模拟一种颜色，例如在黄色区可以创建出橙色。

⑫ 矢量：图像可以是光栅、矢量，或者两者的组合。光栅图这使得图像在近看时会有锯齿，并且导致它们在放大时会状；相反，矢量图像是由光滑的曲线和直线（也就是路径

图 6-43　圈码编号

操作同上例，注意以下几点，见图 6-44。

> 【字符样式】里应用一个字符样式。
> - 在该字符样式里，规定字体用 Rope Sequence Number HT。该字体是专门的圈码字体，能够自动将英文字母显示为圈码（限 26 以内，通常够用）。
> - 编号及后面的括号、圆点（如果有）会自动应用该字符样式，即设置特别的字符格式。注意：下画线、删除线等字符属性在此不生效，可用段落线对编号加色块。
> - 如果圈码小于 10，则不必这样设置字符样式，可以直接在【格式】里选圈码数字。

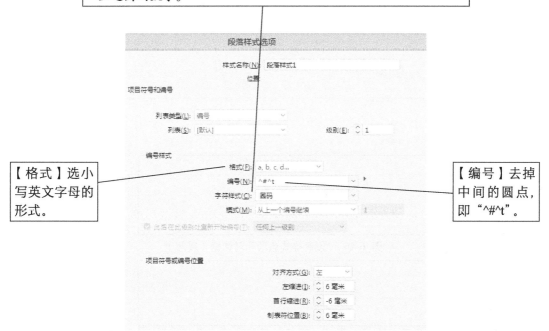

【格式】选小写英文字母的形式。

【编号】去掉中间的圆点，即"^#^t"。

图 6-44　"段落样式选项"对话框（局部）

▲ **案例6-9：竖排文本，编号横排**

示例见图6-45。

> 这是竖排文本设置项目编号后的自然状态。

（a）初始　　　　　　　（b）希望的效果

图 6-45　竖排文本，编号横排

❶ 修改当前段落样式，单击左侧【项目符号和编号】，见图6-46。

❷ 在【字符样式】里应用一个字符样式。
- 若数字后面没有那个圆点，则在字符样式里规定旋转90°即可；现在有圆点，就不能这样做了，因为圆点旋转后的位置不对。
- 在该字符样式里设置【直排内横排】，希望能圆满解决此问题，但是与下画线、删除线的情况一样，该字符属性在此不生效。

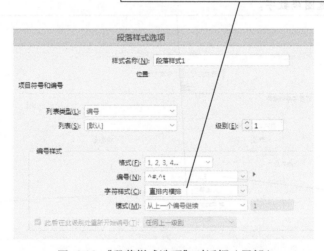

图 6-46　"段落样式选项"对话框（局部）

➡ **注意事项**

当段首有字符无法被选中时（当然也无法被编辑，且嵌套样式和GREP样式对其不生效），基本可以确定其设置了项目符号和编号，编辑它们需要在【项目符号和编号】中进行，可以将其转换为普通文本，但符号和编号就不能自动更新了。

❸ 全选这些段落，【段落】面板菜单→【将编号转换为文本】，见图 6-47。
- 将其转换为普通文本，但这样会失去符号和编号自动更新的功能。
- 在转换后，符号和编号连同后面的圆点会保持应用设置的字符样式。对于没有生效的字符属性，可能需要手动刷新该字符样式。

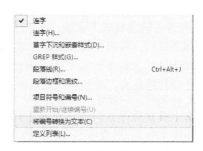

图 6-47　将编号转换为文本

❹ 手动刷新、微调字符样式，见图 6-48。
- 取消勾选【直排内横排】，然后重新勾选。这就相当于手动刷新了。
- 微调左右位置，使之更加美观，见图 6-45（b）。

图 6-48　"字符样式选项"对话框（局部）

▲ 案例 6-10：中英文间隔排列，共用编号

示例见图 6-49。

中文和英文共用一个段落样式，编号编排方面的设置都采用默认设置。

在默认设置下，一个文本流内的编号连续编排。

01　洗衣中不要打开盖。
02　Do not open the cover Laundry.
03　洗衣过程中不要添加洗衣粉，防止留下污渍。
04　Do not add laundry during the washing powder, place the stain left behind.
05　为了保证洗衣质量，干衣服的重量通常在 4.5 公斤左右为宜。
06　To ensure the quality laundry, dry clothes, the weight of 4.5 kg is usually suitable.

（a）初始

中文和英文分别用一个段落样式，仅对中文设置编号。

中文和英文间隔排列，段落样式是否需要逐个单击？并不需要，只需对它们循环应用段落样式，即可解决此问题。

01　洗衣中不要打开盖。
　　Do not open the cover Laundry.
02　洗衣过程中不要添加洗衣粉，防止留下污渍。
　　Do not add laundry during the washing powder, place the stain left behind.
03　为了保证洗衣质量，干衣服的重量通常在 4.5 公斤左右为宜。
　　To ensure the quality laundry, dry clothes, the weight of 4.5 kg is usually suitable.

（b）希望的效果

图 6-49　中英文间隔排列的编号

❶ 打开【段落样式】面板，右击这个共用的段落样式，单击【直接复制样式】。
- 将【样式名称】改为"英文内容"，以便专门针对英文。还可以设置一些更适合英文的格式，如语言、书写器等。
- 在【项目符号和编号】中的【列表类型】里选【无】，因为英文不需加编号。
- 其他格式，可以以后调整。

❷ 打开【段落样式】面板，右击这个共用的段落样式，单击【编辑"内容"样式】。
- 将【样式名称】改为"中文内容"，以便专门针对中文。
- 其他格式，可以以后调整。

❸ 制作循环段落样式。
- 编辑"中文内容"段落样式，【下一样式】选【英文内容】，见图 6-50。
- 编辑"英文内容"段落样式，【下一样式】选【中文内容】，见图 6-51。
- 注意：一定要循环，比如，1 的下一个是 2，2 的下一个是 3，3 的下一个是 1。

❹ 应用循环段落样式。
- 选中全部相关段落（无关的不要选），打开【段落样式】面板，右击"中文内容"段落样式，单击【应用"中文内容"，然后移到下一样式】，见图 6-52。
- 注意：一定要右击首个段落应用的段落样式，本例首个段落是中文，所以右击中文段落样式。

❺ 调整、完善格式。
- 中文去除段后距，使同组内的关系更加紧密。
- 英文去除首行缩进，与中文一起齐肩排。
- 英文适宜使用专门的英文字体。

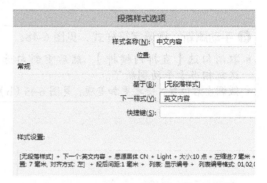

图 6-50 "段落样式选项"对话框（局部）

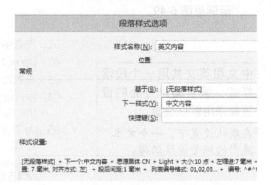

图 6-51 "段落样式选项"对话框（局部）

图 6-52 应用循环段落样式

案例 6-11：指定某编号从头开始

示例见图 6-53。

在默认设置下，【模式】里采用【从上一个编号继续】。
- 编号接着上一个续编。
- 编号之间可以隔着其他段落。

反色编号的制作方法。
- 对编号应用字符样式，在字符样式里规定填充纸色。
- 蓝底用段落线设置。

编号后面的黑体字的制作方法。
- 使用嵌套样式对句号及以前的文字应用字符样式，在字符样式里规定用黑体。
- 嵌套样式对项目符号和编号无效。

❶ 将光标放在图 6-53（a）第 5 条的段落里。

❷【段落】面板菜单→【重新开始编号】，见图 6-54。
- 所选段落的编号，即从 1 开始计数，见图 6-53（b）。
- 后续段落的编号，会自动更新。

（a）初始

（b）希望的效果

图 6-53　指定某编号从头开始

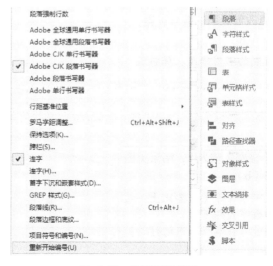

图 6-54　重新开始编号

案例 6-12：项目多级编号

示例见图 6-55。

在默认设置下，一个文本流内的编号连续编排。

- 对于某段落而言，图 6-56 中的【列表】【级别】【模式】决定了其编号的大小。采用默认设置会连续编号。
- 编号如何计数只与上述 3 项的设置有关，与文本格式、段落样式、编号是数字还是字母无关。

1 处理多页文档，得心应手！页数越多，优势越明显。¶
B. 有多种形式的自动页码。¶
C. 自动生成目录。¶
D. 交叉引用自动跟踪页面。¶
5 处理文字，如鱼得水！文字越多，强项越显著。¶
F. 字符样式、段落样式黄金搭档。¶
G. 嵌套样式、GREP 样式自动高效。¶
H. 单元格样式、表样式设置表格。¶
I. 对象样式、定位对象双剑合璧。¶
10 设置颜色，直观精确！与兄弟软件，无缝链接。¶
K. 叠印、馅印，彰显专业。¶
L. 色彩管理，保证颜色准确。¶
M. 同步设置，Adobe 套装颜色一致，共享 Adobe 核心技术，不会出现印刷和显示问题。¶

（a）初始

不同级别的编号分别计数。

在【级别】里反映出相应的级别，即可实现目的。

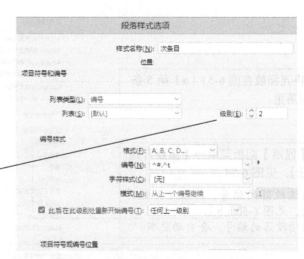

1 处理多页文档，得心应手！页数越多，优势越明显。¶
A. 有多种形式的自动页码。¶
B. 自动生成目录。¶
C. 交叉引用自动跟踪页面。¶
2 处理文字，如鱼得水！文字越多，强项越显著。¶
A. 字符样式、段落样式黄金搭档。¶
B. 嵌套样式、GREP 样式自动高效。¶
C. 单元格样式、表样式设置表格。¶
D. 对象样式、定位对象双剑合璧。¶
3 设置颜色，直观精确！与兄弟软件，无缝链接。¶
A. 叠印、馅印，彰显专业。¶
B. 色彩管理，保证颜色准确。¶
C. 同步设置，Adobe 套装颜色一致，共享 Adobe 核心技术，不会出现印刷和显示问题。¶

（b）希望的效果

图 6-55 项目多级编号

❶ 修改低级别的编号设置，见图 6-56。

高级别的不用修改，保持默认即可。

❷【级别】输入 2，结果见图 6-55（b）。

- 也可填 3 等（只要比上一级的数字大即可）。
- 编号只在本级别内进行。

图 6-56 “段落样式选项”对话框（局部）

本例第 3 条 C 项的悬挂缩进（见图 6-57）是在现有左缩进的基础上建立的，我们称之为附加左缩进的悬挂缩进，制作方法如下所述。

附加（初始）左缩进是 6mm，以往的左缩进都是 0mm。

（a）设置前

附加左缩进的悬挂缩进
- 左缩进＝制表符的位置。
- 首行缩进＝－左缩进＋附加左缩进（为 0 时，就是以往的悬挂缩进）。

（b）设置后

图 6-57　附加左缩进的悬挂缩进

综上所述，编号的注意事项包括以下几个方面。①编号的数字大小由【列表】【级别】【模式】共同决定，这 3 项确定后，编号的数字大小就确定了，而显示出来的是阿拉伯数字、英文字母还是汉字都可以。②【列表】可以决定编号在哪里进行，使用不同列表的编号互不影响。默认采用 [默认] 列表，跨文本流一律不连续编号，不同文本流之间互不影响；若要跨文本流连续编号，就要使用新建的列表。列表不属于某个段落，也不属于某个段落样式，而是属于本文档。③若段落需要按级别分别编号，就要在【级别】里指定级别高低。默认的级别都是 1，即都是最高级别。④【模式】决定编号是接着上一个续编的还是从某个数字开始的，默认编号接着上一个编号续编。在接着上一个编号续编时，哪个是上一个编号呢？首先，是同一个列表（不要求用同一个段落样式）的编号。其次，对于串接的文本，是按流水顺序确定前后顺序的编号；对于没有串接的文本，是按创建顺序确定前后顺序的编号，即先创建的文本框在前，后创建的文本框在后，这可能会造成混乱。

6.3.3　标题的自动编号

利用项目编号可以自动生成标题、图、表的序号，然而此操作的实际应用并不多。原因：①从上面第 4 条可知，对于没有串接的文本框，编号可能会出现问题，并且此问题不易更正；②一般 Word 稿件中的标题都是带着编号的，如果在 InDesign 里使用自动编号的功能，势必需要删除原来的编号，则可能会出现错误。

当然此功能也并非一无是处，对于很规整（即相互串接）的文本，可以使用。具体操作，见第 447 页"标题自动编号"。

6.4 特殊效果

6.4.1 段落线

段落线包括段前线和段后线，常用于给标题添加线条、色块，示例见图 6-58。

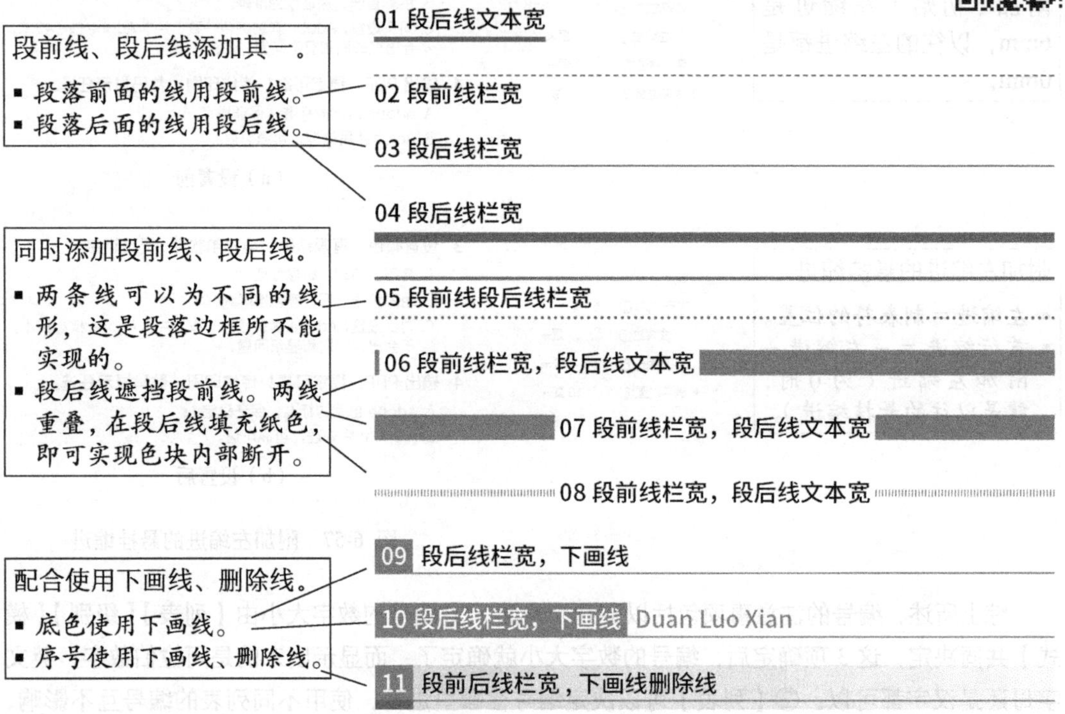
段前线、段后线添加其一。
▪ 段落前面的线用段前线。
▪ 段落后面的线用段后线。
同时添加段前线、段后线。
▪ 两条线可以为不同的线形，这是段落边框所不能实现的。
▪ 段后线遮挡段前线。两线重叠，在段后线填充纸色，即可实现色块内部断开。
配合使用下画线、删除线。
▪ 底色使用下画线。
▪ 序号使用下画线、删除线。
01 段后线文本宽
02 段前线栏宽
03 段后线栏宽
04 段后线栏宽
05 段前线段后线栏宽
06 段前线栏宽，段后线文本宽
07 段前线栏宽，段后线文本宽
08 段前线栏宽，段后线文本宽
09 段后线栏宽，下画线
10 段后线栏宽，下画线 Duan Luo Xian
11 段前后线栏宽，下画线删除线

图 6-58 段落线示例

其中，04 段后线的格式参数见图 6-59，其余的段落线的格式参数请参见素材。

段落线可设置以下参数。

- 形状，若无合适的【类型】，可新建描边样式。
- 【粗细】。这决定了粗细不会自动随字号和行数的变化而变化。
- 整条线的上下【位移】。
- 基准【宽度】与文本、栏等宽。这决定了宽度会自动随文本、栏宽度的变化而变化。
- 在基准宽度的基础上，调整【左缩进】和【右缩进】。
- 【颜色】，如果没有合适的颜色，则可以新建色板。对于间断的线，可设置【间隙颜色】。

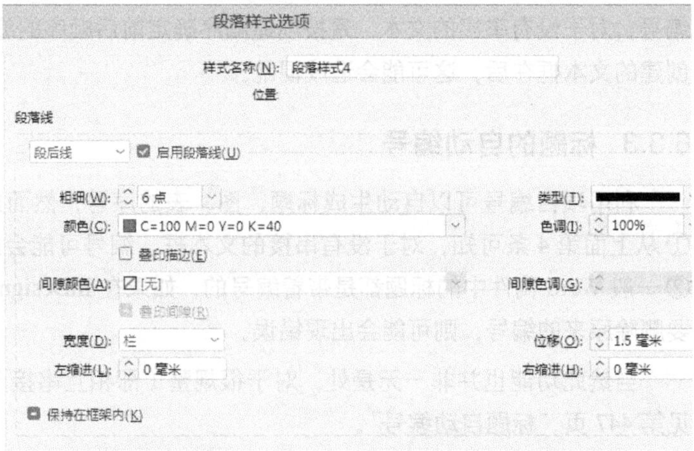
段落样式选项
样式名称(N): 段落样式4
位置:
段落线
段后线
启用段落线(U)
粗细(W): 6 点
类型(T):
颜色(C): C=100 M=0 Y=0 K=40
色调(I): 100%
叠印描边(E)
间隙颜色(A): [无]
间隙色调(G):
叠印间隙(R)
宽度(D): 栏
位移(O): 1.5 毫米
左缩进(L): 0 毫米
右缩进(H): 0 毫米
保持在框架内(K)

图 6-59 “段落样式选项”对话框（局部）

6.4.2 段落底纹

段落底纹常用于给段落添加底色，示例见图 6-60。

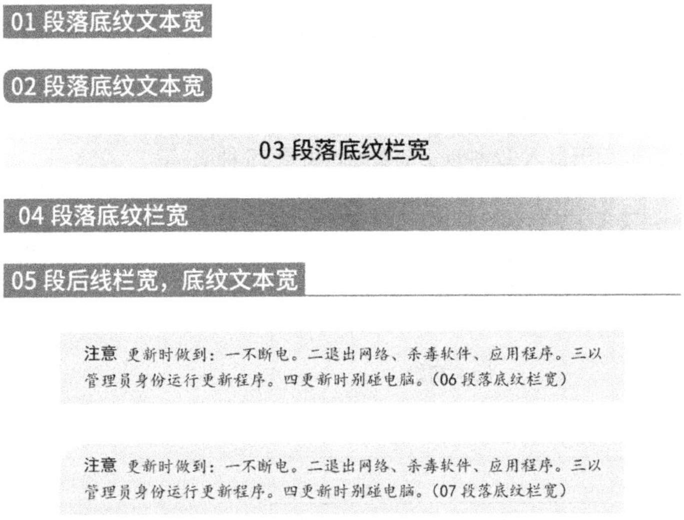

添加段落底纹。
- 给段落添加底色，首选段落底纹。
- 用段落线也可以实现，但底色的高度不会根据段落所占高度自动调整。
- 可以设置圆角效果。

图 6-60　段落底纹

其中，06 段落底纹的格式参数见图 6-61，其余的段落底纹的格式参数请参见素材。

段落底纹可设置以下参数。
- 【转角大小及形状】。
- 基准【宽度】与文本（最宽的那一行）、栏等宽。这决定了宽度会自动随文本、栏宽度的变化而变化。
- 基准高度是段落上下边缘的高度，不能人为地设置。这决定了高度会自动随段落高度的变化而变化。
- 在基准宽度、基准高度的基础上，移动【上】【下】【左】【右】边界。
- 【颜色】，如果没有合适的颜色，则可以新建色板。

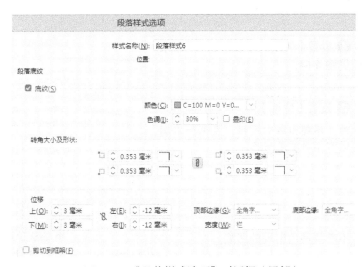

图 6-61　"段落样式选项"对话框（局部）

➡ 另外的方法

给文本添加线条、色块，还可以先绘制或导入线条、色块，然后使用对象样式和定位对象定义线条、色块的位置。该方法不如使用段落线、段落底纹、段落边框的方法简便，但其适应性广，可以用于段落线等无法实现的情形。

案例 6-13：给段落添加底色

示例见图 6-62。

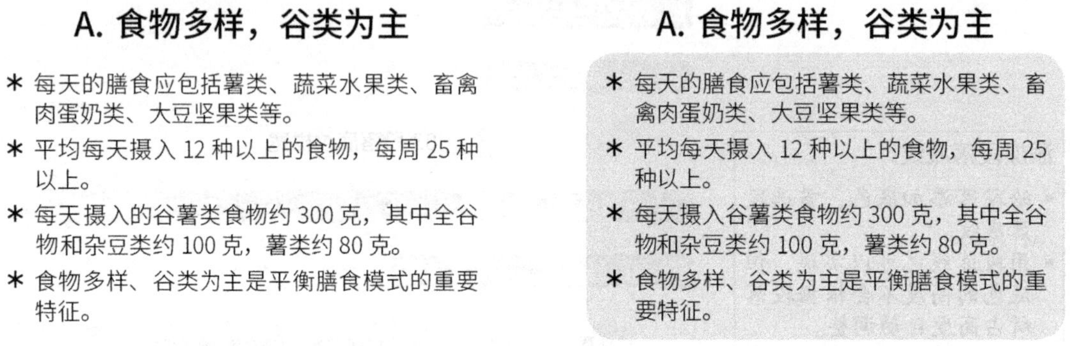

（a）初始　　　　　　　　　　　　（b）希望的效果

图 6-62　给段落添加底色

❶ 修改待添加底色段落的段落样式，单击左侧【段落底纹】，勾选【底纹】，见图 6-63。

❷ 设置【颜色】【色调】。

❹ 设置【转角大小及形状】，结果见图 6-64。

❸ 设置【位移】。
为了不超出版心或栏，左侧和右侧通常不再扩展底色。

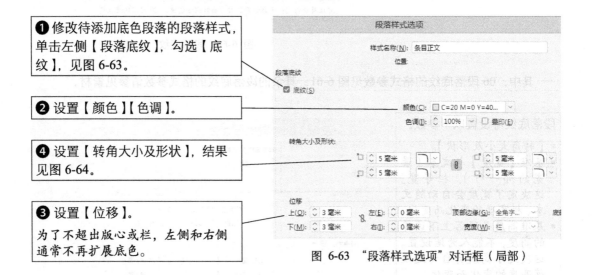

图 6-63　"段落样式选项"对话框（局部）

不希望底色出现的凹陷。
- 段落底纹是以单个段落为应用单位的，由于设置了圆角，所以段落之间会出现凹陷。
- 如果段落间距大，其间还会出现断开的情况。

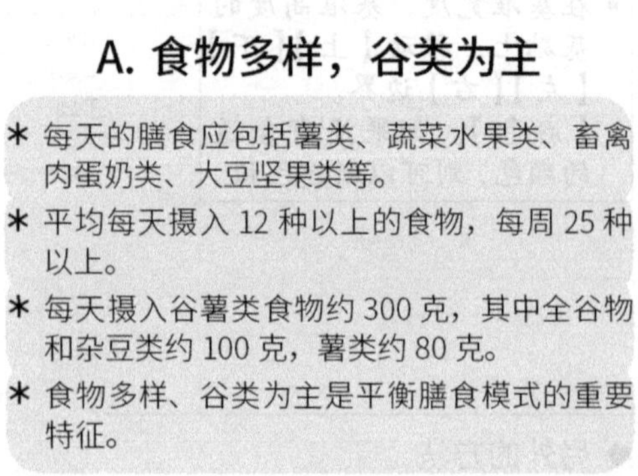

图 6-64　段落底纹未合并

❺ 单击左侧【段落边框】，勾选【边框】，见图 6-65。

此处不需要添加边框，但合并段落底纹的功能在【段落边框】设置里。

❼ 把【描边】中的【上】【下】【左】【右】都设为 0 点，结果见图 6-66。

此处不需要添加边框，【描边】中的【上】【下】【左】【右】都为 0 点就相当于没有添加边框。

❻ 勾选【合并具有相同设置的连续边框和阴影】。

当相邻段落的底纹和边框的设置参数全部相同时，它们会连成一片。

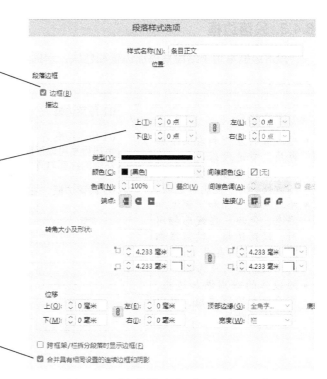

图 6-65 "段落样式选项"对话框（局部）

A. 食物多样，谷类为主

* 每天的膳食应包括薯类、蔬菜水果类、畜禽肉蛋奶类、大豆坚果类等。
* 平均每天摄入 12 种以上的食物，每周 25 种以上。
* 每天摄入谷薯类食物约 300 克，其中全谷物和杂豆类约 100 克，薯类约 80 克。
* 食物多样、谷类为主是平衡膳食模式的重要特征。

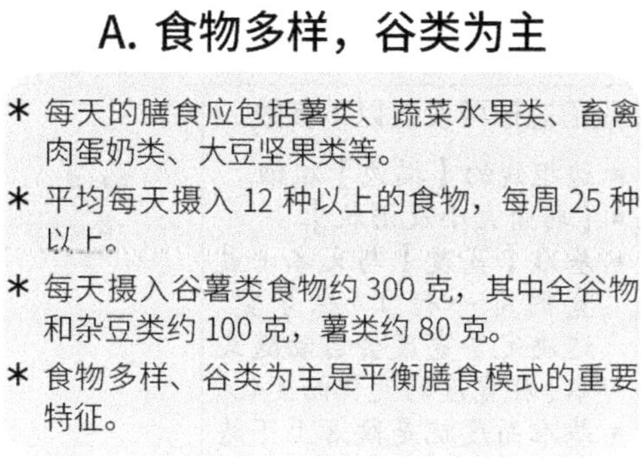

图 6-66 段落底纹已合并

文字太靠近底色的左边界和右边界。
- 在正常情况下，文字应该在左侧和右侧都紧贴版心或栏两端。
- 在添加底色后，不是很美观，可以通过增加左缩进和右缩进解决。

❽ 单击左侧【缩进和间距】，增加左缩进和右缩进，见图 6-67。
- 由于底纹上下已经扩展了 3mm，为了使文本与四周边界的间距一致，文本的左端和右端需向里移动 3mm。
- 所以，【右缩进】由 0mm 设为 3mm，【左缩进】由 5mm 设为 8mm，结果见图 6-62（b）。

图 6-67 "段落样式选项"对话框（局部）

6.4.3 段落边框

段落边框常用于给段落添加边框和色块，示例见图 6-68。

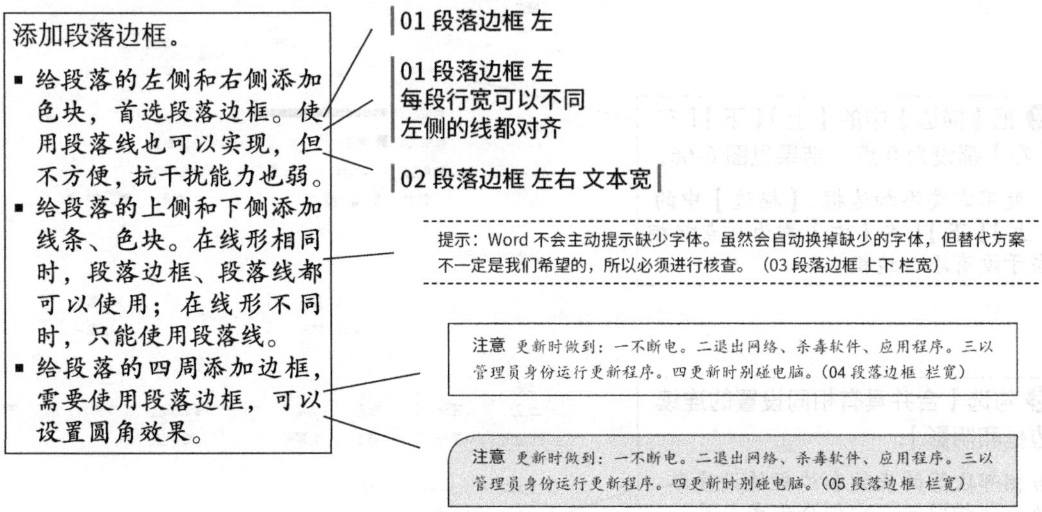
添加段落边框。
▪ 给段落的左侧和右侧添加色块，首选段落边框。使用段落线也可以实现，但不方便，抗干扰能力也弱。
▪ 给段落的上侧和下侧添加线条、色块。在线形相同时，段落边框、段落线都可以使用；在线形不同时，只能使用段落线。
▪ 给段落的四周添加边框，需要使用段落边框，可以设置圆角效果。
01 段落边框 左
01 段落边框 左
每段行宽可以不同
左侧的线都对齐
02 段落边框 左右 文本宽
提示：Word 不会主动提示缺少字体。虽然会自动换掉缺少的字体，但替代方案不一定是我们希望的，所以必须进行核查。（03 段落边框 上下 栏宽）
注意 更新时做到：一不断电。二退出网络、杀毒软件、应用程序。三以管理员身份运行更新程序。四更新时别碰电脑。（04 段落边框 栏宽）
注意 更新时做到：一不断电。二退出网络、杀毒软件、应用程序。三以管理员身份运行更新程序。四更新时别碰电脑。（05 段落边框 栏宽）

图 6-68 段落边框

04 段落边框的格式参数见图 6-69，其余的段落边框的格式参数请参见素材。

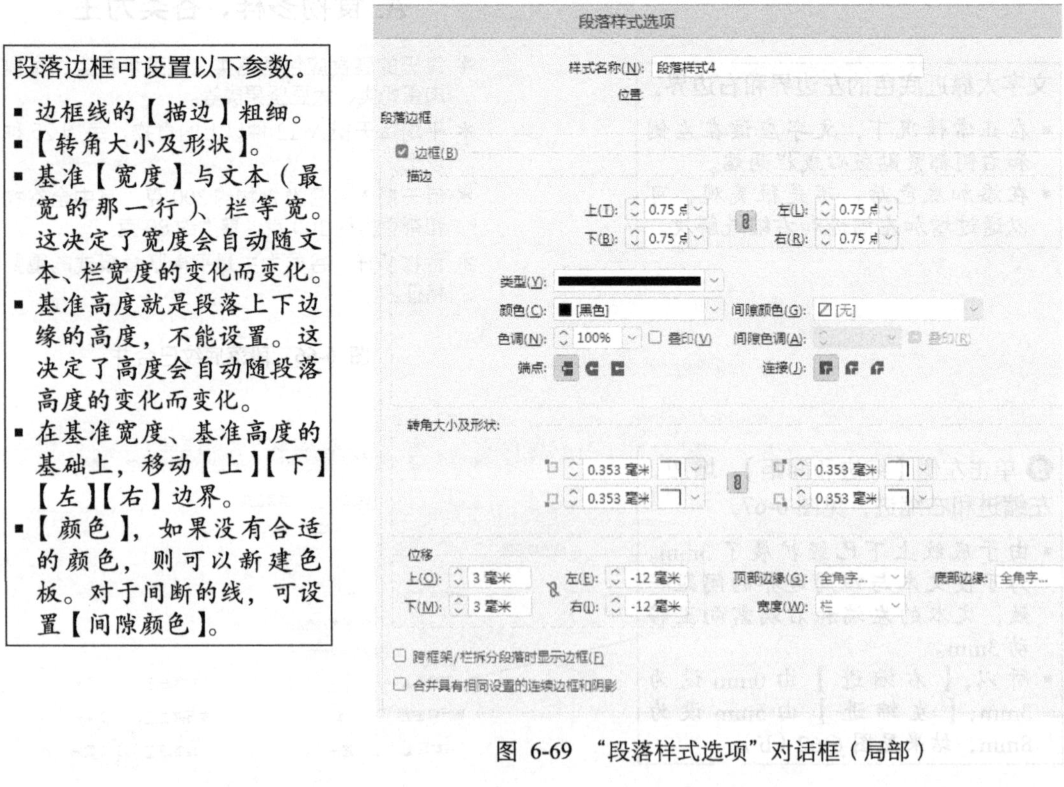
段落边框可设置以下参数。
▪ 边框线的【描边】粗细。
▪【转角大小及形状】。
▪ 基准【宽度】与文本（最宽的那一行）、栏等宽。这决定了宽度会自动随文本、栏宽度的变化而变化。
▪ 基准高度就是段落上下边缘的高度，不能设置。这决定了高度会自动随段落高度的变化而变化。
▪ 在基准宽度、基准高度的基础上，移动【上】【下】【左】【右】边界。
▪【颜色】，如果没有合适的颜色，则可以新建色板。对于间断的线，可设置【间隙颜色】。
段落样式选项
样式名称(N): 段落样式4
位置
段落边框
边框(B)
描边
上(T): 0.75 点
左(L): 0.75 点
下(B): 0.75 点
右(R): 0.75 点
类型(Y):
颜色(C): [黑色]
间隙颜色(G): [无]
色调(N): 100%
叠印(V)
间隙色调(A):
叠印(R)
端点:
连接(J):
转角大小及形状:
0.353 毫米
0.353 毫米
0.353 毫米
0.353 毫米
位移
上(O): 3 毫米
左(E): -12 毫米
顶部边缘(G): 全角字...
底部边缘: 全角字...
下(M): 3 毫米
右(I): -12 毫米
宽度(W): 栏
跨框架/栏拆分段落时显示边框(F)
合并具有相同设置的连续边框和阴影

图 6-69 “段落样式选项”对话框（局部）

案例 6-14：给段落添加边框

接案例 6-13，在添加底色后，现在希望给其添加边框，见图 6-70。

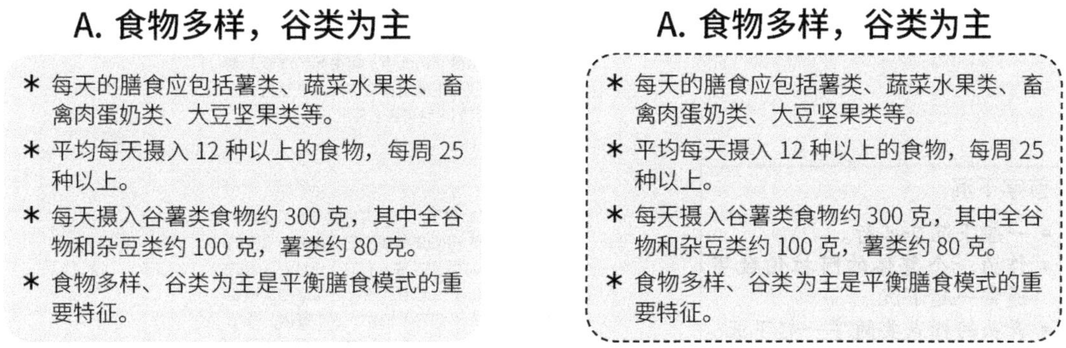

(a) 初始　　　　　　　　　　　(b) 希望的效果

图 6-70　给段落添加边框

❶ 修改待添加边框段落的段落样式，单击左侧【段落边框】，勾选【边框】，见图 6-71。

为了合并段落底纹，此处已经启用段落边框了。

❸ 设置边框【类型】【颜色】等。

❹ 设置【位移】【转角大小及形状】。

为了与底色的边界匹配，适宜照抄段落底纹的参数。

❷ 勾选【合并具有相同设置的连续边框和阴影】。

为了合并段落底纹，此处已经勾选了。强调：只有相邻段落的底纹和边框的设置参数完全一致时，才会把它们合并。

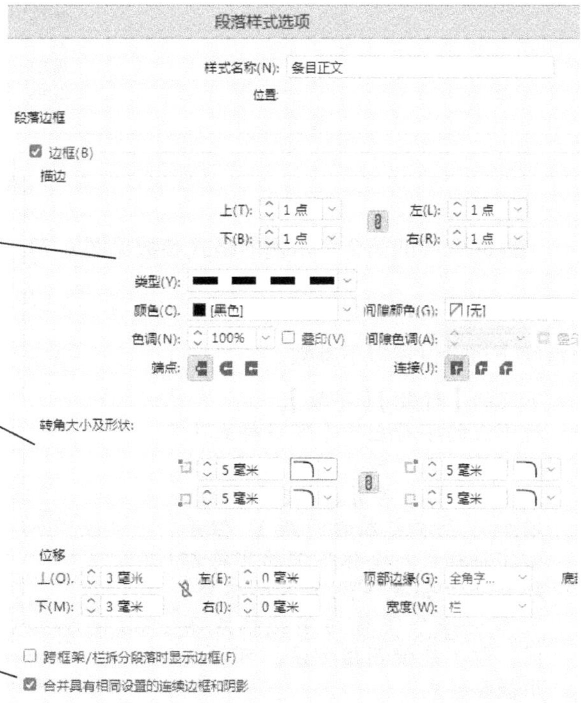

图 6-71　"段落样式选项"对话框（局部）

➡ **各种线条、色块的堆叠次序**

删除线、字符颜色、下画线、段后线、段前线、段落边框、段落底纹、文本框填色（前者遮挡后者）。

6.4.4 首字下沉

示例见图 6-72。

首字下沉用来对字数较多的文章标示章节，是西文的使用习惯。西方文学尤其是小说里，章节的名称往往比较简约，不足以起到划分章节的作用，因此一些作家把新章节第一段第一个字的第一个字母用花体写到一般字母的 4 倍大小，用来标示章节。多数中文书刊里不使用首字下沉，当然也有一些在用。我们平时可偶尔使用。

首字下沉
- 一般下沉 2~4 行。
- 作为一个整体的阿拉伯数字通常一起下沉。
- 开头的标点要随字一起下沉。
- 字体、颜色可以与正文不同，还可以添加底色。

22 岁了，有的人早就步入了社会，开始工作了，已经体会了人生的酸甜苦辣；有的人还过着幸福的校园生活，无忧无虑，理所应当地给父母要钱；有的人不学习不工作，游手好闲，开始了"啃老"生涯；有的人有时候还跟个小孩子一样，做事情不周全……你呢？

"长"跑运动量与健身效果的正比关系在某一点终止，如果你一星期跑 32 公里以上，那就是训练而不是健身了。"看来，过量的运动是有危害的。因此，12 分钟跑的成绩以心律及格为有效，这就需要把运动量控制在健身的范围之内，防止过量。在健身范围之内，12 分钟还制定出

图 6-72　首字下沉示例

图 6-72 中的第 2 个示例的格式参数见图 6-73，其余的示例的格式参数请参见素材。

首字下沉可设置以下参数。
- 下沉的【行数】【字数】。
- 对下沉的字符应用【字符样式】，在字符样式里规定特别的字符格式（如字体、字号、颜色、基线、增加与后方文本的间距）。但是该字符样式对全体下沉的字符都起作用。如果下沉了多个字符，又希望每个字符的字符格式不同，就不能使用该方法，可以使用嵌套样式。
- 底色可以使用段落线（段前线）实现。不宜用下画线，因为它不便调整宽度。

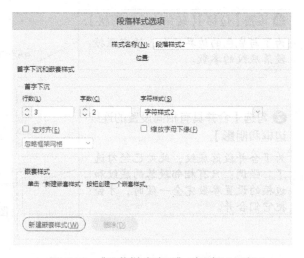

图 6-73　"段落样式选项"对话框（局部）

图 6-72 中的第 3 个示例对下沉的两个字符应用了不同的字符样式。具体操作将在嵌套样式里讲解。

6.5 文字排版的要求

6.5.1 避头尾

InDesign 默认启用避头尾功能，能够自动避免某些符号出现在行首、行尾。如逗号不出现在行首，前括号不出现在行尾，这一点很重要。

通常可以保持默认设置，不用对其进行操作。但默认设置里缺一条规则：分隔号"/"禁止出现在行首，适宜将其添加进去（操作见第 448 页"避头尾"）。

当一行已经排满，遇到一个需要"避头"的标点时，无非有两种选择：① 先推入，即通过挤压，腾出空间把标点排在行尾；② 先推出，即通过拉开字距，把最后一个字和标点一起推到下一行行首。

以上两种选择各有利弊，通常选择"先推入"，所以它是默认设置的。但其可能会导致个别地方字符过密，此时可以将该段落单独设置为"先推出"，见图 6-74。

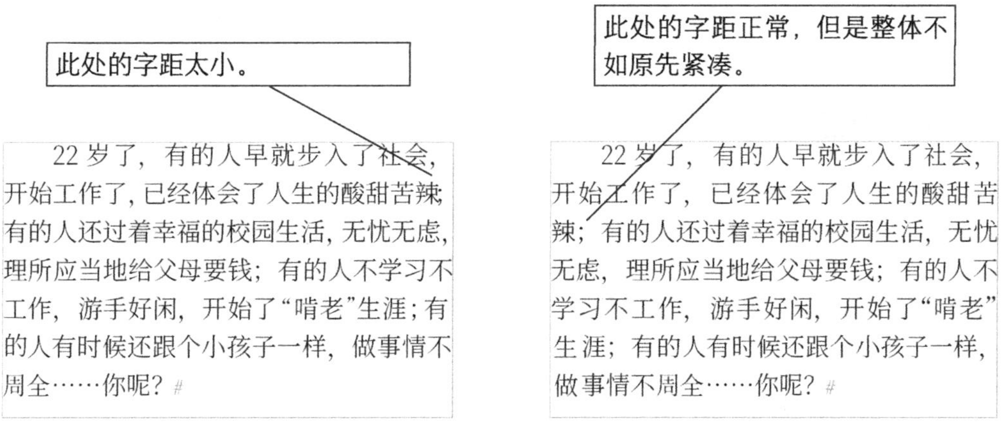

（a）先推入（默认）　　　　　（b）先推出

图 6-74　个别字符过密的调整

调整方法：选中该段落，【段落】面板菜单→【避头尾间断类型】，见图 6-75。

在对文字进行挤压时，挤压位置和挤压量由标点挤压设置决定。所以还可以通过调整标点挤压设置解决这个问题。注意这个方法的影响面广。

图 6-75　避头尾间断类型

6.5.2 单字不成行

段落末行不宜只有一个字,更不应排在下一面的第一行。

解决方法:①在前方添加或删除文本,但是要征得编辑、作者的同意,这是理想的方法;②缩小前一行或整段文本的字符间距,当挤压出来的空间够用时,末行的孤字自然会排到上一行,而缩小一些字距通常对整体影响不大,所以这是较好的方法;③用 GREP 样式对行末最后两个字设置不换行(操作见第 448 页"防止孤字"),会自动从上一行末尾移动一个字到末行,但两个字构成一行也不是很美观。

6.5.3 单行不占面

段落末行不宜与本段分开,更不应一行单独占一面。更高的要求为:对于 16 开的页面,4 行及以下不单独占一面;对于 32 开的页面,2 行及以下不单独占一面。

解决方法:①调整图片大小或裁剪图片,若仍无法解决,要与编辑、作者商议,看是否能够添加或删除一些文字,这是常用的方法;②在段落样式的【保持选项】里规定末尾几行不分离(操作见第 448 页"防止孤行"),会自动转移一行或几行到末尾的单行,但从前方转移来几行后,会造成前方有额外的空白,仍需手动调整。

6.5.4 防止背题

不应出现无正文相随的标题。

解决办法:①同上述第 1 条;②在段落样式的【保持选项】里规定本标题与下一段落的前几行不分离(操作见第 448 页"防止背题"),标题会自动与正文前几行一起作为一个整体流动。但可能会造成标题前方出现额外的空白,仍需手动调整。

6.5.5 格式统一

同类文字的格式应该统一。

对全部文本一律应用各自的段落样式,即可满足这一要求。

需要注意:在应用段落样式后,那些手动设置的格式是否一致呢?例如,二级标题后面有时没有正文,紧接着是三级标题,为了美观,适宜减少两者的间距,即手动减少段前距、段后距。这是允许的、应该的,但要保证全书一致。

6.5.6 行宽的讲究

行宽或栏宽等于字号的整数倍,能最大限度地保证末行的字距与其余行的字距一致。因为中文正文习惯采用两端对齐,即双齐末行齐左,该对齐方式会拉伸各行的字距使两端对齐,但对末行不进行处理,这样就容易导致末行文本比其余行文本密,但实际上末行的字距正常,其余行的字距稀疏。

如果行宽等于字号的整数倍,那么文本会恰好排满一行,自然就两端对齐了,不必再扩展字距,从而使各行的字距都保持一致。然而,这只是一种理想状态,实际可能因避头尾、阿拉伯数字、英文等的干扰而不能如愿。

解决办法:①行(栏)宽 = 字号 × 每行(栏)字数,然后按此值设置行(栏)宽;②使用框架网格,该方法还有一个好处,就是有利于文本块之间的对齐。

另外,在每行字数较多时,由于分担者多,字距变化往往不明显,所以不用太关注行宽。

6.5.7 文本块之间的对齐

对于一篇文章而言,同一面中的不同栏或文本框之间,文本应该相互对齐。

在同一面的不同栏之间,或者设置相同的文本框之间,文字本来是相互对齐的。实际上由于添加了不同高度的内容(如标题、图片的文本绕排),文字往往不能相互对齐。

解决方法:①使用框架网格,让文本沿着网格排,同时解决了"行宽"问题;②使用纯文本框架,建立基线网格,让文本沿着基线排,详见第 449 页"文本块之间的对齐(纯文本框)"。

案例 6-15:不同栏里的文本相互对齐

示例见图 6-76。

> **两个问题**
> - 栏之间文本没有对齐。解决措施:令文本对齐网格线。
> - 某些文本的字距略有变大。解决措施:令栏宽等于字号的整数倍。注意如果有避头尾、标点挤压、英文、数字等因素干扰,结果可能不完美。

(a)初始

(b)希望的效果

图 6-76 栏之间的对齐

> ❶ 选中文本框,【对象】→【框架类型】→【框架网格】,见图 6-77。
> - 把纯文本框转换为框架网格,可同时解决上述两个问题。
> - 此框架网格是默认格式,需要调整。

图 6-77 转换为框架网格

❷【对象】→【框架网格选项】,设置框架网格,见图 6-78。

- 【大小】：正文字号。
- 【行间距】：行间距 + 字号 = 行距。
- 【字数】：每栏正文的字数。
- 【栏数】：分为几栏。
- 【行数】：框架共有多少行。通过它调整框架高度。
- 【栏间距】：通过它调整框架宽度。
- 结果见图 6-79。

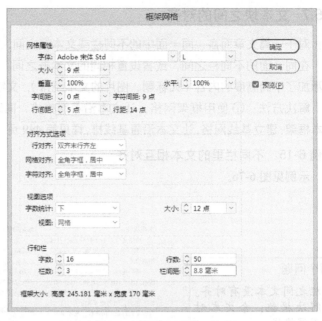

图 6-78 "框架网格"对话框

框架网格设置完成。

- 还没有令文本对齐网格,所以目前它仅起纯文本框的作用。
- 栏宽是字号的整数倍,所以已经解决了"行宽"问题。

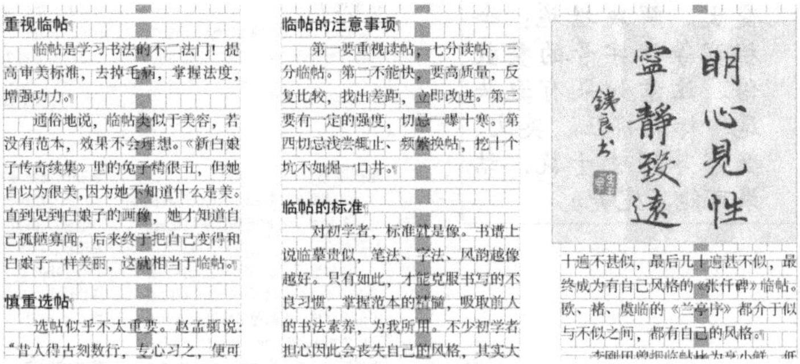

图 6-79 设置框架网格

❸ 分别修改正文、标题等的段落样式,单击左侧【网格设置】,【网格对齐方式】选【基线】,见图 6-80。

- 令文本沿着网格排布。由于每行网格都是对齐的,文本自然也会相互对齐,见图 6-81。
- 对于需要转行的长标题,可考虑勾选【仅第一行对齐网格】。
- 正文、小标题需要通过这样的设置来对齐,其他文本根据需要而定。

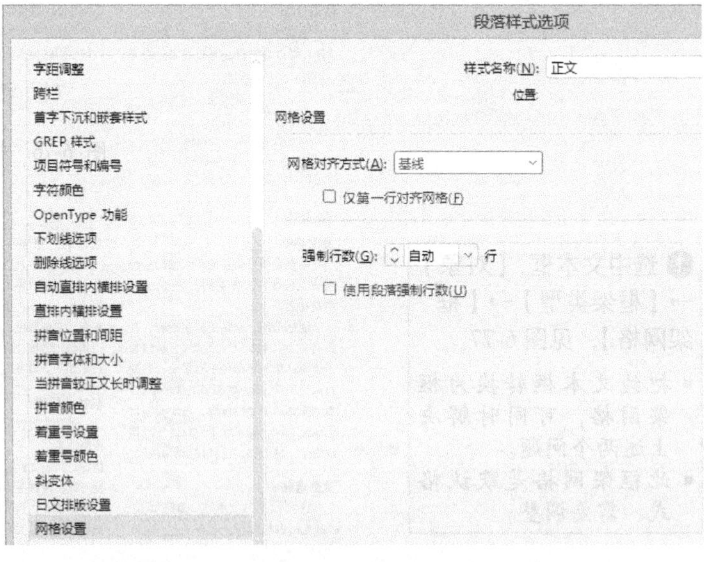

图 6-80 "段落样式选项"对话框（局部）

后续工作如下所述。

- 在垂直方向上，文本的位置往往会发生少许变化，所以需要调整其与前方文本的间距，也需要调整图片的位置。
- 栏宽发生了变化，图片的宽度可能需要调整。
- 如果觉得网格不美观，就按 Ctrl+Shift+E 组合键。重复按，则恢复。

图 6-81　令文本沿网格排布

本例是在中途将纯文本框转换成了框架网格，实际上完全可以在当初添加文本时就直接使用框架网格。

案例 6-16：使用框架网格创建文本

❶ 新建框架网格，使用[水平网格工具]来绘制，见图 6-82。

- 左侧、顶部的位置要准确，右侧、底部则要求没那么严格。
- 这个框架网格是默认格式，需要调整。

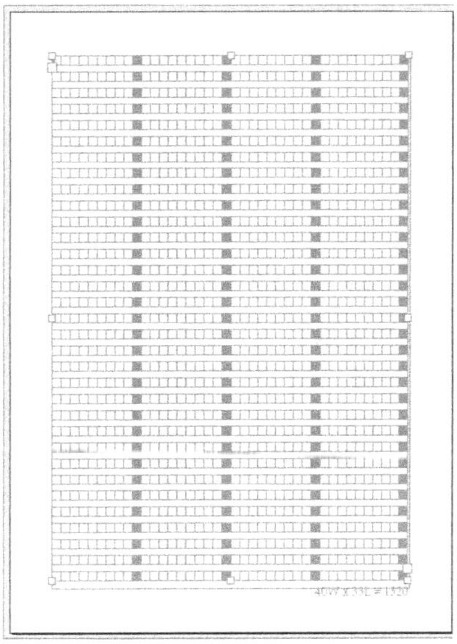

图 6-82　新建框架网格

❷ 设置框架网格：【对象】→【框架网格选项】，结果见图 6-83。

- 设置项目同案例 6-15 的步骤 2。
- 通过调整【栏间距】，可以使框架宽度等于版心宽度。
- 通过调整【行数】往往不能使框架高度恰好等于版心高度。

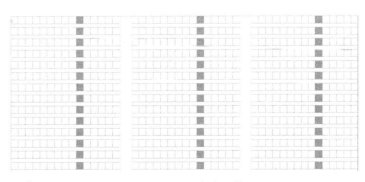

图 6-83　设置框架网格

❸ 添加文本。可以使用复制粘贴法，见图 6-84。
- 添加的纯文本会自动使用框架网格选项里规定的字符格式。
- 字行会自动沿着网格排布。

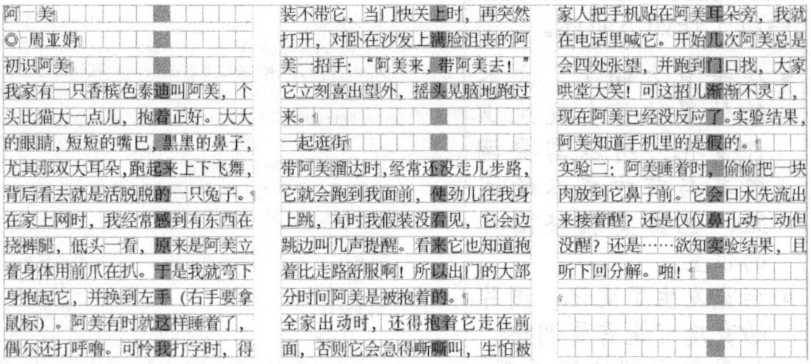

图 6-84　添加文本

❹ 对正文新建并应用段落样式，见图 6-85。
- 可以全选文本，将文本都当作正文处理。
- 通常只要设置两项格式：字体和标点挤压（段首空两格）。

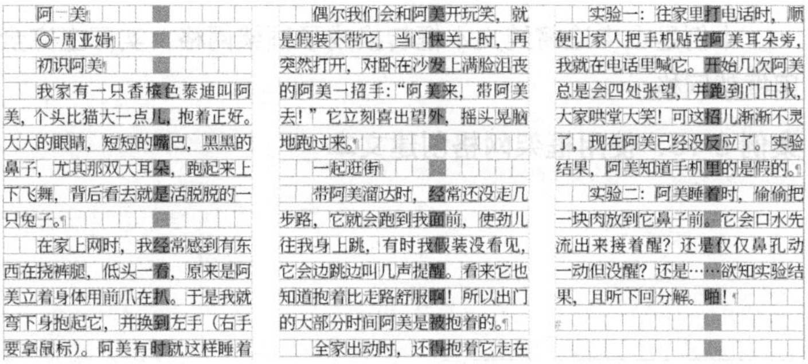

图 6-85　设置正文的格式

❺ 对小标题新建并应用段落样式，见图 6-86。
- 单击左侧【网格设置】，【网格对齐方式】选【基线】。
- 增加【段前距】，使小标题前方空一行。

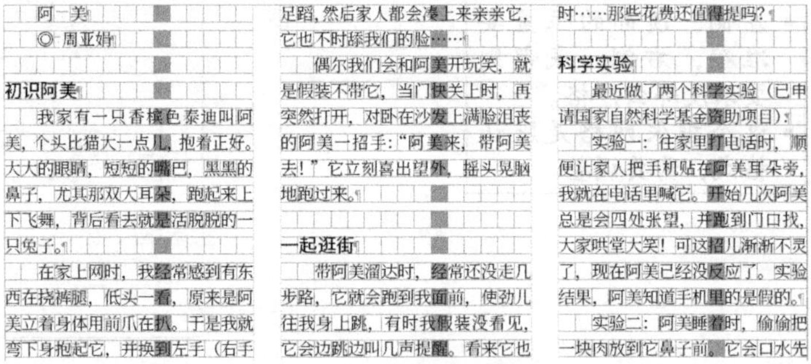

图 6-86　设置小标题的格式

❻ 分别对大标题、作者新建并应用段落样式，见图 6-87。
- 【网格对齐方式】可以选【无】。
- 设置【跨栏】。
- 通过【段前距】【段后距】调整字行位置。

图 6-87　设置标题等的格式

接下来主要是添加图片、设置文本绕排，以后讲解。

框架网格并不神秘，只要掌握下面两点，一切就可以了然于胸。

①在水平方向上，文本照常流动，网格对文本没有任何约束，与纯文本框一样，但是栏宽只能是网格宽度的整数倍。

②在垂直方向上，若没有规定文本沿网格排布，则字行照常排布，网格对字行没有任何约束，与纯文本框一样。若规定了文本沿网格排布，那么字行就只能沿某行网格排布。行距、段前距、段后距、图片与文字的间距等仍可调整，但字行只能在网格间不连续地跃迁，即不能无级调距，只能一级一级地调整。但是无论哪种情况，框架的高度都只能是行距的整数倍。

6.6 模仿样本的格式

如果我们有印刷好的杂志、书、报纸、海报等，则可以按照它们的格式进行排版，主要包括字体、字号、行距、栏间距等。

6.6.1 使用扫描仪

分辨率可以设为 300dpi。

原稿尺寸超过扫描仪幅面的解决方法：分别扫描不同的部位，注意相邻部位要有内容重复，并且不能使稿件变形。然后打开 Photoshop，【文件】→【自动】→【Photomerge】→【浏览】，将那些待拼接的图片全部选中（只能针对一张大图片），再单击【确定】。

6.6.2 获取格式信息

❶ 把扫描件置入 InDesign 文档。

- 采用单击空白处的方式将图片置入，此时的尺寸通常就是原始尺寸。为了保险，要确认图片（不是框架）的【X】【Y】缩放百分比是 100%。具体操作以后讲述。
- 如果扫描仪的质量一般，或者机器已经旧了，则往往在扫描头前进方向上的尺寸会略有偏差（另一个方向上通常问题不大），若追求完美，就需要对其进行校正。例如，某实物图片的高度是 264.2mm，在扫描并置入 InDesign 文档后的高度是 265.0mm，那么就对其高度缩放：264.2/265.0=99.7%。同时该扫描仪扫描的其他图片，可以直接把该方向的尺寸缩放 99.7%。

❷ 旋转图片，保证其垂直、水平方向的端正，最后锁定，见图 6-88。

- 高品质显示：【视图】→【显示性能】→【高品质显示】。
- 通常要绘制参考线，作为垂直、水平方向的参照物。

图 6-88 《读者》2016 年第 11 期

❸ 添加一个文本框，用相似的字体输入两三行字，调整字号、行距、文本框位置和大小，使两者尽量重合。此时可知字号、行距、行宽，见图6-89。

- 适宜应用段落样式，在段落样式里设置格式，这样可以在不选中文本的状态下调整。
- 为了便于对比，可以用不同的字符颜色，如红色。
- 由于字体、对齐方式、标点挤压、避头尾等的不同，难以做到完全重合。

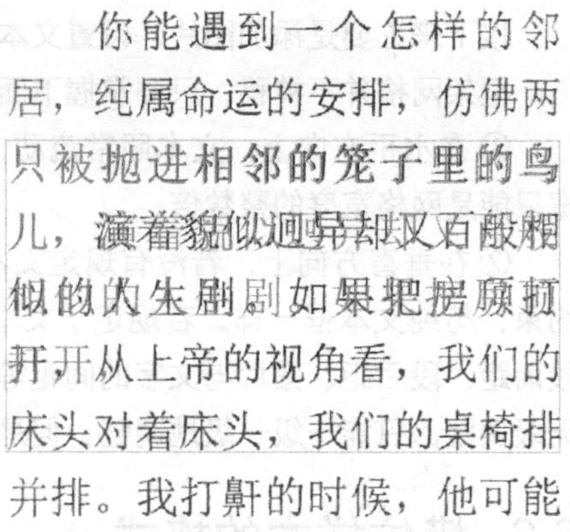

图 6-89 测量字号、行距、行宽

❹ 使用[矩形框架工具]画一个矩形，调整位置、宽度，使其与两旁的文本紧贴。此时可知栏间距，见图6-90。

- 也可以用这个方法测量其他距离。
- [矩形框架工具]绘制的矩形没有描边，可以不用处理描边的事情。

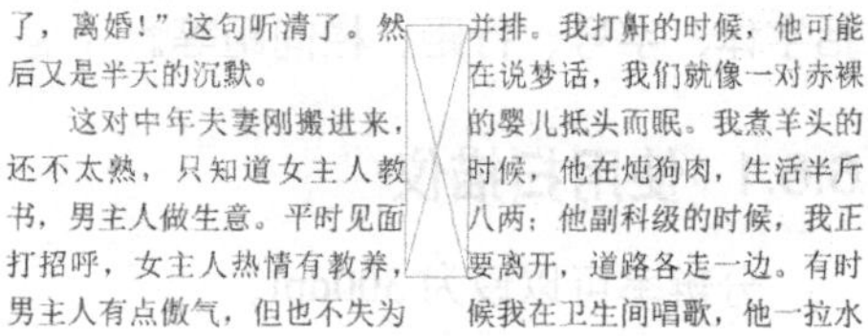

图 6-90 测量栏间距

而这种从实物中获取设计参数的分析方法属于逆向分析，难免会有误差。

概述

工作界面

文档的创建与规划

排文

字符

段落Ⅰ

▶ 段落Ⅱ

查找与替换

图片

对象间的排布

颜色、特效

路径

表格

脚注、尾注、交叉引用

目录、索引

输出

长文档的分解管理

电子书

Id **第 7 章　段落Ⅱ**

　　本章是上一章的延续，大多属于段落方面的高级操作，有利于又快又好地完成工作，锦上添花。若时间和精力允许，建议熟练掌握。

7.1 制表符

制表符用来控制文本的位置，给某段落添加一个或多个分界线（制表符）以分成两个或多个区域，分界线左侧的文本不受影响，分界线右侧的文本可以被指定分布在分界线的左侧、右侧或两边。制表符常用于悬挂缩进、目录等。

制表符与表格有些相似，又各有特点。在两者皆可用时，可以依个人喜好选择。

制表符的优势：①制表符是针对段落的，是一种段落属性，可以直接在原来的文本中插入制表符，也可以把制表符的格式信息添加到段落样式中；表格可以在原来的文本中创建，但可能需要手动把文本剪切到表格中，并且表格不属于原来的段落。②制表符可以实现小数点对齐；表格则需借助制表符才能实现。③制表符可以实现在左右两侧文本的间隔中自动添加数量合适的圆点（前导符）；表格不能。

表格的优势：①表格中每个单元格里的文本都可以换行，并且一个单元格里的文本可以有多个段落；制表符不能。②表格可以设置复杂的行列线，也可以不显示行列线；制表符不能显示行列线。③表格可以设置复杂的格式（如合并单元格、交替填色）；制表符不能。

使用制表符的步骤：①分析文本需要分为几部分，确定每部分的对齐方式；②在每部分的首个字符前插入一个制表符，若第1部分是左对齐，则其制表符可以省略；③从左到右依次设置制表符的位置、对齐方式、前导符（若需要）。由于第一步是确定战略，先对其进行分类讲解。

7.1.1 分为两部分：左对齐、左对齐

常出现在项目符号和编号、脚注、人物对话中。

案例 7-1：项目编号中使用制表符

示例见图 7-1。

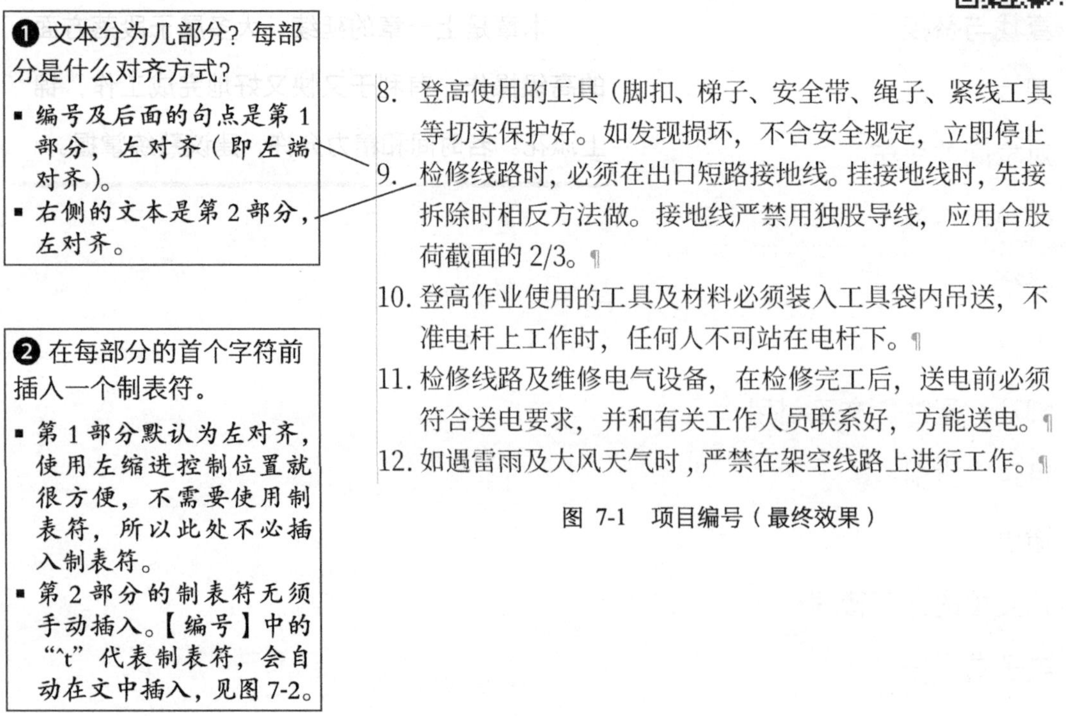

❶ 文本分为几部分？每部分是什么对齐方式？
- 编号及后面的句点是第 1 部分，左对齐（即左端对齐）。
- 右侧的文本是第 2 部分，左对齐。

8. 登高使用的工具（脚扣、梯子、安全带、绳子、紧线工具等切实保护好。如发现损坏，不合安全规定，立即停止
9. 检修线路时，必须在出口短路接地线。挂接地线时，先接拆除时相反方法做。接地线严禁用独股导线，应用合股荷截面的 2/3。
10. 登高作业使用的工具及材料必须装入工具袋内吊送，不准电杆上工作时，任何人不可站在电杆下。
11. 检修线路及维修电气设备，在检修完工后，送电前必须符合送电要求，并和有关工作人员联系好，方能送电。
12. 如遇雷雨及大风天气时,严禁在架空线路上进行工作。

❷ 在每部分的首个字符前插入一个制表符。
- 第 1 部分默认为左对齐，使用左缩进控制位置就很方便，不需要使用制表符，所以此处不必插入制表符。
- 第 2 部分的制表符无须手动插入。【编号】中的"^t"代表制表符，会自动在文中插入，见图 7-2。

图 7-1 项目编号（最终效果）

制表符（项目编号） 143

❸ 从左到右依次设置制表符的位置、对齐方式。
- 此处只有一个制表符，针对它设置即可。
- 位置可以在图 7-2 中【制表符位置】里设置。重申：一定要保证编号的位数增加后，其空间仍能容纳。
- 对齐方式不能在图 7-2 中设置。然而制表符默认的对齐方式就是左对齐，所以不用设置，结果见图 7-3。

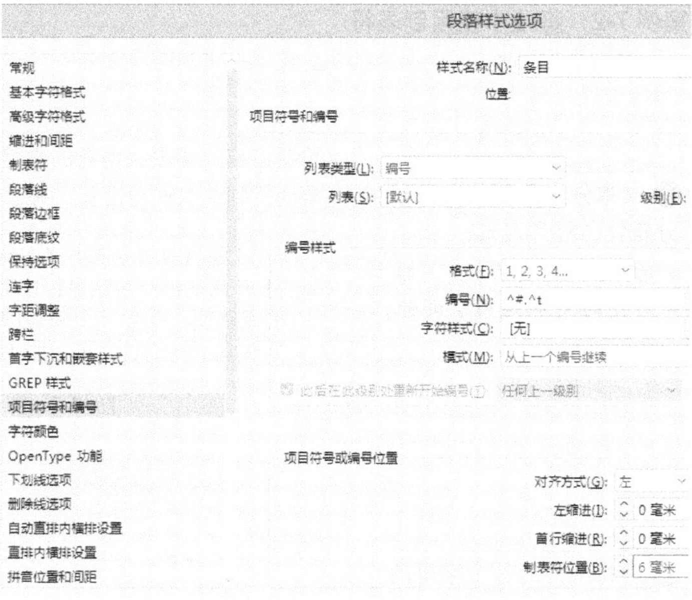

图 7-2 设置制表符位置

- 制表符的位置：距框架左侧 6mm。
- 制表符的对齐方式：左对齐，即其右侧文本的左侧对齐该制表符。
- 左侧文本对右侧的影响：在左侧的空间够用时，左侧对右侧毫无影响，这是制表符的一大特色，即在编号的位数增加后，不会影响右侧文本，这是使用空格无法实现的。但是必须杜绝左侧的空间不够用的情况。
- 制表符只控制本行的文本，不控制转行后的文本。

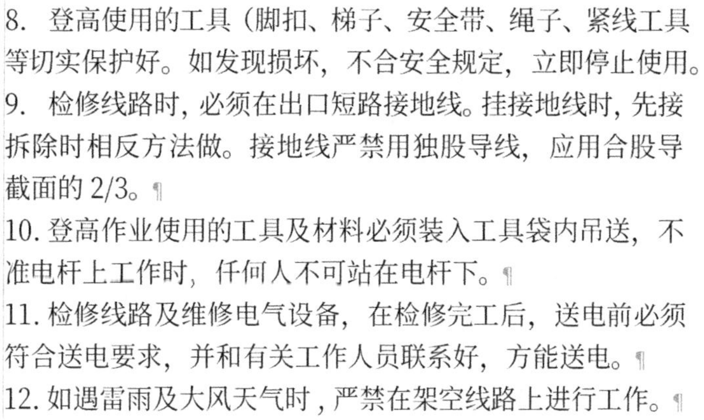

8. 登高使用的工具（脚扣、梯子、安全带、绳子、紧线工具等切实保护好。如发现损坏，不合安全规定，立即停止使用。
9. 检修线路时，必须在出口短路接地线。挂接地线时，先接拆除时相反方法做。接地线严禁用独股导线，应用合股导截面的 2/3。¶
10. 登高作业使用的工具及材料必须装入工具袋内吊送，不准电杆上工作时，任何人不可站在电杆下。¶
11. 检修线路及维修电气设备，在检修完工后，送电前必须符合送电要求，并和有关工作人员联系好，方能送电。¶
12. 如遇雷雨及大风天气时，严禁在架空线路上进行工作。¶

图 7-3 设置了制表符（未设置悬挂缩进）

设置悬挂缩进，见图 7-4。
- 便于设置悬挂缩进，这是制表符的又一大特色。
- 此类悬挂缩进的公式：
  制表符位置 = b
  左缩进 = b
  首行缩进 = –b

图 7-4 设置悬挂缩进

案例 7-2：脚注中使用制表符

示例见图 7-5。

❶ 文本分为几部分？每部分是什么对齐方式？

- 编号是第 1 部分，左对齐。
- 右侧的文本是第 2 部分，左对齐。

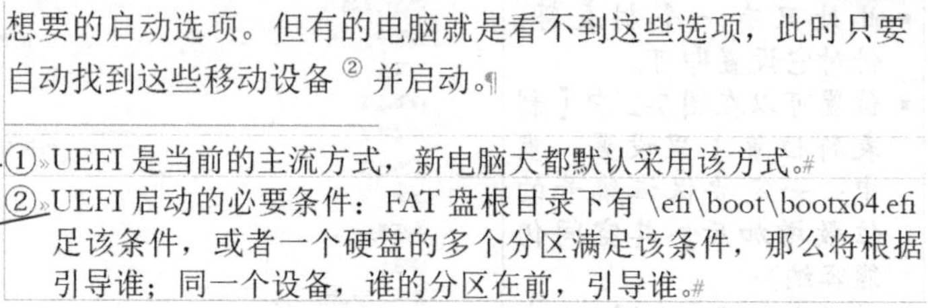
想要的启动选项。但有的电脑就是看不到这些选项，此时只要
自动找到这些移动设备 ② 并启动。¶
① UEFI 是当前的主流方式，新电脑大都默认采用该方式。
② UEFI 启动的必要条件：FAT 盘根目录下有 \efi\boot\bootx64.efi
足该条件，或者一个硬盘的多个分区满足该条件，那么将根据
引导谁；同一个设备，谁的分区在前，引导谁。

图 7-5 脚注（最终效果）

❷ 在每部分的首个字符前插入一个制表符。

- 第 1 部分是左对齐，无须插入制表符。
- 第 2 部分的制表符无须手动插入。图 7-6 中【分隔符】里的“^t”代表制表符，会自动在文中插入，见图 7-7。关于脚注，以后讲解。

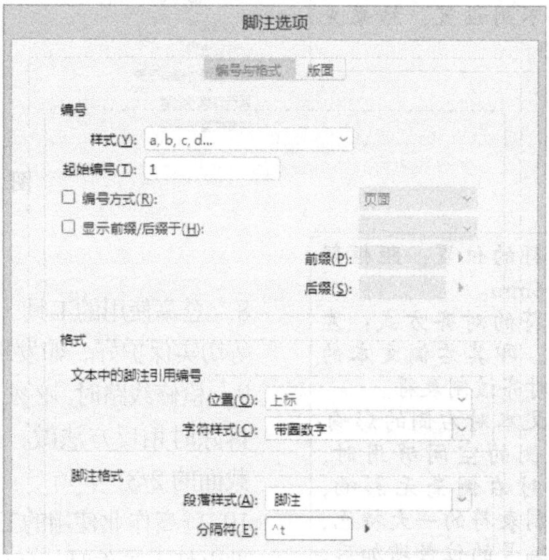
脚注选项
编号与格式
版面
编号
样式(Y):
a, b, c, d...
起始编号(T):
1
编号方式(R):
页面
显示前缀/后缀于(H):
前缀(P):
后缀(S):
格式
文本中的脚注引用编号
位置(O):
上标
字符样式(C):
带圈数字
脚注格式
段落样式(A):
脚注
分隔符(E):
^t

图 7-6 “脚注选项”对话框（局部）

在未设置制表符格式之前，制表符会采用默认格式。就像在设置文本格式之前，文本采用默认格式一样。但是，这些默认格式很难完全符合我们的要求，所以下一步需要设置它们的格式。

- 默认位置（文本框架左端为 0 点）：12.7mm、25.4mm、38.1mm、50.8mm、63.5mm……优先采用前面的。本例在采用 12.7mm 时，制表符左侧的空间够用，所以就采用 12.7mm。
- 默认对齐方式：左对齐。

制表符标志：属于隐藏的字符，表示其右侧有一个制表符。图 7-5 的示例看不到该标志，但将编号转换为普通文本后即可显现。

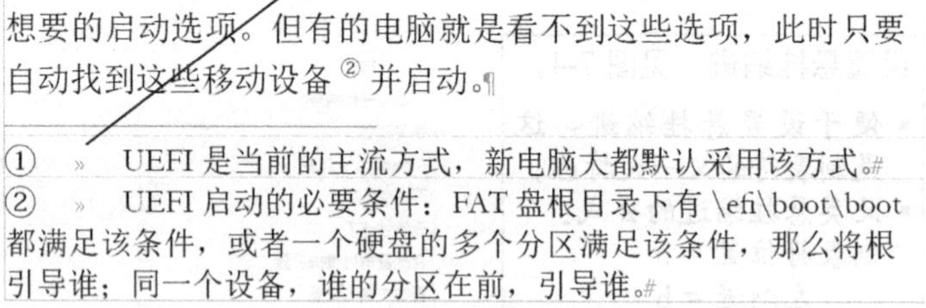
想要的启动选项。但有的电脑就是看不到这些选项，此时只要
自动找到这些移动设备 ② 并启动。¶
① » UEFI 是当前的主流方式，新电脑大都默认采用该方式。
② » UEFI 启动的必要条件：FAT 盘根目录下有 \efi\boot\boot
都满足该条件，或者一个硬盘的多个分区满足该条件，那么将根
引导谁；同一个设备，谁的分区在前，引导谁。

图 7-7 默认的制表符格式

❸ 从左到右依次设置制表符的位置、对齐方式。
- 修改脚注所用的段落样式，单击左侧【制表符】，见图 7-8（a）。
- 单击［左对齐制表符］图标。
- 单击标尺上方的条状区域，即可添加一个制表符设置标记。要想设置某制表符的格式，必须有与之对应的制表符设置标记（默认没有，需手动添加）。
- 左右拖动该标记可调整制表符位置。注意：要准确单击并拖动该标记，如果单击条状区域其他位置，则会新建一个制表符设置标记；如果将其拖到条状区域外，则会删除该制表符设置标记。也可在【X】里直接输入位置，见图 7-8（b）。
- 此处只有一个制表符，所以设置一个即可。结果见图 7-9。

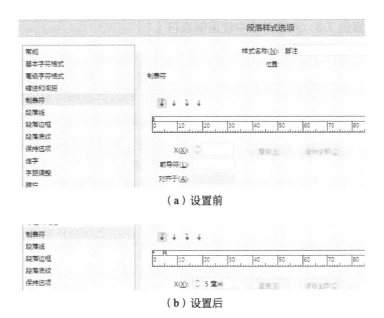

（a）设置前

（b）设置后

图 7-8 设置制表符

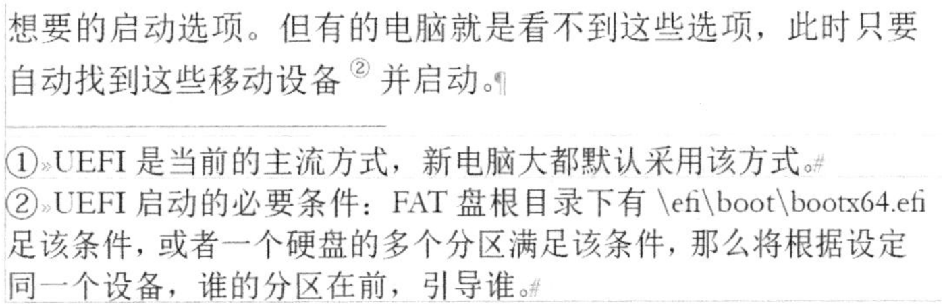

想要的启动选项。但有的电脑就是看不到这些选项，此时只要自动找到这些移动设备② 并启动。¶

① »UEFI 是当前的主流方式，新电脑大都默认采用该方式。#
② »UEFI 启动的必要条件：FAT 盘根目录下有 \efi\boot\bootx64.efi 足该条件，或者一个硬盘的多个分区满足该条件，那么将根据设定同一个设备，谁的分区在前，引导谁。#

图 7-9 设置了制表符格式

❹ 设置悬挂缩进。
- 修改脚注所用的段落样式，单击左侧【缩进和间距】，使用悬挂缩进的公式设置【左缩进】【首行缩进】，见图 7-10。
- 脚注文本也可以不设置悬挂缩进。若不设置悬挂缩进，则不必使用制表符，使用空格来控制编号后面文本的位置更方便。

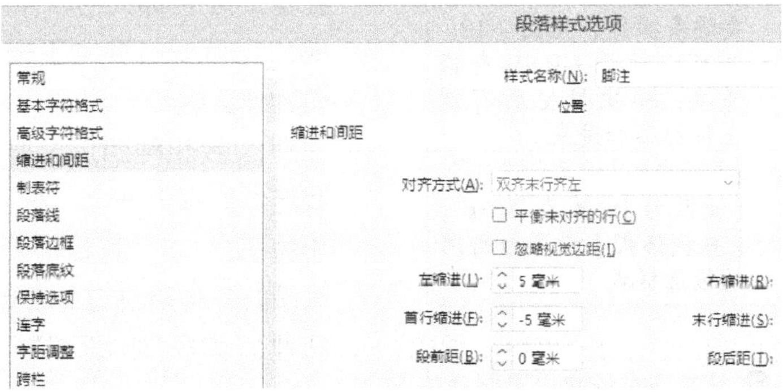

图 7-10 设置悬挂缩进

案例 7-1 中的制表符格式、悬挂缩进也可以用这个方法设置，但是在【项目符号和编号】界面里设置更方便。这些界面里的设置参数是关联的，所以本质上相同。

另外注意，制表符的默认格式是客观存在的，与是否实际添加制表符无关。这与文本一样，文本的默认格式也是一直存在的，只是在不添加文本时表现不出来而已，一旦添加了文本，就会应用该默认格式。

案例 7-3：人物对话中使用制表符（1）

示例见图 7-11。

狐狸：哟，熊大伯，你准备种什么呢？¶
熊：我呀打算种玉米，玉米可是我的最爱呀！你准备种什么呢？¶
狐狸：我想种西瓜，夏天吃西瓜，又甜又解渴，到时我送你们每人一个。对了，小兔子准备种啥呀？¶
小兔子：我要种萝卜。萝卜又甜又脆，特别是对眼睛好！你听说过兔子戴眼镜的吗？¶
狐狸：大家种的都很好呀！小猪怎么不说话呢？¶

（a）初始

狐狸：»   哟，熊大伯，你准备种什么呢？¶
熊：»   我呀打算种玉米，玉米可是我的最爱呀！你准备种什么呢？¶
狐狸：»   我想种西瓜，夏天吃西瓜，又甜又解渴，到时我送你们每人一个。对了，小兔子准备种啥呀？¶
小兔子：我要种萝卜。萝卜又甜又脆，特别是对眼睛好！你听说过兔子戴眼镜的吗？¶
狐狸：»   大家种的都很好呀！小猪怎么不说话呢？¶

（b）希望的效果

图 7-11　人物对话

❶ 文本分为几部分？每部分是什么对齐方式？
- 冒号及其前面的是第 1 部分，左对齐。
- 冒号后面的是第 2 部分，左对齐。

❷ 在每部分的首个字符前插入一个制表符。
- 第 1 部分是左对齐，无须插入制表符。
- 第 2 部分的制表符需要手动插入。将光标放在冒号后，按 Tab 键，需要逐条操作，见图 7-12。
- 也可以使用 GREP 查找替换，一次性把所有制表符都添加进来。
【查找内容】设置为"^.+?:"。
【更改为】设置为"$0\t"。
【查找格式】设置为所用的段落样式。

❸ 从左到右依次设置制表符的位置、对齐方式。
方法同上例。

❹ 设置悬挂缩进。
方法同上例。

狐狸：»哟，熊大伯，你准备种什么呢？¶
熊：   »我呀打算种玉米，玉米可是我的最爱呀！你准备种什么呢？¶
狐狸：»我想种西瓜，夏天吃西瓜，又甜又解渴，到时我送你们每人一个。对了，小兔子准备种啥呀？¶
小兔子：   »   我要种萝卜。萝卜又甜又脆，特别是对眼睛好！你听说过兔子戴眼镜的吗？¶
狐狸：»大家种的都很好呀！小猪怎么不说话呢？¶

图 7-12　默认的制表符格式

该制表符左侧的文字较多，其默认位置不能像其他制表符那样采用 12.7mm，所以就采用了下一个位置，即 25.4mm。

7.1.2 分为两部分：左对齐、右对齐

案例 7-4：目录中使用制表符

示例见图 7-13。

❶ 文本分为几部分？每部分是什么对齐方式？
- 编号及标题是第 1 部分，左对齐。
- 页码是第 2 部分，右对齐（右侧相互对齐）。

图 7-13 目录（最终效果）

❷ 在每部分的首个字符前插入一个制表符。
- 第 1 部分是左对齐，无须插入制表符。
- 第 2 部分的制表符无须手动插入。图 7-14 中【条目与页码间】里的"^t"代表制表符，届时会自动插入目录里，见图 7-15。关于目录，以后讲解。

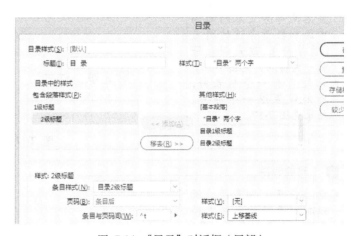

图 7-14 "目录"对话框（局部）

制表符的默认位置包括 12.7mm、25.4mm、38.1mm、50.8mm 等。实际采用的是哪个？
- 目录中的 1.4 条采用 38.1mm，因为左侧的文本会导致前两个位置排不下。
- 目录中其余的条目采用 25.4mm，因为左侧的文本会导致第 1 个位置排不下。
- 原则：优先采用前面的位置，只有在前面的位置排不下时，才采用后面的位置。

该对话框是按 Ctrl+Shift+T 组合键打开的，可以直观地查看制表符位置。只要上方留够窗口空间，它就会自动对齐文本框架。

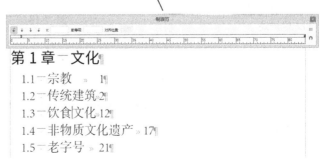

图 7-15 默认的制表符格式

❸ 从左到右依次设置制表符的位置、对齐方式。

- 修改目录中二级标题所用的段落样式，单击左侧【制表符】。
- 单击［右对齐制表符］图标。
- 单击标尺上方的条状区域，即可添加一个制表符设置标记。
- 左右拖动该标记可以调整制表符位置；也可以单击【X】的上下箭头进行调整。
- 在【前导符】里输入一个英文句点，会自动在左右两部分文本的间隔中添加数量合适的圆点（前导符），这是制表符的一大特点，见图 7-16。
- 此处只有一个制表符，所以设置这一个即可。结果见图 7-17。

图 7-16　设置制表符

```
第 1 章　文化
  1.1　宗教 ...................................... 1
  1.2　传统建筑 .............................. 2
  1.3　饮食文化 ............................ 12
  1.4　非物质文化遗产 ................ 17
  1.5　老字号 ................................ 21
第 2 章　社会
  2.1　医疗卫生 ............................ 25
  2.2　体育事业 ............................ 28
```

图 7-17　设置了制表符格式

❹ 上移前导符。

- 前导符属于制表符，所以把制表符的基线上移即可。由于制表符众多，需要使用字符样式，可以在字符样式里设置，见图 7-18。
- 不需要对制表符逐个手动应用该字符样式，也不需要使用嵌套样式或 GREP 样式。在图 7-14 的【样式】里指定，会自动对所有制表符应用该字符样式。具体内容，以后讲述。

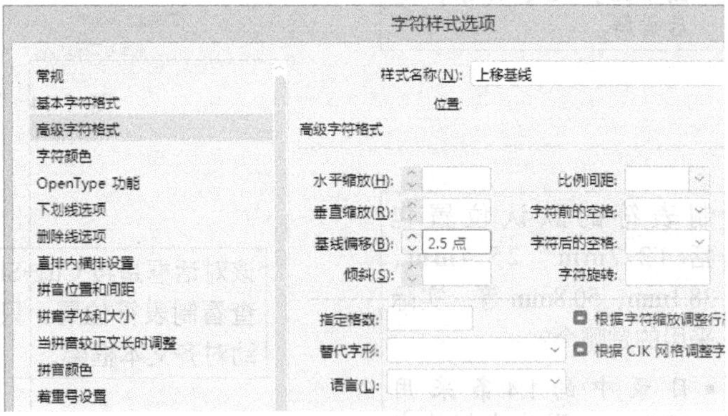

图 7-18　"字符样式选项"对话框（局部）

在目录中使用制表符是最常见的情况。其他情况会在"目录"章节中讲解。

需要注意制表符所在的段落要用左对齐之类的对齐方式，否则会对最后一个制表符控制的文本产生干扰。

7.1.3 分为两部分：右对齐、左对齐

案例 7-5：人物对话中使用制表符（2）

示例见图 7-19。

Snow White: My name is Snow White, I am a beautiful princess, I miss my mother so much. Where is my mother? Where is my mother?¶
Queen: I'm the new queen. I'm very beautiful, you see. If anyone is more beautiful than me, I'll kill her. I have a magic mirror. If I want to know something, it will tell me. Now, mirror, mirror, come here!¶
Magic mirror: Yes, I'm coming. What do you want to know?¶
Queen: Mirror, mirror, on the wall.Who is the most beautiful?¶
Magic mirror: You are beautiful, I think. But there is a young lady. She is as white as snow, as red as rose. She is much more beautiful than you.¶

（a）初始

❶ 文本分为几部分？每部分是什么对齐方式？
- 冒号及其前面的是第 1 部分，右对齐。
- 冒号后面的是第 2 部分，左对齐。

»　Snow White:　»　My name is Snow White, I am a beautiful princess, I miss my mother so much. Where is my mother? Where is my mother?¶
»　Queen:　»　I'm the new queen. I'm very beautiful, you see. If anyone is more beautiful than me, I'll kill her. I have a magic mirror. If I want to know something, it will tell me. Now, mirror, mirror, come here!¶
»　Magic mirror:　»　Yes, I'm coming. What do you want to know?¶
»　Queen:　»　Mirror, mirror, on the wall.Who is the most beautiful?¶
»　Magic mirror:　»　You are beautiful, I think. But there is a young lady. She is as white as snow, as red as rose. She is much more beautiful than you.¶

（b）希望的效果

图 7-19　人物对话

❷ 在每部分的首个字符前插入一个制表符。
- 第 1 部分需要手动插入。将光标放在段首，按 Tab 键，需要逐条操作。
- 第 2 部分的制表符需要手动插入。将光标放在冒号后，按 Tab 键（要删除冒号后面的空格，因为它不利于精确对齐）。需要逐条操作，见图 7-20。
- 也可以用 GREP 查找替换，一次性解决上面的问题。
【查找内容】设置为 "^(.+?:)(\s)"。
【更改为】设置为 "\t$1\t"。
【查找格式】设置为所用的段落样式。

制表符的默认位置包括 12.7mm、25.4mm、38.1mm、50.8mm 等。实际应采用哪个？
- 第 1 个制表符左侧无内容，都采用 12.7mm。
- 第 2 个制表符则根据左侧内容的多少，采用 25.4mm、38.1mm 等，前者优先。

»　Snow White:　»　My name is Snow White, I am a beautiful princess, I miss my mother so much. Where is my mother? Where is my mother?¶
»　Queen:»　I'm the new queen. I'm very beautiful, you see. If anyone is more beautiful than me, I'll kill her. I have a magic mirror. If I want to know something, it will tell me. Now, mirror, mirror, come here!¶
»　Magic mirror:　»　Yes, I'm coming. What do you want to know?¶
»　Queen:»　Mirror, mirror, on the wall.Who is the most beautiful?¶
»　Magic mirror:　»　You are beautiful, I think. But there is a young lady. She is as white as snow, as red as rose. She is much more beautiful than you.¶

图 7-20　默认的制表符格式

❸ 从左到右依次设置制表符的位置、对齐方式。

- 设置第1个制表符：修改所用的段落样式，单击左侧【制表符】。单击［右对齐制表符］图标；单击标尺上方的条状区域，即添加了一个制表符设置标记；单击【X】右侧的上下箭头以调整制表符位置，注意要给最长的姓名留够空间。
- 设置第2个制表符：在第1个制表符设置标记的右侧单击，即添加了第2个制表符设置标记；单击［左对齐制表符］图标；调整制表符位置，见图7-21。
- 结果见图7-22。

❹ 设置悬挂缩进。

使用悬挂缩进的公式设置【左缩进】【首行缩进】。注意要采用第2个制表符的位置。

段落样式选项
常规
基本字符格式
高级字符格式
缩进和间距
制表符
段落线
段落边框
段落底纹
保持选项
连字
字距调整
跨栏
首字下沉和嵌套样式
GREP 样式
项目符号和编号
字符颜色
样式名称(N): 对话正文
位置
制表符
X(X): 25 毫米
前导符(L):
对齐于(A):
重复(R)
清除全部(C)

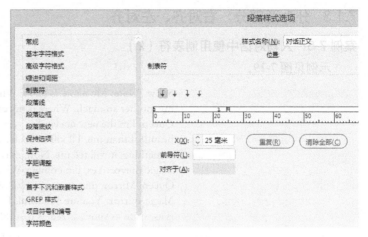

图 7-21 设置制表符

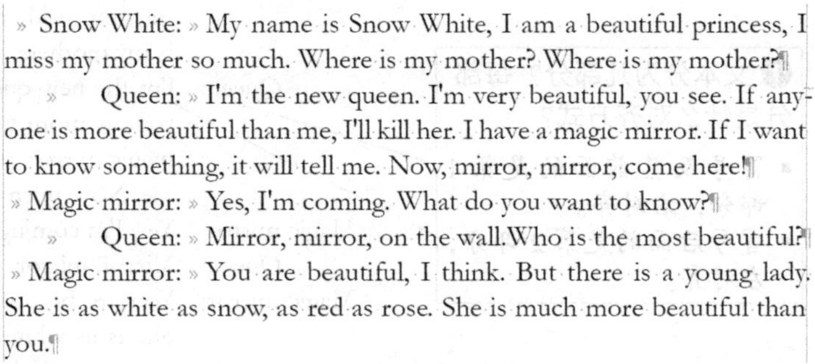

» Snow White: » My name is Snow White, I am a beautiful princess, I miss my mother so much. Where is my mother? Where is my mother?¶
» Queen: » I'm the new queen. I'm very beautiful, you see. If anyone is more beautiful than me, I'll kill her. I have a magic mirror. If I want to know something, it will tell me. Now, mirror, mirror, come here!¶
» Magic mirror: » Yes, I'm coming. What do you want to know?¶
» Queen: » Mirror, mirror, on the wall.Who is the most beautiful?¶
» Magic mirror: » You are beautiful, I think. But there is a young lady. She is as white as snow, as red as rose. She is much more beautiful than you.¶

图 7-22 设置了制表符格式

凡是左右两部分文字都向中间对齐的，都可以使用该方法制作。例如，一些杂志的版权页，见图7-23。

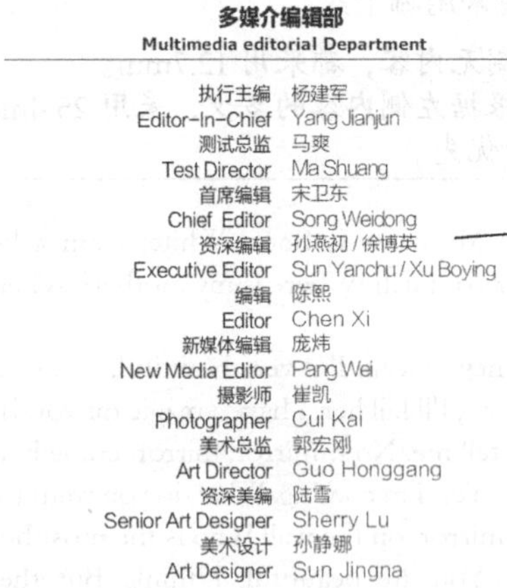

多媒介编辑部
Multimedia editorial Department
执行主编 杨建军
Editor-In-Chief Yang Jianjun
测试总监 马爽
Test Director Ma Shuang
首席编辑 宋卫东
Chief Editor Song Weidong
资深编辑 孙燕初 / 徐博英
Executive Editor Sun Yanchu / Xu Boying
编辑 陈熙
Editor Chen Xi
新媒体编辑 庞炜
New Media Editor Pang Wei
摄影师 崔凯
Photographer Cui Kai
美术总监 郭宏刚
Art Director Guo Honggang
资深美编 陆雪
Senior Art Designer Sherry Lu
美术设计 孙静娜
Art Designer Sun Jingna

图 7-23 《汽车与运动》2017年12月（局部）

姓名如有多个，转行时需要注意：

- 要另起一段，即一行姓名一段；然后在首个姓名前面可加两个制表符。方法类似于案例7-6的步骤5和步骤6。
- 姓名之间的斜杠不能排在行首。常用全角空格代替斜杠。

▲ 7.1.4 分为多部分：左对齐居多

将文本分成 3 部分及以上，对齐方式可能有多种，通常以左对齐为主。

案例 7-6：杂志版权页中使用制表符

示例见图 7-24。

```
主办    北京迎雪文化联合会
社长    吴平
总编辑  韩全盛
主编    寇明静
执行主编 李军 张耀芳
编辑    王洪岩 刘锐 周亚楼 聂宏林 孙国庆 谢玉刚 李
杰力 雷爱民 陈旭亿 赵甜 赵虎力 康红山 李涛 尤慧
芳
视觉设计总监 宋良银
美术编辑 陈诗礼 王佳 史海军
```
（a）初始

❶ 文本分为几部分？每部分是什么对齐方式？
- 前面的黑体字是第 1 部分，右对齐
- 后面的楷体字是第 2 部分，左对齐

```
      主办   北京迎雪文化联合会
      社长   吴平
    总编辑   韩全盛
      主编   寇明静
    执行主编 李军  张耀芳
      编辑   王洪岩 刘锐 周亚楼 聂宏林 孙国庆
             谢玉刚 李杰力 雷爱民 陈旭亿 赵甜
             赵虎力 康红山 李涛 尤慧芳
  视觉设计总监 宋良银
    美术编辑 陈诗礼 王佳 史海军
```
（b）希望的效果

图 7-24 杂志版权页

❷ 在每部分的首个字符前插入一个制表符。
- 第 1 部分需要手动插入。将光标放在段首，按 Tab 键，需要逐条操作。
- 第 2 部分的制表符需要手动插入。把所有全角空格都改为制表符（选中全角空格，按 Tab 键即可），需要逐个操作，见图 7-25。
- 也可以使用 GREP 查找替换，分两次解决。

针对第 1 部分：
【查找内容】设置为 "^.+?$"；
【更改为】设置为 "\t$0"。

针对其余部分：
【查找内容】设置为 "~m"；
【更改为】设置为 "\t"；
【查找格式】设置为所用的段落样式。

```
     主办    北京迎雪文化联合会
     社长    吴平
   总编辑    韩全盛
     主编    寇明静
   执行主编  李军    张耀芳
     编辑    王洪岩 刘锐  周亚楼 聂宏林 孙国庆 谢玉
刚   李杰力 雷爱民 陈旭亿 赵甜  赵虎力 康红山 李涛
尤慧芳
 视觉设计总监 宋良银
   美术编辑   陈诗礼 王佳   史海军
```
图 7-25 默认的制表符格式

❸ 从左到右依次设置制表符的位置、对齐方式。

- 设置第 1 个制表符：选中段落（不一定全选，但要包含典型段落），给上方及左右窗口留够位置，按 Ctrl+Shift+T 组合键，即可打开"制表符"对话框。单击[右对齐制表符]图标；单击标尺上方的条状区域；调整位置，给最长者留够空间。
- 设置第 2 个制表符：在第 1 个标记的右侧单击；单击[左对齐制表符]；图标调整位置。
- 设置第 3 个制表符：方法同上。
- 设置后续的制表符：右上角菜单→【重复制表符】，即可自动创建相同间隔的制表符，见图 7-26。

与在段落样式里设置相比，这样有两个好处：
- 能够自动创建相同间隔的制表符。
- 直观。

图 7-26 设置制表符

❹ 更新段落样式。

- 关闭"制表符"设置框。选中刚才设置的段落，在【段落样式】面板中，右击所用的段落样式→【重新定义样式】。即可把刚才的设置参数，添加进段落样式。
- 当然所有使用该段落样式的文本都会自动更新格式，见图 7-27。

图 7-27 设置了制表符格式

❺ 处理转行的制表符。

- 如果一段有多个制表符，通常将这些制表符放在一行里。
- 所以将其分为 3 段，见图 7-28。

图 7-28 保证制表符在一行里

❻ 针对新增的段落,补齐制表符。
- 对这两段,在段首手动分别添加一个制表符。即可保证制表符与制表符设置标记一一对应,这样就不用再设置制表符格式了,见图 7-29。
- 也可以不这样添加制表符,而是针对这两段重新设置制表符格式。

```
     主办 » 北京迎雪文化联合会¶
     社长 » 吴平¶
    总编辑 » 韩全盛¶
     主编 » 寇明静¶
   执行主编 » 李军    » 张耀芳¶
     编辑 » 王洪岩 » 刘锐  » 周亚楼 » 聂宏林 » 孙国庆¶
          » 谢玉刚 » 李杰力 » 雷爱民 » 陈旭亿 » 赵甜¶
          » 赵虎力 » 康红山 » 李涛  » 尤慧芳¶
  视觉设计总监 » 宋良银¶
   美术编辑 » 陈诗礼 » 王佳  » 史海军#
```

图 7-29 保证制表符与制表符设置标记一一对应

❼ 针对两字姓名,与三字姓名对齐。
- 在两字姓名中间,逐个手动插入一个全角空格。
- 如果觉得没有必要,也可以不进行本步骤。

试卷中的选择题也常用制表符控制文本的位置,见图 7-30。

一行两个选项。
- 选项 A 和选项 C 使用左缩进控制位置。
- 选项 B 和选项 D 使用左对齐的制表符控制位置。注意制表符的位置要与下面控制选项 C 的制表符的位置相同。

"20" 之前插入了一个数字空格。
- 否则与前面的圆点太近。
- 也可以改用一个半角空格。

"9" 之前插入了一个数字空格。
- 为了使题号的个位数对齐。
- 也可以使用右对齐制表符。

#9.#20 世纪 90 年代末,越南对日资家电组装工厂的投资吸引力已超过中国,但其日资家电组装工厂数量远少于中国,主要原因是中国¶
　A. 市场规模大　　　　　　　B. 技术水平高¶
　C. 劳动力素质高　　　　　　D. 基础设置水平高¶
10. 近年来,服装企业越来越重视品牌建设。2015 年 7 月,我国某服装企业现金收购意大利某著名服装公司 51% 的股权,利用其品牌、营销渠道进入国际市场。该收购可以助力企业¶
①创新利用外资的方式　②改善股利结构和治理结构　③加强国际合作,扩大产品市场　④丰富品牌组合,满足差别化需求¶
　A. ①②　　　B. ①④　　　C. ②③　　　D. ③④¶

图 7-30 试卷选择题使用制表符

一行 4 个选项。
- 选项 A 使用左缩进控制位置。
- 选项 B、选项 C 和选项 D 各使用一个左对齐的制表符控制位置。注意选项 B、选项 C 和选项 D 要均匀分布。

案例 7-7：表单中使用制表符

示例见图 7-31。

使用左对齐制表符控制文本的位置。

❶ 在每行中文（段）的末尾添加一个右对齐制表符。
- 添加方法：将光标放在插入处，按 Shift+Tab 组合键，见图 7-32。
- 该制表符不是普通的制表符，它有两个特点：将所有后续文本与文本框架的右边缘对齐，即撑满框架；不能写进段落样式。

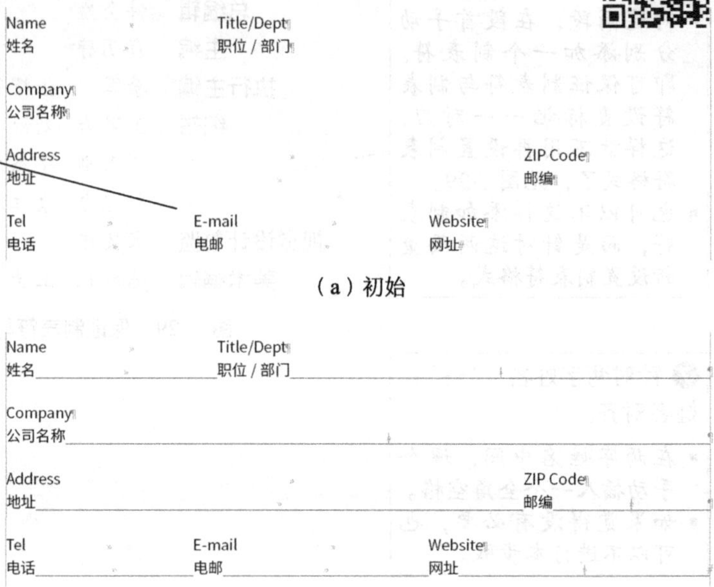

❷ 新建字符样式，在该字符样式里设置下画线，见图 7-33。
- 表单里的直线用字符的下画线来实现。
- 制表符也属于字符，可以应用字符样式。

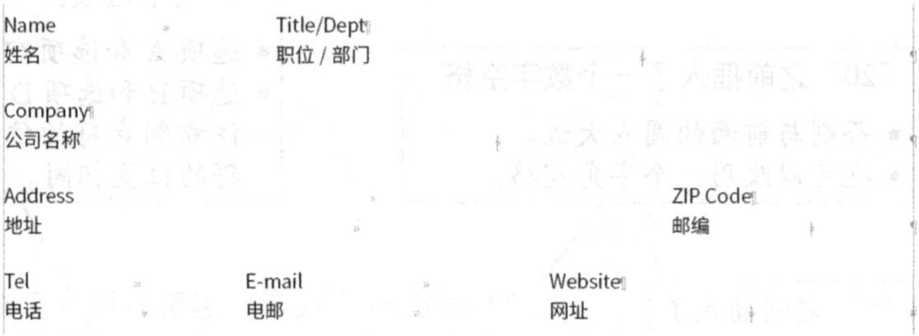

❸ 针对中文里的制表符，应用字符样式。
- 逐个手动选中制表符，然后应用字符样式。
- 也可以使用 GREP 查找替换，分两步解决。
  针对通常的制表符：
  【查找内容】设置为 "\t"；
  【查找格式】设置为所用的段落样式；
  【更改格式】设置为字符样式。
  针对右对齐制表符：
  【查找内容】设置为 "~y"；
  【查找格式】设置为所用的段落样式；
  【更改格式】设置为字符样式。

（a）初始

（b）希望的效果

图 7-31 表单中使用制表符

图 7-32 添加右对齐制表符

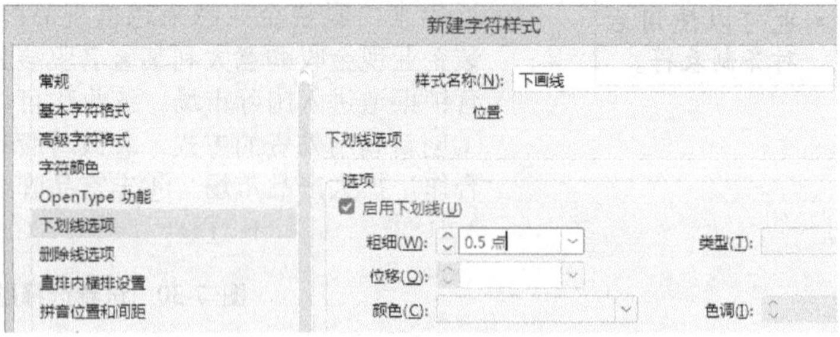

图 7-33 "新建字符样式"对话框（局部）

“制表符 + 下画线”也常用于条款（见图 7-34）和试卷填空题中。

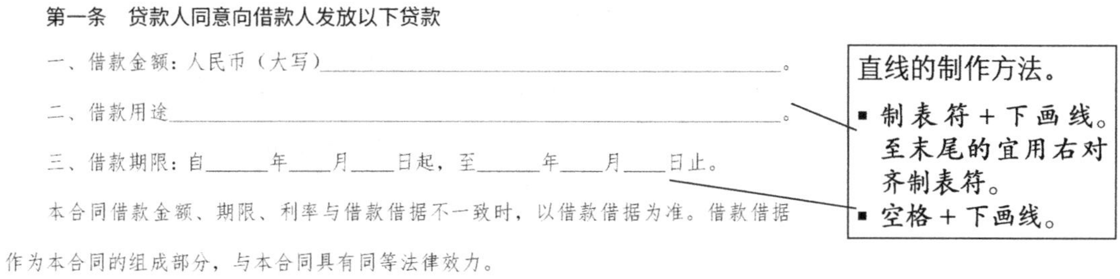

第一条 贷款人同意向借款人发放以下贷款
一、借款金额：人民币（大写）________________。
二、借款用途________________。
三、借款期限：自______年____月____日起，至______年____月____日止。
本合同借款金额、期限、利率与借款借据不一致时，以借款借据为准。借款借据作为本合同的组成部分，与本合同具有同等法律效力。
直线的制作方法。
▪ 制表符 + 下画线。至末尾的宜用右对齐制表符。
▪ 空格 + 下画线。

图 7-34 条款中的直线

综上所述，理解制表符有 3 个关键，见图 7-35。

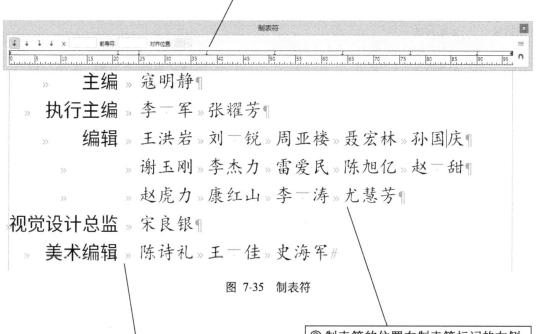

③ 如果要调整制表符的位置、对齐方式，则需要在标尺上添加对应的设置标记，并通过该标记调整。
▪ 制表符设置标记和文中的制表符与创建时间的前后无关，只与位置的前后有关。对于已经存在的制表符设置标记和制表符来说，是从左到右一一对应的。
▪ 如果只想调整后面某个制表符，则必须先添加与前面制表符对应的设置标记。
制表符
前导符:
对齐位置:
主编 寇明静
执行主编 李一军 张耀芳
编辑 王洪岩 刘一锐 周亚楼 聂宏林 孙国庆
谢玉刚 李杰力 雷爱民 陈旭亿 赵一甜
赵虎力 康红山 李一涛 尤慧芳
视觉设计总监 宋良银
美术编辑 陈诗礼 王一佳 史海军

图 7-35 制表符

① 在文本的左侧插入制表符。

- 每插入一个制表符，就会产生一个制表符标记（隐藏字符），该标记在文本的左侧。
- 看到制表符标记，就表明此处有制表符。

② 制表符的位置在制表符标记的右侧，在文本的哪一侧有以下 3 种情况。

- 左对齐制表符：在文本左侧。
- 右对齐制表符：在文本右侧。
- 居中对齐制表符：在文本中间。

7.2 标点挤压

标点挤压用来调整字符的间距，使之更加美观，见图 7-36。

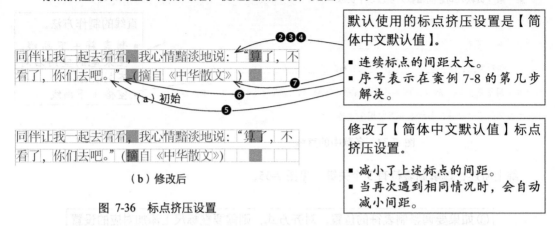

默认使用的标点挤压设置是【简体中文默认值】。
- 连续标点的间距太大。
- 序号表示在案例 7-8 的第几步解决。

修改了【简体中文默认值】标点挤压设置。
- 减小了上述标点的间距。
- 当再次遇到相同情况时，会自动减小间距。

图 7-36　标点挤压设置

7.2.1 基本规则

① 在调整间距时，必须以"类"（见表 7-1）为单位，要么整类都调整，要么整类都不调整。

表 7-1　标点挤压规定的字符类别

大 类	小 类	字　　符
前括号	前角括号	「『
	前圆括号	（
	其他前括号	[{ 〔 ' " 〈 《 【 〖
后括号	后角括号	」』
	后圆括号	）
	其他后括号	]) 〕 } ' " 〉 》 】 〗
逗号	顿号	、
	逗号	，
句号	日文句点	。（中文句号）
	英文句点	．（不是英文句号，FF0E）
中间标点	中点	·（00B7）
	冒号	： ；
句尾标点		！ ？
不可分标点		… ── (中文破折号的一半，2014)
顶部避头尾		／ ～ -（减号，FF0D） ：（比号，2236）
数字前		￥ ＄ ￡
数字后		％ ￠ ° ‰ ′ ″ ℃
全角空格		全角空格
全角数字		１２３４５６７８９０
汉字		汉字 Ⅵ ㈤ ⑥ 6. (6) ＋ ＝ ≈ ≡ ≠ ≤ ≥ ＜ ＞ ✓ ✗ ∷ ∫ ∮ ∝ ∞ ∧ ∨ ∪ ∩ ∈ ∵ ∴ ⊥ ∥ ∠ ⌒ ⊙ ∽ √ ○ № € # ☆ ★ ○ ● ◎ ◇ ◆ □ ■ △ ▲ → ← ↑ ↓ ＝ ♂ ♀
半角数字		1234567890
罗马字		在英文状态下用键盘输入的字符（不含数字） × ÷ ± § ※ □ 希腊字母　拼音字母
行尾符		每行末尾处的一个虚拟字符
段首符		每段开头处的一个虚拟字符

说明：
- "前括号"至"汉字"的 13 类都是全角字符。
- 有些类别包含的字符没有全部列出。
- "平假名""片假名"没有列出。
- 括号内的数字和字母串是 Unicode 码。

类不允许自定义，例如，需要减少数字与比号的间距，由于比号与减号、斜杠等属于同一类，它们会一起调整，因此不能用标点挤压的方法，而要用 GREP 样式，当然也可以用复合字体。例如，当前使用的是字体 A，但想要使用字体 B 的标点，就可以用复合字体解决此问题。

② 调整的幅度有限，见图 7-37。

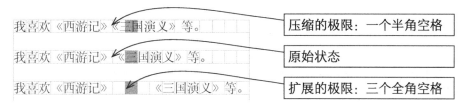

图 7-37　间距的调整幅度

7.2.2　新建、修改、使用标点挤压设置

在新建或修改标点挤压设置时，若希望对一切新建的文档都有效，就不打开任何文档进行操作；若希望只对某个已有的文档有效，就打开该文档进行操作。

若希望保留原件，就基于该原件新建；否则就直接对其进行修改。两者的主体操作相同。

▲ **案例 7-8**：减少冒号与引号等连续标点的间距

示例见图 7-36。

❶ 打开【段落】面板，【标点挤压设置】选【详细】，即可打开"标点挤压设置"对话框。单击【新建】，输入一个【名称】，【基于设置】选【简体中文默认值】，单击【确定】，返回"标点挤压设置"对话框，见图 7-38。
- 【简体中文默认值】不能修改，只能基于它新建。
- 也可以基于其他方案新建。不同的基础，结果可能有很大差别。

❸ 确定【下一类】。
- 前引号属于【其他前括号】小类，【前括号】大类。
- 本例选【前括号】。

❷ 确定【上一类】。
- 希望调整冒号（：）与前引号（"）的间距，由表 7-1 可知，冒号属于【冒号】小类，【中间标点】大类。
- 想要覆盖面广，就选大类；想要精准，就选小类。本例选大类，即【中间标点】。

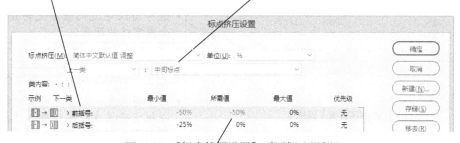

图 7-38　"标点挤压设置"对话框（局部）

❹ 确定要调整的数值。
- 按一个全角空格的百分比计算，负值为减小，正值为增大。限定在 -50% ~ 300%。-50% 表示压缩一个半角空格的距离（最大压缩量）。
- 正常情况（没有发生避头尾和两端对齐）下在【所需值】列里输入数值。

❺ 调整句号（。）与后引号（"）的间距。
- 【上一类】是【日文句点】小类，【句号】大类。二者选其一即可。
- 【下一类】是【其他后括号】小类，【后括号】大类。二者选其一即可。
- 【所需值】填写 −50%。

❻ 调整后引号（"）与前圆括号（（）的间距。
- 【上一类】是【其他后括号】小类，【后括号】大类。二者选其一即可。
- 【下一类】是【前圆括号】小类，【前括号】大类。二者选其一即可。
- 【所需值】填写 −50%。

❼ 调整后书名号（》）与后圆括号（））的间距。
- 【上一类】是【其他后括号】小类，【后括号】大类。二者选其一即可。
- 【下一类】是【后圆括号】小类，【后括号】大类。二者选其一即可。
- 【所需值】填写 −50%。

❽ 使用标点挤压设置，有以下两种方法。
- 在段落里设置：选中段落，打开【段落】面板，在【标点挤压】里选用。
- 在段落样式里设置：修改段落样式，在【日文排版设置】中的【标点挤压】里选用。

▶ **案例 7-9**：解决避头尾后分号太靠近文字的问题

示例见图 7-39。

在发生避头尾时，允许间距比正常值（【所需值】）小，但要限制在【最小值】与【所需值】之间。

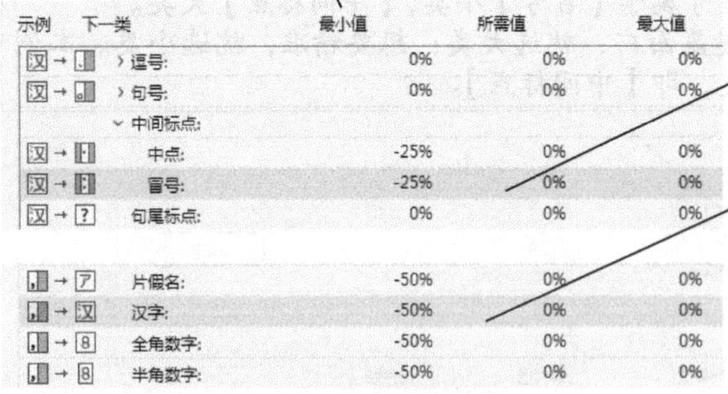

示例	下一类	最小值	所需值	最大值
汉→	，逗号:	0%	0%	0%
汉→	。句号:	0%	0%	0%
	▼中间标点:			
汉→	中点:	−25%	0%	0%
汉→	冒号:	−25%	0%	0%
汉→	?句尾标点:	0%	0%	0%
	片假名:	−50%		
	汉字:	−50%		
	全角数字:	−50%		
	半角数字:	−50%		

（a）标点挤压设置（局部）

22 岁了，有的人早就步入了社会，开始工作了，已经体会了人生的酸甜苦辣；有的人还过着幸福的校园生活，无忧无虑，

（b）应用了该标点挤压设置的文本

图 7-39 避头尾后分号太靠近文字

发生避头尾时的情况。
- 汉字与分号之间（分号属于【冒号】类）最多允许压缩 1/4 全角空格的距离。
- 逗号与汉字之间最多允许压缩 1/2 全角空格的距离。

本行里的分号距汉字太近的原因。
- 由于避头尾，该分号要么"推入"，即把它安置在行尾；要么"推出"，即把它和它前面的字一起移至下一行。由于设置的是"先推入"，所以优先"推入"。
- 按允许的调整量压缩后，腾出的空间能够放置该分号，于是就采用了"推入"。但是，汉字与分号之间的距离被压缩后，导致两者太靠近了。

❶ 打开【段落】面板,【标点挤压设置】选【详细】,即可打开如图 7-40 所示的对话框。

❷ 调整 汉字与分号(;)的间距。
- 【上一类】是【汉字】大类。
- 【下一类】是【冒号】小类,【中间标点】大类。本例选小类。
- 【最小值】填写 –50% 到【所需值】之间的数值。可以让【最小值】更靠近【所需值】,即不允许把间距减少太多。本例就把【最小值】规定为与【所需值】相同(结果见图 7-41)。但是不建议把所有地方都这样规定,如果所有字符都不允许缩减空间,那么在发生避头尾时只能采用"推出",而这往往不如"推入"美观。

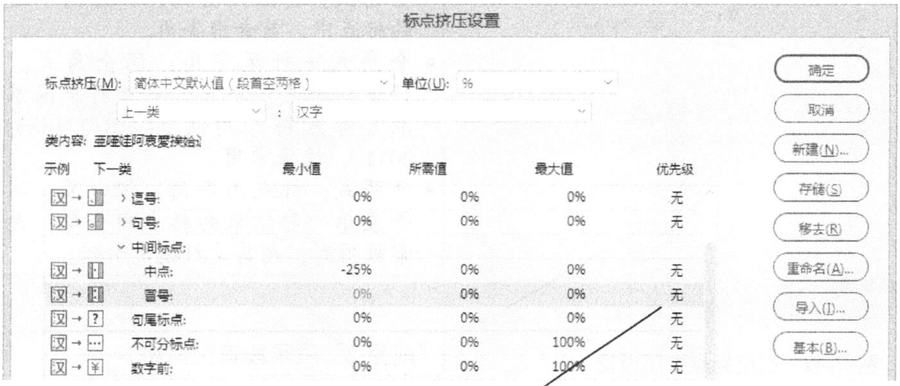

图 7-40 "标点挤压设置"对话框(局部)

【优先级】:1、2、3、4、5、6、7、8、9、无。
- 在发生避头尾或两端对齐时,若几对间距都可改变,那么优先改变哪个呢?数值小的优先,"无"的优先级最低。
- 可以降低"汉字→冒号"的优先级或提高其他组的优先级,即优先处理其他组。由于已经是最低优先级了,所以只能提高其他组的优先级,但这影响面太广,所以不调整优先级。

此处压缩逗号与汉字的间距后也不能采用"推入",尽管允许压缩,但也没有压缩的必要。所以【最小值】只是表示允许压缩的最大量,不一定要压缩这么多,甚至可以不压缩。

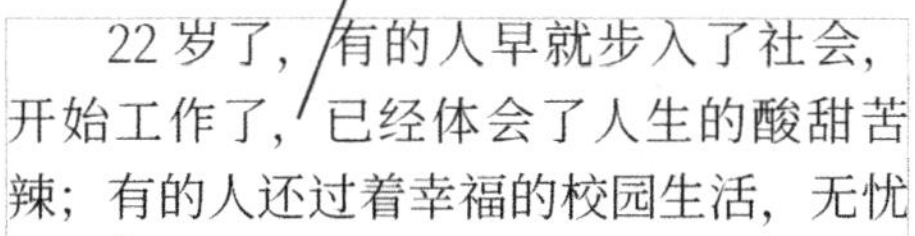

图 7-41 分号与文字的间距正常

汉字与分号的间距不能再压缩,并且压缩逗号与汉字的间距不足以放置该分号,所以此处采用"推出"。

7.2.3 导入标点挤压设置

默认的标点挤压设置"简体中文默认值"通常不是很理想的，需要重新设置，但这个设置过程较烦琐，建议大家直接使用专业人士设置好的。

对于导入的标点挤压设置而言，若希望出现在所有新建的文档里，就不打开任何文档进行下述操作；若希望只出现在某个已有的文档里，就打开该文档进行下述操作。

导入标点挤压设置的操作：打开【段落】面板，在【标点挤压设置】中选【详细】，即可打开"标点挤压设置"对话框，单击【导入】，双击源文档，最后单击【确定】。

在【段落】面板的【标点挤压设置】里，可选用这些标点挤压设置，见图 7-42。

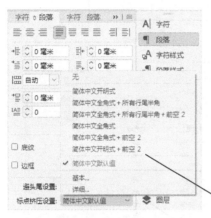

标点挤压方案如下所述。
- 全角式：标点用全角，但在两个连续的标点中，前者用半角。
- 全角式＋行尾半角：同全角式，但行尾的符号用半角。更加符合国家标准《标点符号用法》(GB/T 15834—2011)，这很常用。
- 开明式：标点用半角，但句号、问号等表示一句结束的标点用全角。也经常被用到，尤其是科技类书刊。

图 7-42 选用标点挤压设置

"前空 2"表示段首空两格。

同一个标点在使用不同的字体时，标点的位置可能不同，所以某标点挤压设置对某个字体效果好，不代表对其他字体同样适用。同时不同的客户可能有不同的要求，因此不存在通用的方案。在具体环境里，需要进行适当修改。

小结：①标点挤压设置的应用单位是段落，即一个段落里只能使用一种设置；②可以不使用标点挤压设置，即所有字符的间距都不调整，但为了更美观，最好根据实际情况进行适当调整；③任意两个字符的间距都能使用标点挤压进行调整，但必须以"类"为单位，不要让其他不想调整的字符随着一起调整，在不能解决矛盾时，要用其他方法（如 GREP 样式）；④从零开始打造一套标点挤压设置很难，普通用户适宜直接使用专业人士设置好的，然后以此为基础，根据自己的情况调整。

最后介绍一下"里师傅标点挤压设置"。"里师傅"是 CPC 中文印刷社区里的一位专业人士的网名，其打造的标点挤压设置被广泛使用。正因为如此，笔者希望将"里师傅标点挤压设置"添加进本书的素材里，分享给大家。当笔者就这个想法征求"里师傅"的意见时，他没有丝毫犹豫，还特意把最新成果发给笔者，并且再三叮嘱"其实也不能说完美，可以把这个当作一个基础"。在此对"里师傅"表示感谢。

7.3 嵌套样式、GREP 样式

嵌套样式、GREP 样式从属于段落样式。二者的用途相同：在应用段落样式的基础上，对某些特定文本另行规定特别的字符格式。二者的宏观过程也相同：在字符样式里规定那些特别的字符格式，在嵌套样式、GREP 样式里规定对什么样的文本应用该字符样式。前者适用面窄，可靠；后者适用面广，但风险略高。

7.3.1 设置嵌套样式

▲ 案例 7-10：法律条款的编号设置成黑体

示例见图 7-43。

（a）初始　　　　　　　　　　　　　　　　（b）希望的效果

图 7-43　条款的编号设置成黑体（局部）

❶ 修改所用的段落样式，在"段落样式选项"对话框里，单击左侧【首字下沉和嵌套样式】，见图 7-44。

❻ 确定是否包括边界标志自身。本条嵌套样式创建结束。
- 包括：边界标志自身属于本条嵌套样式。
- 不包括：边界标志自身不属于本条嵌套样式。

❸ 指定要应用的字符样式。
- 选【新建字符样式】，或者现有的字符样式。
- 在该字符样式里规定字体用黑体。

❷ 开始创建一条嵌套样式。
单击【新建嵌套样式】。

❼ 单击【确定】，结束。
本例只有一条嵌套样式。

❺ 确定第几个边界标志生效。
"1"表示第 1 个边界标志生效。

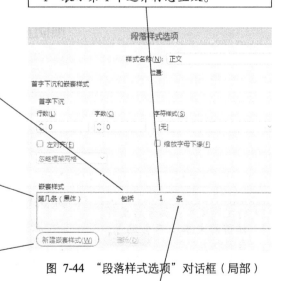

图 7-44　"段落样式选项"对话框（局部）

❹ 定义备选的边界标志。
- 输入"条"。如果填了多个，表示其中任一个。
- 下拉菜单中有多种预置，可直接选用。

嵌套样式运行原理如下所述。
- 应用第 1 条嵌套样式：应用规定的字符样式（字体是黑体），应用范围为段首到规定的边界（第 1 个 "条"，含 "条"）。
- 之后没有嵌套样式，即本段剩余的文本不再另行规定使用字符样式了。

但是，本例的操作并没有结束，见图 7-45。

如果边界标志不存在，就认为段尾符是边界。所以整段都应用了第 1 条嵌套样式。解决方法如下所述。
- 对 "边界标志不存在" 的段落，另外应用一个段落样式。
- 将光标放在 "边界标志不存在" 的段落的段首，【文字】→【插入特殊符号】→【其他】→【在此处结束嵌套样式】。然后逐个操作，可以使用复制粘贴法。
- 改用 GREP 样式。
【应用样式】设置为同嵌套样式里的字符样式。
【到文本】设置为 "^第.+?条"。

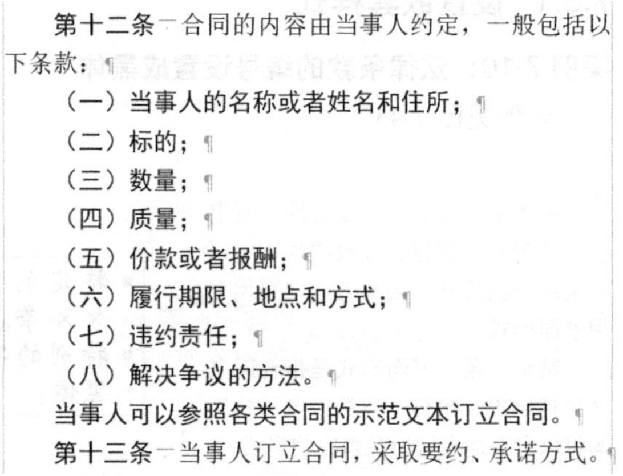

第十二条－合同的内容由当事人约定，一般包括以下条款：
（一）当事人的名称或者姓名和住所；
（二）标的；
（三）数量；
（四）质量；
（五）价款或者报酬；
（六）履行期限、地点和方式；
（七）违约责任；
（八）解决争议的方法。
当事人可以参照各类合同的示范文本订立合同。
第十三条－当事人订立合同，采取要约、承诺方式。

图 7-45　边界标志不存在的情况

▲ **案例 7-11**：项目编号后面的小标题设置成黑体

示例见图 7-46。

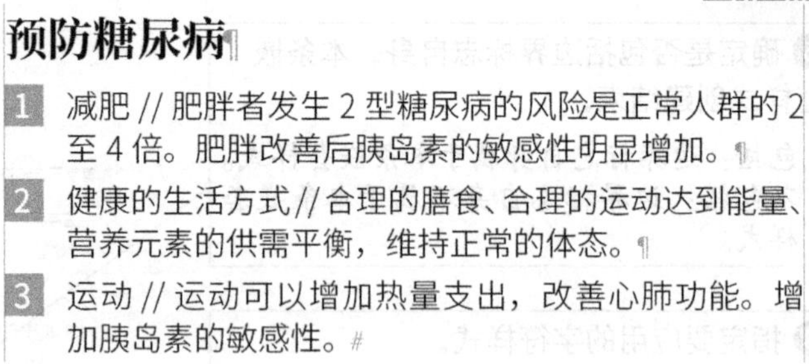

预防糖尿病
1. 减肥 // 肥胖者发生 2 型糖尿病的风险是正常人群的 2 至 4 倍。肥胖改善后胰岛素的敏感性明显增加。
2. 健康的生活方式 // 合理的膳食、合理的运动达到能量、营养元素的供需平衡，维持正常的体态。
3. 运动 // 运动可以增加热量支出，改善心肺功能。增加胰岛素的敏感性。

（a）初始

- 特定的文本：编号后至斜杠前的文本（不含编号，含斜杠）。
- 特别的字符格式：黑体。

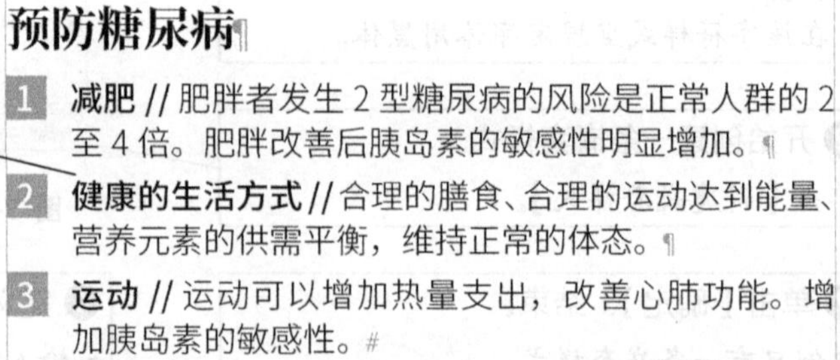

预防糖尿病
1. **减肥** // 肥胖者发生 2 型糖尿病的风险是正常人群的 2 至 4 倍。肥胖改善后胰岛素的敏感性明显增加。
2. **健康的生活方式** // 合理的膳食、合理的运动达到能量、营养元素的供需平衡，维持正常的体态。
3. **运动** // 运动可以增加热量支出，改善心肺功能。增加胰岛素的敏感性。

（b）希望的效果

图 7-46　项目编号后面的小标题设置成黑体

嵌套样式

❶ 修改所用的段落样式，在"段落样式选项"对话框里，单击左侧【首字下沉和嵌套样式】，见图7-47。

❻ 确定是否包括边界标志自身，本条嵌套样式创建结束。

❸ 指定要应用的字符样式。
- 选【新建字符样式】，或者现有的字符样式。
- 在该字符样式里规定字体用黑体。

❷ 开始创建一条嵌套样式。
单击【新建嵌套样式】。

❼ 单击【确定】，结束。
本例只有一条嵌套样式。

❺ 确定第几个边界标志生效。
"2"表示第2个边界标志生效。

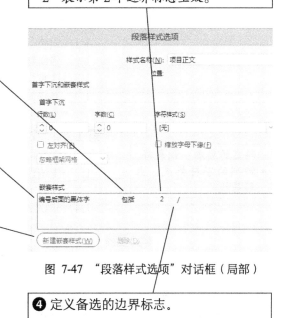

图 7-47 "段落样式选项"对话框（局部）

❹ 定义备选的边界标志。
输入"/"。

嵌套样式运行原理如下所述。
- 应用第1条嵌套样式：应用规定的字符样式（字体是黑体），应用范围为段首到规定的边界（第2个"/"，含"/"）。注意：嵌套样式和GREP样式对项目的符号和编号不起作用，所以不会对编号应用该字符样式。
- 之后就没有嵌套样式了，即本段剩余的文本不再另行规定使用字符样式。

➡ 边界标志是嵌套样式的关键

三种类型：①具体的字符，例如，某个汉字、全角空格、斜杠、句号、括号、强制换行符、制表符等，如果输入了多个字符（相当于创建了一个集合），表示其中任意一个；②字符的集合，例如字符、数字、句子等，此时表示集合内的任意一个字符；③一个特殊的边界标志——结束嵌套样式字符，它是在文中手动添加的，表示嵌套样式的运行到此为止。该符号之前的文本依旧正常应用嵌套样式里规定的字符样式；之后的文本一律不应用嵌套样式里规定的字符样式。

两种输入方法：①在下拉菜单选取，快速、直观、规范，首选此法；②通过手动输入或进行复制、粘贴，在上述下拉菜单里没有时采用此法。

▲ **案例 7-12**：在手工目录中上移前导符

示例见图 7-48。

```
第1章  文化¶
    1.1  宗教 ………………………………………… 1¶
    1.2  传统建筑 …………………………………… 2¶
    1.3  饮食文化 …………………………………… 12¶
    1.4  非物质文化遗产 …………………………… 17¶
```
（a）初始

```
第1章  文化¶
    1.1  宗教 ………………………………………… 1¶
    1.2  传统建筑 …………………………………… 2¶
    1.3  饮食文化 …………………………………… 12¶
    1.4  非物质文化遗产 …………………………… 17¶
```
（b）希望的效果

图 7-48　上移前导符的基线

- 特定的文本：制表符。
- 特别的字符格式：上移基线。

❶ 修改所用的段落样式，在"段落样式选项"对话框里，单击左侧【首字下沉和嵌套样式】，见图 7-49。

❷ 创建第 1 条嵌套样式。
- 指定要应用的字符样式：[无]，表示不应用字符样式。
- 定义备选的边界标志：制表符字符。
- 确定第几个边界标志生效：1。
- 确定是否包括边界标志自身：不包括。
- 嵌套样式总是从段首开始运行，当特定的文本不在段首时，就需要建立这样的"无效"嵌套样式。

❸ 创建第 2 条嵌套样式。
- 指定要应用的字符样式：在该字符样式中规定基线上移。
- 定义备选的边界标志：制表符字符。
- 确定第几个边界标志生效：1。
- 确定是否包括边界标志自身：包括。

图 7-49　"段落样式选项"对话框（局部）

❹ 单击【确定】，结束。
本例共有两条嵌套样式。

嵌套样式运行原理如下所述。
- 应用第 1 条嵌套样式：应用规定的字符样式（不应用字符样式），应用范围为段首到规定的边界（第 1 个制表符，不含该制表符）。
- 应用第 2 条嵌套样式：应用规定的字符样式（基线上移），应用范围为上一个边界（第 1 个制表符，含该制表符，因为上一条没含制表符）到本条规定的边界（第 1 个制表符，含该制表符）。
- 之后就没有嵌套样式了，即本段剩余的文本不再另行规定使用字符样式。

案例 7-13：分为上下两行的标题使用不同的字体

示例见图 7-50。

使用强制换行符有两个好处。
- 在自动生成目录时，会生成一个条目，还可以自动去除这些强制换行符。
- 可以只用一个段落样式。

- 特定的文本：强制换行符后面的文本。
- 特别的字符格式：字重（在设计中指字体笔画的粗细）稍轻的字体。

❶ 修改所用的段落样式，在"段落样式选项"对话框里，单击左侧【首字下沉和嵌套样式】，见图 7-51。

❷ 创建第 1 条嵌套样式。
- 指定要应用的字符样式：[无]。
- 定义备选的边界标志：强制换行。
- 确定第几个边界标志生效：1。
- 确定是否包括边界标志自身：可以包括，也可以不包括，因为字符格式对强制换行符无影响。

❸ 创建第 2 条嵌套样式。
- 指定要应用的字符样式：在该字符样式里规定字重稍轻的字体。
- 定义备选的边界标志：结束嵌套样式字符，也可以是其他本段中没有的字符。**如果边界标志不存在，就认为段尾符是边界。**
- 确定第几个边界标志生效：1。
- 确定是否包括边界标志自身：可以包括，也可以不包括。

（a）初始

（b）希望的效果

图 7-50 标题分为上下两行，使用不同的字体

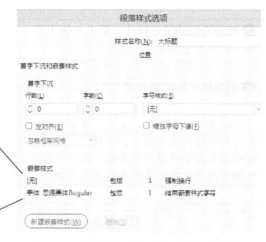

图 7-51 "段落样式选项"对话框（局部）

❹ 单击【确定】，结束。
本例共有两条嵌套样式。

嵌套样式运行原理如下所述。
- 应用第 1 条嵌套样式：应用规定的字符样式（不应用字符样式），应用范围为段首到规定的边界（第 1 个强制换行符，含该强制换行符）。
- 应用第 2 条嵌套样式：应用规定的字符样式（使用字重稍轻的字体），应用范围为上一个边界（第 1 个强制换行符，不含该强制换行符，因为上一条已包含）到本条规定的边界（第 1 个结束嵌套样式字符，含该结束嵌套样式字符。因为该字符不存在，所以边界就是本段结尾）。

本例的标题，如果没有强制换行符，那么整段文本都不应用字符样式。因为第 1 条嵌套样式里的结束边界标志不存在，所以段尾符被认为是边界，第 2 条嵌套样式就没机会应用了。

第7章 段落Ⅱ

▲ **案例 7-14：首字下沉的多个字符设置底色**

示例见图 7-52。

> 若没有底色，则下沉的这两个字符的大小、位置还算合适。在设置底色（段落线）后，它们离边界就太近了。

> - 特定的文本：第 1 个字符。
> - 特别的字符格式：稍小的字号、颜色纸色、上移基线、字符前方加 1/8 全角空格。

> - 特定的文本：第 2 个字符。
> - 特别的字符格式：字符前方不加空格，后方加 1/4 全角空格，其余同第 1 个。

（a）初始　　　　　　　　　　　　　　（b）希望的效果

图 7-52　首字下沉的多个字符设置底色

❶ 修改所用的段落样式，单击左侧【首字下沉和嵌套样式】，见图 7-53。

❷ 创建第 1 条嵌套样式。
- 指定要应用的字符样式：在该字符样式里设置字号、颜色、基线、前方加空格。
- 定义备选的边界标志：字符。
- 确定第几个边界标志生效：1。
- 确定是否包括边界标志自身：包括。

❸ 创建第 2 条嵌套样式。
- 指定要应用的字符样式：基于上一个字符样式，然后设置字符前方不加空格，后方加空格。
- 定义备选的边界标志：字符。
- 确定第几个边界标志生效：1。不是从段首计数的，而是在本条内计数的。边界如果不属于上一条，就属于本条。
- 确定是否包括边界标志自身：包括。

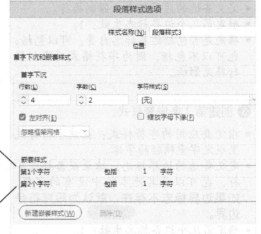

图 7-53　"段落样式选项"对话框（局部）

❹ 单击【确定】，结束。
本例共有两条嵌套样式。

嵌套样式运行原理如下所述。
- 应用第 1 条嵌套样式：应用规定的字符样式（规定的字号、颜色、基线、前方加空格），应用范围为段首到规定的边界（第 1 个字符，含该字符）。
- 应用第 2 条嵌套样式：应用规定的字符样式（规定的字号、颜色、基线、后方加空格），应用范围为上一个边界（第 1 个字符，不含该字符，因为上一条已包含该字符）到本条规定的边界（本条内第 1 个字符，含该字符）。
- 之后就没有嵌套样式了，即本段剩余的文本不再另行规定使用字符样式。

▲ 案例 7-15：标题的编号设置底色

示例见图 7-54。

- 特定的文本：第 1 个字符。
- 特别的字符格式：前方加 1/4 全角空格、底色（下画线）、纸色。

- 特定的文本：第 2 个字符。
- 特别的字符格式：字符前方不加空格，后方加 1/4 全角空格，其余同第 1 个。

- 特定的文本：第 3 个字符。
- 特别的字符格式：前方加 1/3 全角空格。

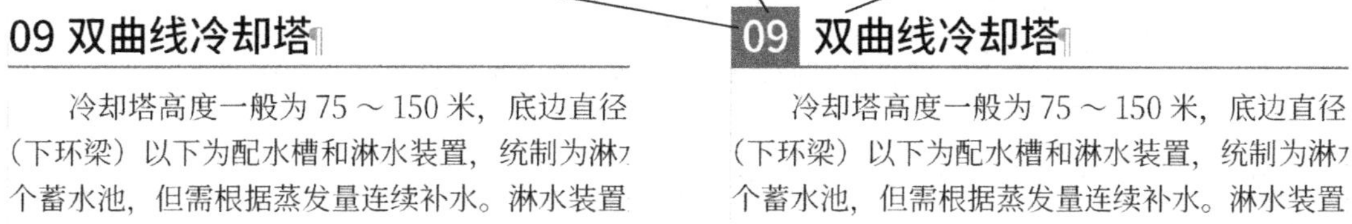

（a）初始

（b）希望的效果

图 7-54　标题的编号设置底色

❶ 修改所用的段落样式，在"段落样式选项"对话框中，单击左侧【首字下沉和嵌套样式】，见图 7-55。

❷ 创建第 1 条嵌套样式。
- 指定要应用的字符样式：在该字符样式选项里设置前方加空格、下画线（见图 7-56）、纸色。
- 定义备选的边界标志：字符。
- 确定第几个边界标志生效：1。
- 确定是否包括边界标志自身：包括。

❸ 创建第 2 条嵌套样式。
- 指定要应用的字符样式：基于上一个字符样式，然后设置字符前方不加空格，后方加空格。
- 其余同上。

❹ 创建第 3 条嵌套样式。
- 指定要应用的字符样式：在该字符样式里设置前方加空格。
- 其余同上。

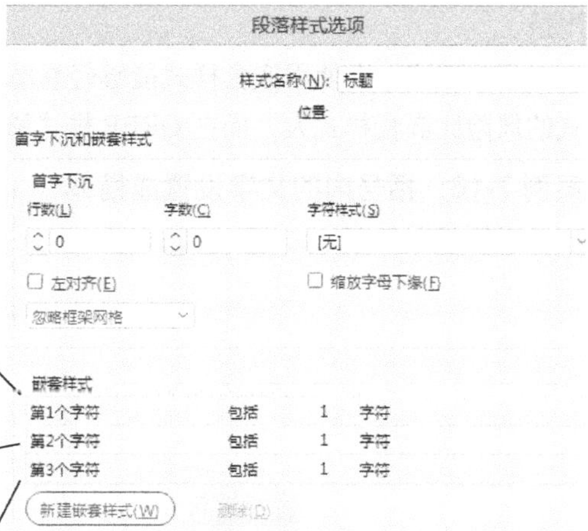

图 7-55　"段落样式选项"对话框（局部）

❺ 单击【确定】，结束。
本例共有三条嵌套样式。

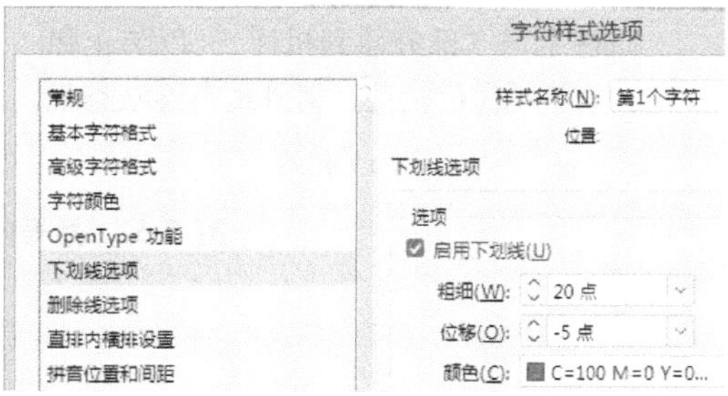

图 7-56　"字符样式选项"对话框（局部）

> 嵌套样式运行原理如下所述。
> - 应用第 1 条嵌套样式：应用规定的字符样式（前面加 1/4 全角空格、下画线、纸色），应用范围为段首到规定的边界（第 1 个字符，含该字符）。
> - 应用第 2 条嵌套样式：应用规定的字符样式（后面加 1/4 全角空格、下画线、纸色），应用范围为上一个边界（第 1 个字符，不含该字符，因为上一条已包含该字符）到本条规定的边界（本条内的第 1 个字符，含该字符）。
> - 应用第 3 条嵌套样式：应用规定的字符样式（前面加 1/3 全角空格），应用范围为上一个边界（上一条内的第 1 个字符，不含该字符，因为上一条已包含该字符）到本条规定的边界（本条内的第 1 个字符，含该字符）。
> - 之后就没有嵌套样式了，即本段剩余的文本不再另行规定使用字符样式。

图 6-9 中"注意"二字的效果可用嵌套样式制作，方法与上例类似。对"注"字应用一个字符样式（黑体字体），对"意"字应用一个字符样式（黑体字体、后面加 1/2 全角空格）。

7.3.2 设置 GREP 样式

GREP 样式比嵌套样式的适用面广，但有一定的难度，因为它需要编写正则表达式。正则表达式是用来匹配和处理文本的字符串，有自己的语法规则，需要学习才能掌握，具体可参考附录。

另外建议：在使用嵌套样式能够轻易解决问题时，就不要使用 GREP 样式。因为 GREP 样式的风险比嵌套样式大，而在 GREP 样式繁杂时，可能会降低电脑的运行速度。

▲ **案例 7-16：括号内的文字设置成楷体**

示例见图 7-57。

> - 特定的文本：括号内的文字（含括号）。
> - 特别的字符格式：楷体。

（a）初始　　　　（b）希望的效果

图 7-57　括号内的文字设置成楷体

❶ 修改所用的段落样式,在"段落样式选项"对话框里,单击左侧【GREP 样式】,见图 7-58。

❸ 指定要应用的字符样式。
- 在【应用样式】里选【新建字符样式】或现有的字符样式。
- 在该字符样式里设置字体用楷体。

❹ 指定要针对的文本。
- 【到文本】输入正则表达式"(.+?)"。
- **正则表达式里面的字符应是英文**。当然只是针对正则表达式语言。对于要匹配的具体字符而言,根据文中内容而定,本例里的括号即是中文括号。

❷ 开始创建第 1 条 GREP 样式。
单击【新建 GREP 样式】。

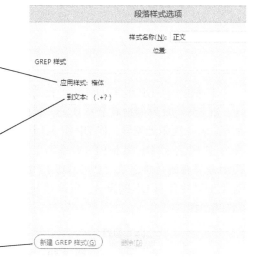

图 7-58 "段落样式选项"对话框(局部)

❺ 单击【确定】,结束操作。
本例只有一条 GREP 样式。

GREP 样式运行原理如下所述。
- 应用第 1 条 GREP 样式:按输入的正则表达式"(.+?)"在全段范围内搜索文本,如果匹配,就应用规定的字符样式(字体是楷体);如果不匹配,就不采取任何动作。
- 本例只有一条 GREP 样式。

使用 GREP 样式的风险如下所述。

在本例中,如果把正则表达式写成"(.+)",并且其演示的段落中刚好只有一个括号,就会发现该正则表达式是正确的;但是当段落里有多个括号时,该正则表达式就不适用了。如果没意识到这一点,并且含多个括号的段落真的存在,就会导致错误。而事先就考虑到所有的情况绝非易事,因此存在风险。

编写一个正则表达式包含需要的文本不难,而不包含不需要的文本就没那么容易了。由于正则表达式自身的局限性,可能写不出完美的正则表达式。

本例中的正则表达式也不完美,不适用于多重括号(即括号里有括号)的情况。那么 GREP 样式这个功能就无法使用吗?实际上,如果确定文中不存在多重括号的情况,就完全可以放心使用。

综上所述,编写正则表达式要把握两点:①把显而易见的情况考虑进去;②分析是否存在"特例",如果存在"特例",则尝试完善正则表达式,如果不能完善正则表达式,则要么手动在文中修正错误,要么弃用 GREP 样式。

案例 7-17："P < 0.05"里的"P"变成斜体

示例见图 7-59。

- 特定的文本："P < 0.05"里的"P"。
- 特别的字符格式：英文斜体。

　　本课题中伴 DP 组 T2DM 组，日间收缩压、舒张压均比对照组高 P < 0.05，夜间收缩压、舒张压组无差异。伴 DP 组 MBPS 升高为 31 例，不伴 DP 组 MBPS 升高为 12 例，两组差异有统计学意义（P < 0.05）。所以对 T2DM 中伴有 DP 的患者，应该对 MBPS 增加检测频率。¶

　　本课题中伴 DP 组 T2DM 组，日间收缩压、舒张压均比对照组高 *P* < 0.05，夜间收缩压、舒张压组无差异。伴 DP 组 MBPS 升高为 31 例，不伴 DP 组 MBPS 升高为 12 例，两组差异有统计学意义（*P* < 0.05）。所以对 T2DM 中伴有 DP 的患者，应该对 MBPS 增加检测频率。¶

（a）初始　　　　　　　　　　　　（b）希望的效果

图 7-59 "P < 0.05"里的"P"变成斜体

❶ 修改所用的段落样式，在"段落样式选项"对话框里，单击左侧【GREP 样式】，见图 7-60。

❷ 创建第 1 条 GREP 样式。
- 指定要应用的字符样式：在该字符样式里设置字体用英文斜体。
- 指定要针对的文本为"P(?= < 0.05)"。

❸ 单击【确定】，结束操作。
本例只有一条 GREP 样式。

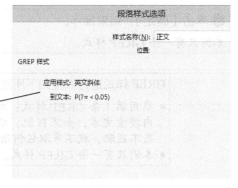

图 7-60 "段落样式选项"对话框（局部）

GREP 样式运行原理如下所述。
- 应用第 1 条 GREP 样式：按输入的正则表达式"P(?= < 0.05)"在全段范围内搜索文本，如果匹配，就应用规定的字符样式（字体是英文斜体）；如果不匹配，就不采取任何动作。
- 本例只有一条 GREP 样式。

➡ 正则表达式的验证

　　在编写正则表达式的过程中，需要随时验证。建议：①在修改 GREP 样式时，勾选对话框左下角的【预览】，并把视野放在典型的段落中；②在字符样式里，临时把文本设置成醒目的颜色（如红色），利于观察；③若在文中一时没找到"特例"，可以在文中临时添加、删除、修改文本，创造出一个"特例"。

案例 7-18：填空题末尾的答案设置成黑体

示例见图 7-61。

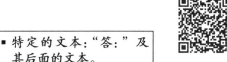

- 特定的文本："答："及其后面的文本。
- 特别的字符格式：黑体。

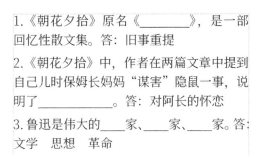

（a）初始　　　　　　　　　　　（b）希望的效果

图 7-61　末尾的答案设置成黑体

❶ 修改所用的段落样式，在"段落样式选项"对话框里，单击左侧【GREP 样式】，见图 7-62。

❷ 创建第 1 条 GREP 样式。
- 指定要应用的字符样式：在该字符样式中设置字体用黑体。
- 指定要针对的文本为"答：.+"。

❸ 单击【确定】，结束。
本例只有一条 GREP 样式。

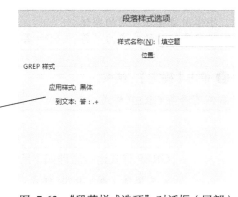

图 7-62　"段落样式选项"对话框（局部）

GREP 样式运行原理如下所述。
- 应用第 1 条 GREP 样式：按输入的正则表达式"答：.+"在全段范围内搜索文本，如果匹配，就应用规定的字符样式（字体是黑体）；如果不匹配，就不采取任何动作。
- 本例只有一条 GREP 样式。

　　本例的正则表达式无须在最后添加段尾标志，因为 GREP 样式的运行是以一个段落为单位的，在匹配"答："及其后面的全部字符时，本来就是以段尾为限（不会匹配到下一段去），不必再强调匹配至段尾。当然，正则表达式"答：.+$"也毫无问题。

　　在本例中，如果填空题里面也有"答："（见图 7-63a），那么从第一处"答："至段尾都会应用黑体。因为对于不定长的字符串，总是尽可能多地匹配。即使采用"答：.+?$"也无效，因为它只保证字符串的末端尽可能少地匹配，首端仍然尽可能多地匹配。但是出现多处"答："的概率很小，所以通常选择本 GREP 样式即可。下面，我们继续分析这种很少出现的情况，见图 7-63。

- 特定的文本："答："与"答："之间的字符，含前面的"答："，不含后面的。
- 特别的字符格式：填空题在用的字体。

4. 一小伙子下了很大决心给心仪的女神发了一条信息："你喜欢还是讨厌我？"一会儿收到了回信，女神**答："讨厌！"**她的意思是_____。**答：无法判断。**

（a）初始

4. 一小伙子下了很大决心给心仪的女神发了一条信息："你喜欢还是讨厌我？"一会儿收到了回信，女神**答："讨厌！"**她的意思是_____。**答：无法判断。**

（b）希望的效果

图 7-63 出现多处"答："的情况

❶ 修改所用的段落样式，在"段落样式选项"对话框里，单击左侧【GREP 样式】，见图 7-64。

❷ 创建第 2 条 GREP 样式。
- 指定要应用的字符样式：在该字符样式里设置字体用填空题在用的字体。
- 指定要针对的文本为"答：.+(?= 答：)"。

❸ 单击【确定】，结束。

本例有两条 GREP 样式。

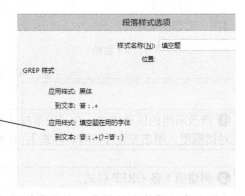

图 7-64 "段落样式选项"对话框（局部）

GREP 样式运行原理如下所述。
- 应用第 1 条 GREP 样式：同前。
- 应用第 2 条 GREP 样式：按输入的正则表达式"答：.+(?= 答：)"在全段范围内搜索文本，如果匹配，就应用规定的字符样式（字体是填空题在用的字体）；如果不匹配，就不采取任何动作。
- 两处"答："之间的文本先后应用了两个字符样式，对于没有冲突的格式项目，这两个字符样式同时有效；对于发生冲突的格式项目，按后一个字符样式里的规定执行。即多条 GREP 样式发生冲突时，排在下方的优先。

注意：第 2 条 GREP 样式对匹配的文本应用的字符样式只规定了字体这一项格式，并且与段落样式中的规定一致。该字符样式看似不起作用，但实际上这些文本的字体格式已经脱离了段落样式的控制（其他格式仍然受段落样式的控制），所以之后如果在段落样式里更改了字体，要记得相应地更改该字符样式。

此外，对于同一个文本应用多个字符样式的问题来说，按以往的经验，同一个文本只能应用一个字符样式，不管是否有格式冲突，一律以最后一个字符样式为准，即相当于之前应用的字符样式不存在。但是 GREP 样式可以叠加应用字符样式，甚至可以与手动应用的字符样式叠加，当然手动应用的字符样式的优先级最高。

案例 7-19：缩小比号与数字的间距

示例见图 7-65。

比号
- 比号是一个字符，不是中文冒号，也不是英文冒号。可用软键盘输入，见第 499 页"特殊符号"。
- 在标点挤压的字符分类里（见表 7-1），比号与减号、斜杠等属于同一类，无法单独调整比号，故不能采用标点挤压解决它与左右数字间距过大的问题。

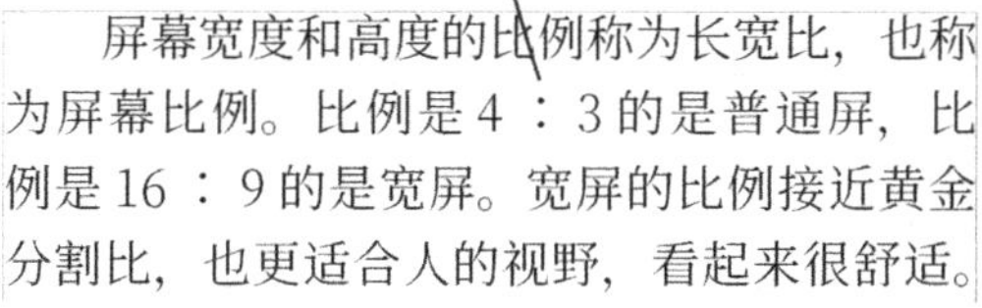

采用 GREP 样式就可单独调整。
- 特定的文本：比号。
- 特别的字符格式：减小左右间距。

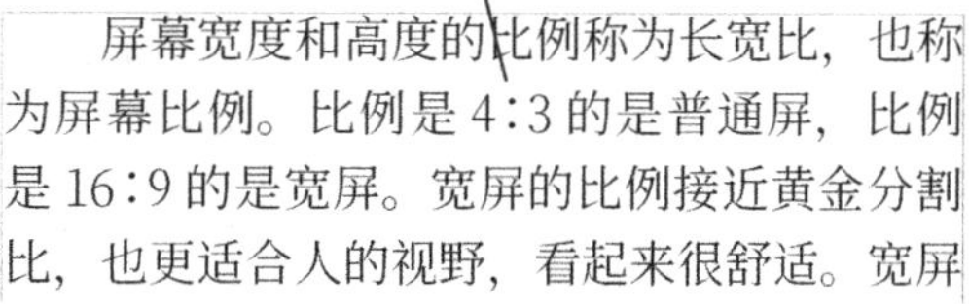

（a）初始　　　　　　　　　　（b）希望的效果

图 7-65　缩小比号与数字的间距

❶ 修改所用的段落样式，在"段落样式选项"对话框里，单击左侧【GREP 样式】，见图 7-66。

❷ 创建第 1 条 GREP 样式。
- 指定要应用的字符样式：在该字符样式里设置减小左右间距（即同时减小与左右文本的间距）。
- 指定要针对的文本为"："（可使用复制粘贴法输入）。

❸ 单击【确定】，结束操作。
本例只有一条 GREP 样式。

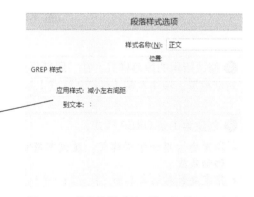

图 7-66　"段落样式选项"对话框（局部）

GREP 样式运行原理如下所述。
- 应用第 1 条 GREP 样式：按输入的正则表达式"："在全段范围内搜索文本，如果匹配，就应用规定的字符样式（应用比例间距）；如果不匹配，就不采取任何动作。
- 本例只有一条 GREP 样式。

GREP 样式是对标点挤压设置的一个重要补充。标点挤压设置只能以内置的"类"为单位调整字符间距；GREP 样式却可以自定义"类"，也可以使用正则表达式语句预定义的"类"，举例如下。

[ⅠⅡⅢⅣⅤⅥⅦⅧⅨⅩ] 是自定义的类，代表方括号里的任意一个字符。

[[:punct:]] 是正则表达式语句预定义的类，代表任意一个标点。

▲ 案例 7-20：竖排文本的标点居中

示例见图 7-67。

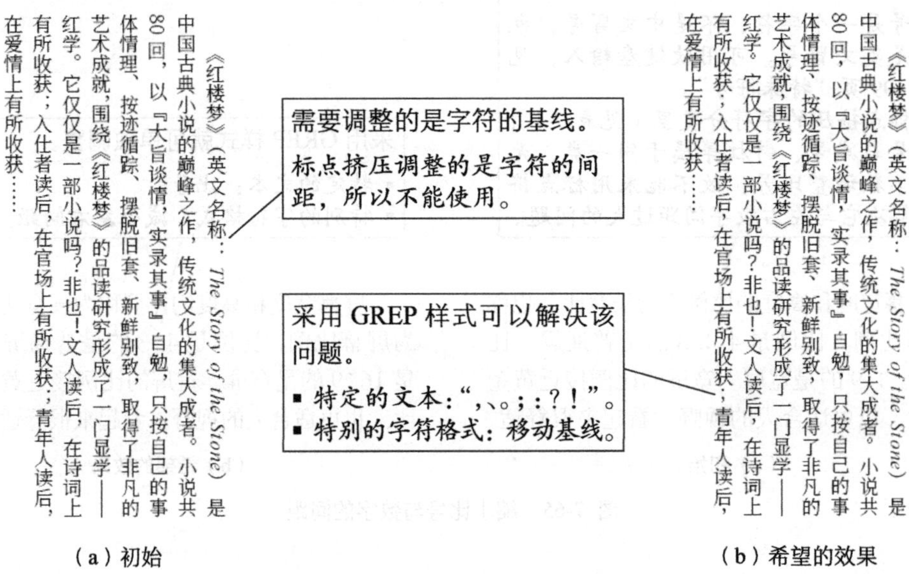

（a）初始　　　　　　　　　　　　　　　　（b）希望的效果

图 7-67　竖排文本的标点居中

需要调整的是字符的基线。
标点挤压调整的是字符的间距，所以不能使用。

采用 GREP 样式可以解决该问题。
- 特定的文本："，、。；：？！"。
- 特别的字符格式：移动基线。

❶ 修改所用的段落样式，在"段落样式选项"对话框里，单击左侧【GREP 样式】，见图 7-68。

❷ 创建第 1 条 GREP 样式。
- 指定要应用的字符样式：在该字符样式里设置移动基线。
- 指定要针对的文本为"[，、。；：？！]"。

❸ 单击【确定】，结束操作。
本例只有一条 GREP 样式。

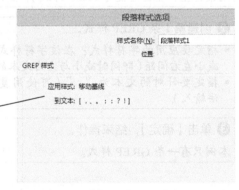

图 7-68　"段落样式选项"对话框（局部）

GREP 样式运行原理如下所述。
- 应用第 1 条 GREP 样式：按输入的正则表达式"[，、。；：？！]"在全段范围内搜索文本，如果匹配（7 个标点中出现任意一个，即可匹配），就应用规定的字符样式（移动基线）；如果不匹配，就不采取任何动作。
- 本例只有一条 GREP 样式。

提示：按出版印刷规范，竖排文字中的有些标点符号应位于文字右下角，但在某些非正式出版的印刷品中，因设计等原因需要将所有标点符号都设置为左右居中，例如本例就是一个客户宣传品需求案例。

案例 7-21：古文的标点移到外侧且不占位置

示例见图 7-69。

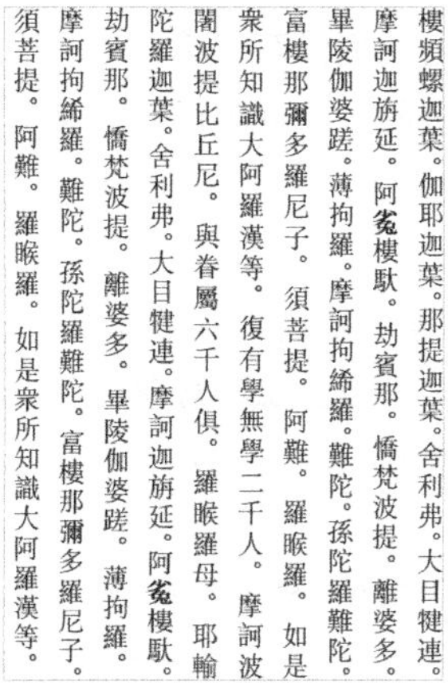

（a）初始 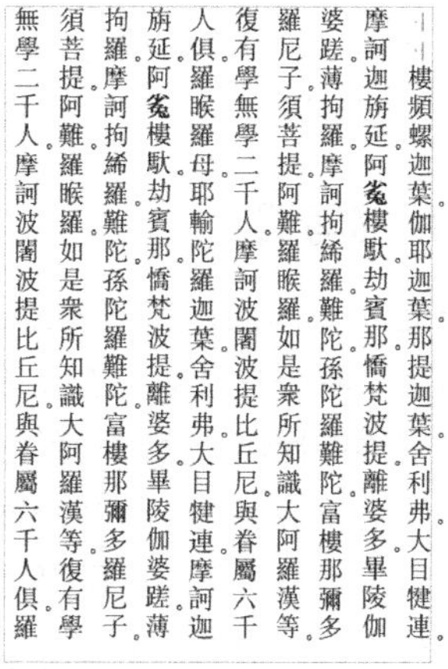　　　　　　　　　（b）希望的效果

图 7-69　标点移到外侧且不占位置

❶ 修改所用的段落样式，新建 GREP 样式。
- 【应用样式】选【新建字符样式】，先不设置格式。
- 【到文本】输入 "[[:punct:]]"（也可以直接输入一个句号，因为此处标点只有句号）。

❷ 修改刚才新建的字符样式，以调整标点的大小和位置，见图 7-70。
- 启用【直排内横排】：设置【上下】为 18 点，【左右】为 25 点。
- 【基本字符格式】：设置【大小】为 18 点，【字符间距】为 −1000（即全部缩减掉与后方文本的间距）。

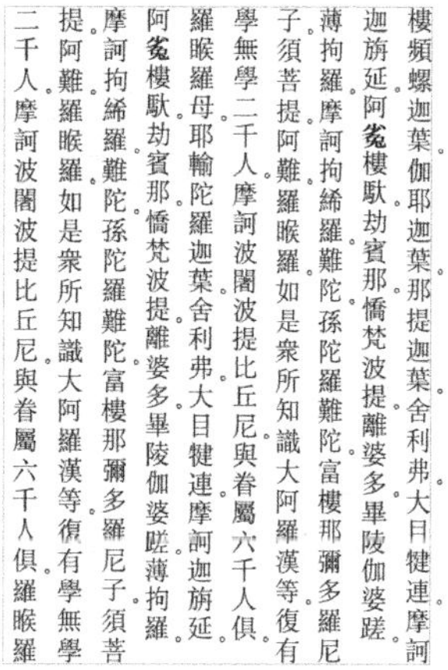

图 7-70　调整标点的大小和位置

❸ 修改段落样式，使行尾的文本对齐，见图 7-71。
- 【缩进和间距】：【对齐方式】选【左】。
- 默认的【双齐末行齐左】就能使行尾文本都对齐框架，但是本例"旋转"了标点，使其看起来没有对齐。

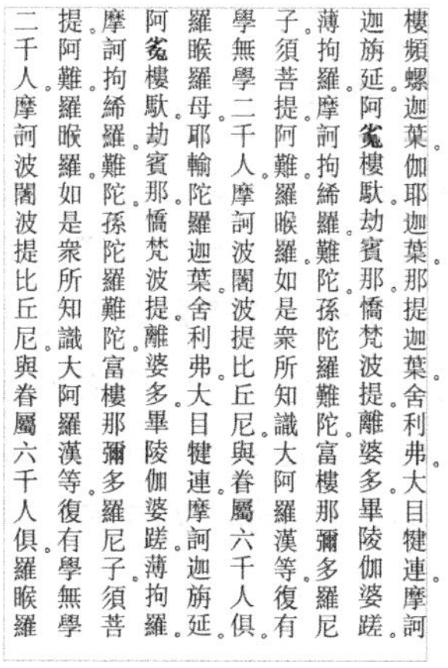

❹ 在段首插入两个全角空格，见图 7-69（b）。
- 可以手动插入。
- 也可以使用 GREP 查找替换：
  【查找内容】设置为 "^."；
  【更改为】设置为 "~m~m$0"；
  【查找格式】设置为所用的段落样式。
- 本例如果采用标点挤压的方式，易造成行间的文本无法对齐，不美观。

图 7-71　行尾的文本对齐

7.4 英文排版

中文版 InDesign 多用于中文排版，文本格式项目的默认设置大多适合中文。有些项目很重要，但由于其默认设置就很适用，不需要更改，因此之前我们没有讨论。

适合中文的设置，不一定会适合英文。在进行英文排版时，要使用符合英文习惯的设置。

7.4.1 选用书写器

书写器是字母间距、单词间距、断字（连字）、折行等一系列规则的集合，InDesign 内置了多种书写器。选用书写器，相当于确定文字排版的战略方向。

选用书写器的操作：修改段落样式，在【字距调整】里选择。书写器是段落属性，一个段落只能选用一种书写器。

书写器有单行书写器和段落书写器之分，前者以一行为单位分析换行情况；后者以一段为单位分析换行情况，所以在本行添加或删除文本后，前一行的文本分布可能会发生变化。

段落的主体是中文（纯中文或夹杂少量英文）时，要用中文书写器，如默认采用的 Adobe CJK（中日韩）段落书写器。如果误用英文书写器，则中文的字距等会按英文的算法处理，中文里的竖排、着重号、分行缩排等功能会无法实现。

段落的主体是英文（纯英文或夹杂少量中文）时，要用英文书写器，如 Adobe 段落书写器。如果误用中文书写器，英文字母会被当成汉字处理，需要调整的空隙量会平均分配到每个字母里去，破坏英文的阅读节奏，还可能会影响断字、折行等，见图 7-72。

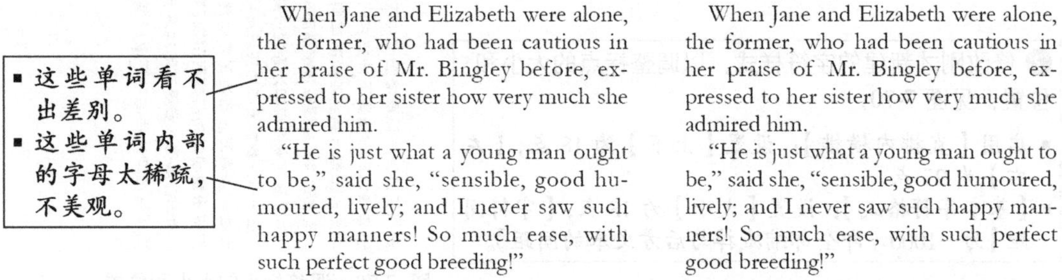

- 这些单词看不出差别。
- 这些单词内部的字母太稀疏，不美观。

When Jane and Elizabeth were alone, the former, who had been cautious in her praise of Mr. Bingley before, expressed to her sister how very much she admired him.

"He is just what a young man ought to be," said she, "sensible, good humoured, lively; and I never saw such happy manners! So much ease, with such perfect good breeding!"

When Jane and Elizabeth were alone, the former, who had been cautious in her praise of Mr. Bingley before, expressed to her sister how very much she admired him.

"He is just what a young man ought to be," said she, "sensible, good humoured, lively; and I never saw such happy manners! So much ease, with such perfect good breeding!"

（a）Adobe CJK 段落书写器　　　　（b）Adobe 段落书写器

图 7-72　选用书写器

7.4.2 设置语言

对文本设置语言，是为了选用连字词典，实现自动断字功能。

设置语言的操作：修改段落样式，在【高级字符格式】的【语言】里选择。当然还需要在【连字】里勾选【连字】（默认勾选），才能实现自动断字功能。

语言是字符属性，一个段落里可以统一设置成一种语言；也可以随后把某些文本设置成其他语言，此时可以在字符样式里规定语言，然后对相应的文本应用该字符样式。

对于纯英文的段落，如果希望其自动断字，则可以在段落样式里将其设置为英语语言，如"英语：英国"，见图 7-73。

使用中文语言，没有自动断字的功能。
- 在两端对齐（如本例，双齐末行齐左）时，可能出现单词间距明显不一致的情况。
- 在左对齐时，行尾过于参差不齐。

使用英语语言，具有自动断字的功能。
- 同样是英语语言，也分为多种，每种断字的位置可能不同。
- 如果对自动断字的位置不满意，则可以在希望断字的地方按 Ctrl+Shift+- 组合键，此时该单词要么不断字，要么在此处断字。

When Jane and Elizabeth were alone, the former, who had been cautious in her praise of Mr. Bingley before, expressed to her sister how very much she admired him.

"He is just what a young man ought to be," said she, "sensible, good humoured, lively; and I never saw such happy manners! So much ease, with such perfect good breeding!"

When Jane and Elizabeth were alone, the former, who had been cautious in her praise of Mr. Bingley before, expressed to her sister how very much she admired him.

"He is just what a young man ought to be," said she, "sensible, good humoured, lively; and I never saw such happy manners! So much ease, with such perfect good breeding!"

（a）中文：简体　　　　　　　　　　（b）英语：英国

图 7-73　设置语言（纯英文）

对于以中文为主体，其中夹杂少许英文的段落，如果希望其中的英文自动断字，可以在段落样式里将其设置为英语语言，如"英语：英国"，见图 7-74。

使用中文语言，没有自动断字的功能。
前两行的字距明显过大，不美观。

使用英语语言，具有自动断字的功能。
- 中文设置为英语语言，通常不会出现问题。
- 一旦有中文字体显示异常，就在段落样式里将其设置为中文语言，然后使用 GREP 样式对英文设置英语语言。匹配英文的正则表达式是"[A-Za-z]"。

　　按揭是"被银行按在地上，每月揭一层皮"的简称吗？其实是英文 Mortgage 的粤语音译。按还款方式，可分为等额本息和等额本金，前者更常见。等额本息（Average Capital Plus Interest）是在还款期内，每月偿还同等数额的贷款(包括本金和利息)。等额本金(Average Capital) 把贷款数总额等分，每月偿还

　　按揭是"被银行按在地上，每月揭一层皮"的简称吗？其实是英文 Mortgage 的粤语音译。按还款方式，可分为等额本息和等额本金，前者更常见。等额本息（Average Capital Plus Interest）是在还款期内，每月偿还同等数额的贷款(包括木金和利息)。等额本金（Average Capital）把贷款数总额等分，每月偿还

（a）中文：简体　　　　　　　　　　（b）英语：英国

图 7-74　设置语言（中文为主）

7.4.3　设置视觉边距对齐

将标点符号（如句点、逗号、引号）和某些字母（如 W、A）的边缘悬挂在文本边距以外，使字母在视觉上对齐，示例见图 7-75。

视觉边距对齐不是必选项，默认不启用。

各行末尾的字母比较整齐。

When Jane and Elizabeth were alone, the former, who had been cautious in her praise of Mr. Bingley before, expressed to her sister how very much she admired him.

"He is just what a young man ought to be," said she, "sensible, good humoured, lively; and I never saw such happy manners! So much ease, with such perfect good breeding!"

When Jane and Elizabeth were alone, the former, who had been cautious in her praise of Mr. Bingley before, expressed to her sister how very much she admired him.

"He is just what a young man ought to be," said she, "sensible, good humoured, lively; and I never saw such happy manners! So much ease, with such perfect good breeding!"

（a）未启用　　　　　　　　　　　（b）已启用

图 7-75　视觉边距对齐

设置视觉边距对齐的操作：将光标放在文本框内或选中文本框，【文字】→【文章】，勾选【视觉边距对齐方式】，见图 7-76。

输入文本的字号。
- 如果有多种字号，就按主体为准。
- 这样有利于达到最佳效果。

图 7-76　文章

视觉边距对齐是文章（文本流）的属性，所以一个文本流只能设置一种状态，该设置会对整个文本流有效。

需要注意的是，视觉边距对齐通常不应用于中文，见图 7-77。

效果并不好。

　　吉英本来并不轻易赞扬彬格莱先生，可是当她和伊丽莎白两个人在一起的时候，她就向她的妹妹倾诉衷曲，说她自己多么爱慕他。¶
　　"他真是一个典型的好青年，"她说，"有见识，有趣味，人又活泼；我从来没有见过他那种讨人喜欢的举止！那么大方，又有十全十美的教养！"¶

　　吉英本来并不轻易赞扬彬格莱先生，可是当她和伊丽莎白两个人在一起的时候，她就向她的妹妹倾诉衷曲，说她自己多么爱慕他。¶
　　"他真是一个典型的好青年，"她说，"有见识，有趣味，人又活泼；我从来没有见过他那种讨人喜欢的举止！那么大方，又有十全十美的教养！"¶

（a）未启用　　　　　　　　　　　（b）已启用

图 7-77　视觉边距对齐（中文）

视觉边距对齐默认不启用，所以对于中文来说通常不需要注意什么，只要别特意将其开启即可。如果中文和英文段落在一个文本流里，并且希望对英文启用该功能，就要对这个文本流开启该功能，但是，中文段落也会随之开启该功能。单独对中文段落关闭该功能的操作：修改中文段落样式，在【缩进和间距】里勾选【忽略视觉边距】。

概述

工作界面

文档的创建与规划

排文

字符

段落 I

段落 II

▶ 查找与替换

图片

对象间的排布

颜色、特效

路径

表格

脚注、尾注、交叉引用

目录、索引

输出

长文档的分解管理

电子书

第 8 章 查找与替换

在更改许多有规律、有共性的内容时，往往可以批量进行，无须逐处进行手工操作。这些内容可以是文本，也可以是图片等对象，本章的重点是 GREP 查找替换。

8.1 查找与替换文本

8.1.1 GREP 查找替换

GREP 查找替换是高级的查找与替换方法，功能须强大，其核心是正则表达式。

▲ **案例 8-1**：条款后面的顿号换成全角空格

示例见图 8-1。

第十条、当事人订立合同，有书面和其他形式。法律、行政法规规定采用当采用书面形式。当事人约定采用书面用书面形式。¶

第十一条、书面形式是指合同书、(包括电报、电传、传真、电子数据交换可以有形地表现所载内容的形式。¶

把顿号换成全角空格。
只能是段首条款后面的顿号，不能是其他地方的顿号。

第十条－当事人订立合同，有书面和其他形式。法律、行政法规规定采用当采用书面形式。当事人约定采用书面用书面形式。¶

第十一条－书面形式是指合同书、(包括电报、电传、传真、电子数据交换可以有形地表现所载内容的形式。¶

（a）初始　　　　　　　　　　　　　　　　　　　　　　　（b）希望的效果

图 8-1　条款后面的顿号换成空格

❶ 按 Ctrl+F 组合键，进入【GREP】选项卡，见图 8-2。

❷ 输入要查找的文本。
- 正则表达式为 "^(第 .+? 条)、"。
- 单击右侧的 @ 图标，可输入段落标记、制表符、空格等。

❹ 输入要替换的文本。
- 正则表达式为 "$1~m"。
- 如果只更改格式或删除查找的内容，这里要保持空白。

❺ 确定搜索区域。
- 文档：整篇文档（默认）。
- 文章：文本流。
- 到文章末尾：从光标处在文本中的位置开始，至本文本流的末尾。
- 选区：选中的文本。

❸ 单击，设置要查找的格式，见图 8-3。
- 缩小波及的范围，减少风险。
- 单击右侧[清除指定的属性]图标，即可删除已设置的格式。

❻ 单击某种运作方式。
- 【查找下一个】：单击一次，查找并选中匹配的文本一次。
- 【更改】：首先单击【查找下一个】，如不想更改，就继续单击【查找下一个】；如想更改，就单击【更改】。然后继续单击【查找下一个】……虽然速度慢，但可以逐个把关。
- 【全部更改】：自动查找并自动更改。一气呵成，但不能对更改的内容逐个把关。
- 【更改/查找】：与【更改】相似，只是更改后会自动查找下一处。

图 8-2　"查找/更改"对话框（局部）

> 前面使用正则表达式限定文本的内容，此处限定文本的格式。
> - 本例限定了应用某段落样式里的文本。
> - 此外，还可以限定字符样式、字体、颜色等。

图 8-3 "查找格式设置"对话框（局部）

本例的最终目的是达到图 7-43（b）的效果，有以下 4 种实现方法。
- ■ 方法 1：接着使用嵌套样式，见案例 7-10。
- ■ 方法 2：接着使用 GREP 样式，见图 8-4。

> GREP 样式
> - 【应用样式】在字符样式里规定字体用黑体。
> - 【到文本】设置为 "^第 .+? 条"。

图 8-4 "段落样式选项"对话框（局部）

- ■ 方法 3：接着使用 GREP 查找替换，见图 8-5。

> GREP 查找替换
> - 【查找内容】设置为 "^第 .+? 条"。
> - 【更改为】设置为空白。
> - 【查找格式】设置为所用的段落样式。同样为了缩小波及的范围，减少风险。
> - 【更改格式】在字符样式里规定字体用黑体。

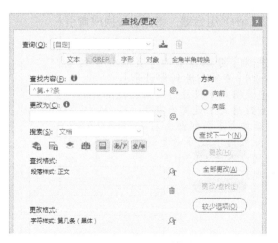

图 8-5 "查找/更改"对话框（局部）

- ■ 方法 4：在图 8-5【更改格式】中指定这个字符样式，即替换文本与应用字符样式的操作同时进行。最后两个方法的本质相同，都是对匹配的文本应用字符样式，其最终结果与手动逐处操作没有区别，但是效率高。

GREP 查找替换的工作是间断的，对新增文本不起作用，除非再操作一次；GREP 样式的工作是持续的，对新增文本同样有效。所以对特定的文本设置特别的字符格式，宜用 GREP 样式。当然，GREP 查找替换可以对文本进行位置交换、替换，GREP 样式则没有这些功能。

▲ 案例 8-2：在英文正文段首添加一个全角空格

示例见图 8-6。

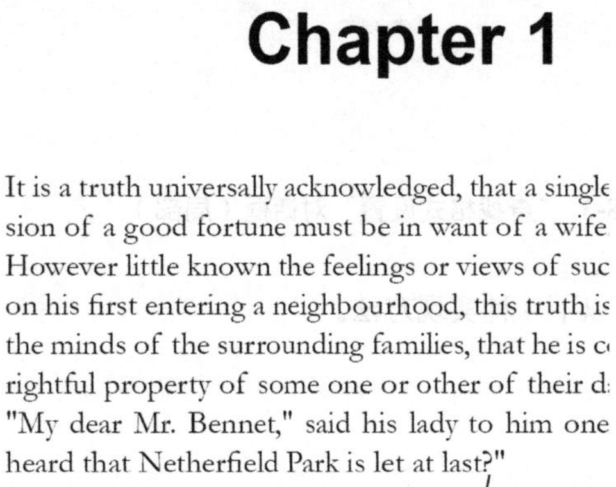
Chapter 1
It is a truth universally acknowledged, that a single
sion of a good fortune must be in want of a wife
However little known the feelings or views of suc
on his first entering a neighbourhood, this truth is
the minds of the surrounding families, that he is c
rightful property of some one or other of their d
"My dear Mr. Bennet," said his lady to him one
heard that Netherfield Park is let at last?"

（a）初始

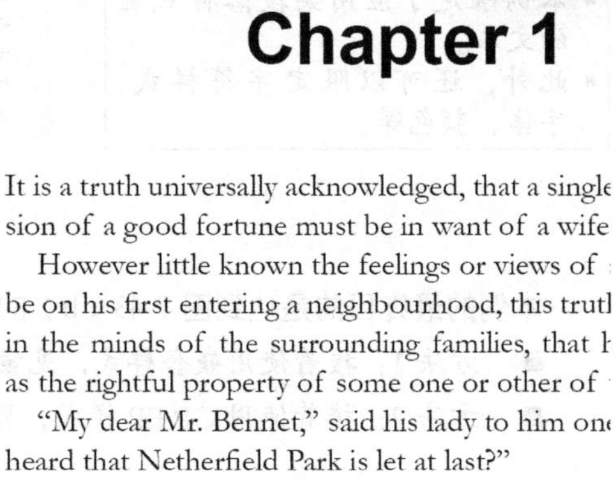
Chapter 1
It is a truth universally acknowledged, that a single
sion of a good fortune must be in want of a wife
However little known the feelings or views of
be on his first entering a neighbourhood, this trut
in the minds of the surrounding families, that h
as the rightful property of some one or other of
"My dear Mr. Bennet," said his lady to him one
heard that Netherfield Park is let at last?"

（b）希望的效果

图 8-6　在正文段首添加空格

> 引号
> - **在计算机代码里使用直引号，其他场合通常使用弯引号。**
> - 在 InDesign 里输入的引号都是弯引号，因为首选项里默认勾选了【使用弯引号（西文）】。置入的外来文本中的引号则不一定是弯引号，要留意。
> - 英文引号与中文引号是同一个字符，使用英文字体后就是英文引号，使用中文字体后就是中文引号。

> ❶ 按 Ctrl+F 组合键，将直引号换成弯引号，见图 8-7。
> - 【查询】分别设置为【直双引号到弯引号】【直单引号到弯引号】。
> - 【查找格式】设置为所用的段落样式。
> - 【更改格式】设置为空白。
> - 最后单击【全部更改】。
> - 在此采用了软件内置的预设。虽然有些预设不是 GREP 形式的，但并不影响我们使用。

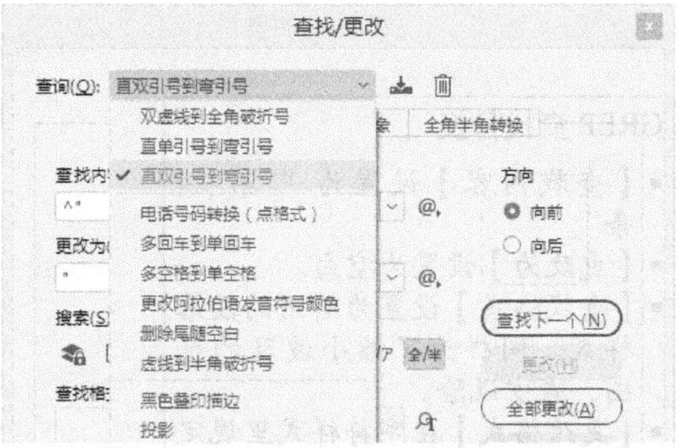
查找/更改
查询(Q): 直双引号到弯引号
双虚线到全角破折号
直单引号到弯引号
直双引号到弯引号
电话号码转换（点格式）
多回车到单回车
多空格到单空格
更改阿拉伯语发音符号颜色
删除尾随空白
虚线到半角破折号
黑色叠印描边
投影
全角半角转换
方向
向前
向后
查找下一个(N)
更改(H)
全部更改(A)

图 8-7　“查找 / 更改”对话框（局部）

> ❷ 采用 GREP 查找替换，在段首添加一个全角空格，但首段不添加，见图 8-8。
> - 【查找内容】设置为“(?<=\r)^.”。
> - 【更改为】设置为“~m$0”。
> - 【查找格式】设置为所用的段落样式。
> - 【更改格式】设置为空白。
> - 最后单击【全部更改】。

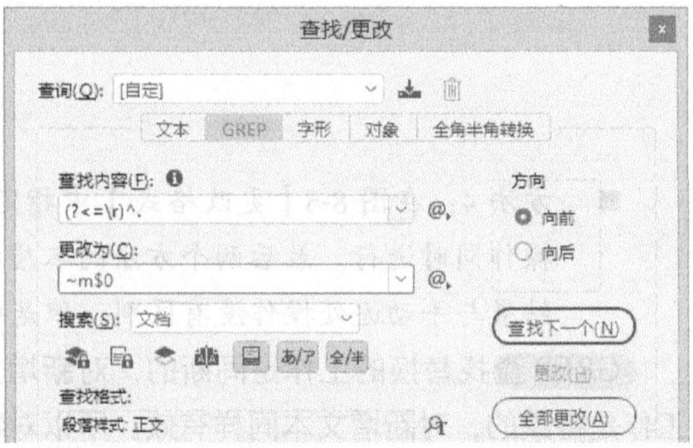
查找/更改
查询(Q): [自定]
文本 GREP 字形 对象 全角半角转换
查找内容(F):
(?<=\r)^.
更改为(C):
~m$0
搜索(S): 文档
查找格式:
段落样式: 正文
方向
向前
向后
查找下一个(N)
更改(H)
全部更改(A)

图 8-8　“查找 / 更改”对话框（局部）

英文正文第一段通常顶格排；其他段落可以空 2~4 个字母，也可以增加段间距，但两者不能同时存在，示例见图 8-9。

首段顶格排

PICTURES OF MENTAL HEALTH

By Nina Strochlic

In a small town in Switzerland in 1917, psychiatrist Hermann Rorschach began carefully splattering paint on cards to study how the mind works. Asking people what they saw, he observed a correlation in responses from patients with schizophrenia and theorized that mental health could be assessed by how someone processes visual information.

Rorschach's original 10 images were published in 1921, the year before his test became a synonym for pseudoscience. Critics called for a moratorium on its use. But a major 2013 study published by the American Psychological Association found it more effective than previously believed in diagnosing mental illness.

The Rorschach cards and the order in which they're presented to patients have never changed. To preserve their utility as a diagnostic tool, psychologists don't want them shown outside a clinical setting. That's a challenge Damion Searls faced as he wrote *The Inkblots*, the first biography of Rorschach. He chose to publish a few, as we are doing here. (To learn what the four inkblots above might reveal, see the next page.)

（a）《美国国家地理》2017 年 9 月

首段顶格排 + 首行全部大写

CITIES

The radically simple solution to homelessness

By Josh Sanburn

FOR DECADES, THE U.S. APPROACH TO fighting homelessness went something like this: treat issues first, offer housing later. It wouldn't be wise, the thinking went, to let people who were mentally ill or abusing drugs—common conditions among the homeless—into subsidized housing. Officials warned they would disrupt the community only to wind up back in shelters.

But by the 1990s, homelessness had risen to levels not seen since the Great Depression. The "issues first" approach was apparently not working.

Then, in 1992, Sam Tsemberis, a psychologist who for years worked with the homeless and mentally ill, decided to reverse its logic. He founded Pathways to Housing, a New York–

（b）《时代周刊》2016 年 3 月

首段顶格排 + 首字下沉

CHAPTER 5

When I came home to West Egg that night I was afraid for a moment that my house was on fire. Two o'clock and the whole corner of the peninsula was blazing with light which fell unreal on the shrubbery and made thin elongating glints upon the roadside wires. Turning a corner I saw that it was Gatsby's house, lit from tower to cellar.

At first I thought it was another party, a wild rout that had resolved itself into 'hide-and-go-seek' or 'sardines-in-the-box' with all the house thrown open to the game. But there wasn't a sound. Only wind in the trees which blew the wires and made the lights go off and on again as if the house

（c）《了不起的盖茨比》

首段顶格排 + 首行几个单词大写

REVENGE OF THE CHEAPSKATES

For most of the now nine-year-old bull market, so-called value investors have been getting crushed by growth investors. Here's why the tide could finally turn in favor of the bargain hunters. **By Ryan Derousseau**

IT'S HARD TO REMEMBER a time when Amazon's burgeoning market share wasn't the dominant story in retail. Other companies define themselves in relationship to the online behemoth, whether they're trying to fend it off (see: Walmart's efforts in e-commerce), joining forces with it (see: Kohl's offering floor space and handling returns for Amazon), or crum-

index outperformed its value counterpart by more than 70 percentage points, returning 10.3% annually, compared with 7% for value stocks. That's the longest period of outperformance by growth over 40 years of tracking the two styles, according to LPL Financial.

The dynamics of the Great Recession and its aftermath help explain why that margin got so wide

（d）《财富》2018 年 4 月

全部段落顶格排，增加段间距

Step-by-step InCopy CS5 workflow examples

***Chicago Wilderness* magazine: Current issue**

Chicago Wilderness is a 124-page, full-color, quarterly magazine offering its outdoor enthusiast subscribers in-depth articles about Chicago-area wilderness destinations, news about nature conservancy efforts, and colorful wildlife photography.

In this step-by-step scenario, a designer named Peter, a writer named Kate, and a copyeditor/proofreader named Gina are working on the fall 2010 issue. Since the InDesign layout is a single, 124-page file on the server, too large for the editors to comfortably open and work on over their network, *Chicago Wilderness* uses an assignment-based workflow. Kate will write copy for the feature on restoration efforts at nearby Wolf Lake. Peter, the designer, needs to create an InCopy assignment for her that includes all the elements in the article.

（e）《InCopy 工作流程指南》

图 8-9 英文正文分段示例

案例 8-3：在选择题答案之间添加空格

示例见图 8-10。

添加空格，使上下对齐。
- 不同位数的题号，用数字空格补齐。
- 在题目之间添加相同的空格。可以是全角空格或表意字空格，但后者较好，因为涉及转行。这两种空格的更多内容，见第 496 页"表意字空格"。

5. 选择题
1.A2.C3.B4.A5.D6.B7.A8.C9.D10.A11.B12.C13.D14.B15.A16.A17.C18.B19.D20.B

（a）初始

5. 选择题
1.A　2.C　3.B　4.A　5.D　6.B　7.A
8.C　9.D　10.A　11.B　12.C　13.D　14.B
15.A　16.A　17.C　18.B　19.D　20.B

（b）希望的效果

图 8-10　在答案之间添加空格

❶ 采用 GREP 查找替换，在 A 至 D 与数字之间添加一个表意字空格，结果见图 8-11。
- 【查找内容】设置为 "([A–D])(\d)"。
- 【更改为】设置为 "$1~($2"。
- 【查找格式】设置为所用的段落样式。
- 【更改格式】设置为空白。
- 最后单击【全部更改】。

5. 选择题
1.A　2.C　3.B　4.A　5.D　6.B　7.A　8.C　9.D　10.A　11.B　12.C　13.D　14.B　15.A　16.A　17.C　18.B　19.D　20.B

图 8-11　在答案之间添加空格（未对齐）

❷ 采用 GREP 查找替换，在 1 至 9 之前添加一个数字空格，结果见图 8-12。
- 【查找内容】设置为 "(?<!\d)\d\.[A–D]"。
- 【更改为】设置为 "~/$0"。
- 【查找格式】设置为所用的段落样式。
- 【更改格式】设置为空白。
- 最后单击【全部更改】。

5. 选择题
#1.A　#2.C　#3.B　#4.A　#5.D　#6.B　#7.A　#8.C　#9.D　10.A　11.B　12.C　13.D　14.B　15.A　16.A　17.C　18.B　19.D　20.B

图 8-12　在一位数题号前添加数字空格

❸ 在需要的地方手动强制换行，结果见图 8-13。
- 在第 8 题的数字空格之前，按 Shift+Enter 组合键。
- 如果其他地方出现题号与答案分离，也可以这样操作。

5. 选择题
#1.A　#2.C　#3.B　#4.A　#5.D　#6.B　#7.A
#8.C　#9.D　10.A　11.B　12.C　13.D　14.B
15.A　16.A　17.C　18.B　19.D　20.B

图 8-13　手动强制换行

本例也可以用制表符，但不如这样添加空格简捷。

案例 8-4：在序号、图名之间添加空格

示例见图 8-14。

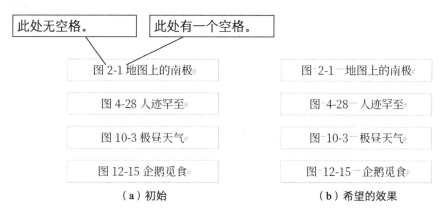

图 8-14 在序号、图名之间添加空格

❶ 采用 GREP 查找替换，在"图"与序号之间添加一个半角空格，在序号与图名之间添加一个全角空格。
- 【查找内容】设置为 "^(图)(\d+–\d+?)"，最后有一个空格。
- 【更改为】设置为 "$1~>$2~m"。
- 【查找格式】设置为所用的段落样式。

案例 8-5：将选项卡、板块之前的引号换成实心方头括号

示例见图 8-15。

将光标放在页面内或选中文本，单击"页面布局"选项卡，在"页面设置"板块中，单击右下角的箭头图标，打开"页面设置"对话框。在"纸张"选项卡中，输入宽度、

（a）初始

将光标放在页面内或选中文本，单击【页面布局】选项卡，在【页面设置】板块中，单击右下角的箭头图标，打开"页面设置"对话框。在【纸张】选项卡中，输入宽度、

（b）希望的效果

图 8-15 把特定的引号换成实心方头括号

❶ 采用 GREP 查找替换，将选项卡、板块之前的引号，换成实心方头括号。
- 【查找内容】设置为 "([^""]+?)"(?= 选项卡 | 板块)。
- 【更改为】设置为【$1】。
- 【查找格式】设置为所用的段落样式。

注意：本例的正则表达式不能写成 "(.+?)"(?= 选项卡 | 板块)。

惰性型正则表达式表示对字符串向后尽可能少地匹配，向前仍然是尽可能多地匹配！这个不正确的正则表达式没有对往前匹配的字符进行限制。

▲ 案例 8-6: "步骤 1: "改成"01"等

示例见图 8-16。

> 步骤 9: 看钩。鲫鱼吞饵一般是浮子先下沉 1～2cm，然后浮子上送。青鱼，草鱼则浮子浮沉 1～2 次后就出现"拖漂"现象。¶
>
> 步骤 10: 提杆。鱼杆只需上翘 5cm 左右，就能使鱼钩钩住鱼嘴内的软肉。要顺着鱼浮拖的方向提或斜向提，不可向后提，不能死拉硬曳。¶

（a）初始

> 09 看钩。鲫鱼吞饵一般是浮子先下沉 1～2cm，然后浮子上送。青鱼，草鱼则浮子浮沉 1～2 次后就出现"拖漂"现象。¶
>
> 10 提杆。鱼杆只需上翘 5cm 左右，就能使鱼钩钩住鱼嘴内的软肉。要顺着鱼浮拖的方向提或斜向提，不可向后提，不能死拉硬曳。¶

（b）希望的效果

图 8-16　更改步骤的数字形式

❶ 采用 GREP 查找替换，处理步骤为一位数的情况，如把"步骤 9: "改成"09"。
- 【查找内容】设置为"^步骤 (\d): "。
- 【更改为】设置为"0$1"。
- 【查找格式】设置为所用的段落样式。

❷ 采用 GREP 查找替换，处理步骤为两位数的情况，如把"步骤 10: "改成"10"。
- 【查找内容】设置为"^步骤 (\d\d): "。
- 【更改为】设置为"$1"。
- 【查找格式】设置为所用的段落样式。

接着，可以用嵌套样式，将这两个序号设置为特别的字符格式，如图 8-17。

> **09** 看钩。鲫鱼吞饵一般是浮子先下沉 1～2cm，然后浮子上送。青鱼，草鱼则浮子浮沉 1～2 次后就出现"拖漂"现象。¶
>
> **10** 提杆。鱼杆只需上翘 5cm 左右，就能使鱼钩钩住鱼嘴内的软肉。要顺着鱼浮拖的方向提或斜向提，不可向后提，不能死拉硬曳。¶

图 8-17　将序号设置为特别的字符格式

在必要时还可以把"看钩"后面的句号换成空格，然后用嵌套样式将其设置为黑体。

【查找内容】设置为 "(?<=^\d\d)(.+?)。"。

【更改为】设置为"$1~m"。

案例 8-7：中英文段落交替排列，把两者分离开

示例见图 8-18。

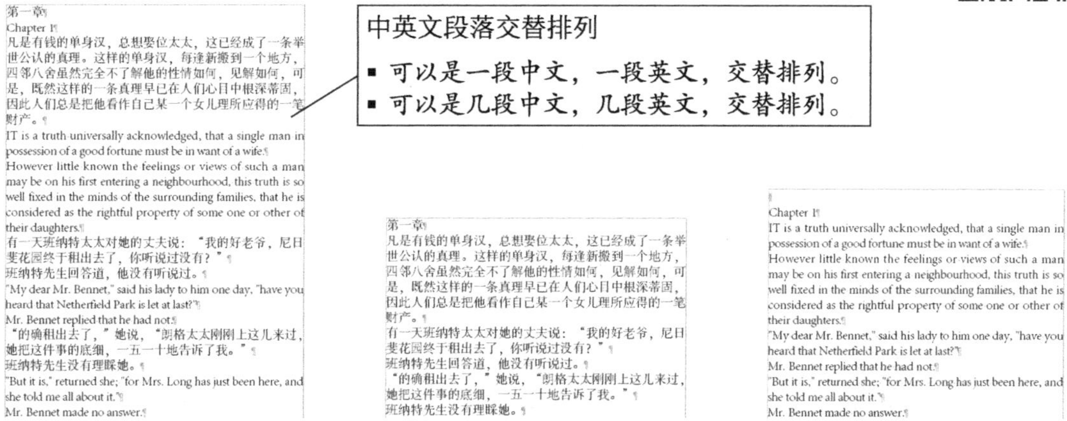

中英文段落交替排列
- 可以是一段中文，一段英文，交替排列。
- 可以是几段中文，几段英文，交替排列。

第一章¶
Chapter 1¶
凡是有钱的单身汉，总想娶位太太，这已经成了一条举世公认的真理。这样的单身汉，每逢新搬到一个地方，四邻八舍虽然完全不了解他的性情如何，见解如何，可是，既然这样的一条真理早已在人们心目中根深蒂固，因此人们总是把他看作自己某一个女儿理所应得的一笔财产。¶
IT is a truth universally acknowledged, that a single man in possession of a good fortune must be in want of a wife.¶
However little known the feelings or views of such a man may be on his first entering a neighbourhood, this truth is so well fixed in the minds of the surrounding families, that he is considered as the rightful property of some one or other of their daughters.¶
有一天班纳特太太对她的丈夫说：“我的好老爷，尼日斐花园终于租出去了，你听说过没有？”¶
班纳特先生回答道，他没有听说过。¶
"My dear Mr. Bennet," said his lady to him one day, "have you heard that Netherfield Park is let at last?"¶
Mr. Bennet replied that he had not.¶
“的确租出去了，”她说，“朗格太太刚刚上这儿来过，她把这件事的底细，一五一十地告诉了我。”¶
班纳特先生没有理睬她。¶
"But it is," returned she; "for Mrs. Long has just been here, and she told me all about it."¶
Mr. Bennet made no answer.¶

（a）初始

第一章¶
凡是有钱的单身汉，总想娶位太太，这已经成了一条举世公认的真理。这样的单身汉，每逢新搬到一个地方，四邻八舍虽然完全不了解他的性情如何，见解如何，可是，既然这样的一条真理早已在人们心目中根深蒂固，因此人们总是把他看作自己某一个女儿理所应得的一笔财产。¶
有一天班纳特太太对她的丈夫说：“我的好老爷，尼日斐花园终于租出去了，你听说过没有？”¶
班纳特先生回答道，他没有听说过。¶
“的确租出去了，”她说，“朗格太太刚刚上这儿来过，她把这件事的底细，一五一十地告诉了我。”¶
班纳特先生没有理睬她。¶

（b）希望的效果：纯中文

Chapter 1¶
IT is a truth universally acknowledged, that a single man in possession of a good fortune must be in want of a wife.¶
However little known the feelings or views of such a man may be on his first entering a neighbourhood, this truth is so well fixed in the minds of the surrounding families, that he is considered as the rightful property of some one or other of their daughters.¶
"My dear Mr. Bennet," said his lady to him one day, "have you heard that Netherfield Park is let at last?"¶
Mr. Bennet replied that he had not.¶
"But it is," returned she; "for Mrs. Long has just been here, and she told me all about it."¶
Mr. Bennet made no answer.¶

（c）希望的效果：纯英文

图 8-18　分离中文和英文段落

❶ 采用 GREP 查找替换，去除英文，见图 8-19。
- 【查找内容】设置为“^.*[A-Za-z].*$”。
- 【更改为】设置为空白。
- 在替换前，一定要确认中文段落里不能有英文（本步骤允许英文段落里夹杂中文词语）。

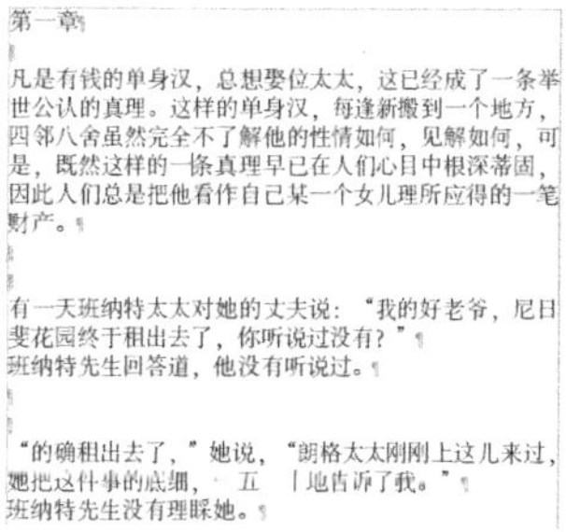

第一章¶
¶
凡是有钱的单身汉，总想娶位太太，这已经成了一条举世公认的真理。这样的单身汉，每逢新搬到一个地方，四邻八舍虽然完全不了解他的性情如何，见解如何，可是，既然这样的一条真理早已在人们心目中根深蒂固，因此人们总是把他看作自己某一个女儿理所应得的一笔财产。¶
¶
¶
有一天班纳特太太对她的丈夫说：“我的好老爷，尼日斐花园终于租出去了，你听说过没有？”¶
班纳特先生回答道，他没有听说过。¶
¶
¶
“的确租出去了，”她说，“朗格太太刚刚上这儿来过，她把这件事的底细，一五一十地告诉了我。”¶
班纳特先生没有理睬她。¶

图 8-19　去除英文

❷ 采用 GREP 查找替换，去除多余的回车，见图 8-18（b）。
- 【查询】选【多回车到单回车】。
- 这是内置的预设。

❸ 采用 GREP 查找替换，去除中文，见图 8-20。
- 【查找内容】设置为“^.*~K.*$”。
- 【更改为】设置为空白。
- 在替换前，一定要确认英文段落里不能有中文（本步骤允许中文段落里夹杂英文单词）。

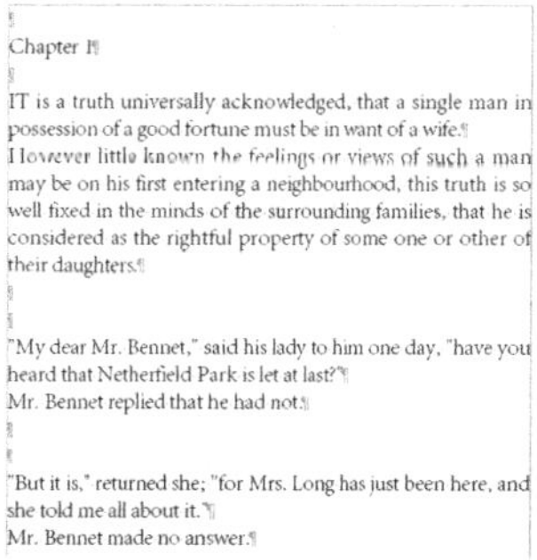

¶
Chapter 1¶
¶
IT is a truth universally acknowledged, that a single man in possession of a good fortune must be in want of a wife.¶
However little known the feelings or views of such a man may be on his first entering a neighbourhood, this truth is so well fixed in the minds of the surrounding families, that he is considered as the rightful property of some one or other of their daughters.¶
¶
¶
"My dear Mr. Bennet," said his lady to him one day, "have you heard that Netherfield Park is let at last?"¶
Mr. Bennet replied that he had not.¶
¶
¶
"But it is," returned she; "for Mrs. Long has just been here, and she told me all about it."¶
Mr. Bennet made no answer.¶

图 8-20　去除中文

❹ 采用 GREP 查找替换，去除多余的回车（同步骤 2），见图 8-18（c）。

案例 8-8：文章末尾添加小图标

在结尾添加图标，表示本文到此结束，见图 8-21。

会四处张望，并跑到门口找，大家哄堂大笑！可这招儿渐渐不灵了，现在阿美已经不理我了。实验结果，阿美知道手机里的是假的。

　　实验二：阿美睡着时，偷偷把一块肉放到它鼻子前。它会口水先流出来接着醒？还是仅仅鼻孔动一动但没醒？还是……

（a）初始

会四处张望，并跑到门口找，大家哄堂大笑！可这招儿渐渐不灵了，现在阿美已经不理我了。实验结果，阿美知道手机里的是假的。

　　实验二：阿美睡着时，偷偷把一块肉放到它鼻子前。它会口水先流出来接着醒？还是仅仅鼻孔动一动但没醒？还是……

（b）希望的效果

> 图片以定位对象的形式添加了进去。
> - 定位位置是"行中"，在排列方式上相当于一个字符，会自动随文本流动。
> - 要求图片右对齐边缘，所以要在前面添加一个右对齐制表符。

图 8-21　文末添加小图标

---

❶ 选中图标图片，按 **Ctrl+X** 组合键。
- 即可把该图片添加到粘贴板中。
- 本操作可推迟，只要在步骤 2 中的单击【全部更改】之前完成即可。

❷ 采用 GREP 查找替换，在文本流的末尾添加右对齐制表符和图片，见图 8-21（b）。
- 【查找内容】设置为 ".\Z"。
- 【更改为】设置为 "$0~y~c"。
- 【查找格式】设置为所用的段落样式。
- "~c" 表示剪贴板里的内容。对于字符而言，小写 c 表示带格式，大写 C 表示不带格式；对于图形、图片、文本框而言，全部带格式。
- 如果文章末尾剩余的空间不够放置该图片，就会将其自动放置在下一行，见图 8-22。

那只猫也不再待在箱子里，而是整天在家里到处玩。有一天，猫离奇的失踪了。我把家里翻了个底朝天也没找到，心里开始急了，早上还好好的，到底怎么了？

　　我坐在大门口等啊等，猫始终没有回来，我猜想，它应该想自己独立生活，等学会了，会回来找我的。

图 8-22　位置不够时小图标会在下一行

案例 8-9：应用段落样式

现有一个纯文本 InDesign 文档，各种段落样式都已备好，如何对这些文本应用各自的段落样式？当然可以手动逐处操作，但此处我们讨论如何快速实现目的，见图 8-23。

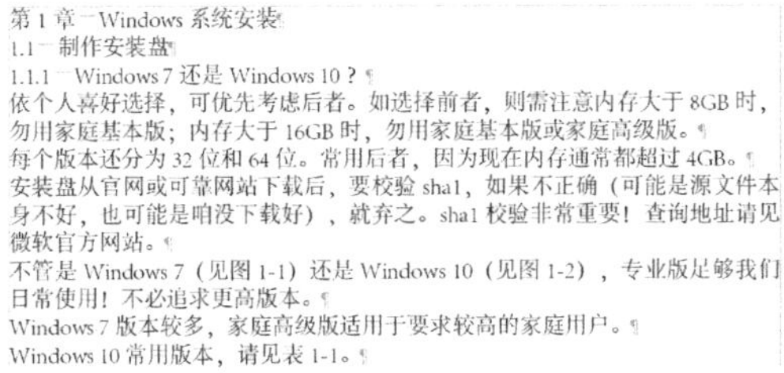

第 1 章 Windows 系统安装
1.1 制作安装盘
1.1.1 Windows 7 还是 Windows 10 ?
依个人喜好选择，可优先考虑后者。如选择前者，则需注意内存大于 8GB 时，勿用家庭基本版；内存大于 16GB 时，勿用家庭基本版或家庭高级版。
每个版本还分为 32 位和 64 位。常用后者，因为现在内存通常都超过 4GB。
安装盘从官网或可靠网站下载后，要校验 sha1，如果不正确（可能是源文件本身不好，也可能是咱没下载好），就弃之。sha1 校验非常重要！查询地址请见微软官方网站。
不管是 Windows 7（见图 1-1）还是 Windows 10（见图 1-2），专业版足够我们日常使用！不必追求更高版本。
Windows 7 版本较多，家庭高级版适用于要求较高的家庭用户。
Windows 10 常用版本，请见表 1-1。

（a）初始

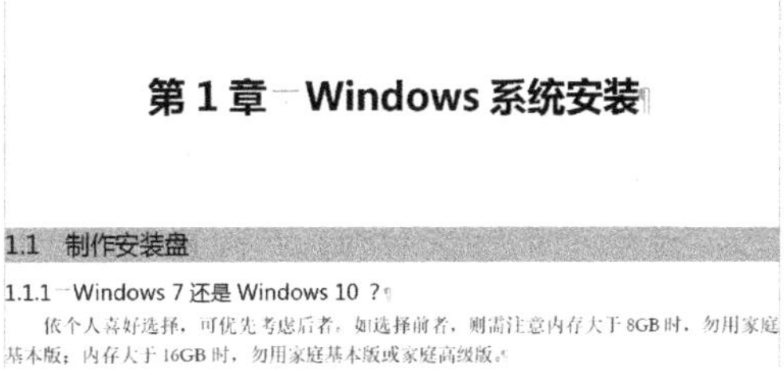

第 1 章 Windows 系统安装
1.1 制作安装盘
1.1.1 Windows 7 还是 Windows 10 ?
依个人喜好选择，可优先考虑后者。如选择前者，则需注意内存大于 8GB 时，勿用家庭基本版；内存大于 16GB 时，勿用家庭基本版或家庭高级版。

（b）希望的效果

图 8-23 应用段落样式

❶ 对全部文本应用正文段落样式，结果见图 8-24。

- 将光标放处在文中，按 Ctrl+A 组合键，应用正文段落样式。
- 使用正文段落样式的文本最多，所以先进行本操作。

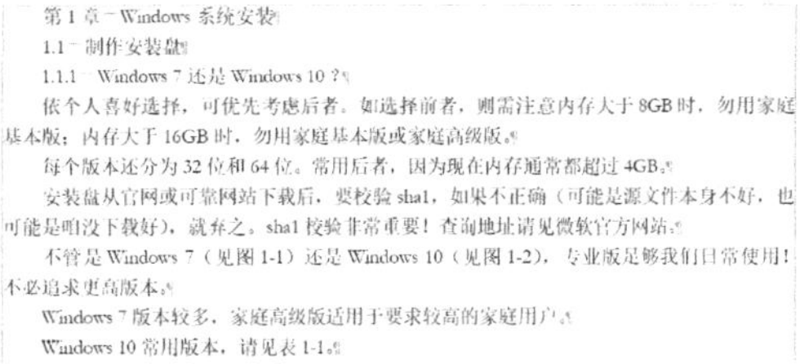

第 1 章 Windows 系统安装
1.1 制作安装盘
1.1.1 Windows 7 还是 Windows 10 ?
依个人喜好选择，可优先考虑后者。如选择前者，则需注意内存大于 8GB 时，勿用家庭基本版；内存大于 16GB 时，勿用家庭基本版或家庭高级版。
每个版本还分为 32 位和 64 位。常用后者，因为现在内存通常都超过 4GB。
安装盘从官网或可靠网站下载后，要校验 sha1，如果不正确（可能是源文件本身不好，也可能是咱没下载好），就弃之。sha1 校验非常重要！查询地址请见微软官方网站。
不管是 Windows 7（见图 1-1）还是 Windows 10（见图 1-2），专业版足够我们日常使用！不必追求更高版本。
Windows 7 版本较多，家庭高级版适用于要求较高的家庭用户。
Windows 10 常用版本，请见表 1-1。

图 8-24 全部应用正文段落样式

❷ 采用 GREP 查找替换，对四级标题应用段落样式，结果见图 8-25。

- 【查找内容】设置为“^(\d{1,2}\.){3}\d{1,2}”。
- 【更改为】设置为空白。
- 【查找格式】设置为正文段落样式。
- 【更改格式】设置为四级标题段落样式。
- 风险分析：在正文中，开头类似“1.8.6.1”的概率很低。

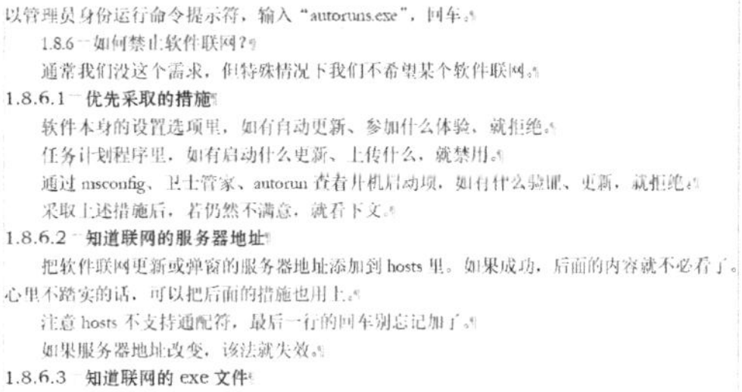

以管理员身份运行命令提示符，输入“autoruns.exe”，回车。
1.8.6 如何禁止软件联网？
通常我们没这个需求，但特殊情况下我们不希望某个软件联网。
1.8.6.1 优先采取的措施
软件本身的设置选项里，如有自动更新、参加什么体验，就拒绝。
任务计划程序里，如有启动什么更新、上传什么，就禁用。
通过 msconfig、卫士管家、autorun 查看开机启动项，如有什么验证、更新，就拒绝。
采取上述措施后，若仍然不满意，就看下文。
1.8.6.2 知道联网的服务器地址
把软件联网更新或弹窗的服务器地址添加到 hosts 里。如果成功，后面的内容就不必看了。心里不踏实的话，可以把后面的措施也用上。
注意 hosts 不支持通配符，最后一行的回车别忘记加了。
如果服务器地址改变，该法就失效。
1.8.6.3 知道联网的 exe 文件

图 8-25 设置四级标题

❸ 采用 GREP 查找替换，对三级标题应用段落样式。结果见图 8-26。

- 【查找内容】设置为^(\d{1,2}\.){2}\d{1,2}”。
- 【更改为】设置为空白。
- 【查找格式】设置为正文段落样式。
- 【更改格式】设置为三级标题段落样式。
- 风险分析：在正文中，开头类似“1.8.6”的概率很低。注意：虽然每个四级标题都满足该条件，然而不会有问题，因为四级标题不再使用正文段落样式，已被排除。这就是在步骤 2 里先处理四级标题的原因。

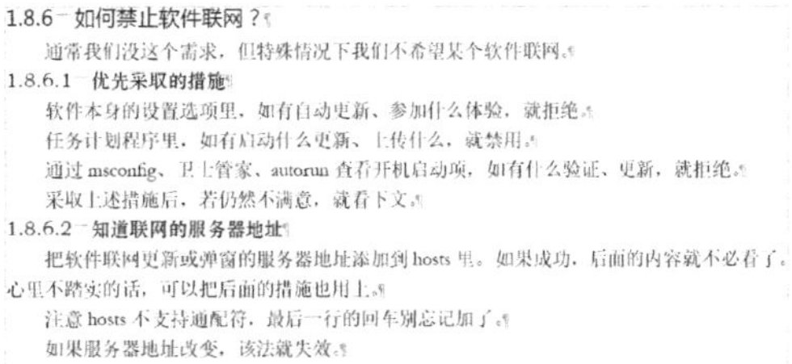

1.8.6 如何禁止软件联网？
通常我们没这个需求，但特殊情况下我们不希望某个软件联网。
1.8.6.1 优先采取的措施
软件本身的设置选项里，如有自动更新、参加什么体验，就拒绝。
任务计划程序里，如有启动什么更新、上传什么，就禁用。
通过 msconfig、卫士管家、autorun 查看开机启动项，如有什么验证、更新，就拒绝。
采取上述措施后，若仍然不满意，就看下文。
1.8.6.2 知道联网的服务器地址
把软件联网更新或弹窗的服务器地址添加到 hosts 里。如果成功，后面的内容就不必看了。心里不踏实的话，可以把后面的措施也用上。
注意 hosts 不支持通配符，最后一行的回车别忘记加了。
如果服务器地址改变，该法就失效。

图 8-26 设置三级标题

❹ 采用 GREP 查找替换，对二级标题应用段落样式。结果见图 8-27。

- 【查找内容】设置为“^\d{1,2}\.\d{1,2}~m”。
- 【更改为】设置为空白。
- 【查找格式】设置为正文段落样式。
- 【更改格式】设置为二级标题段落样式。
- 风险分析：在正文中，开头类似“1.8”接一个全角空格的概率很低。注意：开头类似“1.8”的可能性仍是存在的，所以在正则表达式末尾添加了“~m”。

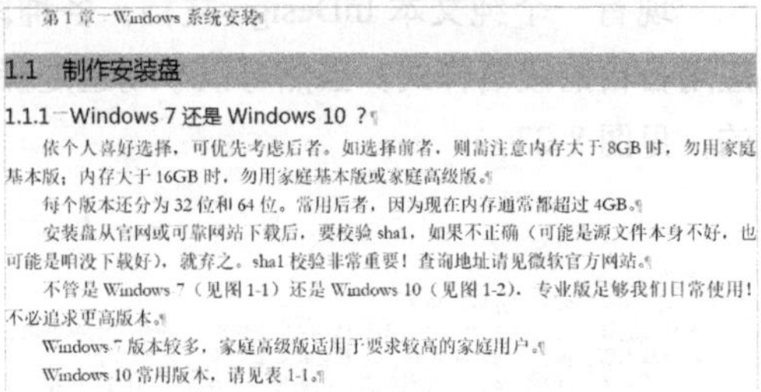

第 1 章 Windows 系统安装¶

1.1　制作安装盘

1.1.1 Windows 7 还是 Windows 10 ？¶

依个人喜好选择，可优先考虑后者。如选择前者，则需注意内存大于 8GB 时，勿用家庭基本版；内存大于 16GB 时，勿用家庭基本版或家庭高级版。¶

每个版本还分为 32 位和 64 位。常用后者，因为现在内存通常都超过 4GB。¶

安装盘从官网或可靠网站下载后，要校验 sha1，如果不正确（可能是源文件本身不好，也可能是咱没下载好），就弃之。sha1 校验非常重要！查询地址请见微软官方网站。¶

不管是 Windows 7（见图 1-1）还是 Windows 10（见图 1-2），专业版足够我们日常使用！不必追求更高版本。¶

Windows 7 版本较多，家庭高级版适用于要求较高的家庭用户。¶

Windows 10 常用版本，请见表 1-1。¶

图 8-27　设置二级标题

❺ 采用 GREP 查找替换，对一级标题应用段落样式。结果见图 8-23（b）。

- 【查找内容】设置为“^ 第 \d{1,2} 章 ~m”。
- 【更改为】设置为空白。
- 【查找格式】设置为正文段落样式。
- 【更改格式】设置为一级标题段落样式。
- 风险分析：在正文中，开头类似“第 1 章”接一个全角空格的概率很低。

更多示例，见表 8-1。

8.1.2 普通的查找与替换

普通的查找与替换和 GREP 查找替换的操作界面相同，见图 8-28。

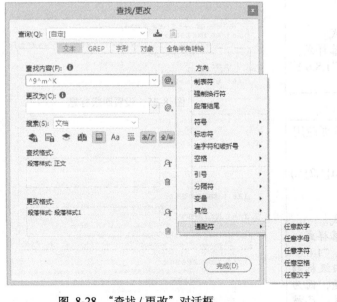

图 8-28　“查找/更改”对话框

- 普通的查找与替换也有变量、通配符，且与 GREP 的理念相同，但它们的语法不同。
- 普通的查找与替换功能弱于 GREP 查找替换

表 8-1　GREP 查找替换示例

目　　的	操 作 要 点
把连续多个回车变为单个回车	【查询】选【多回车到单回车】； 重复单击【全部更改】，直至 0 处替换已进行
把多个空格变为单个空格	【查询】选【多空格到单空格】
删除段首空格	【查找内容】设置为"^\s+"； 【更改为】和【更改格式】都保持空白
删除段尾空格	【查询】选【删除尾随空白】
去除起始框架里开头的空行	【查找内容】设置为"\A\v+"； 【更改为】和【更改格式】都保持空白
把直双引号变为弯双引号	【查询】选【直双引号到弯引号】； 不适用于中文（下面一条也如此）
把直单引号变为弯单引号	【查询】选【直单引号到弯引号】
把"m2"中的"2"变为上标	【查找内容】设置为"(?<=m)2"； 【更改格式】设置为上标
多少周年的"th"，使用一种特定的字符样式	【查找内容】设置为"(?<=\d)((st)|(nd)|(rd)|(th))"； 【更改格式】设置为特定的字符样式
把数字两边的括号变为方括号，例如，把（25）变为 [25]	【查找内容】设置为"(\(\d+?\))"； 【更改为】设置为"[$1]"
在数字与英文单位之间加空格（英文里需要这样加空格，比如两个单词之间，但℃、%、角度°、角度分′、角度秒″不加空格。中文里都不加空格）	【查找内容】设置为"(\d)([a-zA-Z])"； 【更改为】设置为"$1 $2"（中间有个空格）； 本操作的风险大，不要采用【全部更改】的运行方式
数字自动加千分位符（注意：年份、电话、长途区号、邮编、身份证号也会自动加千分位符）	【查找内容】设置为"(?<!\.|\d)(\d{1,3})(?=(\d{3})+(?:$|\D))"； 【更改为】设置为"$1,"； 重复单击【全部更改】，直至 0 处替换已进行
把"图 2."、"图 10."中的"."变为全角空格	【查找内容】设置为"^(图 \d+?)\."； 【更改为】设置为"$1~m"
图标题，如"图 2　某某文本。"去掉末尾的句号	【查找内容】设置为"^(图 .+)。\Z"； 【更改为】设置为"$1"
把电子邮件地址变为蓝色	【查找内容】设置为"(\w+\.)*\w+@(\w+\.)+[A-Za-z]+"； 【更改格式】设置为蓝色
在文本流倒数第二段的末尾加上图标	【查找内容】设置为"\r.+\Z"； 【更改为】设置为"~C$0"； 在进行替换操作前，选中该图标，按 Ctrl+C 组合键
在文本流的结尾加上图标	【查找内容】设置为".\Z"； 【更改为】设置为"$0~C"； 在进行替换操作前，选中该图标，按 Ctrl+C 组合键
把"前面后面"中的"前面"变为红色	【查找内容】设置为"前面 (?= 后面)"； 【更改格式】设置为红色
把"前面后面"之外的"前面"变为红色	【查找内容】设置为"前面 (?! 后面)"； 【更改格式】设置为红色
把"前面后面"中的"后面"变为红色	【查找内容】设置为"(?<= 前面) 后面"； 【更改格式】设置为红色
把"前面后面"之外的"后面"变为红色	【查找内容】设置为"(?<! 前面) 后面"； 【更改格式】设置为红色

8.2 查找与替换对象

查找与替换对象处理的是图片、文本框、用自带工具绘制的图形及线条，可以实现以下操作。

文本框的描边粗细是 1 点，现在希望将其改为 0.5 点。

绘制的图形填充了颜色 C100 M0 Y0 K0，现在希望将其改为 C100 M90 Y10 K0，但是不能更改色板 C100 M0 Y0 K0，因为有文本框也使用了该色板。

操作方法：按 Ctrl+F 组合键，进入"查找 / 更改"对话框，见图 8-29。

要查找的格式。
- 单击，然后设置格式，见图 8-30。
- 单击右侧［清除指定的属性］图标，即可删除已设置的格式。

要更改为的格式。
同上。

要搜索的对象类型。
- 【所有框架】：全部类型的框架（默认）。
- 【文本框架】：文本框。
- 【图形框架】：图片框。
- 【未指定的框架】：用自带工具绘制的图形、线条。

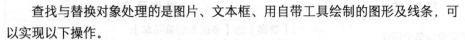

图 8-29 "查找 / 更改"对话框（局部）

可以实现以下操作。
- 查找某对象样式正在被哪些对象使用。
- 让使用某对象样式的对象使用另一种对象样式。
- 查找某种格式的对象，如填色是纸色的对象或设置了外发光的对象。
- 把某对象的格式改为另一种格式。

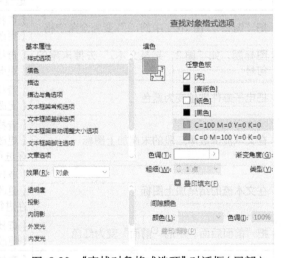

图 8-30 "查找对象格式选项"对话框（局部）

注意：①查找与替换对象只能替换对象的格式，不能替换对象本身；②就像文本适宜使用段落样式一样，对象也适宜使用对象样式。在使用对象样式后，就可以通过更改对象样式来批量更改对象的格式，无须使用查找与替换。

概述

工作界面

文档的创建与规划

排文

字符

段落 I

段落 II

查找与替换

▶ 图片

对象间的排布

颜色、特效

路径

表格

脚注、尾注、交叉引用

目录、索引

输出

长文档的分解管理

电子书

Id 第 9 章 图片

InDesign 不擅长修改图片、绘制图形（这通常是 Photoshop 和 Illustrator 的工作），但擅长使用已经处理好的图片、图形。本章即讲述这一过程，并引入一个高级功能——对象样式。

9.1 准备图片

9.1.1 图片来源

1. 单独的文件

这种图片通常由作者提供，也可能需要由我们自己寻找，此时要**注意版权问题**。

InDesign 不识别 CDR 格式的图片，需要用 CorelDRAW 将其打开并导出最高质量的 JPG 格式的图片。在正常情况下将 CDR 格式转换为 AI 格式更适宜，但这样有些效果可能会改变。

2. Word、Excel、PPT 文档

此时我们需要将图片从这些文档里提取出来。

打开文档，如顶端标题上有［兼容模式］字样，就另存为【Word 文档】【Excel 工作簿】【PowerPoint 演示文稿】。如果没有该字样，就跳过这一步。然后用解压缩软件打开这些文档，图片在 word\media、xl\media、ppt\media 文件夹里，见图 9-1。

> 把该文件夹复制并粘贴出来即可。
> 如果里面的图片质量不佳，要向作者、编辑反映，可能他们会有质量较好的原始图片。

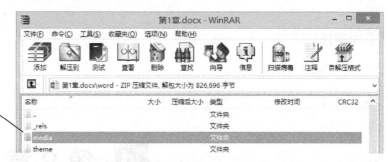

图 9-1　用 WinRAR 打开 Word 文档（局部）

3. 实物图片

用扫描仪将其扫描成电子图片，建议将其存储为 TIFF 格式。分辨率可参考下文进行设置。

印刷品：300dpi。在扫描仪软件中勾选"去网"（有些叫"去网纹"）；或者在 Photoshop 中手动去网，如【滤镜】→【模糊】→【高斯模糊】或【特殊模糊】等。

照片：600dpi。

书法、绘画作品（印刷尺寸大于原始尺寸）：600~1200dpi。

书法、绘画作品（印刷尺寸等于原始尺寸）：300~600dpi。

书法、绘画作品（印刷尺寸小于原始尺寸）：300dpi。

单色图片：600~1200dpi。

9.1.2 图片分辨率

图书、杂志、画册里的图片通常要求分辨率为 300ppi，低档者可为 200ppi，高档者可为 400ppi。报纸里的图片通常要求分辨率为 125~170ppi。这些要求是针对位图的，因为矢量图并无分辨率之说。

对于某个图片而言，分辨率与宽高尺寸成反比，所以在某个宽高尺寸下讨论分辨率才有意义。

在 InDesign 文档里选中某图片，在【链接】面板里可查看其分辨率。在图片多时，可以先用 Photoshop 将它们调整为希望的分辨率。

使用 Photoshop 批量调整图片分辨率的操作方法如下所述。

❶ 在 Photoshop 里新建动作，见图 9-2。
- 打开其中某个图片，【动作】面板菜单→【新建动作】。
- 填写【名称】，单击【记录】。

图 9-2 "新建动作"对话框

❷ 录制第 1 个动作：调整分辨率，见图 9-3。
- 【图像】→【图像大小】。取消勾选【重新采样】。这样可以保证图片的像素不变。
- 输入【分辨率】，如 300。

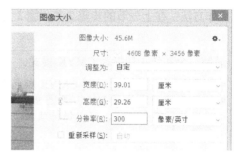

❸ 录制第 2 个动作：关闭保存。
关闭该图片（不是关闭 Photoshop），并且存储该图片。

图 9-3 "图像大小"对话框（局部）

❹ 结束录制动作，见图 9-4。
- 打开【动作】面板，单击左下角的黑色方块，即可停止记录动作。
- 动作录制完毕，本动作包含了两项操作。

图 9-4 【动作】面板

❺ 对图片使用动作，批量调整分辨率，见图 9-5。
- 【文件】→【自动】→【批处理】。【动作】选刚才新建的动作。
- 单击【选择】，选中希望处理的图片文件夹，单击【确定】。
- 如果希望一同处理该文件夹里的子文件夹，就选中【包含所有子文件夹】。
- 【目标】选【储存并关闭】，原始文件适宜事先备份。

图 9-5 "批处理"对话框

采用单击空白处的方式把这些图片置入 InDesign 文档，其分辨率通常是 300ppi。只要不放大尺寸，分辨率通常不会小于 300ppi。

300ppi 不是绝对的标准。对于软件界面截图而言，分辨率也可以是 175ppi，因为我们更关注图里的文字内容，如果调成 300ppi，会使图片缩得太小，导致文字不易看清；对于拍摄质量很高的图而言，分辨率也可以降至 250ppi。

分辨率达到 300ppi 也不代表图片一定好，例如，所用相机的档次差别很大也会导致图片的质量不一样。判断图片质量的"土"方法：把最终导出的 PDF 文档放大至 400% 来查看图片。

9.1.3 颜色模式

外来的图片往往是 RGB 颜色模式的，但我们发给印刷厂的图片一般是 CMYK 模式的。因此通常有以下两种做法。

- 方法 1：先用 Photoshop 将图片逐个转换为 CMYK 模式，即在将图片置入 InDesign 文档前，使用 Photoshop 把它们逐个转换为 CMYK 模式，可以接着仔细检查，随时调色。

建议用"动作"批量转换，以减少工作量。可以同时处理分辨率，只需多加一个"动作"。
操作方法：在上一节的步骤 2 和步骤 3 之间添加下面一步。

录制一个动作：转换为 CMYK 模式。
- 【图像】→【模式】→【CMYK 颜色】。
- 转换会使用默认的 ICC，见图 9-6。如果不确定该用哪个 ICC，可以保持默认。具体以后讲述。

图 9-6　使用 Photoshop 转换 CMYK 模式

若是为了转换更简便，可以使用下面的方法。

- 方法 2：在最后导出 PDF 文档时统一转换为 CMYK 模式，即现在不用处理，以后再解决。只要采用相同的 ICC，达到的效果都相差无几。操作方法以后讲述。通常本方法没有问题，但为了保险，需要对 PDF 文档中的图片进行浏览，如果出现异常，就用更稳妥的方法 1 进行转换。

9.2　置入图片、调整尺寸

9.2.1　作为新对象置入

将图片作为一个新对象置入，操作方法如下所述。

❶ 单击空白处（即不选中任何对象，光标不处于文本输入状态），按 Ctrl+D 组合键，见图 9-7。

❷ 选择要置入的图片。
- 置入一张：双击该图片。
- 置入多张：选中它们，单击【打开】。

❸ 在文中单击，即置入图片。
- 可随意单击，但不能单击空框架。
- 若上一步选中了多张图片，则单击一次置入一张。可随时通过单击 [选择工具] 来结束操作。

图 9-7　"置入"对话框（局部）

❹ 调整尺寸，可以选择下面方法之一，也可以结合使用。
- 使用 [选择工具] 单击图片（不要单击中间的圆环），即选中框架。按 Ctrl+Shift 组合键拖动边框。
- 选中框架，打开控制面板，见图 9-8。

调整 [X][Y] 缩放比例。 图标必须是图示状态。

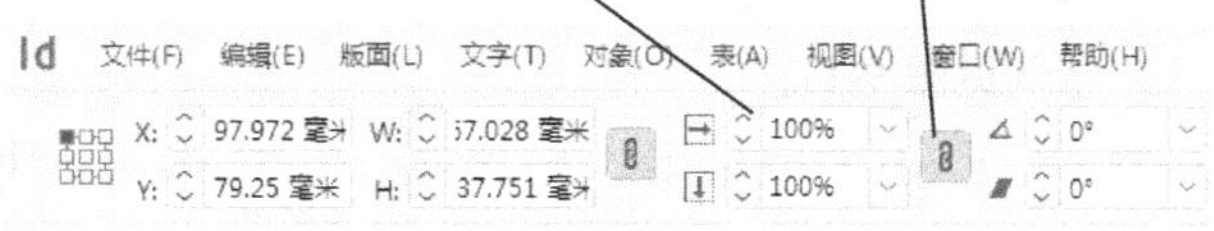

图 9-8　控制面板（局部）

9.2.2　替换现有的图片

案例 9-1：更换图片

示例见图 9-9。

可以把图片都删除，然后置入新图片，但这样需重新调整尺寸、位置等。

（a）初始

（b）希望的效果

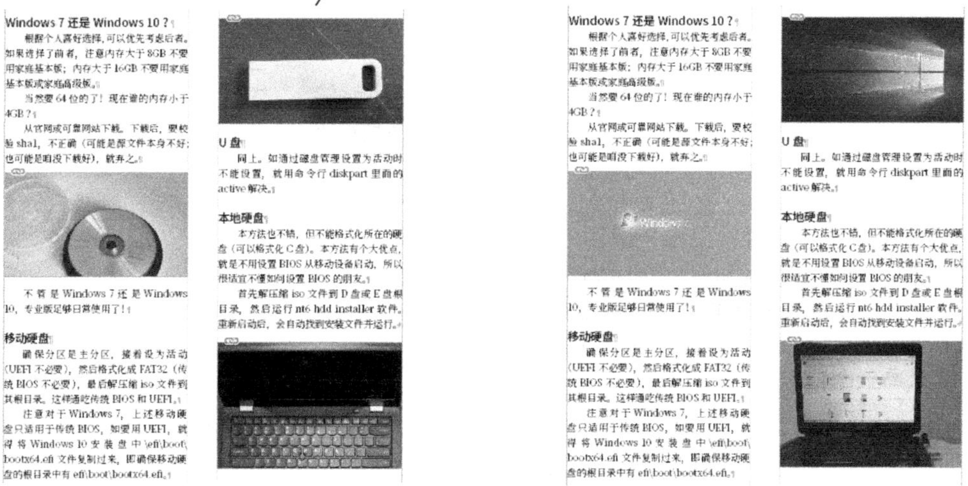

图 9-9　更换图片

❶ 选中一张要换下的图片，按 Ctrl+D 组合键，见图 9-7。
一次只能选择一张图片。

❷ 双击要替换的图片。
确保勾选【替换所选项目】。

❸ 更换其余图片，见图 9-10。
重复上面两步。

❹ 在必要时，可以调整图片在框架中的位置。
使用 [直接选择工具] 单击图片，拖动或者用键盘方向键调整位置。

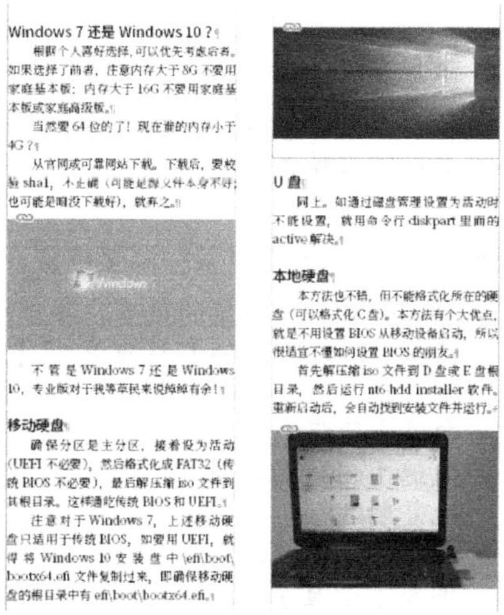

图 9-10　更换图片后

9.2.3 置入已有的空框架

▲ **案例 9-2**：批量置入相片，并添加姓名

示例见图 9-11。

（a）初始

（b）希望的效果

图 9-11 批量添加相片

❶ 准备一个空框架，见图 9-12。
- 置入一张典型的相片，调整好其尺寸，删除里面的图片（保留框架）。
- 当然也可以使用 [矩形框架工具] 直接画一个框架。

图 9-12 准备一个空框架

❷ 设置相片在框架里的分布方式。
- 选中框架，【对象】→【适合】→【框架适合选项】，见图 9-13。
- 【按比例填充框架】：保证填满框架，不保证图片完整，本例选该选项。
- 【按比例适合内容】：保证图片完整，不保证填满框架。
- 适宜应用对象样式，就像对文本适宜应用段落样式一样。

图 9-13 "框架适合选项"对话框（局部）

❸ 复制出多个空框架，调整位置。
- 确定好首个空框架的位置，并选中该框架，【编辑】→【多重复制】，见图 9-14。
- 勾选【预览】。
- 勾选【创建为网络】，以便整排整行地复制。
- 确定【行】【列】。
- 调整【垂直】【水平】距离，结果见图 9-15。

图 9-14 "多重复制"对话框

置入图片 / 调整尺寸　**199**

图 9-15　设置好空框架

❹ 置入图片到这些空框架中，见图 9-16。

- 将图片分为两批进行操作。先置入 1～9 号图片，接着置入之后的图片。
- 若图片要按规定的顺序排列，则要保证文件名开头数字的位数相同，如 01、02、11……为此需要在 1～9 号图片文件名前加"0"，但这样不如将图片分为两批置入的速度快。

图 9-16　置入全部相片

❺ 建立相片姓名的段落样式，设置姓名与图片的间距。

- 【对象】→【题注】→【题注设置】，见图 9-17。
- 【段落样式】选【新建段落样式】，现在可以先不设置格式。
- 【位移】填写文字与图片的间距。
- 勾选【将题注和图像编组】。

图 9-17　"题注设置"对话框（局部）

❻ 添加姓名，设置姓名的文本格式，见图 9-18。

- 选中全部图片，【对象】→【题注】→【生成静态题注】。也可以只选一部分图片，分批操作。
- 修改姓名的段落样式。

图 9-18　添加姓名

❼ 删除姓名前面的序号和后面的".jpg"等扩展名，见图 9-19。

GREP 查找替换：
【查找内容】设置为"^\d{1,2}(.+)\.\w{2,4}$"。
【更改为】设置为"$1"。
【查找格式】设置为姓名的段落样式。

图 9-19　去掉序号和扩展名

有时图片质量不低，却看起来很粗糙，这是因为在默认设置下，为节约硬件资源，加快浏览速度，图片采用了"典型显示"。

若想对其进行修改，就单击【视图】→【显示性能】→【高品质显示】，即可使图片以"高品质显示"（不宜据此判断图片质量，在最终导出的 PDF 文档里判断会更准确）。这样的设置不会随文档存储，以后再打开文档，仍会采用"典型显示"。

若希望打开任何文档都采用"高品质显示"，就按 Ctrl+K 组合键，单击左侧【显示性能】，【默认视图】选【高品质】。但这样就不能"节约硬件资源，加快浏览速度"了。

注意：这些设置仅影响图片在屏幕上的显示效果，不影响图片的输出效果，图片质量不会因为采用了"典型显示"而变差。

9.3 框架与图片

■ 9.3.1 选中框架、选中图片

由前面的示例可知，图片相当于内容，框架相当于容器，图片必须在框架内。在对图片或框架进行设置之前，需要选中图片或框架，见图 9-20。

选中框架。
- 使用 [选择工具] 单击图片，不能单击中央的圆环。
- 很常用。在对图片进行操作时，通常都是选中框架，所以平时说的"选中""选中图片"都是指选中框架。

选中图片。
- 使用 [直接选择工具] 单击图片，或者使用 [选择工具] 单击中央的圆环。
- 很少使用。只有"使用 [直接选择工具] 选中图片""选中图片（不是框架）""选中里面的图片"，才是指选中图片。

图 9-20 选中框架、选中图片

■ 9.3.2 剪裁图片

图片、框架可以单独调整尺寸，图片在框架里的位置可任意调整。

图片在框架里面的部分会显现出来；超出的部分则会被隐藏，其效果相当于被剪裁（见图 9-21），但实际并没有被真的剪裁，在需要时还可以重新显现出来。

对于文本或用自带工具绘制的图形而言，可以构建一个框架，然后将其粘贴到该框架的内部，实现这种剪裁效果。

图 9-21 剪裁图片

案例 9-3：设置胶装书刊的跨页图（1）

示例见图 9-22。

（a）初始　　　　　　　　　　　　（b）希望的效果

图 9-22　胶装书刊内页里的跨页图

❶ 制作一个与原图片完全重叠的副本。

选中图片，按 Ctrl+C 组合键，【编辑】→【原位粘贴】。

图片在书脊处，重叠 5~7mm。

- 能完全翻开的锁线胶装或骑马订，直接放置图片即可，不需要特意处理。
- 无线胶装夹缝里的内容不能呈现出来，因此图片在此处要有重叠。由于从夹缝到正常页面存在一个较大的弧度，无法判断从哪里开始不能呈现，所以这个重叠量（接驳位）难以做到"天衣无缝"。

❷ 裁掉一张图片在书脊右侧的部分。

选中一张图片，拖动框架右边框至书脊处。

❸ 裁掉另一张图片在书脊左侧的部分。

选中另一张图片（由于一张图片已经被裁去了其在书脊右侧的部分，因此此处露出来的是另一张图片），拖动框架左边框至书脊处。

图 9-23　"移动"对话框

❹ 将左侧的图片向左移动 5~7mm（书越厚越大）。

选中左侧的图片，按 Ctrl+Shift+M 组合键，打开如图 9-23 所示的对话框，输入水平位移。

❺ 使用同样的方法将右侧的图片向右移动，见图 9-24。

❻ 这两个图片固定不动，内容都向内扩展至书脊处，效果见图 9-22（b）。

分别拖动边框至书脊处。

图 9-24　图片分别外移 5~7mm

案例 9-4：设置胶装书刊的跨页图（2）

示例见图 9-25。

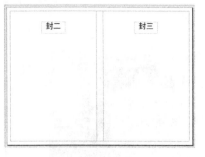

封面是单独的文档。

中间的白位各 4mm，内容重叠 3mm。

- 各印刷厂、装订厂的情况可能不同，先咨询清楚为宜。
- 在末页/封三里添加跨页图，操作方法相同。

（a）初始　　　　　　　　　　　　　（b）希望的效果

图 9-25　在胶装书的封二/首页里添加跨页图

❶ 把图片从书脊处分开，然后各自向外移动 7mm，见图 9-26。

操作同上例的步骤 1 至步骤 5。

图 9-26　图片分别向外移动 7mm

❷ 这两个图片固定不动，内容都向内扩展 3mm，见图 9-27。

- 选中左侧的图片，打开控制面板，参考点选择左端 3 个点之一，[约束宽度和高度的比例] 处在断开状态，高度的设定值增加 3mm（图片曾经旋转过 90°，所以其宽度、高度对调了）。
- 同样，右侧图片的高度数值在内侧增加 3mm。

❸ 把左侧的图片放置到封二中，见图 9-25（b）。

- 剪切左侧的图片，在封二页面中原位粘贴。
- 把图片向左移动 1/2 书脊厚度的距离。原位粘贴是以跨页中心为基准的，封面文档的页面包含了书脊，其宽度大于内页的宽度，所以图片的水平位置需要进行调整。

图 9-27　图片分别向内扩展 3mm

9.3.3 描边图片

当图片填满框架后，对框架进行描边看起来就像是对图片进行描边。

案例 9-5：对图片添加白色描边

示例见图 9-28。

（a）初始　　　　　　　　（b）希望的效果

图 9-28　对图片进行描边

❶ 对描边填充纸色。
- 使用[选择工具]框选这 3 张图片（不必全部框住，只要有部分在框内，即可选中）；或者按住 Shift 键，逐个单击。
- 打开【色板】面板，单击左上角[描边]，单击【纸色】。

❷ 打开【描边】面板，见图 9-29。

❺ 选择描边位置。
- [描边对齐中心]：描边向内、外平均扩展（默认）。
- [描边居外]：描边只向外扩展。
- [描边居内]：描边只向内扩展。

❹ 设置线型。
- 内置中有一些描边样式，通常够用。
- 可以新建或导入描边样式，操作见第 458 页"新建描边样式"。

❸ 输入粗细值。
- 不能太细，否则不宜印刷。单色的描边不宜小于 0.1 点；多色的描边不宜小于 0.22 点；反白的描边不宜小于 0.43 点。
- 不同设备、纸张等的要求不同，以上仅供参考。

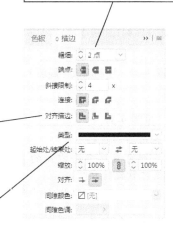

图 9-29　【描边】面板

➡ 描边粗细随框架缩放

描边的粗细会随框架的缩放而缩放，缩放比例与框架的缩放比例相同。

9.3.4 旋转图片

案例 9-6：制作"立"着的图片

示例见图 9-30。

（a）初始

（b）希望的效果

图 9-30 把图片"立"起来

❶ 选中图 9-30（a）的框架，见图 9-31。
- 选中框架，框架和图片会一起旋转，见图 9-32。
- 选中里面的图片，只有图片旋转。

❷ 确定围绕哪个点旋转。

图 9-31 控制面板（局部）

图 9-32 图片、框架一起旋转

❸ 输入旋转角度，见图 9-31。
- 正值为逆时针，负值为顺时针。
- 若需要旋转 90°，则可直接单击右侧的 [顺时针旋转 90°][逆时针旋转 90°]。

❹ 把图片恢复为不旋转，见图 9-33。

选中里面的图片，在图 9-31 的 [旋转角度] 中输入 0°。

❺ 调整框架尺寸，效果见图 9-30（b）。

按住 Shift 键（可保证不变形），拖动框架顶点，调整至合适的位置。

图 9-33 把图片"正过来"

9.4 图片的链接与嵌入

9.4.1 图片置入文档的方式

图片在文档中存在的方式见表 9-1。

表 9-1　图片在文档中存在的方式

	链 接 图 片	嵌 入 图 片
图片上的标记	左上角有链接标记（宽度大于 10.584 mm）	无任何标记
含义	图片没有复制到文档中，只是在文档中建立了一个缩略图和链接（文件路径）。大于 48KB 的位图，默认采用此方式	图片已复制到文档中。小于或等于 48KB 的位图，默认采用此方式（少见）
文档占用的空间大小	文档占用的空间较小，尤其是当某个图片重复出现时，文档占用的空间增加得很小	文档占用的空间较大
原图片文件的处置	原图片文件及所在的文件夹不宜重命名、移位，绝对不能删除	原图片文件如何处置与文档无关
用其他软件编辑图片	正常编辑原图片文件，然后更新链接	不能编辑，除非转为链接方式
相互转化	链接转为嵌入：在文中或在【链接】面板中选中，【链接】面板菜单→【嵌入链接】	嵌入转为链接：在文中或在【链接】面板中选中，【链接】面板菜单→【取消嵌入链接】

9.4.2 浏览文中的图片

打开【链接】面板，见图 9-34。

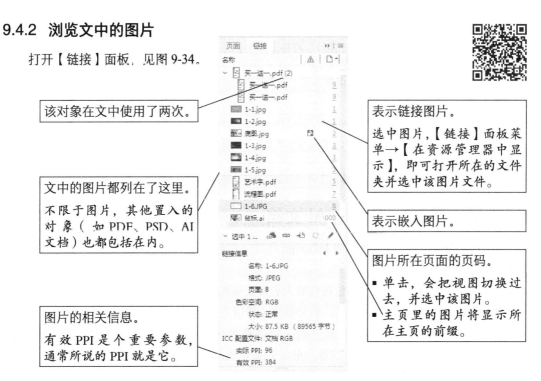

图 9-34　【链接】面板

9.4.3 处理异常的图片

链接的图片可能存在两种异常,见表 9-2。嵌入的图片不存在此类问题。

表 9-2 异常图片及处理方法

	！异常（图片旧版）	？异常（图片缺失）
图片上的异常标记		
【链接】面板里的异常标记		
【印前检查】面板里的提示		
原　因	图片置入文档之后被改动了,如使用 Photoshop 修改过	InDesign 找不到链接的图片文件。原因[1]：图片文件更名了；图片文件所在的文件夹更名了；图片文件不在原来的位置了
解决方法	单个更新：选中单个图片,打开【链接】面板,单击 [更新链接]。 全部更新：【链接】面板菜单→【更新所有链接】	单个处理：选中单个图片,【链接】面板菜单→【重新链接】。 批量处理[2]：操作同上,接着会弹出"已搜索此重新链接的目录,找到并更新链接 × 个缺失的链接",单击【确定】,会自动把这多个图片都链接好

注：[1]不会导致图片缺失的操作：图片文件与文档作为一个整体移动；图片文件与文档所在的文件夹或上级文件夹更名；INDD 文档更名。
　　[2]适用的情况：一批图片统一转移到了另一个文件夹里；图片所在的文件夹更名或更换了位置。

9.5 导入 PSD、PDF、AI 文档

PSD、PDF、AI 文档不能使用 InDesign 打开,但可以置入 InDesign 文档,呈现出来的结果相当于图片。

PSD 文档属于位图性质,而位图在放大后会变模糊。来自照相机、扫描仪的图片和屏幕截图都是位图。位图由许多像素构成,有分辨率（单位为 PPI）的概念。

PDF、AI 文档属于矢量图性质,而矢量图在放大后不会变模糊。Illustrator 绘制的图,InDesign、Word 等创建的文本、线条、形状等都是矢量图（这些文档里的位图依然是位图）。矢量图由函数、算法等确定,不是由像素构成的,没有分辨率的概念。

9.5.1 导入 PSD 文档

图片的"抠图"、调色、"移花接木"等,都要使用 Photoshop 处理,并适宜存储为 PSD 格式。另外,很多素材也是 PSD 格式的。

把 PSD 文档置入 InDesign 文档的操作方法如下所述。

❶ 按 Ctrl+D 组合键,只勾选【显示导入选项】,双击 PSD 文档,见图 9-35(a)。
- 勾选【显示预览】。
- 选择希望显示的图层。

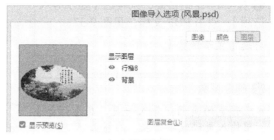

(a)选择图层

❷ 打开【图像】选项卡,见图 9-35(b)。
- Photoshop 的剪切路径是在 Photoshop 中设置的路径。Photoshop 内置了许多形状的路径。
- Alpha 通道存储了 Photoshop 里的选区信息,可以有半透明效果。
- 剪切路径和 Alpha 通道,可以都选,或者都不选,或者选一个。结果见图 9-36。

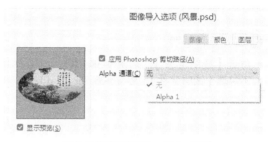

(b)选择剪切路径、Alpha 通道

图 9-35 "图像导入选项"对话框(局部)

(a)两个都不选

(b)仅选剪切路径

(c)仅选 Alpha 通道

(d)两个都选

图 9-36 剪切路径、Alpha 通道的效果

如果 PSD 文档中没有多个图层,也没有设置剪切路径、Alpha 通道,则其与导入 JPG 图片的操作相同。

9.5.2 导入 PDF、AI 文档

把 PDF、AI 文档置入 InDesign 文档的操作方法如下所述。

❶ 按 Ctrl+D 组合键,只勾选【显示导入选项】,双击 PDF 文档,见图 9-37。
勾选【显示预览】。

❷ 确定页数。
- 已预览的页面:导入一页,在【预览】里输入页码或单击左、右箭头。
- 全部:导入全部页。
- 范围:导入多页,可填写"2-4"。

❹ 确定是否透明。
- 勾选【透明背景】,见图 9-38(b)。
- 不勾选【透明背景】,见图 9-38(a、c、d)。

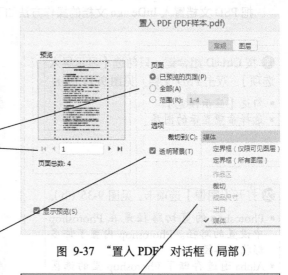

图 9-37 "置入 PDF"对话框(局部)

❸ 确定是否剪裁。
- 效果见图 9-38。
- 【媒体】【裁切】通常都有,其余的不一定。

不剪裁。

(a)【媒体】/无【透明背景】

(b)【媒体】/【透明背景】

裁掉四周的空白。

作品框之外的部分全部裁掉。设置该框的大小、位置,请见视频。

(c)【定界框】/无【透明背景】

(d)【作品区】/无【透明背景】

图 9-38 置入 PDF 文档的剪裁、透明背景效果

9.6 库

如果某图片、图形、文本、参考线需要频繁使用，就可以将其放进库中，并在使用时从库中取出，非常便捷。

案例 9-7：添加栏间线

在某刊物里，需要添加栏间线，见图 9-39。

由于版面不一，不便在主页里设置，此时可以使用复制、粘贴（或原位粘贴）的方法，但这样往往需要来回切换视野，反复进行选中、复制的操作。

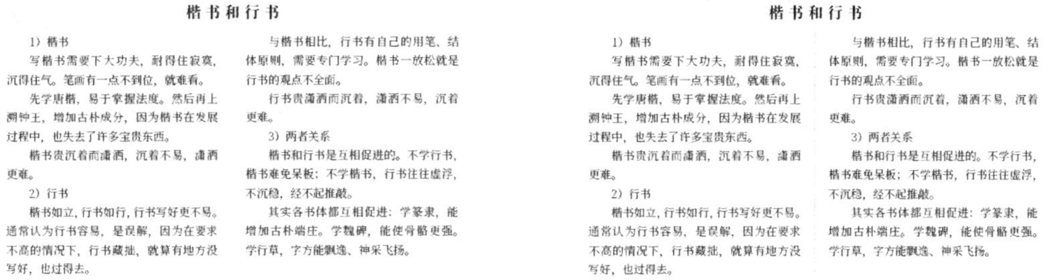

楷书和行书

1）楷书

写楷书需要下大功夫，耐得住寂寞，沉得住气。笔画有一点不到位，就难看。

先学唐楷，易于掌握法度。然后再上溯钟王，增加古朴成分，因为楷书在发展过程中，也失去了许多宝贵东西。

楷书贵沉着而潇洒，沉着不易，潇洒更难。

2）行书

楷书如立，行书如行，行书写好更不易。通常认为行书容易，是误解，因为在要求不高的情况下，行书藏拙，就算有地方没写好，也过得去。

与楷书相比，行书有自己的用笔、结体原则，需要专门学习。楷书一放松就是行书的观点不全面。

行书贵潇洒而沉着，潇洒不易，沉着更难。

3）两者关系

楷书和行书是互相促进的。不学行书，楷书难免呆板；不学楷书，行书往往虚浮，不沉稳，经不起推敲。

其实各书体都互相促进：学篆隶，能增加古朴端庄。学魏碑，能使骨骼更强。学行草，字方能飘逸、神采飞扬。

（a）初始

楷书和行书

1）楷书

写楷书需要下大功夫，耐得住寂寞，沉得住气。笔画有一点不到位，就难看。

先学唐楷，易于掌握法度。然后再上溯钟王，增加古朴成分，因为楷书在发展过程中，也失去了许多宝贵东西。

楷书贵沉着而潇洒，沉着不易，潇洒更难。

2）行书

楷书如立，行书如行，行书写好更不易。通常认为行书容易，是误解，因为在要求不高的情况下，行书藏拙，就算有地方没写好，也过得去。

与楷书相比，行书有自己的用笔、结体原则，需要专门学习。楷书一放松就是行书的观点不全面。

行书贵潇洒而沉着，潇洒不易，沉着更难。

3）两者关系

楷书和行书是互相促进的。不学行书，楷书难免呆板；不学楷书，行书往往虚浮，不沉稳，经不起推敲。

其实各书体都互相促进：学篆隶，能增加古朴端庄。学魏碑，能使骨骼更强。学行草，字方能飘逸、神采飞扬。

（b）希望的效果

图 9-39 添加栏间线

❶ 新建一个库，见图 9-40。

- 【文件】→【新建】→【库】。若提示“是否要立即尝试使用 CC 库”，可单击【否】。
- 填好名称、存储地点。单击【保存】，即新建了一个空白库。

图 9-40 新建的库（局部）

❷ 把反复使用的对象添加到库中，见图 9-41。

- 逐个把对象从正文拖入【库】面板。然后可以双击对象进行更名（仅便于鉴别，无其他用途）。
- 库还会记录对象的位置，所以本例向库里添加两个对象，左、右页各一条栏间线。
- 若一次选中了多个对象拖入，则库会把它们作为一个整体对待。
- 定位对象不能使用拖动法，必须选中对象，打开【库】面板，单击［新建库项目］图标。

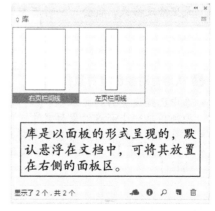

图 9-41 添加了对象的库

❸ 把对象从库中添加到文档中，效果见图 9-39（b）。

- **在本跨页中单击鼠标或选中某个对象**，打开【库】面板，右击该对象，单击【置入项目】。对象会保持原来的位置。本例采用此方法，接着调整栏间线的高度。
- 若不讲究位置，就直接拖入文档。
- 库与文档相互独立，任何库都可用于任何文档。新建、保存库就像新建、保存文档一样。

9.7 对象样式

与文本适宜使用段落样式一样，对象适宜使用对象样式。对象样式控制的是图形和框架的格式，如填色、描边、尺寸、角选项、效果、文本绕排、文本框的内边距、分栏，以及其中的文本使用哪个段落样式等。对象样式可以控制图形和框架的全部格式，也可以只控制一项或几项格式。

9.7.1 新建、应用对象样式

▲ **案例 9-8**：设置"特别提示"文本框

示例见图 9-42。

设置一个样板。本例的格式要点如下所述。
- 文本框：高度（自动适应文本）、宽度、描边、填色、内边距。
- "特别提示"标题段落样式：嵌套样式、下一样式是"特别提示"内容。
- "特别提示"内容段落样式：无特别之处。

文中有许多这样"没有格式"的文本框及文本。

希望按图 9-42（a）的样板，统一设置。
- 在每次使用时，可以把样板复制出一个（或利用库拖动出一个），然后更换里面的文本，但这样不便于日后统一更改文本框的格式。
- 在使用对象样式后（若采用上面的方法创建新文本框，则只需对样板应用对象样式，副本会自动应用该对象样式），只要在对象样式里修改格式，就会"一呼百应"。

特别提示："动作"的威力强大

"动作"在 Photoshop 里相当于批处理，即一系列操作的集合。使用"动作"不仅可以保证结果的一致性，而且可以避免重复的操作，加快了效率。

（a）设置好的样板

特别提示：选区具有共享性
选区不只针对一个图层，每个图层都可以使用该选区进行编辑。

（b）初始的文本框及文本

特别提示：选区具有共享性
选区不只针对一个图层，每个图层都可以使用该选区进行编辑。

（c）希望的效果

图 9-42 对文本框应用对象样式

❶ 从现有对象创建对象样式。
- 选中已经设置好的文本框，【对象样式】面板菜单→【新建对象样式】。
- 对象的格式会自动填写在对象样式里。
- 勾选【预览】，勾选【将样式应用于选区】。

❷ 设置对象的尺寸，见图 9-43。
- 单击左侧【大小和位置选项】，【调整】选【仅宽度】。
- 默认不规定尺寸，若需要控制尺寸，则需要特意设置。
- 还可以设置对象在页面上的位置。

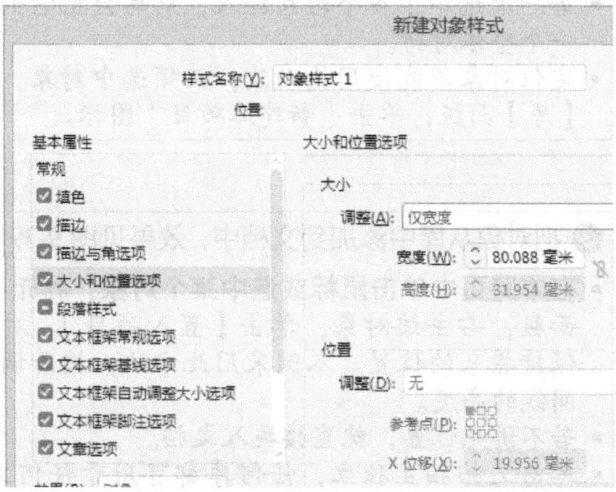

图 9-43 "新建对象样式"对话框（局部）

❸ 设置文本所用的段落样式，见图 9-44。
- 在【段落样式】里选首段文本应用的段落样式，勾选【应用下一样式】。
- 默认不控制段落样式，若需要规定段落样式，则需要特意设置。

❹ 对需要的文本框应用该对象样式，见图 9-42（c）。
- 选中文本框，打开【对象样式】面板，单击对象样式。可以逐个操作，也可以一次性选中多个一起操作。
- 对象样式里规定的段落样式对串接的文本框无效。
- 对于已编组的对象，样式将应用于组内的每个对象。

图 9-44 "新建对象样式"对话框（局部）

本例先设置格式，后创建对象样式，易于学习。在熟练掌握后，也可以先新建对象样式，然后直接在样式里设置格式。

9.7.2 修改对象样式

▲ **案例 9-9**：更改文本框的边框

接案例 9-8，希望把文本框的边框改为实线。

❶ 打开【对象样式】面板（见图 9-45），右击对象样式→【编辑对象样式】，打开"对象样式选项"对话框，见图 9-46。
- 在修改对象样式之前，可以选中某个使用该样式的对象，此时在对象样式面板中，该对象样式呈选中状态；也可以不选中任何对象，此时【对象样式】面板里默认使用的对象样式呈选中状态。但是无论哪种状态，都可直接右击该对象样式进行修改。
- 如果待修改的对象样式呈选中状态，则可以双击该对象样式进行修改。

图 9-45 【对象样式】面板

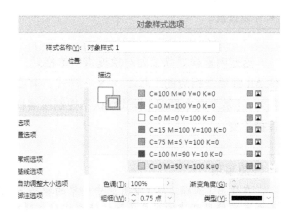

❷ 修改格式。
- 单击左侧【描边】，在【类型】中选择【实线】。
- 在更改后，所有使用该对象样式的文本框都会自动更改。

图 9-46 "对象样式选项"对话框（局部）

9.7.3 对象样式的若干问题

1. 对象样式可以有选择性地控制格式项目

示例见图 9-47。

对象样式可以控制全部格式项目，也可以选择一部分项目进行控制。

- "勾选"：启用该项目或开启该功能，即把该项目控制在启用状态，具体参数在各自项目中有规定。对象与样式的格式不一致时，样式后面会出现加号。
- "小横杠"：不控制该项目，对象里的该项格式是何种情况与本样式无关。不论对象的格式是什么，样式后面都不会出现加号。
- "空白"：不启用该项目或关闭该功能，即把该项目控制在关闭状态。在对象与样式的格式不一致时，样式后面会出现加号。

图 9-47 "新建对象样式"对话框（局部）

2. 4 个内置对象样式的含义

示例见图 9-48。

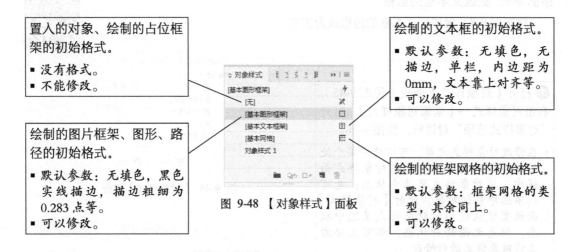

置入的对象、绘制的占位框架的初始格式。
- 没有格式。
- 不能修改。

绘制的图片框架、图形、路径的初始格式。
- 默认参数：无填色，黑色实线描边，描边粗细为 0.283 点等。
- 可以修改。

绘制的文本框的初始格式。
- 默认参数：无填色，无描边，单栏，内边距为 0mm，文本靠上对齐等。
- 可以修改。

绘制的框架网格的初始格式。
- 默认参数：框架网格的类型，其余同上。
- 可以修改。

图 9-48 【对象样式】面板

这些内置样式除了为对象提供初始格式，还可以用来去除已设置的格式：选中框架，按住 Alt 键单击相应的 [基本 ××] 样式。需要注意的是，其实质是使对象恢复为初始格式。例如，[基本文本框架] 样式默认不控制段落样式，所以在进行本操作后，其中的文本格式会保持不变。

➡ 注意事项

在使用 [选择工具] 没有选中对象的状态下，不要单击除 [基本图形框架] 以外的对象样式，否则本文档里新建的对象会默认使用该对象样式（右击就无此顾虑，所以修改对象样式适宜使用右击方式）。

概述

工作界面

文档的创建与规划

排文

字符

段落 I

段落 II

查找与替换

图片

▶ 对象间的排布

颜色、特效

路径

表格

脚注、尾注、交叉引用

目录、索引

输出

长文档的分解管理

电子书

Id 第 10 章　对象间的排布

在将文字、图片等置入页面后，就需要把它们组合在一起。只有使它们精确对齐、间距统一、位置一致，才能显得更加精致。本章介绍如何高效地实现这个目标。

10.1 堆叠、编组、锁定

10.1.1 堆叠

在对象堆叠时，上面的对象会遮挡下面的对象。对象的上下次序由 4 个因素决定，前者优先。

① 图层：上层图层里的对象在上面，下层图层里的对象在下面。使用图层来调整对象的上下次序，偶尔会用，例如，为防止页码被遮挡，会把页码放在最上面的图层里。

② 是否来自主页：不是来自主页的对象在上面，来自主页的对象在下面。我们知道这个现象，但不会据此调整对象的上下次序。

③【排列】菜单调整：手动把对象上移或下移，见图 10-1。这是调整对象上下次序的主要手段。对象都在同一图层里并且都不来自主页，这是常见的情况。

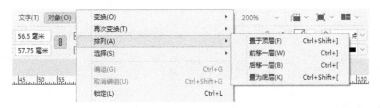

图 10-1　调整堆叠次序

④ 创建时间：后创建的对象在上面，先创建的对象在下面。我们知道这个现象，但不会据此调整对象的上下次序。

案例 10-1：使文字的一部分隐藏在人像后面

示例见图 10-2。

（a）初始　　　　　　　　　（b）希望的效果

图 10-2　杂志封面

❶ 人物图片必须包含透明效果，见图 10-3。
- 此类图片大多是 PSD、PNG、TIF 格式的，不可能是 JPG 格式的。
- 如果图片不包含透明效果，就使用 Photoshop 进行"抠图"，即把人物的轮廓从背景中提取出来。方法有多种，如使用 [钢笔工具]、通道、外挂滤镜等。

图 10-3　透明图片在 Photoshop 中的外观

❷ 调整"英语写作"文本框的排列次序，使之处在底图与人物图片之间。
- 方法1：选中该文本框，在图10-1中，选【后移一层】。
- 方法2：打开【图层】面板，展开所在的图层，排在上面的对象在上面，排在下面的对象在下面。选中该文本框后面的小方框（即选中该文本框）并拖动来改变对象的上下次序，见图10-4。

图 10-4 【图层】面板（局部）

上面的对象把下面的对象全部遮挡了，选中下面的对象的方法：按住 Ctrl 键，第一次单击选中顶层的，之后每单击一次下移一层；或打开【图层】面板，单击对象后面的小方块。

10.1.2 编组

在将多个对象编为一组后，可被当作一个整体对待，也防止了组内对象的意外移位，例如，把图与图标题进行编组。

编组的方法：选中多个对象，按 Ctrl+G 组合键。还可以进行多重编组，即把已经编成一组的对象再与其他对象编组。在编组后，对象的定界框由实线变为虚线（见图10-5），当然这不会影响输出结果。双击（多重编组的，需要多次双击）组内的某对象，会选中该对象。

取消编组的方法：选中某编组，按 Ctrl+Shift+G 组合键。对于多重编组的编组，每次只能解除一重编组。

（a）未编组　　　　　　　（b）已编组

图 10-5　定界框的线型变化

10.1.3 锁定

对象在被锁定后，就无法被选中，当然也无法被编辑。锁定常用于锁定底图，以免在选择其他对象时不小心选中它。

锁定的方法：选中对象，按 Ctrl+L 组合键。在锁定后，对象的定界框左上侧会出现小锁标记。

解锁一个对象的方法：在正常视图下，单击定界框左上侧的小锁标记（若没有该标记，就按 Ctrl+H 组合键）。

解锁某跨页里的全部锁定对象的方法：在该跨页里单击，【对象】→【解除跨页上的所有锁定内容】。

➡ 被锁定的对象可以间接编辑

被锁定的对象仍然受对象样式的控制，其中的文本仍然受段落样式、字符样式的控制。通过更改这些样式，可以间接编辑它们。

10.2 对齐与分布

图标题与图的间距要一致；图片之间要对齐；文本边缘与图片边缘要对齐；文字与文字之间要对齐……严格对齐非常重要，否则就会显得很粗糙。

10.2.1 左侧、右侧、中心对齐

对象与对象之间，或者对象在版面中，实现左侧、右侧、中心对齐。

案例 10-2：图标题与图居中对齐，整体在版心上居中

示例见图 10-6。

（a）初始

（b）希望的效果

图 10-6 放置图和图标题

❶ 选中参与对齐的图片，然后单击要作为基准对象的图片，见图 10-7。
- 本例确定左侧图片为基准对象。
- 基准对象：基准对象的位置不动，移动其他对象，使其他对象向基准对象"看齐"。

图 10-7 设置基准对象

❷ 打开【对齐】面板（见图 10-8），单击[底对齐]，效果见图 10-9。
- 底对齐：图片底部相互对齐。
- 本例中，由于左侧图片是基准对象，因此只会移动右侧的图片。

图 10-9 图片底部对齐

图 10-8 【对齐】面板（局部）

❸ 使图副标题与图紧贴，并且居中对齐，效果见图 10-10。
- 可使用拖动法。在拖动过程中，会自动吸附或出现智能参考线，即实现对象紧贴和左侧、中心、右侧对齐。
- 如果干扰的对象太多，就用刚才的方法，先选择图片为基准对象，然后让图副标题与图片 [水平居中对齐]。

图 10-10　放置图副标题

❹ 把这两张图片及其副标题编组，并且使图标题与它们紧贴，效果见图 10-11。
- 把这 4 个对象编组，从而把它们作为一个整体对待。
- 拖动图标题，使其紧贴这个编组的对象。

图 10-11　放置图标题

❺ 选中这两个对象（编组的对象算一个对象），打开【对齐】面板（见图 10-12），【对齐】选【对齐边距】，单击 [水平居中对齐]。效果见图 10-6（b）。
- 对齐边距：向边距对齐，即向版心对齐。
- 对齐关键对象：向关键的对象对齐，关键对象即前面讲的基准对象。确定基准对象后，此处会自动选中该选项。

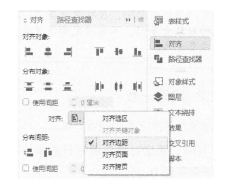

图 10-12　【对齐】面板

案例 10-3：图片在栏里居中

示例见图 10-13。

（a）初始　　　　　　　　　　　　（b）希望的效果

图 10-13　图片在栏里水平居中

❶ 使用[矩形框架工具]在图片上方绘制一个空框架,并且使其左、右边界与栏左、右边界重合,见图10-14。

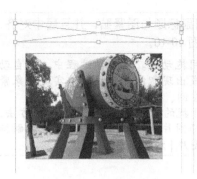

图 10-14 构造辅助对象

❷ 以该空框架为基准对象(关键对象),使图片向它[水平居中对齐],见图10-15。
- 在【对齐】(见图10-12)中没有"对齐栏"这个选项,所以在上一步构造了一个辅助对象,让它发挥"对齐栏"的作用。
- 构造辅助对象,是常用的方法。

图 10-15 向辅助对象居中对齐

❸ 删除该空框架,效果见图10-13(b)。
- 该辅助对象"功成身退"。
- 还可以使用拖动法,往往更快捷。但是在干扰的对象太多时,不易确定哪条才是需要的智能参考线。

10.2.2 间隙一致

对象与对象之间的间隙一致。

案例 10-4:新增对象与现有对象保持现有的间隙

示例见图10-16。

现有

现有

新增

(a)初始　　　　　　　(b)希望的效果

图 10-16 新图片保持现有的间隙

对齐与分布 219

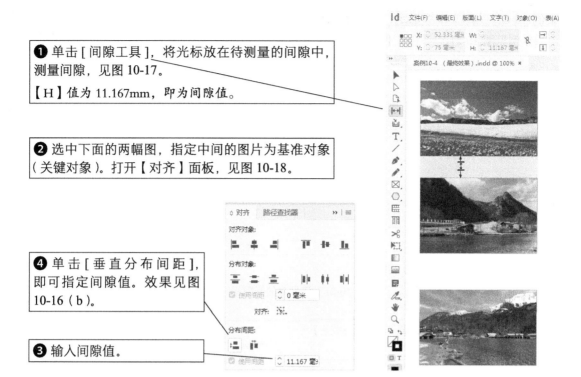

❶ 单击 [间隙工具]，将光标放在待测量的间隙中，测量间隙，见图 10-17。

【H】值为 11.167mm，即为间隙值。

❷ 选中下面的两幅图，指定中间的图片为基准对象（关键对象）。打开【对齐】面板，见图 10-18。

❹ 单击 [垂直分布间距]，即可指定间隙值。效果见图 10-16（b）。

❸ 输入间隙值。

图 10-18 【对齐】面板　　　图 10-17 测量间隙值

本例还可以使用以下两个方法。

- 拖动法，见图 10-19。适用于对象少的场合（否则干扰者多，不易操作），快捷。
- 构造辅助对象法，见图 10-20。本方法很"土"，但是管用。另外，[间隙工具] 会自动测量光标附近的对象的间隙，但有时该对象不是我们想要的测量对象。此时可以使用该方法。

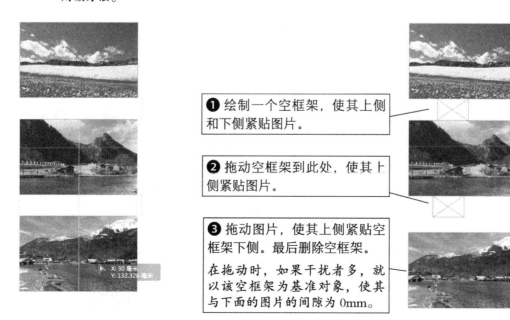

❶ 绘制一个空框架，使其上侧和下侧紧贴图片。

❷ 拖动空框架到此处，使其上侧紧贴图片。

❸ 拖动图片，使其上侧紧贴空框架下侧。最后删除空框架。

在拖动时，如果干扰者多，就以该空框架为基准对象，使其与下面的图片的间隙为 0mm。

图 10-19 拖动法　　　　　　　　　　　　图 10-20 构造辅助对象法

案例 10-5：头尾文本框固定，中间的间隙相同

示例见图 10-21。

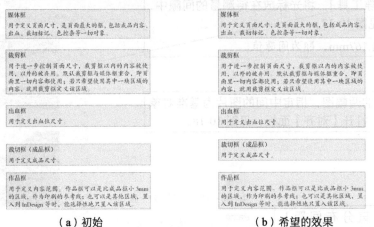

（a）初始　　　　　　　　（b）希望的效果

图 10-21　使框架的间隙相同

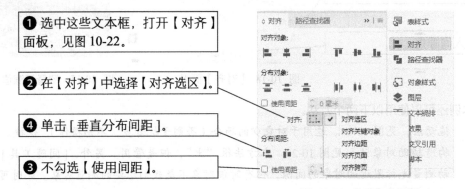

❶ 选中这些文本框，打开【对齐】面板，见图 10-22。

❷ 在【对齐】中选择【对齐选区】。

❹ 单击 [垂直分布间距]。

❸ 不勾选【使用间距】。

图 10-22　【对齐】面板

案例 10-6：外侧图片与版心的间隙等于图片与图片的间隙

示例见图 10-23。

3 处间隙相等

（a）初始　　　　　　　　（b）希望的效果

图 10-23　版心线、图片等间隙

❶ 在左、右版心外侧，各绘制一个空框架，见图 10-24。

框架大小不限，但是需要紧贴版心线。

图 10-24　构造辅助对象

❷ 选中这 4 个对象，打开【对齐】面板，见图 10-22。

❸ 其余同上例，但是最后需要单击 [水平分布间距]，效果见图 10-25。

因为版心线不是对象，无法让其参与对齐操作，所以构造了一个对象充当版心线。

❹ 删除所添加的两个空框架，效果见图 10-23（b）。

图 10-25　等间隙分布

10.3 文本绕排

10.3.1 常用的绕排类型

在文本与图片重叠后，默认图压字或字压图。此时可以选中图片，在【文本绕排】面板里将其设置为文本绕着图片排，见图 10-26。

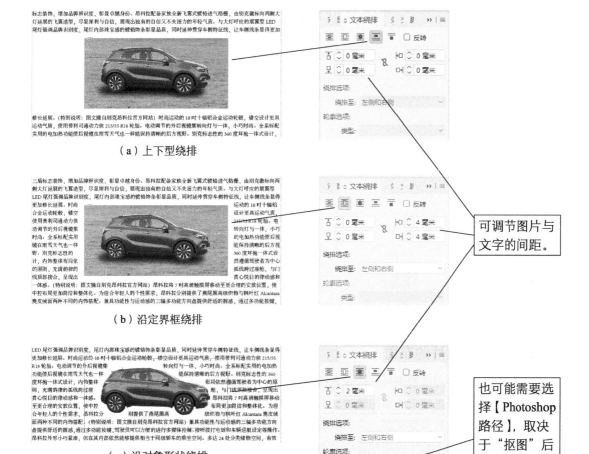

（a）上下型绕排

（b）沿定界框绕排

（c）沿对象形状绕排

图 10-26　常用的绕排方式

关于沿对象形状绕排，要注意：①图片必须有"形状"的信息，通常使用 Photoshop 进行"抠图"（见图 10-3），也可以直接使用别人制作好的，即包含透明效果的图片；②使用 [直接选择工具] 单击图片，即可显示出绕排的轮廓，见图 10-27；③文字和图片的间距不宜太近，以求美观；④不完整的图片应当贴边放置，见图 10-28，如果一定要将其放在中间，则可以在其下面添加一个色块或一张图片，以避免该图片被孤零零地悬在半空。

可以使用 [钢笔工具] 添加、删除锚点。可以使用 [直接选择工具] 拖动调整。

图 10-27　文本绕排的轮廓

去除背景且不完整的人像，应该贴边放置。
仿佛是因为被裁切后才导致不完整的。

带着背景的不完整图片，可以悬空放置。

图 10-28　《南方人物周刊》2017 年第 33 期

10.3.2　文字、图片的布局

大片文字，其中点缀着图片：适宜先排文字，然后把图片叠放在文字上，通过文本绕排给图片留出空间。优点是便于添加和管理文本，缺点是不能随意放置图片。

文字零碎，图片和文字交错：文字和图片相互不重叠，分别放置在页面上。优点是可以随意放置图片，缺点是不利于添加和管理文本。本书就属于这种情况。

10.4 定位对象

对象（图形、图片、文本框）默认不随文字的流动而移动，但是在将对象定位后，即可实现跟随文字的流动而移动。大致过程：首先给对象指明要跟随的文字（定位锚点），然后设置对象与锚点的位置关系。由于锚点是跟随文字的流动而移动的，对象与锚点的位置关系又保持不变，因此就实现了对象自动跟随文字的流动而移动。定位的对象可以是图形、图片、文本框或它们的组合，下文统称为图片。

10.4.1 定位在行中

▲ 案例 10-7：在字符之间添加小图标

示例见图 10-29。

（a）初始

（b）希望的效果

图 10-29 图片定位在字符之间

图片在两个字符之间，像普通字符一样流动。

❶ 把第 1 个图片定位在字符之间（行中），见图 10-30。
- 选中图片，按 Ctrl+X 组合键，把光标置于文中，按 Ctrl+V 组合键。
- 也可以按住 Shift 键拖动图片所在框架的右上边的实心方块到文本中。

图 10-30 添加第 1 个定位对象

❷ 使图片高度等于字符高度，见图 10-31。
- 字符高度 = 字号点数 × 0.35278 = 10.5 × 0.35278 ≈ 3.7（mm）。
- 这样既不增大行距，又使图片尺寸尽量大。

图 10-31 使图片与字符等高

❸ 增加图片与左、右字符的间距，见图 10-32。
- 设置 [沿定界框绕排] 形式的文本绕排，并增大左、右位移。
- 至此，一个图片设置完毕。

图 10-32 增加图片与字符的间距

❹ 对上述已经设置好的图片建立并应用对象样式，见图10-33。
- 选中该图片，新建对象样式。定位对象的设置会自动添加进来。
- 在【大小和位置选项】里，【调整】选【仅高度】。高度的数值会自动填上。

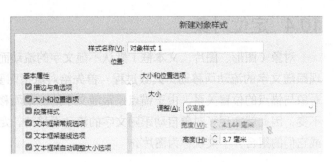

图 10-33 "新建对象样式"对话框（局部）

❺ 对其余图片应用该对象样式，见图10-34。
- 图片高度按定义的高度执行。
- 因为还未指明定位描点，所以定位对象方面的格式（图片与锚点的相对位置）没有表现出来。

图 10-34 对其余图片应该对象样式

❻ 使其余图片和框架相互适应，见图10-35。
- 选中这些图片，【对象】→【适合】→【按比例适合内容】，即缩放图片，使图片显示完整。
- 【对象】→【适合】→【使框架适合内容】，使框架紧贴图片。

图 10-35 使图片和框架相互适应

❼ 把其余图片定位在字符之间（行中），效果见图10-29（b）。
- 逐个添加，操作同步骤1。
- 文本绕排等不需要再设置，因为已经在对象样式里设置好了。

选中本例中任意一个定位对象，按住 Alt 键单击右上角的锚标记，即可打开如图10-36所示的对话框（与对象样式里的【定位对象选项】相同）。

本例设置的定位对象默认为这种类型，如果不调整【Y位移】，就不需要打开本对话框。
- 图片的位置就是定位锚点的位置，所以没有显示锚点。
- 【Y位移】：用于微调定位对象在垂直方向的位置。

若勾选【防止手动定位】，则只能像文本一样选中定位对象，无法像图片一样选中定位对象（当然无法手动移动位置）。

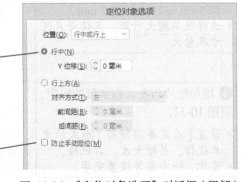

图 10-36 "定位对象选项"对话框（局部）

10.4.2 定位在行上

案例 10-8：添加插图（1）

示例见图 10-37。

把尺寸是5cm×7cm的文档（含出血）拼到21.6cm×29.1cm的大页面里。每9张（3排3列）小页面排到一张大页面，先纵向后横向，即第一列是1、2、3，第二列是4、5、6，第三列是7、8、9；页面不缩放、不反转。第一列与第二列间距0.6cm、第二列与第三列间距1cm；第一行与第二行间距0.8cm、第二行与第三行间距1.2cm。9张作为一个整体在大页面里，垂直居中；水平方向距书脊比外侧多1cm。小页面显示页面边框，见图1。

图1 拼合页面示例

说明：通常不同行列的间距都相同，本例为更全面地展示，特意提高了复杂程度。为便于查看出血，特意用灰色区域表示出血。为便于演示，特意对页面只设置了页码，并且把字体设置得很大。

01 调整小页面的排列顺序：单击【增效工具】→【Quite Imposing Plus 3】→【控制面版】，选【页面排序】。拼合时总是按文档页码的流水顺序，先横向后纵向（即第一行是1、2、3，第二行是4、5、6，第三行是7、8、9），并且页面不旋转。若是希望的，就跳过本步，否则，就得预先这

04 设置大页面尺寸、方向。【印张大小及形状】，选择尺寸或【更多选项】自定义。通常宽度小于高度，如与实际一致，勾选【纵向】；否则，就勾选【横向】。【最大列数】、【最大行数】：可以规定小页面的行列数上限，"0"表示不限制，按最大的可能排。

单击【完成】，见图5。

图5 创建折手-3

05 小页面的出血问题。若小页面设置了出血，会弹出"出血问题"对话框（见图6）；否则就没有该对话框。

图6 出血问题

【忽略所有的出血信息】：把出血当成正式内容对待，即"步骤3"里的全部间距都是以出血外边缘为基准的。如果选择给小页面加边框，则边框加在出血外边缘。本例使用了该选项。

【在拼版时使用出血信息】：把出血当成已经被裁掉，即"步骤3"里的全部间距都是以出血内边缘（成品尺寸）为基准的。如果选择给小页面加边框，则边框加在出血内边缘。全部间距以出血内边缘（成品尺寸）为基准，并且不显示出血内容：事先裁掉出血，即把出血框和裁剪框都设为

把尺寸是5cm×7cm的文档（含出血）拼到21.6cm×29.1cm的大页面里。每9张（3排3列）小页面排到一张大页面，先纵向后横向，即第一列是1、2、3，第二列是4、5、6，第三列是7、8、9；页面不缩放、不反转。第一列与第二列间距0.6cm、第二列与第三列间距1cm；第一行与第二行间距0.8cm、第二行与第三行间距1.2cm。9张作为一个整体在大页面里，垂直居中；水平方向距书脊比外侧多1cm。小页面显示页面边框，见图1。

1 4 7
2 5 8
3 6 9

图1 拼合页面示例

见图2。

图2 页面排序

02 单击【增效工具】→【Quite Imposing Plus 3】→【折手】。勾选【不剪切印张】。勾选【否，按实际大小放置所有页(100%)】。单击【下一步】，见图3。

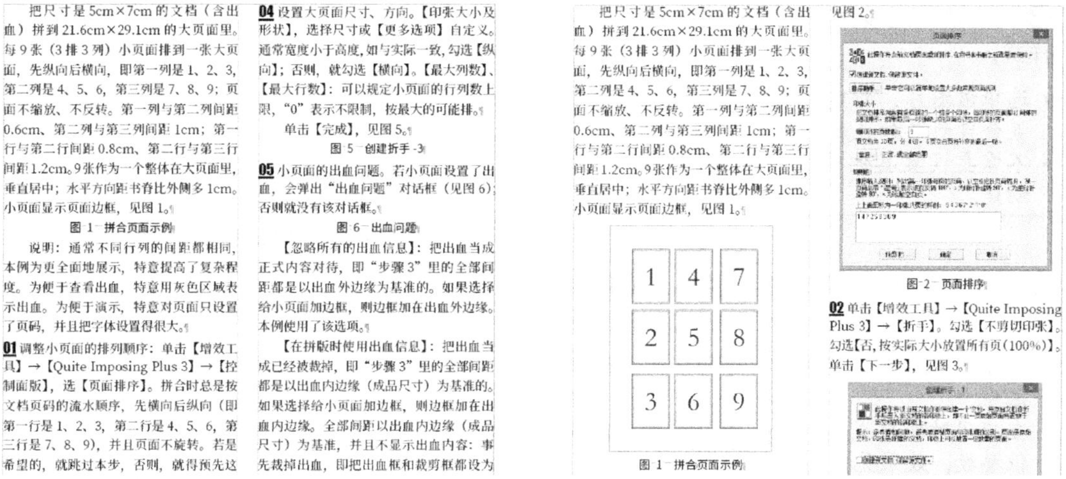

（a）初始　　（b）希望的效果

图 10-37　图片定位在文本上方

> ❶ 给第 1 个图片指明定位锚点，并设置图片与锚点的位置关系。
> - 选中图片，按住 Alt 键拖动图片所在框架的右上边的实心方块到"图 1　拼合页面示例"中（在任意两个字符之间）。
> - 会自动打开如图 10-38 所示的对话框。
>   【位置】选【行中或行上】，选中【行上方】，即图片位于锚点所在行的上方。
>   【对齐方式】选【居中】，即图片在栏中居中对齐。
>   【前间距】表示图片与前面文本的间距。
>   【后间距】表示图片与后面文本的间距。
>   结果见图 10-39。

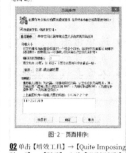

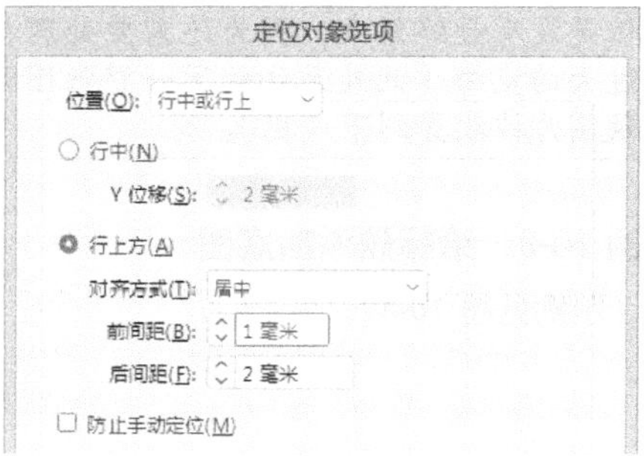

图 10-38　"定位对象选项"对话框（局部）

> 与 [上下型绕排] 的效果相同，更加适用于像本例这样的情况——单张排列，图题居中。
> - 图片在栏中居中对齐，图题也在栏中居中对齐，所以两者自然相互居中对齐了。
> - 图片自动跟随图题的流动而移动。因为图片始终与定位锚点所在的行在一起，所以不会出现图片在页面（或栏）底部，图题在下一页（或栏）顶部的情况。

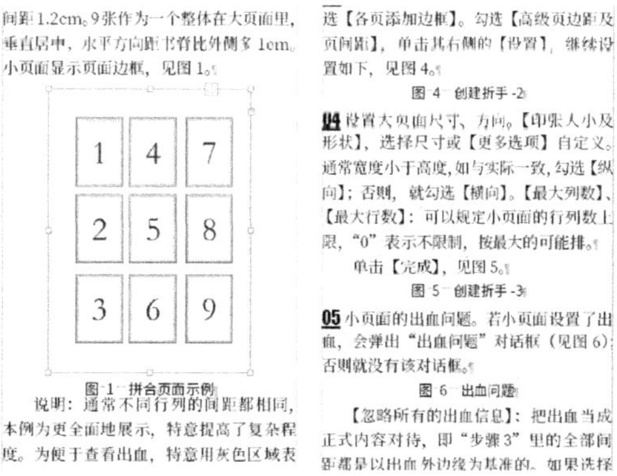
间距1.2cm。9张作为一个整体在大页面里，垂直居中，水平方向距书脊比外侧多1cm。小页面显示页面边框，见图1。

1 4 7
2 5 8
3 6 9

图1 拼合页面示例

说明：通常不同行列的间距都相同，本例为更全面地展示，特意提高了复杂程度。为便于查看出血，特意用灰色区域表示出血。

选【各页添加边框】。勾选【高级页边距及页间距】，单击其右侧的【设置】，继续设置如下，见图4。

图4 创建折手-2

04 设置大页面尺寸、方向。【印张大小及形状】，选择尺寸或【更多选项】自定义。通常宽度小于高度，如与实际一致，勾选【纵向】；否则，就勾选【横向】。【最大列数】、【最大行数】：可以规定小页面的行列数上限，"0"表示不限制，按最大的可能排。

单击【完成】，见图5。

图5 创建折手-3

05 小页面的出血问题。若小页面设置了出血，会弹出"出血问题"对话框（见图6）；否则就没有该对话框。

图6 出血问题

【忽略所有的出血信息】：把出血当成正式内容对待，即"步骤3"里的全部间距都是以出血外边缘为基准的。如果选择

图 10-39　设置第 1 个图片的定位位置

❷ 增大图题与下方文本的间距，见图 10-40。
- 定位的图片影响图题与下方段落的间距。
- 修改图题所用的段落样式，增大段后距。

❸ 对上述已经设置好的图片建立并应用对象样式。
- 选中该图片，新建对象样式。定位对象的设置会自动添加进来。
- 不需要设置其他项目，单击【确定】，结束创建。

❹ 给第 2 个图片指明定位锚点，并应用对象样式。
- 拖动图片所在框架的右上边的实心方块到文本中。
- 在应用对象样式后，会自动应用设置好的定位参数，效果见图 10-41。

❺ 对其余的图片，重复步骤 4。
- 关于定位对象的操作，就此结束，效果见图 10-37（b）。
- 但是没有最终结束，因为还需要处理栏底部过大的空白（此处无法放下一整张图片，导致图片被放置到下一栏）。

图 10-40 增大图题后面的空白

图 10-41 设置第 2 个图片

▲ **案例 10-9：给标题添加底图**

示例见图 10-42。

- 要优先考虑段落线、段落底纹、段落边框，因为它们操作更简便。
- 本例底图较复杂，上述方法无法实现。

（a）初始

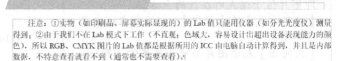

（b）希望的效果

图 10-42 给标题添加底图

❶ 给底图指明定位锚点，并设置图片与锚点的位置关系。

- 选中图片，按住 Alt 键拖动框架右上边的实心方块到标题的段首。图片会堆叠在锚点之前文本的上面，以及锚点之后文本的下面。
- 会自动打开如图 10-43 所示的对话框。
【位置】选【行中或行上】，选中【行上方】。
【对齐方式】选【左】，即图片在栏中左对齐。
【前间距】：图片与前面文本的间距。
【后间距】：图片与后面文本的间距。调整幅度可以很大，甚至使图片位于行的下方！
结果见图 10-42（b）。

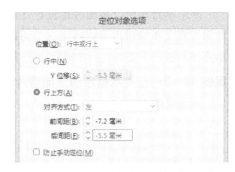

图 10-43　"定位对象选项"对话框（局部）

❷ 对上述已经设置好的图形建立并应用对象样式，见图 10-44。

- 选中该图片，新建对象样式。定位对象的设置会自动添加进来。
- 该对象样式是以两个对象为格式源创建的，而这两个对象的填色属性不同，那么对象样式里定义的填色按照哪个对象的呢？所以一定要取消勾选【填色】，即不控制填色。若还有其他属性不同，则也要取消勾选。

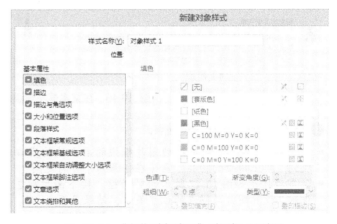

图 10-44　"定位对象选项"对话框（局部）

❸ 给其余标题添加底图，见图 10-45，有以下两个方法。

- 方法 1：复制该图片，逐个粘贴到其余标题的段首。
- 方法 2：剪切该图片，使用 GREP 查找替换。
【查找内容】设置为 ".+"。
【更改为】设置为 "~c$0"。
【查找格式】设置为该标题所用的段落样式。

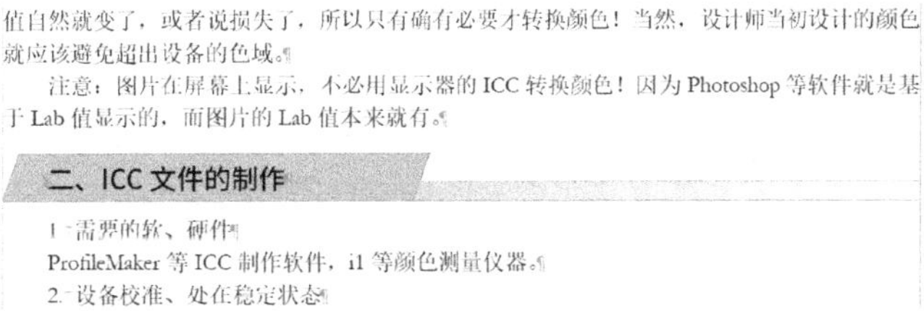

图 10-45　给其余标题添加底图

步骤 3 的两个方法本质相同，都是复制同一个图片，然后多次粘贴。既然是同一个图片，在完成步骤 1 后，为什么不能直接进行步骤 3 呢？图片在复制、粘贴后，副本的填色、描边、文字环绕、阴影等属性与原件一样，副本所应用的对象样式的信息也与原件相同，但是原件对于定位对象的设置不会带进副本里，然而定位对象可以被设置到对象样式中，所以通过应用对象样式就可以解决这个问题。

10.4.3 定位在其他地方

采用本方法可以将图片定位在任何地方，但图片会遮盖定位锚点所在行及其前面的文本。此时设置文本绕排也不能解决这个问题（绕排对定位锚点所在行及其前面的文本无效），所以本方法不适用于图片在行中或行上的情况。

▶ **案例 10-10：在文本框左侧添加图片**

示例见图 10-46。

（a）初始　　　　　　　　　　　　　　　（b）希望的效果

图 10-46　在文本框左侧添加图片

❶ 给第 1 个图片指明定位锚点。
- 选中图片，按住 Alt 键拖动图片框架的右上边的实心方块到"禁止携带的物品"里（在任意两个字符之间）。
- 会自动打开如图 10-47 所示的对话框。按下面步骤 2 至步骤 7 设置图片与锚点的位置关系，结果见图 10-48。

❷ 选【自定】。
本方法确定的定位锚点，默认即是这种定位方式。

❸ 确定图片的基准点。
- 表示随后规定的【X 位移】【Y 位移】是从图片哪个点为基准计量的。
- 本例选在右上角。

❼ 确定图片的【参考点】与参照物的【参考点】的位置关系。
- 【X 位移】【Y 位移】：水平、垂直方向上两个基准点的距离。
- 本例水平方向上图片右上角距栏边 5mm，垂直方向上图片右上角距行的上边缘 0mm。

❻ 确定前面两条设置的参照物的【参考点】。
- 表示随后规定的【X 位移】【Y 位移】是从参照物哪个点为基准计量的。
- 本例选在左端。

❹ 确定在水平方向上，图片定位的参照物。
- 可以是定位锚点自身、锚点所在的栏、文本框、版心、页面等。
- 本例选择【栏边】，是定位锚点所在的栏。也可以选择【文本框架】。

❺ 确定在垂直方向上，图片定位的参照物。
- 可以是定位锚点所在的行、栏、文本框、版心、页面等。
- 本例选择【行（行距上端）】，是定位锚点所在的行，且是行的上边缘。

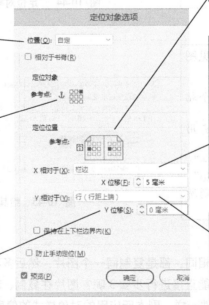

图 10-47　"定位对象选项"对话框（局部）

设置定位对象的好处如下所述。
- 图片上端与标题行上端始终平齐，标题在上下移动时，图片会随着上下移动。
- 图片右端与栏左端的间距始终不变，如果栏移动到别处，则图片也会随之移动到别处。

❽ 对上述已经设置好的图片建立并应用对象样式。
- 选中该图片，新建对象样式。定位对象的设置会自动添加进来。
- 不需要设置任何项目，单击【确定】，结束创建。

❾ 给第 2 个图片指明定位锚点，并应用对象样式。
- 拖动图片所在框架的右上边的实心方块到文本中。
- 在应用对象样式后，会自动应用设置好的定位参数，效果见图 10-49。

❿ 对其余的图片，重复步骤 9。

禁止携带的物品
枪支、军用或警用械具类（含主要零部件）、爆炸物品类、管制刀具易燃易爆物品、毒害品、腐蚀性物品、放射性物品、其他危害飞行安全的物品、国家法律法规规定的其他禁止携带运输的物品。

携带行李
头等舱可随身携带两件行李，公务舱、经济舱为一件。每件体积不超过 20cm×40cm×55cm，总重量不超过 5kg，否则应托运。头等舱可免费托运 40kg，公务舱为 30kg，经济舱为 20kg。

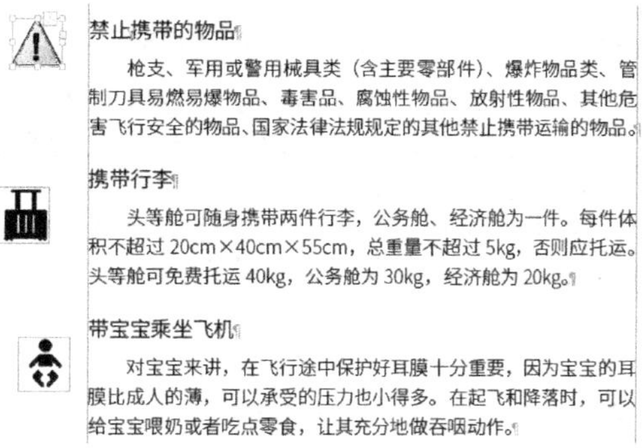

带宝宝乘坐飞机
对宝宝来讲，在飞行途中保护好耳膜十分重要，因为宝宝的耳膜比成人的薄，可以承受的压力也小得多。在起飞和降落时，可以给宝宝喂奶或者吃点零食，让其充分地做吞咽动作。

图 10-48　设置第 1 个图片的定位位置

禁止携带的物品
枪支、军用或警用械具类（含主要零部件）、爆炸物品类、管制刀具易燃易爆物品、毒害品、腐蚀性物品、放射性物品、其他危害飞行安全的物品、国家法律法规规定的其他禁止携带运输的物品。

携带行李
头等舱可随身携带两件行李，公务舱、经济舱为一件。每件体积不超过 20cm×40cm×55cm，总重量不超过 5kg，否则应托运。头等舱可免费托运 40kg，公务舱为 30kg，经济舱为 20kg。

带宝宝乘坐飞机
对宝宝来讲，在飞行途中保护好耳膜十分重要，因为宝宝的耳膜比成人的薄，可以承受的压力也小得多。在起飞和降落时，可以给宝宝喂奶或者吃点零食，让其充分地做吞咽动作。

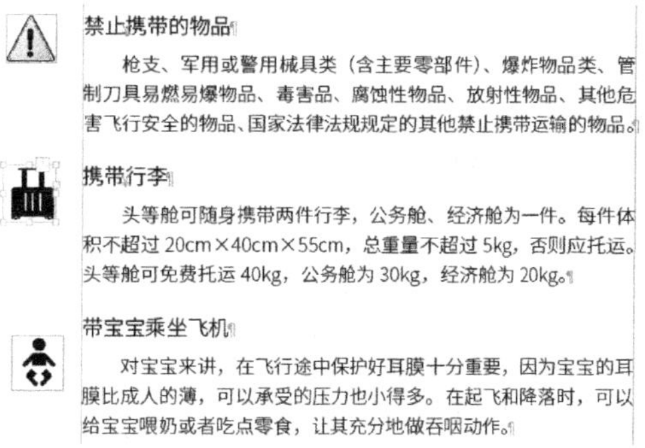

图 10-49　设置第 2 个图片

在标题左侧添加小图标（如本书中的"案例 ×-×：××"），也可以使用这个方法来添加和设置。

▲ 案例 10-11：添加边码

示例见图 10-50。

边码
- 对于翻译的书籍而言，该部分内容对应外文原版书里的页码。
- 通常排在切口一侧，即在左页的左侧，右页的右侧。

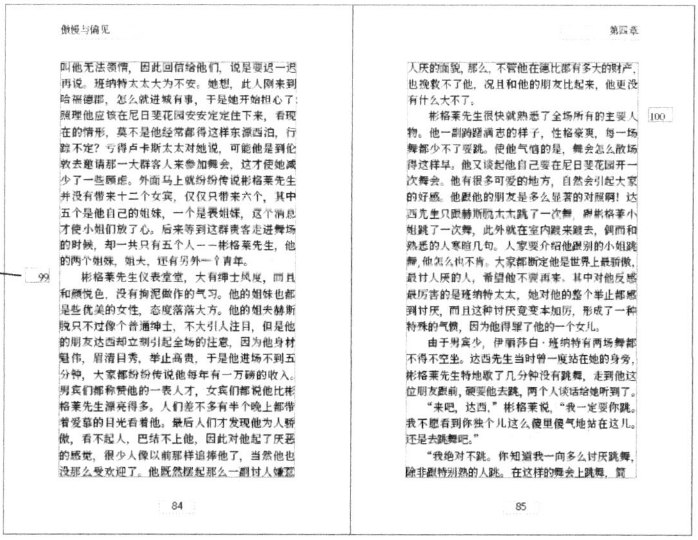

图 10-50　添加边码（最终效果）

❶ 给一个边码文本框指明定位锚点。

- 选中文本框，按住 Alt 键拖动框架右上边的实心方块到对应的段落首行。适宜在行中部，以减少锚点流动到相邻行的概率。也可以定位到其他行，因为都是以锚点所在的行为基准定位的。
- 会自动打开如图 10-51 所示的对话框。按照下面的步骤 2 至步骤 7 来设置图片与锚点的位置关系，结果见图 10-52。

❷ 选【自定】，勾选【相对于书脊】。

左页、右页区别对待。

❸ 确定边码文本框的基准点。

左页选右下角，右页会自动选左下角。

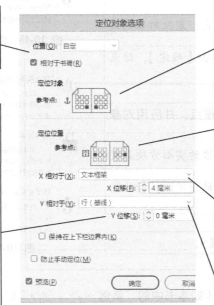

❻ 确定前面两条设置的参照物的基准点。

左页选左端，右页会自动选右端。

❼ 确定边码文本框的基准点，与参照物的基准点的位置关系。

- 左页：在水平方向上，边码文本框右下角距正文文本框左端 4mm，在垂直方向上，边码文本框右下角距行的下边缘 0mm。
- 右页：在水平方向上，边码文本框左下角距正文文本框右端 4mm，在垂直方向上，边码文本框左下角距行的下边缘 0mm。

❹ 确定在水平方向上，边码文本框定位的参照物。

选【文本框架】，是定位锚点所在的文本框。

❺ 确定在垂直方向上，边码文本框定位的参照物。

选【行（基线）】，是定位锚点所在的行，并且是行的下边缘。

图 10-51 "定位对象选项"对话框

❽ 对上述已经设置好的边码文本框建立并应用对象样式。

- 选中该边码文本框，新建对象样式。定位对象的设置会自动添加进来。无须设置任何项目，单击【确定】，结束创建。
- 如果已经应用了对象样式，就右击该对象样式→【重新定义样式】，即可把定位对象的设置添加进来。

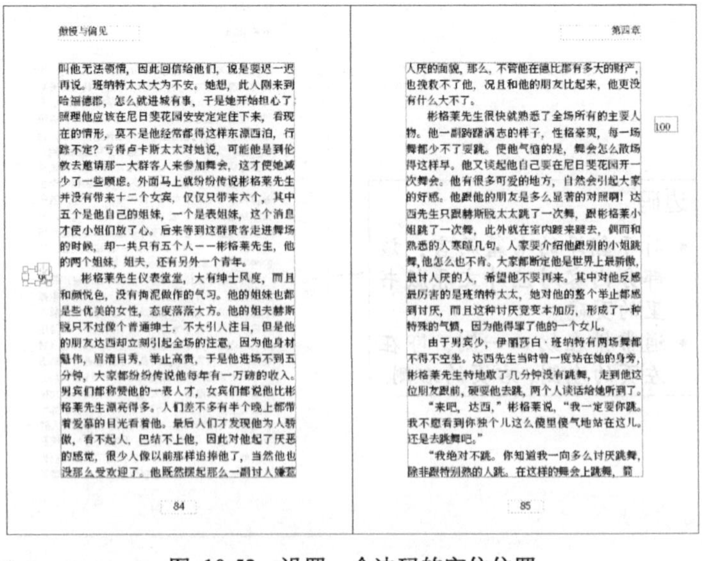

图 10-52 设置一个边码的定位位置

❾ 给另一个边码文本框指明定位锚点，并应用对象样式。
- 拖动框架右上边的实心方块到文本中。
- 在应用对象样式后，会自动应用设置好的定位参数，效果见图 10-50。
- 如果已经应用了对象样式，就单击 [清除优先选项] 图标。

❿ 针对其余的边码文本框，重复步骤 9。

案例 10-12：添加插图（2）

在图片、图题都设置好后，希望通过设置定位对象，使图片（连同图题）自动跟随文本流动，见图 10-53。

图片的情况复杂。
- 既有单张排列，又有两张并排排列。
- 图片高度尺寸不一。

图题单独一个文本框。
- 图题与图片左对齐。
- 图片左端的位置不一。

将图片与图题编组，设置 [上下型绕排]。
- 可以应用对象样式，把文本绕排的参数记录在对象样式中。
- 图题文本框要勾选【忽略文本绕排】。如果应用了对象样式，就在对象样式的【文本框架常规选项】里设置；否则，【对象】→【文本框架常规】，在【常规】里设置。

图 10-53　文本与插图

❶ 给第 1 个对象（图片与图题的编组）指明定位锚点。
- 选中对象，拖动框架右上边的实心方块到文本中。
- 按住 Alt 键单击框架右上边的锚标志，即可打开如图 10-54 所示的对话框（此处是为了讲解，实际无须打开）。

这样拖动添加的定位描点，默认的定位参数如下所述。
- 水平方向上以文本框为定位参照物。
- 垂直方向上以行下边缘为定位参照物。

❷ 给其余对象（图片与图题的编组）指明定位锚点。
- 操作同上。
- 定位参数不一，所以就不添加到对象样式中了。

图 10-54　"定位对象选项"对话框（局部）

10.4.4 定位对象的若干问题

1. 定位对象、定位锚点的关系和特点

示例见图 10-55。

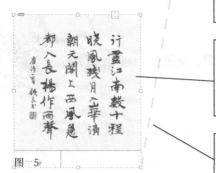

定位锚点
- 隐藏字符，不会被打印，会随文本流动。
- 复制、移动、删除包含定位锚点的文本，会同时复制、移动、删除定位的图片。
- 可以把多个图片定位到同一个点（即锚点重合），但随后的设置不能都相同，否则这些图片会重叠。

定位的图片
- 选中后，其框架右上边带有锚标志。
- 复制定位的图片并将其粘贴到文本之外，该副本图片会变为普通（没有定位）的图片。

定位的图片与定位锚点的对应关系
- 【视图】→【其他】→【显示文本串接】，即用虚线显示出对应关系。
- 【位置】选【自定】后，才会显示这种对应关系。

图 10-55　图片与定位锚点

2. 定位对象与文本的堆叠次序

【位置】选择【行中】的图片堆叠在文本下面。

【位置】选择【行上方】的图片，见图 10-56。

【位置】选择【自定】的图片堆叠在文本上面。

如果图片与文本不在一个图层，图片会移动到文本所在的图层中。在解除定位后，图片不会回到原来的图层。

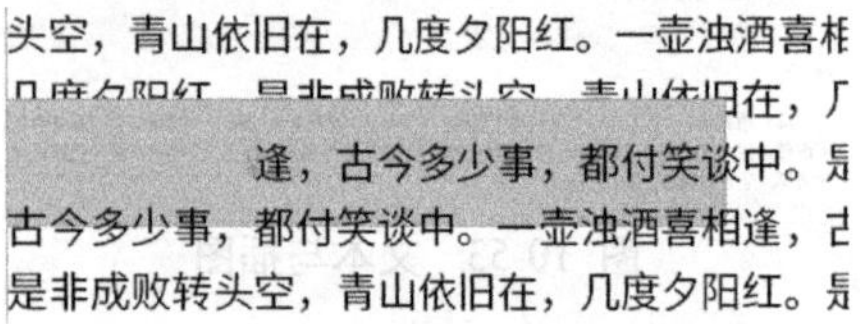

【位置】选择【行上方】的图片，堆叠位置如下所述。
- 锚点之前文本的上面。
- 锚点之后文本的下面。

图 10-56　定位在行上方

3. 定位对象的文本绕排

示例见图 10-57。

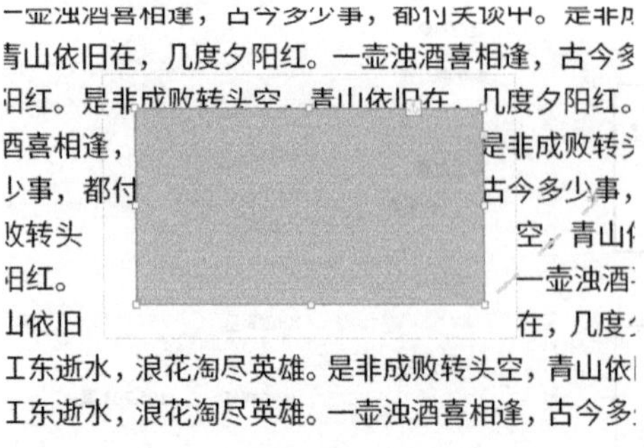

绕排对定位锚点所在行及其前面的文本无效。
- 该图片设置了[沿定界框绕排]。
- 绕排还设置了四面位移 4mm。

图 10-57　定位图片的文本绕排

第 11 章 颜色、特效

设置颜色的操作很简单，但不能"任性"，否则可能会增加印刷厂的工作难度，进而影响成品质量。本章介绍设置颜色方面的操作、规则、行业惯例。

11.1 色板

设置颜色就是选用油墨,涉及两个方面:油墨品种、油墨用量。

设置颜色宜用【色板】面板,不宜用【颜色】面板,就像设置文本格式宜用段落样式,不宜直接设置格式一样。色板具有样式的特征——高效、统一、便于更改。

11.1.1 选用油墨

一种油墨对应一种颜色,油墨可以通过印版控制在纸张上的分布和用量,100%的色值(用墨量最多)称为实地,其他色值(用墨量减少)称为加网变淡。显然一种油墨对应一块印版。

把几种油墨先后叠加印刷在一处,就会呈现出一种新颜色。由于油墨可以加网变淡,因此可以组合出"无数"种颜色。

1. 四色印刷

画册、彩色书刊通常采用的是四色印刷,使用 C(青)、M(品红)、Y(黄)、K(黑)4 种油墨,只需正常设置 CMYK 值即可。

2. 单色印刷

黑白书刊采用的是单色印刷,只用黑色油墨。在设置 CMYK 值时,只设置 K 值,C 值、M 值、Y 值都为零。单一品红颜色的宣传单采用的也是单色印刷,只用品红色油墨。在设置 CMYK 值时,只设置 M 值,C 值、Y 值、K 值都为零。

彩色图片需要转为灰度图片。使用 Photoshop 打开,采用以下两种方法之一。

- 方法 1:【图像】→【模式】→【灰度】。本方法操作简单。
- 方法 2:【图像】→【调整】→【通道混合器】,勾选【单色】,微调【红色】【绿色】【蓝色】滑块,进行精细控制。

对于 AI 格式的图片而言,要使用 Illustrator 将其导出为 TIF 图片,然后转为灰度图片。

灰度图片默认使用黑色油墨。如果文档使用的是其他油墨,则需要对其填充这种颜色,即在 InDesign 文档里,选中图片(不是框架),在色板里单击该颜色。也可以按彩色文档制作,最后采用灰度输出(操作见第 483 页"彩色文档,导出灰度的 PDF 文档")。当然如果颜色不是黑色,则要通知印刷厂使用哪一种颜色的油墨。

3. 双色印刷

一些教辅书和少儿读物只涉及两种颜色,采用的是双色印刷,使用两种油墨。通常黑色用于文字,另一种颜色用于色块、标题等。若采用"黑+品红"印刷,则在设置 CMYK 值时只设置 K 值和 M 值,C 值和 Y 值都为零。若采用"黑+红"印刷,则有两种做法。一种是仍按上述步骤进行操作,但要标注 M 值代表专色红;一种是新建专色红的色板,在设置 CMYK 值时只设置 K 值和这种专色红的色值,C 值、M 值、Y 值都为零。

在具体操作时,彩色图片要先转为灰度图片,然后填充这两种颜色的一种或者这两种颜色的混合颜色。

11.1.2 印刷色色板

C、M、Y、K 油墨最常用,这 4 种基本颜色就是印刷色,可以满足绝大多数需求。如果没有特殊情况,就只能在这 4 种油墨里选择。我们平时说的设置颜色就是指设置 CMYK 值,所以使用这 4 种颜色,不需要额外标注。

打开【色板】面板，会看到一些预置的颜色，见图 11-1。

[无]。
- 没有颜色，透明。
- 可去除已设置的颜色。

[套版色]，平时勿用。
- 等价于 C100 M100 Y100 K100（如果有专色，也是 100）。
- 常用于角线。

[纸色]，用于白色。
- 纸张的颜色（通常是白色），不透明。等价于 C0 M0 Y0 K0（若有专色，也是 0），即不用油墨，露出纸张本身的颜色。
- 如果纸张不是白色，希望得到白色，就需要用白色专色油墨。
- 如果纸张是淡黄色，可将其设为 C0 M0 Y40 K0，但这只是在屏幕上更逼真地显示，仍然不会印刷任何油墨。

[黑色]，用于黑色的文字、线条。
- 在用于大面积黑时，会显得不够黑，宜使用 C35 M0 Y0 K100。在用于整版面黑时，可以使用 C40 M20 Y20 K100，有厚度，有光泽。
- 会自动叠印，并且无法设置为不叠印，通常应该如此。C0 M0 Y0 K100 默认不叠印，在手动设置为叠印后，两者即相同。

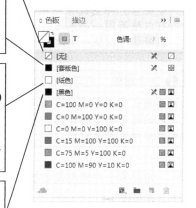

图 11-1　预置的颜色

预置的颜色在不能满足需要时，就需要新建颜色色板，操作如下所述。

❶ 选中一个需要使用新色板的对象，【色板】面板菜单→【新建颜色色板】，打开如图 11-2 所示的对话框。
- 如果不选中任何对象新建色板，这个新色板会成为默认使用的色板。当然可以恢复原状：不选中任何对象，单击原来默认使用的色板。
- 初始默认使用的色板：
  框架填色是 [无]，描边是 [黑色]；
  文本填色是 [黑色]，描边是 [无]。

❷ 选【印刷色】。

❸ 选【CMYK】。

❹ 输入颜色值。
- 一般使用整数，并且以 0 或 5 结尾。
- 总墨量（CMYK 之和）不能太多，否则油墨很难干，会造成脏版和粘版。总墨量限制与印刷机、油墨、纸张等有关，铜版纸等涂料纸的总墨量限制约为 330%，胶版纸的总墨量限制约为 300%，新闻纸的总墨量限制约为 255%。当然这是针对大面积区域而言，对于小面积区域无此严格限制。

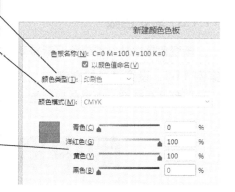

图 11-2　"新建颜色色板"对话框（局部）

如果只需要把现有的颜色变淡,也可以不新建色板,而是降低色调。具体操作如下所述。

❷ 调整【色调】。
- 调整范围是 0~100%,值越小,颜色越淡。
- C0 M100 Y100 K0(色调 70%)与 C0 M70 Y70 K0(色调 100%)的颜色相同,但前者与色板 C0 M100 Y100 K0 有父子关系,即更改该色板会影响不同色调的颜色。多个对象可以使用同一个色板(只是色调不同),以后在更改这个色板时就可以统一更改这些对象。

❶ 选中对象,应用现有的色板,见图 11-3。
- 要确认是针对容器(框架)的还是针对文本的,是针对填色的还是针对描边的。
- 然后单击颜色色板。

图 11-3 【色板】面板

如果多个对象都需要这样降低色调,则可以不逐个设置色调,而是统一设置。操作如下:接上述步骤 1。

❷【色板】面板菜单→【新建色调色板】,见图 11-4。

❸ 调整【色调】。
- 会创建一个末尾带着类似 "70%" 字样的色板,见图 11-5。
- 以后可以像使用普通色板一样使用它。

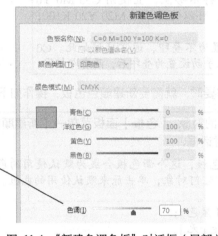

图 11-4 "新建色调色板"对话框(局部)　　图 11-5 【色板】面板

11.1.3 渐变色板

渐变色是指从一种颜色逐渐转变成另一种颜色。

案例 11-1:设置渐变的文字

两种颜色渐变:由黑色到红色。示例见图 11-6。

闹中取静　尽显尊贵

图 11-6 渐变的文字(希望的效果)

❶ 选中框架,【色板】面板菜单→【新建渐变色板】,打开如图 11-7 所示的对话框。

在操作之前,要确保【色板】面板里的 [格式针对文本][填色] 处在启用状态。

❸【类型】选【线性】。
- 线性:从左到右渐变。
- 径向:从内到外渐变。

❹ 设置左端的颜色。
- 单击左端的控制点。
-【站点颜色】选【CMYK】。也可选【色板】,选用已有的颜色。
- 输入颜色值 C0 M100 Y100 K100。此处不宜用单黑,因为单黑到红色的渐变不美观。

❺ 设置右端的颜色。
- 单击右端的控制点。
-【站点颜色】选【CMYK】。
- 输入颜色值 C0 M100 100 K0。

❻ 单击【确定】,结束创建渐变色板。
-【色板】里出现新建的渐变色板,见图 11-8。
- 所选文本框里的文字自动应用该渐变色板,见图 11-9。

❷ 输入名称。

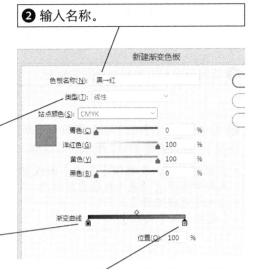

图 11-7 "新建渐变色板"对话框(局部)

图 11-8 新建的渐变色板

闹中取静　尽显尊贵

图 11-9　自动应用从左到右的渐变色

❼ 把从左到右的渐变色,改为从上到下的渐变色。
- 在操作之前,要确保【色板】面板里的 [格式针对文本][填色] 处在启用状态,并且应用了希望的渐变色板。
- 使用 [渐变色板工具] 从上到下画线,见图 11-10。起点是左控制点的颜色,终点是右控制点的颜色,按住 Shift 键可水平或垂直画线。

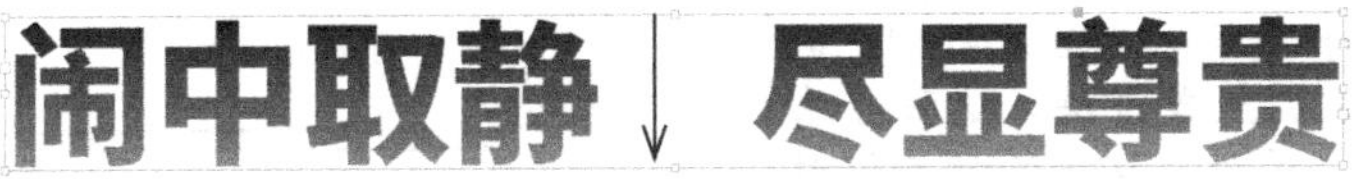

闹中取静↓尽显尊贵

图 11-10　使用 [渐变色板工具] 改变渐变方向

案例 11-2：设置渐变的底色（1）

三种颜色渐变：由深绿色到浅绿色，再到深绿色。示例见图 11-11。

❶ 绘制一个与出血尺寸相同的矩形。

❷ 选中框架,【色板】面板菜单→【新建渐变色板】,打开如图 11-12 所示的对话框。
- 在操作之前,要确保【色板】面板里的 [格式针对容器][填色] 处在启用状态。
- 输入【色板名称】。
- 【类型】选【线性】。

图 11-11　斜向渐变色（希望的效果）

❸ 设置左端的颜色。
- 单击左端的控制点。
- 【站点颜色】选【CMYK】。
- 输入颜色值 C80 M55 Y90 K45。

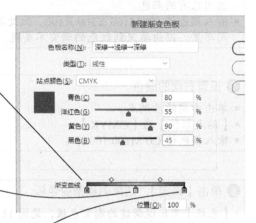

❹ 设置中间的颜色。
- 单击【渐变曲线】下方,即可添加一个控制点。在【位置】里可以输入 50% 等,以精确定位。
- 【站点颜色】选【CMYK】。
- 输入颜色值 C65 M0 Y85 K0。

图 11-12　"新建渐变色板"对话框（局部）

❺ 设置右端的颜色。
- 单击右端的控制点。
- 【站点颜色】选【CMYK】。
- 输入颜色值 C80 M55 Y90 K45。

❻ 单击【确定】,结束创建渐变色板。
所选矩形自动应用该渐变色板,见图 11-13。

图 11-13　左右渐变色

❼ 把从左到右的渐变色,改为斜向。
- 使用 [渐变色板工具] 从左上到右下画线。长短、角度、方向、位置都会影响结果。
- 也可以打开【渐变】面板（见图 11-14）,调整【角度】,拖动控制点或滑块。这种方法比较精确,保证了一致性。这里的调整仅对本对象有效,不会改变渐变色板。

图 11-14　【渐变】面板

案例 11-3：设置渐变的底色（2）

两种颜色径向渐变：由白色到蓝色。示例见图 11-15。

❶ 绘制一个与出血尺寸相同的矩形。

❷ 选中框架，【色板】面板菜单→【新建渐变色板】，打开如图 11-16 所示的对话框。
- 在操作之前，要确保【色板】面板里的 [格式针对容器][填色] 处在启用状态。
- 输入【色板名称】。
- 【类型】选【径向】。

图 11-15　径向渐变色（希望的效果）

❸ 设置左端的颜色。
- 单击左端的控制点。
- 【站点颜色】选【CMYK】。
- 输入颜色值 C0 M0 Y0 K0。

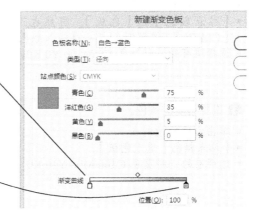

❹ 设置右端的颜色。
- 单击右端的控制点。
- 【站点颜色】选【CMYK】。
- 输入颜色值 C75 M35 Y5 K0。

图 11-16　"新建渐变色板"对话框（局部）

❺ 单击【确定】，结束创建渐变色板。

所选矩形自动应用该渐变色板，见图 11-17。

❻ 把径向中心点，改在左上部。

使用 [渐变色板工具] 从左上（新中心点）向右下画线。

图 11-17　径向渐变色

➡ 新建对象的颜色怎么变了？

在新建色板之前，要选中某个对象；在修改色板时，要使用右击的方式；在没有选中对象时，不要单击任何色板。这样才不会更改默认使用的色板，即新建对象的颜色才不会变。如果新建对象的颜色已经变了，可以对其进行复原，见"新建颜色色板"的步骤 1。

案例 11-4：文字填充两种颜色

渐变色通常是颜色逐渐过渡，但也可以调整为突变。示例见图 11-18。

❶ 选中框架，【色板】面板菜单→【新建渐变色板】，打开如图 11-19 所示的对话框。
- 在操作之前，要确保【色板】面板里的 [格式针对文本][填色] 处在启用状态。
- 输入【色板名称】。
- 【类型】选【线性】。

图 11-18　一个字符两种颜色（希望的效果）

❷ 设置左端的颜色。
- 单击左端的控制点。
- 【站点颜色】选【色板】。当然也可以选【CMYK】，像案例 11-3 一样输入颜色值。
- 选择现有的一种红色 C0 M100 Y0 K0。

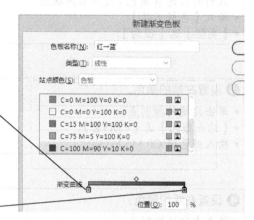

❸ 设置右端的颜色。
- 单击右端的控制点。
- 【站点颜色】选【色板】。
- 选现有的一种蓝色 C100 M90 Y10 K0。

图 11-19　"新建渐变色板"对话框（局部）

❹ 把左、右控制点设置到中心，见图 11-20。
- 分别选中左、右控制点，【位置】输入 50%。
- 也可以采用拖动法，只是不易精确控制。

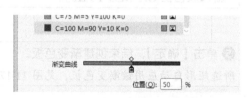

图 11-20　调整控制点的位置

❺ 单击【确定】，结束创建渐变色板。
所选文本框内的文字自动应用该渐变色板，见图 11-21。

盛大开业

图 11-21　左右渐变色

❻ 把从左到右的渐变色改为从上到下的渐变色。
- 打开【渐变】面板（见图 11-22），【角度】输入 "-90°"，即顺时针旋转 90°。
- 也可以使用 [渐变色板工具] 从上到下画线，只是不易精确控制。

图 11-22　【渐变】面板

11.1.4 专色色板

C、M、Y、K 之外的油墨都是专色油墨，常用于 CMYK 无法实现，或者能实现但不够准确的颜色。专色油墨的成本通常较高，只有在确有必要时才用。

新建专色色板，操作如下所述。

❶ 选中一个需要用新色板的对象，【色板】面板菜单→【新建颜色色板】，打开如图 11-23 所示的对话框。

❷ 选【专色】。

❸ 选【CMYK】或【PANTONE + Solid coated】等。

❹ 输入颜色值或选一种颜色。
- 步骤 3 选用【CMYK】后，可输入颜色值，但仅用于在屏幕上的显示，实际颜色由专色油墨本身决定，与此处的设置无关。
- 步骤 3 选用【PANTONE + Solid coated】等后，可在此处选用其中一种颜色。PANTONE 的编号后面有 C 和 U 两种，C 代表涂布纸（如铜版纸、轻涂纸），U 代表非涂布纸（如双胶纸、轻型纸）。

❺ 输入名称。
- 步骤 3 选用【CMYK】后，可输入名称。
- 步骤 3 选用【PANTONE + Solid coated】等后，会自动显示名称。

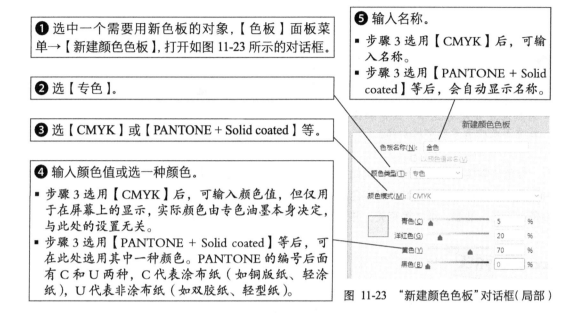

图 11-23 "新建颜色色板"对话框（局部）

新建的专色色板会出现在【色板】面板里，见图 11-24。

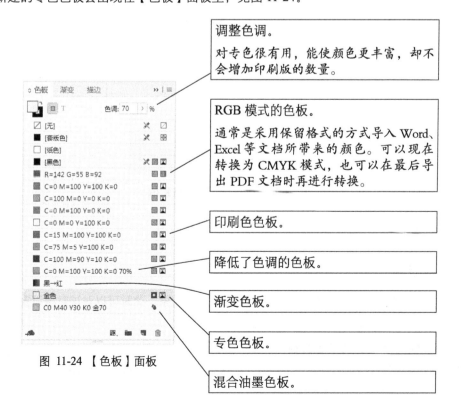

图 11-24 【色板】面板

调整色调。
对专色很有用，能使颜色更丰富，却不会增加印刷版的数量。

RGB 模式的色板。
通常是采用保留格式的方式导入 Word、Excel 等文档所带来的颜色。可以现在转换为 CMYK 模式，也可以在最后导出 PDF 文档时再进行转换。

印刷色色板。

降低了色调的色板。

渐变色板。

专色色板。

混合油墨色板。

某对象可以填充 100% 金或 70% 金，如何填充 C0 M40 Y30 K0 金 70？可以通过新建混合油墨色板解决，操作方法如下所述。

❶ 选中一个需要使用新色板的对象，【色板】面板菜单→【新建混合油墨色板】，打开如图 11-25 所示的对话框。

❷ 输入名称。

❸ 选择要混合的油墨，并输入色值。
- 这样既增加了可用颜色的数量，又不增加油墨品种。
- 当然油墨并没有混合，只是加网叠印了。注意不是所有专色都能如此。

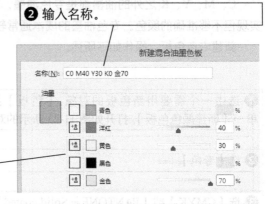

图 11-25 "新建混合油墨色板"对话框（局部）

专色还需要额外注明细节，例如，标明金色是青金还是红金等。

此外，我们还可以查询许多专色的 CMYK 值，见图 11-26。但是，需要注意的是，颜色与设备、工艺、油墨、纸张等有关，并且许多专色是使用 CMYK 油墨无法实现的。

图 11-26 查询专色的 CMYK 值

11.2 特效

11.2.1 透明度

填充了颜色的对象默认不透明，即完全遮挡下层的对象，此时可以对该对象设置某种程度的透明，使下层对象透过上层对象显现出来。

案例 11-5：使图片上的文字更醒目

浅色或深色的文字在图片中都不醒目时，可以使用透明色块改善，见图 11-27。

专色 / 透明度　243

（a）初始

（b）希望的效果

图 11-27　使文字更加醒目

❶ 给文本框填色，见图 11-28。
- 选中文本框，打开【色板】面板，单击颜色。
- 在操作之前，要确保 [格式针对容器][填色] 处在启用状态。

图 11-28　给文本框填色

❷ 增加文本框的透明度。
- 选中文本框，打开【效果】面板，见图 11-29。
- 单击【填充】，即只针对框架的填色。
- 调整【不透明度】。默认是 100%，即完全不透明。值越小越透明。半透明效果见图 11-30。如果不需要改变色块的形状，本例可以到此结束。

图 11-29　【效果】面板

❸ 调整文本框的形状，效果见图 11-27（b）。
- 选中文本框，单击 [钢笔工具]，把光标置于文本框右边框的中部，并在出现加号标志时单击，即可在右边框上添加一个锚点。
- 把光标置于文本框右上角，并在出现减号标志时单击，即可删除文本框右上角的锚点。
- 同样，可以删除文本框右下角的锚点。

图 11-30　设置半透明效果的文本框

不透明度与色调的异同点如下所述。例如，对象 A、B 都填充了 C100 M100 Y0 K0，对象 A 是不透明度 60%/ 色调 100%，对象 B 是不透明度 100%/ 色调 60%。如果下层没有其他对象，则两者相同，即颜色都是 C60 M60 Y0 K0；如果下层有其他对象，则对象 A 的颜色会受背景色的影响，对象 B 的颜色不变。

11.2.2 混合模式

通过混合模式，可以在两个重叠对象之间混合颜色。

案例 11-6：制作阴阳文字

使用自带工具绘制的图形在填色后放在文本的上层，希望图形里的文本是白色，图形外的文本不受影响，见图 11-31。

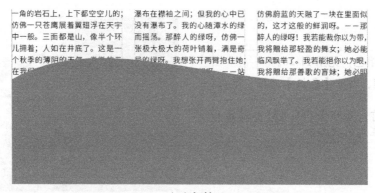

（a）初始

（b）希望的效果

图 11-31 阴阳文字

❶ 选中图形，打开【效果】面板，在其左上角输入框的下拉列表中单击【滤色】。见图 11-32。

本方法的前提条件：①白底，即底色是纸色；②图形和文字不能包含同一种油墨。因为文字通常是单黑的，所以图形颜色里的 K 值必须为 0。

图 11-32 【效果】面板

若图形颜色里的 K 值不为 0，可尝试将其减为 0。为保持颜色尽量不变，需要同时增加 C、M、Y 的值。例如，图形颜色是 C40 M50 Y0 K20，由表 11-1 可知，C20 + M13 + Y13 = K20，所以 C40 M50 Y0 K20 = C60 M63 Y13 K0。

表 11-1 CMY 油墨、中性灰对照表

C	M	Y	中性灰（K）
10	6	6	10
20	13	13	20
30	21	21	30
40	29	29	40
50	37	37	50
60	46	46	60
70	59	59	70
80	71	71	80
90	82	82	90

注意表中的数值仅是大概值，具体与设备、油墨等有关。

若图形颜色里的 K 值不能改为 0，或者出现其他情况导致不能使用上述方法，则可以使用下面的方法。①选中文本框架（如果有串接，则要先与前后文本框断开串接；如果图形跨越多个文本框，则要将这些文本框编组），按 Ctrl+X 组合键，选中图形（如果图形有多个，则先用路径查找器相加），按 Ctrl+Alt+V 组合键。②使用 [文字工具] 单击图形里面的文本，按 Ctrl+A 组合键，填充纸色。③使用 [选择工具] 单击页面空白处，【编辑】→【原位粘贴】，【对象】→【排列】选【置为底层】。本方法的缺点是文本框不能移动、不能改变大小；文字不宜增减或改变大小；图形不能移动（可改变大小）。

11.2.3 效果

可以对图片、图形、文本设置阴影、羽化等效果，操作方法如下所述。

选中框架，打开【效果】面板，单击右下方的【*fx*】（见图 11-33），然后选择希望的效果。

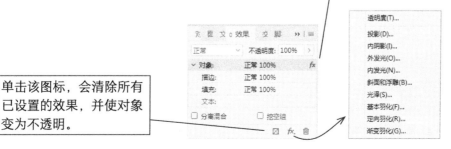

图 11-33 【效果】面板

几种效果的示例，见图 11-34。

投影设置里面的【不透明度】宜为 38% 左右，否则投影太黑。

（a）无效果

（b）投影

只能四周统一调整羽化宽度。

若要进一步融入背景，则还需要降低不透明度（下同）。

（c）基本羽化

（d）基本羽化 + 降低不透明度

在四周既渐变又羽化。

（e）渐变羽化（径向）

（f）渐变羽化（径向）+ 降低不透明度

在某个方向上既渐变又羽化，可以使用 [渐变羽化工具] 调整方向。

（g）渐变羽化（线性）

（h）渐变羽化（线性）+ 降低不透明度

图 11-34　效果示例

11.3 叠印、陷印

11.3.1 叠印、陷印的含义

在同一张纸上依次印刷多种颜色，每种颜色由印版控制油墨的分布及用量（示例见图 11-35），这一过程称为套印。注意套印误差很难避免，即位置会有微小偏差。

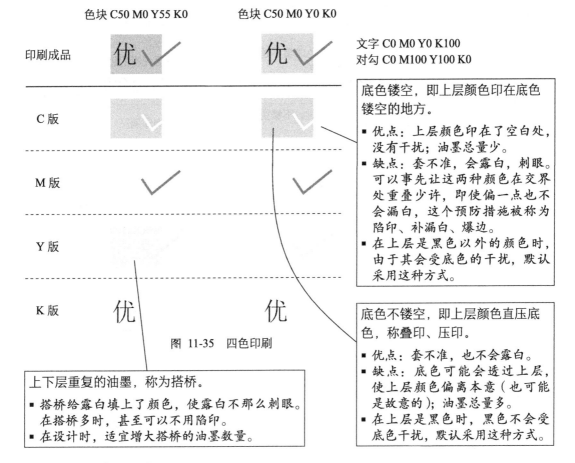

图 11-35 四色印刷

底色镂空，即上层颜色印在底色镂空的地方。
- 优点：上层颜色印在了空白处，没有干扰；油墨总量少。
- 缺点：套不准，会露白，刺眼。可以事先让这两种颜色在交界处重叠少许，即使偏一点也不会漏白，这个预防措施被称为陷印、补漏白、爆边。
- 在上层是黑色以外的颜色时，由于其会受底色的干扰，默认采用这种方式。

底色不镂空，即上层颜色直压底色，称叠印、压印。
- 优点：套不准，也不会露白。
- 缺点：底色可能会透过上层，使上层颜色偏离本意（也可能是故意的）；油墨总量多。
- 在上层是黑色时，黑色不会受底色干扰，默认采用这种方式。

上下层重复的油墨，称为搭桥。
- 搭桥给露白填上了颜色，使露白不那么刺眼。在搭桥多时，甚至可以不用陷印。
- 在设计时，适宜增大搭桥的油墨数量。

注意事项如下所述。

①无论底色镂空或者不镂空，印刷多色小字或细线都有难度，所以我们应尽量减少小字或细线使用的油墨品种。②叠印不是上下层的色值相加，而是只取上下层的色值之一，并且优先取上层的色值，即上层的色值不为 0 时，取上层的；上层的色值为 0 时，取下层的。例如，上层色值是 C0 M80 Y60 K20，下层色值是 C75 M5 Y100 K0，叠印后的色值是 C75 M80 Y60 K20。③目前四色胶印机非常普及，一次印刷的套准精度很高，所以陷印就不重要了；而对于"四色+专色"而言，需要两次印刷，并且每次印刷后纸张都有伸缩，难以套准，陷印很重要；如果有五色胶印机，陷印就不重要了。④在设置陷印时，哪种颜色扩张及扩张多少等参数与印刷设备、油墨等有关，可以在前端设计软件里设置，也可以在后端印刷流程里设置。InDesign 里的设置方法：打开【陷印预设】面板，双击【默认】，即可修改默认使用的陷印设置；也可以【陷印预设】面板菜单→【新建预设】。如果没有确切把握，建议保持默认设置。

11.3.2 底色镂空或不镂空的选择

"深色叠浅色，浅色套深色"，即在深色压浅色时，底色不镂空；在浅色压深色时，底色镂空。但是在现实操作中，往往情况会比较复杂，如红底黑字，对于小字而言，底色不要镂空；对于大字而言，底色宜镂空，否则黑字泛红。

关于印金、印银等的情况，可参考表11-2。

表 11-2　印金、印银、烫金、烫银等的设计要点

类　型	加网	底　色	注　意　事　项
印金、印银 （金、银压四色）	不加网	底色是浅色（如四色总量不超过200）时，不镂空； 底色是深色时，镂空	不宜印细线、小字； 适宜印在铜版纸等光滑的纸上，若印在胶版纸等较粗糙的纸上易失去光泽； 底色宜用深色，否则金、银色会像棕、灰色
印金、印银 （四色压金、银）	可以加网	希望透出金、银色时，不镂空； 否则，镂空	情况复杂，要咨询印刷厂
印白墨	一般不加网	白墨压在其他墨上或其他墨压在白墨上时，都适宜不镂空	不宜印细线、小字
印荧光墨	一般不加网	荧光墨压在其他墨上时，适宜镂空	不宜印细线、小字； 适宜在周围套一些灰色或深色来烘托
烫金、烫银	不加网	不镂空	不能用于复杂的花纹和太细的线条； 烫印是一种印后工艺，不属于油墨，但在设计软件中可将其当作专色对待
局部UV、击凸	不加网	不镂空	击凸线条不要细于1mm，也不能有小字，否则需要使用局部UV； 在设计软件中两者都作为专色对待。操作步骤：复制需要UV、击凸的对象，将其原位粘贴，然后填充专色并设为叠印

11.3.3 底色镂空或不镂空的设置

在确定底色镂空或不镂空之后，怎样执行呢？选中上层的对象（框架或文本），打开【属性】面板，见图11-36。

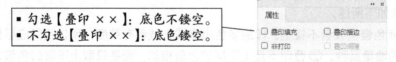

- 勾选【叠印××】：底色不镂空。
- 不勾选【叠印××】：底色镂空。

图 11-36　【属性】面板

案例 11-7：大面积黑底，制作反白小字

整版黑底的宣传册可能会给人以"高大上"之感，此时通常要制作反白小字，见图11-37。

从黑色的厚度、亮度考虑，黑色应当使用多色黑；从反白小字的笔画清晰、锐利考虑，黑色应当使用单黑。那么，两者如何才能兼顾呢？

操作方法：黑底使用多色黑，并且给反白的小字设置单黑描边（居外，不叠印）。这样一来，大面积区域使用多色黑，笔画外围使用单黑，两全其美。

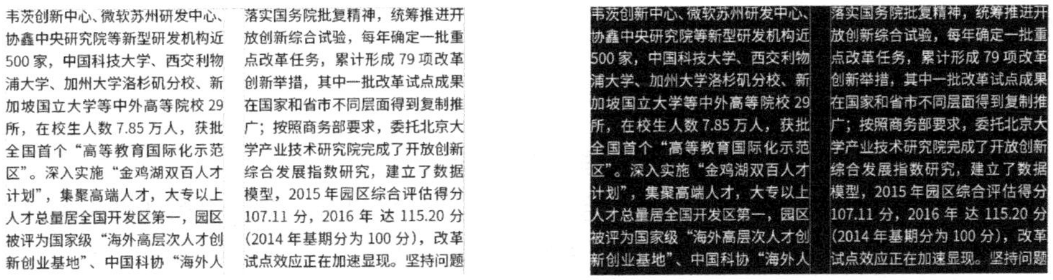

（a）初始　　　　　　　　　（b）希望的效果

图 11-37　大面积黑底上制作反白小字

❶ 创建整版的黑底。
- 绘制与出血尺寸相等的矩形。若此类情况较多，就在主页里绘制。
- 对该矩形填充多色黑，如 C35 M0 Y0 K100。
- 把该矩形置于底层，锁定。

图 11-38　C 版

❷ 给文字填充白色。
- 修改所用的段落样式，在【字符颜色】里选用【纸色】。注意针对填色。
- 白色文字实际上是由 C35 和 K100 套印而成的（见图 11-38、图 11-39）。因为难以做到恰好套准，所以笔画边缘会不锐利。

图 11-39　K 版

❸ 新建单黑色板 C0 M0 Y0 K100。
- 预置的 [黑色] 是单黑，并且它无法设置为不叠印，但我们下一步需要不叠印。
- 在创建前，不要选中任何对象。在创建结束后，应当单击原来默认的颜色，这样就不会更改新建对象默认使用的颜色。

❹ 给文字设置单黑描边，并且对描边设置底色镂空。
- 修改所用的段落样式，在【字符颜色】里选用刚才新建的色板。注意针对描边，见图 11-40。
- 【粗细】是 0.1mm（直接输入，会自动换算成点），画册的套印误差不会超过 0.1mm。
- 【描边对齐方式】选 [描边居外]（默认即是），即在外围添加描边，保证里面的"空白"不变。
- 不勾选【叠印描边】（默认不勾选），即镂空描边处的底色。所以无论是何种底色，此处都是 C0 M0 Y0 K100。
- 最终结果：C 版的颜色缩小了 0.1mm，即"空白"扩大了 0.1mm（见图 11-41），K 版不变。在套不准时，K 版"空白"里也不会出现 C 色，从而实现了笔画清晰、锐利的效果。

图 11-40　设置描边

图 11-41　C 版（镂空了描边）

11.4 色彩管理

11.4.1 五大观念

观念一：单凭 RGB 值、CMYK 值，不能描述真实颜色。

RGB 值应用于屏幕等，CMYK 值应用于打印机、印刷机等。它们只有通过设备才能展现出所代表的颜色，但设备总有差异，同一色值在不同设备上呈现的颜色不同，所以仅用 RGB 值、CMYK 值，不能表达确切的颜色。

观念二：RGB 值、CMYK 值在结合 ICC 后，才能描述真实颜色。

RGB 值、CMYK 值是输入给设备的工作参数，颜色依赖于设备，致使无法描述真实颜色。如果要描述真实颜色，就不能用设备的工作参数，而要用颜色本身的客观物理量。于是 Lab 值应运而生，它是模拟人眼来查看颜色的。比如，屏幕上有一块绿色，印刷品上也有一块绿色，只要二者的 Lab 值相同，这两块颜色用人眼看起来就是相同的颜色，所以 Lab 值用于描述真实颜色。实物（如印刷品、屏幕上显现的）的 Lab 值只能使用仪器（如分光光度仪）测量才能得到。

ICC 也叫色彩特性文件、色彩描述文件、配置文件，其中有一张表，记录了许多 RGB 值、CMYK 值以及与之对应的 Lab 值。由此可以计算出任意 RGB 值或 CMYK 值对应的 Lab 值，所以 RGB 值、CMYK 值在配合 ICC 后，就指明了真实颜色。

将 ICC 与文档相连，称为给文档进行标记，该文档就成了标记的文档。在标记的文档中的 RGB 值、CMYK 值都指明了真实颜色，从而为后续设备提供了目标颜色（颜色数据源）。

观念三：通过 ICC，才能预测采用何种 RGB 值、CMYK 值能实现目标颜色。

由 ICC 可以计算出任意 Lab 值（当然不能超出设备的能力）对应的 RGB 值或 CMYK 值。所以在知道真实颜色后，就能预测采用何种 RGB 值或 CMYK 值来实现该目标。

这也可以称为转换颜色，即标记的文档传递到下一设备后，下一设备就有了颜色数据源。以此为输出目标，下一设备根据自己的 ICC，算出所需的 RGB 值或 CMYK 值，将这些色值输入，即可输出目标颜色。

如果下一设备没能力表现出标记文档的全部颜色，则超出范围的颜色会被近似的颜色替代，意味着不可逆地损失了颜色信息，因此不要轻易转换颜色。例如，RGB 颜色转为 CMYK 颜色后，就没那么鲜艳和明亮了。

观念四：ICC 需逐台设备制作，并且之后需重做。

ICC 是设备的色彩特性文件，因为不同设备的个性有差异，所以每台设备都要单独制作 ICC，并且在设备老化、工作参数或物料等改变后，要重新制作 ICC，因为它的个性改变了。

制作 ICC 需要使用 ProfileMaker 等软件、i1 系列校色仪等设备：首先校准好设备，调整好工作参数，使设备处在最佳工作状态（之后工作中一定要保持不变）；然后把输入端和输出端的颜色值（见表 11-3）输入到制作软件中；最后得到该设备的 ICC。

表 11-3　ICC 的制作示例

设　　备	输　入　端	输　出　端
扫描仪 ICC	实物标准色卡 （含许多典型色块，每个色块的 Lab 值已知）	扫描该色卡得到的 RGB 电子图片 （电脑自然知道每个色块的 RGB 值）
显示器 ICC	RGB 电子图片 （含许多典型色块，每个色块的 RGB 值已知）	屏幕上显示出来的图片 （测量得到每个色块的 Lab 值）
打印机 ICC 印刷机 ICC	CMYK 电子图片 （含许多典型色块，每个色块的 CMYK 值已知）	打印、印刷出来的实物图片 （测量得到每个色块的 Lab 值）

软件预置的 sRGB、Adobe RGB、Japan Color 2001 Coated 等也是 ICC，还可以理解成一种标准，即对符合该标准的设备制作出来的 ICC。

观念五：色彩管理的本质是"主动改变色值，力求颜色外观不变"。

忠实再现上一设备的颜色，是色彩管理的目的。至于颜色不满意时需要调色，那是另外的话题。由于上一设备与下一设备是不同的设备，若要保持相同的颜色外观，下一设备就需要改变颜色值。文件的色值改变了，客户不会在意，他们关注的是最终成品的颜色，不是制造过程中的工艺参数。

▲ 11.4.2 色彩管理方案的设置

色彩管理方案的设置，核心问题是如何使用 ICC。

1. InDesign 软件里的设置

【编辑】→【颜色设置】，即可打开如图 11-42 所示的对话框。

文档 ICC，即本 InDesign 文档正在使用的 ICC。
- 在多数情况下，文档 ICC 就是【工作空间】里的 ICC，但也可以是文档嵌入的 ICC，还可以是文档指定的 ICC。
- 本地对象只能使用文档 ICC；外来对象可以使用文档 ICC，也可以使用各自的 ICC。

外来的 RGB 对象，如何使用 ICC？
- 【保留嵌入配置文件】（默认）：若有嵌入的 ICC，则继续使用；若没有嵌入的 ICC，则使用文档 ICC。
- 【关】：使用文档 ICC。同时，为其指定的 ICC 无效。

供 RGB 对象使用的 ICC。
- 【sRGB】（默认）：若要与多数电脑里的设置保持一致，就选用它。
- 【Adobe RGB】：推荐使用。包含更丰富的色彩，例如，一些 sRGB 里不包含的可打印颜色（特别是青色和蓝色）；被许多专业级数码相机默认使用。
- 不要选用显示器 ICC。显示器 ICC 在 ICC 制作软件里保存后会自动在系统里加载，或者手动在系统显示属性里设置。

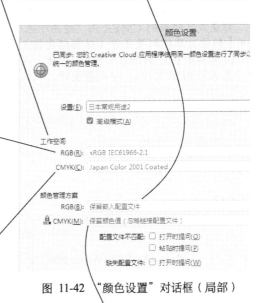

供 CMYK 对象使用的 ICC。
- 【Japan Color 2001 Coated】（默认）：用于平板胶印机＋铜版纸等涂层纸。
- 【Japan Color 2001 Uncoated】：用于平板胶印机＋双胶纸等无涂层纸。
- 【Japan Web Coated (Ad)】：用于商业转轮胶印机。
- 【Japan Color 2002 Newspaper】：用于印刷报纸。
- 如果有印刷机的 ICC，则无条件使用。注意在本项目结束后，建议恢复默认设置，除非下一个项目还使用这台印刷机。

图 11-42 "颜色设置"对话框（局部）

外来的 CMYK 对象，如何使用 ICC？
- 【保留颜色值（忽略链接配置文件）】（默认）：使用文档 ICC。这是安全 CMYK 工作流程，优点是 CMYK 色值保持不变；缺点是 CMYK 颜色外观会改变（相当于指定 ICC）。
- 【保留嵌入配置文件】：同前。
- 【关】：同前。

在新建文档时,【工作空间】中的 ICC, 以及【颜色管理方案】中的【RGB】【CMYK】的设置都会被保存并嵌入本文档。但是当【颜色管理方案】中的【RGB】【CMYK】选择【关】时,【工作空间】中的 ICC 不会被保存也不会嵌入本文档。

【工作空间】和【颜色管理方案】的设置是针对程序的,不是针对文档的,所以这些设置对已经打开的,并且嵌入了 ICC 和色彩管理方案的文档无效。此时需要勾选【配置文件不匹配:】后面的【打开时提问】(下面两个也可以一并勾选),然后重新打开文档。如果程序设置的与文档嵌入的不一致,就会弹出【配置文件或方案不匹配】警告消息,此时选择【调整文档以匹配当前颜色设置】,即 ICC 和颜色管理方案改用当前程序设置的;选择【将文档保持原样】,即 ICC 和颜色管理方案仍旧使用文档嵌入的。

为避免出现上述问题,在新建文档之前,应当把【工作空间】【颜色管理方案】都确定好。

2. 导出 PDF 文档时的设置

按 Ctrl+E 组合键,【保存类型】选【Adobe PDF(打印)】,单击【保存】;【Adobe PDF 预设】选【PDF/X-1a:2001(Japan)】等;单击左侧的【输出】,见图 11-43。

InDesign 文档的每个对象都配备了 ICC, 在导出 PDF 文档时,怎样处理这些 ICC 呢?

- 【无颜色转换】:各个对象的 ICC 保持原样。这样减少了颜色转换次数,从而减少了颜色信息的损失。在采用 PDF/X-3、PDF/X-4、高质量打印时,默认使用本选项。适用于色彩管理做得好的印刷厂。
- 【转换为目标配置文件】:所有对象都转换为使用【目标】里的 ICC。这样所有颜色都变成了明确的 CMYK 值。适用于色彩管理做得不好的印刷厂。
- 【转换为目标配置文件(保留颜色值)】:同上,但本地 CMYK 对象以及没有嵌入也没有指定 ICC 的外来 CMYK 对象,不进行颜色转换,这也是安全 CMYK 工作流程。在采用 PDF-X-1a、印刷质量时,默认使用本选项。

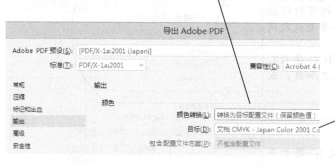

PDF 文档里所有对象使用的 ICC。
- 选用原则同图 11-42 里下面那个【CMYK】。
- 如果与图 11-42 下面那个【CMYK】里选用的 ICC 相同,那么【颜色转换】下拉菜单中最后两个选项就没有区别了。

图 11-43 "导出 Adobe PDF"对话框(局部)

指定 ICC:用新 ICC 硬性替换原有的 ICC。色值不变,真实颜色(Lab 值)会改变。

转换 ICC:尽量保持真实颜色不变,用新 ICC 替换原有的 ICC。色值会改变。

➡ 给设计师的建议

关于色彩管理,如果自己不懂,又没有专业工程师时,可以进行如下操作,通常不会有大问题:①打开 Bridge,按 Ctrl+Shift+K 组合键,选中【日本常规用途2】(默认),单击【应用】;②在导出印刷使用的 PDF 文档时,选用【PDF/X-1a:2001(Japan)】之类的预设。

另外,如果对自己所做的更改没有信心,就不要自定义色彩管理的相关设置。

3. 印刷时的设置

无论采用哪种方案导出的 PDF 文档，其颜色的 Lab 值都是明确的。根据印刷机的 ICC，可以得知使用何种 CMYK 值印刷出的颜色是该 Lab 值，从而将颜色值转换成供制版印刷使用的 CMYK 值，印刷机便印刷出了颜色。

若要印刷出来的颜色与指明的真实颜色相同，则需要满足以下 3 点。①印刷设备、油墨、纸张等的质量过硬，并且各种参数设置和工艺恰当。只有这样印刷机才会有好的表现力，并将需要印刷的颜色印刷出来。但是有些颜色是无法印刷出来的（在文档里要避免出现这样的颜色）。②印刷机的 ICC 制作正确。只有这样转换的 CMYK 值才正确。如果印刷机的 ICC 没做好，即登记不正确，本来（CMYK）1 对应（Lab）1，却登记为（CMYK）2 对应（Lab）1，那么在印刷（Lab）1 时，颜色会转换为（CMYK）2，从而导致印刷成其他颜色。③印刷设备、油墨、纸张、工艺等稳定。也就是说，现在的情况与当初制作 ICC 时的情况越接近，越能利用当时的数据反映现在的情况。稳定是至关重要的，如果状态变了，就必须重新制作 ICC。

4. 显示器的设置

无论何种情况，每个对象都会使用某个 ICC，所以 Lab 值是明确的。然后电脑会根据显示器 ICC 得知屏幕使用何种 RGB 值能显示出该 Lab 值，从而发送该 RGB 数据（仅供屏幕显示用，不会改变文件的色值）给屏幕，于是屏幕会显示出相应的颜色。

若要屏幕上的颜色与指明的真实颜色相同，则需要满足以下 3 点。①屏幕本身的质量过硬（如艺卓、NEC 等品牌），并且设置和校准恰当。只有这样屏幕才会有好的表现力，并将需要显示的颜色显示出来。②显示器的 ICC 制作正确。只有这样电脑发送给屏幕的工作指令才正确。如果显示器 ICC 没做好，即登记不正确，本来（RGB）1 对应（Lab）1，却登记为（RGB）2 对应（Lab）1，那么在显示（Lab）1 时，电脑会向屏幕发送（RGB）2 的指令，从而导致屏幕显示成其他颜色。③电脑和屏幕的工作状态稳定。也就是说，现在的情况与当初制作 ICC 时的情况越接近，越能利用当时的数据反映现在的情况，这就是给显示器的亮度和对比度按钮贴上封条的原因。当然，时间久了（屏幕会老化），还需重新制作 ICC。

一方面，显示器很重要，因为我们就是通过它来查看颜色效果和调整颜色的，如果它的显示不准确，则势必会误导我们。除非我们有意识地"翻译"，例如，知道自己的显示器在显示时偏红，那么在看到一个颜色后，我们要明白实际上这个颜色没这么红。

另一方面，显示器不重要，因为我们只是通过它来查看文档，并不影响文档本身，也不影响其他人。如果显示器不好，则只是在屏幕上看不到文档里的真实颜色，但这个真实颜色在文档里是客观存在的，不会因为显示器的好坏而改变。只要我们经验够丰富，想象力够丰富，就完全可以使用黑白屏幕，设计出五彩缤纷的作品。

5. "所见即所得"的设置

在屏幕上看到的颜色，与印刷出来的一致。这种理想的状态需要做到以下两点才能实现。

显示器：屏幕上的颜色与指明的真实颜色相同。

印刷机：印刷出来的颜色与指明的真实颜色相同。

通常印刷是短板，即印刷机的色彩空间小于显示器的色彩空间，所以文档里的所有对象要全部转换为使用印刷机 ICC，即去除那些印刷不出来的颜色；工作空间要使用印刷机 ICC，确保新建的本地 CMYK 颜色都在印刷机的色域内。

11.4.3 理想与现实

理　想		现　实
	在 InDesign 文档里，设计师设置了一个紫色色块 C70 M70 Y0 K0，工作空间是 Japan Color 2001 Coated ICC。 ■ 根据色值和使用的这个 CMYK ICC，电脑就可以得知该紫色的真实颜色是 L40.9 a17.9 b-36.6。 ■ 该真实颜色为后续工作提供源（即目标）。	
■ 显示器档次高。 → 需要显示的颜色可以显示出来，这是一切的前提。 ■ 显示器 ICC 准确。 → 显示器 ICC 能准确反映当前显示器的状态（色彩特性）。为了实现目标颜色，预测出的 RGB 值就准确，实际显示出来的颜色会很接近目标。	显示器，配备了显示器 ICC。 ■ 收到目标颜色 L40.9 a17.9 b-36.6。 ■ 根据显示器 ICC，就可以得知向屏幕发出怎样的 RGB 数据指令以呈现出这个 Lab 值。	■ 显示器档次低。 → 需要显示的颜色显示不出来，一切无从谈起。 ■ 显示器 ICC 不准确。 → 显示器 ICC 不能准确反映当前显示器的状态（色彩特性）。为了实现目标颜色，预测出的 RGB 值就不准确，导致实际显示出来的颜色偏离目标。
	在导出 PDF 文档时，嵌入 Japan color 2001 coated ICC。 ■ 嵌入在用的 ICC，才能向其他人传递自己的意图。 ■ 若仅凭 C70 M70 Y0 K0，则无法得知需要的颜色是 L40.9 a17.9 b-36.6。	
■ 印刷设备档次高。 → 需要印刷的颜色可以印刷出来，这是一切的前提。 ■ 印刷机 ICC 准确。 → 印刷机 ICC 能准确反映当前印刷设备的状态（色彩特性）。为了实现目标颜色，预测出的 CMYK 值就准确，实际印刷出来的颜色会很接近目标。	印刷机，配备了印刷机 ICC。 ■ 根据 PDF 文档里的色值和嵌入的 ICC，就可以得知目标颜色是 L40.9 a17.9 b-36.6。 ■ 根据印刷机的 ICC，就可以得知使用怎样的 CMYK 值以印刷出这个 Lab 值。	■ 印刷设备档次低。 → 需要印刷的颜色印刷不出来，一切无从谈起。 ■ 印刷机 ICC 不准确。 → 印刷机 ICC 不能准确反映当前印刷设备的状态（色彩特性）。为了实现目标颜色，预测出的 CMYK 值就不准确，导致实际显示出来的颜色偏离目标。 ■ 不使用 ICC。 → 由于工艺参数等会经常改变，因此无法制作 ICC。而没有色彩管理，人的经验就显得格外重要。

概述

工作界面

文档的创建与规划

排文

字符

段落 I

段落 II

查找与替换

图片

对象间的排布

颜色、特效

▶ 路径

表格

脚注、尾注、交叉引用

目录、索引

输出

长文档的分解管理

电子书

Id 第 12 章 路径

各种框架和矢量线条都称为路径,本章讲述如何制作不太复杂的路径。InDesign 只有基本的绘图能力,复杂的路径应使用 Illustrator 制作,然后导入 InDesign 中使用。

12.1 路径简介

路径是矢量图形，可以由钢笔工具、矩形工具等绘制，也可以由文字转化成轮廓而来，还可以从 Illustrator 等软件中引进。

路径的轮廓称为描边，路径内部区域的颜色或渐变称为填色。当然描边本身也可以填色，还可以设置粗细、实线、虚线等。

可以沿路径的轮廓放置文本，也可以在路径的内部区域放置文本或图片。路径在内部区域放置文本或图片后称为框架（闭合路径即使没放置文本或图片，也常被称为框架），其中放置文本的是文本框，放置图片的是图片框。

绘制路径的工具，见图 12-1。

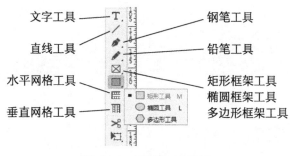

图 12-1　工具箱（局部）

12.2 创建路径

12.2.1 绘制矩形、椭圆

使用 [矩形工具] 或 [矩形框架工具] 拖动可绘制矩形，使用 [椭圆工具] 或 [椭圆框架工具] 拖动可绘制椭圆。如果同时按住 Shift 键，则可以绘制正方形和正圆。

[矩形工具] 与 [矩形框架工具] 的区别，见图 12-2。

图 12-2　绘制的矩形

[矩形工具] 与 [矩形框架工具] 没有本质区别，占位符宜用后者，因为空框架醒目。

对于文本框，宜用 [文字工具] 或 [网格工具]，这样可以直接输入文字。当然使用 [矩形工具] 或 [矩形框架工具] 也没有问题。

12.2.2 绘制多边形、星形

使用 [多边形工具] 或 [多边形框架工具]，拖动可绘制多边形、星形。如果同时按住 Shift 键，则可以绘制正多边形。

若边数不是希望的，就在文中单击，即可打开如图 12-3 所示的对话框。

【星形内陷】
- 0% 表示不内陷，见图 12-4。
- 40% 等表示内陷，见图 12-5。数字越大，星形的角越尖锐。

图 12-3 "多边形"对话框　　　图 12-4 五边形　　　图 12-5 五角星

12.2.3 绘制直线

使用 [直线工具] 或 [钢笔工具]，可绘制直线。如果同时按住 Shift 键，则角度会被限制为 45°的整数倍。

案例 12-1：制作图的指示线

示例见图 12-6。

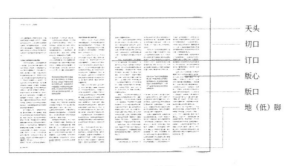

图 12-6 图的指示线

❶ 使用 [直线工具]，拖动可绘制直线。
- 按住 Shift 键，保证水平。
- 在绘制过程中，光标的形状如图 12-7（a）；当遇到框架、智能参考线时，光标的形状如图 12-7（b）。
- 使用 [钢笔工具] 没有类似上述光标的提示。

（a）未遇到框架、智能参考线

（b）遇到了框架、智能参考线

图 12-7 使用 [直线工具] 绘制直线

❷ 使用 [钢笔工具]，依次单击，绘制折线，见图 12-8。
- 按住 Shift 键，保证水平。
- 最后单击任意其他工具即可结束绘制。
- 使用 [直线工具] 绘制的直线不能自动首尾相连。

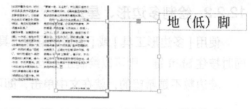

图 12-8　使用 [钢笔工具] 绘制折线

❸ 调整线条与框架对齐，见图 12-9。
- 线条垂直居中对齐各自的文本框，这样就保证了线条对齐文字的中心（文本当然要垂直居中分布在文本框内）。
- 在需要时，可以调整线条的首末位置。
- 若不追求这么精致，本步骤也可省略。

❹ 设置描边，应用对象样式。
- 图的指示线描边通常为 0.3 ~ 0.5 点，不要过粗。
- 新建并应用对象样式，便于统一控制。

图 12-9　线条与框架对齐

12.2.4　绘制任意形状

1. 钢笔工具

使用 [钢笔工具]，单击第 1 个点，不松开鼠标，向曲线前进方向拖动；单击下一个点，不松开鼠标，拖动……拖动时会出现控制杆，见图 12-10。

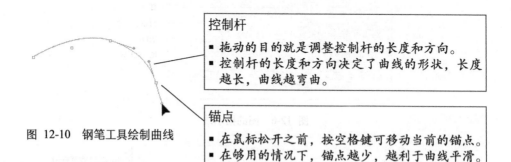

图 12-10　钢笔工具绘制曲线

单击任意其他工具，可以结束绘制；若要闭合路径，则可以定位到第 1 个锚点上，在出现"。"时单击（见图 12-11），当然此时也会结束绘制。

钢笔工具很重要，但在 InDesign 里不重要，绘制复杂的图形应在 Illustrator 里进行。

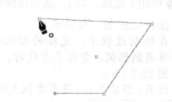

图 12-11　使用 [钢笔工具] 绘制闭合路径

2. 铅笔工具

使用 [铅笔工具]，拖动可绘制任意曲线。松开鼠标即可结束绘制；若要闭合路径，就同时按住 Alt 键，在松开鼠标后，首尾会自动以直线相连。

可以设置曲线的平滑度和精确性，双击 [铅笔工具]，即可打开如图 12-12 所示的对话框。

保真度、平滑度
- 这两个值越大，曲线越平滑、越不精准。
- 这两个值越小，曲线越精准、越不平滑。

图 12-12 "铅笔工具首选项"对话框（局部）

铅笔工具的重要性不及钢笔工具。

12.2.5 导入 Illustrator、Photoshop 路径

Illustrator、Photoshop 是绘图、修图方面的"专家"，可以又快又好地绘制路径。

案例 12-2：用 Illustrator 制作旗形

示例见图 12-13。

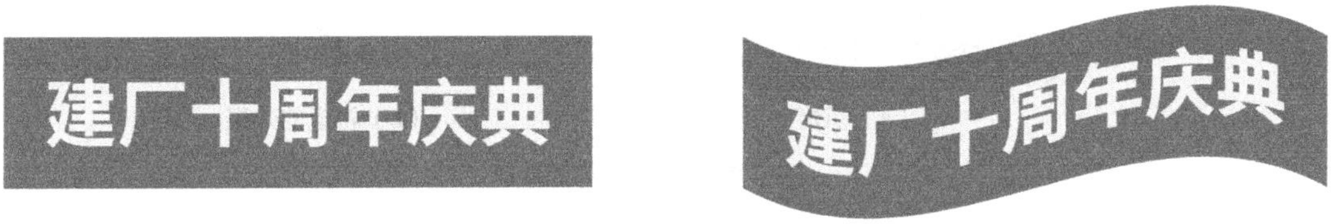

（a）初始　　　　　　　　　　　　　（b）希望的效果

图 12-13 制作旗形

❶ 将在 InDesign 文档里制作好的对象拖动到某 Illustrator 文档里。

❷ 在 Illustrator 文档里把文木框和文字编组。
- 选中这两个对象，按 Ctrl+G 组合键。
- 这样两者就可以被当作一个整体进行处理。

❸ 在 Illustrator 文档里将对象变形为旗形。
- 选中对象，【效果】→【变形】→【旗形】，见图 12-14。
- 调整【弯曲】。

❹ 将在 Illustrator 文档里制作好的对象拖动到 InDesign 文档里。

图 12-14 "变形选项"对话框

Illustrator 预置了许多形状，可以导入 InDesign 里使用。操作方法：在 Illustrator 里，【符号】面板菜单→【打开符号库】→【移动】等（见图 12-15），把需要的符号拖动到页面中；然后拖动到 InDesign 文档中。

（a）移动

（c）网页图标

图 12-15 符号库

案例 12-3：用 Photoshop 绘制伞形

示例见图 12-16。

（a）初始

（b）希望的效果

图 12-16 绘制伞形

❶ 打开或新建 Photoshop 文档，见图 12-17。

❹ 选【路径】。

❻ 使用 [路径选择工具] 拖动该对象到某 Illustrator 文档里。
Photoshop 路径不能直接导入 InDesign 里，需要用 Illustrator 中转。

❷ 单击 [自定形状工具]。

❺ 拖动绘制。
按住 Shift 键，会保持不变形。

❸ 单击需要的形状。

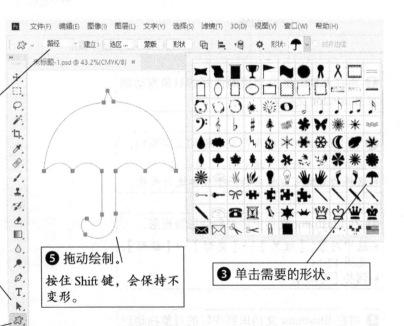

图 12-17 用 Photoshop 绘制伞形

导入 Illustrator、Photoshop 路径 / 文字转为轮廓　261

❼ 将 Illustrator 文档里的对象拖动到 InDesign 文档里。
- 要事先给对象填充颜色，见图 12-18。
- 如果描边、填色都没有，就不能拖动对象到 InDesign 文档里。

❽ 在 InDesign 文档里，正常使用该路径。
- 必要时，调整尺寸。
- 把图片放在该路径内部。

图 12-18　填充颜色

另外，可以把 Photoshop 里的"抠图"信息存储成路径，然后导入 InDesign 里使用。

12.2.6 文字转为轮廓

案例 12-4：在文字笔画内填字

示例见图 12-19。

（a）初始

（b）希望的效果

图 12-19　在文字里填字

❶ 把文字转为路径。
- 选中文本框，【文字】→【创建轮廓】。
- 文字转为轮廓后，就被当作图形对待，即无法再被当作文本进行编辑了。

❷ 正常使用该路径。
- 把填色设为无色。
- 使用 [文字工具] 单击该路径（见图 12-20），即可在内部添加文字。

图 12-20　将路径转化为文本框

将文字转为轮廓后，得到的是复合路径。复合路径是由多个"小"路径组合成的一个"大"路径，就像按 Ctrl+G 组合键，把多个对象编组成一个对象一样。选中复合路径，【对象】→【路径】→【释放复合路径】即可把一个字"大卸八块"，注意镂空的地方会变为不镂空。

另外，平时说的转曲也是将文字转为轮廓，但不是这样逐个对文本框进行操作，而是对整篇文档一起操作，具体见第 483 页"转曲导出 PDF 文档"。

12.3 编辑路径

12.3.1 修改路径

可以使用[直接选择工具]移动锚点、边；使用[钢笔工具]添加、删除锚点（见案例11-5）。

案例 12-5：把文字的笔画拉长、变形

示例见图 12-21。

（a）初始　　　　　　　　　　　（b）希望的效果

图 12-21　修改笔画

❶ 把文字转为路径。

❷ 修改路径。
- 不选中该路径，单击[直接选择工具]，将光标放在锚点附近，在光标右下角出现空心小方块时（见图12-22），拖动鼠标，即移动锚点。
- 也可以移动边，即将光标放在边附近，在光标右下角出现斜杠时，拖动鼠标。

图 12-22　移动描点

案例 12-6：制作成组的非矩形框架

示例见图 12-23。

（a）平行四边形　　　　　　　　（b）梯形

图 12-23　成组的非矩形框架

❶ 针对平行四边形的图片，制作一组等间距的矩形框架，见图12-24。

图 12-24 制作等间距的矩形框架

❷ 使用[直接选择工具]选中要移动的锚点，见图12-25。

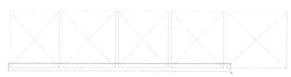

图 12-25 选中要移动的锚点

❸ 使用键盘左、右方向键移动锚点，见图12-26。
然后把图片放置在这些空框架里。

图 12-26 统一移动锚点

❹ 针对梯形的图片，制作两组等间距的矩形框架和两条平行线，见图12-27。
平行线只起参考线的作用，用于定位锚点的位置。

图 12-27 制作等间距的矩形框架和平行线

❺ 使用[直接选择工具]分别选中待移动的锚点，并移动，见图12-28。
- 锚点需逐个调整，不能像之前那样一次性完成。
- 可以使用左、右方向键移动，也可以按住Shift键使用鼠标拖动。

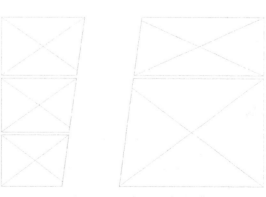

图 12-28 分别移动锚点

❻ 删除上述两条平行线，调整两组矩形框架的间距，见图 12-29。
然后把图片放置在这些空框架里。

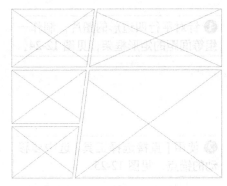

图 12-29　调整两组矩形框架的间距

12.3.2　合并路径

把多个路径合并成一个路径，但编组的对象不能进行路径合并。

案例 12-7：把文字与色块重叠的部分镂空

示例见图 12-30。

（a）初始　　　　　　　　（b）希望的效果

图 12-30　镂空重叠区域

❶ 把文字转为路径。

❷ 设置圆形色块，见图 12-31。
- 绘制圆形，并填色。
- 与文字路径的水平、垂直方向都居中对齐。

❸ 合并这两个路径。
- 选中两者，打开【路径查找器】面板，见图 12-32。
- 单击 [排除重叠]，即可排除重叠部分。
- 生成的形状采用顶层对象的属性（填色、描边、透明度、图层等），但在减去形状时，采用底层对象的属性。

图 12-31　设置圆形色块　　图 12-32　【路径查找器】面板

修改路径 / 合并路径　265

案例 12-8：给图片添加白色方格

示例见图 12-33。

（a）初始　　　　　　　　　　　　　（b）希望的效果

图 12-33　添加白色方格

❶ 绘制一个与图片尺寸相同的矩形。
- 宜用 [矩形框架工具]，因为默认没有描边。
- 在绘制结束后，不要松开鼠标。

❷ 将这个矩形分成多个小矩形，见图 12-34。
- 小矩形的数量：按 ↓ 键减少行数，按 ↑ 键增加行数，按 ← 键减少列数，按 → 键增加列数。
- 小矩形的间隔：按住 Ctrl 键，按 ↓ 键减少行距，按 ↑ 键增加行距，按 ← 键减少列距，按 → 键增加列距。若要使行距等于列距，就需要使行、列方向的按键次数相同（如都按 14 次）。
- 在最终确定后，才能松开鼠标。

图 12-34　将矩形分成多个小矩形

❸ 将多个小矩形合并成一个路径，见图 12-35。
- 打开【路径查找器】面板，单击 [相加]，即把选中的形状，组合成一个形状。
- 生成的形状看似复杂，实际就是一个路径。

❹ 正常使用该路径。
- 按住 Ctrl 键，单击选中下层的图片。按 Ctrl+X 组合键。
- 选中该路径，【编辑】→【贴入内部】。

图 12-35　合并成一个路径

可以在步骤 3 之前，把那些小矩形设置成圆角矩形，以达到圆角效果。本例可以采用表格来实现，即把表格的边框加粗，并把边框的颜色设为纸色，然后把该表格放在图片的上方。

案例 12-9：制作圆环

示例见图 12-36。

（a）初始　　　　　　　　　　（b）希望的效果

图 12-36　制作圆环

❶ 绘制大圆和小圆，见图 12-37。
- 先绘制大圆，后绘制小圆。
- 把两者垂直、水平方向都居中对齐。

图 12-37　绘制两个圆

❷ 将大圆和小圆合并成一个镂空的路径，见图 12-38。
- 打开【路径查找器】面板，单击 [减去]，即只保留底层未重叠的部分。
- 大圆先画，在底层；小圆后画，在上层，所以会镂空小圆。

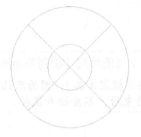

❸ 正常使用该路径。
把图片贴入内部。

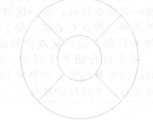

图 12-38　合并成一个镂空的路径

概述

工作界面

文档的创建与规划

排文

字符

段落 I

段落 II

查找与替换

图片

对象间的排布

颜色、特效

路径

▶ 表格

脚注、尾注、交叉引用

目录、索引

输出

长文档的分解管理

电子书

第 13 章 表格

文本、图片、表格是文档的三大内容。表格里可以放置文本和图片，其中的文本可以使用段落样式，表格也有自己的样式……本章讲述这方面的操作。

13.1 认识表格

13.1.1 宏观上相当于一个大字符

和其他对象一样，表格必须处于某个框架里，见图 13-1。

图 13-1 文中的表格

(a) 放置表格前
- 要特意添加一个空段落。
- 该段落只用于放置表格，不要有其他字符。

(b) 放置表格后
- 表格相当于一个很大的字符，独占一个段落。这个段落称为表格所在的段落。
- 一个段落只能放置一张表格，不能并排放置多张表格。
- 表格默认会随文本流动，并且有上下型文本绕排的效果。

(c) 调整水平、垂直位置
- 表格与上方文本的间距 = 上方段落的段后距 + 表格所在段落的段前距 + 表前距。
- 表格的水平位置遵照所在段落的左对齐、右对齐、中对齐、左缩进。
- 表格与下方文本的间距 = 下方段落的段前距 + 表格所在段落的段后距 + 表后距。

注意事项如下所述。

① 如何选中表格所在的段落？将光标置于首个单元格里文本的开头，按←键，一个巨大的光标会闪烁在表格左侧（表格就相当于这个大字符），此时就选中了该段落，并且可以为它

新建一个段落样式。

② 表格可以不在正文所在的文本框里，而在另外的文本框里，此时表格就像图片一样可以自由摆放。表格放在正文上时，会遮挡正文，可以使用文本绕排来解决；表格不会自动跟随文字流动，可以使用定位对象来解决。当然可以为这个框架新建一个对象样式！

③ 如何把表格从一个框架转移到另一个框架？将光标放在表格内，按 Ctrl+Alt+A 组合键选中表格，然后将其剪切并粘贴到另一个框架中即可。

13.1.2 微观上相当于众多文本框

一个单元格相当于一个文本框，可以单独设置自己的格式，例如，边框、填色、文字与边框的间距、文本格式、文本的水平和垂直位置等。

13.2 创建、设置表格

13.2.1 从零开始创建表格

通常不需要从零开始创建表格，因为我们收到的大多是 Word、Excel 形式的电子表格，但也可能是图片形式的或打印在纸上的表格。

■ **案例 13-1：绘制表格，制作全线表**

示例见图 13-2。

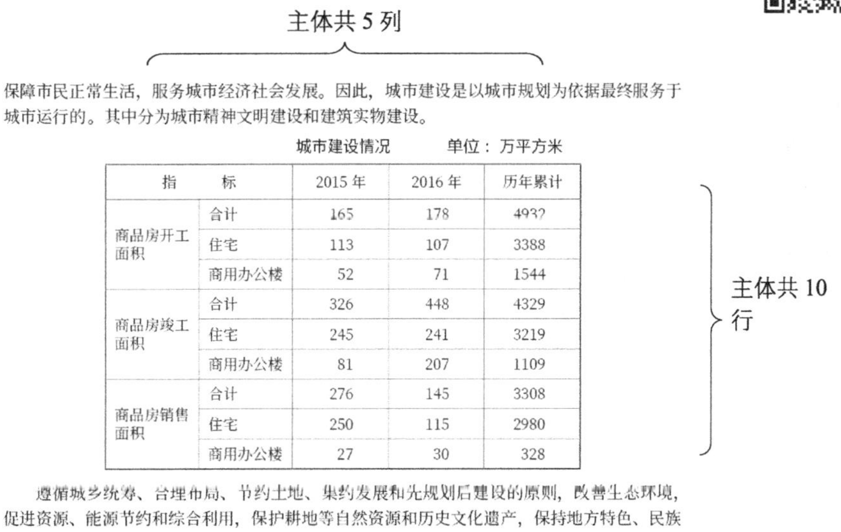

图 13-2 绘制表格（希望的效果）

❶ 将光标放在欲放置表格的段落里。【表】→【插入表】，即可打开如图 13-3 所示的对话框。
当然事先要特意为其准备一个空段落，见图 13-1（a）。

顺便说一下大括号的制作方式。打开一个空白 Word 文档，【插入】→【形状】，【基本形状】里的【双大括号】，调整粗细、颜色，导出 PDF 文档，并将该 PDF 文档置入 InDesign。

❷ 输入行数、列数。单击【确定】,即可创建表格,见图 13-4。
- 其他选项保持默认。
- 可以不按图 13-3 所示的行数、列数创建表格。比如,可以按 10 行、4 列创建表格,但是后续的合并、拆分单元格会与下述的不同。最终目的只有一个,就是减少后续的合并、拆分的工作量。

图 13-3 "插入表"对话框

表格的默认格式如下所述。
- 列宽都相等,并且总宽度与栏或框架(优先按栏)的宽度相等。
- 行高根据内容自动确定。
- 单元格的上、下、左、右内边距都是 0.5mm。
- 边框是黑色的,粗细都是 0.709 点。

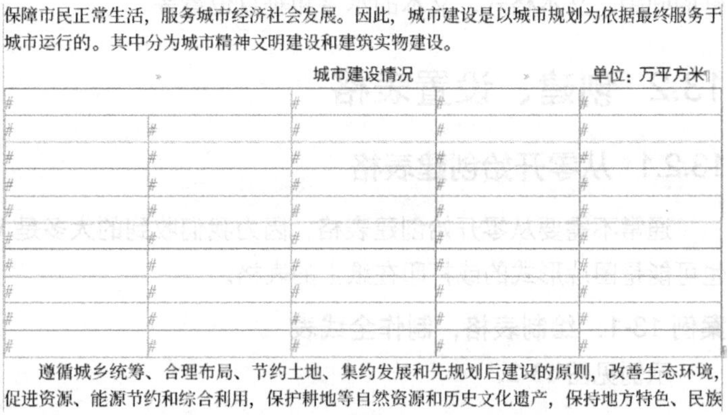

图 13-4 用默认格式创建的表格

❸ 合并、拆分单元格,见图 13-5。
- 合并单元格:选中单元格,【表】→【合并单元格】。
- 拆分单元格:选中单元格,【表】→【水平拆分单元格】或【垂直拆分单元格】。本例不需要进行本操作。

图 13-5 合并、拆分单元格

❹ 输入文本,见图 13-6。
- 文本默认采用 [基本段落] 样式里规定的格式。
- 表格里的文本自成体系,在全选正文时,不能一起被选中。

指标		2015 年	2016 年	历年累计
商品房开工面积	合计	165	178	4932
	住宅	113	107	3388
	商用办公楼	52	71	1544
商品房竣工面积	合计	326	448	4329
	住宅	245	241	3219
	商用办公楼	81	207	1109
商品房销售面积	合计	276	145	3308
	住宅	250	115	2980
	商用办公楼	27	30	328

图 13-6 输入文本

❺ 设置文本格式，见图 13-7。

- 选中表头，应用段落样式。
- 选中左侧两列（不含表头），应用段落样式。
- 选中表体，应用段落样式。

		城市建设情况		单位：万平方米
指标		2015 年	2016 年	历年累计
商品房开工面积	合计	165	178	4932
	住宅	113	107	3388
	商用办公楼	52	71	1544
商品房竣工面积	合计	326	448	4329
	住宅	245	241	3219
	商用办公楼	81	207	1109
商品房销售面积	合计	276	145	3308
	住宅	250	115	2980
	商用办公楼	27	30	328

图 13-7 设置文本格式

❻ 调整列宽，见图 13-8。

- 将光标放在任意单元格，拖动列线。
- 使几列的宽度相同：选中这些列中任一行的单元格，【表】→【均匀分布列】。

		城市建设情况		单位：万平方米
指标		2015 年	2016 年	历年累计
商品房开工面积	合计	165	178	4932
	住宅	113	107	3388
	商用办公楼	52	71	1544
商品房竣工面积	合计	326	448	4329
	住宅	245	241	3219
	商用办公楼	81	207	1109
商品房销售面积	合计	276	145	3308
	住宅	250	115	2980
	商用办公楼	27	30	328

图 13-8 调整列宽

❼ 设置表头文本在单元格里的位置。

- 垂直方向：选中表头，打开【表】面板（见图 13-9），单击 [居中对齐]。
- 水平方向：在段落样式里设置。
- 行高：增加 [上单元格内边距] 和 [下单元格内边距]。表头的行高要大于或等于表体行高。

图 13-9 【表】面板

❽ 设置左侧两列文本在单元格里的位置。

- 垂直方向：选中左侧两列，打开【表】面板（见图 13-10），单击 [居中对齐]。
- 水平方向：段落样式里设置的是左对齐。默认内边距是 0.5mm，文字离边框太近，不美观，所以要增大 [左单元格内边距] 和 [右单元格内边距]。
- 行高：增加 [上单元格内边距] 和 [下单元格内边距]。

图 13-10 【表】面板

➡ 行高的设置方法

①上、下单元格内边距控制法（默认）。行高 = 内容所占空间的高度 + 上单元格内边距 + 下单元格内边距，即行高会根据内容自动调整。当然行高不会小于规定的最小值。

②指定法，即规定一个固定值。在内容排不下时，会出错。

❾ 设置表体文本在单元格里的位置，见图13-11。

- 垂直方向：选中表体，打开【表】面板，单击 [居中对齐]。
- 水平方向：段落样式里已经设置了右对齐，即数据的个位数都对齐了。现在修改段落样式，增加【右缩进】至7mm，使整体在单元格里居中分布。
- 行高：在左侧两列已经设置好了。

城市建设情况　　　　　　　单位：万平方米

指标		2015年	2016年	历年累计
商品房开工面积	合计	165	178	4932
	住宅	113	107	3388
	商用办公楼	52	71	1544
商品房竣工面积	合计	326	448	4329
	住宅	245	241	3219
	商用办公楼	81	207	1109
商品房销售面积	合计	276	145	3308
	住宅	250	115	2980
	商用办公楼	27	30	328

遵循城乡统筹、合理布局、节约土地、集约发展和先规划后建设的原则，改善生态环境，促进资源、能源节约和综合利用，保护耕地等自然资源和历史文化遗产，保持地方特色、民族

图 13-11　设置表体文本的分布

❿ 设置表格所有边框的粗细。

- 将光标放在表格内，按 Ctrl+Alt+A 组合键，即可选中表格，打开控制面板，设置所有边框的粗细，见图 13-12。
- 边框粗细默认为 0.709 点，适宜外边框，但对内边框而言，就太粗了。

输入粗细值。

外围、内部都是蓝色的。
- 蓝色：随后的操作生效。
- 灰色：随后的操作不生效。

图 13-12　设置所有边框的粗细

⓫ 设置外边框的粗细。

- 选中表格，打开控制面板，设置外边框的粗细，见图 13-13。
- 还可以【表】→【表选项】→【表设置】，在【粗细】里设置。

仅外围是蓝色的。

图 13-13　仅设置外边框的粗细

⓬ 使表格水平居中，见图 13-14。

- 将光标置于首个单元格里文本的开头，按"←"键，一个巨大的光标会闪烁在表格左侧，即表示选中了该表格所在的段落。然后设置 [居中对齐]。
- 当然可以特意应用一个段落样式。

城市建设情况　　　　　　　单位：万平方米

指标		2015年	2016年	历年累计
商品房开工面积	合计	165	178	4932
	住宅	113	107	3388
	商用办公楼	52	71	1544
商品房竣工面积	合计	326	448	4329
	住宅	245	241	3219
	商用办公楼	81	207	1109
商品房销售面积	合计	276	145	3308
	住宅	250	115	2980
	商用办公楼	27	30	328

遵循城乡统筹、合理布局、节约土地、集约发展和先规划后建设的原则，改善生态环境，促进资源、能源节约和综合利用，保护耕地等自然资源和历史文化遗产，保持地方特色、民族

图 13-14　使表格水平居中

⓭ 增加表格与上下文的间距，见图 13-15。
- 选中表格所在的段落，增加【段前距】【段后距】。
- 还可以【表】→【表选项】→【表设置】，在【表间距】里设置。

⓮ 调整细节。
- 左移右上方的单位"万平方米"。
- 在表头"指标"里加空格。

图 13-15 增加表格与上下文的间距

13.2.2 导入其他软件制作的表格

■ **案例 13-2：置入 Word 表格，制作三线表**

示例见图 13-16。

表 5-27 不同部位材料的物理性能

部位\性能	机头喷嘴	机身搭桥	
		前控制阀	后控制阀
扯断强度/MPa	18.4	18.3	17.2
扯断强力/kN	62.1	51.4	37.9
扯断伸长率/%	154	222	184
长度/mm	13.6	55.0	70.1
密度/(g/cm³)	2.35	2.19	2.45

（a）Word 稿件

表 5-27 不同部位材料的物理性能

性　能	机头喷嘴	机身搭桥	
		前控制阀	后控制阀
扯断强度 / MPa	18.4	18.3	17.2
扯断强力 / kN	62.1	51.4	37.9
扯断伸长率 / %	154	222	184
长度 / mm	13.6	55.0	70.1
密度 / (g/cm³)	2.35	2.19	2.45

（b）希望的效果

图 13-16 三线表

❶ 使用去除格式的方法置入 Word 表格，见图 13-17。
- 总是会新建一个框架。如果将表格与主体文本一起置入，则表格会出现在主体文本里。
- 表格和文本都使用默认格式。

表5-27 不同部位材料的物理性能			
部位 性能	机头喷嘴	机身搭桥	
		前控制阀	后控制阀
扯断强度 /MPa	18.4	18.3	17.2
扯断强力 /kN	62.1	51.4	37.9
扯断伸长率 /%	154	222	184
长度 /mm	13.6	55.0	70.1
密度 /(g/cm3)	2.35	2.19	2.45

图 13-17 使用去除格式的方法置入 Word 表格

❷ 设置文本格式,见图 13-18。

- 删除第 1 个单元格里的"部位"。由于标题里已经有该词,因此可以删除。
- 设置表题、表头、左列、表体的文本格式。适宜应用段落样式。

表 5-27 不同部位材料的物理性能

性能	机头喷嘴	机身搭桥	
		前控制阀	后控制阀
扯断强度 /MPa	18.4	18.3	17.2
扯断强力 /kN	62.1	51.4	37.9
扯断伸长率 /%	154	222	184
长度 /mm	13.6	55.0	70.1
密度 /(g/cm3)	2.35	2.19	2.45

图 13-18 设置文本格式

❸ 设置文本在单元格里的位置。

- 全选表格,打开【表】面板(见图 13-19),单击 [居中对齐]。
- 设置上、下、左、右内边距。左、右内边距可以大于上、下内边距。

图 13-19 【表】面板

❹ 合并单元格,调整列宽,并使标题居中对齐表格,见图 13-20。

表 5-27 不同部位材料的物理性能

性能	机头喷嘴	机身搭桥	
		前控制阀	后控制阀
扯断强度 /MPa	18.4	18.3	17.2
扯断强力 /kN	62.1	51.4	37.9
扯断伸长率 /%	154	222	184
长度 /mm	13.6	55.0	70.1
密度 /(g/cm3)	2.35	2.19	2.45

图 13-20 调整表格

❺ 设置边框的粗细,见图 13-21。

- 全选表格,把所有边框的粗细都设为 0 点。
- 保持全选表格,把顶线、底线设为 0.7 点。
- 选中表头的两行,把中部和下方的边框设为 0.3 点。

表 5-27 不同部位材料的物理性能

性能	机头喷嘴	机身搭桥	
		前控制阀	后控制阀
扯断强度 /MPa	18.4	18.3	17.2
扯断强力 /kN	62.1	51.4	37.9
扯断伸长率 /%	154	222	184
长度 /mm	13.6	55.0	70.1
密度 /(g/cm3)	2.35	2.19	2.45

图 13-21 设置边框的粗细

❻ 调整细节。效果见图 13-16(b)。

- 在表头"性能"里加空格。
- 在斜杠与单位之间加一个空格键。
- 将"cm3"中的"3"设为上标。

案例 13-3：置入 Word 表格，行交替填色

示例见图 13-22。

图 13-22　行交替填色（希望的效果）

❶ 使用去除格式的方法置入 Word 表格，并调整好列宽，见图 13-23。

3 个数据列的宽度要相等。

#	联想 Lenovo 拯救者 Y7000	戴尔 DELL 游匣 G3 烈焰版	华硕 ASUS 灵耀 S 2 代
外观			
处理器	Intel i5 标准电压版	Intel i5 标准电压版	Intel i7 低功耗版
显卡	GTX1050	GTX1050Ti	MX150
内存容量	8GB	8GB	8GB
显存容量	2GB	4GB	2GB
硬盘	512G SSD	128G SSD + 1T HDD	256G SSD
屏幕尺寸	15.6 inch	15.6 inch	14.0 inch
分辨率	1920 px×1080 px	1920 px×1080 px	1920 px×1080 px
价格	5999 元	5999 元	5699 元

图 13-23　置入表格并调整列宽

❷ 设置文本的格式及文本在单元格里的位置（分布），见图 13-24。

- 设置表头、左列、表体的文本格式。适宜应用段落样式。
- 设置文本垂直居中分布在单元格里，上、下、左、右内边距都是 2mm。

#	联想 Lenovo 拯救者 Y7000	戴尔 DELL 游匣 G3 烈焰版	华硕 ASUS 灵耀 S 2 代
外观			
处理器	Intel i5 标准电压版	Intel i5 标准电压版	Intel i7 低功耗版
显卡	GTX1050	GTX1050Ti	MX150
内存容量	8GB	8GB	8GB
显存容量	2GB	4GB	2GB
硬盘	512G SSD	128G SSD + 1T HDD	256G SSD
屏幕尺寸	15.6 inch	15.6 inch	14.0 inch
分辨率	1920 px×1080 px	1920 px×1080 px	1920 px×1080 px
价格	5999 元	5999 元	5699 元

图 13-24　设置文本的格式及分布

❸ 添加图片，见图 13-25。

- 置入图片到页面空白处，调整好尺寸。注意需要事先从 Word 文档中提取图片。
- 选中图片，按 Ctrl+X 组合键，将光标置于单元格内，按 Ctrl+V 组合键，图片即以定位对象的形式添加到表格中，相当于一个大字符。由于文本格式已经设置为上、下、左、右都居中，所以图片也会如此。由于行高默认为控制最小值，并且设置了文本上、下内边距为 2mm，所以行高会自动调整，使图片上、下边缘与行线保持 2mm 的间距。

❹ 设置边框的粗细，见图 13-25。

- 全选表格，把所有边框的粗细都设为 0.3 点。
- 保持全选表格，把顶线、底线的粗细设为 0.7 点。
- 保持全选表格，把左、右墙线的粗细设为 0 点。

	联想 Lenovo 拯救者 Y7000	戴尔 DELL 游匣 G3 烈焰版	华硕 ASUS 灵耀 S 2 代
外观			
处理器	Intel i5 标准电压版	Intel i5 标准电压版	Intel i7 低功耗版
显卡	GTX1050	GTX1050Ti	MX150
内存容量	8GB	8GB	8GB
显存容量	2GB	4GB	2GB
硬盘	512G SSD	128G SSD + 1T HDD	256G SSD
屏幕尺寸	15.6 inch	15.6 inch	14.0 inch
分辨率	1920 px×1080 px	1920 px×1080 px	1920 px×1080 px
价格	5999 元	5999 元	5699 元

图 13-25　添加图片并设置边框的粗细

❺ 给表头填色。

- 选中表头行，【表】→【单元格选项】→【描边和填色】，即可打开如图 13-26 所示的对话框。
- 在【单元格填色】中设置【颜色】和【色调】。

图 13-26　"单元格选项"对话框（局部）

❻ 在行里交替填色，效果见图 13-22。

- 将光标放在表内，【表】→【表选项】→【交替填色】，即可打开如图 13-27 所示的对话框。
- 【交替模式】选【每隔一行】。

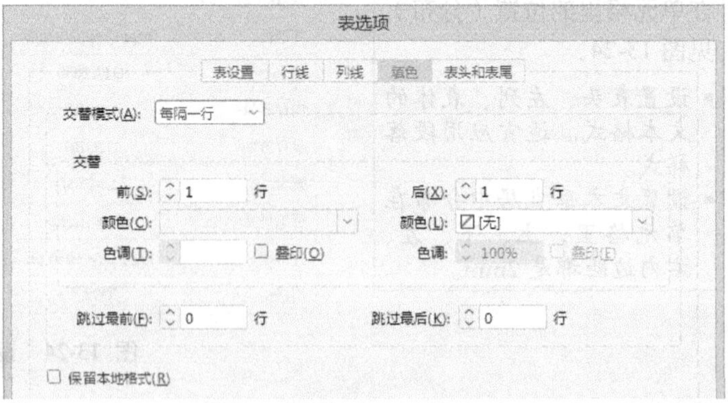

图 13-27　"表选项"对话框（局部）

案例 13-4：置入 Word 表格，制作折栏表

示例见图 13-28。

表 2-1 乙醇的基本物性

名 称	参 数	名 称	参 数
外观	无色液体	粘度（20℃）/mPa·s	1.074
结构简式	CH_3CH_2OH	表面张力（25℃）/mN·m^{-1}	21.97
分子量	46.07	燃烧热 /kJ·mol^{-1}	1365.5
CAS 登录号	64-17-5	解离系数（25℃）/pKa	15.9
密度 /g·cm^{-3}	0.79	临界温度 /℃	243.1
气体密度 /kg·m^{-3}	2.009	临界压力 /MPa	6.38
水溶性	与水互溶	闪点 /℃	12
熔点 /℃	-114.1	爆炸上限 (V/V)/%	19
沸点 /℃	78.3	爆炸下限 (V/V)/%	3.3
折射率（20℃）	1.3611	引燃温度 /℃	363
饱和蒸气压 (19℃)/kPa	5.33		

图 13-28 折栏表（希望的效果）

❶ 初步设置表格，见图 13-29。

- 使用去除格式的方法置入 Word 表格。
- 设置文本格式。
- 设置文本在单元格里垂直居中，上、下内边距为 1.2mm，左、右内边距为 2mm。
- 粗略调整列宽（不用精细，以后还会重新调整），确认能否并排放置两个这样的表格。

用途。医疗单位常需使用酒精灯、酒精炉，点燃后用于配制化验试剂或药品制剂的加热，也可用其火焰临时消毒小型医疗器械。乙醇的基本性质见表 2-1。

表 2-1 乙醇的基本物性

名称	参数
外观	无色液体
结构简式	CH3CH2OH
分子量	46.07
CAS 登录号	64-17-5
密度 /g·cm-3	0.79
气体密度 /kg·m-3	2.009
水溶性	与水互溶
熔点 /℃	-114.1
沸点 /℃	78.3
折射率（20℃）	1.3611
饱和蒸气压 (19℃)/kPa	5.33
粘度（20℃）/mPa·s	1.074
表面张力（25℃）/mN·m-1	21.97
燃烧热 /kJ·mol-1	1365.5
解离系数（25℃）/pKa	15.9
临界温度 /℃	243.1
临界压力 /MPa	6.38
闪点 /℃	12
爆炸上限 (V/V)/%	19
爆炸下限 (V/V)/%	3.3
引燃温度 /℃	363

白酒的度数表示酒中含乙醇的体积百分比，通常是以 20℃时的体积比表示的，如 50 度的酒，表示在 100 毫升的酒中，含有乙醇 50 毫升 (20℃)。另外对于啤酒是表示啤酒生产原料麦芽汁

图 13-29 初步设置表格

❷ 在右侧插入两列，并使前两列恰好占版心宽度的 1/2，见图 13-30。

- 插入列的操作：将光标放在右列里，【表】→【插入】→【列】。
- 拖动右墙线至右版心线。
- 均匀分布各列。
- 结果：4 列总宽度等于版心宽度，每个列宽都相等。

表 2-1 乙醇的基本物性

名称	参数		
外观	无色液体		
结构简式	CH3CH2OH		
分子量	46.07		
CAS 登录号	64-17-5		
密度 /g·cm-3	0.79		
气体密度 /kg·m-3	2.009		
水溶性	与水互溶		
熔点 /℃	-114.1		
沸点 /℃	78.3		
折射率（20℃）	1.3611		

图 13-30 在右侧插入两列

❸ 保持前两列的总宽度不变，重新分配这两列的列宽，见图 13-31。
- 按住 Shift 键，拖动两列之间的列线。
- 至此，半边表格设置完毕。当然宽度是版心的 1/2。

表 2-1 乙醇的基本物性

名称	参数
外观	无色液体
结构简式	CH3CH2OH
分子量	46.07
CAS 登录号	64-17-5
密度 /g·cm-3	0.79
气体密度 /kg·m-3	2.009
水溶性	与水互溶
熔点 /℃	-114.1
沸点 /℃	78.3
折射率 (20℃)	1.3611
饱和蒸气压 (19℃) /kPa	5.33
粘度 (20℃) /mPa·s	1.074

图 13-31 调整前两列的宽度

❹ 使第三列的宽度等于首列的宽度。
- 度量首列的宽度：将光标放在首列任一单元格里，打开【表】面板（见图 13-32），单击［列宽］，并复制里面的数值。
- 设置第三列的宽度：将光标放在第三列任一单元格里，打开【表】面板，把数值粘贴到［列宽］中。

图 13-32 【表】面板

❺ 使末列的宽度等于第二列的宽度，见图 13-33。
- 拖动右墙线至右版心线。
- 前两列的总宽 = 后两列的总宽 = 1/2 版心宽，并且第三列的宽度 = 首列的宽度，所以末列的宽度 = 第二列的宽度。

表 2-1 乙醇的基本物性

名称	参数		
外观	无色液体		
结构简式	CH3CH2OH		
分子量	46.07		
CAS 登录号	64-17-5		
密度 /g·cm-3	0.79		
气体密度 /kg·m-3	2.009		
水溶性	与水互溶		
熔点 /℃	-114.1		
沸点 /℃	78.3		
折射率 (20℃)	1.3611		
饱和蒸气压 (19℃) /kPa	5.33		
粘度 (20℃) /mPa·s	1.074		

图 13-33 使对应的列宽相等

❻ 把前两列的后 10 行数据剪切到后两列，见图 13-34。
- 选中前两列的后 10 行单元格，按 Ctrl+X 组合键；选中后两列的第二行，按 Ctrl+V 组合键。
- 数据列共 21 行，不能均分成两部分，可以在后两列留一个空行。

表 2-1 乙醇的基本物性

名称	参数		
外观	无色液体	粘度 (20℃) /mPa·s	1.074
结构简式	CH3CH2OH	表面张力 (25℃) /mN·m-1	21.97
分子量	46.07	燃烧热 /kJ·mol-1	1365.5
CAS 登录号	64-17-5	解离系数 (25℃) /pKa	15.9
密度 /g·cm-3	0.79	临界温度 /℃	243.1
气体密度 /kg·m-3	2.009	临界压力 /MPa	6.38
水溶性	与水互溶	闪点 /℃	12
熔点 /℃	-114.1	爆炸上限 (V/V)/%	19
沸点 /℃	78.3	爆炸下限 (V/V)/%	3.3
折射率 (20℃)	1.3611	引燃温度 /℃	363
饱和蒸气压 (19℃) /kPa	5.33		

图 13-34 把一半数据转移到后两列

❼ 给后两列添加表头，并删除空行，见图 13-35。

- 依旧采用复制粘贴法。在粘贴前，要选中待粘贴区域的首个单元格。注意是选中而不是将光标置于其中！另外是否把其右侧、下侧的单元格一起选中是没有影响的。
- 删除行：选中这些行（或选中这些行里的某列），【表】→【删除】→【行】。

表 2-1 乙醇的基本物性

名称	参数	名称	参数
外观	无色液体	粘度（20℃）/mPa·s	1.074
结构简式	CH3CH2OH	表面张力（25℃）/mN·m-1	21.97
分子量	46.07	燃烧热 /kJ·mol-1	1365.5
CAS 登录号	64-17-5	解离系数（25℃）/pKa	15.9
密度 /g·cm-3	0.79	临界温度 /℃	243.1
气体密度 /kg·m-3	2.009	临界压力 /MPa	6.38
水溶性	与水互溶	闪点 /℃	12
熔点 /℃	-114.1	爆炸上限 (V/V)/%	19
沸点 /℃	78.3	爆炸下限 (V/V)/%	3.3
折射率（20℃）	1.3611	引燃温度 /℃	363
饱和蒸气压（19℃）/kPa	5.33		

图 13-35 整体已完成

❽ 设置边框的粗细，见图 13-36。

- 全选表格，把所有边框的粗细都设为 0.3 点。
- 保持全选表格，把顶线、底线的粗细设为 0.7 点。
- 保持全选表格，把左、右墙线的粗细设为 0 点。

表 2-1 乙醇的基本物性

名称	参数	名称	参数
外观	无色液体	粘度（20℃）/mPa·s	1.074
结构简式	CH3CH2OH	表面张力（25℃）/mN·m-1	21.97
分子量	46.07	燃烧热 /kJ·mol-1	1365.5
CAS 登录号	64-17-5	解离系数（25℃）/pKa	15.9
密度 /g·cm-3	0.79	临界温度 /℃	243.1
气体密度 /kg·m-3	2.009	临界压力 /MPa	6.38
水溶性	与水互溶	闪点 /℃	12
熔点 /℃	-114.1	爆炸上限 (V/V)/%	19
沸点 /℃	78.3	爆炸下限 (V/V)/%	3.3
折射率（20℃）	1.3611	引燃温度 /℃	363
饱和蒸气压（19℃）/kPa	5.33		

图 13-36 设置边框的粗细

❾ 把两部分之间的列线设为双细线。

- 选中第三列，按图 13-37 所示，设置为【细－细】线型，2 点的粗细。
- 粗细值越大，两条线的间距越大，单根线越粗。当粗细为 2 点时，单根线粗细约是 0.3 点。

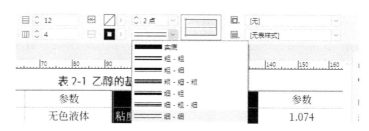

图 13-37 设置双细线

❿ 增加表格与上下文的间距。

- 将光标放在表格内，【表】→【表选项】→【表设置】，即可打开如图 13-38 所示的对话框。增加【表前距】和【表后距】。
- 也可以增加表格所在段落的段前距、段后距。

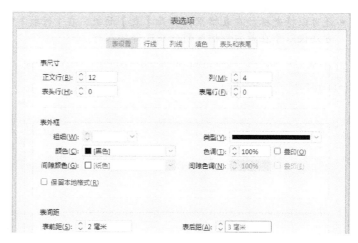

图 13-38 "表选项"对话框（局部）

⓫ 调整细节。

- 在表头文字里加空格。
- 将一些文字设置为上标、下标。

第13章 表格

▲ **案例 13-5:置入 PPT 表格,制作叠栏表**

示例见图 13-39。

2018年9月—12月销售额							单位:万元	
月份\地区	山东	河南	山西	河北	湖北	湖南	四川	辽宁
9月	34.65	23.42	8.76	15.64	22.83	74.80	35.23	91.56
10月	72.71	53.81	29.28	48.11	1.45	88.56	61.89	2.88
11月	48.35	54.52	5.09	46.22	40.21	26.20	93.89	23.94
12月	89.51	94.59	11.82	44.52	99.72	50.90	35.23	91.56
月份\地区	吉林	云南	江西	江苏	浙江	福建	安徽	
9月	24.10	20.97	71.92	42.04	53.79	31.64	2.56	
10月	9.88	68.10	69.96	94.01	44.29	22.98	39.77	
11月	47.12	2.14	10.51	46.54	10.02	45.05	49.33	
12月	22.67	20.97	71.92	42.04	53.79	31.64	22.72	

图 13-39 叠栏表(希望的效果)

❶ 初步设置表格,见图 13-40。
- 把 PPT 表格复制、粘贴进 Word 文档里。
- 使用去除格式的方法置入 Word 表格,并把标题复制、粘贴进来。
- 设置文本格式。
- 设置文本在单元格里垂直居中,上、下、左、右边距都为1mm。

2018年9月—12月销售额							单位:万元							
月份\地区	山东	河南	山西	河北	湖北	湖南	四川	辽宁	吉林	云南	江西	江苏	浙江	福建	安徽
9月	34.65	23.42	8.76	15.64	22.83	74.80	35.23	91.56	24.10	20.97	71.92	42.04	53.79	31.64	2.56
10月	72.71	53.81	29.28	48.11	1.45	88.56	61.89	2.88	9.88	68.10	69.96	94.01	44.29	22.98	39.77
11月	48.35	54.52	5.09	46.22	40.21	26.20	93.89	23.94	47.12	2.14	10.51	46.54	10.02	45.05	49.33
12月	89.51	94.59	11.82	44.52	99.72	50.90	35.23	91.56	22.67	20.97	71.92	42.04	53.79	31.64	22.72

图 13-40 初步设置表格

❷ 在底部插入 5 行,见图 13-41。
- 将光标放在末行里,【表】→【插入】→【行】。
- 还可以将光标放在表格里,打开【表】面板,在[行数]里更改。该方法仅限于在最右侧插入列,在底部插入行。

2018年9月—12月销售额							单位:万元							
月份\地区	山东	河南	山西	河北	湖北	湖南	四川	辽宁	吉林	云南	江西	江苏	浙江	福建	安徽
9月	34.65	23.42	8.76	15.64	22.83	74.80	35.23	91.56	24.10	20.97	71.92	42.04	53.79	31.64	2.56
10月	72.71	53.81	29.28	48.11	1.45	88.56	61.89	2.88	9.88	68.10	69.96	94.01	44.29	22.98	39.77
11月	48.35	54.52	5.09	46.22	40.21	26.20	93.89	23.94	47.12	2.14	10.51	46.54	10.02	45.05	49.33
12月	89.51	94.59	11.82	44.52	99.72	50.90	35.23	91.56	22.67	20.97	71.92	42.04	53.79	31.64	22.72

图 13-41 在底部插入 5 行

❸ 把表格右半部分内容剪切到表格的下半部分，见图 13-42。

- 数据列共 15 列，可以把后面的 7 列转移到下面。在无法均分时，下面可以空一列。
- 把最左列的内容复制到下面。
- 删除右侧的空列。

2018 年 9 月—12 月销售额　　单位：万元

地区 月份	山东	河南	山西	河北	湖北	湖南	四川	辽宁
9 月	34.65	23.42	8.76	15.64	22.83	74.80	35.23	91.56
10 月	72.71	53.81	29.28	48.11	1.45	88.56	61.89	2.88
11 月	48.35	54.52	5.09	46.22	40.21	26.20	93.89	23.94
12 月	89.51	94.59	11.82	44.52	99.72	50.90	35.23	91.56
地区 月份	吉林	云南	江西	江苏	浙江	福建	安徽	
9 月	24.10	20.97	71.92	42.04	53.79	31.64	2.56	
10 月	9.88	68.10	69.96	94.01	44.29	22.98	39.77	
11 月	47.12	2.14	10.51	46.54	10.02	45.05	49.33	
12 月	22.67	20.97	71.92	42.04	53.79	31.64	22.72	

图 13-42　将表格分成上下两部分

❹ 调整列宽，见图 13-43。

- 拖动右墙线至右版心线。
- 平均分布除首列以外的列宽。

2018 年 9 月—12 月销售额　　单位：万元

地区 月份	山东	河南	山西	河北	湖北	湖南	四川	辽宁
9 月	34.65	23.42	8.76	15.64	22.83	74.80	35.23	91.56
10 月	72.71	53.81	29.28	48.11	1.45	88.56	61.89	2.88
11 月	48.35	54.52	5.09	46.22	40.21	26.20	93.89	23.94
12 月	89.51	94.59	11.82	44.52	99.72	50.90	35.23	91.56
地区 月份	吉林	云南	江西	江苏	浙江	福建	安徽	
9 月	24.10	20.97	71.92	42.04	53.79	31.64	2.56	
10 月	9.88	68.10	69.96	94.01	44.29	22.98	39.77	
11 月	47.12	2.14	10.51	46.54	10.02	45.05	49.33	
12 月	22.67	20.97	71.92	42.04	53.79	31.64	22.72	

图 13-43　调整列宽

❺ 使“× 月”和数据大致水平居中，见图 13-44。

- 在段落里增加【右缩进】。
- 由于小数点位数相同，因此实现了小数点对齐。

2018 年 9 月—12 月销售额　　单位：万元

地区 月份	山东	河南	山西	河北	湖北	湖南	四川	辽宁
9 月	34.65	23.42	8.76	15.64	22.83	74.80	35.23	91.56
10 月	72.71	53.81	29.28	48.11	1.45	88.56	61.89	2.88
11 月	48.35	54.52	5.09	46.22	40.21	26.20	93.89	23.94
12 月	89.51	94.59	11.82	44.52	99.72	50.90	35.23	91.56
地区 月份	吉林	云南	江西	江苏	浙江	福建	安徽	
9 月	24.10	20.97	71.92	42.04	53.79	31.64	2.56	
10 月	9.88	68.10	69.96	94.01	44.29	22.98	39.77	
11 月	47.12	2.14	10.51	46.54	10.02	45.05	49.33	
12 月	22.67	20.97	71.92	42.04	53.79	31.64	22.72	

图 13-44　调整数据的水平位置

❻ 设置边框的粗细，见图 13-45。

- 全选表格，把所有边框的粗细都设为 0.3 点。
- 全选表格，把顶、底线的粗细设为 0.7 点；左、右墙线的粗细设为 0 点。
- 选中“9 月”至“12 月”共 4 行，设置内部行线的粗细为 0 点。

2018 年 9 月—12 月销售额　　单位：万元

地区 月份	山东	河南	山西	河北	湖北	湖南	四川	辽宁
9 月	34.65	23.42	8.76	15.64	22.83	74.80	35.23	91.56
10 月	72.71	53.81	29.28	48.11	1.45	88.56	61.89	2.88
11 月	48.35	54.52	5.09	46.22	40.21	26.20	93.89	23.94
12 月	89.51	94.59	11.82	44.52	99.72	50.90	35.23	91.56
地区 月份	吉林	云南	江西	江苏	浙江	福建	安徽	
9 月	24.10	20.97	71.92	42.04	53.79	31.64	2.56	
10 月	9.88	68.10	69.96	94.01	44.29	22.98	39.77	
11 月	47.12	2.14	10.51	46.54	10.02	45.05	49.33	
12 月	22.67	20.97	71.92	42.04	53.79	31.64	22.72	

图 13-45　设置边框的粗细

❼ 设置表头里的斜线。
- 将光标放在首个单元格，【表】→【单元格选项】→【对角线】，按图13-46设置斜线。
- 通过调整对齐和左、右缩进，调整文字的位置。
- 选中首个单元格，复制并粘贴到下半部分的首个单元格，见图13-47。

图 13-46 "单元格选项"对话框（局部）

2018年9月—12月销售额							单位：万元
地区 月份	山东	河南	山西	河北	湖北	湖南	四川	辽宁
9月	34.65	23.42	8.76	15.64	22.83	74.80	35.23	91.56
10月	72.71	53.81	29.28	48.11	1.45	88.56	61.89	2.88
11月	48.35	54.52	5.09	46.22	40.21	26.20	93.89	23.94
12月	89.51	94.59	11.82	44.52	99.72	50.90	35.23	91.56
地区 月份	吉林	云南	江西	江苏	浙江	福建	安徽	
9月	24.10	20.97	71.92	42.04	53.79	31.64	2.56	
10月	9.88	68.10	69.96	94.01	44.29	22.98	39.77	
11月	47.12	2.14	10.51	46.54	10.02	45.05	49.33	
12月	22.67	20.97	71.92	42.04	53.79	31.64	22.72	

图 13-47 设置表头斜线

❽ 把两部分之间的行线设为双细线，见图13-48。
方法同上例的步骤9。

❾ 调整细节。
- 表题居中对齐；"万元"右侧空一个字与右墙线对齐。以上可用制表符。
- 增加表前后距。

2018年9月—12月销售额							单位：万元
地区 月份	山东	河南	山西	河北	湖北	湖南	四川	辽宁
9月	34.65	23.42	8.76	15.64	22.83	74.80	35.23	91.56
10月	72.71	53.81	29.28	48.11	1.45	88.56	61.89	2.88
11月	48.35	54.52	5.09	46.22	40.21	26.20	93.89	23.94
12月	89.51	94.59	11.82	44.52	99.72	50.90	35.23	91.56
地区 月份	吉林	云南	江西	江苏	浙江	福建	安徽	
9月	24.10	20.97	71.92	42.04	53.79	31.64	2.56	
10月	9.88	68.10	69.96	94.01	44.29	22.98	39.77	
11月	47.12	2.14	10.51	46.54	10.02	45.05	49.33	
12月	22.67	20.97	71.92	42.04	53.79	31.64	22.72	

图 13-48 设置双细线

在本例中，各个数据列的宽度都相等，所以上、下两部分的列线是对齐的。

如果各个数据列的宽度不一，上、下列线就会对不齐（不强求对齐），此时就不便使用本例的方法。可以采用如下方法：①在原表格下面添加一个空段落；②把原表格复制并粘贴在该空段落里，即可得到上、下两个完全相同的表格；③删除上面表格的后半部分数据列，删除下面表格的前半部分数据列（要保留最左侧的项目名称列）；④调整上面表格的表后距和下面表格的表前距，以调整这两个表格的间距。当然，这个方法也适用于本例的情况。

▲ 案例 13-6：置入 Excel 表格，制作续表

示例见图 13-49。

序号	书　名	定价/元	作　者	出版年月	ISBN
					续表
70	PhotoshopCC 移动 UI 界面设计与实战	79	创锐设计	2015-06	9787121259982
71	让移动设计更简单：Sketch3 操作指南与实战详解	58	郑成云	2015-11	9787121274107
72	从入门到精通：Prezi 完全解读	79	计育韬	2015-08	9787121266386
73	AutoCAD2015 中文版机械设计从业必学	65	姜东海、黄凤晓、秦琳晶	2015-01	9787121247989
74	AutoCAD2015 中文版建筑设计从业必学	69.8	田婧、黄晓瑜	2015-01	9787121247996
75	图像特征提取与检索技术	59	孙君顶等	2015-07	9787121252716

图 13-49　续表（希望的效果）

续表

顶线、底线都用反线（粗线）。表格太大，本图里的底线没有显示出来。

❶ 初步设置表格，见图 13-50。
- 使用去除格式的方法置入 Excel 表格。
- 设置文本格式。
- 设置文本在单元格里垂直居中，上、下、左、右边距都为 1mm。
- 调整列宽。
- 设置全部框线的粗细为 0.3 点，然后设置顶线、底线粗细为 0.7 点，左、右墙线粗细为 0 点。

71	让移动设计更简单：Sketch3 操作指南与实战详解	58	郑成云	2015-11	9787121274107
72	从入门到精通：Prezi 完全解读	79	计育韬	2015-08	9787121266386
73	AutoCAD2015 中文版机械设计从业必学	65	姜东海、黄凤晓、秦琳晶	2015-01	9787121247989
74	AutoCAD2015 中文版建筑设计从业必学	69.8	田婧、黄晓瑜	2015-01	9787121247996
75	图像特征提取与检索技术	59	孙君顶等	2015-07	9787121252716

图 13-50　初步设置表格

❷ 重复表头，见图 13-51。
- 选中表头行（必须选中整行），右击，单击【转换为表头行】。
- 续表自动出现表头。由于表头的上边框使用了反线，因此续表的顶线自动使用反线。

序号	书　名	定价/元	作　者	出版年月	ISBN
70	PhotoshopCC 移动 UI 界面设计与实战	79	创锐设计	2015-06	9787121259982
71	让移动设计更简单：Sketch3 操作指南与实战详解	58	郑成云	2015-11	9787121274107
72	从入门到精通：Prezi 完全解读	79	计育韬	2015-08	9787121266386
73	AutoCAD2015 中文版机械设计从业必学	65	姜东海、黄凤晓、秦琳晶	2015-01	9787121247989
74	AutoCAD2015 中文版建筑设计从业必学	69.8	田婧、黄晓瑜	2015-01	9787121247996
75	图像特征提取与检索技术	59	孙君顶等	2015-07	9787121252716

图 13-51　重复表头

❸ 构造一个空表尾。
- 将光标放在尾行，【表】→【插入】→【行】，在下方插入一行。
- 选中该行，上边框的粗细不变，其余边框的粗细都设为 0 点，即看似该行不存在。
- 把该行的行高固定为 1.058mm，见图 13-52。即尽量降低行高，减少对表格布局的影响。

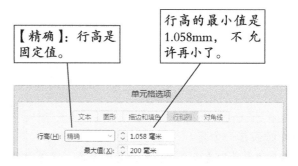

图 13-52　固定行高

❹ 重复表尾，见图 13-53。
- 选中这个空表尾行（必须选中整行），右击，单击【转换为表尾行】。
- 续表自动出现表尾。由于表尾的上边框使用了反线，其余边框的粗细为 0 点，因此看似续表的底线自动使用了反线。

36	中文版 Dreamweaver/Fireworks/Flash (CC 版) 网页设计
37	中文版 Flash CC 动画制作
38	中文版 Photoshop CC 图像处理与…
39	字体之美：从传统印刷到 Web 排版

图 13-53　重复表尾

❺ 调整细节。
- 在表头"书名""作者"里加空格。
- 续表右上角的"续表"二字一般距右墙线两个字符。

本例就此结束。若希望"价格"栏中数字的小数点对齐，则可继续进行如下操作。

❻ 将光标置于某个数字单元格里，修改所用的段落样式，单击【制表符】，见图 13-54。
确保数字的对齐方式是左对齐。

❼ 选中[对齐小数位（或其他指定字符）制表符]。

❽ 单击标尺上方的条状区域。

❾ 调整小数点的位置。效果见图 13-55。

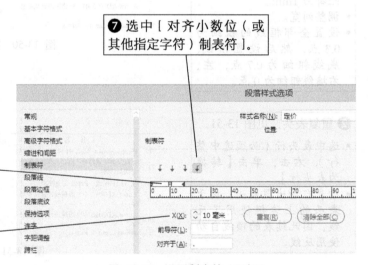

图 13-54　设置制表符（局部）

85	Premiere Pro CS6 多功能教材	39	刘小伟	2013-06	9787121204647
86	AutoCAD 2014 中文版完全学习手册	98	李波	2014-01	9787121221231
87	7 天精通 Adobe Audition CS6 音频处理	59.9	孙钢	2014-04	9787121225833
88	WOW!Photoshop 终极 CG 绘画技法——专业绘画工具 Blur's Good Brush 极速手册	148	杨雪果	2014-06	9787121227639
89	云端创意——数字出版解密	69	晏琳	2014-05	9787121227868

图 13-55　小数点对齐

➡ 各个续表是一个表

各个续表看似为多个表，实则为一个表。在选中整个表时，会把各个续表一起选中；在选中某列时，会把各个续表的该列都选中；在调整列宽时，各个续表都会同步调整。

▲ 案例 13-7：置入 PDF 表格，段落线用作行线

示例见图 13-56。

图 13-56　段落线用作行线（希望的效果）

❶ 初步设置表格，见图 13-57。
- 使用 Word 软件打开 PDF 文档，并将其另存为 Word 文档。
- 使用去除格式的方法，置入 Word 表格。
- 把"子公司"移至右侧的单元格；删除多余空格。
- 合并"集团"及其右侧的单元格；合并"子公司"及其右侧的单元格。
- 设置文本格式。
- 设置文本在单元格里垂直居中，上、下、左、右边距都为 1mm。
- 设置全部框线的粗细为 0 点。

	集团		子公司	
	2017 年	2018 年	2017 年	2018 年
冰箱	564	653	54	87
彩电	856	789	213	187
空调	4543	5638	675	903
洗衣机	643	987	441	432
电风扇	983	1043	432	892
合计	7589	9110	1815	2501

图 13-57　初步设置表格

❷ 设置表头。
- 给表头填色，文本用纸色。
- 给文本设置段后线，见图 13-58。
- 增大表头第二行的下单元格的内边距。

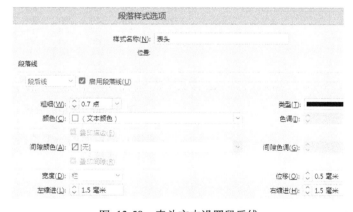

图 13-58　表头文本设置段后线

❸ 设置表尾。
- 同样，给文本设置段后线，见图 13-59。
- 另外，直线的长度也可以用左、右单元格内边距控制。

图 13-59　表尾文本设置段后线

13.3 单元格样式、表样式

13.3.1 概述

如果相同格式的表格较多，宜用表样式设置表格的格式。

注意表样式不完美，即在应用表样式后，往往还需要手动补充设置格式，但这通常只需要几步，所以使用表样式仍然能够提高效率。

建立表样式的步骤如下所述。

❶ 分区。
- 一个表可以分为表头、表尾、左列、右列、表体，共 5 个区（见图 13-60），每个区都可以单独设置格式。
- 如果不需要分成这么多区，那么需要几个就分成几个；如果格式复杂，导致这 5 个区不够用，就暂时不考虑那些格式。

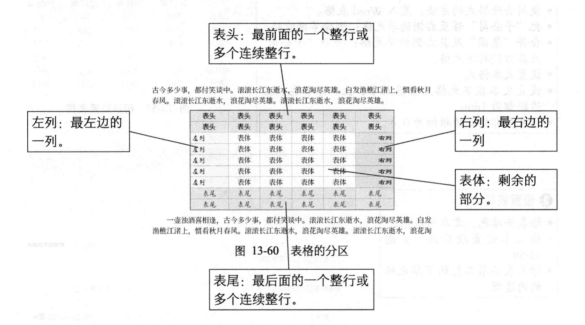

图 13-60　表格的分区

❷ 用单元格样式定义每个区的格式。
- 单元格样式针对单元格，最小应用单位是一个单元格。
- 可以定义的项目：文本采用的段落样式、单元格内边距、垂直对齐方式、描边、填色、对角线等。
- 不能定义的项目：硬性指定的行高（如 24mm）、列宽。

❸ 用表样式整合各区的格式。
- 表样式针对表，最小应用单位是一个表。
- 可以定义的项目：每个区采用的单元格样式、整个表的外边框（四周要一致；优先级低，常无效）、表前后距、交替填色等。
- 不能定义的项目：表格在栏中的左对齐、居中对齐、右对齐。

应用表样式的步骤如下所述。

❶ 初步设置表格。
- 合并、拆分单元格;粗略调整列宽;表格在栏中的对齐等。
- 不要对表格及其中的文本手动设置格式或应用任何样式,这些操作适宜在应用表样式后进行。

❷ 如果定义了表头、表尾,就手动指定。
- 在续表里自动重复出现表头、表尾,这是表头、表尾的一个用途;在表样式里分别定义格式,这是另一个用途。
- 默认没有表头、表尾,需要手动设置它们。

❸ 应用表样式。

❹ 手动补充设置格式。
- 表样式的功能有限,那些不能在表样式里定义的格式,只能在最后通过手动设置。
- 手动设置不代表一定是纯手动,有的可以使用单元格样式。

13.3.2 应用示例

▲ 案例 13-8:用表样式设置全线表

案例 13-1 设置好了一个全线表(见图 13-61),希望在此基础上建立一个表样式,用于快速设置其他类似的表。

首行的文本格式和单元格格式都相同,所以分为表头。

首列的文本格式和单元格格式都相同,所以分为左列。

第二列的文本是左对齐的,在表体中与众不同,暂时忽略。

数据区域的文本格式和单元格格式都相同,所以分为表体。

指标		城市建设情况		单位:万平方米
		2015 年	2016 年	历年累计
商品房开工面积	合计	165	178	4932
	住宅	113	107	3388
	商用办公楼	52	71	1544
商品房竣工面积	合计	326	448	4329
	住宅	245	241	3219
	商用办公楼	81	207	1109
商品房销售面积	合计	276	145	3308
	住宅	250	115	2980
	商用办公楼	27	30	328

图 13-61 全线表

❶ 分区。
- 由前面的分析可知，该表可分为表头、左列、表体。
- 忽略第二列的特殊格式。

❷ 新建表头的单元格样式。
- 将光标放在表头里某单元格内（选最典型的，通常是中间的），【单元格样式】面板菜单→【新建单元格样式】，见图13-62。
- 【段落样式】选应用的段落样式。
- 这是基于现有单元格创建单元格样式的，设置的格式会自动添加进来。注意段落样式需要手动添加。

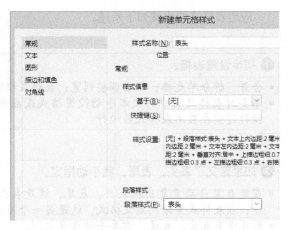

图 13-62 "新建单元格样式"对话框（局部）

❸ 分别新建左列、表体的单元格样式。
- 方法同上。
- 新建的单元格样式会出现在【单元格样式】面板里，见图13-63。

图 13-63 【单元格样式】面板

❹ 新建表样式。
- 将光标放在表内，【表样式】面板菜单→【新建表样式】，见图13-64。
- 在【单元格样式】里，不同区域分别选择各自的单元格样式。表体默认不使用单元格样式，其他区默认使用表体所用的单元格样式。
- 可以设置表外边框，但本例不必设置，因为即使设置了也无效，稍后分析。
- 可以设置表前后距，但本例不需要。因为本例在表格所在段落里已经设置了段前距和段后距。
- 新建的表样式会出现在【表样式】面板里，见图13-65。

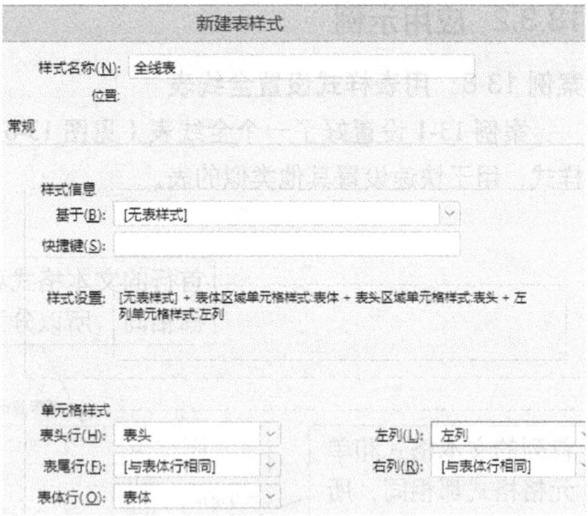

图 13-64 "新建表样式"对话框（局部）

图 13-65 【表样式】面板

❺ 对没有设置格式的表格，应用表样式，见图 13-66。
- 把首行转化为表头。
- 将光标放在表内，打开【表样式】面板，单击希望应用的表样式。

表外边框的定义方法。
- 在表样式里设置。这是首选方法，但往往不生效。由于表样式的优先级低于单元格样式，只要单元格样式里定义的边框涉及表外边框，就以单元格样式里的规定为准，如本例。
- 在单元格样式里设置。这也是个好方法，但单元格样式要应用于众多单元格，往往不能兼顾外框和内部的行列线。本例表头的左、右墙线与内部的列线不一致，不能使用本方法。
- 手动设置。这是最"笨"的方法，任何时候都能用。

❻ 手动设置表外边框。

❼ 对前面那个已经设置好格式的表格，应用表样式。
- 操作同步骤 5。
- 只是对这个表格应用表样式，便于以后通过表样式、单元格样式统一更改。

主要工业产品出口情况　　单位：百万美元

产品名称	2015 年	2016 年	增长（%）
电子产品	15409	15291	-0.8
机械器具及零件	13948	12128	-13.1
光学、检测、医疗设备	6346	5428	-14.5
纺织原料及纺织制品	695	678	-2.5
贱金属及其制品	755	747	-1.2
运输设备及其零件	993	969	-2.4
塑料及其制品	567	614	8.3

（a）应用前

主要工业产品出口情况　　单位：百万美元

产品名称	2015 年	2016 年	增长（%）
电子产品	15409	15291	-0.8
机械器具及零件	13948	12128	-13.1
光学、检测、医疗设备	6346	5428	-14.5
纺织原料及纺织制品	695	678	-2.5
贱金属及其制品	755	747	-1.2
运输设备及其零件	993	969	-2.4
塑料及其制品	567	614	8.3

（b）应用后

图 13-66　应用表样式

▲ 案例 13-9：用表样式设置三线表

案例 13-2 设置好了一个三线表（见图 13-67），希望在此基础上建立一个表样式，用于快速设置其他类似的表。

前两行的文本格式和单元格格式都相同，所以分为表头。

首列的文本格式和单元格格式都相同，所以分为左列。

表 5-27 不同部位材料的物理性能

性能	机头喷嘴	机身搭桥	
		前控制阀	后控制阀
扯断强度 / MPa	18.4	18.3	17.2
扯断强力 / kN	62.1	51.4	37.9
扯断伸长率 / %	154	222	184
长度 / mm	13.6	55.0	70.1
密度 / (g/cm³)	2.35	2.19	2.45

数据区域的文本格式和单元格格式都相同，所以分为表体。

左下角单元格的文本是左对齐的，在表尾中与众不同，暂时忽略。

图 13-67　三线表

末行的文本格式和单元格格式都相同，所以分为表尾。

❶ 分区。
- 由前面的分析可知，该表可分为表头、左列、表体、表尾。
- 忽略左下角单元格的特殊格式。
- 分法不唯一，本例也可分为表头、左列、表体，好处是左下角单元格不特殊了（属于正常的左列），坏处是表格的底线成了特殊格式。无论怎么分，最终目的都是减少工作量。

❷ 新建表头的单元格样式，见图 13-68。

在新建前，要将光标放在这 3 个单元格之一里，因为在单元格样式里需要定义：上边框用粗线，下边框用细线。

在应用该单元格样式后，此处是上边框还是下边框？答案是下边框。
多个单元格应用同一个单元格样式，若边框线有冲突，则右边框和下边框优先。

性　　能	机头喷嘴	机身搭桥	
		前控制阀	后控制阀

图 13-68　表头

❸ 分别新建左列、表体、表尾的单元格样式。
新建前，要将光标放在最典型的（通常是中间的）单元格里。目的是设置正确的边框线。

❹ 新建表样式，见图 13-69。
- 本例不必设置表外边框，因为即使设置了也无效；可以设置表前后距。
- 在建好后，适宜对这个表格应用该表样式。

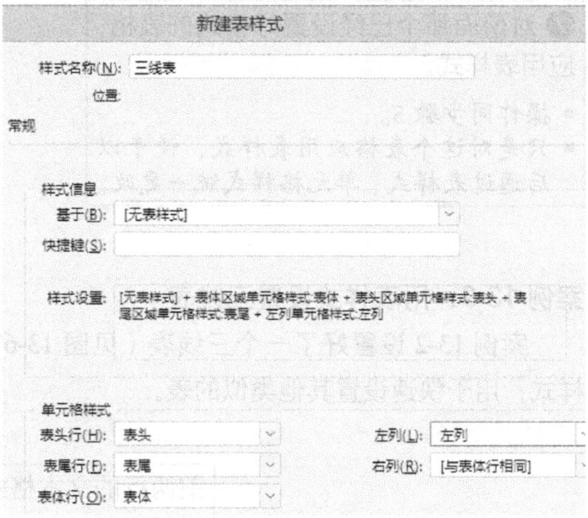

❺ 对没有设置格式的表格，应用表样式，见图 13-70。
在应用前，要对表格设置表头、表尾。

此处属于表尾，文本自然采用了表尾单元格样式里规定的段落样式，但这不是希望的，需要进行手动更改。

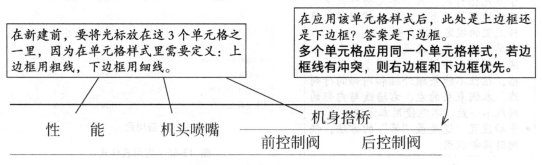

图 13-69　"新建表样式"对话框（局部）

表 5-28　反应时间对性能的影响

性　　能	2# 反应釜			标样
	100 秒	200 秒	300 秒	
极限使用温度 / ℃	132	146	155	160
弹性（方法 A）/ %	55	57	63	65
模量 / MPa	9.2	9.5	11.3	12.7
外观分级	E	D	B	B

图 13-70　应用表样式

❻ 手动补充设置格式，见图 13-71。
对此处的文本，应用左列文本所用的段落样式。

表 5-28 反应时间对性能的影响

性　能	2# 反应釜			标样
	100 秒	200 秒	300 秒	
极限使用温度 / ℃	132	146	155	160
弹性（方法 A）/ %	55	57	63	65
模量 / MPa	9.2	9.5	11.3	12.7
外观分级	E	D	B	B

图 13-71　手动补充设置格式

❼ 对下一个表格，应用表样式。见图 13-72。
- 重复步骤 5、步骤 6。
- 表头只有一行，显得不够高。下面就建立一个表样式，专门针对只有单行表头的表格。

表 5-29 不同测试方法的对比

项　目	方法 A	方法 B	方法 C	方法 D
取样位置	前	中	后	后
预压次数	3	2	3	4
震荡频率 / Hz	55	40	55	50
压力 / kN	34	25	37	46
测试时间 / min	5.5	4.0	8.3	5.5

图 13-72　应用表样式并手动补充设置

❽ 把表头的单元格样式复制一个副本。
- 打开【单元格样式】面板，右击表头的单元格样式→【直接复制样式】，名称为"表头（单行）"，暂不修改内容。
- 重命名原来的单元格样式：打开【单元格样式】面板，右击该样式→【编辑】，名称为"表头（多行）"，见图 13-73。

图 13-73　【单元格样式】面板　图 13-75　【表样式】面板

❾ 把表样式复制一个副本，并使用刚才建立的单元格样式。
- 打开【表样式】面板，右击表样式→【直接复制样式】，名称为"三线表（单行表头）"。【表头行】选刚才建的单行表头单元格样式，见图 13-74。
- 重命名原来的表样式：打开【表样式】面板，右击该样式→【编辑】，名称为"三线表（多行表头）"，见图 13-75。

图 13-74　"复制表样式"对话框（局部）

❿ 修改刚才建立的单元格样式，以增加表头的行高。
- 对图 13-72 所示的表格应用刚才建立的表样式。
- 修改刚才建立的单元格样式：打开【单元格样式】面板，右击该样式→【编辑】，增大上、下单元格内边距，见图 13-76。
- 至此，有了两个三线表样式，分别针对多行表头、单行表头。

表 5-29 不同测试方法的对比

项　目	方法 A	方法 B	方法 C	方法 D
取样位置	前	中	后	后
预压次数	3	2	3	4
震荡频率 / Hz	55	40	55	50
压力 / kN	34	25	37	46
测试时间 / min	5.5	4.0	8.3	5.5

图 13-76　修改单元格样式

▲ 案例 13-10：用表样式设置省略左、右墙线的表

案例 13-3 设置好了一个省略左、右墙线和交替填色的表（见图 13-77），希望在此基础上建立一个表样式，用于快速设置其他类似的表。

> 首行的文本格式和单元格格式都相同，所以分为表头。

> 首列的文本格式和单元格格式都相同，所以分为左列。

> 数据区域的文本格式和单元格格式都相同，所以分为表体。

> 交替填色可在表样式里设置。

	联想 Lenovo 拯救者 Y7000	戴尔 DELL 游匣 G3 烈焰版	华硕 ASUS 灵耀 S 2 代
外观			
处理器	Intel i5 标准电压版	Intel i5 标准电压版	Intel i7 低功耗版
显卡	GTX1050	GTX1050Ti	MX150
内存容量	8GB	8GB	8GB
显存容量	2GB	4GB	2GB
硬盘	512G SSD	128G SSD + 1T HDD	256G SSD
屏幕尺寸	15.6 inch	15.6 inch	14.0 inch
分辨率	1920 px×1080 px	1920 px×1080 px	1920 px×1080 px
价格	5999 元	5999 元	5699 元

图 13-77　省略左右墙线和交替填色的表

❶ 分区。
- 由前面的分析可知，该表可分为表头、左列、表体。
- 外边框最后手动设置。

❷ 分别新建表头、左列、表体的单元格样式。

❸ 新建表样式，见图 13-78。
- 这是基于现有表创建表样式，设置的交替填色会自动添加进来。
- 本例不必设置表外边框；可以设置表前后距。

图 13-78　"新建表样式"对话框（局部）

❹ 对没有设置格式的表格，应用表样式。见图 13-79。
- 在应用前，要对表格设置表头。
- 希望第二行不填色，即从第三行开始填色。

	AMD 锐龙 2600X	英特尔 酷睿 i5-8500	英特尔 酷睿 i5-8600	英特尔 酷睿 i7-8700
核心数量	六核	六核	六核	六核
接口类型	AM4	LGA 1151	LGA 1151	LGA 1151
主频	3.6GHz	3.0GHz	3.1GHz	3.2GHz
三级缓存	16MB	9MB	9MB	12MB
制程工艺	12nm	14nm	14nm	14nm
功率	95W	65W	65W	65W
价格	1549 元	1699 元	2099 元	2799 元

图 13-79　应用表样式

图 13-77 的表,为什么第二行没有填色?

- 交替填色会跳过表头,即从表体开始计数。
- 该表没有设置表头。因为该表既没有续表,之前又没有计划使用表样式,所以无须设置表头。
- 所以该表从首行开始交替填色(由于首行手动填充了其他颜色,这种手工操作的优先级高,交替填色没有表现出来),自然第二行没有填色。

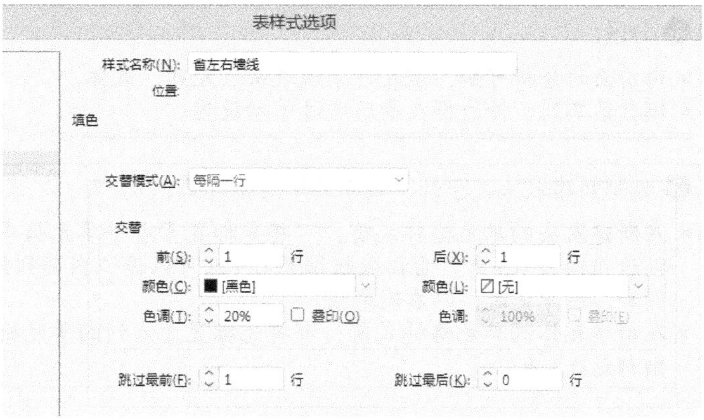

图 13-80 "表样式选项"对话框(局部)

❺ 修改表样式。
见图 13-80,【跳过最前】输入 1 行。

❻ 手动补充设置外边框,见图 13-81。
设置顶、底线粗细为 0.7 点;
设置左、右墙线粗细为 0 点。

	AMD 锐龙 2600X	英特尔 酷睿 i5-8500	英特尔 酷睿 i5-8600	英特尔 酷睿 i7-8700
核心数量	六核	六核	六核	六核
接口类型	AM4	LGA 1151	LGA 1151	LGA 1151
主频	3.6GHz	3.0GHz	3.1GHz	3.2GHz
三级缓存	16MB	9MB	9MB	12MB
制程工艺	12nm	14nm	14nm	14nm
功率	95W	65W	65W	65W
价格	1549 元	1699 元	2099 元	2799 元

图 13-81 手动补充设置外边框

▲ 案例 13-11:用表样式设置折栏表

案例 13-4 设置好了一个折栏表(见图 13-82),希望在此基础上建立一个表样式,用于快速设置其他类似的表。

首行的文本格式和单元格格式都相同,所以分为表头。

此单元格左边框是双线,在表头中与众不同,暂时忽略。

数据区域的文本格式和单元格格式都相同,所以分为表体。

首列的文本格式和单元格格式都相同,所以分为左列。

此列的左边框是双线,文本是左对齐的,在表体中与众不同,暂时忽略。

表 2-1 乙醇的基本物性

名 称	参 数	名 称	参 数
外观	无色液体	粘度 (20℃) /mPa·s	1.074
结构简式	CH₃CH₂OH	表面张力 (25℃) /mN·m⁻¹	21.97
分子量	46.07	燃烧热 /kJ·mol⁻¹	1365.5
CAS 登录号	64-17-5	解离系数 (25℃) /pKa	15.9
密度 /g·cm⁻³	0.79	临界温度 /℃	243.1
气体密度 /kg·m⁻³	2.009	临界压力 /MPa	6.38
水溶性	与水互溶	闪点 /℃	12
熔点 /℃	-114.1	爆炸上限 (V/V)/%	19
沸点 /℃	78.3	爆炸下限 (V/V)/%	3.3
折射率 (20℃)	1.3611	引燃温度 /℃	363
饱和蒸气压 (19℃)/kPa	5.33		

图 13-82 折栏表

❶ 分区。
- 由前面的分析可知，该表可分为表头、左列、表体。
- 倒数第二列、外边框在最后通过手动设置。

❷ 分别新建表头、左列、表体的单元格样式。
- 在新建表头的单元格样式前，可将光标置于首个单元格中；否则，可能需手动设置右描边粗细为 0.3 点。右描边粗细为 0.3 点可以保证内部列线的粗细是 0.3 点，因为在左侧和右侧冲突时，以右侧为准。
- 在新建表体的单元格样式前，可将光标置于末列的单元格，并手动设置四面描边的粗细都是 0.3 点。

❸ 新建表样式。
- 这是基于现有表创建表样式，设置的表前后距会自动添加进来。
- 本例不必设置表外边框。

❹ 对没有设置格式的表格应用表样式，见图 13-83。
- 应用前，对表格设置表头。
- 后续需手动设置：表头里的倒数第二列、表体里的倒数第二列、外边框。

表 2-2 甲醇的基本物性

名称	参数	名称	参数
熔点 /°C	-97.8	自燃温度 /°C	436
沸点 /°C	64.7	爆炸上限 /%	36.5
密度	0.79	爆炸下限 /%	6
饱和蒸气压 (20°C) /kPa	12.3	折射率 (20°C)	1.328
燃烧热 /kJ·mol-1	726.51	黏度 (25°C) /mPa·s	0.553
临界温度 /°C	240	蒸发热 /KJ·mol-1	35.32
临界压力 /MPa	7.95	熔化热 /KJ·kg-1	98.81
闪点 /°C	8	溶度参数 /J·cm-1	29.532

图 13-83 应用表样式

❺ 针对表头的倒数第二列，新建并应用单元格样式。
- 新建单元格样式：将光标放在该单元格内，【单元格样式】面板菜单→【新建单元格样式】。仅设置需要控制的项目（见图 13-84），即左描边粗细为 2 点，双细线。
- 应用单元格样式：将光标放在该单元格内，打开【单元格样式】面板，单击该样式。

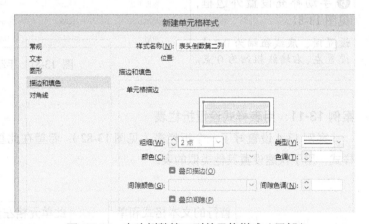

图 13-84 表头倒数第二列单元格样式（局部）

❻ 针对表体的倒数第二列，新建并应用单元格样式。
- 新建单元格样式：同上，只是多规定了段落样式，见图 13-85。
- 应用单元格样式：选中这些单元格，单击该样式。结果见图 13-86。

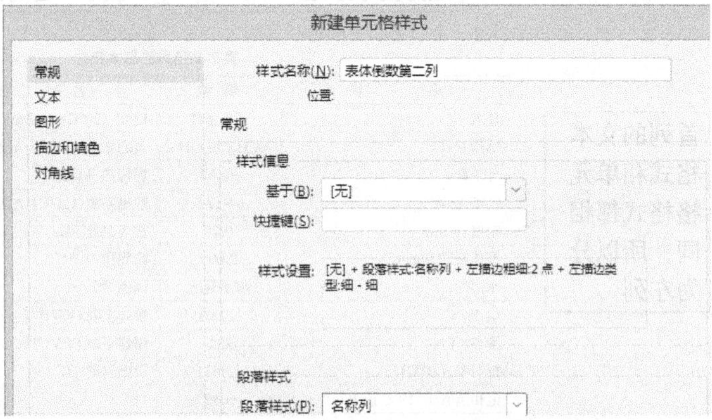

图 13-85 表体倒数第二列单元格样式（局部）

图 13-86 中的双细线被行线贯穿了。

这是行线压列线所致。希望反过来。

表 2-2 甲醇的基本物性

名 称	参 数	名 称	参 数
熔点 /℃	-97.8	自燃温度 /℃	436
沸点 /℃	64.7	爆炸上限 /%	36.5
密度	0.79	爆炸下限 /%	6
饱和蒸气压（20℃）/kPa	12.3	折射率（20℃）	1.328
燃烧热 /kJ·mol-1	726.51	黏度（25℃）/mPa·s	0.553
临界温度 /℃	240	蒸发热 /KJ·mol-1	35.32
临界压力 /MPa	7.95	熔化热 /KJ·kg-1	98.81
闪点 /℃	8	溶度参数 /J·cm-1	29.532

图 13-86 折栏表中间的双细线

❼ 使列线压行线。
- 修改表样式，【绘制】选【列线在上】，见图 13-87。
- 这样，列线就压在了行线上方。

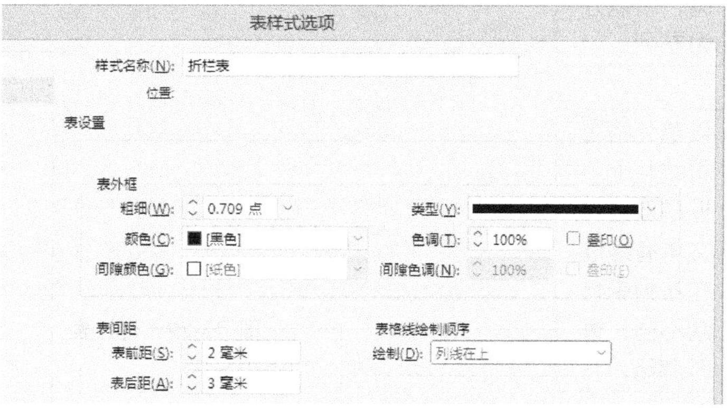

❽ 手动设置外边框。
- 底线粗细为 0.7 点，左、右墙线粗细为 0 点。
- 然后，把几处 "-1" 设为上标，结果见图 13-88。

图 13-87 "表样式选项"对话框（局部）

❾ 对下一个表格，只需进行如下操作。
- 指定表头。
- 应用表样式。
- 对表头的倒数第二列，应用特制的单元格样式。
- 对表体的倒数第二列，应用特制的单元格样式。
- 设置外边框。

表 2-2 甲醇的基本物性

名 称	参 数	名 称	参 数
熔点 /℃	-97.8	自燃温度 /℃	436
沸点 /℃	64.7	爆炸上限 /%	36.5
密度	0.79	爆炸下限 /%	6
饱和蒸气压（20℃）/kPa	12.3	折射率（20℃）	1.328
燃烧热 /kJ·mol^{-1}	726.51	黏度（25℃）/mPa·s	0.553
临界温度 /℃	240	蒸发热 /KJ·mol^{-1}	35.32
临界压力 /MPa	7.95	熔化热 /KJ·kg^{-1}	98.81
闪点 /℃	8	溶度参数 /J·cm^{-1}	29.532

图 13-88 列线压行线

单元格样式、表样式的注意事项如下所述。

①单元格样式通常只控制单元格的部分格式，即仅设置需要控制的格式。在基于现有（已经设置好格式）的单元格创建单元格样式时，会自动包含定义过（即手动设置或使用单元格样式带来的）的单元格格式项目，不会自动包含未定义的项目。注意也不会自动包含使用表样式（含里面的单元格样式）带来的单元格格式。但是在找不到理想的源单元格时，就需要手动补充设置。②表样式总是控制全部表格式项目。但表样式的优先级低，在发生冲突时，表样式里的规定无效。③如果单元格已经应用了"旧"单元格样式，现在应用"新"单元格样式，那么会先清除"旧"单元格样式，然后应用"新"单元格样式。但表样式中的单元格样式不能被当作通常的单元格样式看待，即在应用"新"单元格样式时，不会先清除"旧"单元格样式。④如果表已经应用了"旧"表样式，现在应用"新"表样式，那么会先清除"旧"表样式（包含里面规定的单元格样式），然后应用"新"表样式。

案例 13-12：用表样式设置叠栏表

案例 13-5 设置好了一个叠栏表（见图 13-89），希望在此基础上建立一个表样式，用于快速设置其他类似的表。

> 首列的文本格式和单元格格式都相同，所以分为左列。

> 该单元格有斜线，文本有缩进，在表头中与众不同，暂时忽略。

> 首行的文本格式和单元格格式都相同，所以分为表头。

> 数据区域的文本格式和单元格格式都相同，所以分为表体。

	2018 年 9 月—12 月销售额						单位：万元
月份＼地区	山东	河南	山西	河北	湖北	湖南	四川	辽宁
9 月	34.65	23.42	8.76	15.64	22.83	74.80	35.23	91.56
10 月	72.71	53.81	29.28	48.11	1.45	88.56	61.89	2.88
11 月	48.35	54.52	5.09	46.22	40.21	26.20	93.89	23.94
12 月	89.51	94.59	11.82	44.52	99.72	50.90	35.23	91.56
月份＼地区	吉林	云南	江西	江苏	浙江	福建	安徽	
9 月	24.10	20.97	71.92	42.04	53.79	31.64	2.56	
10 月	9.88	68.10	69.96	94.01	44.29	22.98	39.77	
11 月	47.12	2.14	10.51	46.54	10.02	45.05	49.33	
12 月	22.67	20.97	71.92	42.04	53.79	31.64	22.72	

> 该单元格有斜线且上边框是双线，文本有缩进，在左列中与众不同，暂时忽略。

> 该行的上边框是双线，文本是居中对齐的，在表体中与众不同，暂时忽略。

图 13-89　叠栏表

❶ 分区。
- 由前面的分析可知，该表可分为表头、左列、表体。
- 上面表格的首个单元格、下面表格的首个单元格、下面表格的表头、整个表格的外边框在最后通过手动设置。

❷ 分别新建表头、左列、表体的单元格样式。

❸ 新建表样式。

❹ 对没有设置格式的表格，应用表样式，见图 13-90。

	2018 年 10 月—12 月家电销量						单位：台
类型＼月份	电视机	洗衣机	电冰箱	微波炉	电磁炉	空调	音响	电风扇
10 月	356	64	90	454	457	45	146	94
11 月	231	134	115	96	179	23	262	58
12 月	67	228	280	74	270	75	105	18
类型＼月份	吸尘器	游戏机	电蒸锅	电烤箱	燃气灶	消毒柜	洗碗机	热水器
10 月	567	98	325	46	76	54	147	125
11 月	234	114	179	89	234	38	225	387
12 月	99	280	321	72	180	80	126	458

图 13-90　应用表样式

❺ 针对下面表格的首个单元格，新建单元格样式。
- 将光标放在图 13-89 中下面表格里的首个单元格中。因为要以此为格式源。
- 其中的文本使用了两个段落样式，只能选其一（见图 13-91）。另一个在最后通过手动补充设置。

图 13-91　斜线表头单元格样式（局部）

❻ 针对上面、下面表格的首个单元格，都应用斜线表头单元格样式，见图13-92。

- 上面表格的上边框不合适，但没关系，因为后续要手动设置外边框。这样使这两个单元格共用一个单元格样式，就可以少建一个单元格样式。
- 随后对"月份"手动应用段落样式。

2018年10月—12月家电销量								单位：台
类型\月份	电视机	洗衣机	电冰箱	微波炉	电磁炉	空调	音响	电风扇
10月	356	64	90	454	457	45	146	94
11月	231	134	115	96	179	23	262	58
12月	67	228	280	74	270	75	105	18
类型\月份	吸尘器	游戏机	电蒸锅	电烤箱	燃气灶	消毒柜	洗碗机	热水器
10月	567	98	325	46	76	54	147	125
11月	234	114	179	89	234	38	225	387
12月	99	280	321	72	180	80	126	458

图 13-92　应用斜线表头单元格样式

❼ 针对下面表格的表头，新建单元格样式，见图13-93。

- 将光标放在图13-89中下面表格里的表头中。因为要以此为格式源。
- 此处的"表头"仅是个称呼，是普通的单元格，不是表样式里分区的表头。

图 13-93　下面表格的表头单元格样式（局部）

❽ 针对下面表格的表头，应用该单元格样式，见图13-94。

当然，那个斜线表头单元格不应用该单元格样式。

2018年10月—12月家电销量								单位：台
类型\月份	电视机	洗衣机	电冰箱	微波炉	电磁炉	空调	音响	电风扇
10月	356	64	90	454	457	45	146	94
11月	231	134	115	96	179	23	262	58
12月	67	228	280	74	270	75	105	18
类型\月份	吸尘器	游戏机	电蒸锅	电烤箱	燃气灶	消毒柜	洗碗机	热水器
10月	567	98	325	46	76	54	147	125
11月	234	114	179	89	234	38	225	387
12月	99	280	321	72	180	80	126	458

图 13-94　应用"下面表格的表头"单元格样式

❾ 手动设置外边框。见图13-95。

2018年10月—12月家电销量								单位：台
类型\月份	电视机	洗衣机	电冰箱	微波炉	电磁炉	空调	音响	电风扇
10月	356	64	90	454	457	45	146	94
11月	231	134	115	96	179	23	262	58
12月	67	228	280	74	270	75	105	18
类型\月份	吸尘器	游戏机	电蒸锅	电烤箱	燃气灶	消毒柜	洗碗机	热水器
10月	567	98	325	46	76	54	147	125
11月	234	114	179	89	234	38	225	387
12月	99	280	321	72	180	80	126	458

图 13-95　手动设置外边框

❿ 针对下一个表格，只需进行如下操作。

- 指定表头，应用表样式。
- 对上面、下面表格的首个单元格，都应用"斜线表头"单元格样式。
- 对上面、下面表格的首个单元格里的"月份"，都应用"斜线表头（左下）"段落样式。
- 对下面表格的表头，应用"下面表格的表头"单元格样式。
- 设置外边框。

案例 13-6、案例 13-7 中的表如何使用表样式？读者可自行思考，图 13-96、图 13-97 的分区方法及最后的手动补充设置，仅供参考。

图 13-96　续表（局部）

图 13-97　段落线用作行线

使用表样式的注意事项如下所述。

①分区决定了后续的操作方向。要充分利用前文所述的 5 个区，以减少最后的手动补充设置。②针对每个区建立单元格样式时，要把光标置于典型的单元格里，以减少手动设置。③在最后手动补充设置时，要优先考虑使用单元格样式。④单元格样式的作用单位是每个单元格，不能将一片区域里的多个单元格视作一个"大"单元格。

概述

工作界面

文档的创建与规划

排文

字符

段落 I

段落 II

查找与替换

图片

对象间的排布

颜色、特效

路径

表格

▶ 脚注、尾注、交叉引用

目录、索引

输出

长文档的分解管理

电子书

Id **第 14 章　脚注、尾注、交叉引用**

若脚注、尾注、交叉引用的数量少，则可以按通常的文本处理，即对它们进行手动制作；若它们的数量较多，则适宜使用本章讲述的方法制作，编号、对应页码等会自动生成，还会自动更新。

14.1 脚注

14.1.1 创建脚注

创建脚注有 3 种方法。

- 方法 1：手动逐条创建脚注，即将光标放在正文中插入脚注编号的地方，【文字】→【插入脚注】，把脚注文本复制、粘贴进来。效率较低。
- 方法 2：导入 Word 文档，脚注与正文会一起添加进来。效率高，首选本方法。当然它们必须是脚注，即是由作者通过【引用】选项卡里的【插入脚注】制作的，而不是由作者手动输入的普通文本。
- 方法 3：从其他 InDesign 文档里，把脚注复制、粘贴过来。只要复制了正文中的脚注编号，脚注就会被一起添加进来，所以只需要复制正文中的脚注编号即可（当然与正文一起复制也可以）。

我们收到的稿件大多是 Word 文档，若将其置入 InDesign 文档，则适宜采用方法 2 创建脚注；若不便将其置入，可以采用复制粘贴法导入 InDesign 文档，也并不意味着必须使用方法 1 创建脚注。此时可以另外新建一个 InDesign 文档，将 Word 文档置入该新文档，然后使用方法 3 创建脚注。所以，方法 2 是创建脚注的核心方法。

案例 14-1：导入 Word 里的脚注

示例见图 14-1。

图 14-1　正文、脚注一起导入（脚注未设置格式）

每条脚注结尾都有一个"#"，表明：
- 每条脚注都是一个独立的文本流。
- 不能同时选中多条脚注。通常也不需要如此，因为编辑它们有专门的地方。

操作方法同案例 4-2，只需注意勾选【脚注】（默认勾选）。推荐采用去除格式的方法导入。

14.1.2 设置脚注

案例 14-2：制作圈码形式的脚注编号

图 14-1 中的脚注采用的是默认设置，现在希望实现图 14-2 的效果。

有日，到了都中，进入神京，雨村先整了衣冠，带了小童，拿着宗侄的名帖，至荣府门前投了。彼时贾政⑤已看了妹丈之书，即忙请入相会。见雨村相貌魁伟，言语不俗，且这贾政最喜读书人，礼贤下士，拯弱扶济危，大有祖风；况又系妹丈致意，因此优待雨村，更又不同，便竭力内中协助。题奏之日，轻轻谋了一个复职候缺。不上两个月，金陵应天府缺出，便谋补了此缺，拜辞了贾政，择日上任去了。不在话下。¶

① 贾雨村：本是穷书生，依附贾府得官，且不断高升。有才能、有抱负，然而最终屈从于世俗的黑暗，成了大奸大恶之人，最后身枉锁枷。#
② 张如圭：贾雨村当知府时的同僚。贾雨村被参革，他是同案中人。#
③ 林如海：出身世禄之家，考中探花后，迁为兰台寺大夫，被钦点为扬州巡盐御史。娶妻贾敏，育有一女名叫林黛玉。最终，林如海身染重病而亡。#
④ 林黛玉：贾母心爱的外孙女。父母先后去世，寄人篱下。古代病态美人，性情孤高，胸怀狭窄，才情很高，是《红楼梦》中的金陵十二钗之一。#
⑤ 贾政：贾代善之次子。端方正直，谦恭厚道，孝顺。想做好官，可惜不谙世情，受人蒙骗，最后声名狼藉。#

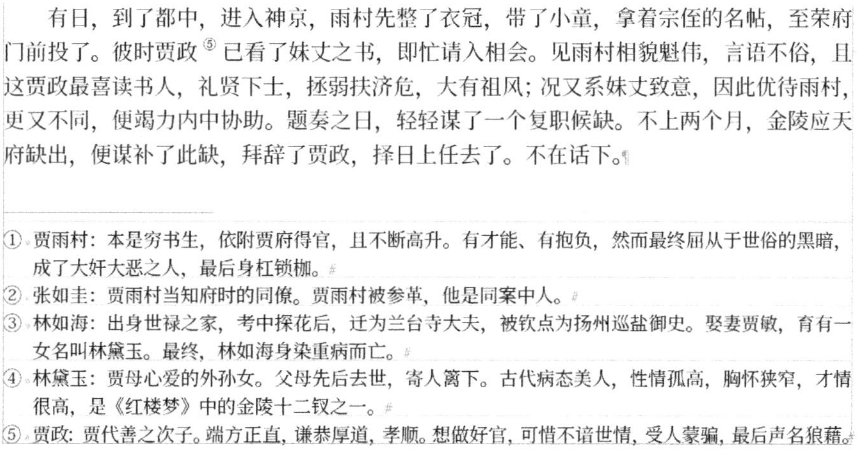

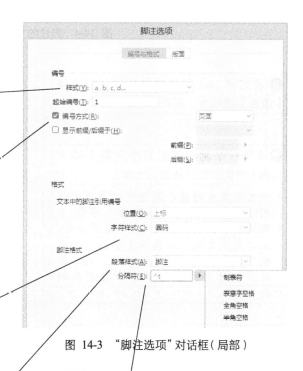

图 14-2 圈码形式的脚注编号

❶【文字】→【文档脚注选项】，即可打开如图 14-3 所示的对话框。

❷【样式】选小写英文字母。

编号即采用英文字母的形式。

❸ 勾选【编码方式】。

- 勾选后，右侧默认是【页面】，即每面的脚注编号都从头开始，很常用。
- 默认不勾选【编码方式】，即编号总是接着前面续编，不常用。

❹【字符样式】选新建字符样式。

- 在该字符样式里规定字体用 Ropc Sequence Number ST。
- 英文字母在应用这个字体后，会显示成圈码形式，当然本质还是英文字母。
- 编号不能超过 26，通常够用了。

❺【段落样式】选新建段落样式。

- 在该段落样式里定义脚注文本的格式。注意通常字号和行距都小于正文。
- 通过嵌套样式，对脚注编号应用步骤 4 里的那个特殊字体。

图 14-3 “脚注选项”对话框（局部）

❻【分隔符】改为制表符。

- 即编号和脚注文本的间距。因为要悬挂缩进，所以选制表符。
- 从 Word 文档里导入的脚注，通常编号和脚注文本之间会有一个空格，可以使用查找与替换的方法将其删除。

❼ 在脚注段落样式里，设置制表符、悬挂缩进，效果见图 14-4。

- 制表符位置（控制编号与注文的间距）：5mm。
- 左缩进：5mm。
- 首行缩进：−5mm。

有日，到了都中，进入神京，雨村先整了衣冠，带了小童，拿着宗侄的名帖，至荣府门前投了。彼时贾政[5]已看了妹丈之书，即忙请入相会。见雨村相貌魁伟，言语不俗，且这贾政最喜读书人，礼贤下士，拯弱扶济危，大有祖风；况又系妹丈致意，因此优待雨村，更又不同，便竭力内中协助。题奏之日，轻轻谋了一个复职候缺。不上两个月，金陵应天府缺出，便谋补了此缺，拜辞了贾政，择日上任去了。不在话下。¶

且说黛玉自那日弃舟登岸时，便有荣国府打发了轿子并拉行李的车辆久候了。这林黛

①» 贾雨村：本是穷书生，依附贾府得官，且不断高升。有才能、有抱负，然而最终屈从于世俗的黑暗，成了大奸大恶之人，最后身杠锁枷。#

②» 张如圭：贾雨村当知府时的同僚。贾雨村被参革，他是同案中人。#

③» 林如海：出身世禄之家，考中探花后，迁为兰台寺大夫，被钦点为扬州巡盐御史。娶妻贾敏，育有一女名叫林黛玉。最终，林如海身染重病而亡。#

④» 林黛玉：贾母心爱的外孙女。父母先后去世，寄人篱下。古代病态美人，性情孤高，胸怀狭窄，才情很高，是《红楼梦》中的金陵十二钗之一。#

⑤» 贾政：贾代善之次子。端方正直，谦恭厚道，孝顺。想做好官，可惜不谙世情，受人蒙骗，最后声名狼藉。#

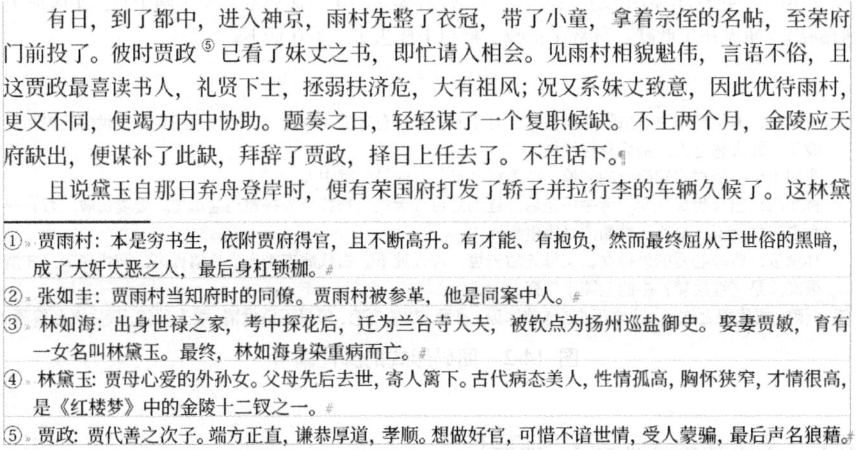

图 14-4　脚注的文本格式设置完毕

❽ 将如图 14-3 所示的对话框，切换到【版面】选项卡，见图 14-5。

❾【第一个脚注前的最小间距】输入 11pt（单位会自动转换为 mm）。

- 注文与正文的最小间距可以是正文行间距的两倍。行间距 = 行距 − 字号。
- 默认值是 0mm，注文可能太靠近正文。
- 注文与正文的间距在不小于该值的前提下，由正文的字号和行距、文本框尺寸、注文所占的空间等因素共同决定。

❿【粗细】输入 0.3 点。

注线粗细常与表格内边框的粗细一致。

⓫【位移】输入 4pt。

注线与注文的间距可以是注文的行间距。

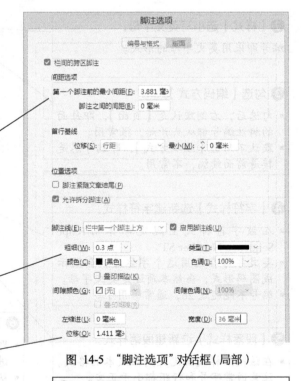

图 14-5 “脚注选项”对话框（局部）

⓬【宽度】输入 36mm。

注线宽度通常是版心宽度的 1/4 左右。

本例的正文和脚注都没有分栏，如果希望脚注分栏（见图 14-6），但由于目前 InDesign 没有这个功能，则只能手动设置。

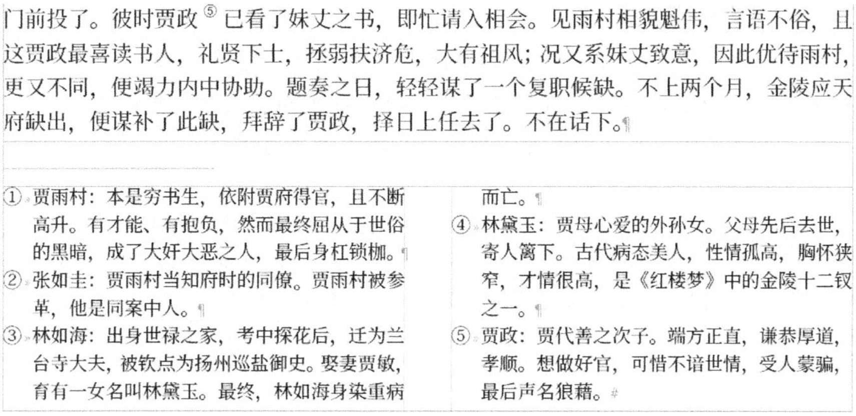
门前投了。彼时贾政⑤已看了妹丈之书，即忙请入相会。见雨村相貌魁伟，言语不俗，且这贾政最喜读书人，礼贤下士，拯弱扶济危，大有祖风；况又系妹丈致意，因此优待雨村，更又不同，便竭力内中协助。题奏之日，轻轻谋了一个复职候缺。不上两个月，金陵应天府缺出，便谋补了此缺，拜辞了贾政，择日上任去了。不在话下。

①贾雨村：本是穷书生，依附贾府得官，且不断高升。有才能、有抱负，然而最终屈从于世俗的黑暗，成了大奸大恶之人，最后身杠锁枷。

②张如圭：贾雨村当知府时的同僚。贾雨村被参革，他是同案中人。

③林如海：出身世禄之家，考中探花后，迁为兰台寺大夫，被钦点为扬州巡盐御史。娶妻贾敏，育有一女名叫林黛玉。最终，林如海身染重病而亡。

④林黛玉：贾母心爱的外孙女。父母先后去世，寄人篱下。古代病态美人，性情孤高，胸怀狭窄，才情很高，是《红楼梦》中的金陵十二钗之一。

⑤贾政：贾代善之次子。端方正直，谦恭厚道，孝顺。想做好官，可惜不谙世情，受人蒙骗，最后声名狼藉。

图 14-6 正文不分栏，脚注分栏

在正文分栏时，脚注可以不分栏（见图 14-7），也可以分栏（见图 14-8）。在如图 14-5 所示的对话框里，勾选【栏间的跨区脚注】（默认勾选）表示脚注不分栏；不勾选表示脚注分栏。

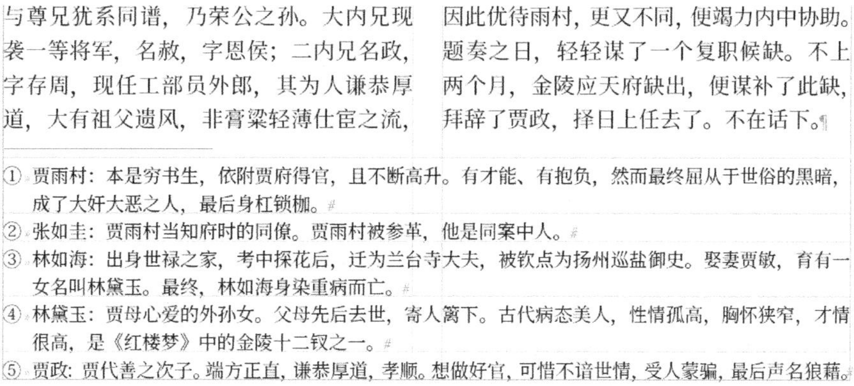
与尊兄犹系同谱，乃荣公之孙。大内兄现袭一等将军，名赦，字恩侯；二内兄名政，字存周，现任工部员外郎，其为人谦恭厚道，大有祖父遗风，非膏粱轻薄仕宦之流，因此优待雨村，更又不同，便竭力内中协助。题奏之日，轻轻谋了一个复职候缺。不上两个月，金陵应天府缺出，便谋补了此缺，拜辞了贾政，择日上任去了。不在话下。

①贾雨村：本是穷书生，依附贾府得官，且不断高升。有才能、有抱负，然而最终屈从于世俗的黑暗，成了大奸大恶之人，最后身杠锁枷。

②张如圭：贾雨村当知府时的同僚。贾雨村被参革，他是同案中人。

③林如海：出身世禄之家，考中探花后，迁为兰台寺大夫，被钦点为扬州巡盐御史。娶妻贾敏，育有一女名叫林黛玉。最终，林如海身染重病而亡。

④林黛玉：贾母心爱的外孙女。父母先后去世，寄人篱下。古代病态美人，性情孤高，胸怀狭窄，才情很高，是《红楼梦》中的金陵十二钗之一。

⑤贾政：贾代善之次子。端方正直，谦恭厚道，孝顺。想做好官，可惜不谙世情，受人蒙骗，最后声名狼藉。

图 14-7 正文分栏，脚注不分栏

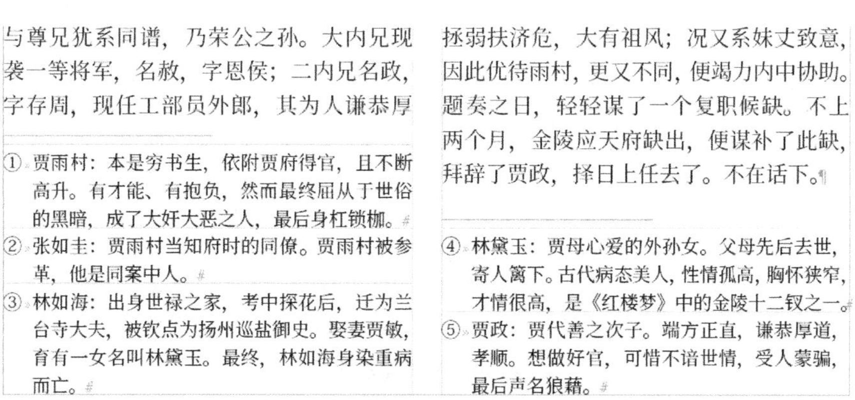
与尊兄犹系同谱，乃荣公之孙。大内兄现袭一等将军，名赦，字恩侯；二内兄名政，字存周，现任工部员外郎，其为人谦恭厚

①贾雨村：本是穷书生，依附贾府得官，且不断高升。有才能、有抱负，然而最终屈从于世俗的黑暗，成了大奸大恶之人，最后身杠锁枷。

②张如圭：贾雨村当知府时的同僚。贾雨村被参革，他是同案中人。

③林如海：出身世禄之家，考中探花后，迁为兰台寺大夫，被钦点为扬州巡盐御史。娶妻贾敏，育有一女名叫林黛玉。最终，林如海身染重病而亡。

拯弱扶济危，大有祖风；况又系妹丈致意，因此优待雨村，更又不同，便竭力内中协助。题奏之日，轻轻谋了一个复职候缺。不上两个月，金陵应天府缺出，便谋补了此缺，拜辞了贾政，择日上任去了。不在话下。

④林黛玉：贾母心爱的外孙女。父母先后去世，寄人篱下。古代病态美人，性情孤高，胸怀狭窄，才情很高，是《红楼梦》中的金陵十二钗之一。

⑤贾政：贾代善之次子。端方正直，谦恭厚道，孝顺。想做好官，可惜不谙世情，受人蒙骗，最后声名狼藉。

图 14-8 正文分栏，脚注分栏

14.2 尾注

创建尾注类似于创建脚注，也是通过前文所述的 3 种方法来创建的。

案例 14-3：导入 Word 里的尾注

参考文献常用尾注制作，借此列出本书的部分参考文献（见图 14-9）。

说明：本书内容很多，不可能都列进素材，所以本例和下例素材里的内容，只是作为示例，内容可能不符，但这并不影响这个操作方法的演示。

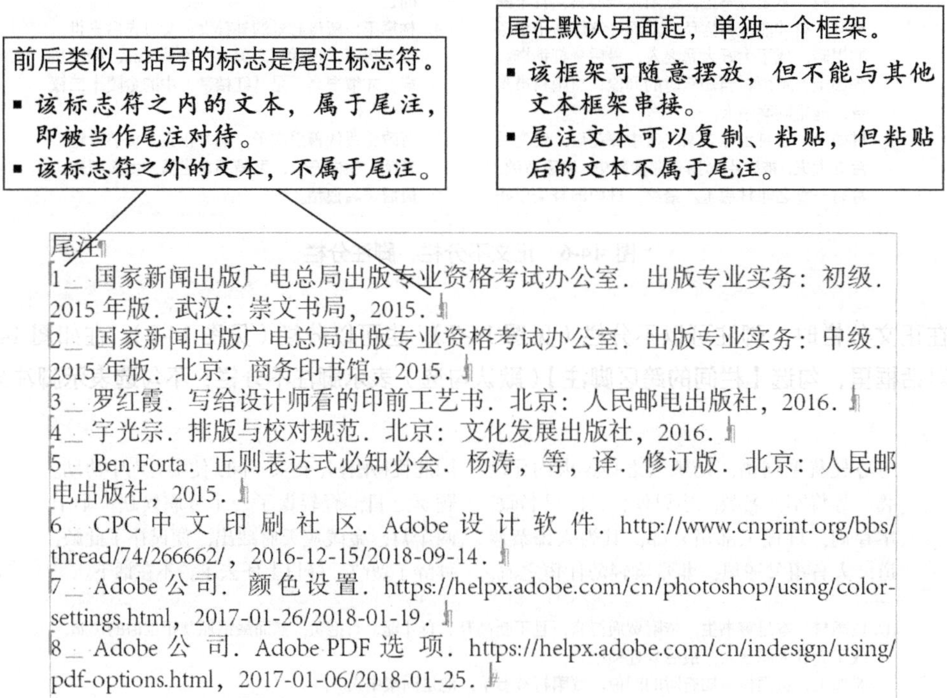

前后类似于括号的标志是尾注标志符。
- 该标志符之内的文本，属于尾注，即被当作尾注对待。
- 该标志符之外的文本，不属于尾注。

尾注默认另面起，单独一个框架。
- 该框架可随意摆放，但不能与其他文本框架串接。
- 尾注文本可以复制、粘贴，但粘贴后的文本不属于尾注。

尾注
1 国家新闻出版广电总局出版专业资格考试办公室. 出版专业实务: 初级. 2015 年版. 武汉: 崇文书局, 2015.
2 国家新闻出版广电总局出版专业资格考试办公室. 出版专业实务: 中级. 2015 年版. 北京: 商务印书馆, 2015.
3 罗红霞. 写给设计师看的印前工艺书. 北京: 人民邮电出版社, 2016.
4 宇光宗. 排版与校对规范. 北京: 文化发展出版社, 2016.
5 Ben Forta. 正则表达式必知必会. 杨涛, 等, 译. 修订版. 北京: 人民邮电出版社, 2015.
6 CPC 中文印刷社区. Adobe 设计软件. http://www.cnprint.org/bbs/thread/74/266662/, 2016-12-15/2018-09-14.
7 Adobe 公司. 颜色设置. https://helpx.adobe.com/cn/photoshop/using/color-settings.html, 2017-01-26/2018-01-19.
8 Adobe 公司. Adobe PDF 选项. https://helpx.adobe.com/cn/indesign/using/pdf-options.html, 2017-01-06/2018-01-25.

图 14-9　正文、尾注一起导入（尾注未设置格式）

案例 14-4：制作书末的参考文献（1）

图 14-9 中的尾注采用的是默认设置，现在希望实现图 14-10 的效果。

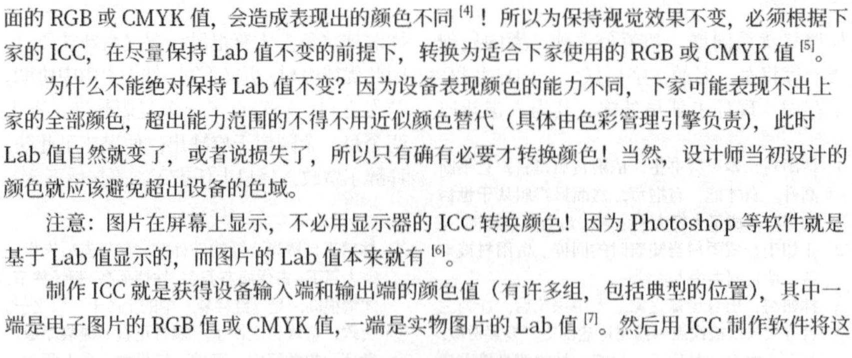

面的 RGB 或 CMYK 值，会造成表现出的颜色不同[4]！所以为保持视觉效果不变，必须根据下家的 ICC，在尽量保持 Lab 值不变的前提下，转换为适合下家使用的 RGB 或 CMYK 值[5]。

为什么不能绝对保持 Lab 值不变？因为设备表现颜色的能力不同，下家可能表现不出上家的全部颜色，超出能力范围的不得不近似颜色替代（具体由色彩管理引擎负责），此时 Lab 值自然就变了，或者损失了，所以只有确有必要才转换颜色！当然，设计师当初设计的颜色就应该避免超出设备的色域。

注意：图片在屏幕上显示，不必用显示器的 ICC 转换颜色！因为 Photoshop 等软件就是基于 Lab 值显示的，而图片的 Lab 值本来就有[6]。

制作 ICC 就是获得设备输入端和输出端的颜色值（有许多组，包括典型的位置），其中一端是电子图片的 RGB 值或 CMYK 值，一端是实物图片的 Lab 值[7]。然后用 ICC 制作软件将这

（a）正文中的尾注编号

图 14-10　参考文献

参考文献

[1] 国家新闻出版广电总局出版专业资格考试办公室. 出版专业实务: 初级. 2015年版. 武汉: 崇文书局, 2015.
[2] 国家新闻出版广电总局出版专业资格考试办公室. 出版专业实务: 中级. 2015年版. 北京: 商务印书馆, 2015.
[3] 罗红霞. 写给设计师看的印前工艺书. 北京: 人民邮电出版社, 2016.
[4] 宇光宗. 排版与校对规范. 北京: 文化发展出版社, 2016.
[5] Ben Forta. 正则表达式必知必会. 杨涛, 等, 译. 修订版. 北京: 人民邮电出版社, 2015.
[6] CPC中文印刷社区. Adobe设计软件. http://www.cnprint.org/bbs/thread/74/266662/, 2016-12-15/2018-09-14.
[7] Adobe公司. 颜色设置. https://helpx.adobe.com/cn/photoshop/using/color-settings.html, 2017-01-26/2018-01-19.
[8] Adobe公司. Adobe PDF选项. https://helpx.adobe.com/cn/indesign/using/pdf-options.html, 2017-01-06/2018-01-25.

(b) 尾注文本

图 14-10　参考文献 (续)

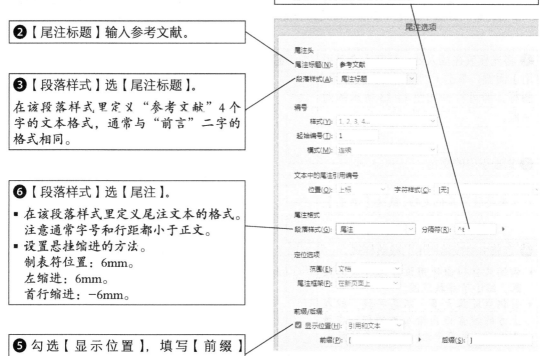

❶【文字】→【文档尾注选项】，即可打开如图14-11所示的对话框。
事先要将光标放在尾注文本里，或者不放在任何文本里也不选中任何文本框，否则可能会干扰后续新建的段落样式。

❷【尾注标题】输入参考文献。

❸【段落样式】选【尾注标题】。
在该段落样式里定义"参考文献"4个字的文本格式，通常与"前言"二字的格式相同。

❹【分隔符】改为制表符。
- 即编号和尾注文本的间距。因为要悬挂缩进，所以选制表符。
- 从Word文档里导入的尾注，通常编号和尾注文本之间会有一个空格，可以使用查找与替换的方法将其删除。

❻【段落样式】选【尾注】。
- 在该段落样式里定义尾注文本的格式。注意通常字号和行距都小于正文。
- 设置悬挂缩进的方法。
制表符位置: 6mm。
左缩进: 6mm。
首行缩进: -6mm。

❺勾选【显示位置】，填写【前缀】【后缀】。

图 14-11　"尾注选项"对话框 (局部)

在制作参考文献时，若正文里没有出现参考文献的序号，则不要使用尾注，应按普通文本对待。

14.3 交叉引用

交叉引用是指一处引用另一处的内容,如:见第 × 页的"××××"。

14.3.1 创建交叉引用

创建交叉引用的过程就是回答两个问题:引用谁?接着生成什么?

案例 14-5:段落样式法创建交叉引用

示例见图 14-12。

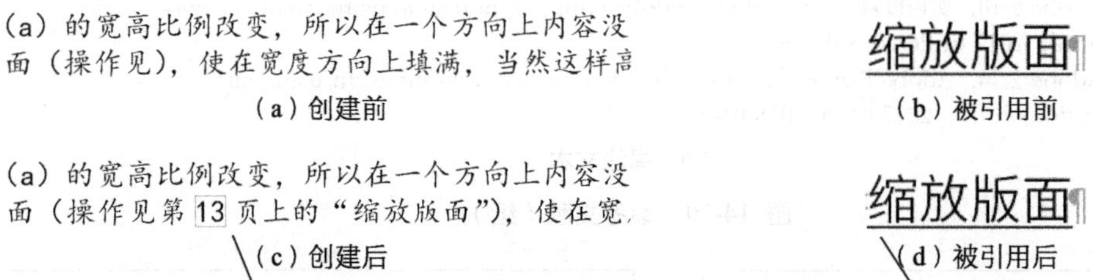

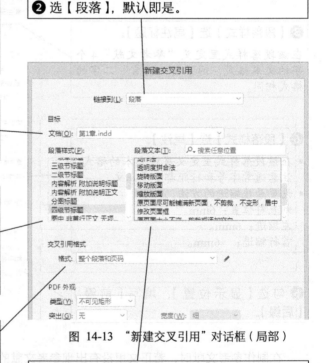

(a)的宽高比例改变,所以在一个方向上内容没面(操作见),使在宽度方向上填满,当然这样高

(a)创建前

(b)被引用前

(a)的宽高比例改变,所以在一个方向上内容没面(操作见第 13 页上的"缩放版面"),使在宽

(c)创建后

(d)被引用后

图 14-12 创建交叉引用

从被引用的段落生成的文本。
- 若被引用的段落移到了其他的页面,则页码会自动更新。
- 若被引用的段落内容有变,则引号里的文本需要手动更新。当然不是逐一修改,而是统一更新。

被引用的段落。
- 被引用的段落只能是单个段落。
- 段落开头会出现文本锚点。不要删除该隐藏字符,否则就会造成被引用的文本缺失。

❶ 将光标放在插入处,打开【交叉引用】面板,单击 [创建新的交叉引用] 图标,即可打开如图 14-13 所示的对话框。

❷ 选【段落】,默认即是。

❸ 选要引用的文档。
- 默认是本文档。
- 如果要引用其他文档,就选【浏览】。

❹ 选被引用段落所用的段落样式。
- 右侧只会列出使用该段落样式的段落,缩小了寻找范围。
- 若仍感段落太多,不易寻找,就在上方的搜索框内输入关键词,在搜索框下拉菜单中选【搜索任意位置】。

图 14-13 "新建交叉引用"对话框(局部)

❻ 选相应的预设,以定义从被引用段落生成的内容。结果见图 14-14。
有多种组合,见第 476 页"交叉引用"。

❺ 选被引用的段落。

交叉引用   **307**

> 希望去掉页码两侧的空格。

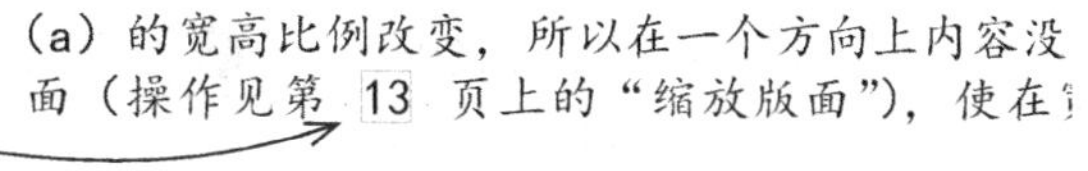

（a）的宽高比例改变，所以在一个方向上内容没面（操作见第 13 页上的"缩放版面"），使在

图 14-14   使用内置预设生成的文本

❼【交叉引用】面板菜单→【定义交叉引用格式】，即可打开如图 14-15 所示的对话框。

❾ 添加或删除文本。
<> 及其里面的内容代表文本变量，可被视作一个整体，不能轻易改动。

❽ 选中要修改的预设。
修改后，会对所有使用该预设的交叉引用生效。

- +：复制预设。修改后，原始的预设就不复存在；为保留原始的预设，可先复制，再修改副本。
- −：删除预设，但无法删除在用的。
- 若希望恢复原状，就【交叉引用】面板菜单→【载入交叉引用格式】，选择未编辑过该预设的文档。

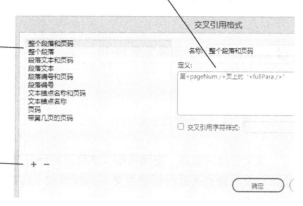

图 14-15   "交叉引用格式"对话框（局部）

案例 14-6：文本锚点法创建交叉引用

若被引用的段落在图 14-13 的步骤 5 里不易找到，就事先在被引用的段落里建立标记（锚点），然后选用该锚点，就指明了被引用的段落。

❶ 将光标放在被引用的段落中，【交叉引用】面板菜单→【新建超链接目标】，即可打开如图 14-16 所示的对话框。

❷ 选【文本锚点】，默认即是。

❸ 输入名称，单击【确定】后，在光标所在处就建立了一个锚点，见图 14-17。
- 宜使用有意义的名字，便于查找。
- 若要生成的内容不同于与被引用的文本，就在此输入该内容。

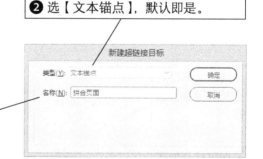

图 14-16   "新建超链接目标"对话框

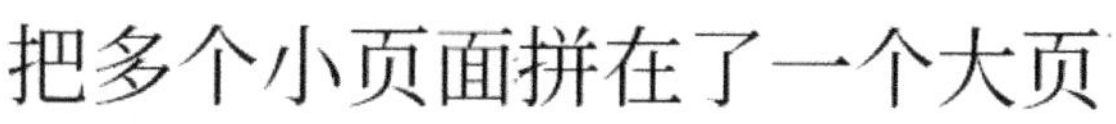

把多个小页面拼在了一个大页

图 14-17   事先在被引用的段落中建立文本锚点

第 14 章 脚注、尾注、交叉引用

❹ 将光标放在插入处,打开【交叉引用】面板,单击 [创建新的交叉引用] 图标,即可打开如图 14-18 所示的对话框。

❺ 选【文本锚点】。

❻ 选要引用的文档。

❼ 选事先创建的锚点。

❽ 选相应的预设。结果见图 14-19。

示例:对第 12 页拼合的页面添加页眉

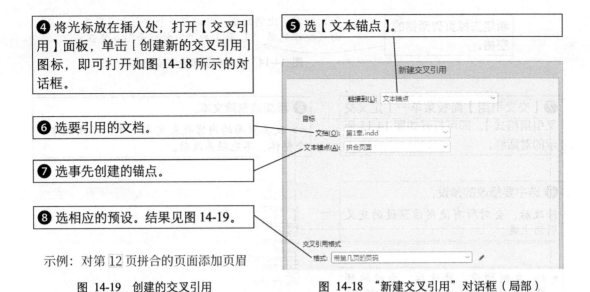

图 14-19 创建的交叉引用　　　图 14-18 "新建交叉引用"对话框(局部)

　　交叉引用的原理:电脑根据文本锚点判断并追踪被引用的段落,根据格式预设决定生成的文本。文本锚点可以在创建交叉引用时添加(段落样式法),也可以事先添加(文本锚点法),本质相同。

14.3.2 管理交叉引用

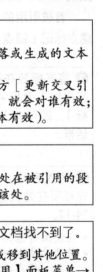

已经建立的交叉引用,会列在【交叉引用】面板里,见图 14-20。

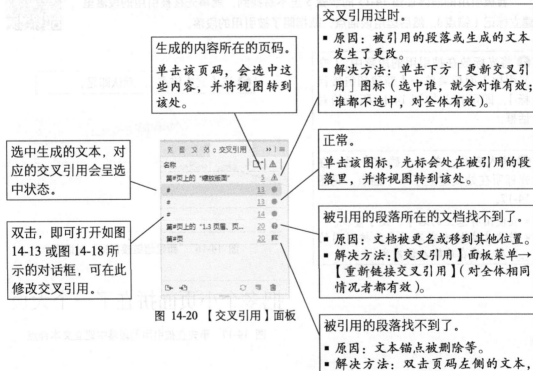

生成的内容所在的页码。单击该页码,会选中这些内容,并将视图转到该处。

交叉引用过时。
- 原因:被引用的段落或生成的文本发生了更改。
- 解决方法:单击下方 [更新交叉引用] 图标(选中谁,就会对谁有效;谁都不选中,对全体有效)。

选中生成的文本,对应的交叉引用会呈选中状态。

正常。
单击该图标,光标会处在被引用的段落里,并将视图转到该处。

双击,即可打开如图 14-13 或图 14-18 所示的对话框,可在此修改交叉引用。

被引用的段落所在的文档找不到了。
- 原因:文档被更名或移到其他位置。
- 解决方法:【交叉引用】面板菜单→【重新链接交叉引用】(对全体相同情况者都有效)。

图 14-20 【交叉引用】面板

被引用的段落找不到了。
- 原因:文本锚点被删除等。
- 解决方法:双击页码左侧的文本,逐个重建交叉引用。

概述

工作界面

文档的创建与规划

排文

字符

段落 I

段落 II

查找与替换

图片

对象间的排布

颜色、特效

路径

表格

脚注、尾注、交叉引用

▶ 目录、索引

输出

长文档的分解管理

电子书

Id 第 15 章 目录、索引

　　自动目录快捷、准确，是制作目录的首选方法；在此基础上，手动创建目录则要求较高。制作索引需要作者和排版人员通力合作。本章讲述目录与索引两方面的内容，其中目录是重点。

15.1 目录

15.1.1 设置自动目录

在设置自动目录后,标题、页码会自动添加到目录里,当文档被修改后,可以快速更新到最新状态。这是首选方案,但是该方案有局限性,不可以"随心所欲"。

我们是通过段落样式让电脑知道哪些文本要出现在目录里的,即把"××段落样式"设置进目录,于是电脑就会把所有使用该段落样式的文本呈现在目录里,并且以段落为单位,一个段落占一条。

自动生成目录的前提条件如下所述。

① 各类标题都应用了各自专用的段落样式。段落样式必须专用,即一个段落样式只能用于一类标题。不过一类标题可以使用多个段落样式,例如一部分二级标题使用 a 段落样式,一部分二级标题使用 b 段落样式,在把 a、b 两个段落样式都加进目录后,虽然在目录里它们不属于同一类,但在设置目录格式时,可以把它们都设置成二级标题的格式,这样它们都会呈现为二级标题。

② 每个标题单独为一个段落。否则,段落里的其他文本也会出现在目录里。

③ 不要有落单的标题。如果所有标题都排在相互串接的文本框里,某标题却排在一个孤立的文本框里,那么它在目录里可能会被后移。如果所有标题都在一些零零碎碎的孤立文本框里,就无须考虑这个条件了,因为没有群体,谈不上落单。

案例 15-1:制作目录"页码 + 空格 + 标题"

示例见图 15-1。

目录 Contents

01	百万英镑 The Million Pound Bank Note
04	变色龙 A Chameleon
06	竞选州长 Running for Governor
08	麦琪的礼物 The Gift of the Magi
10	凡卡 Vanka
12	我的叔叔于勒 My Uncle Jules
14	陷坑与钟摆 The Pit and the Pendulum
19	项链 The Necklace
23	一桶白葡萄酒 The Cask of Amontillado
25	最后一课 The Last Lesson

图 15-1 目录(希望的效果)

结构分析
- 标题只有一个级别。
- 页码在前,没有应用特殊的字符格式。
- 页码与标题之间是空格(也可以用制表符),没有应用特殊的字符格式。

❶【版面】→【目录】,即可打开如图 15-2 所示的对话框。

事先不要选中某文本框,也不要让光标处于文本输入状态,否则可能会干扰后续新建的段落样式(本例无此问题,因为本例没有新建段落样式)。

❷ 输入目录的标题"目录 Contents"。
默认是"目录"二字。

❸ 选【目录标题】,暂不设置格式。
用于设置"目录 Contents"这几个字的格式。

❹ 把希望添加进目录的标题所用的段落样式从右侧【添加】到左侧。

❺ 选【目录正文文本】,暂不设置格式。
用于设置该标题在目录里的格式。

❻ 选【条目前】。
表示页码在标题的前面。

❽ 勾选【移去强制换行符】。
本例的中、英文标题之间有强制换行符,在目录里会删除。

❾ 单击【确定】后,在空白页面里单击,即可自动生成目录,见图 15-3。

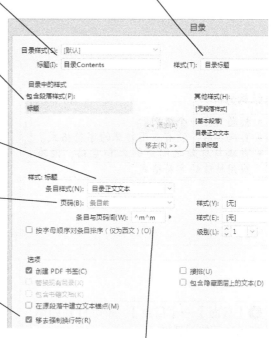

图 15-2 "目录"对话框(局部)

❼ 改为两个全角空格。
- 表示页码与标题之间添加的字符。
- 默认是一个制表符。若不需要设置前导符,则可以改为空格。当然也可以保持默认,使用制表符来控制页码与标题的间距。
- 可以不使用键盘输入,而是在右侧的下拉菜单里直接选择。

❿ 通过修改相应的段落样式,设置目录里各类文本的格式。
- "目录标题"段落样式。
- "目录正文文本"段落样式。

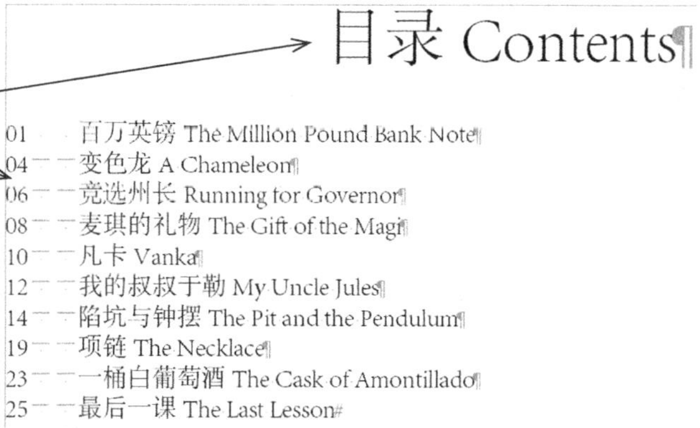

图 15-3 自动生成的目录(未设置格式)

案例 15-2：制作目录"标题 + 斜杠 + 页码"

示例见图 15-4。

目 录

第一回	灵根育孕源流出	心性修持大道生 / 1
第二回	悟彻菩提真妙理	断魔归本合元神 / 12
第三回	四海千山皆拱伏	九幽十类尽除名 / 23
第四回	官封弼马心何足	名注齐天意未宁 / 34
第五回	乱蟠桃大圣偷丹	反天宫诸神捉怪 / 45
第六回	观音赴会问原因	小圣施威降大圣 / 55
第七回	八卦炉中逃大圣	五行山下定心猿 / 66
第八回	我佛造经传极乐	观音奉旨上长安 / 75
第九回	袁守诚妙算无私曲	老龙王拙计犯天条 / 86
第十回	二将军宫门镇鬼	唐太宗地府还魂 / 96

图 15-4 目录（希望的效果）

结构分析
- 标题只有一个级别。
- 页码在后，没有应用特殊的字符格式。
- 页码与标题之间是斜杠和空格，没有应用特殊的字符格式。

❶【版面】→【目录】，即可打开如图 15-5 所示的对话框。

❷ 在"目录"二字之间添加 4 个空格，以求美观。

❹ 把希望添加进目录的标题所用的段落样式从右侧【添加】到左侧。

❺ 选【目录正文文本】，暂不设置格式。

❻ 选【条目后】。
表示页码在标题的后面。

❽ 勾选【移去强制换行符】。
本例的标题里有强制换行符，在目录里会删除。

❾ 单击【确定】后，即可自动生成目录。
接下来修改相应的段落样式。

❸ 选【目录标题】，暂不设置格式。

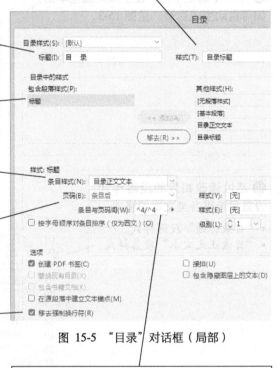

图 15-5 "目录"对话框（局部）

❼ 输入"^4/^4"。
表示页码与标题之间添加一个斜杠，斜杠左右各有一个 1/4 全角空格。

案例 15-3：制作目录"添加内容概要"

在如图 15-4 所示的目录的基础上，增加内容概要，见图 15-6。

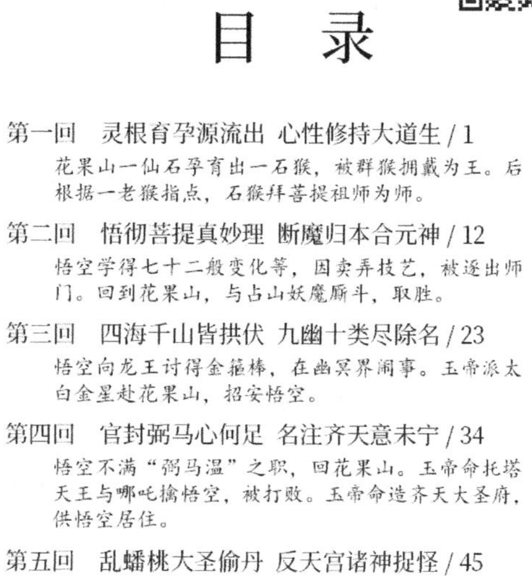

结构分析
- 一级标题的页码在后，没有应用特殊的字符格式；页码与标题之间是斜杠和空格，没有应用特殊的字符格式。
- 二级标题（概要）没有页码。

图 15-6　目录（希望的效果）

当前选中的条目一定要看清。
下面条目和页码方面的设置，仅针对这一级别的标题。

❶【版面】→【目录】，即可打开如图 15-7 所示的对话框。

❷ 把"概要"段落样式从右侧【添加】到左侧。

❸ 选【新建段落样式】，命名为"目录概要"。暂不设置格式。

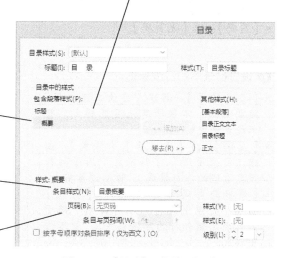

❹ 选【无页码】。
表示没有页码。

图 15-7　"目录"对话框（局部）

❺ 单击【确定】后，即可弹出如图 15-8 所示的对话框。
- 由于已有目录，现在要执行目录方面的更改，就需要更新当前的目录。
- 接下来，修改"目录概要"段落样式，以设置目录中的概要格式。

图 15-8　目录更新的提示

案例 15-4：制作目录"标题 + 多个小圆点 + 页码"

示例见图 15-9。

```
第 1 章 Adobe Acrobat 功能解析
    1.1 页面·························································
        1.1.1 页面框················································2
        1.1.2 更改页面尺寸···········································2
        1.1.3 拼合页面···············································4
                                                                  10
    1.2 整个版面调整·················································13
        1.2.1 调整大小、位置·········································13
        1.2.2 转曲···················································14
        1.2.3 设置叠印···············································17
    1.3 单个对象调整·················································19
    1.4 页眉、页脚、页码·············································20
    1.5 印前检查·····················································22
第 2 章 Microsoft Office Word 功能解析
    2.1 分隔文档·····················································26
```

结构分析

- 一级标题没有页码。
- 二级标题的页码在后，应用了特殊的字符格式（字号）；页码与标题之间是制表符，应用了特殊的字符格式（字号、基线）。
- 三级标题的页码在后，没有应用特殊的字符格式；页码与标题之间是制表符，应用了特殊的字符格式（基线）。

图 15-9 目录（希望的效果）

前三步同案例 15-2，见图 15-10。

❺ 设置目录里的一级标题。
- 【条目样式】：新建"目录一级标题"段落样式。暂不设置格式。
- 【页码】：选【无页码】。

❻ 设置目录里的二级标题。
- 【条目样式】：新建"目录二级标题"段落样式，不基于其他段落样式。暂不设置格式。
- 【页码】：选【条目后】。【样式】：新建"目录页码"字符样式（用于另行规定页码的字符格式），暂不设置格式。
- 【条目与页码间】：制表符。【样式】：新建"目录制表符"字符样式（用于另行规定制表符的字符格式），暂不设置格式。

❼ 设置目录里的三级标题。
- 【条目样式】：新建"目录三级标题"段落样式，基于"目录二级标题"。暂不设置格式。
- 【页码】：选【条目后】。
- 【条目与页码间】：制表符。【样式】选"目录制表符"字符样式。

❹ 把希望添加进目录的标题所用的段落样式从右侧【添加】到左侧。

通常按从大到小的顺序添加。

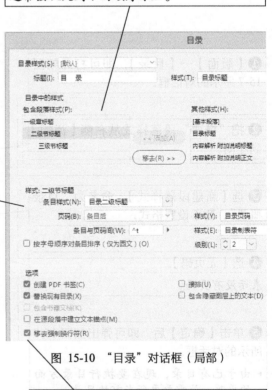

图 15-10 "目录"对话框（局部）

❽ 勾选【移去强制换行符】。

本例的一级标题里有强制换行符。

❾ 单击【确定】后，即可自动生成目录，见图 15-11。

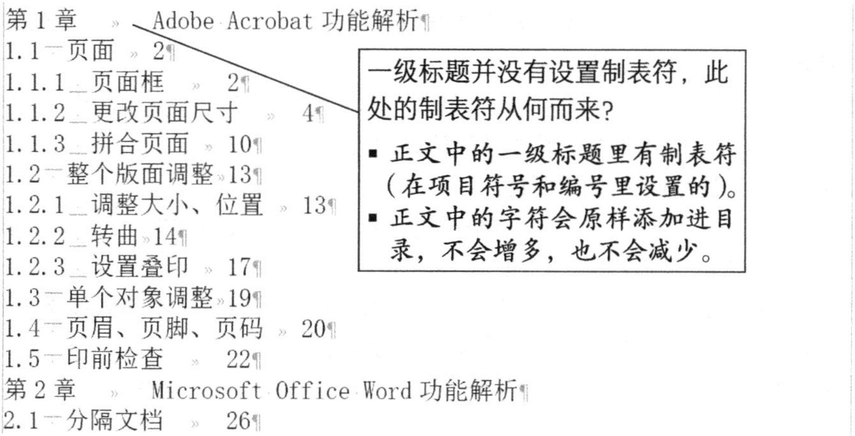

```
第 1 章    Adobe Acrobat 功能解析
1.1─页面  2
1.1.1  页面框    2
1.1.2  更改页面尺寸    4
1.1.3  拼合页面    10
1.2─整个版面调整 13
1.2.1  调整大小、位置    13
1.2.2  转曲 14
1.2.3  设置叠印    17
1.3─单个对象调整 19
1.4─页眉、页脚、页码  20
1.5─印前检查    22
第 2 章    Microsoft Office Word 功能解析
2.1─分隔文档    26
```

一级标题并没有设置制表符，此处的制表符从何而来？
- 正文中的一级标题里有制表符（在项目符号和编号里设置的）。
- 正文中的字符会原样添加进目录，不会增多，也不会减少。

图 15-11　自动生成的目录（未设置格式）

❿ 按从大到小的顺序，修改相应的段落样式，以设置目录里各级标题的格式，见图 15-12。
- "目录标题"段落样式。
- "目录一级标题"段落样式。
- "目录二级标题"段落样式。制表符、前导符的设置在前面已经讲过。
- "目录三级标题"段落样式。由于该样式基于"目录二级标题"段落样式，所以许多格式不用再设置了。

可以就此结束（在步骤 6、步骤 7 里也不必新建那些字符样式了）。若追求圆满，则需解决以下问题。
- 由于二级标题的字号大于三级标题的，因此二级标题的前导符和页码的字号都会大于三级标题的。希望统一调整为三级标题的字号大小。
- 小圆点太靠下，希望上移。

```
第 1 章  Adobe Acrobat 功能解析
    1.1─页面 ............................................................. 2
        1.1.1  页面框 ................................................. 2
        1.1.2  更改页面尺寸 ..................................... 4
        1.1.3  拼合页面 ........................................... 10
    1.2─整个版面调整 ......................................... 13
        1.2.1  调整大小、位置 ............................... 13
        1.2.2  转曲 ................................................... 14
        1.2.3  设置叠印 ........................................... 17
    1.3─单个对象调整 ......................................... 19
    1.4─页眉、页脚、页码 ................................. 20
    1.5─印前检查 ................................................. 22
第 2 章  Microsoft Office Word 功能解析
    2.1─分隔文档 ................................................. 26
```

图 15-12　设置目录里各级标题的格式

⓫ 修改相应的字符样式，以另行设置目录里制表符、页码的字符格式。
- "目录制表符"字符样式：应用三级标题的字号，上移基线。
- "目录页码"字符样式：应用三级标题的字号。

自动目录的内容生成规则如下所述。

①字符内容：某段落样式添加进目录后，凡是使用该段落样式的段落都会呈现在目录里，有多少个这样的段落就呈现多少个，每个段落里有多少字就呈现多少字。目录中的页码就是页面上显示的页码，且数字形式也一样，如 23、023。

②排列顺序：各个标题，不论级别高低，也不论添加顺序，在文中的位置靠前者，在目录中的位置也靠前。注意有例外，落单者可能会被后移。

自动目录的格式设置规则如下所述。

①页码：位置在开头或末尾，文本格式遵循本条所用的段落样式，可以附加应用字符样式，以设置成特殊的字符格式。

②页码与标题之间的字符：可以是空格、斜杠、制表符等，文本格式遵循本条所用的段落样式，可以附加应用字符样式，以设置成特殊的字符格式。

③标题的级别：纯粹靠文本格式体现，通常低级别的标题的字号小、字重轻、左缩进大。

15.1.2 设置手工目录

在自动目录不能满足需求时，只能进行手工制作。当然不代表纯手工，可以采用自动目录的方法获取标题和页码，然后增减或重组内容。注意手工目录不能轻易更新，否则手工制作的内容会消失。

▶ **案例 15-5：制作目录"添加作者"**

示例见图 15-13。

```
百万英镑 The Million Pound Bank Note ················· 马克·吐温  01
变色龙 A Chameleon ············································ 契诃夫    04
竞选州长 Running for Governor ···························· 马克·吐温  06
麦琪的礼物 The Gift of the Magi ··························· 欧·亨利    08
凡卡 Vanka ······················································· 契诃夫    10
我的叔叔于勒 My Uncle Jules ······························· 莫泊桑    12
陷坑与钟摆 The Pit and the Pendulum ··················· 埃德加·爱伦·坡 14
项链 The Necklace ············································· 莫泊桑    19
```

图 15-13 目录（希望的效果）

❶ 正常设置目录，见图 15-14。
- 把标题和作者都添加进目录里。
- 勾选【移去强制换行符】。

❷ 设置目录里的一级标题。
- 【条目样式】：新建"目录一级标题"段落样式，不基于其他段落样式。
- 【页码】：选【条目后】。
- 【条目与页码间】：制表符。【样式】：新建"目录制表符"字符样式。

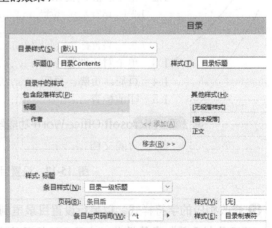

（a）一级标题的格式

图 15-14 "目录"对话框（局部）

❸ 设置目录里的二级标题（作者）。
- 【条目样式】：无段落样式。之后该段会并入目录一级标题，所以对它不必新建段落样式。
- 【页码】：选【条目后】。
- 【条目与页码间】：全角空格。

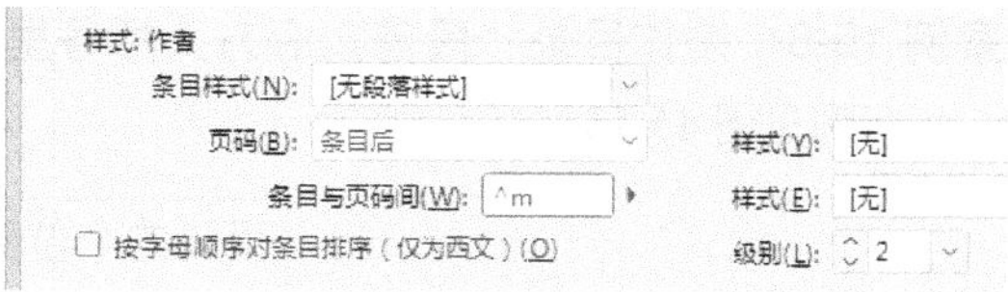

（b）二级标题的格式

图 15-14 "目录"对话框（局部）(续)

❹ 自动生成的目录，见图 15-15。

❺ 使用 GREP 查找替换，删除一级标题里的页码和段落标记，见图 15-16。
- 【查找内容】设置为 "\d+\r"。
- 【更改为】设置为空白。
- 【查找格式】设置为 "目录一级标题"段落样式。

```
百万英镑 The Million Pound Bank Note   马克·吐温—C
变色龙 A Chameleon—契诃夫—04
竞选州长 Running for Governor   »  马克·吐温—06
麦琪的礼物 The Gift of the Magi    欧·亨利—08
凡卡 Vanka—契诃夫—10
我的叔叔于勒 My Uncle Jules     莫泊桑—12
陷坑与钟摆 The Pit and the Pendulum   »  埃德加·爱伦
项链 The Necklace   »  莫泊桑—19
```

图 15-16 删除多余的字符

```
百万英镑 The Million Pound Bank Note  »  01
马克·吐温—01
变色龙 A Chameleon—04
契诃夫—04
竞选州长 Running for Governor   »  06
马克·吐温—06
麦琪的礼物 The Gift of the Magi   »  08
欧·亨利—08
凡卡 Vanka   »  10
契诃夫—10
我的叔叔于勒 My Uncle Jules    »  12
莫泊桑—12
陷坑与钟摆 The Pit and the Pendulum   »  14
埃德加·爱伦·坡—14
项链 The Necklace   »  19
莫泊桑—19
```

图 15-15 自动生成的目录

❻ 修改相应的段落样式、字符样式，以设置目录里各类字符的格式，见图 15-17。

```
百万英镑 The Million Pound Bank Note··················马克·吐温—01
变色龙 A Chameleon·········································契诃夫—04
竞选州长 Running for Governor························马克·吐温—06
麦琪的礼物 The Gift of the Magi··························欧·亨利—08
凡卡 Vanka·················································契诃夫—10
我的叔叔于勒 My Uncle Jules····························莫泊桑—12
陷坑与钟摆 The Pit and the Pendulum············埃德加·爱伦·坡—14
项链 The Necklace·········································莫泊桑—19
```

图 15-17 设置目录的格式

❼ 使用 GREP 样式，把作者设置为楷体。
- 【应用样式】：字符样式里规定用楷体。
- 【到文本】："(?<=\t).+~m"。

▲ 案例 15-6：制作目录“段首实心方头括号里的内容作为标题”

示例见图 15-18。

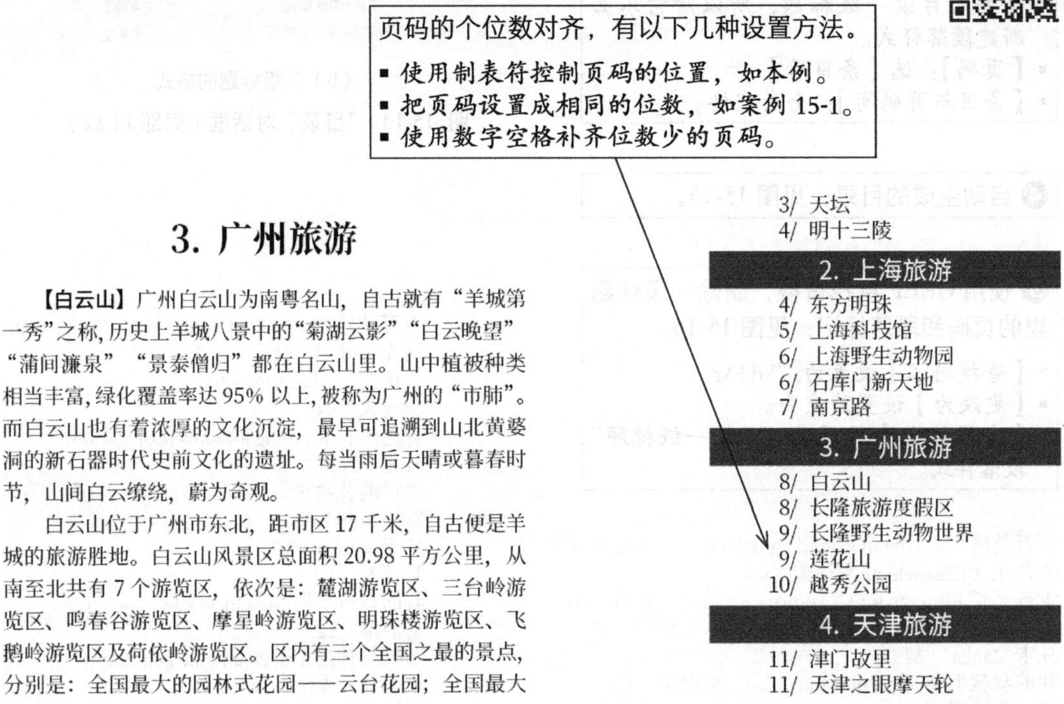
页码的个位数对齐，有以下几种设置方法。
▪ 使用制表符控制页码的位置，如本例。
▪ 把页码设置成相同的位数，如案例 15-1。
▪ 使用数字空格补齐位数少的页码。
3. 广州旅游
【白云山】广州白云山为南粤名山，自古就有“羊城第一秀”之称，历史上羊城八景中的“菊湖云影”“白云晚望”“蒲间濂泉”“景泰僧归”都在白云山里。山中植被种类相当丰富，绿化覆盖率达 95% 以上，被称为广州的“市肺”。而白云山也有着浓厚的文化沉淀，最早可追溯到山北黄婆洞的新石器时代史前文化的遗址。每当雨后天晴或暮春时节，山间白云缭绕，蔚为奇观。
白云山位于广州市东北，距市区 17 千米，自古便是羊城的旅游胜地。白云山风景区总面积 20.98 平方公里，从南至北共有 7 个游览区，依次是：麓湖游览区、三台岭游览区、鸣春谷游览区、摩星岭游览区、明珠楼游览区、飞鹅岭游览区及荷依岭游览区。区内有三个全国之最的景点，分别是：全国最大的园林式花园——云台花园；全国最大
3/ 天坛
4/ 明十三陵
2. 上海旅游
4/ 东方明珠
5/ 上海科技馆
6/ 上海野生动物园
6/ 石库门新天地
7/ 南京路
3. 广州旅游
8/ 白云山
8/ 长隆旅游度假区
9/ 长隆野生动物世界
9/ 莲花山
10/ 越秀公园
4. 天津旅游
11/ 津门故里
11/ 天津之眼摩天轮

（a）正文　　（b）目录（希望的效果）

图 15-18　把实心方头括号里的内容提取进目录里

❶ 正常设置目录，见图 15-19。
- 把标题和正文都添加进目录里。
- 因为段首实心方头括号处在正文段落里，所以只能先把正文统统添加进目录里，将来再剔除不需要的。

❷ 设置目录里的一级标题。
- 【条目样式】：新建“目录一级标题”段落样式，不基于其他段落样式。
- 【页码】：选【无页码】。

❸ 设置目录里的二级标题（段首实心方头括号里的内容）。
- 【条目样式】：新建“目录二级标题”段落样式，不基于其他段落样式。
- 【页码】：选【条目前】。
- 【条目与页码间】：一个斜杠和一个制表符。

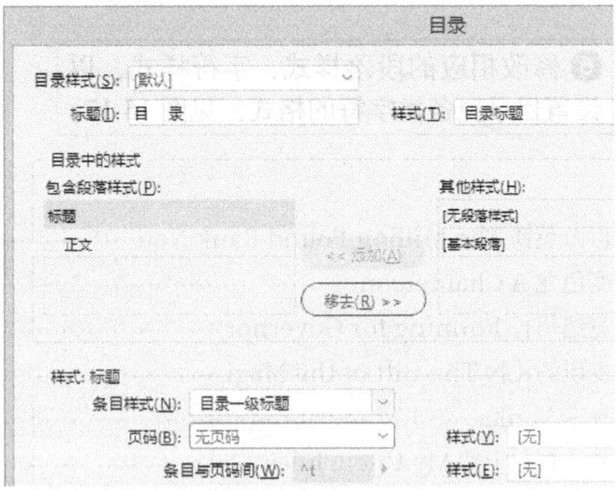
目录
目录样式(S): [默认]
标题(I): 目　录
样式(T): 目录标题
目录中的样式
包含段落样式(P):
标题
正文
其他样式(H):
[无段落样式]
[基本段落]
<< 添加(A)
移去(R) >>
样式: 标题
条目样式(N): 目录一级标题
页码(B): 无页码
样式(Y): [无]
条目与页码间(W): ^t
样式(E): [无]

（a）一级标题的格式

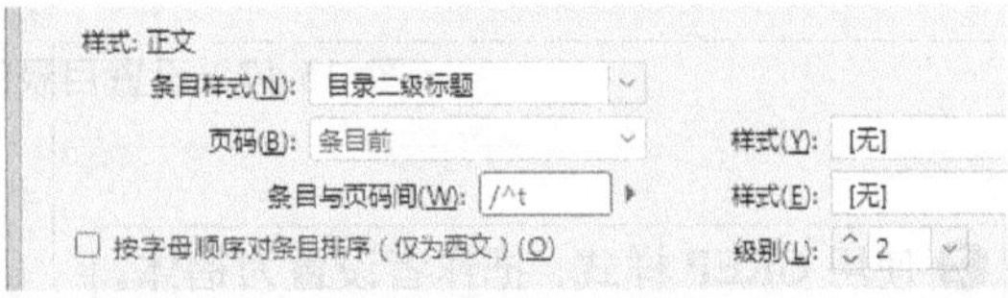
样式: 正文
条目样式(N): 目录二级标题
页码(B): 条目前
样式(Y): [无]
条目与页码间(W): /^t
样式(E): [无]
按字母顺序对条目排序（仅为西文）(O)
级别(L): 2

（b）二级标题的格式

图 15-19　“目录”对话框（局部）

❹ 自动生成的目录，见图 15-20。
- 此时目录里的文本很多。
- 单击生成的目录时，直接单击即可，不要按 Shift 键，以免自动添加很多页面。无须考虑溢流文本，因为它们都存在，只是没有显示出来。

3. 广州旅游
8/ » 【白云山】广州白云山为南粤名山，自古就有"羊城第一秀"之称，历史上羊城八景中的"菊湖云影""白云晚望""蒲间濂泉""景泰僧归"都在白云山里。山中植被种类相当丰富，绿化覆盖率达 95% 以上，被称为广州的"市肺"。而白云山也有着浓厚的文化沉淀，最早可追溯到山北黄婆洞的新石器时代史前文化的遗址。每当雨后天晴或暮春时节，山间白云缭绕，蔚为奇观。
8/ » 白云山位于广州市东北，距市区 17 千米，自古便是羊城的旅游胜地。白云山风景区总面积 20.98 平方公里，从南至北共有 7 个游览区，依次是：麓湖游览区、三台岭游览区、鸣春谷游览区、摩星岭游览区、明珠楼游览区、飞鹅岭游览区及

图 15-20 自动生成的目录

❺ 使用 GREP 查找替换，在二级标题里，删除制表符后面不含实心方头括号的段落。
- 【查找内容】设置为"^\d+/\t[^【].+$"。
- 【更改为】设置为空白。
- 【查找格式】设置为"目录二级标题"段落样式。

3. 广州旅游
8/ » 【白云山】广州白云山为南粤名山，自古就有"羊城第一秀"之称，历史上羊城八景中的"菊湖云影""白云晚望""蒲间濂泉""景泰僧归"都在白云山里。山中植被种类相当丰富，绿化覆盖率达 95% 以上，被称为广州的"市肺"。而白云山也有着浓厚的文化沉淀，最早可追溯到山北黄婆洞的新石器时代史前文化的遗址。每当雨后天晴或暮春时节，山间白云缭绕，蔚为奇观。
8/ » 【长隆旅游度假区】广州长隆旅游度假区是广州旅游最具代表性的景点，是一个专门售卖欢乐的"都市中心的世界级旅游王国"，《爸爸

❻ 使用 GREP 查找替换，删除空段落。见图 15-21。
【查询】选【多回车到单回车】。

图 15-21 删除不含实心方头括号的段落

❼ 使用 GREP 查找替换，在二级标题里，删除实心方头括号后面的文本及实心方头括号本身，并在页码前面添加一个制表符。见图 15-22。
- 【查找内容】设置为"^(\d+/\t)(【)(.+?)(】).+)$"。
- 【更改为】设置为"\t$1$3"。
- 【查找格式】设置为"目录二级标题"段落样式。

```
         »    3/    天坛
              4/    明十三陵
2. 上海旅游
         »    4/    东方明珠
         »    5/    上海科技馆
         »    6/    上海野生动物园
         »    6/    石库门新天地
         »    7/    南京路
3. 广州旅游
         »    8/    白云山
         »    8/    长隆旅游度假区
         »    9/    长隆野生动物世界
         »    9/    莲花山
         »    10/   越秀公园
4. 天津旅游
              11/   津门故里
              11/   天津之眼摩天轮
```

❽ 修改相应的段落样式，以设置目录里各级标题的格式。
- 第 1 个制表符：控制页码及斜杠的位置，要设置成右对齐。
- 第 2 个制表符：控制二级标题的位置，要设置成左对齐。

图 15-22 构造希望的目录结构

15.1.3 移动、更新目录

目录文本与手动输入的文本一样，都是静态文本，只不过目录文本是自动生成的。目录文本一旦生成，就与源文本没有任何关系了。所以，目录文本的注意事项如下所述。

①目录文本可以像普通文本一样被移动或复制，当然也可以被移动或复制到其他的文档里。

②目录文本不会自动更新，可以手动更新，即将光标放在目录文本里，或选中目录所在的文本框，【版面】→【更新目录】。其本质是先把当前目录里的文本全部删除，然后重新生成文本，所以手工目录里的手工操作会全部消失。对自动目录而言，这样更新的结果令人满意，而且各级标题还会自动应用各自的段落样式。

15.2 索引

索引示例，见图 15-23。

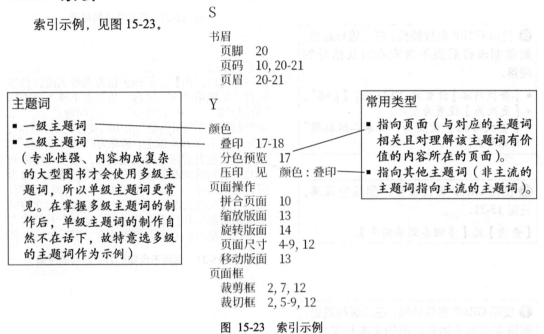

图 15-23 索引示例

一级主题词是哪些？二级主题词（如果有）是哪些？每个主题词指向什么？这些是制作索引需要的数据。

主题词一般由作者或编辑提供给排版人员，作者是最佳人选！简单起见，后文就只提作者了。

主题词指向其他主题词时，作者直接在清单中标注（见图 15-24）即可。

主题词指向页面时，作者可以通过以下 3 种方式告知排版人员。

- 方式 1：作者直接把页码填在清单中（见图 15-24）。由于页码等属于静态数据，以后文档若发生页面增减或文字移位就会很麻烦。这属于纯手工制作索引。
- 方式 2：作者把各个主题词对应的内容在文中标识好。排版人员把这些对应关系在 InDesign 中设置好，以后文档若发生页面增减或文字移位，会自动跟踪。这是本章的重点。
- 方式 3：排版人员打开文档，作者亲自（或通过视频会议）对着屏幕逐个指出各个主题词对应的内容。本质与方式 2 相同，但不方便实施。操作见第 479 页"添加指向页面的索引条目（主题词对应的内容的位置未知，需现看现定）"。

	A	B	C	D
1	一级主题词	二级主题词	指向页面	指向其他主题词
2		媒体框	2, 7, 12	
3		裁剪框	2, 7, 12	
4	页面框	出血框	2, 7, 8, 12	
5		裁切框	2, 5-9, 12	
6		作品框	2	
7		页面尺寸	4-9, 12	
8		拼合页面	10	
9	页面操作	缩放版面	13	
10		移动版面	13	
11		旋转版面	14	
12		页眉	20-21	
13	书眉	页脚	20	
14		页码	10, 20-21	
15		叠印	17-18	
16	颜色	压印		叠印

图 15-24 Excel 索引条目清单（局部）

需要作者付出大量劳动。

- 主题词怎么确定？要依靠作者对知识的理解。
- 哪些内容要引用？至少需要作者特意把书从头到尾认真读一遍。

15.2.1 纯手工制作索引

案例 15-7：导入已制作好的 Excel 索引数据

作者已经把索引制作好了，并以 Excel 表格的形式（见图 15-24）提供给排版人员。现在希望在 InDesign 文档里将其制作成图 15-23 的形式。

❶ 制作适宜排序的 Excel 表格。见图 15-25。

- 全选“一级主题词”列，打开【开始】选项卡，单击【合并后居中】，即可取消单元格合并。
- 单击某一级主题词单元格，将光标移到该单元格右下角，并在出现黑色十字时，按住鼠标向下拖动，即可快速填写主题词。

	A	B	C	D
1	一级主题词	二级主题词	指向页面	指向其他主题词
2	页面框	媒体框	2, 7, 12	
3	页面框	裁剪框	2, 7, 12	
4	页面框	出血框	2, 7, 8, 12	
5	页面框	裁切框	2, 5-9, 12	
6	页面框	作品框	2	
7	页面操作	页面尺寸	4-9, 12	
8	页面操作	拼合页面	10	
9	页面操作	缩放版面	13	
10	页面操作	移动版面	13	

图 15-25 适宜排序的 Excel 表格（局部）

❷ 对主题词排序。

- 单击“一级主题词”标题单元格，打开【数据】选项卡，单击【排序】，即可打开如图 15-26 所示的对话框。单击【添加条件】。
- 【主要关键词】选【一级主题词】。
- 【次要关键词】选【二级主题词】。
- 单击【确定】，结果见图 15-27。

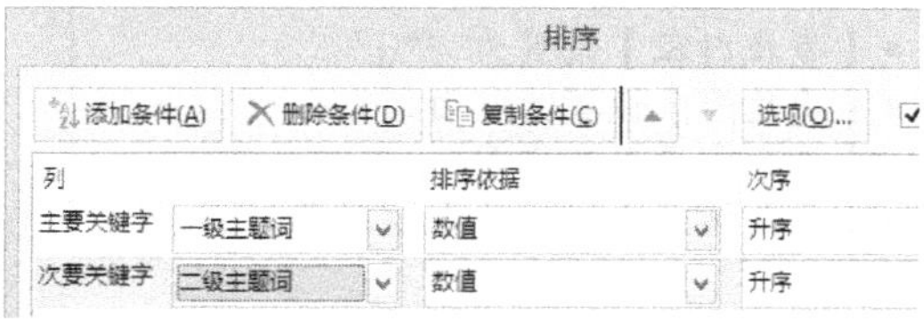

图 15-26 “排序”对话框（局部）

	A	B	C	D
1	一级主题词	二级主题词	指向页面	指向其他主题词
2	书眉	页脚	20	
3	书眉	页码	10, 20-21	
4	书眉	页眉	20-21	
5	颜色	叠印	17-18	
6	颜色	分色预览	17	
7	颜色	压印		叠印
8	页面操作	拼合页面	10	
9	页面操作	缩放版面	13	
10	页面操作	旋转版面	14	

图 15-27 排序后的 Excel 表格（局部）

❸ 删除重复的一级主题词，然后把该 Excel 表格置入 InDesign 文档，并把表格转换成文本，见图 15-28。
- 宜采用去除格式的方式置入，表格的标题不要置入。
- 在将表格转换为文本时，可以使用默认设置。

❹ 使用 GREP 查找替换，在一级主题词后面添加一个回车符，见图 15-29。
- 【查找内容】设置为 "^(~K+?)(\t)"。
- 【更改为】设置为 "$1\r$2"。
- 【搜索】设置为文章（光标处在本框架内，后同）。

❺ 新建"索引一级主题词"段落样式，使用 GREP 查找替换对一级主题词应用该段落样式。
- 【查找内容】设置为 "^[^\t]"。
- 【更改为】设置为空白。
- 【搜索】设置为文章。
- 【更改格式】设置为上述段落样式。

❻ 新建"索引二级主题词"段落样式，使用 GREP 查找与替换对二级主题词应用该段落样式。
- 【查找内容】设置为 "^\t"。
- 【更改为】设置为空白。
- 【搜索】设置为文章。
- 【更改格式】设置为上述段落样式。

❼ 使用 GREP 查找替换，制作主题词指向其他主题词的条目。即两主题词之间是"一个全角空格 + 见 + 一个全角空格"，见图 15-30。
- 【查找内容】设置为 "^(\t)(.+?)(\t\t)"。
- 【更改为】设置为 "$2~m 见 ~m"。
- 【搜索】设置为文章。

图 15-28　置入 InDesign 文档并转换成文本（局部）

图 15-29　在一级主题词后添加回车符（局部）

图 15-30　制作交叉引用的主题词（局部）

❽ 使用 GREP 查找替换，删除段首和段末的制表符，把中间的制表符换成全角空格。见图 15-31。
- 【查找内容】设置为 "^(\t)(.+?)(\t)(.+)\t$"。
- 【更改为】设置为 "$2~m$4"。
- 【搜索】设置为文章。

❾ 最后，手动添加分类标题 A、B、C 等，设置文本格式。
针对指向其他主题词的条目，需要手动添加被指向主题词所属的一级主题词及其后面的冒号。

```
书眉¶
页脚—20¶
页码—10，20-21¶
页眉—20-21¶
颜色¶
叠印—17-18¶
分色预览—17¶
压印—见—叠印¶
页面操作¶
拼合页面—10¶
缩放版面—13¶
旋转版面—14¶
页面尺寸—4-9，12¶
移动版面—13¶
```

图 15-31　得到纯正的索引文本（局部）

15.2.2　利用 InDesign 的功能制作索引

索引制作分为两个阶段：建立索引条目（各个主题词及其指向的内容）；生成索引。

▲ **案例 15-8：创建索引条目"指向页面"**

作者已经把各个主题词对应的内容在文中标识好了。现以主题词"裁切框"（见图 15-24）为例，将其作为索引条目添加进来。

❶ 将光标置于主题词"裁切框"对应的文本中。
- 作者已经标明对应的文本在哪里了，当然若有多处，只能先选择其中一处。
- 往往附近会有"裁切框"3 个字，适宜选中这 3 个字。

主题词在索引中的排列顺序，默认按拼音排序。也可以改为按笔画排序（操作见第 479 页"确认两个选项"）。
- 字母是拼音，中间的数字是声调，最后的数字是笔画。
- 拼音若不正确，就修改。

❷ 按 Ctrl+7 组合键，即可打开如图 15-32 所示的对话框。

❸ 填写主题词。
- 所选文本会自动作为一级主题词，可单击上、下箭头来调整级别。
- 如果步骤 1 中没有选中文本，则只能手动输入或复制、粘贴。

❹ 单击【确定】后，就创建了主题词"裁切框"的条目，见图 15-33。

图 15-32　"新建页面引用"对话框

❺ 将光标置于下一处主题词"裁切框"对应的文本中。

❻ 按 Ctrl+7 组合键，即可打开如图 15-34 所示的对话框。

索引标志符
- 在光标所在处或选中的文本左侧。
- 会随着文本一起流动。

引用的页面
- 引用索引标志符所在的页面。
- 实现了自动跟踪文本。

（a）索引标志符 　　　　　（b）【索引】面板

图 15-33 创建"裁切框"条目并添加了一条引用

❼ 填写主题词。
- 不必手动填写，因为主题词已有，所以展开主题词，双击该主题词即可实现自动填写。
- 适宜双击低级别的主题词，级别高的主题词会自动填上。

❽ 引用本页（索引标志符所在的页）和后续的 5 页（含本页）。
- 【类型】选【后#页】，在右侧文本框中输入 5。
- 根据作者的标注，连续的 5 页的内容也是连续的，所以可以采用"5-9"这样的形式。

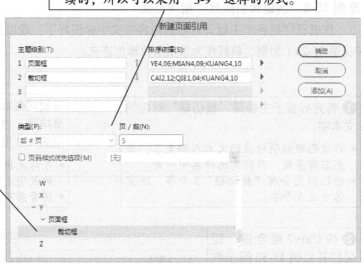

❾ 单击【确定】后，步骤 5 光标所在处就添加了一个索引标志符，主题词"裁切框"就添加进了一条引用，见图 15-35。

图 15-34 "新建页面引用"对话框

❿ 使用同样的方法添加下一条主题词，直至把所有主题词"裁切框"对应的文本全部添加进索引里。

如果一个页面有多处这样的文本，则只添加一处即可，因为同一主题词重复引用同一页面，将来在生成的索引里，该主题词引用的这一个页面只会列出一次。当然这样"偷懒"的前提是文本流已被固定，即不会出现某文字从一个页面流动到另一个页面的情况。

图 15-35 【索引】面板

在步骤 8 里，【类型】有多种选择，见图 15-36。

引用的页面范围
- 默认是【当前页】，即索引标志符所在的页面。
- 其他选项都是从【当前页】起，向后增加页面的，具体见第 480 页"定义引用的页面范围"。
- 之后如果文档被改动了，则这些页面范围就可能不再是希望的页面范围了，需要校对。

图 15-36 【类型】下拉菜单

▲ 案例 15-9：创建索引条目"指向其他主题词"

把图 15-24 中的主题词"压印"作为索引条目添加进来。

❶ 按 Ctrl+7 组合键，即可打开如图 15-37 所示的对话框。

❷ 填写主题词。
若主题词已有，则可以不手动输入，而是展开下方的主题词，双击该主题词。

❸ 选【自定交叉引用】。

❹ 选【主题前】。

❺ 输入"见 ^>^3"。
"见"之后已有一个不间断空格，希望总间距约等于一个全角空格。

❻ 拖动要引用的主题词到【引用】中。

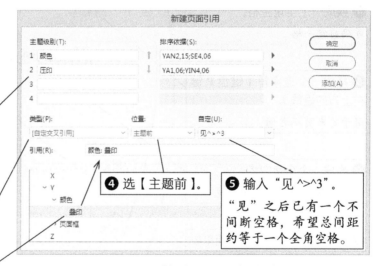

图 15-37 "新建页面引用"对话框

❼ 单击【确定】后，就新建了一个主题词"压印"，并为其创建了一条交叉引用，指向主题词"叠印"，见图 15-38。

此处的交叉引用发生在索引里的主题词之间。上一章所述的交叉引用，发生在正文里的内容之间。两者是不同的。

图 15-38 【索引面板】（局部）

案例 15-10：生成索引并设置格式

把图 15-24 中的所有主题词作为索引条目都添加进来后，现在希望生成如图 15-23 所示的索引。

❶ 打开【索引】面板，单击 [生成索引]，即可打开如图 15-39 所示的对话框。

❷ "索引"之间添加 4 个空格，以示美观。

❸ 选 [无]。
此处是对"见"字应用的字符样式，现在无须单独设置其字符格式。

❹ 换成一个全角空格。
页码前空一格。

❺ 换成一个连字符（键盘 P 键右上方的短线）。
用于首末页码之间。

❻ 换成一个全角空格。
使主题词后面空一格排"见"。

❼ 单击【确定】后，在页面里单击，即可生成索引，见图 15-40。

❽ 修改相应的段落样式，并设置各类文本的格式。

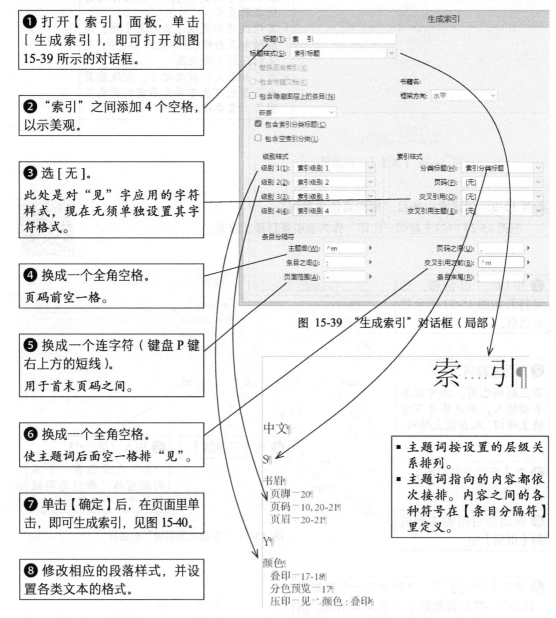

图 15-39 "生成索引"对话框（局部）

图 15-40 生成的索引（未设置格式）

15.2.3 移动、更新索引

当然，此处针对的是利用 InDesign 的功能制作的索引，而不是那些纯手工制作的索引。
情况同"移动、更新目录"。

更新索引：打开【索引】面板，单击 [生成索引]，勾选【替换现有索引】（默认勾选）。

概述

工作界面

文档的创建与规划

排文

字符

段落 I

段落 II

查找与替换

图片

对象间的排布

颜色、特效

路径

表格

脚注、尾注、交叉引用

目录、索引

▶ 输出

长文档的分解管理

电子书

Id 第 16 章　输出

在作品完成后，将其发送给印刷厂，这就是输出。在输出前，要检查文档是否有错误，还要把文档归纳、整理。最后，导出 PDF 文档。本章讲述输出方面的内容。

16.1 印前检查

印前检查的目的：在输出之前检查文档是否有错误，这些错误可以是字体缺失、文本溢流等文档自身的问题所造成的，也可以是线条太细等印刷工艺难以实现的问题所造成的。

16.1.1 更新交叉引用、目录、索引

交叉引用、目录、索引，这三项默认不属于印前检查的项目，但在输出之前，必须保证它们处在最新状态，所以此处也把它们列出来。

在更新目录、索引时，需要注意当初在自动生成这些文本后，若进行过手动更改，那么更新后，手动更改的内容就会消失。所以如果确保它们已经处于最新状态，就不需要进行更新。这也表明：适宜在正文定稿，并且排版结束后再创建目录、索引。

16.1.2 查看印前检查结果

在默认情况下，印前检查的功能是实时开启的，在视图左下方可以看到检查结果，见图16-1。

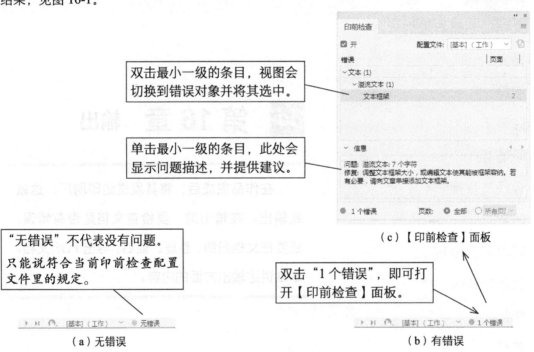

图 16-1 印前检查的结果

16.1.3 自定义印前检查配置文件

哪些项目需要检查或者哪些项目不需要检查需要在印前检查配置文件里设定。当然该配置文件可以储存，以重复使用或用于其他文档。

在默认情况下，文档使用[基本]配置文件（不能编辑或删除该配置文件），里面都是常规项目。文档的用途或印刷工艺不同，印前检查的项目及其边界值也应不同，所以完全应该自定义（新建、修改、导入）配置文件。

可以自己设置文件，也可以直接使用其他人设置好的。单击下方滚动条左侧的下拉菜单→【定义配置文件】，打开如图 16-2 所示的对话框。

选中某个配置文件，即可进行修改。

单击，即可删除配置文件。当然，要先选中待删除者。

单击，即可新建配置文件。新建之前，要选中某个现有的配置文件作为基础。

单击，然后选【载入配置文件】，即可导入配置文件。印前检查配置文件的扩展名是 idpp。

设置检查项目，每个项目可能有以下 4 种状态。
- 勾选 + 黑色状态：检查。
- 勾选 + 灰色状态：不检查。
- 没有勾选：不检查。
- 横杠：包含多个子项目，有的检查，有的不检查。

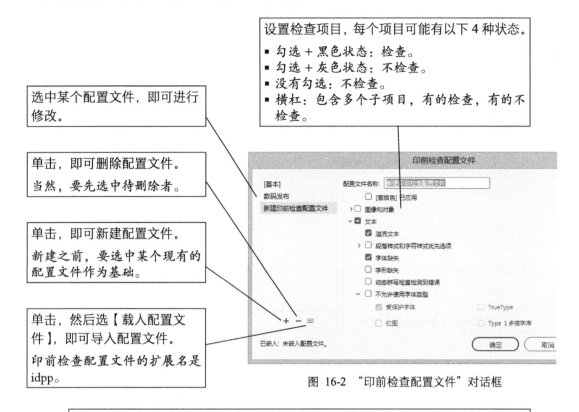

图 16-2 "印前检查配置文件"对话框

[基本] 配置文件里没有勾选，但适宜勾选（检查）的几个项目。
- [套版色] 已应用：通常不应使用该颜色。
- 图像分辨率：规定图片的最低 ppi。
- 最小描边粗细：太细不易印刷。
- 交互式元素：视频、音频等，对于要印刷的文档来说，不应该有。
- 出血 / 剪裁危险：对象距成品边缘太近，不美观或易被裁到，可规定为 5mm。
- 字形缺失：如果字体字库里缺少某字符，则该字符不能正确显示。
- 最小文字大小：字号太小，不易辨认，不易打印。
- 交叉引用：不允许有过时的或无法解析的交叉引用。

InDesign 印前检查的项目有限，Acrobat 印前检查（检查 PDF 文档）的项目就丰富得多，而且还有更强大的第三方插件。但是 InDesign 印前检查有助于我们实时发现常见的问题。

16.1.4 使用印前检查配置文件

自定义的印前检查配置文件只是备选，只有特意选用后才生效。使用配置文件有以下 3 种方案。

- 方案 1：仅在当前文档里临时使用。即本文档关闭后再打开就不再使用，其他打开的文档也不使用。单击下方滚动条左侧的下拉菜单→【印前检查面板】，即可打开【印前检查】面板，见图 16-3。然后，在【配置文件】里选择需要使用的配置文件。

- 方案 2：在所有文档里都使用。【印前检查】面板菜单→【印前检查选项】，即可打开如图 16-4 所示的对话框。然后，在【工作中的配置文件】里选择需要使用的配置文件，选择【使用工作中的配置文件】。对于正在打开的文档，关闭并重新打开即可生效。
- 方案 3：在所有文档里都使用，但优先使用文档嵌入的配置文件。操作同方案 2，只是最后选择【使用嵌入配置文件】。

图 16-3 【印前检查】面板

图 16-4 "印前检查选项"对话框

16.1.5 把配置文件提供给其他电脑

上述自定义的和自定义使用的配置文件是针对本机 InDesign 软件的（会对本机打开的任何文档生效），而不是针对文档的（不会随文档带给其他电脑）。如果想用其他的电脑打开某文档时也用某自定义的配置文件进行印前检查，就必须先把该配置文件传递给该电脑，然后在该电脑里设置使用。传递印前检查配置文件有两种方法。

- 方法 1：导出配置文件。在图 16-2 所示的对话框中，选中需要传递的配置文件，单击 "-" 右侧下拉菜单→【导出配置文件】。然后在目标电脑里导入。注意当重置 InDesign 时，自定义的配置文件将消失，所以可事先将有价值的自定义配置文件导出，再进行导入操作。
- 方法 2：嵌入配置文件到文档里。打开【印前检查】面板，在【配置文件】里选需要嵌入的配置文件，然后单击右侧 [单击嵌入所选配置文件] 图标即可嵌入，再次单击该图标即可取消嵌入。

强调：这两种方法只是提供配置文件给其他电脑，是否使用取决于该电脑的设置。

16.2 文档打包

打包的目的：整理归纳 InDesign 文档，即把用到的各种链接等都集中整理在一起，便于管理和交流。

16.2.1 打包前的预检

【文件】→【打包】，即可打开如图 16-5 所示的对话框。

印前检查 / 打包

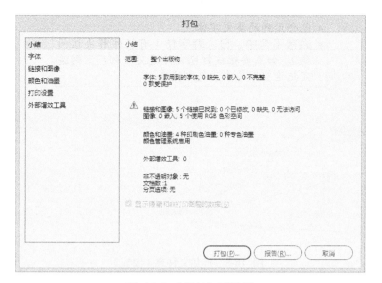

带"!"者为有问题项。
- 单击左侧的有问题项，可以查看问题。
- 此处与前面的"印前检查"无关，此处的检查项目虽少，但更详细。

图 16-5 "打包"对话框

16.2.2 打包

❶ 在图 16-5 所示的对话框中，单击【打包】。即可打开如图 16-6 所示的对话框。

图 16-6 "打印说明"对话框（局部）

❷ 填入相关信息。
便于他人理解文档和与我们联系。

❸ 单击【继续】，即可打开如图 16-7 所示的对话框。

❹ 选择存储位置。

❺ 这 3 项通常要勾选，单击【打包】，会生成打包文件夹，见图 16-8。

其余项目根据需要选用。若要导出一个可供低版本 InDesign 打开的文档，就勾选【包括 IDML】；若要同时导出 PDF 文档，就勾选【包括 PDF（打印）】，并在下面选用某个预设。

图 16-7 "打包出版物"对话框（局部）

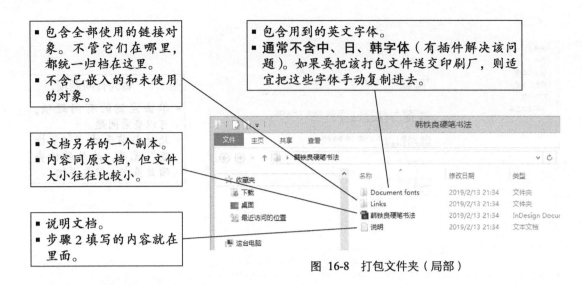

图 16-8 打包文件夹（局部）

16.3 导出 PDF 文档

文档适宜以 PDF 的形式送交印刷厂。

16.3.1 使用内置的预设导出 PDF 文档

导出 PDF 文档要设置的参数繁多，但是由于有一些内置预设，通常直接使用这些预设即可。对于各个参数的含义，不明白也没有关系。

❶ 按 Ctrl+E 组合键，即可打开如图 16-9 所示的对话框。

❷ 选【Adobe PDF(打印)】。

❸ 确定好存储位置和文件名。单击【保存】，即可打开如图 16-10 所示的对话框。

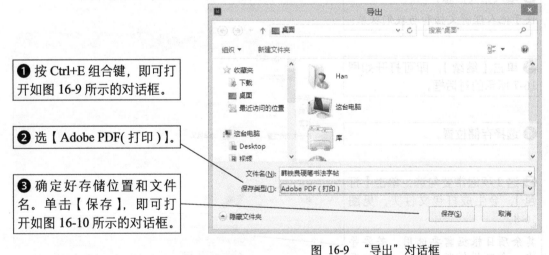

图 16-9 "导出"对话框

➡ 导出 PDF 文档的关键

①InDesign 文档本身没有问题，如不缺链接、不缺字体等。②涉及的字体允许嵌入 PDF 文档中。③使用合适的 PDF 预设。

❹ 选【PDF/X-1a:2001(Japan)】等预设。PDF/X 系列是针对印刷的重要预设。

- PDF/X-1a：传统版本，适用于通常情况。RGB 颜色会统一转换成 CMYK。
- PDF/X-3：在 PDF/X-1a 的基础上，加入了色彩管理，适用于希望保持原稿的原色，直至输出时才进行色彩转换的情况。
- PDF/X-4：在 PDF/X-3 的基础上，加入了支持透明效果和图层的功能。

❺ 通常选【全部】。
若文档太大导致导出失败，可减少页数，即分多次导出，最后使用 Acrobat 合并。

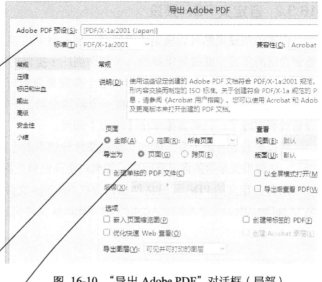

图 16-10 "导出 Adobe PDF"对话框（局部）

❻ 通常选择【页面】，表示以单页形式导出。
选择【跨页】，即以跨页形式导出，如试卷按单页制作，但希望两页并排在一个大页里。

❼ 单击【标记和出血】，即可打开如图 16-11 所示的对话框。

❽ 通常不勾选任何印刷标记。

❾ 勾选【使用文档出血设置】。
否则，文档里设置的出血相当于没有设置。

❿ 单击【导出】，即可开始导出，见图 16-12。

图 16-11 "导出 Adobe PDF"对话框（局部）

出现此标志，表示后台正在导出 PDF 文档。

- 此时不宜进行任何操作，以免出现问题。
- 随后该标志消失，表示导出完毕。

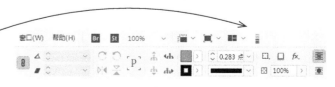

图 16-12 应用程序栏（局部）

16.3.2 自定义 PDF 预设

内置的预设虽然可以满足通常需求，但是我们应该以这些预设为基础手动打造更合适的预设，或者使用其他人（如印刷厂）提供的更合适的预设。

在如图 16-11 所示的对话框中，各个参数都设置好后（单击【导出】之前），单击【存储预设】，会把当前所有设置都存储在一个新预设里。下次在步骤 4 里选择该预设后，那一系列设置就都完成了，只需直接单击【导出】即可。

可以更改的参数很多，例如，提高图片分辨率的上限值（操作见第 483 页"自定义 PDF 预设"）。注意相关参数的含义要明白，如果对更改没有把握，就不要更改了。

所有自定义的 PDF 预设文件都保存在 Settings 文件夹中，可以打开 C:\ 用户 \ 实际的用户名 \AppData\Roaming\Adobe\Adobe PDF\Settings 文件夹进行查看，见图 16-13。

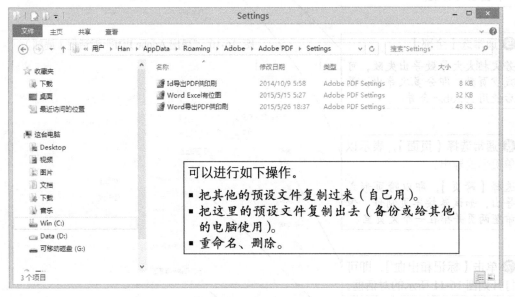

图 16-13　Settings 文件夹

概述

工作界面

文档的创建与规划

排文

字符

段落 I

段落 II

查找与替换

图片

对象间的排布

颜色、特效

路径

表格

脚注、尾注、交叉引用

目录、索引

输出

▶ 长文档的分解管理

电子书

Id 第 17 章 长文档的分解管理

如果将一个长文档分成了多个短文档，那么如何组织、协调这些短文档？基本要求是页码连续、各种样式一致；较高要求是提高效率，即减少手工操作。本章讲述长文档的分解管理的相关内容。

第 17 章 长文档的分解管理

17.1 分解长文档

一个长文档在分成多个短文档后，会增加软件运行的稳定性，并且可多人同时分别编辑这些短文档，这在案例 3-2 中也已提过。

案例 17-1：把长文档分成多个短文档

图 17-1 所示为将一个文档分成 4 个文档（1 个文前 + 3 个正文）来制作。

（a）Word 稿件　　　　　（b）创建 4 个 InDesign 文档

图 17-1　将长文档分成短文档

❶ 创建一个有代表性的短文档，把主页、段落样式、色板等都尽量设置好。
- 该文档要作为样板，所以应把能想到的格式都设置好。
- 本例的样板文档是"1-16 回"，见图 17-2。

❷ 把该样板文档复制出一个副本，删除副本里的全部页面内容。
- 可以把页面删除得仅剩下一两页。
- 只是删除页面里的对象，主页、各种样式、色板等通常不删除。

❸ 把该空壳副本复制出一个副本，并与上述样板文档一起，都确定好名称。
- 本例共 3 个正文文档，见图 17-1（b）。
- 以后可根据需要随时增减文档数量。

❹ 逐个向空壳副本里注入内容。
- 各个短文档里默认含有样板文档的主页、段落样式、色板等。
- 可以直接使用这些格式。

❺ 逐个文档设置格式，根据需要增减页面。
- 段落样式、色板等都源于同一个样板文档，所以保证了格式统一。
- "文前"文档另外创建。

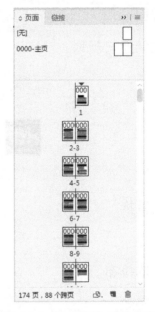

图 17-2　"1-16 回"样板文档

17.2 管理短文档

在上例中，各个文档的页码如何连续编排？某文档里添加了一页，后续文档的页码如何更改？段落样式里的字体要更换，这几个文档要逐个更改吗？如何生成一个目录？如何导出一个 PDF 文档？

17.2.1 手工管理

一切依靠手工进行组织、协调。总体而言，工作量不是很大，可以接受。

逐个文档设置起始页码，使首尾相接。若某个文档的页码发生改变，则后续各个文档的起始页码需要再设置一遍。

段落样式若发生更改，要么逐个文档分别更改，要么先在一个文档里更改，然后载入其他文档中。新增段落样式的情况，也是如此。

目录只能由每个文档分别生成，然后复制、粘贴在一起。

PDF 文档只能由每个文档分别生成，然后在 Acrobat 里合并成一个 PDF 文档。也可以不合并，就把这些 PDF 文档都发送给印刷厂，由他们进行处理。

17.2.2 书籍管理

与手工管理相比，书籍管理的自动化程度高。

案例 17-2：创建书籍并设置页码

把案例 17-1 的 4 个文档，利用书籍进行管理。

❶【文件】→【新建】→【书籍】。确定好名字和保存位置，单击【保存】后，即可打开【书籍】面板，见图 17-3。

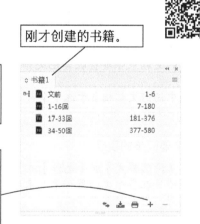

图 17-3 【书籍】面板

❷ 单击右下角"+"，添加文档。
- 可以逐个文档添加，也可以选中多个文档添加。如果次序不对，就随后拖动调整。
- 按默认设置（页码连续编码），会自动设置各个文档的页码。
- 书籍只是用来保存文档间的关系和共享项目的，它独立于各个文档。当然各个文档也是相互独立的。

❸ 设置正文的起始页码为 1，见图 17-4。
- 在【书籍】面板中，双击"1-16回"文档，即可打开该文档。打开【页面】面板，选中首页，【版面】→【页码和章节选项】，在【起始页码】中输入 1。
- 在书籍的管理下，各个文档是独立的，但在设置页码时可以想象成它们处在一个大文档里，每个文档相当于一个章节。

图 17-4 【书籍】面板

❹ 设置"文前"文档的页码数字形式为罗马数字，见图 17-5。
- 在【书籍】面板中，双击"文前"文档，即可打开该文档。打开【页面】面板，选中首页，【版面】→【页码和章节选项】，在【样式】中选罗马数字。
- 若不进行本步骤，则"文前"的页码与正文的页码会有重复，在导出的 PDF 文档里易产生误会。

图 17-5 【书籍】面板（局部）

当然，若某个文档的页码发生改变，后续各个文档的页码默认会自动调整。

案例 17-3：同步各文档里的格式

接上例，在"1-16 回"文档里新建了一个色板，修改了一个段落样式（在该段落样式里使用了这个色板）。现在希望在另外两个正文文档里也进行同样的操作。

❶ 打开【书籍】面板，单击"1-16 回"文档的左侧方框，使其出现 [样式源标识] 图标，见图 17-6。
- 样式源标识：表示该文档成了样板文样，它的样式要传递给其他文档了。**不能弄错！**
- 书籍中第 1 个添加的文档默认是样式源。

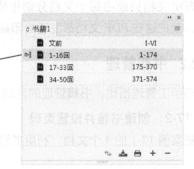

图 17-6 【书籍】面板

❷ 选中后面那两个文档，【书籍】面板菜单→【同步选项】，即可打开如图 17-7 所示的对话框。
- 选中的文档表示要接收其他文档的样式了。**不能弄错！**
- 不选中任何文档相当于选中全部文档。

❸ 勾选要同步的项目。
- 勾选【段落样式】和【色板】。
- 其他项目在各个文档里如果本来就相同，勾选与否都可以。

❹【同步】。
- 选定的项目会从源文档载入指定的文档。
- 处在关闭状态的文档，会更改并自动存储；处在打开状态的文档，会更改但不会自动存储。在此期间，电脑可能会高负荷运转。

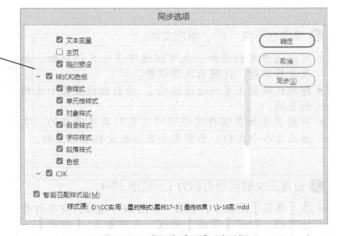

图 17-7 "同步选项"对话框

同步的本质是载入样式，我们也可以通过手工操作来载入样式。总体而言，同步书籍的效率高，手工操作的灵活性高，要因地制宜来选用。两者的区别见表 17-1。

表 17-1　同步书籍与手工操作的对比

	同 步 书 籍	手 工 操 作
一次操作能解决的文档数量	一个或多个	只能一个
一次操作能解决的类别数量	一个或多个。例如，段落样式、色板可以一起解决	只能一个。例如，段落样式、色板只能选其一
若某类别中含多个个体，是否可以选择针对某个个体	不可以选择。例如，段落样式1、段落样式2、段落样式3，只能3个一起	可以选择。例如，段落样式1、段落样式2、段落样式3，可以3个一起，也可以只针对一两个
若样式重名，是否可以选择覆盖或重命名	不可以选择，只能覆盖	可以选择覆盖，也可以选择重命名
若样式里使用了其他样式，是否会载入这个其他样式	可能会载入，也可能不会载入。例如，段落样式1使用了色板1。若【同步选项】里勾选了色板，则色板1会载入。若【同步选项】里没有勾选色板，则接收方文档里没有色板1时，色板1会载入；接收方文档里有色板1时，色板1不会载入	会载入。例如，段落样式1使用了色板1，色板1会随着段落样式1一起载入接收方文档。若接收方文档里已有色板1，则会重命名

书籍是各个文档的管理、协调机构，里面记录着相关的规章制度：其中有哪些文档？文档如何排序？哪个文档是样板文档？样板文档里哪些样式可供其他文档载入？页码是续排的还是只能从单数开始排的？等等。这些规章制度可以被更改并保存。

各个文档在不需要书籍管理、协调时，可以不打开书籍，即当书籍不存在；当需要书籍时，再将书籍打开。当然，也可以一直打开书籍。

▲ 案例 17-4：制作书末的参考文献（2）

同第 305 页的图 14-10（b），只是在本例中，它们分布在不同的文档里。

在之前那个案例中，参考文献是用尾注制作的，这是个好方法。但是尾注只能排在各自的文档里，即无法把各个文档里的尾注集中在一起。

说明：本例素材里没有列出参考文献，为讲解"如何在书籍文档里制作参考文献"，特意以本书的部分参考文献为示例，内容可能不符，但这并不影响这个操作方法的演示。

❶ 把参考文献的文本内容复制、粘贴到最后那个文档的末尾，建立并应用段落样式。结果见第 305 页的图 14-10（b）。
- 使用【项目符号和编号】设置自动编号，见图 17-8。
- 当然还要设置悬挂缩进。

图 17-8　"段落样式选项"对话框（局部）

❷ 针对第 1 条参考文献，将光标放在正文中插入文献编号的地方，建立交叉引用，引用该条参考文献。
- 从被引用的段落生成的文本只需要【段落编号】，见图 17-9。
- 定义交叉引用格式，勾选【交叉引用字符样式】（见图 17-10），在该字符样式里规定字符格式为上标。于是文中的编号就变为上标。

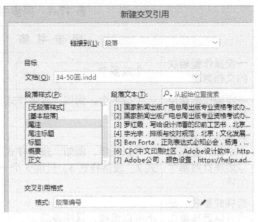

图 17-9 "新建交叉引用"对话框（局部）

❸ 通过同步，把上述自定义的交叉引用格式、新建的字符样式载入其余正文文档里。

❹ 同样的方法，针对其余各条参考文献，通过交叉引用，建立与正文的联系。

图 17-10 "交叉引用格式"对话框（局部）

以后，如果添加或删除了一条或多条参考文献，书末的参考文献编号会自动更新，文中对应的编号不会自动更新，但可以一步解决。

统一更新交叉引用：【书籍】面板菜单→【更新所有交叉引用】，见图 17-11。

　　最后，制作目录、打包、导出 PDF 文档等主体操作与之前相同，具体见第 485 页 "书籍"。在书籍的管理下，仿佛我们面对的是一个文档，而不是多个文档，进而快速实现了以下功能：生成一个 "总" 目录，打包出一个 "总" 文件夹，导出一个 "总" PDF 文档。

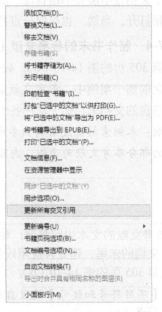

图 17-11 【书籍】面板菜单

概述

工作界面

文档的创建与规划

排文

字符

段落 I

段落 II

查找与替换

图片

对象间的排布

颜色、特效

路径

表格

脚注、尾注、交叉引用

目录、索引

输出

长文档的分解管理

▶ 电子书

Id 第 18 章 电子书

很多纸质书是使用 InDesign 排版的,可以快速转换成电子书,这是 InDesign 相比其他电子书制作软件而言的先天优势。在学会使用 InDesign 制作纸质书后,制作电子书就缺少"临门一脚"了,本章讲述这方面的知识。

18.1 静态电子书

静态电子书没有动画、声音、视频、人机交互,即简单的电子书。

18.1.1 纯文字的电子书

对于纯文字(可以有个别图片)的文档而言,大家关注的是文字内容,不是设计师设置的格式、版面。在使用播放设备打开这样的电子书后,无论屏幕的宽高比如何,版面都会自动占满屏幕;文字的大小、字体、行距等还可以遵照播放设备自己的设置,即文字会重新流动排列。

所以,纯文字的电子书在制作时只需要设置基本的文字格式,"花哨"的效果即使设计了,读者也看不到。

案例 18-1:使用传统图书的文档发布电子书(1)

现在已经有针对纸质书的文档(纯文字),希望将其制作成电子书。

❶ 删除目录及不希望出现的页面。
- 播放设备里有自己的目录菜单,不需要在文中设置目录。但是仍然需要使电脑明确哪些标题要加进目录,即把相关段落样式加进目录对话框(具体格式不用设置,因为实际上不会在文档里列出目录)。
- 可以把与正文无关的页面都删除。

❷ 按 Ctrl+E 组合键,在【保存类型】中选【EPUB(可重排版面)】,单击【保存】,即可打开如图 18-1 所示的对话框。

❸ 选封面。
- 【选择图像】:在【文件位置】中选某图片作为封面。本例采用这个选项。
- 【无】:没有封面。
- 【栅格化首页】:将文档首页作为封面,此时需要把首页设计成封面,但该页还会在正文里出现一次。

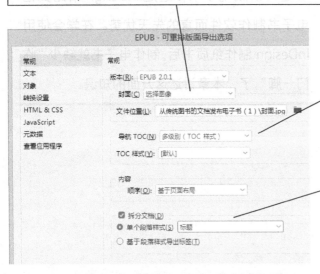

图 18-1 "EPUB-可重排版面导出选项"对话框(局部)

❹ 设置目录。

选【多级别(TOC 样式)】,即在播放设备里使用文中设置的目录。

❺ 对大标题设置另面起。
- 勾选【拆分文档】,在【单个段落样式】中选章标题段落样式。
- 若不勾选【拆分文档】,则不同章节会一直接排。

❻ 单击【确定】,即可导出可重排版面的 EPUB 电子书。

其他项目可采用默认设置。

18.1.2 图表较多的电子书

图表较多的电子书就像把纸质书装进了屏幕里,文字、图片的形态及相对位置都保持原状,只是可以进行缩放。此时大家既关注文字内容和图表,又关注设计师设置的格式、版面。

这种电子书在制作时,就像设计纸质书一样。但是颜色宜用 RGB 模式(色域宽,可以更亮、更艳);出血、对象距页面边缘的距离、四色黑、油墨总量、叠印、分辨率 300ppi 等印刷要求不需要再考虑了;各种透明效果可以放心使用了。

案例 18-2:使用传统图书的文档发布电子书(2)

现在已经有针对纸质书的文档(图表较多),希望将其制作成电子书。

❶ 更改页面尺寸。
- 如果播放设备的屏幕的宽高比与当前页面的宽高比相差不多,则可以不更改,例如,正度 16 开本、大度 16 开本与平板的宽高比就相仿。
- 如果播放设备的屏幕的宽高比与当前页面的宽高比差别太大,就需要更改。这可能是个大工程,尽管可以使用"创建替代版面"这个功能。

❷ 更改色板、图片为 RGB 模式。
- 通常可以不更改。
- 若要颜色更绚丽,就需要更改。先删除所有未使用的色板,然后逐个把允许修改的色板更改成 RGB 模式(右击色板→【色板选项】,【颜色模式】选【RGB】),可接着微调色值。CMYK 图片不必转为 RGB 图片(颜色转换不会增大颜色范围),但是若有 RGB 原图,应将其替换下来。

❸ 按 Ctrl+E 组合键,【保存类型】选【Adobe PDF(交互)】,单击【保存】,即可打开如图 18-2 所示的对话框。

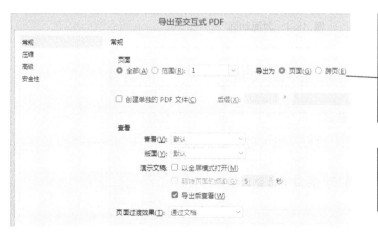

❹ 采用单页还是对页。
- 通常选择【页面】,即采用单页形式。
- 若有较多跨页对象,则需选择【跨页】,即采用对页形式。

❺【导出】,即导出 PDF 电子书。
其他项目可采用默认设置。

图 18-2 "导出交互式 PDF"对话框(局部)

在该 PDF 电子书里,单击目录里的某个条目,会跳转到对应的内容页面。

对于这种类型的电子书,还可以导出固定版面的 EPUB 文档,操作方法随后讲述。

18.2 有动画和交互的电子书

动画、声音、视频、人机交互是电子书的特色。在制作时，与传统图书的侧重点不同，需要转换成【数字出版】工作区，见图 18-3。

电子交互展示常用的面板。
- 【动画】面板：设置各种动画。
- 【计时】面板：调整动画等的进行次序、时机。
- 【媒体】面板：设置声音、视频。
- 【对象状态】面板：设置多状态的对象。
- 【按钮和表单】面板：单击对象，可以执行某个事件。
- 【超链接】面板：单击对象，可以打开网页等。

图 18-3 【数字出版】工作区

18.2.1 动画

案例 18-3：渐显、放大、渐隐、飞入

示例见图 18-4，序号表示动画的先后次序。

③ "英语写作"渐显。
④ 小图标从顶部飞入。
④ 文字从左侧飞入。

② 模特渐显。
① "英语写作"从无到有（渐显），从小到大（放大），从有到无（渐隐）。

图 18-4 封面动画

❶ 设置下面那个"英语写作"的动画。选中该文本框，打开【动画】面板，见图 18-5。
- 【名称】在必要时更改，以易于识别。
- 【预设】选主要动作【渐显】。
- 【缩放】输入 200%，即放大。
- 【不透明度】选【渐隐】。
- 在对象设置动画后，在正常视图下，其右下角会出现动画标志""。

单击该按钮，即可预览动画效果，见图 18-6。

图 18-5 【动画】面板

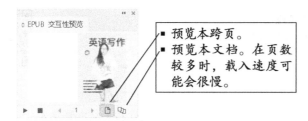

图 18-6 【EPUB 交互性预览】面板

图 18-7 【动画】面板（局部）

❷ 设置模特的动画。选中该对象，打开【动画】面板，见图 18-7。
- 【预设】选【渐显】。
- 其余可保持默认。

❸ 设置上面那个"英语写作"的动画。操作同步骤 1。

❹ 设置小图标的动画。选中该对象，打开【动画】面板，见图 18-8。
- 【预设】选【从顶部飞入】。
- 其余可保持默认。

图 18-8 【动画】面板（局部）

❺ 设置左下方文字的动画。选中该文本框，操作同步骤 4。只是【预设】选【从左侧飞入】。
- 设置动画的单位是框架，同一个框架里的各个对象都执行相同的动画。
- 若要对一个文本框里的文字设置不同的动画，就需要将其放置在不同的框架里。

❻ 加快动画播放速度。**在默认设置下，动画播放速度往往太慢**。有以下两种措施。
- 让多个动画同时进行：打开【计时】面板（见图 18-9），选中连续的多个动画（单击首个，按住 Shift 键单击末个），单击右下角 [一起播放] 图标。本例把最后两个动画设置成一起播放。
- 缩短单个动画的持续时间：选中对象，打开【动画】面板，缩短【持续时间】。本例把全部动画都减为了 0.5 秒。

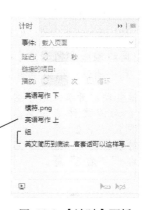

图 18-9 【计时】面板

列出了全部动画。
- 上者先播放，下者后播放。
- 先创建者默认在上面，可以通过拖动来调整次序。

案例 18-4：左右对称飞入、边飞边旋转

示例见图 18-10，序号表示动画的先后次序。

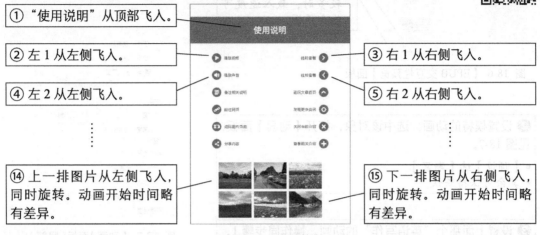

图 18-10　使用说明

❶ 选中"使用说明"，打开【动画】面板，【预设】选【从顶部飞入】。

❷ 选中左 1 至左 6 的对象，打开【动画】面板，【预设】选【从左侧飞入】。

❸ 选中右 1 至右 6 的对象，打开【动画】面板，【预设】选【从右侧飞入】。

❹ 选中上一排图片，打开【动画】面板，【预设】选【从左侧飞入】，【旋转】输入 720°，见图 18-11。

❺ 选中下一排图片，打开【动画】面板，【预设】选【从右侧飞入】，【旋转】输入 720°。

❻ 对动画对象重命名（在【动画】面板的【名称】中更改），利于辨认。结果见图 18-12。

- 文本框自动以开头文本命名。本例不需要更名。
- 图片自动以文件名命名。本例更名为"上 1""上 2""下 1""下 2"等。
- 编组对象自动以"组"命名。本例更名为"左 1""左 2""右 1""右 2"等。

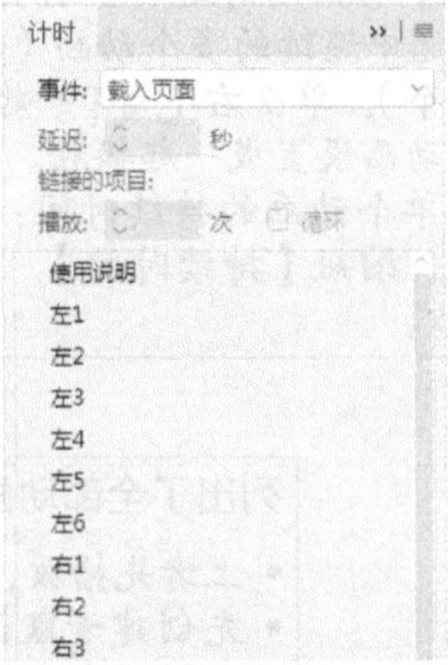

图 18-11　【动画】面板（局部）

图 18-12　【计时】面板（局部）

❼ 调整播放次序。
- 打开【计时】面板，拖动对象调整次序。
- 除"使用说明"以外，其余动画都设置为一起播放，见图 18-13。

❽ 一起播放的动画，步调太一致，适宜参差不齐。
- 打开【计时】面板，选中左2至右6，在【延迟】中输入 0.1 秒，见图 18-14。
- 同样，把上2、下1、下3（其他也可）延迟 0.1 秒。

❾ 加快动画播放速度。
在页面中，选中全部动画对象，打开【动画】面板，将【持续时间】改为 0.5 秒。

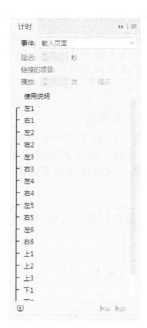

图 18-13 【计时】面板　　图 18-14 【计时】面板

案例 18-5：图片自动循环切换

示例见图 18-15，序号表示动画的先后次序。

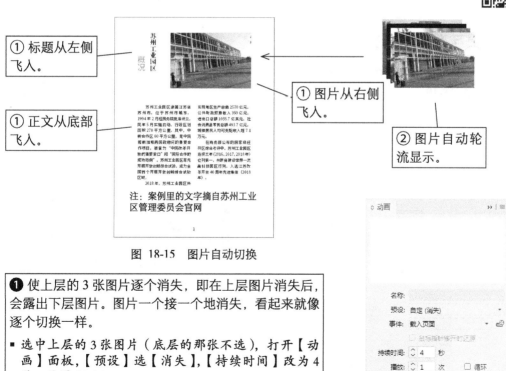

图 18-15　图片自动切换

❶ 使上层的 3 张图片逐个消失，即在上层图片消失后，会露出下层图片。图片一个接一个地消失，看起来就像逐个切换一样。
- 选中上层的 3 张图片（底层的那张不选），打开【动画】面板，【预设】选【消失】，【持续时间】改为 4 秒，见图 18-16。
- 这 3 张图片一起设置动画，但播放形式肯定是一个接一个的形式，除非另行设置。

图 18-16 【动画】面板（局部）

❷ 使上层的 3 张图片重复上述动画（依次逐个消失）。
- 打开【计时】面板，选中那 3 个动画，设为一起播放。将【延迟】改为 2 秒，勾选【循环】，见图 18-17。
- 这个迟延量往往需要在多次尝试后才能确定。

图 18-17 【计时】面板（局部）

❸ 把这 4 张图片完全重叠，并编组。
- 开始时这 4 张图片不重叠，是为了便于选中设置。
- 一个对象只能设置一个动画，但与其他对象编组后，这个编组对象就是新对象，可以继续设置动画。

❹ 对标题、正文、刚才的编组对象，设置飞入动画。
- 对标题设置【从左侧飞入】。
- 对正文设置【从底部飞入】。
- 对编组对象设置【从右侧飞入】。

❺ 调整动画播放次序、时机。
- 把标题、正文、编组对象的动画，设为一起播放，并将它们调整到前面播放，见图 18-18。
- 注意：在通过拖动改变次序后，要检查以前勾选的【循环】，如果取消勾选了，就重新勾选。

图 18-18 【计时】面板

18.2.2 交互（人机互动）

案例 18-6：单击按钮，循环切换图片

示例见图 18-19。

图 18-19 手动切换图片

❶ 把这 6 张图片组合成一个多状态对象。

- 选中这些图片,打开【对象状态】面板,单击 [将选定范围转换为多状态对象] 图标。【对象状态】面板(见图 18-20)里会列出 6 个状态,分别代表这 6 张图片。
- 多状态对象与编组对象相似,整体是一个对象,但多状态对象在某一时刻只能呈现一个状态(子对象),其余的状态会被隐藏。面板里的顶部是哪个状态,就先呈现哪个状态;选中的是哪个状态,当前就临时呈现哪个状态。
- 在正常视图下,多状态对象右下角会出现多状态对象标志" "。

图 18-20 【对象状态】面板

❷ 把图片左侧的方向图标转换为按钮,并添加一个动作(显示多状态对象的上一状态)。

- 选中该方向图标,打开【按钮和表单】面板,单击加号,选【转至上一状态】,见图 18-21。由于本页只有一个多状态对象,所以【对象】里自动选择了该多状态对象。
- 最终的效果:选中的对象转换成了按钮(在正常视图下,其右下角会出现按钮标志" "),单击该按钮,会执行设置的动作(显示多状态对象的上一状态,本例是显示这 6 张图片里的上一张图片)。

❸ 把图片右侧的方向图标转换为按钮,并添加一个动作(显示多状态对象的下一状态)。

- 选中该方向图标,打开【按钮和表单】面板,单击加号,选【转至下一状态】。
- 最终的效果:选中的对象转换成了按钮,单击该按钮,执行设置的动作(显示多状态对象的下一状态,本例是显示这 6 张图片里的下一张图片)。

图 18-21 【按钮和表单】面板(局部)

案例 18-7:单击小图,切换到对应的大图

示例见图 18-22。

同上例,只是在单击下面的小图时,会显示相应的大图。

图 18-22 手动切换图片

❶ 把这 6 张大图组合成一个多状态对象。

方法同上例。

❷ 把第 1 个小图转换为按钮，并添加一个动作（显示多状态对象里指定的一个状态）。

- 选中该小图，打开【按钮和表单】面板，单击加号，选【转至状态】，在【状态】里选对应的状态，见图 18-23。
- 最终的效果：选中的对象转换成了按钮，单击该按钮，执行设置的动作（显示多状态对象里指定的一个状态，本例是显示这 6 张图片里的第 1 张图片）。

❸ 把其余的小图转换为按钮，并添加一个动作（显示多状态对象里指定的一个状态）。

方法同上。

图 18-23 【按钮和表单】面板（局部）

案例 18-8：单击图片，放大，再单击，复原

示例见图 18-24。

图 18-24 手动切换图片

❶ 准备好每个小图对应的大图，并把大图置于顶层。

- 这些大图可以暂时放在粘贴板上。
- 全选这些大图，【对象】→【排列】→【置于顶层】。因为大图在显示时，要覆盖在小图上面。

❷ 把第 1 张小图及其对应的大图，组合成一个多状态对象。
- 选中这两张图片，打开【对象状态】面板，单击 [将选定范围转换为多状态对象] 图标。因为大图堆叠在小图之上，所以在【对象状态】面板中大图（状态 1）也在小图（状态 2）之上。
- 把小图（状态 2）拖动到大图（状态 1）的上面，因为先呈现的是小图，见图 18-25。

图 18-25 【对象状态】面板

❸ 把第 1 张小图转换为按钮，并添加一个动作（显示多状态对象的下一状态）。
- 双击选中该小图，打开【按钮和表单】面板，单击加号，选【转至下一状态】，见图 18-26。当然也可以选【转至上一状态】，因为这个多状态对象只有两个状态，上一状态、下一状态指的是同一个状态。
- 最终的效果：选中的这个小图转换成了按钮，单击该按钮，会显示这个多状态对象的下一状态（当前显示的是小图状态，所以"下一状态"是显示大图）。

❹ 把第 1 张大图转换为按钮，并添加一个动作（显示多状态对象的下一状态）。
- 单击页面空白处或其他对象，然后单击第 1 张小图，即选中这个多状态对象，打开【对象状态】面板，选中大图这个状态（为了临时显示出大图）。在页面中，双击选中该大图，打开【按钮和表单】面板，单击加号，选【转至下一状态】，也可以选【转至上一状态】。
- 最终的效果：选中的这个大图转换成了按钮，单击该按钮，显示这个多状态对象的下一状态（当前显示的是大图状态，所以"下一状态"是显示小图）。

图 18-26 【按钮和表单】面板（局部）

❺ 把大图放置在将来大图出现的位置。
- 在放置好后，选中这个多状态对象，在【对象状态】面板中选中小图状态，即显示小图。其实选中谁并不重要，因为只是临时显示的；谁在最上面才重要，因为初始状态（第 1 个显示的）是它。
- 至此，第 1 张小图及其对应的大图制作完毕。其余的，重复步骤 2 至 5 即可。

➡ 多状态对象的选中问题
　①选中多状态对象：单击空白处，然后单击该多状态对象。
　②选中多状态对象里的某个对象，该对象已经显现出来：双击该对象。
　③选中多状态对象里的某个对象，该对象没有显现出来：让其显现出来，然后同上。

案例 18-9：单击按钮，弹出文字，再单击，复原

示例见图 18-27。

图 18-27　字压图的安排　　注：案例里的文字摘自神农架官网

❶ 准备好所需的两个对象。
- "出现文字前的按钮"图标：图 18-28 上方那个图标。
- "出现文字后的按钮"图标与文本框的编组：图 18-28 下方那个图标和文本框，两者需要编组成一个对象。

❷ 把这两个对象组合成一个多状态对象。
- 在调整好这两个对象的位置后，选中它们，打开【对象状态】面板，单击 [将选定范围转换为多状态对象] 图标。
- "出现文字前的按钮"图标要在上面，因为首先呈现的是它，见图 18-29。

图 18-28　两个对象

❸ 把"出现文字前的按钮"图标转换为按钮，并添加一个动作（显示多状态对象的下一状态）。
- 双击选中该图标（它是编组对象，要选中整个编组对象，而不是里面的某个部件），打开【按钮和表单】面板，单击加号，选【转至下一状态】。
- 最终的效果：选中的图标转换成了按钮，单击该按钮，显示这个多状态对象的下一状态。

图 18-29　【对象状态】面板

单击按钮，弹出文字，再单击，复原 / 单击按钮，打开网页

❹ 把文本框转换为按钮，并添加一个动作（显示多状态对象的下一状态）。

- 选中这个多状态对象，打开【对象状态】面板，选中含文本框的这个状态。在页面中，双击选中该文本框，打开【按钮和表单】面板，单击加号，选【转至下一状态】。
- 最终的效果：选中的这个文本框转换成了按钮，单击该按钮，显示这个多状态对象的下一状态。

❺ 把"出现文字后的按钮"图标转换为按钮，并添加一个动作（显示多状态对象的下一状态）。

- 该按钮不能与那个文本框一起进行上述设置。
- 如果不进行本步骤，"出现文字后的按钮"图标就不是按钮，单击它便不能切换到下一状态。

❻ 针对这个多状态对象，设置【从左侧飞入】的动画。
多状态对象与平常的对象一样，可以设置动画。

18.2.3 超链接

在对图片或文字设置超链接后，单击这个超链接，就可以跳转到某网页；开启电子邮件程序（收件人地址、主题都已填好）；跳转到某文本锚点或页面，常用于制作目录、返回文章的起始位置。

案例 18-10：单击按钮，打开网页

接上例，见图 18-30。

① 与上面那个按钮同时，从左侧飞入。

② 单击该按钮，自动开启浏览器并打开指定的网页。

图 18-30 链接到网站

❶ 针对该按钮图标，建立指向网页的超链接。

- 选中该对象的框架，打开【超链接】面板（见图 18-31），填写网址，会自动建立一条超链接。
- 在文中选中建立有超链接的对象，【超链接】面板中的该条超链接便会呈选中状态。
- 选中超链接，【超链接】面板菜单→【重命名超链接】，可更改超链接的名称。

图 18-31 【超链接】面板

❷ 针对该按钮图标，设置【从左侧飞入】的动画。

在为对象设置超链接后，不影响为其设置动画。

❸ 设置与上一个动画同时进行。

打开【计时】面板，把这两个动画设置成一起播放。见图 18-32。

图 18-32 【计时】面板

18.2.4 声音、视频

案例 18-11：单击按钮，播放声音

示例见图 18-33。

图 18-33 播放声音

❶ 把声音文件置入文档。

- 声音文件宜用 MP3 格式。按 Ctrl+D 组合键，具体操作与置入图片的操作相同。
- 在置入文档后，这些声音文件在页面里有视觉外观（见图 18-34），但不能设置动画。在默认设置下，打印预览里看不到它们，但是在使用移动设备打开导出的 EPUB 文档时，会看到它们（不同于图 18-34）。所以现在应当把它们缩得很小，然后排在不起眼的地方或角落里。

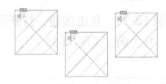

图 18-34 声音文件的视觉外观

❷ 把图 18-33 所示的第 1 个"小喇叭"转换为按钮，并添加一个动作（播放对应的声音）。

- 选中该"小喇叭"图标，打开【按钮和表单】面板，单击加号，选【声音】，在【声音】里选对应的声音文件，见图 18-35。
- 最终的效果：该"小喇叭"图标转换成了按钮，单击该按钮，会播放对应的声音。

❸ 把其余"小喇叭"转换为按钮，并添加一个动作（播放对应的声音）。

操作同上。

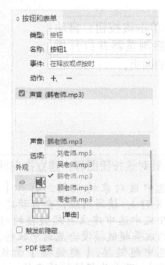

图 18-35 【按钮和表单】面板（局部）

单击按钮，打开网页 / 单击按钮，播放声音 / 单击按钮，播放视频

案例 18-12：单击按钮，播放视频

示例见图 18-36，单击按钮，播放视频，同时按钮消失。

图 18-36　播放视频

❶ 把视频文件置入文档。
- 视频文件宜用 MP4 格式。按 Ctrl+D 组合键，具体操作与置入图片的操作相同。
- 在置入文档后，视频文件的视觉外观可以像图片一样调整尺寸。

❷ 调整好按钮的位置、不透明度等。

此处的按钮仅仅是一张普通的图片，不是"单击后，执行某个动作"的按钮。

❸ 把该按钮转换为真正意义的按钮，并添加一个动作（播放视频）。
- 选中该按钮，打开【按钮和表单】面板，单击加号，选【视频】。由于本页只有一个视频，所以【视频】里自动选中了那个视频，见图 18-37。
- 最终的效果：该按钮转换成了按钮，单击该按钮，会播放对应的视频。

图 18-37　【按钮和表单】面板（局部）

❹ 针对该按钮，再添加一个动作（隐藏它自己）。
- 选中该按钮，打开【按钮和表单】面板，单击加号，选【显示/隐藏按钮和表单】。在【可视性】里，将其设置为隐藏，见图 18-38。
- 最终的效果：单击该按钮，该按钮会消失。
- 由此可见，一个按钮可以添加多个动作。

图 18-38　【按钮和表单】面板（局部）

18.2.5 制作电子画册

1. 新建文档

❶ 按 Ctrl+N 组合键,打开"新建文档"对话框,如图 18-39 所示。

❷ 输入像素数目,或在左侧选择现有的预设。
- 表 18-1 列出了一些移动设备的屏幕参数。
- 在既要进行传统印刷,又要进行电子展示时,要先按传统印刷制作文档,然后将其转成电子画册。页面尺寸按印刷成品的尺寸设置,单位是 mm。最后转成电子画册时,单位可以继续用 mm,如果宽高比相差不大,页面尺寸就不用更改了。

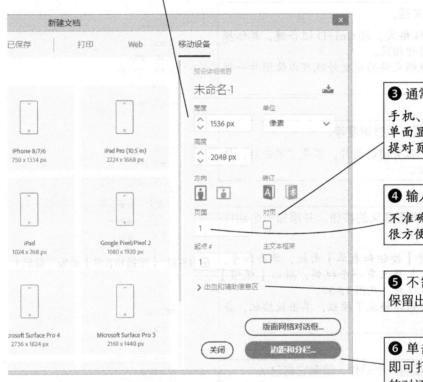

❸ 通常不勾选【对页】。
手机、平板的尺寸有限,单面显示都不够大,更别提对页了。

❹ 输入页数。
不准确没关系,以后增减很方便。

❺ 不需要出血,但默认保留出血也可以。

❻ 单击【边距和分栏】,即可打开如图 18-40 所示的对话框。

图 18-39 "新建文档"对话框(局部)

❼ 对象可以紧贴边缘,但为了美观,可以留一点【边距】。

图 18-40 "新建边距和分栏"对话框(局部)

表 18-1 移动设备的屏幕参数示例

型　　号	分辨率 /ppi	显示 1mm 大小，需设置多少 px	显示 1 点大小，需设置多少点	宽度 /px	高度 /px	宽度 /mm	高度 /mm	宽高比
（12.9 英寸）iPad Pro	264	10.4	3.67	2048	2732	197.0	262.9	0.750
（12.6 英寸）台电 X6 Pro	275	10.8	3.82	1920	2880	177.3	266.0	0.667
（11 英寸）iPad Pro	264	10.4	3.67	1668	2388	160.5	229.8	0.698
（10.5 英寸）iPad Pro	264	10.4	3.67	1668	2224	160.5	214.0	0.750
（10.1 英寸）华为平板 M5	224	8.82	3.11	1200	1920	136.1	217.7	0.625
（9.7 英寸）iPad	264	10.4	3.67	1536	2048	147.8	197.0	0.750
（8.4 英寸）华为平板 M5	359	14.1	4.99	1600	2560	113.2	181.1	0.625
（7.9 英寸）iPad mini 4	326	12.8	4.53	1536	2048	119.7	159.6	0.750
（6.5 英寸）iPhone XS Max	458	18.0	6.36	1242	2688	68.9	149.1	0.462
（6.4 英寸）华为 Mate 20 Pro	538	21.2	7.47	1440	3120	68.0	147.3	0.462
（6.4 英寸）vivo iQOO	402	15.8	5.58	1080	2340	68.2	147.9	0.462
（6.4 英寸）荣耀 V20	398	15.7	5.53	1080	2310	68.9	147.4	0.468
（6.1 英寸）三星 Galaxy S10	551	21.7	7.65	1440	3040	66.4	140.1	0.474
（6.1 英寸）iPhone XR	326	12.8	4.53	828	1792	64.5	139.6	0.462
（5.8 英寸）iPhone (X/XS)	458	18.0	6.36	1125	2436	62.4	135.1	0.462
（5.5 英寸）iPhone (8/7/6 Plus)	401	15.8	5.57	1080	1920	68.4	121.6	0.563
（4.7 英寸）iPhone (8/7/6/6s)	326	12.8	4.53	750	1334	58.4	103.9	0.562
（4 英寸）iPhone SE	326	12.8	4.53	640	1136	49.9	88.5	0.563
计算方法（分辨率、像素数的单位是表中对应的单位）		分辨率 /25.4	分辨率 /72			25.4 像素数 / 分辨率		

2. 设计和制作

总体与传统杂志相同，但需要注意以下几点。

①字号、行距、栏间距等尺寸有两种设置方法。

- 方法 1：获得播放设备屏幕的宽、高数值（单位为 mm）。然后用尺子测量屏幕里的页面尺寸，调整显示比例使这两个尺寸相等。此时对象在屏幕上的大小，就是将来在播放设备屏幕上显示的大小。据此可直观地设置字号等，当然具体数值往往与以往的经验有很大出入。
- 方法 2：（页面尺寸的单位必须是 px，并且与播放设备屏幕的 px 数目一致）获得播放设备屏幕的分辨率（单位为 ppi）。然后根据表 18-1，可知"显示 1 点大小，需设置多少点""显示 1mm 大小，需设置多少 px"，从而利于使用以往的经验。例如，针对 9.7 英寸 iPad，希望显示出 10 点大小的文字，现在需要将其设置为 36.7 点（3.67×10）；希望显示出的栏宽是 5mm，现在需要将其设置为 52px（10.4×5）。

②设置段首空两格不能使用标点挤压法，可以使用首行缩进；也可以在段首添加两个表意字空格，可以使用 GREP 查找替换添加这样的空格：在【查找内容】中填写"^."，在【更

改为】中填写"~(~($0"。

③可以把同类内容重叠排在一起,轮流显示,如案例 18-5 和案例 18-6。还可以把大图缩成小图,单击小图后才出现大图,如案例 18-7 和案例 18-8。这样在相同的版面里,就放置了更多的内容。

④在字压图时,可以使文字处在隐藏状态,单击按钮才显示,如案例 18-9。这样可以避免文字干扰图片。

3. 导出固定版面的 EPUB 文档

❶ 按 Ctrl+E 组合键,在【保存类型】中选【EPUB(固定版面)】,单击【保存】,即可打开如图 18-41 所示的对话框。

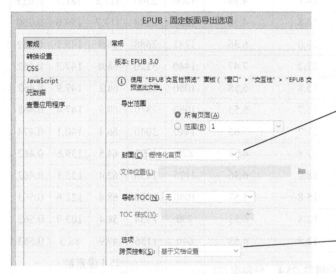

❷ 封面可选以下选项之一。
- 【无】:没有封面。
- 【栅格化首页】:把第一面作为封面,所以设计时要把第一面设计成封面。
- 【选择图像】:在【文件位置】中选某图片作为封面。

❸ 单页、对页的设置。
- 【基于文档设置】:根据文档的设置确定采用单页还是对页。
- 【将跨页转为横向页】:将跨页转换为横向版面。
- 【启用合成跨页】:如果文档是单页设置的,现在转为对页。
- 【停用跨页】:如果文档是对页设置的,现在转为单页。

图 18-41 "EPUB-固定版面导出选项"对话框(局部)

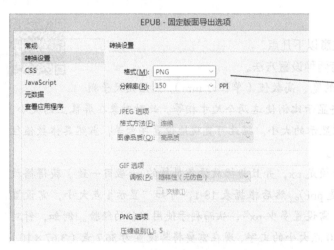

❹ 在【转换设置】里设置图片,见图 18-42。
- 【格式】:可选【PNG】。
- 【分辨率】:不宜太高,以免文档太大。

图 18-42 "EPUB-固定版面导出选项"对话框(局部)

附录 A 设计参数

A.1 图书、杂志常用纸张

纸张类型	使用场合	特点	具体型号	备注
双胶纸（胶版纸）	文字类和低档画册类。例如图书、杂志	品质和价格低于轻涂纸和铜版纸	60g（0.08mm②普通的单色内页） 70g（0.087mm稍好的单色内页） 80g（0.10mm彩色内页）	国内常用
轻型纸（蒙肯纸）		可用定量①低的轻型纸代替定量高的双胶纸，从而价格低，还降低运费；比双胶纸偏黄偏暗，稍粗糙	60g（0.096mm内页） 70g（0.105mm内页） 80g（0.11mm内页）	国外常用，在国内前景良好
轻涂纸（LWC纸）	中档画册类。例如杂志、商品目录、广告、超市宣传册、报刊插页等	品质接近铜版纸，价格低于铜版纸；手感偏软，不宜长期保存	58g（0.045mm内页） 64g（0.055mm内页） 70g（0.06mm内页）	
铜版纸（常指双铜纸）	高档画册类。例如杂志、宣传单、海报、报刊插页、封面	品质和价格都很高	80g（0.065mm内页） 105g（0.086mm内页） 128g（0.1mm海报、内页） 157g（0.15mm封面、内页、海报、小型三折页、宣传单） 200g（0.17mm封面、高档海报、高档内页） 250g（0.21mm封面、高档海报、高档内页、大型三折页） 300g（0.29mm封面）	企业画册推荐方案 ≤16P：封面300g，内页200g 20～40P：封面300g或250g，内页157g ＞40P：封面300g或250g，内页128g（超过100P，80g）
哑粉纸（无光铜版纸）		更高档的铜版纸；与铜版纸相比，哑粉纸无明显的反光，不易变形，图案没那么鲜亮但更细腻，在克数相同的情况下，哑粉纸会略厚		

注：① 定量俗称"克重"，即每平方米纸的重量，单位 g/m²（常简写为 g）。在同类纸中，克重高者，厚度大、高档。
② 纸张厚度涉及的因素很多，不同厂家的都有区别，所以此处的仅是大概值。

A.2 标准成品尺寸

单位:mm

代 号	公称尺寸	代 号	公称尺寸	代 号	公称尺寸	代 号	公称尺寸
大度 8 开	285×420	正度 8 开	260×380	A3	297×420	B4	239×338
大度 16 开	210×285	正度 16 开	185×260	A4	210×297	B5	169×239
大度 32 开	140×210	正度 32 开	125×185	A5	148×210	B6	119×165
大度 64 开	105×140	正度 64 开	90×125	A6	105×144	B7	82×115

注:①大度、正度系列是国内广泛使用的。常用简称,如大度 16 开称为大 16 开;正度 16 开称为 16 开。
②A、B 系列是《图书和杂志开本及其幅面尺寸》(GB/T 788—1999)推荐的。A3、B4 未提及,仅供参考。

A.3 边距、分栏

单位:mm

书刊概况	成品尺寸	书 眉	边距 上	边距 下	边距 内	边距 外	分栏 栏数	分栏 间距
本书,科技类图书	185×260	上:标题、页码 下:无	23	17	23	17	1	
《倩达的秘密》,文艺类图书,279 页	145×210	上:标题 下:页码	41	21	29	17	1	
《健康顾问·防病治病典藏本》,生活类图书,214 页	167×230	上:无 下:页码 左、右:标题	26	20	22	25	1	
《出版专业实务·中级》,教育类图书,478 页	150×209	上:标题 下:页码	25	20	26	22	1	
《读者》,综合性杂志,骑马订	185×260	上:标题 下:标题、页码	25	17	17	20	2、3	7
《VISTA看天下》,新闻类杂志,骑马订	217×278	上:标题、页码 下:无	24	18	14	13	2、3	11(两栏) 6(三栏)
《中国国家地理》,科普类杂志,胶订	185×260	上:无 下:页码	27	18	23	16	2、3	6
《特种橡胶制品》,学术类期刊,骑马订	210×297	上:标题、页码 下:无	36	24	23	24	2	8

注:上述尺寸是印刷品的实际测量值(除了第 1 个),存在制造和测量误差。杂志在不同时期,数据可能不同;同一期杂志的不同板块也可能不同。

上边距一般为 25mm 左右,下边距常小于上边距。

图书的内边距一般为 18~25mm,较厚的书(如 400 多页铜版纸)的内边距要在 25mm 以上。杂志的内边距可以为 10~20mm。骑马订和锁线胶装的书,内外边距可以一致;无线胶装的书,外边距宜比内边距小 2mm 左右。

小说、散文诗等类别的书,边距宜稍大;知识类、小尺寸的书,边距宜稍小。

图书要么全部不分栏,要么全部分为两栏(如工具书)。杂志常分为两栏或三栏,后者居多。栏间距通常为 5~8mm,或正文字的 1~2 个字宽。栏间线可以没有,如果有,粗细一般为 0.3 点。

A.4　图书的格式

名称	格式要点
书眉	3 种方案：①左页是书名，右页是章名；②左页是章名，右页是节名；③把上述内容都印在左页或右页。 不同的章可以用不同的色块区分，还可以加小装饰。 各章（或各篇文章）一级标题所在的第一面上，通常不设上书眉（尤其是标题所占空间较大时），但下书眉或中缝仍可保留。 未超过版口的插图、插表应排书眉；超过版口的（不论横超、直超）一律不排书眉。 另页起时添加的空白页，不排书眉。 书眉一般小于正文字号。
页码	封面、扉页、版权页，不排页码。 前言、目录可以不排页码，也可以采用罗马数字格式排页码（起始页码是罗马数字Ⅰ）。 正文页码起始为"1"。通常的图书用阿拉伯数字，竖排图书一般用汉字数字。 在不排书眉的情况下，也不需要排页码（但占页数，即暗码）。 正文中间的插页图、插页表，与正文同时印刷的页面进入正文的页码序列；不与正文同时印刷的页面应该单独编码或按无码处理（另建文档单独制作）。注意采用空码的书页在物理上是存在的，所以在计算书刊用纸量时，必须一并计入总面数。 正文之后（后记、参考文献、附录等）一般延续正文的页码。 不带装饰的页码，与切口（页面外缘）的间距要一致；带装饰的页码，两装饰物的间距要固定，且以位数最多的页码为准。示例如下： 　　6　　　　　　　　7　　　　　　　— 6 —　　　　— 7 — 　　26　　　　　　　27　　　　　　— 26 —　　　— 27 — 　　216　　　　　　217　　　　　— 216 —　　— 217 — 　　左页　　　　　　右页　　　　　　左页　　　　　右页
横排、竖排	横排、竖排只能选其一。 竖排的通常要求：①行文方向从右到左。现代文段首空两格，古书段首顶格。②句号、问号、叹号、逗号、顿号、分号、冒号在文字之下偏右；破折号、省略号、连接号、间隔号、分隔号在文字的下方居中，也要竖排；双引号是﹃﹄，单引号是﹁﹂，括号是︵　︶；着重号在文字右侧，专名号和浪线式书名号在文字左侧。③阿拉伯数字、字母顺时针旋转 90°
标题	从高级别到低级别：字号由大到小、字体由重到轻。级别越高，差别越大，例如，一级与二级之间的差别大于二级与三级之间的差别。 最小的标题可以比正文字号略大、字重略重，也可以与正文相同。 英文标题常用较粗的无衬线体；也可以特意用超细的字体以彰显科技感，比如苹果的宣传页就常用超细 Helvetica。标题不宜全部采用大写形式
正文	字体：常用宋体；少儿读物和小学教科书宜用楷体，画册可用细等线或细的黑体，诗集、散文集等文艺读物可用仿宋；不宜用太粗的字体，即字重宜轻；一本书里的所有字体不宜超过 5 种。 字号：成人读物可用 8 ~ 10 点；少儿读物可用 12 ~ 14 点；老人读物可用 12 点；双栏排版的工具书可用 9 点，多栏排版的工具书可用 8 点。 行距：行距通常是字号的 1.5 倍，英文的行距可以设置为"自动"；休闲、艺术、少儿图书的行距通常为字号的 1.8 倍左右；报纸、经济型小开本书、工具书的行距通常为字号的 1.2 倍左右；表格里的或较小的文本框里的小段文字，行距宜密一些，以免看起来太散。英文长篇文字或纯文字类图书（非图文并茂），宜用衬线体；英文小段文字或图文并茂类图书，可用无衬线体。英文第一段通常不空格，即使它跟在子标题后面。其他段落要么空 2 ~ 4 个字母，要么增加段间距，但两者不能同时出现

续表

名称	格式要点
图片的位置	先见文，后见图，图随文走； 在条件允许时，最好是在"见图×"所在段落结束的下方
图片的顺序	横排　　　　　　　　　竖排（1）　　　　　　　竖排（2） 图1　图2　　　　　　图2　图1　　　　　　图3　图1 图3　图4　　　　　　图4　图3　　　　　　图4　图2
图片与文字	图片与正文主体文字的间距要大于正文的行间距，一般为正文字的约2个字宽，且四周一致。如果图片横贯整个版心，上下边缘空与左右边缘空可以不一致，但要相互对称。 32开的页面，图片的旁边能排8个字及以上者，图片的旁边需要串文；16开的页面，图片的旁边能排12个字及以上者，也需如此。在文本绕排时，文字与图片的间距通常至少为5mm。 对于通栏图、跨栏图，各栏文本仍按正常顺序排列，仿佛没有图一样。但也会有一些学术论文，在图片的（包括跨栏的长公式、表格）上方排完后，才会接着在图片的下方排
图题	图题由图序、图名（图片的标题）构成，可以只有其一，也可以都没有（如有些文艺类书刊）。图题常在图片的下面或一侧。 画册、摄影作品集可以将一个版面或一个视面（左右两个版面）的图题及说明文字集中排在一起，再用一个方位示意图表示。示例如右： 　　　　　　　　　　　　　　　　　　1　2 　　　　　　　　　　　　　　　　　3　4　5 　　1、×××××× 　　2、×××××× 　　3、×××××× 图序可以全书连续编号，也可按章次分别编号，"图2-16"表示"第2章的第16幅图"。期刊通常是每篇文章自成体系。如果没有图名，要在"图"与序号之间加一个全角空格；如果有图名，要在"图"与序号之间加一个半角空格，在序号与图名之间加一个全角空格。字号比正文小，字体可以比较醒目。有串文时，不可超过图片宽度。通栏插图，64开的页面，左右缩进版心各3个字；32开的页面，左右缩进各4个字；16开的页面，左右缩进各6个字。需转行者，行距可为字号的1.5倍；末行可以齐头排，也可以居中排，最好是第2行略短于第1行
图注	图注是插图中的注释或说明语，多用于科技文章，必要时才设置。插图中的注解或说明语较少时，无须使用图注，直接在图身作简单标注即可。 图注一般在图题下方，也可以在图题上方。在注文多时要分行，宽度不超过图身宽度。注文字号要比图题、图身的小，字体可与图身一致。 图注的编序可用阿拉伯数字、英文字母、图形。 注码与注文间可用冒号、半角空格等。 若注文较短，则可分栏排，要注意对齐，注文后可不用标点符号。示例如下： 　　　　　　图9-2　××××××× 　　a:×××××××　　b:×××××　　c:×××× 　　d:×××××　　　e:×××　　　　f:××× 　　g:×××××　　　h:×××××　　i:×××× 若图注不分栏，就在每个图注后加分号和一个半角（或全角）空格；如果图注后不加分号，就加一个全角空格。最后一个图注后不加标点。注码不能在行尾。示例如下： 　　　　　　图9-3　××××××× 　　　　　　　　　××××× 　　1-××××××；2-××××；3-××××××；4-××××× 　　××；5-×××××；6-××××××；7-××××××； 　　　　　　8-×××××；9-××××××

续表

名称	格式要点
脚注	编号常用 [1]、〔1〕、①、❶。同一面上的注文只有一条时,可用〔注〕(在正文里要用下标)或"*";只有两条时,可用"*"和"**"。对标题或作者加注释时,要用"*",并排在同一面的末尾。 注文的字号和行距都要小于正文的字号和行距。 注文可以空两格,转行悬挂缩进或不悬挂缩进;也可以顶格,转行悬挂缩进。 编号和脚注文本的间距通常是一个半角空格。 注文与正文的间距通常是正文行间距的两倍(行间距=行距一字号)。 注线的粗细通常同表格的内行列线(正线),宽度通常是版心宽度的 1/4 左右。 注线通常顶格排,也可与注文左对齐。 注线与注文的间距可以是注文行间距,或略大一些(但要小于正文的行间距)。 右翻本竖排版式的脚注,可以一律排在版心左侧;也可以只排在单页码的页面版心左侧,双页码的脚注排在对页的单页码里
尾注	排在一篇文章的结尾,叫篇后注。序号以篇为单元编制。注文与正文或者以注线相隔,或者加上"注释""附注""注"等(字号小于正文,字重重于注文)。文字格式及转行可与脚注相同。 排在全书正文之后的,叫书后注。通常另面起排,也可接正文后排。注释上方不加注线,而加"注释""附注"等。序号以全书为单元编制。排式可与篇后注相同。 注码同脚注
参考文献	参考文献应执行国家标准《文后参考文献著录规则》(GB/T 7714—2015)。 列在各个篇、章之后的参考文献可不设标题,而以注线分割;也可设标题。标题字号应小于正文,而字重可稍重。条目用字字号小于或字重轻于正文,行距小于或等于正文。 列在全书后面的参考文献,应另面起排,并设标题(排式与前言、后记等辅文一致)。条目用字字号小于或字重轻于正文,行距小于或等于正文。 注码常用 [1]
附录	字号一般要小于正文。若与正文的性质相同,也可与正文相同
目录	"目录"二字之间常加两个全角空格。 标题在前,页码在后时,中间常用小圆点(前导符);也可页码紧挨着标题,中间用"/"分隔。如果要加上作者,通常使用"标题+小圆点(前导符)+作者姓名+一个全角空格+页码"的形式;也可以使用"页码+作者姓名+标题"的形式,中间用空格隔开。 如遇转行,行末留空三格(学报留空六格)。如果标题有序号,转行后要用悬挂缩进对齐;如果标题没有序号,行首应比上行文字退一格或两格。 章节标题与页码或与作者名之间至少要有 3 个圆点点,否则应另起一行排。 章、节、目标题如果使用不同的字体、字号,页码和前导符的格式适宜都相同。 目录条目一般不超过三级。 一级标题经常不要页码。 层级由高到低,通常字号逐渐减小(最小的字号不小于正文);字重逐渐减轻;左缩进逐渐增大 1~2 个字
索引	常排在正文之后,也可排在正文之前。 多分为两栏,栏间排分栏线。若要增加分栏数,则需要保证多数条目不转行。 字号常小于或等于正文,字体同正文。行距常小于正文。 二级主题词常单独起行,较一级主题词缩一格排。字号、字体可以与一级主题词相同。 条目转行时,较同级主题词缩一格排。 主题词指向页面的,后面空一格排页码,页码间用逗号分隔。在页码连续时,若内容也连续,则仅排首、尾页码,其间加连字符;否则,仍全部正常排。 主题词指向其他主题词的,后面空一格排"见"(同义词之间)或"参见"(相关概念之间),"见"后面空一格排指向的主题词(有多个时,其间用分号隔开)。 一个条目尽量排在同一面上。若必须跨页,则需要在下一面开头重复排主题词,并在主题词后面排"(续)"
前言 后记	字体、字号可以与正文相同,也可以与正文不同,但不宜小于正文。 如果字数不满一面,可以稍微扩大左右页边距(或仅扩大其一),有别具一格之感

A.5 标题的格式

类型	编号方式 传统	编号方式 仿进位制	序号格式	位置
向上扩充（确有必要时才用）	第一篇 题文××	第1篇 题文××	序号从1开始，连续编号。"篇"后加一个全角空格（"第×篇"可以单独占一行）	占用的空间不少于一级标题
基本 一级标题	第一章 题文××	第1章 题文××	序号从1开始，连续编号。"章"后加一个全角空格（"第×章"可以单独占一行）	高档图书：常制成章前页（章首页），另页起，单独占两面，下辖的内容在下一页（单页码）开始排。稍高档图书：章前页另页起或单页码开始排，单独占一面，下辖的内容在下一面开始排。普通图书：另页起或另面排，不单独占一面，下辖的内容在本面接着排，此时可占多达版心的1/3（前面的留空要多于后面的），传统编号的通常居中排，仿进位制编号的可居中排，也可顶格排。资料类图书：接着前面的内容，另起一行排。但有下列情况之一时，应另面排：32开标题下不能排3行正文，16开标题下不能排5行正文
基本 二级标题	第一节 题文××	1.1 题文××	序号只在所属标题范围内连续编号（下同）。传统编号："节"后加一个全角空格。仿进位制编号：数字后加英文句号，但末位数字后改加一个全角空格	可占3～4个正文行（前面的留空要多于后面的）。传统编号的通常居中排，仿进位制编号的通常顶格排
基本 三级标题	一，题文××	1.1.1 题文××	传统编号：数字后是顿号，空格。仿进位制编号：同上	可占2～3个正文行（前面的留空要多于后面的），传统编号的通常与正文段首对齐排，仿进位制编号的通常顶格排
基本 四级标题	（一）题文××	1.1.1.1 题文××	传统编号：括号是全角括号，不再加空格。仿进位制编号：同上	可占1个正文行。传统编号的通常与正文段首对齐排，仿进位制编号的通常顶格排

续表

类型	编号方式		序号格式	位置
	传统	仿进位制		
	1. 题文××		数字后加英文句号和一个半角空格	可占1个正文行，传统编号的通常与正文段首对齐排，仿进位制编号的通常顶格排；也可以不单独占行，而是直接排在正文段落的开头（保持首行空两格），标题与正文之间要加一个全角空格（可用标点符号代替空格）。可以没有题文，只有序号
		（1）题文××	如果用全角括号，后面不加空格；如果用半角括号，后面加一个半角空格	可以占1个正文行，与正文段首对齐排；也可以不单独占行，而是直接排在正文段落的开头（保持首行空两格），标题与正文之间要加一个全角空格（可用标点符号代替空格）。可以没有题文，只有序号
向下扩充	① 题文××		数字后加一个半角空格	通常不单独占行，而是直接排在正文段落的开头（保持首行空两格），标题与正文之间要加一个全角空格（可用标点符号代替空格）。可以没有题文，只有序号
	a. 题文××		字母后加英文句号和一个半角空格	
		（i）题文××	如果用全角括号，后面不加空格；如果用半角括号，后面加一个半角空格	

科技图书常用仿进位制编号。

序号可以跨级选用，如"1.1.1"后直接选用"1."。

左右居中的短标题，要加大字距：两字标题的字距空1/2及以上时，不增加字距，三字标题的空一个字符，四字标题的空1/2字符，全书要保持一致。标题在5个字及以上或已经占版心宽度的3/4时，要考虑转行，左对齐或在标点处转行（转行处的标点要删除），不能割裂复音词，助词、叹词不能转为下一行的第1个字，介词、连词不能在上行末尾。转行后的字数不低于5个字。转行后的第1个字可与上行左对齐，也可与上行首个标题字对齐（悬挂缩进），还可居中对齐。上下行的字距要一致，以免使人误以为是两个标题。转行后的行距是标题字距的1.6倍左右。

当两个或两个以上的标题分层叠在一起时，它们占用的总行数应小于累加的总行数，否则间距太大，不美观。

向下扩充类型的标题序作列项时，可以跨级使用，例如，在有四级标题的情况下直接出现在三级标题的正文里。

A.6　表格的设置

名　称		设置要点
表格的排式	竖排表	这是第一选择，例如本书的 A.3 表格
	卧排表	这是第二选择，即表格逆时针旋转 90°，例如本书的 A.1 表格
	续表	表格行数多，一面排不下，且宽度超过版心宽度的 1/2，就必须跨页，例如本表格。 排在下一面的表格要重复表头（不重复表题）。 "续表"两字常排在表格的右上方且距右墙线两个字。但主体是表格形式，并且篇幅较大的表格，可以不加"续表"两字以节约空间。 顶线、底线仍用反线（粗线）
	折栏表	表格竖长，且横窄，可以将全表拦腰拆开，回转成两栏或多栏并排，例如本书的 A.2 表格。 每一折栏都要有表头。折栏之间排双线，顶线和底线要通线排。 各栏的行数要相等，可在最末一折栏里留下空行
	叠栏表	表格竖短，且横宽，可以将全表从中部拆成左右两段，然后上下叠排。 排在下段的表，要重复原表格最左边的项目栏。上下两段之间排双线。 上下两段的列线不连通。示例如右：
	和合表（跨版表）	在使用上述方法都排不下表格时，才使用本方法。 页面不能完全平铺展开时，为防止内容被夹住，应当在夹缝处增加一个空列。 因为左右可能不能恰好对齐，所以不得已时才使用本方法。示例如右：
	插页表	表格很大，上述方法都不适宜使用时，就采用较大的纸张。 尽量使表格只向一个方向折叠，并且最好从切口向订口折叠。 插页表的页码为空码
	表格的位置	表格与正文的间距一般为正文字的 1～2 个字宽。 表格内容较多时，表格可以左右都对齐版心；内容较少时，表格可以左右统一缩进某个值或居中
表格的格式	边框	外边框用反线（粗线），粗细一般为 0.7 点。内边框用正线（细线），粗细一般为 0.3 点。 外边框常省略左、右墙线，内边框常省略行线。示例如下：

续表

名　　称		设　置　要　点
表格的格式	表题	表题由表序和表名组成。可以只有其一，也可以都没有。 表序和表名都有："表"与序号之间加一个半角空格，序号与表名之间加一个全角空格。可以居中排或居左排；也可以表名居中排，表序与表格左墙线左对齐或空两格对齐。 只有表名：与表格居中对齐。 只有表序："表"与序号之间加一个全角空格。与表格左墙线空两格对齐，或者与表格居中对齐。 表格右上角的"单位：mm""年月日"等字样，一般右空一个字与右墙线对齐；居中排的表题可稍向左偏；如果表题较长，排完表题后空位不足，此类文字就另起一行排。 字号比正文小，字重一般比正文重
	表头	单层表头和多层表头的每一层的行高要大于或等于表体行高。 表头行的文本如果字数太少，要在之间添加空格（如一个半角空格、一个全角空格、两个全角空格等）以示美观；如果文本太多，要转行，上、下行的字数适宜相等，或者下行少一个字。表头行过窄时，文字可竖排。 用字的字号与表题相同或稍小，字重稍轻
	表身	表身中的数字适宜个位数对齐。 文字的字号通常比正文小（也不能比表题、表头大），字体与正文相同。 单位前面常加"/"或逗号，如长度/mm。如果单位都相同，宜置于表格右上角，前面不加斜杠，加"单位："。常用的表示方式有"单位：mm""（mm）""mm"
	单元格内边距	上、下内边距可以约为1/2字宽。 左、右内边距可以为1/2~1个字宽。单元格窄，宜少；单元格宽，宜多
	表注	表注开头要有"附注：""注：""说明："字样。 对表格总体说明的注文若多于一项，各项前常加阿拉伯数字作为序号；对表中某项的注解，常用圈码作为标志，排式同脚注。 表注排在底线下面，用字一般字号小于或字重轻于表身文字，也可相同

A.7　杂志的特有格式

名称	格 式 要 点
书眉	上书眉常排栏目名称和文章名称，下书眉常排刊名和期号。装饰较多。 大多会设置上书眉线，形式有两种：① 书眉文字与书眉线同行，总宽度与版心宽度相同；② 书眉文字排在书眉线之上或之下，书眉线与书眉文字一样长，或与版心宽度相同。 各篇文章一级标题所在的第一面上，通常也设书眉
页码	封一、封二不计入正文页码。封三、封四如果有正文内容，就计入正文页码，否则不计入正文页码。正文起始页码通常为"1"，也可将全年或全卷合在一起依次连续编码
版式	为了给读者带来新鲜感，版式要活泼多变。不要求各不相同，但通常相邻的文章要不同！ 示例如下（《读者》2017 年 11 月第 21 期）：
文章顺序	开头适宜放置一些小、碎的文章，以给读者一个缓冲；然后放置重点文章；接着放置次重点文章
开篇大图	重点文章往往篇幅较长，需要有开篇大图（占超过一面的 1/2，或一面，或一个对页），以反映出这篇文章的重要性。如果时间允许，要使用 Photoshop 进行精心制作。示例如下（《南风窗》2017 年第 10 期）：

名称	格 式 要 点
标题、正文	按字号从大到小的顺序排列： 大标题。字号通常为 30～38 点左右。居中的标题在宽度超过版心宽度的 4/5 时才需要转行。 插排。放置在正文中间（也可以在旁边），文中重要的一两句话。为了醒目，插排往往用字重较重的字体（或斜体），可以用特殊颜色，可以有一些装饰（或双引号）。 导言。标题下面的一句话，高度概括整篇文章的内容。字号通常为 12 点左右，也可以与小标题的字号相同。字体可以用彩色以特殊显示。 小标题。通常左对齐，也可以居中对齐。字体通常采用黑体，字号一般为 12 点，折行用软回车（段落不能用两端对齐）。 文章作者。字号可以与正文或图示说明文字的字号相同，字体的字重可以稍重于正文。 正文。字号常小于图书，例如可为 8 点。 杂志的字体、字号多样。但同一栏目的文章，其属性相同的部分宜用相同的字体、字号
横排、竖排	可以都横排，也可以大部分文章横排，少部分短文竖排，尤其是一面上有多篇文章时
页面合用	通常一面会排多篇文章，此时文章之间要有明显的界限，常用方法：①文章"块"边缘增加 1～2 个字宽度的空白；②交替使用横排、竖排；③设置花线，当文章本身已经分栏时尤为必要；④使用不同的字体、字号，分成不同的栏宽，但如果是从其他文章转过来的片段，则一定要与前文保持一致。 有的文章可能在预留的版面里排不下，就会借用其他的版面。此时要注意以下几点。①尽量在两个段落之间转；其次在句号、逗号、分号、顿号后转；最次也要在一个完整词语后转。②尽量排在后方页面里，即不要让读者往前翻。如果能转到下一面的下半面，则非常理想，"下转第 6 页""上接第 6 页"之类的说明可以省略。③不能"喧宾夺主"，一定要排在该页文章的后面，哪怕它占地方比该页文章大，即体现"寄人篱下"。示例如下： 中药加工和保健食品，以及满足各 种高质量的营养强化剂、调味剂、 增香剂等的需要。 　　（下转第 15 页） 第 15 页承接处： （上接第 15 页） 　　整套设备整体结构紧凑，全部采用 304 不锈钢制作，达到无尘化生产，设备管道都采用快开连接形 **两段之间转** ■ "下转 ×"另起一行，空两格排。 ■ "上接 ×"顶格排，正文另行排。 充分考虑汽车产业的技术能力和可行性，同时考虑了国内相关机构的检验能力，（下转第 22 页） 第 22 页承接处： （上接第 22 页）也尽量靠近国际通行的技术法规等条款。维修保养类配件须遵守与新车型所用配件相 **段落内部转** ■ "下转 ×"接着正文排。 ■ "上接 ×"顶格排，正文接排。
目录	严肃时，与图书相仿；活泼时，宜图文并茂

A.8 折页

折法	示意图	版面布局
对折		4封底 | 1封面 2 | 3
对对折	2 | 7	7 | 8封底 | 1封面 | 2 3 | 4 | 5 | 6
风琴折	8封底 | 6 | 1封面	8封底 | 6 | 7 | 1封面 2 | 3 | 4 | 5
风琴折	1封面 | 7	7 | 8 | 9 | 10封底 | 1封面 2 | 3 | 4 | 5 | 6
包芯折	1封面	5 | 6封底 | 1封面 2 | 3 | 4
垂直交叉折	1封面	2 | 3 4 | 5 8封底 | 1封面 6 | 7

A.9 复合字体示例

汉字、标点、符号	罗马字、数字		
	字　体	样　式	基　线
方正超粗黑	可不用复合字体		
方正大黑	可不用复合字体		
方正黑体	可不用复合字体		
方正中等线	可不用复合字体		
方正细等线	Myriad Pro	Light	1%
方正幼线	Helvetica Neue LT Pro	35 Thin	1%
方正悠黑 513B	Helvetica Neue LT Pro	85 Heavy	1%
方正悠黑 512B	Helvetica Neue LT Pro	75 Bold	1%
方正悠黑 510M	Helvetica Neue LT Pro	65 Medium	1%
方正悠黑 508R	Helvetica Neue LT Pro	55 Roman	1%
方正悠黑 504L	Helvetica Neue LT Pro	45 Light	1%
方正悠黑 503L	Myriad Pro	Light	1%
方正悠黑 502L	Helvetica Neue LT Pro	35 Thin	1%
方正韵动特黑	Helvetica Neue LT Pro	95 Black	2%
方正韵动粗黑	Helvetica Neue LT Pro	85 Heavy	2%
方正韵动中黑	Helvetica Neue LT Pro	65 Medium	2%
方正兰亭特黑	Helvetica Neue LT Pro	85 Heavy	2%
方正兰亭大黑	Helvetica Neue LT Pro	85 Heavy	2%
方正兰亭粗黑	Helvetica Neue LT Pro	75 Bold	2%
方正兰亭中黑	Helvetica Neue LT Pro	65 Medium	2%
方正兰亭准黑	Helvetica Neue LT Pro	55 Roman	1%
方正兰亭黑	Helvetica Neue LT Pro	55 Roman	1%
方正兰亭刊黑	Helvetica Neue LT Pro	45 Light	1%
方正兰亭超细黑	Helvetica Neue LT Pro	25 Ultra Light	1%
方正粗宋	可不用复合字体		
方正大标宋	Times New Roman	Bold	0%
方正小标宋	Adobe Caslon Pro	Semibold	1%
方正新书宋	Times New Roman	Regular	4%
方正兰亭宋	Garamond	Regular	4%
方正特雅宋	Times New Roman	Bold	0%
方正粗雅宋	Times New Roman	Bold	2%
方正中雅宋	Adobe Caslon Pro	Semibold	1%
方正准雅宋	Adobe Caslon Pro	Semibold	0%
方正标雅宋	Times New Roman	Regular	4%
方正细雅宋	Adobe Caslon Pro	Regular	4%
方正博雅宋	Garamond	Regular	0%
方正风雅宋	Didot	Bold	1%

附录 B　字体样式

B.1　字号、线条粗细

点 字号 字宽[①]	方正兰亭宋	方正细等线	方正小标宋	方正黑体
36 初号 12.70	诚实	诚实	诚实	诚实
32 小初 11.29	诚实	诚实	诚实	诚实
28 一号 9.88	诚实	诚实	诚实	诚实
24 小一 8.47	诚实守	诚实守	诚实守	诚实守
21 二号 7.41	诚实守	诚实守	诚实守	诚实守
18 小二 6.35	诚实守信	诚实守信	诚实守信	诚实守信
16 三号 5.64	诚实守信	诚实守信	诚实守信	诚实守信
14 四号 4.94	诚实守信是	诚实守信是	诚实守信是	诚实守信是
12 小四 4.23	诚实守信是中	诚实守信是中	诚实守信是中	诚实守信是中
10.5 五号 3.70	诚实守信是中华	诚实守信是中华	诚实守信是中华	诚实守信是中华
9 小五 3.18	诚实守信是中华民	诚实守信是中华民	诚实守信是中华民	诚实守信是中华民
8 六号 2.82	诚实守信是中华民族	诚实守信是中华民族	诚实守信是中华民族	诚实守信是中华民族
7 小六 2.47	诚实守信是中华民族的优	诚实守信是中华民族的优	诚实守信是中华民族的优	诚实守信是中华民族的优
6 七号 2.12	诚实守信是中华民族的优良	诚实守信是中华民族的优良	诚实守信是中华民族的优良	诚实守信是中华民族的优良
5.25 小七 1.85	诚实守信是中华民族的优良传统	诚实守信是中华民族的优良传统	诚实守信是中华民族的优良传统	诚实守信是中华民族的优良传统

注：①字宽是字符所占空间的宽度，实际笔画左右边缘的距离略小于该宽度。表中字宽的单位是 mm。

线条	点	mm	线条	名称
——————	0.25	0.08	- - - - - -	虚线（4 和 4）
——————	0.5	0.17	- - - - -	虚线（3 和 2）
——————	0.75	0.26	～～～～	波浪线
——————	1	0.35	··········	点线
——————	2	0.70	======	细-细

B.2 黑体

字重（英文：Weight）越重笔画越粗、越"黑"。ISO 规定的 9 种级别对方正字体而言太少，故本样张分为了 15 级，01 级最轻，15 级最重。这只是笔者的主观判断，没有依据严谨的标准。

正文用字非常重要，判断某个字体是否适合正文，必须将其排成正文的样式才便于观察。02 至 04 级适合正文，于是就把这三种字重的字体按字号 10 点，行距 15 点的格式在此展示。字重合适就代表一定适宜正文吗？当然不是！还要考虑风格、场合、搭配……　　（方正中等线）

字重（英文：Weight）越重笔画越粗、越"黑"。ISO 规定的 9 种级别对方正字体而言太少，故本样张分为了 15 级，01 级最轻，15 级最重。这只是笔者的主观判断，没有依据严谨的标准。

正文用字非常重要，判断某个字体是否适合正文，必须将其排成正文的样式才便于观察。02 至 04 级适合正文，于是就把这三种字重的字体按字号 10 点，行距 15 点的格式在此展示。字重合适就代表一定适宜正文吗？当然不是！还要考虑风格、场合、搭配……　　（方正兰亭刊黑）

字重（英文：Weight）越重笔画越粗、越"黑"。ISO 规定的 9 种级别对方正字体而言太少，故本样张分为了 15 级，01 级最轻，15 级最重。这只是笔者的主观判断，没有依据严谨的标准。

正文用字非常重要，判断某个字体是否适合正文，必须将其排成正文的样式才便于观察。02 至 04 级适合正文，于是就把这三种字重的字体按字号 10 点，行距 15 点的格式在此展示。字重合适就代表一定适宜正文吗？当然不是！还要考虑风格、场合、搭配……　　（方正细黑一）

字重（英文：Weight）越重笔画越粗、越"黑"。ISO 规定的 9 种级别对方正字体而言太少，故本样张分为了 15 级，01 级最轻，15 级最重。这只是笔者的主观判断，没有依据严谨的标准。

正文用字非常重要，判断某个字体是否适合正文，必须将其排成正文的样式才便于观察。02 至 04 级适合正文，于是就把这三种字重的字体按字号 10 点，行距 15 点的格式在此展示。字重合适就代表一定适宜正文吗？当然不是！还要考虑风格、场合、搭配……　　（方正悠黑 503L）

字重（英文：Weight）越重笔画越粗、越"黑"。ISO 规定的 9 种级别对方正字体而言太少，故本样张分为了 15 级，01 级最轻，15 级最重。这只是笔者的主观判断，没有依据严谨的标准。

正文用字非常重要，判断某个字体是否适合正文，必须将其排成正文的样式才便于观察。02 至 04 级适合正文，于是就把这三种字重的字体按字号 10 点，行距 15 点的格式在此展示。字重合适就代表一定适宜正文吗？当然不是！还要考虑风格、场合、搭配……　　（方正细等线）

字重（英文：Weight）越重笔画越粗、越"黑"。ISO 规定的 9 种级别对方正字体而言太少，故本样张分为了 15 级，01 级最轻，15 级最重。这只是笔者的主观判断，没有依据严谨的标准。

正文用字非常重要，判断某个字体是否适合正文，必须将其排成正文的样式才便于观察。02 至 04 级适合正文，于是就把这三种字重的字体按字号 10 点，行距 15 点的格式在此展示。字重合适就代表一定适宜正文吗？当然不是！还要考虑风格、场合、搭配……（方正德赛黑 503L）

上善若水厚德载物
15 Weight 方正超粗黑

方正大黑
平稳、庄重，适用于报纸大标题及书籍、画报的美术装帧和广告。

方正中等线
端正典雅，构体清晰，适用于书刊的中小标题及绘图制表和广告。

方正细等线
结构均匀，排列整齐，适用于书刊的正文及地图、广告。

上善若水厚德载物
10 Weight 方正大黑

上善若水厚德载物
08 Weight 方正粗等线

上善若水厚德载物
06 Weight 方正黑体

上善若水厚德载物
04 Weight 方正中等线

上善若水厚德载物
03 Weight 方正细等线

上善若水厚德载物
02 Weight 方正幼线

上善若水厚德载物
14 Weight 方正韵动特黑

上善若水厚德载物
12 Weight 方正韵动粗黑

方正韵动黑
时尚、灵动、简约，适用于报纸、杂志、书籍的标题。

上善若水厚德载物
09 Weight 信黑 W7 Bold

上善若水厚德载物
08 Weight 方正韵动中黑

上善若水厚德载物
07 Weight 信黑 W6 Medium

上善若水厚德载物
05 Weight 信黑 W4 Light

上善若水厚德载物
04 Weight 方正细黑一

方正信黑
具有传统中国书法的气韵，笔锋苍劲，充满力量。

黑体

方正悠黑
清朗温润，是一套优秀的现代黑体。字重轻的作为正文用字时，有小清新之感。

方正德赛黑
方正超粗黑、方正大黑、方正黑体的改进版，字重系列更丰富。

上善若水厚德载物
11 Weight 方正悠黑 513M

上善若水厚德载物
10 Weight 方正悠黑 512B

上善若水厚德载物
09 Weight 方正悠黑 511M

上善若水厚德载物
08 Weight 方正悠黑 510M

上善若水厚德载物
07 Weight 方正悠黑 509R

上善若水厚德载物
06 Weight 方正悠黑 508R

上善若水厚德载物
05 Weight 方正悠黑 506L

上善若水厚德载物
04 Weight 方正悠黑 504L

上善若水厚德载物
03 Weight 方正悠黑 503L

上善若水厚德载物
02 Weight 方正悠黑 502L

上善若水厚德载物
01 Weight 方正悠黑 501L

上善若水厚德载物
15 Weight 方正德赛黑 515H

上善若水厚德载物
14 Weight 方正德赛黑 514H

上善若水厚德载物
13 Weight 方正德赛黑 513B

上善若水厚德载物
12 Weight 方正德赛黑 512B

上善若水厚德载物
11 Weight 方正德赛黑 511M

上善若水厚德载物
10 Weight 方正德赛黑 510M

上善若水厚德载物
09 Weight 方正德赛黑 509R

上善若水厚德载物
08 Weight 方正德赛黑 508R

上善若水厚德载物
07 Weight 方正德赛黑 507R

上善若水厚德载物
06 Weight 方正德赛黑 506L

上善若水厚德载物
05 Weight 方正德赛黑 505L

上善若水厚德载物
04 Weight 方正德赛黑 504L

上善若水厚德载物
03 Weight 方正德赛黑 503L

上善若水厚德载物
02 Weight 方正德赛黑 502L

上善若水厚德载物
01 Weight 方正德赛黑 501L

附录 B　字体样式

上善若水厚德载物
13 Weight 方正兰亭特黑

上善若水厚德载物
12 Weight 方正兰亭大黑

上善若水厚德载物
12 Weight 方正兰亭特黑扁

上善若水厚德载物
11 Weight 方正兰亭粗黑

上善若水厚德载物
12 Weight 方正兰亭特黑长

上善若水厚德载物
10 Weight 方正粗圆

上善若水厚德载物
09 Weight 方正兰亭中粗黑

方正兰亭刊黑
为书刊定做的正文字体，整个字有向外的张力，有流畅感。

上善若水厚德载物
08 Weight 方正兰亭中黑

上善若水厚德载物
07 Weight 方正兰亭准黑

上善若水厚德载物
07 Weight 方正准圆

上善若水厚德载物
06 Weight 方正兰亭黑

上善若水厚德载物
06 Weight 方正兰亭黑扁

上善若水厚德载物
05 Weight 方正兰亭细黑

上善若水厚德载物
05 Weight 方正兰亭黑长

上善若水厚德载物
04 Weight 方正兰亭纤黑

上善若水厚德载物
04 Weight 方正兰亭刊黑

上善若水厚德载物
03 Weight 方正细圆_GBK

方正兰亭黑
简约、时尚、刚柔相济，突破黑体字的拙和重，适用于报纸、杂志、书籍的正文和标题。

上善若水厚德载物
01 Weight 方正兰亭超细黑

上善若水厚德载物
01 Weight 方正彦辰雅黑

上善若水厚德载物
13 Weight 方正兰亭圆 _ 特

上善若水厚德载物
12 Weight 方正兰亭圆 _ 大

上善若水厚德载物
11 Weight 方正兰亭圆 _ 粗

方正兰亭圆
柔润亲和，时尚感强，适用于各类标题与正文，还适用于屏幕显示、广告标语和包装。

方正俊黑
优雅时尚，端庄俊丽，国家大剧院导视标牌字体，适用于海报等。

上善若水厚德载物
09 Weight 方正兰亭圆 _ 中粗

上善若水厚德载物
08 Weight 方正兰亭圆 _ 中

上善若水厚德载物
07 Weight 方正兰亭圆 _ 准

上善若水厚德载物
06 Weight 方正兰亭圆

上善若水厚德载物
05 Weight 方正兰亭圆 _ 细

上善若水厚德载物
04 Weight 方正兰亭圆 _ 纤

上善若水厚德载物
08 Weight 方正俊黑 _ 粗

上善若水厚德载物
07 Weight 方正俊黑 _ 中

上善若水厚德载物
06 Weight 方正俊黑 _ 准

上善若水厚德载物
04 Weight 方正俊黑

上善若水厚德载物
03 Weight 方正俊黑 _ 细

上善若水厚德载物
02 Weight 方正俊黑 _ 纤

上善若水厚德载物
12 Weight 方正正大黑

上善若水厚德载物
12 Weight 方正锐正黑 _ 大

上善若水厚德载物
11 Weight 方正正粗黑

上善若水厚德载物
11 Weight 方正锐正黑 _ 粗

上善若水厚德载物
09 Weight 方正正中黑

上善若水厚德载物
09 Weight 方正锐正黑 _ 中

上善若水厚德载物
08 Weight 方正锐正黑 _ 准

上善若水厚德载物
07 Weight 方正正准黑

上善若水厚德载物
06 Weight 方正正黑

上善若水厚德载物
06 Weight 方正锐正黑

上善若水厚德载物
04 Weight 方正正纤黑

上善若水厚德载物
04 Weight 方正锐正黑 _ 纤

方正正黑
庄重、简洁、时尚，适用于标志、VI 和包装。

方正锐正黑
硬朗有力，大方时尚，适用于新潮的杂志标题、正文和广告标语。

B.3 宋体

　　字重（英文：Weight）越重笔画越粗、越"黑"。ISO 规定的 9 种级别对方正字体而言太少，故本样张分为了 15 级，01 级最轻，15 级最重。这只是笔者的主观判断，没有依据严谨的标准。

　　正文用字非常重要，判断某个字体是否适合正文，必须将其排成正文的样式才便于观察。02 至 04 级适合正文，于是就把这三种字重的字体按字号 10 点，行距 15 点的格式在此展示。字重合适就代表一定适宜正文吗？当然不是！还要考虑风格、场合、搭配……　　　（方正新书宋）

　　字重（英文：Weight）越重笔画越粗、越"黑"。ISO 规定的 9 种级别对方正字体而言太少，故本样张分为了 15 级，01 级最轻，15 级最重。这只是笔者的主观判断，没有依据严谨的标准。

　　正文用字非常重要，判断某个字体是否适合正文，必须将其排成正文的样式才便于观察。02 至 04 级适合正文，于是就把这三种字重的字体按字号 10 点，行距 15 点的格式在此展示。字重合适就代表一定适宜正文吗？当然不是！还要考虑风格、场合、搭配……　　　（方正书宋）

　　字重（英文：Weight）越重笔画越粗、越"黑"。ISO 规定的 9 种级别对方正字体而言太少，故本样张分为了 15 级，01 级最轻，15 级最重。这只是笔者的主观判断，没有依据严谨的标准。

　　正文用字非常重要，判断某个字体是否适合正文，必须将其排成正文的样式才便于观察。02 至 04 级适合正文，于是就把这三种字重的字体按字号 10 点，行距 15 点的格式在此展示。字重合适就代表一定适宜正文吗？当然不是！还要考虑风格、场合、搭配……　　　（方正新报宋）

　　字重（英文：Weight）越重笔画越粗、越"黑"。ISO 规定的 9 种级别对方正字体而言太少，故本样张分为了 15 级，01 级最轻，15 级最重。这只是笔者的主观判断，没有依据严谨的标准。

　　正文用字非常重要，判断某个字体是否适合正文，必须将其排成正文的样式才便于观察。02 至 04 级适合正文，于是就把这三种字重的字体按字号 10 点，行距 15 点的格式在此展示。字重合适就代表一定适宜正文吗？当然不是！还要考虑风格、场合、搭配……　　　（方正报宋）

　　字重（英文：Weight）越重笔画越粗、越"黑"。ISO 规定的 9 种级别对方正字体而言太少，故本样张分为了 15 级，01 级最轻，15 级最重。这只是笔者的主观判断，没有依据严谨的标准。

　　正文用字非常重要，判断某个字体是否适合正文，必须将其排成正文的样式才便于观察。02 至 04 级适合正文，于是就把这三种字重的字体按字号 10 点，行距 15 点的格式在此展示。字重合适就代表一定适宜正文吗？当然不是！还要考虑风格、场合、搭配……　　　（方正博雅宋）

　　字重（英文：Weight）越重笔画越粗、越"黑"。ISO 规定的 9 种级别对方正字体而言太少，故本样张分为了 15 级，01 级最轻，15 级最重。这只是笔者的主观判断，没有依据严谨的标准。

　　正文用字非常重要，判断某个字体是否适合正文，必须将其排成正文的样式才便于观察。02 至 04 级适合正文，于是就把这三种字重的字体按字号 10 点，行距 15 点的格式在此展示。字重合适就代表一定适宜正文吗？当然不是！还要考虑风格、场合、搭配……　　　（方正兰亭宋）

上善若水厚德载物
11 Weight 方正粗宋

方正大标宋
端庄严谨，凝重沉稳，适用于书籍、报纸、杂志的各类标题。

方正小标宋
端正严谨、稳重，适用于书籍、报纸、杂志的大小标题字及说明。

上善若水厚德载物
07 Weight 方正大标宋

上善若水厚德载物
07 Weight 方正小标宋

上善若水厚德载物
05 Weight 方正宋三

上善若水厚德载物
04 Weight 方正新书宋

上善若水厚德载物
03 Weight 方正书宋

上善若水厚德载物
02 Weight 方正宋一

方正新书宋
清秀，端正，适用于书籍、报纸、杂志的正文。

上善若水厚德载物
11 Weight 方正颜宋_大

上善若水厚德载物
09 Weight 方正颜宋_粗

上善若水厚德载物
08 Weight 方正颜宋_中

上善若水厚德载物
06 Weight 方正颜宋_准

上善若水厚德载物
05 Weight 方正颜宋

上善若水厚德载物
03 Weight 方正颜宋_纤

上善若水厚德载物
02 Weight 方正兰亭宋

方正颜宋
丰腴雄浑、骨力遒劲、古朴厚重，还有手写的味道，适用于标题、广告、正文。

方正兰亭宋
清秀、高雅，适用于报纸、杂志的正文。

上善若水厚德载物
10 Weight 方正特雅宋

上善若水厚德载物
09 Weight 方正大雅宋

上善若水厚德载物
08 Weight 方正粗雅宋

上善若水厚德载物
08 Weight 方正风雅宋

方正风雅宋
时尚、宽博、美观，适用于报纸、书籍、时尚杂志、标志、广告的标题。

上善若水厚德载物
07 Weight 方正中粗雅宋

上善若水厚德载物
06 Weight 方正中雅宋

上善若水厚德载物
05 Weight 方正标雅宋

上善若水厚德载物
5.5 Weight 方正准雅宋

上善若水厚德载物
04 Weight 方正细雅宋

上善若水厚德载物
03 Weight 方正纤雅宋

上善若水厚德载物
03 Weight 方正博雅宋

上善若水厚德载物
02 Weight 方正新报宋

上善若水厚德载物
02 Weight 方正报宋

方正雅宋
庄重典雅，又简洁时尚，适用于报纸、书籍、杂志的主副标题。

方正博雅宋
简约、时尚、宽博，适用于报纸、杂志的正文。

上善若水厚德载物
11 Weight 方正复古粗宋

上善若水厚德载物
08 Weight 方正润扁宋

上善若水厚德载物
06 Weight 方正粗金陵

上善若水厚德载物
05 Weight 方正清刻本悦宋

上善若水厚德载物
04 Weight 方正细金陵

上善若水厚德载物
3.5 Weight 方正悠宋 506L

上善若水厚德载物
2.5 Weight 方正悠宋 504L

上善若水厚德载物
5.5 Weight 方正悠宋 509R

上善若水厚德载物
05 Weight 方正悠宋 508R

上善若水厚德载物
04 Weight 方正悠宋 507R

上善若水厚德载物
03 Weight 方正悠宋 505L

上善若水厚德载物
02 Weight 方正悠宋 503L

方正金陵
浓厚的雕版韵味，适用于富有人文历史感的设计。

方正悠宋
以黑体为骨架，保留宋体的装饰，既利于显示，又易于阅读，是优秀的正文字体。

B.4　仿宋

　　字重（英文：Weight）越重笔画越粗、越"黑"。ISO 规定的 9 种级别对方正字体而言太少，故本样张分为了 15 级，01 级最轻，15 级最重。这只是笔者的主观判断，没有依据严谨的标准。

　　正文用字非常重要，判断某个字体是否适合正文，必须将其排成正文的样式才便于观察。02 至 04 级适合正文，于是就把这三种字重的字体按字号 10 点，行距 15 点的格式在此展示。字重合适就代表一定适宜正文吗？当然不是！还要考虑风格、场合、搭配……　　（方正聚珍新仿）

　　字重（英文：Weight）越重笔画越粗、越"黑"。ISO 规定的 9 种级别对方正字体而言太少，故本样张分为了 15 级，01 级最轻，15 级最重。这只是笔者的主观判断，没有依据严谨的标准。

　　正文用字非常重要，判断某个字体是否适合正文，必须将其排成正文的样式才便于观察。02 至 04 级适合正文，于是就把这三种字重的字体按字号 10 点，行距 15 点的格式在此展示。字重合适就代表一定适宜正文吗？当然不是！还要考虑风格、场合、搭配……　　（方正刻本仿宋）

　　字重（英文：Weight）越重笔画越粗、越"黑"。ISO 规定的 9 种级别对方正字体而言太少，故本样张分为了 15 级，01 级最轻，15 级最重。这只是笔者的主观判断，没有依据严谨的标准。

　　正文用字非常重要，判断某个字体是否适合正文，必须将其排成正文的样式才便于观察。02 至 04 级适合正文，于是就把这三种字重的字体按字号 10 点，行距 15 点的格式在此展示。字重合适就代表一定适宜正文吗？当然不是！还要考虑风格、场合、搭配……　　（方正仿宋）

　　字重（英文：Weight）越重笔画越粗、越"黑"。ISO 规定的 9 种级别对方正字体而言太少，故本样张分为了 15 级，01 级最轻，15 级最重。这只是笔者的主观判断，没有依据严谨的标准。

　　正文用字非常重要，判断某个字体是否适合正文，必须将其排成正文的样式才便于观察。02 至 04 级适合正文，于是就把这三种字重的字体按字号 10 点，行距 15 点的格式在此展示。字重合适就代表一定适宜正文吗？当然不是！还要考虑风格、场合、搭配……　　（方正古仿）

上善若水厚德载物
04 Weight 方正聚珍新仿

上善若水厚德载物
03 Weight 方正刻本仿宋

上善若水厚德载物
02 Weight 方正仿宋

上善若水厚德载物
02 Weight 方正古仿

B.5 楷体

字重（英文：Weight）越重笔画越粗、越"黑"。ISO 规定的 9 种级别对方正字体而言太少，故本样张分为了 15 级，01 级最轻，15 级最重。这只是笔者的主观判断，没有依据严谨的标准。

正文用字非常重要，判断某个字体是否适合正文，必须将其排成正文的样式才便于观察。02 至 04 级适合正文，于是就把这三种字重的字体按字号 10 点，行距 15 点的格式在此展示。字重合适就代表一定适宜正文吗？当然不是！还要考虑风格、场合、搭配……　　（方正新楷体）

字重（英文：Weight）越重笔画越粗、越"黑"。ISO 规定的 9 种级别对方正字体而言太少，故本样张分为了 15 级，01 级最轻，15 级最重。这只是笔者的主观判断，没有依据严谨的标准。

正文用字非常重要，判断某个字体是否适合正文，必须将其排成正文的样式才便于观察。02 至 04 级适合正文，于是就把这三种字重的字体按字号 10 点，行距 15 点的格式在此展示。字重合适就代表一定适宜正文吗？当然不是！还要考虑风格、场合、搭配……　　（方正楷体）

字重（英文：Weight）越重笔画越粗、越"黑"。ISO 规定的 9 种级别对方正字体而言太少，故本样张分为了 15 级，01 级最轻，15 级最重。这只是笔者的主观判断，没有依据严谨的标准。

正文用字非常重要，判断某个字体是否适合正文，必须将其排成正文的样式才便于观察。02 至 04 级适合正文，于是就把这三种字重的字体按字号 10 点，行距 15 点的格式在此展示。字重合适就代表一定适宜正文吗？当然不是！还要考虑风格、场合、搭配……　　（方正宋刻本秀楷）

字重（英文：Weight）越重笔画越粗、越"黑"。ISO 规定的 9 种级别对方正字体而言太少，故本样张分为了 15 级，01 级最轻，15 级最重。这只是笔者的主观判断，没有依据严谨的标准。

正文用字非常重要，判断某个字体是否适合正文，必须将其排成正文的样式才便于观察。02 至 04 级适合正文，于是就把这三种字重的字体按字号 10 点，行距 15 点的格式在此展示。字重合适就代表一定适宜正文吗？当然不是！还要考虑风格、场合、搭配……　　（方正萤雪）

字重（英文：Weight）越重笔画越粗、越"黑"。ISO 规定的 9 种级别对方正字体而言太少，故本样张分为了 15 级，01 级最轻，15 级最重。这只是笔者的主观判断，没有依据严谨的标准。

正文用字非常重要，判断某个字体是否适合正文，必须将其排成正文的样式才便于观察。02 至 04 级适合正文，于是就把这三种字重的字体按字号 10 点，行距 15 点的格式在此展示。字重合适就代表一定适宜正文吗？当然不是！还要考虑风格、场合、搭配……　　（方正盛世楷书）

上善若水厚德载物
12 Weight 方正榜书行

上善若水厚德载物
11 Weight 方正榜书楷

上善若水厚德载物
10 Weight 方正粗楷

上善若水厚德载物
09 Weight 方正大魏体

上善若水厚德载物
08 Weight 方正盛世楷书_大

上善若水厚德载物
07 Weight 方正盛世楷书_粗

上善若水厚德载物
06 Weight 方正北魏楷书

上善若水厚德载物
05 Weight 方正盛世楷书_中

上善若水厚德载物
04 Weight 方正盛世楷书_准

上善若水厚德载物
03 Weight 方正盛世楷书

上善若水厚德载物
02 Weight 方正盛世楷书_纤

上善若水厚德载物
04 Weight 方正宋刻本秀楷

上善若水厚德载物
04 Weight 方正新楷体

上善若水厚德载物
04 Weight 方正楷体

上善若水厚德载物
04 Weight 方正莹雪

上善若水厚德载物
04 Weight 方正龙爪

方正榜书
适用于具有传统习俗的包装和宣传设计。

方正盛世楷书
风格硬朗，书法味道足。适用于标题和正文，字重较重的适用于广告标语和包装。

方正宋刻本秀楷
娟秀清丽，瘦劲挺拔。适用于书籍、杂志的封面与正文。

说明：
因篇幅所限，仅展示了部分方正字体。

B.6 隶书

字重（英文：Weight）越重笔画越粗、越"黑"。ISO 规定的 9 种级别对方正字体而言太少，故本样张分为了 15 级，01 级最轻，15 级最重。这只是笔者的主观判断，没有依据严谨的标准。

正文用字非常重要，判断某个字体是否适合正文，必须将其排成正文的样式才便于观察。02 至 04 级适合正文，于是就把这三种字重的字体按字号 10 点，行距 15 点的格式在此展示。字重合适就代表一定适宜正文吗？当然不是！还要考虑风格、场合、搭配……　　　（方正隶变）

字重（英文：Weight）越重笔画越粗、越"黑"。ISO 规定的 9 种级别对方正字体而言太少，故本样张分为了 15 级，01 级最轻，15 级最重。这只是笔者的主观判断，没有依据严谨的标准。

正文用字非常重要，判断某个字体是否适合正文，必须将其排成正文的样式才便于观察。02 至 04 级适合正文，于是就把这三种字重的字体按字号 10 点，行距 15 点的格式在此展示。字重合适就代表一定适宜正文吗？当然不是！还要考虑风格、场合、搭配……　　（方正铁筋隶书）

上善若水厚德载物
08 Weight 方正华隶

上善若水厚德载物
08 Weight 方正隶书

上善若水厚德载物
04 Weight 方隶变

上善若水厚德载物
03 Weight 方正铁筋隶书

方正铁筋隶书
宽博舒展、匀净流畅，既古朴又现代，适用于传统文化的语境。

B.7　混合

　　字重（英文：Weight）越重笔画越粗、越"黑"。ISO 规定的 9 种级别对方正字体而言太少，故本样张分为了 15 级，01 级最轻，15 级最重。这只是笔者的主观判断，没有依据严谨的标准。

　　正文用字非常重要，判断某个字体是否适合正文，必须将其排成正文的样式才便于观察。02 至 04 级适合正文，于是就把这三种字重的字体按字号 10 点，行距 15 点的格式在此展示。字重合适就代表一定适宜正文吗？当然不是！还要考虑风格、场合、搭配……　　（方正秉楠圆宋）

　　字重（英文：Weight）越重笔画越粗、越"黑"。ISO 规定的 9 种级别对方正字体而言太少，故本样张分为了 15 级，01 级最轻，15 级最重。这只是笔者的主观判断，没有依据严谨的标准。

　　正文用字非常重要，判断某个字体是否适合正文，必须将其排成正文的样式才便于观察。02 至 04 级适合正文，于是就把这三种字重的字体按字号 10 点，行距 15 点的格式在此展示。字重合适就代表一定适宜正文吗？当然不是！还要考虑风格、场合、搭配……　　（方正黑隶 _ 纤）

　　字重（英文：Weight）越重笔画越粗、越"黑"。ISO 规定的 9 种级别对方正字体而言太少，故本样张分为了 15 级，01 级最轻，15 级最重。这只是笔者的主观判断，没有依据严谨的标准。

　　正文用字非常重要，判断某个字体是否适合正文，必须将其排成正文的样式才便于观察。02 至 04 级适合正文，于是就把这三种字重的字体按字号 10 点，行距 15 点的格式在此展示。字重合适就代表适宜正文吗？当然不是！还要考虑风格、场合、搭配……　　（方正雅楷宋 Regular）

上善若水厚德载物
07 Weight 方正雅楷宋 ExtruBold

上善若水厚德载物
06 Weight 方正雅楷宋 Bold

上善若水厚德载物
05 Weight 方正雅楷宋 DemiBold

上善若水厚德载物
04 Weight 方正雅楷宋 Medium

上善若水厚德载物
03 Weight 方正雅楷宋 Regular

上善若水厚德载物
02 Weight 方正风雅楷宋 Light

方正雅楷宋
适用于带有清和雅致风格的标题和正文，字重较重的适用于广告、标志和包装。

上善若水厚德载物
13 Weight 方正跃进体

方正黑隶
融合了隶书的传统和现代黑体的笔形特征，劲爽简约，散发出一种新古典气息，适用于传统文化类的视觉设计。

上善若水厚德载物
10 Weight 方正粗黑宋

上善若水厚德载物
10 Weight 方正粗圆宋

上善若水厚德载物
09 Weight 方正黑隶 _ 大

上善若水厚德载物
08 Weight 方正美黑

上善若水厚德载物
08 Weight 方正黑隶 _ 粗

上善若水厚德载物
07 Weight 方正行黑

上善若水厚德载物
07 Weight 方正黑隶 _ 中

上善若水厚德载物
06 Weight 方正宋黑

上善若水厚德载物
06 Weight 方正黑隶 _ 准

上善若水厚德载物
05 Weight 方正姚体

上善若水厚德载物
05 Weight 方正黑隶

上善若水厚德载物
04 Weight 方正秉楠圆宋

上善若水厚德载物
04 Weight 方正黑隶 _ 纤

B.8　创意字体

上善若水厚德载物
15 Weight 方正彩云

上善若水厚德载物
14 Weight 方正胖胖白

上善若水厚德载物
15 Weight 方正方势

上善若水厚德载物
14 Weight 方正胖胖黑

上善若水厚德载物
11 Weight 方正尚酷

上善若水厚德载物
10 Weight 方正流行体

上善若水厚德载物
09 Weight 方正毡笔黑

上善若水厚德载物
08 Weight 方正像素24

上善若水厚德载物
07 Weight 方正藏意汉体

上善若水厚德载物
06 Weight 方正像素12

上善若水厚德载物
05 Weight 方正像素14

上善若水厚德载物
05 Weight 方正像素15

上善若水厚德载物
04 Weight 方正像素18

上善若水厚德载物
11 Weight 方正粗谭黑

上善若水厚德载物
10 Weight 方正芝黑

上善若水厚德载物
09 Weight 方正显仁

上善若水厚德载物
08 Weight 方正小师爷

上善若水厚德载物
06 Weight 方正悬针篆变

上善若水厚德载物
06 Weight 方正刀锋黑 Bold

上善若水厚德载物
05 Weight 方正剑体

上善若水厚德载物
05 Weight 方正像素16

上善若水厚德载物
04 Weight 方正刀锋黑 Light

上善若水厚德载物
02 Weight 方正细谭黑

附录 B 字体样式

上善若水厚德载物
15 Weight 方正何继云实心字 ①

上善若水厚德载物
15 Weight 方正何继云空心字 ②

上善若水厚德载物
13 Weight 方正汉真广标

上善若水厚德载物
15 Weight 方正工业黑

上善若水厚德载物
15 Weight 方正琥珀

上善若水厚德载物
14 Weight 方正劲黑

① 方正何继云实心字
② 方正何继云空心字

上善若水厚德载物
10 Weight 方正粗倩

上善若水厚德载物
09 Weight 方正黑变

上善若水厚德载物
08 Weight 方正羽怒

上善若水厚德载物
08 Weight 方正郝刚青铜体

上善若水厚德载物
05 Weight 方正细珊瑚

上善若水厚德载物
05 Weight 方正中倩

上善若水厚德载物
03 Weight 方正细倩

上善若水厚德载物
09 Weight 方正粗活意

上善若水厚德载物
08 Weight 方正豪体

上善若水厚德载物
06 Weight 方正经黑

上善若水厚德载物
05 Weight 方正刀锋宋 Bold

上善若水厚德载物
03 Weight 方正刀锋宋 Light

上善若水厚德载物
03 Weight 方正趣圆 Bold

上善若水厚德载物
02 Weight 方正趣圆 Light

上善若水厚德载物
15 Weight 方正胖头鱼

上善若水厚德载物
15 Weight 方正胖娃

上善若水厚德载物
15 Weight 方正粉丝天下

上善若水厚德载物
14 Weight 方正趣黑

上善若水厚德载物
13 Weight 方正标致

上善若水厚德载物
13 Weight 方正手绘_狙

上善若水厚德载物
12 Weight 方正苏新诗卵石

上善若水厚德载物
12 Weight 方正剪纸

上善若水厚德载物
11 Weight 方正苏新诗艺标

上善若水厚德载物
11 Weight 方正综艺

上善若水厚德载物
10 Weight 方正特粗光辉

上善若水厚德载物
09 Weight 方正少儿

上善若水厚德载物
09 Weight 方正水黑

上善若水厚德载物
09 Weight 方正手绘_桎

上善若水厚德载物
09 Weight 方正水柱

上善若水厚德载物
08 Weight 方正趣宋

上善若水厚德载物
06 Weight 方正卡通

上善若水厚德载物
06 Weight 方正有猫在

上善若水厚德载物
05 Weight 方正明尚体

上善若水厚德载物
05 Weigh 方正手绘

上善若水厚德载物
05 Weight 方正稚艺

上善若水厚德载物
04 Weight 方正淘乐

上善若水厚德载物
03 Weight 方正趣圆长 Bold

上善若水厚德载物
03 Weight 方正趣圆扁 Bold

上善若水厚德载物
02 Weight 方正趣圆长 Light

上善若水厚德载物
02 Weight 方正趣圆扁 Light

上善若水厚德载物
01 Weight 方正手绘_钿

方正盈利体
几何感十足，简洁明快，亲和力强，适用于书刊封面、品牌广告和包装。

方正三宝体
稳重、创新、诚实、和谐，适用于各行业的宣传设计。

上善若水厚德载物
12 Weigh 方正盈利体 Heavy

上善若水厚德载物
12 Weigh 方正三宝体 Heavy

上善若水厚德载物
11 We 方正盈利体 ExtraBold

上善若水厚德载物
11 We 方正三宝体 ExtraBold

上善若水厚德载物
10 Weight 方正盈利体 Bold

上善若水厚德载物
10 Weight 方正三宝体 Bold

上善若水厚德载物
09 Wei 方正盈利体 DemiBold

上善若水厚德载物
09 Wei 方正三宝体 DemiBold

上善若水厚德载物
07 Weigh 方正盈利体 Medium

上善若水厚德载物
07 Weigh 方正三宝体 Medium

上善若水厚德载物
06 Weigh 方正三宝体 Regular

上善若水厚德载物
05 Weigh 方正盈利体 Regular

上善若水厚德载物
05 Weight 方正三宝体 Light

上善若水厚德载物
04 Weight 方正盈利体 Light

上善若水厚德载物
03 Weig 方正盈利体 ExtraLight

上善若水厚德载物
03 Wei 方正三宝体 ExtraLight

方正达利体
平稳、庄重，适用于商业、金融
类品牌的广告和包装。

方正清纯体
温婉、清新，适用于女性类服饰、
日化、家居品牌的广告和包装。

上善若水厚德载物
11 Weight 方正达利体 Heavy

上善若水厚德载物
10 Wei 方正达利体 ExtraBold

上善若水厚德载物
10 Weight 方正清纯体 Heavy

上善若水厚德载物
09 Weight 方正达利体 Bold

上善若水厚德载物
09 Wei 方正清纯体 ExtraBold

上善若水厚德载物
08 Wei 方正达利体 DemiBold

上善若水厚德载物
08 Weight 方正清纯体 Bold

上善若水厚德载物
07 Wei 方正清纯体 DemiBold

上善若水厚德载物
06 Weigh 方正达利体 Medium

上善若水厚德载物
06 Weigh 方正清纯体 Medium

上善若水厚德载物
05 Weight 方正达利体 Regular

上善若水厚德载物
05 Weigh 方正清纯体 Regular

上善若水厚德载物
04 Weight 方正达利体 Light

上善若水厚德载物
04 Weight 方正清纯体 Light

上善若水厚德载物
03 Weig 方正达利体 ExtraLight

上善若水厚德载物
03 Wei 方正清纯体 ExtraLight

方正锐水云
刚中带柔，适用于时尚潮流类品牌的广告和产品包装。

方正水云
简洁流畅、圆润柔美。适用于女性或时尚类广告、杂志。

上善若水厚德载物
10 W 方正锐水云 ExtraBold

上善若水厚德载物
10 Weight 方正水云_大

上善若水厚德载物
09 Weight 方正锐水云 Bold

上善若水厚德载物
09 Weight 方正水云_粗

上善若水厚德载物
07 We 方正锐水云 DemiBold

上善若水厚德载物
07 Weight 方正水云_中

上善若水厚德载物
05 Wei 方正锐水云 Medium

上善若水厚德载物
05 Weight 方正水云_准

上善若水厚德载物
04 Weig 方正锐水云 Regular

上善若水厚德载物
04 Weight 方正水云

上善若水厚德载物
02 Wei 方正锐水云 ExtraLight

上善若水厚德载物
02 Weight 方正水云_纤

上善若水厚德载物
15 Weigh 方正勇克体 Heavy
上善若水厚德载物
14 We 方正勇克体 ExtraBold

方正勇克体
勇猛、刚毅，适用于男性类品牌的广告和包装。

方正强克体
活力十足、运动感强烈，适用于一些比较具冲击力或需要彰显力量的场景。

上善若水厚德载物
12 Weight 方正勇克体 Bold

上善若水厚德载物
12 Weight 方正强克体 Heavy

上善若水厚德载物
11 Wei 方正强克体 ExtraBold

上善若水厚德载物
10 Wei 方正勇克体 DemiBold

上善若水厚德载物
10 Weight 方正强克体 Bold

上善若水厚德载物
09 Wei 方正强克体 DemiBold

上善若水厚德载物
08 Weigh 方正勇克体 Medium

上善若水厚德载物
07 Weigh 方正强克体 Medium

上善若水厚德载物
06 Weigh 方正勇克体 Regular

上善若水厚德载物
06 Weigh 方正强克体 Regular

上善若水厚德载物
05 Weight 方正强克体 Light

上善若水厚德载物
04 Weight 方正勇克体 Light

上善若水厚德载物
03 Weig 方正勇克体 ExtraLight

上善若水厚德载物
03 Weig 方正强克体 ExtraLight

方正帝后体
雍容华贵、大气磅礴，适用于广告、包装等。

方正品尚黑
富有时尚感和现代感。适用于杂志的标题和导语，以及金融、理财类的宣传册设计。

上善若水厚德载物
12 Weigh 方正帝后体 Heavy

上善若水厚德载物
11 We 方正帝后体 ExtraBold

上善若水厚德载物
10 Weight 方正帝后体 Bold

上善若水厚德载物
10 Weight 方正品尚粗黑

上善若水厚德载物
09 Wei 方正帝后体 DemiBold

上善若水厚德载物
09 Weight 方正品尚中黑

上善若水厚德载物
07 Weigh 方正帝后体 Medium

上善若水厚德载物
07 Weight 方正品尚准黑

上善若水厚德载物
06 Weigh 方正帝后体 Regular

上善若水厚德载物
06 Weight 方正品尚黑

上善若水厚德载物
04 Weight 方正帝后体 Light

上善若水厚德载物
04 Weight 方正品尚细黑

上善若水厚德载物
03 Wei 方正帝后体 ExtraLight

上善若水厚德载物
03 Weight 方正品尚纤黑

方正彩源体
有喷漆字的断笔效果,动感十足。适用于书刊封面、品牌广告和包装等。

方正爱莎体
温柔典雅,充满时代感,适用于女性化妆品牌、时装和健康产品等。

上善若水厚德载物
11 Weight 方正彩源体 Heavy

上善若水厚德载物
10 Wei 方正彩源体 ExtraBold

上善若水厚德载物
10 Weight 方正爱莎体 Heavy

上善若水厚德载物
09 Weight 方正彩源体 Bold

上善若水厚德载物
09 Wei 方正爱莎体 ExtraBold

上善若水厚德载物
08 Wei 方正彩源体 DemiBold

上善若水厚德载物
08 Weight 方正爱莎体 Bold

上善若水厚德载物
07 Wci 方正爱莎体 DemiBold

上善若水厚德载物
06 Weigh 方正彩源体 Medium

上善若水厚德载物
06 Weigh 方正爱莎体 Medium

上善若水厚德载物
05 Weigh 方正彩源体 Regular

上善若水厚德载物
05 Weight 方正爱莎体 Regular

上善若水厚德载物
04 Weight 方正彩源体 Light

上善若水厚德载物
04 Weight 方正爱莎体 Light

上善若水厚德载物
03 Wei 方正彩源体 ExtraLight

上善若水厚德载物
03 Weig 方正爱莎体 ExtraLight

附录 B　字体样式

方正劲舞体
隽秀大方，充满现代感。适用于
商业广告和包装。

方正雅珠体
充满童趣，适用于儿童类品牌的
广告和包装。

上善若水厚德载物
12 Weight 方正劲舞体 Heavy

上善若水厚德载物
12 Weigh 方正雅珠体 Heavy

上善若水厚德载物
11 Wei 方正劲舞体 ExtraBold

上善若水厚德载物
11 We 方正雅珠体 ExtraBold

上善若水厚德载物
10 Weigt 方正劲舞体 Bold

上善若水厚德载物
10 Weight 方正雅珠体 Bold

上善若水厚德载物
09 Weig 方正劲舞体 DemiBold

上善若水厚德载物
09 Wei 方正雅珠体 DemiBold

上善若水厚德载物
08 Weight 方正劲舞体 Medium

上善若水厚德载物
08 Weigh 方正雅珠体 Medium

上善若水厚德载物
07 Weight 方正劲舞体 Regular

上善若水厚德载物
06 Weight 方正劲舞体 Light

上善若水厚德载物
06 Weigh 方正雅珠体 Regular

上善若水厚德载物
05 Weight 方正雅珠体 Light

上善若水厚德载物
04 Weig 方正劲舞体 ExtraLight

上善若水厚德载物
04 Wei 方正雅珠体 ExtraLight

方正卓越体
夺目、新锐,设计感十足。适用于商业广告等。

方正非凡体
简静柔美,适用于女性时尚类品牌的广告和包装。

上善若水厚德载物
10 Weight 方正卓越体 Heavy

上善若水厚德载物
09 Wei 方正卓越体 ExtraBold

上善若水厚德载物
08 Weight 方正卓越体 Bold

上善若水厚德载物
07 Wei 方正卓越体 DemiBold

上善若水厚德载物
06 Weigh 方正卓越体 Medium

上善若水厚德载物
05 Weight 方正卓越体 Regular

上善若水厚德载物
04 Weight 方正卓越体 Light

上善若水厚德载物
02 Weig 方正卓越体 ExtraLight

上善若水厚德载物
07 Weight 方正非凡体 ExtraBold

上善若水厚德载物
06 Weight 方正非凡体 Bold

上善若水厚德载物
05 Weight 方正非凡体 DemiBold

上善若水厚德载物
04 Weight 方正非凡体 Medium

上善若水厚德载物
03 Weight 方正非凡体 Regular

上善若水厚德载物
02 Weight 方正非凡体 Light

B.9 常规书写

上善若水厚德载物
06 Weight 方正字迹-四海行书

上善若水厚德载物
06 Weight 方正魏碑

上善若水厚德载物
06 Weight 方正字迹-曾正国楷体

上善若水厚德载物
06 W 方正字迹-杜慧田毛笔楷书

上善若水厚德载物
05 Weight 方正字迹-仿颜简体

上善若水厚德载物
05 Weight 方正滕占敏竹刻

上善若水厚德载物
05 Weight 方正字迹-海体楷书

上善若水厚德载物
05 Weight 方正苏新诗柳楷

上善若水厚德载物
05 Weight 方正字迹-典雅楷体

上善若水厚德载物
05 Weight 方正字迹-仿欧简体

上善若水厚德载物
05 Weight 方正启体

上善若水厚德载物
04 Weigh 方正字迹-张飙硬笔楷体

上善若水厚德载物
04 Weight 方正硬笔楷书

上善若水厚德载物
04 Weight 方正字迹-管峻楷书

上善若水厚德载物
04 W 方正字迹-杜慧田硬笔楷书

上善若水厚德载物
04 We 方正字迹-朱涛毛笔正楷

上善若水厚德载物
04 Weight 方正字迹-启笛小楷

上善若水厚德载物
03 Weight 方正字迹-佩安硬笔

上善若水厚德载物
03 Weight 方正字迹-钢笔伟楷

上善若水厚德载物
03 Weight 方正字迹-子实正楷

上善若水厚德载物
08 Weight 方正行楷

上善若水厚德载物
08 Wei 方正字迹-黄陵野鹤行书

上善若水厚德载物
08 Weight 方正启笛

上善若水厚德载物
07 We 方正字迹-佛君包装简体

上善若水厚德载物
07 Weight 方正字迹-尚巍行楷

上善若水厚德载物
07 Weight 方正字迹-邢体草书

上善若水厚德载物
07 Weight 方正字迹-德年行书

上善若水厚德载物
06 Weight 方正字迹-黎凡行书

上善若水厚德载物
06 Weight 方正龙开胜行书

上善若水厚德载物
06 Weight 方正黄草

上善若水厚德载物
06 Weight 方正辛草

上善若水厚德载物
06 Weight 方正鲁迅体

上善若水厚德载物
06 Weigh 方正字迹-吕建德行楷

上善若水厚德载物
06 Weight 方正字迹-申正国行楷

上善若水厚德载物
05 Weight 方正字迹-贺飞行楷

上善若水厚德载物
05 Weight 方正九草

上善若水厚德载物
05 Weight 方正字迹-豪放行书

上善若水厚德载物
05 Weight 方正字迹-张乃仁行楷

上善若水厚德载物
04 Weight 世界那么大

上善若水厚德载物
04 Weight 方正字迹-杜慧田学书

上善若水厚德载物
04 Weight 方正字迹-龙潜硬笔

上善若水厚德载物
04 Weight 方正硬笔行书

上善若水厚德载物
04 Weight 方正字迹-少壮简体

上善若水厚德载物
03 W 方正字迹-朱涛钢笔行书

上善若水厚德载物
03 Wei 方正字迹-王伟钢笔行书

上善若水厚德载物
03 Weight 方正静蕾简体

上善若水厚德载物
03 Weight 方正字迹-子实行楷

附录 B 字体样式

上善若水厚德载物
11 Weight 方正字迹-新手书

上善若水厚德载物
09 Weight 方正康体

上善若水厚德载物
08 Weight 方正字迹-张暴简体

上善若水厚德载物
08 Weight 方正祥隶

上善若水厚德载物
07 Weight 方正隶二

上善若水厚德载物
08 Weight 方正字迹-建刚圆润

上善若水厚德载物
07 Weight 方正汉简

上善若水厚德载物
07 Weight 方正新舒体

上善若水厚德载物
07 Weight 方正字迹-清代碑体

上善若水厚德载物
07 Weight 方正字迹-冯金城简体

上善若水厚德载物
06 Weight 方正字迹-庞辰清酒

上善若水厚德载物
06 Weight 方正舒体

上善若水厚德载物
06 Weight 方正字迹-童体毛笔

上善若水厚德载物
06 Weight 方正字迹-赵安简体

上善若水厚德载物
06 Wei 方正字迹—邱氏粗瘦金书

上善若水厚德载物
06 Weight 方正字迹-潇洒隶书

上善若水厚德载物
05 Weight 方正字迹-颜世举隶书

上善若水厚德载物
05 Weight 雅红体

上善若水厚德载物
05 Weight 方正古隶

上善若水厚德载物
05 Weight 方正字迹-吕建德魏碑

上善若水厚德载物
03 Weight 方正字迹-童体硬笔

上善若水厚德载物
02 Weight 方正瘦金书

上善若水厚德载物
02 Weight 方正向际纯钢板

B.10 创意书写

上善若水厚德载物
10 Weigh 方正字迹－蒙贞简帛

上善若水厚德载物
09 Wei 方正字迹－叶根友特楷

上善若水厚德载物
09 Weight 方正邓黑隶

上善若水厚德载物
09 Weigh 方正字迹－牟氏黑隶

上善若水厚德载物
09 Weight 方正字迹－邢体隶一

上善若水厚德载物
08 Weight 方正字迹－刘鑫标扩

上善若水厚德载物
08 Weight 方正字迹－邢体隶二

上善若水厚德载物
08 W 方正字迹－张士超魏碑

上善若水厚德载物
08 Weight 方正平和

上善若水厚德载物
08 Weight 方正字迹－元童楷隶

上善若水厚德载物
07 Weight 方正经黑手写

上善若水厚德载物
06 Weight 方正字迹－志勇魏碑

上善若水厚德载物
06 Weight 方正字迹－建知建体

上善若水厚德载物
06 Weight 方正字迹－童佐

上善若水厚德载物
06 Weight 方正王左中右

上善若水厚德载物
06 Weight 方正字迹－白关手绘

上善若水厚德载物
05 Weight 方正咆哮

上善若水厚德载物
05 Weight 方正呐喊

上善若水厚德载物
05 Weig 方正字迹－李太平粗隶

上善若水厚德载物
04 Weight 方正字迹－百乐硬笔

上善若水厚德载物
05 Weight 方正喵呜

上善若水厚德载物
04 Weight 方正四岁半

上善若水厚德载物
04 Weight 方正寂地

上善若水厚德载物
03 Weight 方正莎儿硬笔

B.11 英文无衬线体

The industry-leading page design and layout app lets you create, preflight, and publish beautiful documents for print and digital media. InDesign CC has everything you need to make posters, books, eBooks, interactive PDFs, and more.

Design everything from stationery, flyers, and posters to brochures, annual reports, magazines, and books. With professional layout and typesetting tools, you can create multicolumn pages that feature stylish typography and rich graphics, images, and tables. The article is from Adobe website on 2018.

(Helvetica Neue LT Pro-45 Light)

The industry-leading page design and layout app lets you create, preflight, and publish beautiful documents for print and digital media. InDesign CC has everything you need to make posters, books, eBooks, interactive PDFs, and more.

Design everything from stationery, flyers, and posters to brochures, annual reports, magazines, and books. With professional layout and typesetting tools, you can create multicolumn pages that feature stylish typography and rich graphics, images, and tables. The article is from Adobe website on 2018.

(Frutiger LT Std-45 Light)

The industry-leading page design and layout app lets you create, preflight, and publish beautiful documents for print and digital media. InDesign CC has everything you need to make posters, books, eBooks, interactive PDFs, and more.

Design everything from stationery, flyers, and posters to brochures, annual reports, magazines, and books. With professional layout and typesetting tools, you can create multicolumn pages that feature stylish typography and rich graphics, images, and tables. The article is from Adobe website on 2018.

(Akzidenz-Grotesk BQ Light-Regular)

The industry-leading page design and layout app lets you create, preflight, and publish beautiful documents for print and digital media. InDesign CC has everything you need to make posters, books, eBooks, interactive PDFs, and more.

Design everything from stationery, flyers, and posters to brochures, annual reports, magazines, and books. With professional layout and typesetting tools, you can create multicolumn pages that feature stylish typography and rich graphics, images, and tables. The article is from Adobe website on 2018.

(Myriad Pro-Regular)

The industry-leading page design and layout app lets you create, preflight, and publish beautiful documents for print and digital media. InDesign CC has everything you need to make posters, books, eBooks, interactive PDFs, and more.

Design everything from stationery, flyers, and posters to brochures, annual reports, magazines, and books. With professional layout and typesetting tools, you can create multicolumn pages that feature stylish typography and rich graphics, images, and tables. The article is from Adobe website on 2018.

(Univers LT Std-45 Light)

The industry-leading page design and layout app lets you create, preflight, and publish beautiful documents for print and digital media. InDesign CC has everything you need to make posters, books, eBooks, interactive PDFs, and more.

Design everything from stationery, flyers, and posters to brochures, annual reports, magazines, and books. With professional layout and typesetting tools, you can create multicolumn pages that feature stylish typography and rich graphics, images, and tables. The article is from Adobe website on 2018.

(Gill Sans MT Pro-Book)

Wonderful Days
Helvetica Ne - 75 Bold Outline

Wonderful Days
Helvetica Neue LT - 95 Black

Wonderful Days
Helvetica Neue LT - 85 Heavy

Wonderful Days
Helvetica Neue LT Pr - 75 Bold

Wonderful Days
Helvetica Neue LT - 65 Medium

Wonderful Days
Helvetica Neue LT Pr - 55 Roman

Wonderful Days
Helvetica Neue LT Pro - 45 Light

Wonderful Days
Helvetica Neue LT Pro - 35 Thin

Wonderful Days
Helvetica Neue LT Pr - 25 Ultra Light

Wonderful Days
Helvet - 107 Extra Black Condensed

Wonderful Days
Helvetica Neu - 97 Black Condensed

Wonderful Days
Helvetica Ne - 87 Heavy Condensed

Wonderful Days
Helvetica Neue - 77 Bold Condensed

Wonderful Days
Helvetica Neu - 67 Medium Condensed

Wonderful Days
Helvetica Neue LT Pro - 57 Condensed

Wonderful Days
Helvetica Neue LT P - 47 Light Condensed

Wonderful Days
Helvetica Neue LT Pro - 37 Thin Condensed

Wonderful Days
Helvetica Neue LT - 27 Ultra Light Condensed

Wonderful Days
Helvetica Neue LT Pro - 93 Black Extended

Wonderful Days
Helvetica Neue LT Pro - 83 Heavy Extended

Wonderful Days
Helvetica Neue LT Pro - 73 Bold Extended

Wonderful Days
Helvetica Neue LT Pro - 63 Medium Extended

Wonderful Days
Helvetica Neue LT Pro - 53 Extended

Helvetica
无衬线字体的典范，简洁、中性。
无法决定用什么字体时，可以用它。

附录 B 字体样式

Wonderful Days
Akzidenz-Grotesk BQ Super

Wonderful Days
Akzidenz-Grotesk BQ - Bold

Wonderful Days
Akzidenz-Grotesk BQ - Medium

Wonderful Days
Akzidenz-Grotesk BQ - Regular

Wonderful Days
Akzidenz-Grotesk BQ - Light

Wonderful Days
Univers LT - 85 Extra Black

Wonderful Days
Univers LT Std - 75 Black

Wonderful Days
Univers LT Std - 65 Bold

Wonderful Days
Univers LT Std - 55 Roman

Wonderful Days
Univers LT Std - 45 Light

Akzidenz-Grotesk
古老的无衬线字体，有人认为其古旧的风格是优点。

DIN
标准、理性、硬朗、精密，适用于科技类文章。

Univers
完美精密，识别性佳。广泛应用于医药、仪器、科学等领域。

Myriad
自由的字形；温暖、友好的性格；笔画柔和简洁，是"万用"的字体。

Wonderful Days
DINPro - Black

Wonderful Days
DINPro - Bold

Wonderful Days
DINPro - Medium

Wonderful Days
DINPro - Regular

Wonderful Days
DINPro - Light

Wonderful Days
Myriad Pro - Black

Wonderful Days
Myriad Pro - Bold

Wonderful Days
Myriad Pro - Semibold

Wonderful Days
Myriad Pro - Regular

Wonderful Days
Myriad Pro - Light

Wonderful Days
Frutiger L - 95 Ultra Black

Wonderful Days
Frutiger LT Std - 75 Black

Wonderful Days
Frutiger LT Std - 65 Bold

Wonderful Days
Frutiger LT Std - 55 Roman

Wonderful Days
Frutiger LT Std - 45 Light

Wonderful Days
Fruti - 87 Extra Black Condensed

Wonderful Days
Frutiger LT - 77 Black Condensed

Wonderful Days
Frutiger LT Std - 67 Bold Condensed

Wonderful Days
Frutiger LT Std - 57 Condensed

Wonderful Days
Frutiger LT Std - 47 Light Condensed

Frutiger
简单易读、不失温暖、休闲,常用于导视牌、企业、书籍装帧。

Futura
几何性强、清晰、现代,适用于突出时尚、设计感的情况下。

Wonderful Days
Futura Std - Extra Bold

Wonderful Days
Futura Std - Bold

Wonderful Days
Futura Std - Heavy

Wonderful Days
Futura Std - Medium

Wonderful Days
Futura Std - Book

Wonderful Days
Futura Std - Light

Wonderful Days
Futura S - Extra Bold Condensed

Wonderful Days
Futura Std - Bold Condensed

Wonderful Days
Futura Std - Medium Condensed

Wonderful Days
Futura Std - Light Condensed

Wonderful Days
Optima LT Std - Extra Black

Wonderful Days
Optima LT Std - Black

Wonderful Days
Optima LT Std - Bold

Wonderful Days
Optima LT Std - Demi

Wonderful Days
Optima LT Std - Medium

Wonderful Days
Optima LT Std - Regular

Wonderful Days
Eurostile LT Std - Bold

Wonderful Days
Eurostile LT Std - Demi

Wonderful Days
Eurostile LT Std - Medium

Optima
融入了衬线体的元素，古典、优雅、简练。

Gill Sans
既有古典风格，又有很强的科技感和未来感。

Consolas
程序代码常用字体，识别性好。

Wonderful Days
Gill Sans MT Pro - Heavy

Wonderful Days
Gill Sans MT Pro - Bold

Wonderful Days
Gill Sans MT Pro - Medium

Wonderful Days
Gill Sans MT Pro - Book

Wonderful Days
Gill Sans MT Pro - Light

Wonderful Da
Gill Sans Shadowed MT Pr - Ligh

WONDERFUL DAYS
GILL SANS SHADOW - REGULA

Wonderful Days
ITC Officina Serif Std - Bold

Wonderful Days
ITC Officina Serif Std - Book

Wonderful Days
ITC Officina Sans Std - Bold

Wonderful Days
ITC Officina Sans Std - Book

Wonderful Days
Consolas - Bold

Wonderful Days
Consolas - Regular

B.12　英文衬线体

　　The industry-leading page design and layout app lets you create, preflight, and publish beautiful documents for print and digital media. InDesign CC has everything you need to make posters, books, digital magazines, eBooks, interactive PDFs, and more.
　　Design everything from stationery, flyers, and posters to brochures, annual reports, magazines, and books. With professional layout and typesetting tools, you can create multicolumn pages that feature stylish typography and rich graphics, images, and tables. And you can prep your documents for printing in just a few clicks. The article is from Adobe website on 2018.

(Garamond-Regular)

　　The industry-leading page design and layout app lets you create, preflight, and publish beautiful documents for print and digital media. InDesign CC has everything you need to make posters, books, digital magazines, eBooks, interactive PDFs, and more.
　　Design everything from stationery, flyers, and posters to brochures, annual reports, magazines, and books. With professional layout and typesetting tools, you can create multicolumn pages that feature stylish typography and rich graphics, images, and tables. And you can prep your documents for printing in just a few clicks. The article is from Adobe website on 2018.

(Times New Roman-Regular)

　　The industry-leading page design and layout app lets you create, preflight, and publish beautiful documents for print and digital media. InDesign CC has everything you need to make posters, books, digital magazines, eBooks, interactive PDFs, and more.
　　Design everything from stationery, flyers, and posters to brochures, annual reports, magazines, and books. With professional layout and typesetting tools, you can create multicolumn pages that feature stylish typography and rich graphics, images, and tables. And you can prep your documents for printing in just a few clicks. The article is from Adobe website on 2018.

(Palatino LT Std-Light)

　　The industry-leading page design and layout app lets you create, preflight, and publish beautiful documents for print and digital media. InDesign CC has everything you need to make posters, books, digital magazines, eBooks, interactive PDFs, and more.
　　Design everything from stationery, flyers, and posters to brochures, annual reports, magazines, and books. With professional layout and typesetting tools, you can create multicolumn pages that feature stylish typography and rich graphics, images, and tables. And you can prep your documents for printing in just a few clicks. The article is from Adobe website on 2018.

(Bodoni Std-Book)

　　The industry-leading page design and layout app lets you create, preflight, and publish beautiful documents for print and digital media. InDesign CC has everything you need to make posters, books, digital magazines, eBooks, interactive PDFs, and more.
　　Design everything from stationery, flyers, and posters to brochures, annual reports, magazines, and books. With professional layout and typesetting tools, you can create multicolumn pages that feature stylish typography and rich graphics, images, and tables. And you can prep your documents for printing in just a few clicks. The article is from Adobe website on 2018.

(Minion Pro-Regular)

　　The industry-leading page design and layout app lets you create, preflight, and publish beautiful documents for print and digital media. InDesign CC has everything you need to make posters, books, digital magazines, eBooks, interactive PDFs, and more.
　　Design everything from stationery, flyers, and posters to brochures, annual reports, magazines, and books. With professional layout and typesetting tools, you can create multicolumn pages that feature stylish typography and rich graphics, images, and tables. And you can prep your documents for printing in just a few clicks. The article is from Adobe website on 2018.

(Baskerville MT Std-Regular)

Wonderful Days
Garamond Premier - Bold Caption

Wonderful Days
Garamond Pre - Semibold Caption

Wonderful Days
Garamond Premi - Medium Caption

Wonderful Days
Garamond Premier Pro - Caption

Wonderful Days
Garamond Premier Pro - Bold

Wonderful Days
Garamond Premier Pro - Semibold

Wonderful Days
Garamond Premier Pro - Medium

Wonderful Days
Garamond Premier Pro - Regular

Wonderful Days
Garamond Premier Pr - Bold Subhead

Wonderful Days
Garamond Premie - Semibold Subhead

Wonderful Days
Garamond Premier - Medium Subhead

Wonderful Days
Garamond Premier Pro - Subhead

Wonderful Days
Garamond Pre - Bold Italic Caption

Wonderful Days
Garamond - Semibold Italic Caption

Wonderful Days
Garamond P - Medium Italic Caption

Wonderful Days
Garamond Premi - Bold Italic Display

Garamond
衬线字体的典范，没有强烈个性，易于阅读。

Wonderful Days
Garamond Premier Pro - Bold Italic

Wonderful Days
Garamond Premier P - Semibold Italic

Wonderful Days
Garamond Premier Pro - Medium Italic

Wonderful Days
Garamond Premier Pro - Italic

Wonderful Days
Garamond Premi - Bold Italic Subhead

Wonderful Days
Garamond Pre - Semibold Italic Subhead

Wonderful Days
Garamond Prem - Medium Italic Subhead

Wonderful Days
Garamond Premier Pro - Italic Subhead

英文衬线体

Wonderful Days
Garamond Premier Pro - Bold Display

Wonderful Days
Garamond Premier Pro - Bold Italic Display

Wonderful Days
Garamond Premier Pro - Semibold Display

Wonderful Days
Garamond Premier - Semibold Italic Display

Wonderful Days
Garamond Premier Pro - Medium Display

Wonderful Days
Garamond Premier Pro - Medium Italic Display

Wonderful Days
Garamond Premier Pro - Display

Wonderful Days
Garamond Premier Pro - Italic Display

Wonderful Days
Garamond Premier Pro - Light Display

Wonderful Days
Garamond Premier Pro - Light Italic Display

Times
中规中矩，经典字体。由于太常见，所以略感单调。

Wonderful Days
Times LT Std - Extra Bold

Wonderful Days
Times LT Std - Bold

Wonderful Days
Times LT Std - Bold Italic

Wonderful Days
Times LT Std - Semibold

Wonderful Days
Times LT Std - Semibold Italic

Wonderful Days
Times LT Std - Roman

Wonderful Days
Times LT Std - Italic

Caslon
精美，是活字时代的大热字体。

Wonderful Days
Adobe Caslon Pro - Bold

Wonderful Days
Adobe Caslon Pro - Bold Italic

Wonderful Days
Adobe Caslon Pro - Semibold

Wonderful Days
Adobe Caslon Pro - Semibold Italic

Wonderful Days
Adobe Caslon Pro - Regular

Wonderful Days
Adobe Caslon Pro - Italic

Wonderful Days
Palatino LT Std - Black

Wonderful Days
Palatino LT Std - Black Italic

Wonderful Days
Palatino LT Std - Bold

Wonderful Days
Palatino LT Std - Bold Italic

Wonderful Days
Palatino LT Std - Medium

Wonderful Days
Palatino LT Std - Medium Italic

Wonderful Days
Palatino LT Std - Roman

Wonderful Days
Palatino LT Std - Italic

Wonderful Days
Palatino LT Std - Light

Wonderful Days
Palatino LT Std - Light Italic

Palatino
优雅,字体高度高,便于阅读。

Baskerville
华丽,古典,美观。

Wonderful Days
Baskerville MT Std - Bold

Wonderful Days
Baskerville MT Std - Bold Italic

Wonderful Days
Baskerville MT Std - Semibold

Wonderful Days
Baskerville MT - Semibold Italic

Wonderful Days
Baskerville MT Std - Regular

Wonderful Days
Baskerville MT Std - Italic

Wonderful Days
Minion Pro - Bold

Wonderful Days
Clarendon LT Std - Bold

Wonderful Days
Minion Pro - Semibold

Wonderful Days
Clarendon LT Std - Roman

Wonderful Days
Minion Pro - Medium

Wonderful Days
Clarendon LT Std - Light

Wonderful Days
Minion Pro - Regular

Wonderful Days
Bodoni Std - Poster

Wonderful Days
Bodoni Std - Poster Italic

Wonderful Days
Bodoni Std - Bold

Wonderful Days
Bodoni Std - Bold Italic

Wonderful Days
Bodoni Std - Roman

Wonderful Days
Bodoni Std - Italic

Wonderful Days
Bodoni Std - Book

Wonderful Days
Bodoni Std - Book Italic

Wonderful Days
Bodoni Std - Bold Condensed

Wonderful Days
Bodoni Std - Poster Compressed

Bodoin
与 Didot 类似，但更硬朗，适合大字体。

Didot
时尚、现代、优美，广泛应用于时尚的场合。

Wonderful Days
Didot LT Std - Bold

Wonderful Days
Didot LT Std - Headline

Wonderful Days
Didot LT Std - Roman

Wonderful Days
Didot LT Std - Italic

Wonderful Day
Rockwell St - Extra Bold

Rockwell
非常硬朗，很少用于正文，一般用于装饰性文字。

Wonderful Days
Rockwell Std - Bold

Wonderful Days
Rockwell Std - Bold Italic

Wonderful Days
Rockwell Std - Regular

Wonderful Days
Rockwell Std - Italic

Wonderful Days
Rockwell Std - Light

Wonderful Days
Rockwell Std - Light Italic

Wonderful Days
Rockwell Std - Bold Condensed

Wonderful Days
Rockwell Std - Condensed

B.13 英文美术字

Wonderful Da
Ravie - Regular

Wonderful Days
Broadway - Regular

WONDERFUL DAYS
BELLO- SMCP

Wonderful Da
FedraNine - Bold

Wonderful Days
FedraNine Normal - Regula

Wonderful Days
FedraEleven - Bold

Wonderful Days
FedraEleven Normal - Regul

Wonderful Day
FedraTwelve - Bold

Wonderful Days
FedraTwelve Normal - Regu

Wonderful Days
Playbill - Regular

Wonderful Days
Jokerman - Regular

Wonderful Days
Old English Te (Old English Text MT - Regular)

Wonderful Days
Snap ITC - Regular

Wonderful Days
Magneto - Bold

Wonderful Days
Cooper Black - Regular

WONDERFUL DAY
TRAJAN PRO - BOLD

WONDERFUL DAY
TRAJAN PRO - REGULAR

Wonderful Days
Colonna MT - Regular

Wonderful Days
Dalliance - Medium (Dalliance - Medium)

Wonderful Days
Trixie-Plain - Regular

Wonderful Days
Trixie-Light - Regular

Wonderful Days
Industria LT Std- Inline

Wonderful Days
Industria LT Std - Solidr

Wonderful Days
Wilhelm Kli (Wilhelm Klingspor Gotisch LT Std - Roman)

英文美术字　　415

Wonderful Days
Bauhaus 93 - Regular

Wonderful Days
Segoe Script - Regular

Wonderful Days
Viner Hand ITC - Regular

Wonderful Days
Mistral - Regular (Mistral - Regular)

Wonderful Days
Zapfino Forte LT - One (Zapfino Forte LT - One)

Wonderful Days
Zapfino Extra LT - One (Zapfino Extra LT - One)

Wonderful Days
Zapfino Extra LT - Two (Zapfino Extra LT - Two)

Wonderful Days
Zapfino Extra LT - Three (Zapfino Extra LT - Three)

Wonderful Days
Zapfino Extra LT - Four (Zapfino Extra LT - Four)

Wonderful Days
Dalliance - Medi (Dalliance - Medium Italic)

Wonderful Days
Bickham Script Pro - B (Bickham Script Pro - Bold)

Wonderful Days
Bickham Script Pro (Bickham Script Pro - Semibold)

Wonderful Days
Bickham Script Pro - Reg (Bickham Script Pro - Regular)

Wonderful Days
P22 Cezanne Pro (P22 Cezanne Pro - Regular)

Wonderful Days
Bello- Script (Bello - Script)

Wonderful Days
Reporter LT Std - 2 (Reporter LT Std - 2)

Wonderful Days
Harlow Solid Italic (Harlow Solid Italic - Italic)

Wonderful Days
Freehand521 BT (Freehand521 BT - Regular)

Wonderful Days
Kosmik-BoldThree - Regular

Wonderful Days
Kosmik-PlainThree - Regular

Wonderful Days
Chiller - Regular

Wonderful Days
TypoUpright BT - Regular (TypoUpright BT - Regular)

Wonderful Days
Kaufmann BT - Regular (Kaufmann BT - Regular)

Wonderful Days
Brush Script MT - Ital (Brush Script MT - Italic)

Wonderful Days
Embassy BT - Regular (Embassy BT - Regular)

Wonderful Days
Vivaldi - Italic (Vivaldi - Italic)

Wonderful Days
Vladimir Script - Regul (Vladimir Script - Regular)

Wonderful Days
Kunstler Script - Regular (Kunstler Script - Regular)

附录 C　操作速查表

C.1 视图	放大、缩小	按住 Alt 键，上下滚动鼠标滚轮
	移动	光标不在文本输入状态时，按住空格键，拖动。 光标在文本输入状态时，按住 Alt 键，拖动
	旋转（实际没有旋转）	选中待旋转页面里的任一对象，【视图】→【旋转跨页】。 在【页面】面板上，旋转了的跨页的右侧会出现旋转标志。 实际上，页面并没有旋转，只是视角旋转了。在编辑时，对象上下移动、左右移动，文本横排、竖排，会遵循新视角
	显示实际大小	合适的显示比例（位于界面顶部）需试验确定。 可以打开一个页面尺寸为 A4 的文档，然后将一张 A4 纸平铺在屏幕上，调节显示比例使两者的宽度恰好重合，此时的显示比例即为 1:1 的显示比例。之后只要屏幕不变，系统显示方面的设置不调整，该显示比例就一直适用
	高品质显示	临时：【视图】→【显示性能】→【高品质显示】。 永久：按 Ctrl+K 组合键，左侧【显示性能】，【默认视图】选【高品质】
	正常视图、预览视图	单击［屏幕模式］图标（在视图顶部）；或者按 W 键（光标不能处在文本输入状态）。 在正常视图下，若没有显示框架，就单击【视图】→【其他】→【显示框架边缘】；还要确保【视图】没有勾选【叠印预览】
	隐藏、显示面板	光标不在文本输入状态时，按 Tab 键
	多个文档排列	单击［排列文档］图标（在视图顶部）
	一个文档在两个窗口中显示	【窗口】→【排列】→【新建"××"窗口】。 比较不同的页面，特别是不相邻的； 同一页面，一个窗口显示局部，一个窗口显示整体，可看到局部调整是如何影响整体的； 一个窗口显示主页，一个窗口显示页面，可观察编辑主页是如何影响页面的
	隐含字符	［视图选项］图标（在视图顶部）；或者按 Ctrl+Alt+I 组合键。 还要确保【视图】没有勾选【叠印预览】
	调整粘贴板的尺寸	按 Ctrl+K 组合键，【参考线和粘贴板】，更改【水平边距】【垂直边距】
	框架边线、标尺、参考线	单击［视图选项］图标（在视图顶部）

C.2 标尺	自定义标尺 0 点	拖动标尺左上角的交叉虚线。 只能针对整篇文档里的全部跨页，不能对某个跨页单独调整
	恢复标尺默认的 0 点	双击标尺左上角的交叉虚线
	在右边的页面，标尺也从 0 点开始	仅对当前文档有效：在该文档里，右击标尺，勾选【页面标尺】。 仅对新建文档有效：不打开任何文档，按 Ctrl+K 组合键，左侧【单位和增量】，【原点】选【页面】

		创建参考线	从标尺上拖到页面里（按住 Ctrl 键，创建跨页参考线）。可在控制面板【X】【Y】输入数值进行定位
C.3 标尺参考线		创建相同位置的参考线	选中，按 Ctrl+C 组合键，在目标页面任意地方单击，按 Ctrl+V 组合键
		创建类似于表格的参考线	【版面】→【创建参考线】。设置【行数】【栏数】【行间距】【栏间距】等
		创建固定间隔的参考线	先创建一条，选中，【编辑】→【多重复制】；或者先创建完，并把最外面的两个定好位置，选中全部（可按 Shift 键逐个选中），【对齐】面板，[垂直分布间距] 或 [水平分布间距]（不要勾选【使用间距】）
		参考线的对齐和分布	操作同普通对象
		锁定参考线	选中，【对象】→【锁定】
		锁定全部参考线	【视图】→【网络和参考线】→【锁定参考线】；或者锁定参考线所在的图层
		全选参考线	只能针对某跨页，在该跨页里单击，按 Ctrl+Alt+G 组合键（在隐藏图层和锁定图层上的参考线不会被选中）
		参考线不遮挡对象	按 Ctrl+K 组合键，左侧【参考线和粘贴板】，勾选【参考线置后】
		两点的距离、两点连线与水平线的夹角	[度量工具]，拖动光标（按住 Shift 键，角度会限制为 45°的整数倍）。还可以看到水平距离、垂直距离
		对象的间隙	[间隙工具]，将光标置于间隙处，控制面板的【W:】【H:】即显示间隙值。注意不能是设置了定位的对象

C.4 页面	新建文档	打开对话框	按 Ctrl+N 组合键，【打印】选项卡，然后设置下面各项。未提及的，保持默认
		页数	【页面】。不准确没关系，以后增减页数很方便
		单页、对页	【对页】。勾选表示呈对页排列；取消勾选表示单页排列
		首页的页码	【起点#】。对于对页页面：奇数表示首页在右页；偶数表示首页在左页
		成品尺寸	【宽度】【高度】
		左翻本、右翻本	[从左到右] 图标：左翻本（默认） [从右到左] 图标：右翻本
		主文本框架	【主文本框架】，勾选表示自动在主页里添加主文本框。也可以不勾选，而是手工在主页绘制文本框，接着单击文本框左上角的 [单击可使此文章成为主页的主文本流] 图标，即将其转换为主文本框（再次单击该图标则转为普通文本框）。 主文本框的特性：在页面里正常灌文后，如果某些页面应用了新主页，并且在新主页里添加了主文本框，那么这些页面里的文本框会与其他文本框自动相互串接
		边距、分栏	【边距和分栏】。 只有全部或大部页面需整页分栏，才在此处分栏；如果小部页面需整页分栏，则只需在正文页面或主页里设置分栏（【页面】面板中选中页面或主页，【版面】→【边距和分栏】）；如果只有个别文本框需要分栏，则只需针对单个文本框分栏

C.4 页面	并排的页数	以一页为单位排列	新建文档时，取消勾选【对页】，即单页排列。 如果已经是对页了，就按 Ctrl+Alt+P 组合键，取消勾选【对页】。 原来内、外出血尺寸分别变为左、右出血尺寸
		以两页为单位排列 （例如书刊）	新建文档时，勾选【对页】，即双页排列。 如果已经是单页了，就按 Ctrl+Alt+P 组合键，勾选【对页】。原来左、右出血尺寸分别变为内、外出血尺寸。 如果已经是多页了，先按 Ctrl+Alt+P 组合键，在打开的对话框里确保已勾选【对页】，然后单击【页面】面板菜单，勾选【允许文档页面随机排布】，并选【否】
		以三页及以上为单位排列	先按上述方法设置成单页排列。 然后【页面】面板菜单，取消勾选【允许文档页面随机排布】（以后添加或删除页面就不能自动排列跨页了），在【页面】面板上拖动页面，排够一个单位的页数
	选中页面		【页面】面板，单击页面；单击页码； 按 Shift 键选中连续多页；按 Ctrl 键选中任意多页
	增加页面		（1）增加的页面与现有页面的尺寸相同。 【页面】面板菜单→【插入页面】； 或选中页面，按 Ctrl+Shift+P 组合键，每按一次 P 键就在所选页面的后面增加一页。新增页使用的主页与所选页面相同。 （2）增加的页面尺寸相同，但与现有页面不同。 【页面】面板菜单→【新建主页】，输入新的【宽度】【高度】，即新建一个新尺寸的主页。然后，【页面】面板菜单→【插入页面】，【主页】选该新建的主页。 如果在不同章节页码的页面的交汇处插入了页面，那么这些新页面的页码会接着前面的续排。若要使其属于后面的，就需要先取消后面自定义的章节页码，然后选中首个新页面，重新建立后面的那个章节的页码
	移动（复制）页面		【页面】面板，（按住 Alt 键）拖动。 文本会被复制，但与其他页面里的串接关系（如果有）将消失，只保留复制的页面里的串接关系
	插入其他文档的页面		打开这两个文档。在源文档中，选中页面，【页面】面板菜单→【移动页面】。 对于在文档间复制的页面： ①页面大小和页边距与源页面相同，出血跟随目标文档。 ②如果有源文档的首页，在目标文档中就会开始新章节，但是起始页会承接上一页，所以也可不理会，只是在【页面】面板中会另起一排；如果有在源文档设置过开始新章节的页面，在目标文档中此页面后都会沿用此新章节排列。如果要消除以上两点，就选中该页，【版面】→【页码和章节选项】，取消勾选【开始新章节】。 ③用到的主页、段落样式、字符样式、色板会被一同带进目标文档，如果重名，就会被目标文档的顶替，但色板不会被顶替，会自动改名。表格的情况同第 468 页"表格"里的"复制其他文档的表格"。 ④不管是否用到，源文档的所有图层会被一同带进目标文档，堆叠在目标文档图层的上面，并且锁定和隐藏的状态不变。如果重名，就会与目标文档的合并，锁定和隐藏的状态依目标文档而定。 ⑤目录仅作为普通文本被带进来。 ⑥对于串接的文本框，仍然串接；如果它们处在不同页面，并且有页面没有复制进来，那么复制进来的文本都在，并且全部串接，而没有复制进来的文本就消失了

	删除页面		【页面】面板，选中，[删除选中页面]按钮。 文本会被删除，但与其他页面里的串接文本（如果有）不会被删除，即相当于删除串接文本框中的某文本框
C.4 页面	更改全部页面尺寸	原页面大小不变，上下均匀剪裁或添加空白（左右不均匀）	按 Ctrl+Alt+P 组合键（该法适宜制作的早期）。 对页显示的页面：在外侧添加空白或裁切原页面，内侧不动。 单页显示的页面：在左侧添加空白或裁切原页面，右侧不动。 仅对页面尺寸与【文档设置】里显示的尺寸相同的页面起作用
		原页面铺满新页面，可能变形	仍按原始尺寸制作，正常导出 PDF 文档。在 Acrobat 中用插件更改 PDF 文档的页面尺寸，设置允许页面变形
		下面几条的总则	【页面】面板菜单→【创建替代版面】：设置页面尺寸（宽度和高度别混淆了）；填写【名称】；取消勾选【链接文章】和【将文本样式复制到新建样式组】；【自适应版面规则】选下面的四行之一。 原文档还在（排在文档前面），如果要删除，就在【页面】面板的【自定 V】（或其他名称）右侧的下拉菜单中单击【删除替代版面】。删除后，【文档设置】里的尺寸仍是原来的。 页边距和出血设定尺寸不变。 特例：对于被锁定的对象，其大小不变，水平 X 位置不变（垂直 Y 位置正常变化。在锁定或隐藏图层里的对象，也一切正常）
		原页面尽可能铺满新页面，不剪裁，不变形，居中	【自适应版面规则】选【缩放】。 全部已有对象都会同步缩放，出血、页边距和分栏不变。 已有对象的格式设置值有的与实际值一致（如框架的宽度和高度、图片的缩放百分比），有的与实际值不一致（如描边粗细、文本框和表格的内边距、字号和行距）。 新建对象一切正常，即格式的设置值与实际值一致
		原页面大小不变，上下左右均匀剪裁或添加空白	【自适应版面规则】选【重新居中】。 相当于把原页面上下左右居中放置在新页面上
		对象大小不变，间距改变	【自适应版面规则】选【基于对象】。 若要固定某些对象相对于页面边距的位置，在本操作之前，要先用 [页面工具] 单击所在的页面，控制面板里【自适应版面规则】选【基于对象】，然后单击对象，单击相应的空心圆圈（光标要变成手型）。 此操作亦适用于主页里的对象
		指定某些框架缩放，但框架的间距不变，里面的图片和文本大小也不变，文本会自动重排	【自适应版面规则】选【基于参考线】。 在本操作之前，要先用 [页面工具] 单击所在的页面，然后从标尺上拖出一条或多条参考线，使之贯穿这些框架。对于这些贯穿的参考线的说明如下所述。 垂直参考线：框架的宽度会随页面宽度的缩放而缩放，高度不变。 水平参考线：框架的高度会随页面高度的缩放而缩放，宽度不变。 垂直、水平参考线都有：框架的宽度和高度都会随页面缩放而缩放。 垂直、水平参考线都没有：框架的宽度和高度都不变。 例外：要先将正文里的主页项目分离，否则就算有参考线贯穿也没有作用
	单独更改某页尺寸		[页面工具]，单击页面，控制面板，【自适应版面规则】同上

C.4 页面	更改边距、分栏	已有对象原地不动	批量更改，在主页里操作；单张更改，在页面里操作。 选中页面或主页，【版面】→【边距和分栏】。 设置不等宽栏:【视图】→【网络和参考线】→取消勾选【锁定栏参考线】，然后在页面或主页里拖动栏间线。 在页面里更改边距或分栏后，这两个就都不再受主页控制，但在应用新的主页后，会严格遵照新主页
		已有对象跟随新版心	同上，只是在【边距和分栏】里勾选【启用版面调整】。 当对象严格对齐一个边距、页面栏和标尺参考线时，效果较好。 当对象不遵守边距、栏和参考线时，或者页面上混乱地堆放着不相关的标尺和栏参考线时，效果很差
		把整页对象整体移位（跨页对象需核对，来自主页的对象不移动）	【脚本】面板，【应用程序】→【Samples】→【JavaScript】，双击【AdjustLayout】。 可以规定起始页码；奇（Even）偶（Odd）页；垂直方向（Vertical）向下是正，水平方向（Horizontal）向右是正，可输入 -2mm。 在页码分节后，若运行出错，就事先取消分节
C.5 主页	新建主页	白手起家新建	【页面】面板菜单→【新建主页】。默认已有一个主页 A，并且在创建文档时新建的主页默认会使用它
		从现有主页新建	【页面】面板，选中父主页，拖动到子主页上；或者拖动父主页到下面的［新建页面］按钮上。 子主页的缩略图上会显示父主页的前缀，子主页受父主页的控制。 如果要在子主页中编辑父主页的内容，就按住 Ctrl+Shift 组合键单击来自父主页的对象
		从现有页面新建	【页面】面板，先创建主页，然后选中页面，拖动到主页
		载入其他文档的主页	【页面】面板菜单→【主页】→【载入主页】，双击需要载入主页的文档。 ①主页如果重名，可【替换主页】(替换为载入的主页)或【重命名主页】(重命名载入的主页)。 ②父主页也会一起被复制过来，但如果重名，会被目标文档里重名的主页顶替。 页面大小和页边距与源主页相同，出血跟随目标文档。 ③用到的字符样式、段落等样式、色板会被一同带到目标文档里，如果重名，就会被目标文档的顶替，但色板不会被顶替，会自动改名。 ④用到的图层会导入进来，并且锁定和隐藏的属性不变。如果重名，会与目标文档的合并，锁定和隐藏的属性依目标文档而定。 堆叠次序以目标文档的优先。
		编辑主页	双击【页面】面板上的主页图标（之后，双击页面图标会返回页面）

C.5 主页	应用主页	总则	选中页面或跨页，按住 Alt 键单击主页； 或者【页面】面板菜单→【将主页应用于页面】。 主页跨页与正文跨页有严格的对应关系，包括分如下 3 种情况（如果是手动拖动而成的跨页，按 Ctrl+Alt+P 组合键打开的对话框里必须取消勾选【对页】，否则下面的规则不适用）
		主页跨页页数等于文档跨页	从左到右，一一对应。例如，跨页里左起第 2 页的正文页只能应用主页跨页里左起第 2 页的主页
		主页跨页页数多于文档跨页	从左到右，一一对应，主页跨页里剩下的主页作废
		主页跨页页数少于文档跨页	从左到右，一一对应，在主页被应用完后，从最左边的主页重新开始计
	页面应用了哪个主页		【页面】面板，页面上会显示已用主页的名称；如果没有应用主页，则不显示名称
	页面里哪些对象来自主页		在正常视图下，主页对象周围带有点线边框（仅用于显示，实际没有）。 全部断开或部分断开与主页联系的对象没有该框线
	重命名主页		【页面】面板，选中主页，【页面】面板菜单→【×× 主页的主页选项】，更改【前缀】。更名后对文档没有影响。原来引用它的页面和主页，仍然引用它
	删除主页		【页面】面板，选中主页，[删除选中页面] 按钮。删除后，它的布局不再被采用。 【页面】面板菜单→【主页】→【选择未使用的主页】，会选中全部未用的主页，然后可进行删除
	页眉处显示章节标题		插入动态标题：(先把相关标题的段落样式设置好) 主页里建立文本框，光标处在插入章节标题的地方，【文字】→【文本变量】→【插入变量】→【动态标题】。 定义动态标题：【文字】→【文本变量】→【定义】，双击【动态标题】，【样式】选希望的标题。【确定】，【完成】。在默认设置下，如果某页有多个标题，则只会显示首个；如果某页没有标题，则会显示前方页面中最近的一个标题。 若把插入动态标题的主页载入其他文档里并使用，就有动态标题了，但动态标题方面的设置不会被带进来，仍需定义
	页眉处显示章节标志符		（1）添加章节标志符。 【页面】面板，选中希望添加的第 1 页，【版面】→【页码和章节选项】，【章节标志符】输入希望的文本，此后页面的章节标志符都是该文本。如果希望从后面某页开始采用别的文本，就重复上面设置。 注意：页面中和【页面】面板的缩略图中都不显示章节标志符，只有通过下面的设置才在页面里显示。 （2）显示章节标志符。 主页里建立文本框，将光标放在插入章节标志符的地方。【文字】→【插入特殊字符】→【标志符】→【章节标志符】
	防止主页对象被遮挡		同一图层里（包括合并后的图层），主页对象排在页面对象之后，所以主页里的内容会被页面里的遮挡。 此时可以新建一个图层并置于顶层，然后把主页里不想被遮挡的内容移到该图层里

C.5 主页	在页面中编辑来自主页的项目	部分断开与主页的联系	在正文中，按住 Ctrl+Shift 组合键单击来自主页的对象（单个操作）；或在【页面】面板中选中页面，【页面】面板菜单→【覆盖所有主页项目】（整页操作）。 编辑过的属性不会被主页控制；未编辑过的属性仍会被主页控制，特例如下。 ①删除不会被主页控制。 ②编辑过大小，位置和旋转也不会被主页控制。 ③编辑过框架透明度或阴影等效果，两者都不会被主页控制。 ④编辑过位置或旋转，这两个都不会被主页控制。 ⑤对于有单独框架的图片，编辑过位置或旋转，框架大小会被主页控制，图片大小不会变。 ⑥对于与框架合二为一的图片，编辑过形状或描边，大小也不会被主页控制。 ⑦对于文本框，文本内容和格式都不会被主页控制
		全部断开与主页的联系	首先，按上述方法，部分断开与主页的联系。 然后，选中对象，【页面】面板菜单→【主页】→【分离来自主页的选区】（单个操作）；或【页面】面板选中页面，【页面】面板菜单→【主页】→【分离所有来自主页的对象】（整页操作）
		恢复与主页的联系	（1）对于部分断开与主页联系的对象，在恢复与主页的联系后，手动更改的内容会消失，但如果主页里已经删除了该对象（包括先删除后重建），该对象会维持现状不变。 针对选中对象：选中对象，【页面】面板菜单→【主页】→【删除选定的页面优先选项】（如果主页里已经删除了该对象，则本法不能使用）。 针对任意页：选中页面，重新应用主页。 （2）对于全部断开与主页联系的对象，删除它们，然后重新应用主页（只能针对整页）
C.6 页码	设置页码格式	把页码显示在页面里	单击主页里的文本框，将光标放在插入处，按 Ctrl+Alt+Shift+N 组合键。 文本框要能容下最长的页码及其他文字（如果有）。页码在主页里显示的是主页前缀，所以文本框是否够大要以正文中的为准
		总则	可以把页面分成若干节，每节单独设置页码格式；也可以不分，从头到尾使用一个格式。 【页面】面板，选中节（现有节或要创建的新节）的首页。下面的操作只针对该节。 【版面】→【页码和章节选项】，后续的设置如下
		起始页码	【自动编排页码】：勾选表示接着上节续排。 【起始页码】：如果希望从某个数字开始编排，就输入。注意奇偶性最好与原先的相同
		页码的数字形式	【样式】（有两个，是上面那个）：选取，如 3、03、003、三、C、Ⅲ、c 等
		章节前缀	【章节前缀】：不同节之间，如果页码的数字形式有重复，就要对其中一个使用前缀，以示区别；如果没有重复，就可以不用前缀。 该前缀只在两个地方显示：【页面】面板中的页码之前；目录中的页码之前（必须勾选【编排页码时包含前缀】）
		章节标志符	【章节标志符】：输入文本。需要就输，不需要就不输。 该文本只在一个地方出现，见第 421 页"页眉处显示章节标志符"

C.6 页码	取消自定义的节	【页面】面板，选中该节的首页，【版面】→【页码和章节选项】，取消勾选【开始新章节】。该节即与前面的节合并，一切设置跟随前面的节
	查看分节情况	【页面】面板，每个章节的起始页面顶部都会有一个黑三角符号
	某页占页数，但不显示页码（暗码）	在正文中，按住 Ctrl+Shift 组合键单击页码的框架，删除页码文本。也可以新建一个没有创建页码的主页（可以基于现有主页）并应用于这些页面
	某页不占页数，也不显示页码（无码、空码）	执行上面的操作，然后定义紧接着它后面的那个页面的起始页码，跳过这些页面
	右页显示左页的页码	在主页左、右页里分别绘制文本框，并串接（右页的在前）。光标位于右页的文本框中，【文字】→【插入特殊字符】→【标志符】→【下转页码】
	左页显示右页的页码	在主页左、右页里分别绘制文本框，并串接（左页的在前），光标位于左页的文本框中，【文字】→【插入特殊字符】→【标志符】→【下转页码】
	第 6 页 / 共 68 页 形式的页码	在主页的文本框里，输入"第页 / 共页"。"第页"的操作同前面"把页码显示在页面里"。将光标置于"共页"之间，【文字】→【文本变量】→【定义】，双击【最后页码】，【样式】选希望的数字形式，【确定】，【插入】，【完成】
	【总第 145 页】第 1 页 【总第 146 页】第 2 页 【总第 147 页】第 3 页 …… 【总第 214 页】第 70 页 【总第 215 页】第 71 页 【总第 216 页】第 72 页 形式的页码	（1）制作【总第 ×× 页】的数据源。 新建 Excel 文档，在某单元格里输入"【总第 145 页】"（无引号），选中该单元格，将光标放在其右下角，在出现实心十字时，按住鼠标左键向下拖动，直至"【总第 216 页】"。将 Excel 文档另存为"文本文件（制表符分隔）"。 （2）制作【总第 ×× 页】的文本框。 在左主页里绘制文本框，并输入"【总第 216 页】"，修改文本格式，选中文本框，控制面板［框架适合内容］，删掉里面的所有文本。复制该文本框到右主页里，并串接（左页的在前）。 （3）添加"总第 ×× 页"。 视图转到正文页面，以自动排文的方式置入那个制作好的文本文件，置入时单击首个显示页码的空文本框。 （4）在主页里，绘制文本框，添加正常的页码
	（下转第 12 页） （上接第 5 页） 形式的文本 即文章跳转：杂志里一篇文章在预留的版面里排不下，不得已借用其他版面	前提：两个文本框必须串接，并且两者之间没有串接其他文本框。 （1）在前面文本框的末尾，输入"（下转第页）"，将光标置于"第页"之间，【文字】→【插入特殊字符】→【标志符】→【下转页码】。 （2）在后面文本框的开头，输入"（上接第页）"，将光标置于"第页"之间，【文字】→【插入特殊字符】→【标志符】→【上接页码】。 注意：必须保证"（下转第 12 页）"不会流到下一页，并且"（上接第 5 页）"不会流到上一页，即不能错位。 如果不能保证不错位，就不能像上面那样将"（下转第页）""（上接第页）"输入在文中，而是需要特意创建两个单独的文本框分别放置上述内容。这两个文本框还需要与文章的文本框有少许或全部重叠（可能需要设置文本环绕），最后还可以与文章的文本框组合在一起

C.7 图层	新建图层		【图层】面板菜单→【新建图层】。 默认已有一个图层,并处于编辑状态
	图层堆叠顺序		【图层】面板,上面的图层堆叠在上面,下面的在下面,可拖动调整顺序
	判断对象所在的图层		【图层】面板,每个图层名称左侧都有个特定的色块,该色块就是该图层里所有框架的标记颜色(不参与打印)。在正常视图下,根据框架的标记颜色即可判断所在的图层
	在某图层里添加对象		【图层】面板,单击目标图层,使其右侧出现笔尖标记,然后添加对象; 也可以单击目标图层里任一对象,会自动切换到目标图层,然后添加对象
	在图层间移动(复制)对象		选中对象,拖动(按住 Alt 键)【图层】面板上笔尖后面那个小方框到目标图层
	粘贴时保持原来的图层		在粘贴前,【图层】面板菜单,勾选【粘贴时记住图层】(默认不勾选),然后粘贴即可;否则,只会粘贴到当前正在编辑的图层
	隐藏图层		【图层】面板,单击目标图层左侧的眼睛标记,该标记消失表示隐藏;再次单击,该标记会出现,表示取消隐藏
	只隐藏图层里的部分对象		【图层】面板,单击目标图层左侧的三角标记,即展开该图层里的所有对象,单击对象左侧的眼睛标记。 如果不知道哪个是目标对象,就在文档中单击该对象,【图层】面板的最右侧会出现正方形色块,即可得知对应的对象
	锁定图层		【图层】面板,单击目标图层标记色块左侧,会出现锁定标记;再次单击,锁定标记消失,表示解除锁定
	合并图层		【图层】面板,按住 Ctrl 键选中图层,【图层】面板菜单→【合并图层】
	删除图层		【图层】面板,选中图层,右下方 [删除选定图层] 图标。 删除后,图层里的所有对象也一同消失
	用途	避免对象被遮挡、改动	把这些对象放在某个图层里,并把该图层放在最上面(防遮挡)、锁定(防改动)
		一个项目多种方案	把不同方案放置在不同图层里,想用哪个,就显示哪个
		有高分辨率背景时,加快屏幕刷新速度	设计其他元素时,暂时隐藏背景图层,需要时显示出来

C.8 导入 Word 文档		去除格式导入	按 Ctrl+D 组合键，只勾选【显示导入选项】，双击源文档，选中【移去文本和表的样式和格式】
	保留格式导入	保留格式导入	按 Ctrl+D 组合键，只勾选【显示导入选项】，双击源文档，选中【保留文本和表的样式和格式】
		样式重名问题	上面界面里，当【样式名称冲突】提示有冲突时： 【使用 InDesign 样式定义】，用 InDesign 的替换 Word 的。 【重新定义 InDesign 样式】，用 Word 的替换 InDesign 的。 【自动重命名】，两个都保留
		缺少字体问题	导入时，如果提示缺失字体，就单击【查找字体】，见第 436 页"字符"的"替换字体"
		RGB 颜色问题	导入后，【色板】面板，对于 RGB 颜色（最右侧的标志由红、绿、蓝条块组成），需转为 CMYK 色板。方法：右击 RGB 色板→【色板选项】，【颜色模式】选【CMYK】。若黑色是文字用的，应确认是单黑
	文本	去除格式导入	按去除格式导入的方法操作。标题的自动编号不能导入。 在默认设置下，亦可在 Word 里复制，到 InDesign 里粘贴。与上述方法的区别：文本框及其文本不能被复制进来；表格变成文本；标题的自动编号会一起导入；强制换行符（软回车）变成回车，等等
		保留格式导入	可能会非常凌乱，页数可能会增多，部分内容可能会导不进来，InDesign 容易崩溃。 不能导入底纹、边框、阴影、阴文、阳文、下画线、上下标、着重号、中文字体倾斜加粗、带圈字符、分栏、中文数字的项目编号
	图片	先提取，后置入	打开文档，如果顶端标题上有［兼容模式］字样，就另存，在【另存为】的【保存类型】中选【Word 文档】；如果没有该字样，就不用进行任何操作。 用解压缩软件打开 Word，把 word\media 文件夹复制出来，图片就在里面，然后置入
		直接导入（保留格式导入）	不能导入文本环绕形式。剪裁过的图片可能变形。 调整位置：选中图片，拖动右上角锚标志到新位置，再拖动图片。 设置堆叠次序：选中图片，【对象】→【定位对象】→【释放】，然后设置
	表格	去除格式导入	合并的单元格可能会分解成合并前的状态，其中的文本可能会跑到左边的单元格，所以对结构复杂的表格效果不好。 长表格会自动分成相互串接的多页，分页与原稿可能会不一致，调整框架大小，可控制在何处分页
		保留格式导入	不能导入斜边框线和某些边框线。 长表格的情况同上。 合并的单元格会在一个框架内，如果装不下，就会导致文本溢出。此时，可预先在 Word 里拆分跨列或跨行最多的单元格，或在 InDesign 里扩大框架
		先转换 PDF，后置入	同后面"艺术字"

C.8 导入 Word 文档	文本框	去除格式导入	位置可能会凌乱
		保留格式导入	位置非常凌乱，许多边框效果消失
		先转换 PDF，后置入	同后面"艺术字"
	页眉页脚、水印、页面边框、页面背景		不能导入
	脚注、尾注		保留或去除格式导入均可，但要勾选【脚注】【尾注】。 Word 最好是新格式，见前面"图片"。 脚注导入 InDesign 后，一律从首个文本框开始，到最后一个文本框结束，编号连续排列。脚注若混乱或导不进来，则可先把 Word 另存为 RTF 格式。 若采用在 Word 里复制，到 InDesign 里粘贴的方式，则脚注、尾注不能与正文一起粘贴进来，正文中脚注、尾注编号的地方会出现一个空格
	交叉引用		交叉引用只能作为普通（静态）文本导入
	艺术字、公式、Word 里画的形状、箭头、流程图		导出 PDF 文档，然后把 PDF 文档置入 InDesign 文档。字号、形状、长度和宽度与 Word 文档里的相同（也可以尝试一下复制、粘贴，不满意再用导出 PDF 文档的方法）。 用 Word 导出 PDF 的方法如下。 方法①：按 Ctrl+P 组合键，【打印机】选【Adobe PDF】，【打印机属性】，【Adobe PDF 设置】选项卡，【默认设置】选 PDF/X-1a:2001(Japan) 等。 如果有位图，【Adobe PDF 设置】选项卡里，宜单击【默认设置】右侧的【编辑】，【分辨率】4000，【图像】选项卡的 3 个采样全关，3 个压缩全关，3 个像素都设置为 2400 像素，【确定】，【文件名】起个名字（如 "Word 导出 PDF 供 InDesign 用 - 有位图"），【保存】（往后，可直接选该预设），【确定】，【打印】。 方法②：【ACROBAT】选项卡，【首选项】，【转换设置】选上述设置好的预设，【确定】，【创建 PDF】

C.9 导入 Excel 文档	去除格式导入	操作	按 Ctrl+D 组合键，只勾选【显示导入选项】，双击源文档，【表】选【无格式的表】
		工作表	如果有多个工作表，就在【工作表】中选
		范围	【单元格范围】输入范围（左上角单元格位置 : 右下角单元格位置）
		应用表样式	如果要应用已有的表样式，就在【表样式】中选
		小数位数	【包含的小数点位数】默认是 3，可以更改。 对于小数位数小于或等于它的，保持原状； 对于小数位数超过它的，则四舍五入使位数等于它
	保留格式导入	操作	按 Ctrl+D 组合键，只勾选【显示导入选项】，双击源文档，【表】选【有格式的表】。 工作表、范围、应用表样式、小数点位数同上
		缺少字体问题	导入时，如果提示缺失字体，就单击【查找字体】，见第 436 页"字符"的"替换字体"
		RGB 颜色问题	同第 425 页"RGB 颜色问题"
		色调错误问题	导入的线条、色块，只要色调值不是 100%，都是错的。需选中对象，【色板】面板（注意针对的是描边还是填充），【色调】改为"100 - 原来值"
	表格	去除格式导入	不能导入斜边框线。竖排文字会变成横排。 长表格会自动分成相互串接的多页，分页与原稿可能不同；合并的单元格会在同一框架里，如果要调整，就拆分那些合并的单元格；调整框架大小，可控制在何处分页。 由于合并的单元格会在一个框架内，如果装不下，就会导致文本溢出。此时，可预先在 Excel 里取消合并跨列或跨行最多的单元格，或者在 InDesign 里扩大框架
		保留格式导入	不能导入某些边框线，斜边框线可能有误。竖排文字会变成横排。 长表格的情况同上。 合并的单元格会在一个框架内，如果装不下，就会显示溢出文本，情况同上
		先转换 PDF，后导入	同后面"艺术字"
	图片	先提取，后置入	打开文档，如果顶端标题上有[兼容模式]字样，就另存，在【另存为】的【保存类型】中选【Excel 工作簿】；如果没有该字样，就不用进行任何操作。 用解压缩软件打开 Excel，把 xl\media 文件夹复制出来，图片就在里面，然后置入
		直接导入	采用保留格式的方法导入。 剪裁过的图片可能变形。调整位置和堆叠次序，见第 425 页"导入 Word 文档"的"图片"
	页眉页脚、顶端标题		不能导入
	文本框、艺术字、Excel 里画的形状、箭头、分析图、流程图		导出 PDF 文档，然后把 PDF 文档置入 InDesign 文档。字号、形状、长度和宽度与 Excel 里的相同（也可以尝试一下复制、粘贴，不满意再用导出 PDF 文档的方法）。 用 Excel 导出 PDF 文档的操作同 Word

C.10 导入 PPT 文档	文本	去除格式导入	选中文字,复制,粘贴到 InDesign 文档里
		保留格式导入	见下面"文本框",即以类似于图片的形式导入 InDesign 文档里
	图片	去除格式导入	打开文档,如果顶端标题上有[兼容模式]字样,就另存,在【另存为】的【保存类型】中选【PowerPoint 演示文稿】;如果没有该字样,就不用进行任何操作。 用解压缩软件打开 PowerPoint,把 ppt\media 文件夹复制出来,图片就在里面,然后置入
		保留格式导入	见下面"图片"
	表格	去除格式导入	先复制、粘贴到 Word 文档里,然后以去除格式的方式导入 InDesign 文档里
		保留格式导入	见下面"表格",即以类似于图片的形式导入 InDesign 文档里
	文本框、表格、图片、艺术字、公式、PowerPoint 里画的形状、箭头、流程图		导出 PDF 文档,然后把 PDF 文档置入 InDesign 文档(也可以尝试一下复制、粘贴,不满意再用导出 PDF 文档的方法)。 用 PowerPoint 导出 PDF 文档的方法如下。 方法①:按 Ctrl+P 组合键,【打印机】选【Adobe PDF】,【打印机属性】,【Adobe PDF 设置】选项卡,【默认设置】选 PDF/X-1a:2001(Japan) 等,【确定】。 【整页幻灯片】右侧下拉菜单:选【整页幻灯片】。 【幻灯片加边框】:通常不勾选,即不加边框。 【根据纸张调整大小】:勾选。 单击【打印】。 方法②:同 Word

C.11 导入 PSD 文档	导入 PSD 文档	按 Ctrl+D 组合键,只勾选【显示导入选项】,双击 PSD 文档,勾选【显示预览】。 然后进行下面的设置
	图层	【图层】选项卡,选择希望显示的图层
	路径、Alpha 通道	【图像】选项卡,剪切路径、Alpha 通道可以都选,或者都不选,或者选一个

C.12 导入 PDF、AI 文档	导入 PDF、AI 文档		按 Ctrl+D 组合键，只勾选【显示导入选项】，双击 PDF 或 AI 文档，勾选【显示预览】。 然后进行下面 3 项设置
	页数	导入一页	勾选【已预览的页面】，在【预览】里输入页码或单击左、右箭头
		导入多页	勾选【范围】，例如，填写"2-8"或"2,4-12"（英文逗号）
		导入全部	勾选【全部】。之后单击一次，置入一张
	剪裁页面	不剪裁	【裁切到】选【媒体】。 通常用此方案，如果要剪裁，可随后在 InDesign 里操作
		裁掉部分内容	【裁切到】选【出血】【成品尺寸】【作品区】。 该方案方便快捷，但前提是源文档里有这些框架信息
		裁掉四周空白	【裁切到】选【定界框】
	透明情况	透明	勾选【透明背景】
		不透明	不勾选【透明背景】
	自动导入全部页面（不剪裁，PDF 页面与 InDesign 页面的左上角对齐）		（1）查看【透明背景】是否勾选。如果是希望的，就进行下面的操作；否则就改成希望的，并导入任意一页 PDF 或 AI，随后删除，接着进行下面的操作。 （2）【脚本】面板，【应用程序】→【Samples】→【JavaScript】，双击【PlaceMultipagePDF】。【Place PDF in】选导入哪个 InDesign 文档，【Place PDF on】选从该 InDesign 文档的哪一页开始放置。PDF 或 AI 首页会放置在指定的那一页里，然后自动添加空白页以放置后续的 PDF 或 AI 页面，这些空白页使用主页的情况同 PDF 或 AI 首页放置的那个 InDesign 页面。 （3）可以对 PDF 或 AI 页面的框架应用对象样式，在对象样式里调整大小、位置

C.13 导入 INDD 文档	显示或隐藏图层		在源 InDesign 文档里设置好要显示或隐藏的图层，这样可保证导入后 InDesign 文档的图层设置与源文档的一致
	导入 InDesign（INDD）		按 Ctrl+D 组合键，只勾选【显示导入选项】，双击源 InDesign 文档，勾选【显示预览】。 然后进行下面两项设置
	页数	导入一页	勾选【已预览的页面】，在【预览】里输入页码或单击左、右箭头
		导入多页	勾选【范围】，例如，填写"2-8"或"2,4-12"（英文逗号）
		导入全部页	勾选【全部】
	页面区域	成品	【裁切到】选【页面定界框】
		成品 + 出血	【裁切到】选【出血定界框】
	置入后，源文档的处置		置入后，源文档以链接的形式（无法嵌入）添加进来，每页相当于一张矢量图，可作为一个整体进行缩放、旋转，不可直接编辑内容。 因为源文档是链接的形式，所以源文档不能删除，源文档本身链接的图片等也不能删除。源文档可以修改，保存后，在现在的文档里更新即可反映修改后的状态

	手动排文		单击（适宜单击版心的上边框线；古书则单击版心的右边框线，下同）或者画框
	半自动排文		同上，但需要按住 Alt 键
	自动排文		按住 Shift 键单击（适宜单击版心的上边框线）。在页面用完后，会自动添加页面，这些新页面使用主页的情况与原来文档末尾的跨页（对页）相同
	去除格式粘贴文本		在粘贴时，按 Ctrl+Shift+V 组合键。粘贴进来的文本会采用光标插入点所处的文本格式
	键入文本	键盘	中文、英文输入法
		软键盘	中文输入法里的软键盘
		【插入特殊字符】菜单	【文字】→【插入特殊字符】→【符号】【连字符和破折号】【引号】
		【字形】面板	【文字】→【字形】，左下方选择字体（不同字体包含的字符往往不同，具体由字体制造商决定）。若已知 Unicode 码，就在【显示】里选【整个字体】，放大镜右侧下拉菜单选【Unicode】，输入 Unicode 码，双击出现的字符（文中选中某个字符，该字符在对话框里会呈选中状态，可知其 Unicode 码）。若不知 Unicode 码，就在【显示】里选择类别（以缩小范围），双击希望的字符。所有字符都能用该法输入，但该法比较麻烦，不得已时才会用
C.14 排文	选中文字，要键入文字将其替换，输入第 2 遍才有反应的问题		按 Ctrl+K 组合键，【高级文字】，取消勾选【显示文本选区 / 文本框中的装饰以获取更多"文字"控件】
	字数统计		将光标放在文本框内（仅对本文本框和与之串接的文本框有效），或选中文本（仅对选中者有效），【信息】面板。总字数=【全角】+【罗马字】。【汉字】：汉字，不包括标点符号。【罗马字】：一个英文单词、一组阿拉伯数字（如"2018"）算一个罗马字；标点符号不算。【全角】：大概可看作"汉字＋中文标点"。【半角】：字母、阿拉伯数字、英文标点、英文单词之间的空格。如果没有串接的文本框较多，则手动相加会比较麻烦。此时可导出 PDF 文档，然后用 Acrobat 导出纯文本，最后复制到 Word 里，在 Word 里查看字数
	创建文本框		用 [文字工具] 拖动（按住 Shift 键可绘制正方形）；或者用 [文字工具] 在已有的框架（路径）里单击
	文本框大小、位置固定（事后可借助主页统一调整大小、位置）		（1）在主页里创建这些文本框。可建立串接（仅限同一主页跨页里），还可应用对象样式（但段落样式对有串接的文本框无效）。（2）回到正文，按住 Ctrl+Shift 组合键单击这些文本框，即可得到通常的文本框；或者按自动排文的方式，单击这些文本框。如果是孤立的文本框，那么在灌注满后，会自动添加页面并继续灌注新页面上的该文本框；如果在主页里设置了串接，那么就按该串接顺序灌注，在灌注满后，会自动添加页面并继续灌注新页面上的这些串接的文本框。正文中这些添加了文本的文本框，是部分断开与主页联系的项目

C.14 排文	文本与框架的距离		选中框架或将光标放在框架内,【对象】→【文本框架选项】,【内边距】
	文本垂直对齐方式		选中框架或将光标放在框架内,【对象】→【文本框架选项】,【对齐】选【上】【居中】【下】【两端】。 如果选择了【两端】,【段落间距限制】中可规定段间距大于行间距的数值
	调整框架尺寸,使之恰好适合内容	双击哪个边,调整哪个边	选中框架,双击某个边；双击角,则同时调整两个边
		左、右边框固定,调整上、下边框	选中框架或将光标放在框架内,【对象】→【文本框架选项】,【自动调整大小】。【自动调整大小】选【仅高度】(适宜在对象样式里设置)。 可自定义移动哪个框。 上面的锚点：只移动下边框。 中间的锚点：平均移动上、下边框(默认)。 下面的锚点：只移动上边框。 可规定最小高度。 勾选【最小高度】,填写数值。当高度大于该值时,该值不起作用；当高度小于该值时,会自动增大到该值
		上、下边框固定,调整左、右边框	选中框架或将光标放在框架内,【对象】→【文本框架选项】,【自动调整大小】。【自动调整大小】选【仅宽度】(适宜在对象样式里设置)。 可自定义移动哪个框。 左边的锚点：只移动右边框。 中间的锚点：平均移动左、右边框(默认)。 右边的锚点：只移动左边框。 可规定最小宽度。 勾选【最小宽度】,填写数值。当宽度大于该值时,该值不起作用；当宽度小于该值时,会自动增大到该值。 可规定文本不准换行。 勾选【不换行】(默认不勾选,即换行)
	智能文本重排（自动增减页面）		在默认情况下,满足两点才生效：①文本框是主页里的文本框；②左、右主页里的文本框有串接(对于单页文档无此要求)。 当文本框排不下文字时,会自动添加新页面,而不是使用后面已有的页面。 可以关闭该功能：按 Ctrl+K 组合键,【文字】,去除勾选【智能文本重排】。在打开的文档里操作,只对当前文档有效；不打开任何文档操作,对新建的文档有效
	建立串接		选中前面的文本框,单击右下角那个较大的小方块(出口),单击后面的文本框
	查看串接关系		【视图】→【其他】→【显示文本串接】,单击文本框
	在已串接的文本框中,添加一个文本框		添加在最前面：选中新文本框,单击其右下角那个较大的小方块,单击原先排第一的文本框。 添加在中间或末尾：选中新文本框前面的文本框,单击其右下角那个较大的小方块,单击这个新文本框
	在已串接的文本框中,删除一个文本框		直接删除,文本没有删除,自动往后排

	断开串接	在某处断开，文本回缩	如果要断开与后面的串接，选中文本框，双击右下角那个较大的小方块。如果要断开与前面的串接，选中文本框，双击左上角那个较大的小方块。
		在某处断开，文本不动	选中断开点之后的文本框，【脚本】面板，【用户】→【Version 4】，双击【DivideStory】（这是第三方脚本）
		全部断开，文本不动	选中任一文本框，【脚本】面板，【应用程序】→【Samples】→【JavaScript】，双击【SplitStory】
	复制串接的文本框		文本框及其文本都会被复制，并且保持串接关系。如果有文本框没有复制进来，那么该文本框里的文本也就缺失了，但其余的文本框及其文本都在，并且保持串接关系
	指定某处以后的文本排入下一串接的文本框	接收方无限制	将光标放在该处，【文字】→【插入分隔符】→【框架分隔符】
		接收方只能在下一页码	将光标放在该处，【文字】→【插入分隔符】→【分页符】
		接收方只能在下一奇数页码	将光标放在该处，【文字】→【插入分隔符】→【奇数页分页符】
		接收方只能在下一偶数页码	将光标放在该处，【文字】→【插入分隔符】→【偶数页分页符】
C.14 排文	某处以后的文本排入下一栏		将光标放在该处，【文字】→【插入分隔符】→【分栏符】。如果已经是框架的最后一栏，就会排入下一串接的文本框
	全部文本分栏		选中框架或将光标放在框架内（如果希望串接的多个文本框一起设置，就全选文本），【对象】→【文本框架选项】，【栏数】，【栏间距】。如果要每栏的高度相同，就勾选【平衡栏】。栏宽只能相同
	整体没分栏，希望局部分栏		选中希望分栏的文本，【段落】面板菜单→【跨栏】，【段落版面】选【拆分栏】，可勾选【预览】
	整体已分栏，希望某个段落不分栏		选中段落，【段落】面板菜单→【跨栏】。【段落版面】:【跨栏】。【跨越】：要跨越的栏数。【跨越前间距】：跨栏的文本与前面分栏的文本的间距，额外增加多少毫米。如果跨栏的文本有多个段落，则仅对最前面那一段有效。【跨越后间距】：跨栏的文本与后面分栏的文本的间距，额外增加多少毫米。如果跨栏的文本有多个段落，则仅对最后面那一段有效
	横排、竖排转化		选中框架或将光标放在文本中，【文字】→【排版方向】。仅对单个文本框和与之串接的文本框有效
	竖排中个别字横排		选中个别字，【字符】面板菜单→【直排内横排】（或者【直排内横排设置】，可调整上下、左右位置）
	在竖排文本中，英文和数字横排		【段落】面板菜单（或修改段落样式），【自动直排内横排】。【元组数】：这些横排字符位数的上限。【包含罗马字】：勾选表示包含英文字符，不勾选表示仅针对数字。如果希望个别英文或数字不横排，则将光标置于其边缘或内部，【文字】→【插入特殊符号】→【其他】→【可选分隔符】
	在竖排文本中，英文和数字不横卧（仍然竖排）		【段落】面板菜单（或修改段落样式，【日文排版设置】），勾选【在直排文本中旋转罗马字】

C.14 排文	路径文字	创建路径文字，横排、竖排	[路径文字工具]或[垂直路径文字工具]，置于路径上，出现加号时，单击。 路径文字工具：文字横排。 垂直路径文字工具：文字竖排。 也可以事后相互转换：将光标放在文本中，【文字】→【排版方向】
		纠正文字的流动方向	将光标放在文本中，【文字】→【路径文字】→【选项】，勾选【翻转】
		文字分布在路径的哪一侧	将光标放在文本中，【文字】→【路径文字】→【选项】，【对齐】。 【基线】（默认设置）：文本底部或左侧紧贴路径。 【全角字框上方】：文本顶部或右侧紧贴路径。 【居中】：路径贯穿文本中央
		文字与路径的间距	选中文本，【字符】面板，[基线偏移]
		文字的分布	分布区域： 选中路径，路径首、末有一个开始标记、结束标记，将光标置于其附近后，会带有小箭头标志，拖动。（路径的中部有一个小竖线，拖动该竖线，可同时移动开始标记、结束标记。） 对齐方式： 将光标放在文本中，打开控制面板，[左对齐][居中对齐][右对齐][全部强制双齐]（排满路径，并均匀分布）
		字距	统一调整字距： 全选文字，【字符】面板，[字符间距]。 急剧转向处的字距： 将光标放在文本中，【文字】→【路径文字】→【选项】，【间距】。 转向越急，本设置的影响越大；没有转向（如直线）就没有影响。 个别调整字距： 将光标放在待调整的两个字符之间，【字符】面板，[字偶间距]
		文字倾斜、带状等效果	将光标放在文本中，【文字】→【路径文字】→【选项】，【效果】。 包括【倾斜】【3D带状效果】【阶梯效果】【重力效果】等
		文本串接	选中路径，路径首、末有一个入端、出端，分别相当于文本框的入口、出口
		删除路径文字	选中路径，【文字】→【路径文字】→【删除路径文字】。 路径不会删除，但是会丢失所有的路径文字属性
	在文本轮廓内填字		选中框架，【文字】→【创建轮廓】。 [选择工具]选中，【色板】面板，描边、填色。 [文字工具]，单击，即可输入文字

C.14 排文	手动转行	自动转行	受避头尾、书写器、标点挤压的共同控制
		在某处转行	将光标放在该处，按 Shift+Enter 组合键。 仍属于原段落，因此不会应用段前距和段后距等
		在某处不转行	选中要处在同一行的文本，【字符】面板菜单→【不换行】
		分行缩排	选中要分行的文字，【字符】面板菜单→【分行缩排设置】，勾选【分行缩排】，勾选【预览】。 【行】：分的行数。 【分行缩排大小】：文本大小是原来的百分之几（限定为 1%～100%）。 【行距】：行间距。 【对齐方式】： 【自动】，跟随段落的对齐方式； 【左/上】，左对齐（横排），上对齐（竖排）； 【居中】，居中对齐； 【右/下】，右对齐（横排），下对齐（竖排）； 【强制双齐】，两端对齐； 【双齐末行齐左/上】，最后一行左对齐（横排），上对齐（竖排），其余行两端对齐； 【双齐末行居中】，最后一行居中对齐，其余行两端对齐； 【双齐末行齐左/上】，最后一行右对齐（横排），下对齐（竖排），其余行两端对齐。 增大与正常文本的间距： 选中前面那一个相邻的正常文本，【字符】面板，[字符后挤压间距]；选中后面那一个相邻的正常文本，【字符】面板，[字符前挤压间距]。 手动调整转行： 该转行的地方没转行，见上面"在某处转行"。 不该转行的地方转行了，见上面"在某处不转行"
	数据合并	制作 Excel 文件	总体要求如下。 （1）删除一切无关的内容（批注可不删）。 （2）横向是项目，如姓名、电话、相片；纵向是个体，如张三、李四。 （3）项目名称不能为空。 （4）数据里不能有手动换行（按 Alt+Enter 组合键）。 （5）内部不能有空列或空行。 文本数据： 项目名称不能以 @ 或 # 开头。 图片数据： （1）图片放在一个文件夹里，名称可以是张三 .jpg、李四 .jpg； （2）项目名称要以 '@ 开头，如 '@ 相片； （3）数据应当是图片的文件名，如张三 .jpg、李四 .jpg。 二维码数据： （1）项目名称要以 # 开头，如 # 二维码； （2）数据要符合规则
		制作数据源	Excel 另存为 Unicode 文本（如果有图片，宜与图片放在同一文件夹里，否则需要加上路径，如"E:\全班的照片\张三 .jpg""E:\全班的照片\李四 .jpg"）。 在完成后，关闭该 Excel 文档，单击【不保存】

C.14 排文	数据合并	制作一个完整的样板	选一个（如张三），在 InDesign 里制作好（可以是多页）。对于要更改的文本（如姓名、公司名称），要给最长的留够空间，否则将来需要单独调整（可以实现长文本自动压缩宽度，详见第66页，第67页的"步骤 A、B、C"）
		引入数据源	【数据合并】面板菜单→【选择数据源】，选刚才另存的 Unicode 文本。一个文档只能引入一个数据源文件
		添加数据变量	文本变量： 选中文本，单击【数据合并】面板里对应的项目。 图片变量： 选中图片框架，单击【数据合并】面板里对应的项目。 如果图片的尺寸不一，就需要设置怎样显示这些图片。【数据合并】面板菜单→【内容置入选项】，【适合】选下面之一。 【按比例适合图像】（默认）：图片完整，但可能填不满框架。 【按比例填充框架】：图片填满框架，但可能不完整。 二维码变量： 选中空框架，单击【数据合并】面板里对应的项目
		预览效果	【数据合并】面板菜单，勾选【预览】，单击左、右箭头，查看有无错误
		批量生成 （每面一个记录）	【数据合并】面板菜单→【创建合并文档】。 【记录】选项卡，【每个文档页的记录】选【单个记录】。 如果要限制文档页数，就打开【选项】选项卡，勾选【每个文档的记录限制】，输入限制数
		批量生成 （每面多个记录）	按 Ctrl+Alt+P 组合键，把页面尺寸更改成希望的大尺寸。文档必须只有一个页面；锁定的对象必须解锁。 【数据合并】面板菜单→【创建合并文档】。 【记录】选项卡，【每个文档页的记录】选【多个记录】。【多个记录版面】选项卡，勾选【预览多个记录版面】，【栏间】【行间】调整间距；【上】【下】【左】【右】调整页边距
		更新数据、移去数据	那些自动生成的文档不能更新或移去数据，只能在原先文档里操作：【数据合并】面板菜单→【更新数据源】或【移去数据源】。然后重新生成

C.15 字符	字体	查看文档使用的字体	【文字】→【查找字体】。 用到的复合字体及其里面的字体都会列出来。 在选中某个字体后，【信息】区域会显示被多少字符使用、出现在第几页、被什么样式使用；若没有显示这些信息，则该字体一定是某个复合字体里的字体
		发觉缺少的字体	"缺失字体"对话框（打开文档时，自动弹出）：会列出缺少的字体。若某复合字体中缺少一个字体，则该复合字体和该缺少的字体都会列出。 "查找字体"对话框：缺少的字体的右侧有黄色感叹号。若某复合字体中缺少一个字体，则该复合字体和该缺少的字体的右侧都有黄色感叹号。 【印前检查】面板：会列出缺少的字体。若某复合字体中的一个字体缺少，则只提示该复合字体缺失。 "段落样式选项"对话框：缺少的字体名称的左侧和右侧有方括号。 【字符】面板或 [字符格式控制] 面板：字体名称左侧和右侧有方括号。 "复合字体编辑器"对话框：【复合字体】中带方括号者表示里面缺少字体。单击【汉字】【标点】等后，左右出现方括号者即是缺少的字体。 文中：文本有淡红底色
		字库里缺少某字符的字体	文中：文本有淡红底色，文本为空白或小方框（或带有叉号）。 默认没有异常提示，可以修改印前检查配置文件实现自动提醒。 解决方法 1：对异常文本改用相似的字体。 解决方法 2：键入包含所需偏旁笔画的几个字，并转为轮廓；用 [直接选择工具] 框选不需要的笔画，删除；将需要的笔画拼装在一起，并编组；将该对象复制并粘贴到文本里（本质是定位对象）
		替换字体	【文字】→【查找字体】（对全部图层都有效），选中要换下的字体，【字体系列】选中要换上的字体。如果想让字符样式和段落样式里设置的字体随之一起更改，就勾选【全部更改时重新定义样式和命名网络】；否则就不勾选。单击【全部更改】，所有使用旧字体的文本都会改用新字体（一次操作只能替换一种字体）。 复合字体里面的字体不能在此更换，要在复合字体编辑器中进行
	字体、字号（字体大小）、行距、垂直 / 水平缩放、字符间距、旋转、倾斜		选中字符，【字符】面板
	文本与框架一起缩放		设置首选项：按 Ctrl+K 组合键，【常规】，下面二选一。 【应用于内容】（默认）：[字体大小][行距] 中显示文本新的大小、行距。缩放后，[X 缩放百分比][Y 缩放百分比] 都显示 100%。如果要恢复原状，则只能采用关闭不保存文档，或尝试按 Ctrl+Z 组合键。 【调整缩放百分比】：[字体大小] 中显示文本的原始大小和新的大小（在括号内）；[行距] 仍显示原始大小。缩放后，[X 缩放百分比][Y 缩放百分比] 缩放多少就显示多少。如果要恢复原状，就单击【变换】面板菜单→【清除变换】。 选中框架，【变换】面板或控制面板，[X 缩放百分比][Y 缩放百分比]
	英文大小写转换		选中，【文字】→【更改大小写】。 【标题大小写】：每个单词的首个字母采用大写形式，其他字母采用小写形式。有些字体只有大写形式，所以无法转换

C.15 字符	复合字体	针对程序还是文档	针对程序（针对本 InDesign 软件打开的所有文档）：不打开任何文档进行操作。 针对文档（仅针对这一个文档）：打开该文档，在该文档里操作
		创建复合字体	（1）选择一个作为基础。 【文字】→【复合字体】； 【新建】，输入名称，选择一个作为基础。单击【确定】。 （2）对整个字符分类（集）。 默认已分为了5个集:【汉字】【标点】【符号】【罗马字】【数字】。 可以添加集:【自定】，【新建】，输入名称。【字符】里每输入一个，单击一次【添加】。【确定】并保存。 （3）实时查看设置的效果。 【缩放】：样本显示的比例，可选400%。 【横排文本】【竖排文本】：样本横排、竖排。 [表意字框][全角字框]等：对齐用的辅助线，便于观察。 【编辑样本】可更改样本内容。若要恢复默认内容，就单击【恢复】。 （4）设置每个类（集） 【字体】【样式】：对于中英文混排，通常前3个类（集）用中文字体，后2个类（集）用英文字体。 【基线】：字符上下移动。 【大小】【垂直缩放】【水平缩放】：高度和宽度等比例缩放或只缩放两者之一。选中[从字符中央缩放并保持其宽度]会与其他字体垂直居中对齐，并且占用的宽度空间不变
		导入复合字体	【文字】→【复合字体】，【导入】，双击源文件。 涉及的字体必须已安装，否则不能导入
		修改复合字体	【文字】→【复合字体】。【复合字体】里选想要更改的，并进行更改
		重命名复合字体	【文字】→【复合字体】。【新建】，输入新名称，选择想要更名的复合字体作为基础。单击【确定】。然后，删除原来的
		删除复合字体	【文字】→【查找字体】。选中想要删除的复合字体，在【信息】区域查看并记录被什么样式使用。把这些样式里的字体改为其他字体。 【复合字体】里选中想要删除的，【删除字体】。 如果有文本正在使用它，会弹出"缺失字体"对话框，单击【查找字体】，把它【全部更改】为另一字体
	下画线、删除线	打开设置对话框	【字符】面板菜单→【下画线选项】或【删除线选项】。勾选【启用下画线】或【启用删除线】，勾选【预览】。下画线、删除线的性质相同，只是删除线会遮挡字符。两者可同时启用
		形状	【类型】。如果没有合适的，就新建描边样式
		尺寸、位置	【粗细】【位移】：高度、垂直位置
		颜色	【颜色】【色调】。 【间隙颜色】【间隙色调】（针对虚线）。 下画线总是在字符的下面，底色的上面。如果要挖空底色，就不勾选【叠印填充】【叠印间隙】；如果不要挖空（叠印），就勾选。 删除线总是在字符及底色的上面。如果要挖空字符及底色，就不勾选【叠印填充】【叠印间隙】；如果不要挖空（叠印），就勾选

C.15 字符	着重号	打开设置对话框	【字符】面板菜单→【着重号】→【着重号】，勾选【预览】
		形状	【字符】(上面那个)选【空心圆圈】等；也可选【自定】，选好【字体】，在【字符】(下面那个)里用软键盘输入
		尺寸	【大小】【水平缩放】【垂直缩放】
		位置	【位置】【偏移】：垂直位置。 【对齐】：水平位置。当着重号尺寸较大时，不起作用
		颜色	【着重号颜色】选项卡。 选中实心"T"，针对填充。 选择色板、设置【色调】。 着重号的填色总是压在字符及底色上面。如果要挖空字符及底色，【叠印填充】就选择【关】或【自动】；如果不要挖空(叠印)，【叠印填充】就选择【开】。 选中空心"T"，针对描边。 选择色板、设置【色调】。 设置描边的【粗细】。 着重号描边总是压在字符及底色上面。如果要挖空字符及底色，【叠印描边】就选择【关】或【自动】；如果不要挖空(叠印)，【叠印描边】就选择【开】。
	增减左、右侧的空白(横排)	左侧增大空白	选中字符，【字符】面板，[字符前挤压间距]增大 1/8、1/4、1/3、1/2、3/4、1 个全角空格的大小
		右侧增大空白	方法①：选中字符，【字符】面板，[字符后挤压间距]增大 1/8、1/4、1/3、1/2、3/4、1 个全角空格的大小。 方法②：选中字符，【字符】面板，[字符间距]增大 0～10 个全角空格的大小(对应的设置值是 0～10000)
		右侧缩小空白	选中字符，【字符】面板，[字符间距]缩小 0～1 个全角空格的大小(对应的设置值是 0～-1000)
		两侧缩小空白	选中字符，【字符】面板，[比例间距]缩小 0 至几乎把空白全部缩减完(对应的设置值是 0～100%)
		字偶间距	自动调整如下。 选中字符，【字符】面板，[字偶间距]。 视觉设定：根据视觉效果自动调整字距，例如，减少"1"左右侧的间距。本意是针对罗马字的，针对中文要慎重。 原始设定：执行字体自带的字偶间距规定(若字体里没有这方面规定，就不调整字偶间距)。 手动调整如下。 将光标放在两个字符之间，其余同 [字符间距]，但只能作用于光标前面的一个字符；也可按 Alt +→组合键(增大)，按 Alt +←组合键(减小)

C.15 字符	首末对齐字数不同的文本（网格指定格数）		（1）将文本框架转化成框架网格：选中文本框或将光标置于文本框内，【对象】→【框架类型】，勾选【框架网格】。如果文本大小是 12 点，可以跳过本步骤和下一步骤。 （2）把网格大小设置成与文本大小相等:【对象】→【框型网格选项】,【大小】输入文本大小。 （3）对文本应用网格指定格数：选中字符,【字符】面板,[网格指定格数]，输入最多的那个字数（限定为 1～20）
	对齐位数不同的数字		在位数少的前面插入数字空格:【文字】→【插入空格】→【数字空格】
	移动上下位置（横排）	基线偏移	选中字符,【字符】面板,[基线偏移]
		上标、下标	选中字符,【字符】面板菜单→【上标】【下标】。 在字符样式里的位置：单击左边【基本字符格式】，右边的【位置】。 调整大小、位置：按 Ctrl+K 组合键，左侧【高级文字】,【大小】【位置】
		字号不一时的对齐方式	选中字符,【字符】面板菜单→【字符对齐方式】。 【全角字框，居中】：字符的中心线对齐（默认）。 【全角字框，上 / 右】：字符的顶端对齐。 【全角字框，下 / 左】：字符的底端对齐
	字符描边	添加描边	选中文本,【描边】面板,【粗细】中输入点数
		描边位置	【对齐描边】选 [描边对齐中心][描边居外]
		转角类型	[斜接连接]：尖角（默认类型）。 [圆角连接]：圆形，半径为描边宽度的 1/2。 [斜面连接]：削平的尖角
	字符填色、描边颜色		选中文本，或选中框架（针对框架内所有文本，但要确认是 [格式针对文本]),【色板】面板（注意是针对 [填色] 还是 [描边]），单击颜色
	简体 / 繁体转换		把文本复制到 Word（宜纯文本粘贴）里，在 Word 里转换，然后复制粘贴到 InDesign 里
	加公式		优先用插件。如果没有插件，就在 Word 里做，并导出 PDF 文档，最后置入 InDesign。 在 Word 里制作公式的方法：光标位于插入处,【插入】选项卡,【公式】;【设计】选项卡,【结构】区域选相应的结构（先考虑大结构，后考虑小结构）；光标处的阴影属于哪层结构，新输入的内容就属于哪层结构（必要时，用键盘方向键移动光标）
	加拼音		如果字体可以用楷体，就用方正楷体拼音字库 01。针对错误的多音字，就用方正楷体拼音字库 02（可能需调整字符基线）。如仍然有错，就用方正楷体拼音字库 03…… 如果字体不能用楷体，也没有插件，可以使用这种的方法:（1）新建一个图层，把文本框原位粘贴出一个副本在该图层里，对副本应用方正楷体拼音字库；调整文本框的位置，使文字与原始文字重叠。(2)用填充纸色的矩形遮挡副本里的文字（拼音不遮挡),要考虑用多重复制法。(3）把这个新建的图层置于下层

C.15 字符	创建字符样式	先设置格式，后创建	选中一处文本（事先应用某字符样式/手动设置字符格式，两者可以都进行，也可只进行其一），【字符样式】面板菜单→【新建字符样式】。 输入【样式名称】，勾选【将样式应用于选区】，勾选【预览】。 A. 原先手动设置的格式项目会自动添加进来。 B. 原先应用的字符样式里的项目也会自动添加进来，并且作为父样式。 C. 可以在【基于】中选其他的父样式，或者无父样式。 D. 可以继续设置字符格式。注意仅设置需要控制的项目，其他项目别碰！ 以上发生冲突时，前者优先：D、A、B、C
		边设置格式，边创建（效果可实时查看）	选中一处文本（不应用字符样式，也不手动设置字符格式），【字符样式】面板菜单→【新建字符样式】。 输入【样式名称】，勾选【将样式应用于选区】，勾选【预览】。 A. 可以在【基于】中选某个样式作为父样式。选择的父样式在【确定】之前，父样式的格式项目只是临时起作用，并没有实际添加进来，所以可放心试用，试用了但没有最终使用的父样式不会留任何痕迹。当然一旦【确定】，父样式里的项目就会添加进来，若要更换父样式，请见下面"修改字符样式"。 B. 设置字符格式。注意仅设置需要控制的项目，其他项目别碰！ 以上发生冲突时，前者优先：B、A
		边设置格式，边创建（效果只能想象）	不选中任何对象，【字符样式】面板菜单→【新建字符样式】。 输入【样式名称】，不勾选【将样式应用于选区】。 其余同上。 只是选父样式时，不必要试用，因为既看不到格式项目，又看不到效果
	复制字符样式		【字符样式】面板，右击想要复制的样式，【直接复制样式】。 副本里的格式项目当然会与源样式一模一样。副本默认没有父样式，若要设置父样式，则该父样式的优先级最低，即只要有冲突，父样式里的项目就无效
	载入其他文档的字符样式		【字符样式】面板菜单→【载入字符样式】，勾选要载入的样式。 如果【与现有样式冲突】栏下有文字，说明与目标文档里的重名，单击该文字，在下拉菜单中选【自动重命名】更名；或【使用传入定义】替换目标文档的。 如果载入的样式有父样式，并且没有选择载入该父样式，此时如果目标文档里恰好有同名的，那么载入的样式就转为基于该新父样式；否则，载入的样式会把原来父样式的格式项目继承下来，然后就不基于任何样式
	字符样式里，取消设置已经设置的项目	有文字的设置框	单击里面的文本。 如果没有弹出下拉菜单，就全选文本，按退格（Backspace）键。 如果弹出了下拉菜单，就选"(忽略)"。如果没有该选项，就任选一个其他的，然后再次打开下拉菜单
		复选框	下面 3 种状态，单击可循环转换，直至出现"小横杠"。 "勾选"：启用该项目或开启该功能。 "空白"：不启用该项目或关闭该功能。 "小横杠"：不控制该项目（该项目是何状态与本样式无关）
		字符颜色	按住 Ctrl 键单击色板

C.15 字符	应用字符样式	选中文本，【字符样式】面板，单击样式。 字符样式里有规定的，按规定执行；没有规定的，保持现状，但如果是先前字符样式定义的项目（并且未修改），就会改用默认的（[基本段落]样式规定的）字符格式
	修改字符样式	【字符样式】面板，右击样式→【编辑××样式】。 更改父样式时，新父样式的优先级最低，即只要有冲突，新父样式里的项目就无效
	重命名字符样式	【字符样式】面板，右击样式→【编辑××样式】。 更名后对文档没有影响，原来引用它的文本和其他的字符样式等，仍然引用它
	查看某字符样式正在被哪些文本应用	按 Ctrl+F 组合键，【文本】选项卡，单击【查找格式】下方的方框，【字符样式里】选要查找的字符样式，【确定】。 【搜索】选查找范围
	查看某字符应用了哪个字符样式	选中该字符（最好只选一个字符），【字符样式】面板。 如果选中的不是 [无]，说明它就是所用的字符样式。 如果选中的是 [无]，并且下面没有文字，说明没有使用字符样式。 如果选中的是 [无]，并且下面有"RI××"，说明 ×× 就是所用的字符样式。首字下沉、嵌套样式、GREP 样式使用的字符样式即是这种情况
	断开与字符样式的链接	选中文本，【字符样式】面板→【断开到样式的链接】
	选中未使用的字符样式	【字符样式】面板菜单→【选择所有未使用的样式】。 子样式被使用了，其父样式也算被使用了
	删除字符样式	【字符样式】面板，右击样式→【删除样式】。 保留它带来的格式：【并替换为】选[无]，勾选【保留格式】。 不保留格式，也不应用其他样式：【并替换为】选[无]，取消勾选【保留格式】。 应用其他字符样式：【并替换为】选相应的样式。 无论如何，基于它的了样式都会把它的格式项目继承下来，然后不基于任何样式
C.16 段落	段首空两格	不打开任何文档，【段落】面板，【标点挤压设置】选【基本】。 【新建】，【名称】设为"段首空两格"，【基于设置】选一个基准，【确定】。 【段落首行缩进】右侧的下拉菜单，选【2个字符】。 基于【简体中文默认值】时，【段首前括号】右侧的下拉菜单，选【标点挤压缩进 – 半角前括号】；基于其他方案时，可能要选【标点挤压缩进 + 半角前括号】等。最终目的是段首的前括号占半角位置。 【确定】，【是】。 【段落】面板→【标点挤压设置】→【简体中文默认值】或自定义的标点挤压设置。 以后，直接单击【段落】面板，【标点挤压】选刚才新建的即可。 字符间距不能调整，否则就不准确了
	左对齐、右对齐、居中对齐、分散对齐	将光标放在段落内，【段落】面板。 对于中文长行，适宜 [双齐末行齐左]

C.16 段落	左缩进、右缩进、首行缩进	数值法	将光标放在段落内,【段落】面板,〖左缩进〗〖右缩进〗〖首行左缩进〗
		拖动法	将光标放在段落内,按 Ctrl+Shift+T 组合键。只要上方留够窗口空间,设置框会自动对齐文本框架;如果没对齐,就留够上方窗口空间,单击右侧〖将面板放在文本框架上方〗图标。 标尺上方有 3 个滑块:左上滑块代表首行缩进;左下滑块代表左缩进;右侧滑块代表右缩进,拖动即可。注意要点准了,不要点到其他地方
	段前距、段后距		将光标放在段落内,【段落】面板,〖段前间距〗〖段后间距〗。 两段之间增加的距离 = 前一段的段后距 + 后一段的段前距。 若段落始于栏或框架的顶部(哪怕前方有串接的段落),段前距就无效,可用基线偏移或增加文本框顶部的内边距来解决
	首字下沉	打开设置对话框	选中段落,【段落】面板菜单→【首字下沉和嵌套样式】;或修改段落样式,【首字下沉和嵌套样式】
		下沉的行数	【行数】
		下沉的字数	【字数】
		对首字设置特殊的字符格式	【字符样式】,对全体下沉的字符起作用。 如果下沉了多个字符,并且希望每个字符的字符格式不同,就不能使用该方法,可在嵌套样式里设置
		增加首字与后方文本的间距	在【字符样式】里设置字符后空格
		增加首字与框架的间距	增加首行缩进
		减小首字与框架的间距	【首字下沉和嵌套样式】里勾选【左对齐】
		首字设置底色	设置段落线(段前线)
		首字右侧的字上下对齐	必须是框架网格。 【左对齐】下方的选框选【填充到框架网格】
	段落线	打开设置对话框	选中段落,【段落】面板菜单→【段落线】;或者修改段落样式,左侧【段落线】
		针对首行还是末行	左上角下拉菜单选下面之一,勾选【启用段落线】。可同时启用,也可只启用其一。 【段前线】:针对首行。【段后线】:针对末行。 段前线、段后线的格式是分别设置的,即下面的设置仅对当前选中者有效
		线型	【类型】。若无合适的,就新建描边样式
		线的粗细	【粗细】
		上下移动	调整【位移】(粗细保持不变)
		基准宽度	【宽度】与文本、栏等宽
		调整左右端	调整【左缩进】【右缩进】
		颜色	【颜色】【色调】。 【间隙颜色】【间隙色调】(针对虚线)。 段落线总是在字符的下面,底色的上面。如果要挖空底色,就不勾选【叠印填充】【叠印间隙】;如果不要挖空(叠印),就勾选

C.16 段落	段落底纹	打开设置对话框	选中段落,【段落】面板菜单→【段落边框和底纹】,【底纹】,勾选【启用底纹】; 或者修改段落样式,左侧【段落底纹】,勾选【底纹】
		线型	只能是矩形,但可以设置【转角大小及形状】
		基准宽度	【宽度】与文本(最宽的那一行)、栏等宽
		调整边界	调整【上】【下】【左】【右】
		颜色	【颜色】【色调】。 底纹总是在字符的下面,底色的上面。如果要挖空底色,就不勾选【叠印填充】;如果不要挖空(叠印),就勾选
		相邻段落的底纹连成一片	如果已经连成一片了,就不需要查看本条。 选中段落,【段落】面板菜单→【段落边框和底纹】,【边框】,勾选【启用边框】;或修改段落样式,左侧【段落边框】,勾选【边框】,勾选【合并具有相同设置的连续边框和阴影】。若不需要段落边框,【描边】区域的【上】【下】【左】【右】就都设为0点。相邻段落的底纹和边框的设置参数必须全部相同时,底纹才能连成一片
	段落边框	打开设置对话框	选中段落,【段落】面板菜单→【段落边框和底纹】,【边框】,勾选【启用边框】; 或者修改段落样式,左侧【段落边框】,勾选【边框】
		线型	【类型】。若无合适的,就新建描边样式
		边框线的粗细	【描边】区域,【上】【下】【左】【右】
		边框的基准宽度	【宽度】与文本(最宽的那一行)、栏等宽
		调整边框的位置	【位移】区域,调整【上】【下】【左】【右】
		边框转角	【转角大小及形状】
		颜色	【颜色】【色调】。 【间隙颜色】【间隙色调】(针对虚线)。 边框总是在字符的下面,底色的上面。如果要挖空底色,就不勾选【叠印填充】【叠印间隙】;如果不要挖空(叠印),就勾选
		相邻段落共用一个大边框	勾选【合并具有相同设置的连续边框和阴影】。 相邻段落的底纹和边框的设置参数必须全部相同时才能合并
		跨文本框、栏,段落拆分处显示边框	勾选【跨框架/栏拆分段落时显示边框】

C.16 段落	创建段落样式	先设置格式，后创建	设置字符和段落格式，可以先应用某个段落样式。注意：一个段落中的字符格式要统一，也不要应用字符样式。如果需要有多种字符格式或者要应用字符样式，以后再说。 将光标放在段落内，【段落样式】面板菜单→【新建段落样式】（勾选【将样式应用于选区】）。 A. 原先手动设置的格式项目会自动添加进来。 B. 原先应用的段落样式里的项目也会自动添加进来，并且作为父样式。[基本段落]里的项目会自动添加进来，但不会自动作为父样式。 C. 可以在【基于】中选其他的父样式或者无父样式。 D. 可以继续设置格式。 以上发生冲突时，前者优先：D、A、C、B
		边设置格式，边创建	将光标放在段落内，【段落样式】面板菜单→【新建段落样式】（勾选【将样式应用于选区】，勾选【预览】）。 A. 可以在【基于】中选某个样式作为父样式。 B. 设置格式。在左侧选格式类别，右侧设置具体项目。一切字符和段落格式都可以在段落样式里设置。 以上发生冲突时，前者优先：B、A
	复制段落样式		【段落样式】面板，右击样式，【直接复制样式】。 默认脱离父样式控制。如果要链接到父样式，就在【基于】中选该父样式。 副本里的格式项目要与源样式相同。副本默认没有父样式，若要设置父样式，则该父样式的优先级最低，即只要有冲突，父样式里的项目就无效
	载入其他文档的段落样式		【段落样式】面板菜单→【载入段落样式】，勾选要载入的样式。 情况同第440页"字符"的"载入其他文档的字符样式"。 如果载入的段落样式包含嵌套样式或 GREP 样式，默认会一起载入用到的字符样式
	应用段落样式	总则	选中段落，【段落样式】面板，后续操作见下文。 在应用段落样式后，段落格式会无条件执行新段落样式，字符格式分四种情况。 注意：如果没手动设置字符格式，也没应用字符样式，下面的方式就无所谓选择哪种
		保留手动设置的字符格式，保留字符样式带来的格式	单击样式。 那些定义过的字符格式项目会保留，未定义的项目仍按段落样式执行。 注意：段落样式里如果设置了嵌套样式或 GREP 样式，那么在应用到某段文本后，对于那些特定的文本会应用规定的字符样式，结果与手动应用字符样式相同（也受字符样式控制），但性质属于段落样式，而不属于字符样式
		只保留字符样式带来的格式	右击样式，单击【应用"××段落样式"，清除优先选项】； 也可以先直接单击样式，然后单击【段落样式】面板下方带加号的图标。 注意：使用字符样式后，再手动修改的字符格式，也算手动设置的字符格式
		只保留手动设置的字符格式	右击样式，单击【应用"××段落样式"，清除字符样式】
		一切无条件执行段落样式	右击样式，单击【应用"××段落样式"，清除全部】； 也可以按住 Alt+Shift 组合键单击样式

C.16 段落	修改段落样式	直接修改	【段落样式】面板，右击样式→【编辑××样式】。 在更改父样式时，新父样式里的项目会全面替代旧父样式的项目。但是选择[无段落样式]，旧父样式的项目会被保留
		通过修改文本格式来修改	在文本应用段落样式后，可以手动修改该文本的段落或字符格式，选中该段落，【段落样式】面板菜单→【重新定义样式】，即段落样式向文本格式看齐。 字符样式、对象样式、单元格样式、表样式都可以这样通过修改个体对象来修改
	循环应用段落样式		分别修改这些段落样式，在【下一样式】中选下一个段落样式。一定要循环，比如1的下一个是2，2的下一个是3，3的下一个是1。 选中全部相关段落，【段落样式】面板，右击首个段落应用的那个段落样式（如首个段落要用段落样式2，就右击段落样式2），单击【应用"××"，然后移到下一样式】
	重命名段落样式		【段落样式】面板，右击样式→【编辑××样式】,[样式名称]。 更名后对文档没有影响，原来引用它的文本和其他的段落样式等，仍然引用它
	查找某段落样式正在被哪些文本使用		按Ctrl+F组合键,【文本】选项卡，单击【查找格式】下方的方框,【段落样式里】选要找的段落样式,【确定】。 【搜索】中选查找范围
	断开与段落样式的链接		选中段落,【段落样式】面板菜单→【断开到样式的链接】
	选中未使用的段落样式		【段落样式】面板菜单→【选择所有未使用的样式】。 子样式被使用了，其父样式也算被使用了
	删除段落样式		【段落样式】面板，右击样式→【删除样式】。 不使用其他样式，保留它带来的格式:【并替换为】选[无]，勾选【保留格式】。基于它的子样式会把它的格式项目继承下来，然后就不基于任何样式。 不使用其他样式，不保留它带来的格式:【并替换为】选[无]，取消勾选【保留格式】，基于它的子样式不会继承它的格式项目，然后不基于任何样式。 应用其他样式:【并替换为】选相应的样式。基于它的子样式会替换上该新样式作为父样式。 如果没有任何提示，说明没有文本使用该段落样式
	去除字符和段落格式		将光标放在段落内,【段落样式】面板，按住Alt+Shift组合键单击[基本段落]。 会把所有文本格式改为默认（[基本段落]样式里规定的）格式
	段落样式组	新建样式组	【段落样式】面板菜单→【新建样式组】。 样式组对样式进行分类，便于管理。样式相当于文件，样式组相当于文件夹
		把段落样式添加进样式组里	【段落样式】面板，把段落样式拖动到样式组
		在样式组间移动段落样式	【段落样式】面板，把段落样式在组间拖动
		重命名样式组	【段落样式】面板，右击样式组→【样式组选项】
		删除样式组	【段落样式】面板，右击样式组→【删除样式组】。 里面的样式也会被一起删除，情况同"删除段落样式"

C.16 段落	项目符号和编号	创建符号或编号	选中段落,【段落】面板菜单→【项目符号和编号】(也可新建段落样式或修改当前的段落样式,单击左侧【项目符号和编号】),即可打开"项目符号和编号"对话框。 【列表类型】:选【项目符号】或【编号】。 其余如下
		符号的形状	在【项目符号字符】里选择。 若无合适的,就单击【添加】,【字体系列】选 Windings 2 等
		编号的数字形式	【格式】:1、01、A、a、Ⅰ、i、一、(一)、①(对于绝大多数字体,最多 10 个)、甲(最多 10 个)、子(最多 12 个)
		编号与文字之间的字符	【编号】里默认是"^#.^t"(无引号),即编号与文字之间的字符是一个圆点,如"2."。 如果要改为右括号,就在【编号】里输入"^#)^t",结果会是"2)"
		符号编号与文字的间距	确保【此后的文本】或【编号】里有 ^t(默认有)。 【制表符位置】:单击上下箭头。 注意:①不可过小,否则设置无效,会自动改用默认制表符位置(12.7mm 等);②编号可能会随着数字位数的增加导致上述情况发生,如从"9."变到"10.",所以要预先考虑这种情况,即留够位置;③如果已经通过【左缩进】和【首行缩进】设置了悬挂缩进,那么制表符位置不能直接增大,此时需要先增大左缩进量
		文本的左端都对齐,即悬挂缩进	(1)按前面方法确定制表符位置。 (2)【左缩进】输入与【制表符位置】相同的值(【制表符位置】可能会改变,不要理会)。 (3)【首行缩进】输入【左缩进】的相反数。 注意:①如果已经通过【左缩进】和【首行缩进】设置了悬挂缩进,并且减小了制表符位置值,那么需要先设置步骤(3),然后设置步骤(2);②也可完成步骤(1)后,在文中逐段操作(即将光标放在首行首个字的前面,按 Ctrl+\ 组合键),但该方法有时不够精确,并且不能在段落样式里设置
		自定义符号编号的字符格式	默认与段落的首个字符相同(但下画线、删除线等高级字符属性不会影响它),如果需要自定义,就打开"项目符号和编号"对话框,在【字符样式】中选样式或新建样式进行定义(但下画线、删除线等字符属性即使定义了,也不生效); 或者【段落】面板菜单→【将项目符号和编号转换为文本】,即将其当作普通文本设置,但失去了自动更新的功能
		多级编号	先设置高级别。 【级别】选 1(习惯从 1 开始)。 后设置低级别。 【列表】使用同一个列表。 【级别】选 2(习惯接着上一级的)。 如果希望在编号开头显示上一级的编号,就在【编号】里在开头加上"^1"(代表【级别】1 的编号)
		跨文本流,连续编号	【模式】里选【从上一个编号继续】(默认)。 【列表】中不能使用[默认]列表,因为该列表不能连续编号。 新建列表:【段落】面板菜单→【定义列表】,【新建】,默认已勾选了两个选项,要保持勾选。 使用列表:在【项目符号和编号】里的【列表】中选取
		指定某编号从头开始	选中段落,【段落】面板菜单→【重新开始编号】

C.16 段落	项目符号和编号	中英文对照排列，各自编号	通常，中文和英文没有串接在一起，只讨论这种情况。 若中文或英文内部不需要跨文本流连续编号，则【列表】都用[默认]列表即可。 若中文或英文内部需要跨文本流连续编号，就需要分别新建一个列表，并在【列表】里使用，方可实现在内部连续编号，并且中文和英文互不相干
		将符号编号转换为普通文本	选中段落，【段落】面板菜单→【将项目符号和编号转换为文本】。转换后，符号和编号连同后面的圆点等，会保持应用设置的字符样式
	标题自动编号	建立 2 一级标题 2.1 二级标题 2.1.1 三级标题	（1）一级标题。 编辑该段落样式，单击左侧【项目符号和编号】。 【列表类型】选【编号】。 【列表】选【新建列表】（默认已勾选的【跨文章继续编号】不要取消勾选）。 【级别】选1。1到9，级别越高，数字越小，宜从1开始选用。 【编号】"^#"代表本级别的编号，前后可加文本，如"- 第 ^# 节 -"，文中就会出现"- 第1节 -"。"^t"是制表符，改变【制表符位置】里的数字可调节编号和标题的间距（"^t"宜改为一个或多个空格，下同）。 【格式】编号的数字形式，如1、01、001、一、A、I等。 【字符样式】自定义编号的字符格式，见前面"自定义符号编号的字符格式"。 （2）二级标题。 同样编辑该段落样式，【列表】选一级标题用的那个，【级别】选2。 【编号】可填"^1.^#^t"，其中"^1"代表本级标题所处的使用"级别1"的那级标题的编号。 （3）三级标题。 同上，【级别】选3。 【编号】可填"^1.^2.^#^t"，其中"^2"代表本级标题所处的使用"级别2"的那级标题的编号
		建立 图 2-1 图 2-1-1 图 2-1-1-1	（1）一级标题下的图（要先设置好一级标题的自动编号）。 同上编辑该段落样式，【列表】选一级标题用的那个！【级别】选4。 【编号】可填"图 ^1-^#^t"（"^t"宜改为一个或多个空格，下同）。 （2）二级标题下的图（要先设置好二级标题的自动编号）。 同上，【级别】选5。 【编号】可填"图 ^1-^2-^#^t"。 （3）三级标题下的图（要先设置好三级标题的自动编号）。 同上，【级别】选6。 【编号】可填"图 ^1-^2-^3-^#^t"。 （4）如果还有表，则可以选用【级别】里剩有的7、8、9。 注意：①在同　页中，如果图表显示的自动编号不是希望的，就将这些编号所在的文本框删除，然后按先后顺序重建；如果问题依旧存在，就将该编号所在的文本框定位在文中（见第462页"设置定位对象"），即手动告诉 InDesign 它属于哪级标题及其先后顺序。②在下一页中，如果图表编号没有接上一页续排，就将正文框架串接。③编号容易出现问题，需认真校对

C.16 段落	避头尾	自定义避头尾规则	若希望针对所有新建的文档,就不打开任何文档,进行下述操作。【文字】→【避头尾设置】,【新建】一个集。 添加规则:选中空白格,在【字符】里输入,【添加】。 删除规则:选中,【移去】
		字符过密或过疏的调整	将光标放在段落内,【段落】面板菜单→【避头尾间断类型】。 【先推入】(默认):优先挤在上一行。字符过疏时,选它。 【先推出】:优先排在下一行。字符过密时,选它
	约束文本在栏间或框架间的流动	打开设置框	修改段落样式,【保持选项】,设置如下
		本段首行与前段末行不分离	勾选【接续自】。 本段首行与上一段末行作为一个整体,在栏间或框架间流动
		本段所有行不分离	勾选【保持各行同页】,勾选【段落中所有行】。 本段作为一个整体,在栏间或框架间流动
		本段末行与后段前几行不分离(防止背题)	【保持续行】输入 1～5 中的一个数值。 本段末行与下一段前几行作为一个整体,在栏间或框架间流动
		本段前几行不分离,末几行不分离(防止孤行)	勾选【保持各行同页】,勾选【在段落的起始/结尾处】,【开始】【末尾】都选 2～4 中的一个数值。 本段前几行作为一个整体,末尾几行作为一个整体,在栏间或框架间流动
		本段从新栏/框架起排	【段落起始】不选【任何位置】。 强制将本段落推至【下一栏】【下一框架】【下一页】【下一奇数页】【下一偶数页】。与其他设置有冲突时,本规定优先
	单字不成行(防止孤字)		新建字符样式,在【基本字符格式】中勾选【不换行】。 修改段落样式,新建 GREP 样式,【应用样式】选新建的字符样式;【到文本】输入 "..[[:punct:]]*$"。 重要人物的姓名不宜换行,【到文本】输入具体姓名即可
	中文数字中间转行		修改段落样式,【日文排版设置】,取消勾选【连数字】(默认勾选)
	文本块之间的对齐(框架网格)	使用框架网格	新建框架网格:[水平网格工具],绘制。 纯文本框转换为框架网格:选中文本框,【对象】→【框架类型】→【框架网格】。所有与之串接的文本框(如果有)都会转换
		设置框架网格	选中框架网格,【对象】→【框架网格选项】。 【网格属性】区域里的【大小】:正文字号。 【行间距】:行间距 + 字号 = 行距。 【字数】:每栏正文的字数。 【栏数】:分为几栏。 【行数】:框架共有多少行。通过它调整框架高度。 【栏间距】:通过它调整框架宽度
		设置段落样式	分别新建或修改正文、标题等的段落样式,【网格设置】,【网格对齐方式】选【基线】。对于需转行的标题,可勾选【仅第一行对齐网格】。 正常设置正文和标题的格式,但要注意:①行距可设为与字体大小相同;②段前距、段后距不要设置(即为 0)
		标题与标题、标题与正文的间距	修改标题所用的段落样式,勾选【预览】;【缩进和间距】,调整【段前距】【段后距】
		不显示网格	【视图】→【网格和参考线】→【隐藏框架网格】

C.16 段落	文本块之间的对齐（纯文本框）	文本对齐网格	正常视图下，【视图】→【网格和参考线】→【显示基线网格】（仅仅是为了查看网格，如果感觉碍眼，可以不显示）。 分别修改正文、标题的段落样式，【网格设置】，【网格对齐方式】选【基线】。对于需转行的标题，可勾选【仅第一行对齐网格】。 正常设置正文和标题的格式，但要注意：①行距可设为与字体大小相同；②段前距、段后距不要设置（即为0）
		正文行距	（1）针对整篇文档。 按 Ctrl+K 组合键，【网格】，【开始】填 0；【间隔】输入正文行距。 微调首行文字的位置：更改【开始】里的数字，即更改页面首根网格线的位置。该数字的调整范围可以是 0 到行距，如行距是 15 点，则范围是 0 ~ 15 点。 注意：由于网格在页面里，不随框架移动，所以上下移动文本框后，文本相对于框架的垂直位置往往会改变。 （2）针对个别文本框。 选中文本框，【对象】→【文本框架选项】，【基线选项】，勾选【使用自定基线网格】；【相对于】选【上内边距】；【间隔】输入正文行距。 微调首行文字的位置：勾选【预览】，逐毫米增加【开始】里的数字（默认是 0），刚开始首行文字上方会出现一条新网格线，但空间不足以容纳文本，所以首行文字还在原来的网格线上，并会随之下移。若继续增加【开始】值，新网格线会继续下移，当空间恰好够时，首行文字会立刻转移到新网格线上，此时首行文字即顶在了框架上边框，若继续增加【开始】值，则首行文字会随之逐渐下移。 注意：①只对选中的文本框有效，全选文本，可以针对多个串接的文本框；还可以对文本框建立对象样式，然后对需要的文本框使用该对象样式，实现快速设置。②如果需要不同框架之间对齐，还需要使这些框架顶部对齐，并且上内边距要相同
		标题与标题、标题与正文的间距	修改标题所用的段落样式，勾选【预览】；【缩进和间距】，调整【段前距】【段后距】
	制表符	创建制表符	手动创建：将光标放在插入制表符处，按 Tab 键。在表格里，【文字】→【插入特殊字符】→【其他】→【制表符】。 自动创建：根据设置，自动创建，如项目符号和编号、脚注、目录。 可以先创建，后设置格式（设置之前，按默认格式）；也可以先设置格式，后创建
		制表符设置对话框	段落要采用左对齐等，否则会对最后那个制表符控制的文本产生干扰。 （1）针对某个或一组段落。 将光标放在段落内或选中多个段落，按 Ctrl+Shift+T 组合键，打开制表符设置对话框。只要上方留够窗口空间，制表符设置对话框就会自动对齐文本框架；如果没对齐，就留够上方窗口空间，单击右侧 [将面板放在文本框架上方] 图标。 （2）针对某个段落样式。 新建或修改段落样式，单击左侧【制表符】（勾选【预览】）。注意标尺可能显示不全，可拖动，移动视野

C.16 段落	制表符	设置制表符格式	（1）制表符设置标记。 创建制表符设置标记：打开制表符设置对话框，单击标尺上方的条状区域。 注意： ①设置某制表符格式的前提是该制表符有制表符设置标记（默认没有，需要手动添加）。 ②没有设置过格式的制表符会使用默认格式，不存在制表符设置标记。 ③可先创建制表符设置标记，后创建制表符，所以预先创建的制表符设置标记还不存在与之对应的制表符。 ④制表符设置标记和制表符都不管创建时间的前后，只管位置的前后。对于已经存在的制表符设置标记和制表符来说，从左到右（横排）或从上到下（竖排）一一对应。如果只想设置后面某个制表符的格式，就必须先添加前面制表符对应的设置标记。 （2）制表符对齐类型。 打开制表符设置对话框，选中制表符设置标记，单击希望的制表符类型按钮。 [左对齐制表符]：文本的左侧对齐制表符。 [右对齐制表符]：文本的右侧对齐制表符。 [居中对齐制表符]：文本的中间对齐制表符。 [对齐小数位（或其他指定字符）制表符]：小数点或其他指定字符（在【对齐位置】中指定）对齐制表符。 （3）制表符位置。 打开制表符设置对话框，拖动制表符设置标记，拖动时可看到一条黑线，表示制表符的位置；也可以在【X】里直接输入位置
		添加前导符	打开制表符设置对话框，选中制表符设置标记，【前导符】中输入字符（最多可输入8个字符），会自动在制表符与文本间添加前导符
		默认的制表符格式	默认的制表符对齐类型：左对齐制表符。 默认的制表符位置：12.7mm、25.4mm、38.1mm、50.8mm、63.5mm……（文本框架左端为0点） 这些默认的制表符格式是已经预先设置好的，只是没有显示出来。一旦更改了某制表符格式，就会删除其左侧所有默认制表符格式（右侧的默认制表符格式不变）
		左侧文本对右侧内容的影响	如果左侧的空间够用，则左侧文本对右侧内容就毫无影响（这是个宝贵的特性）。 如果左侧的空间太小排不下，那么文本会继续往右排，侵占右侧的制表符并令其闲置，原来的文本会依次被挤到下一制表符，最后那个制表符的文本会移到紧随其后的默认制表符中
		删除制表符设置标记	打开制表符设置对话框，选中制表符设置标记，拖到标尺外（删除单个）。 或者【制表符】下拉菜单→【清除全部】（删除全部）
		删除制表符	选中，删除
		添加、删除制表符和制表符设置标记造成的影响	原则：制表符设置标记与制表符，从左到右（横排）或从上到下（竖排）一一对应。 如果制表符设置标记的个数多于制表符，则多出的制表符设置标记会闲置。 如果制表符的个数多于制表符设置标记，则多出的制表符将使用默认格式

C.16 段落	标点挤压	总则	不打开任何文档，进行下述操作，仅对新建文档有效； 打开某文档，进行下述操作，仅对当前文档有效
		新建标点挤压设置	【段落】面板，【标点挤压】选【详细】，【新建】。【基于设置】选一个作为基础（不同的基础可能会导致结果完全不同）
		导入标点挤压设置	【段落】面板，【标点挤压】选【详细】，【导入】
		修改标点挤压设置	【段落】面板，【标点挤压】选【详细】，【标点挤压】选待修改者
		设置标点挤压	接"新建标点挤压设置"或"修改标点挤压设置"。 （1）确定字符的类别。 例如，要调整汉字与冒号的间距（汉字在前，冒号在后，即汉字→冒号）。 汉字属于【汉字】一类。 冒号属于【中间标点】大类里的【冒号】小类。如果希望把大类里的全部字符一起设置，就用前者，即汉字→中间标点；否则，就选后者，即汉字→冒号。 （2）找到待设置的一对。 例如，要设置的是汉字→冒号。 方法1：【单位】下方的下拉菜单选【汉字】，左侧选【上一类】，在下方单击【中间标点】左侧的三角符号，选【冒号】一行。 方法2：【单位】下方的下拉菜单选【冒号】，左侧选【下一类】，选下方【汉字】一行。 两个方法的本质相同。 （3）设置间距的改变值。 按一个全角空格的百分比（可改为分数形式）计算，负值为减小，正值为增大。限定在-50%~300%。 正常情况（没有发生避头尾和两端对齐）下，间距按【所需值】执行； 发生避头尾时，间距允许比正常值小，但会限制在【最小值】与【所需值】之间； 发生两端对齐时，间距允许比正常大，但会限制在【所需值】与【最大值】之间。 （显然，【最小值】≤【所需值】≤【最大值】） （4）设置优先级。 发生避头尾或两端对齐时，若几对间距都可以改变，则优先改变哪个？ 【优先级】：1、2、3、4、5、6、7、8、9、无。前者优先
		使用标点挤压设置	选中段落，【段落】面板，【标点挤压】； 也可以修改段落样式，【日文排版设置】，【标点挤压】
		删除标点挤压设置	【段落】面板，【标点挤压】选【详细】，【标点挤压】选待删除者，【移去】

C.16 段落	嵌套样式	嵌套样式运行原理	应用第1条嵌套样式（应用规定的字符样式，范围从段首到规定的边界）；应用下一条嵌套样式（应用规定的字符样式，范围从上一个边界到本条规定的边界）；……直到最后一条嵌套样式
		建立一条嵌套样式	修改该段落样式，【首字下沉和嵌套样式】，【新建嵌套样式】。设置下面4个选框
		应用的字符样式（第1个选框）	可以选已有的字符样式，也可以新建字符样式。有以下两个特殊的选项。 [无]：不应用字符样式。 [重复]：重复循环应用前面的嵌套样式（可设置重复上面的几个），直至本段末尾。一旦应用[重复]，后面的嵌套样式就无效。所以应该只对最后一条嵌套样式应用[重复]
		备选的边界标志（第4个选框）	可以填写具体的字符（可以是空格），如填了多个，表示其中任一个；也可以选择下面的集合。 【字符】：任意字符（不包括锚点、索引标志符等零宽度字符）。 【字母】：任意字符，但不包括字母和汉字前面的数字和空格（一个汉字算一个字母）。 【数字】：阿拉伯数字。 【单词】：英文单词和汉字（一个汉字算一个单词）。 【句子】：句点、问号、感叹号。 【结束嵌套样式字符】：该字符是在文中手动添加的，表示嵌套样式的运行到此为止
		确定的边界标志（第3个选框）	填写数字，即第几个边界标志生效，不是从段首开始计数的，而是在本条内计数的。边界如果不属于上一条，那么就属于本条。 例如"2"表示确定第2个边界标志作为边界标志。 如果边界标志不存在，就认为段尾符是边界
		是否包括边界标志自身（第2个选框）	【包括】：边界标志自身属于本条嵌套样式。 【不包括】：边界标志自身不属于本条嵌套样式。 特例：【单词】和【句子】永远属于本条嵌套样式
	GREP 样式	GREP 样式运行原理	在段落里根据填写的正则表达式搜索，对于不匹配的文本，不采取任何动作；对于匹配的文本，应用设置的字符样式
		创建 GREP 样式	修改所在的段落样式，左侧【GREP 样式】。 【新建 GREP 样式】，【到文本】输入针对的本文（需要使用正则表达式），【应用样式】选应用到该文本上的字符样式或新建字符样式。 一个段落样式中可以创建多条 GREP 样式，如有冲突，排在下方的优先（用右下角的箭头可调整顺序）
		删除 GREP 样式	编辑段落样式，【GREP 样式】，选中，【删除】。 删除后，由它带来的字符格式也随之消失
	英文排版	字距、转行等更合理	选中文本，【段落】面板菜单，勾选【Adobe 段落书写器】。 也可以编辑段落样式，在【字距调整】里设置
		自动断字（添加连字符）	选中文本，【字符】面板，【语言】选【英语：英国】（如果是其他语言，就选相应的）。然后【段落】面板菜单，勾选【连字】。 也可以编辑段落样式，分别在【高级字符格式】和【连字】里设置。 若要某单词不转行或在指定位置转行，见第498页"自由连字符"
		标点悬挂等更美观	将光标放在文本框内或选中文本框，【文字】→【文章】，勾选【视觉边距对齐方式】，[按大小对齐]里输入主体文本的字号。 仅对当前文本框和与之串接的文本框有效。 若该文本框里有中文段落（此设置通常不用于中文），则选中该中文段落，【段落】面板菜单，勾选【忽略视觉边距】。也可以编辑段落样式，在【缩进和间距】里设置

C.17 查找与替换文本	打开操作界面		按 Ctrl+F 组合键（对锁定的图层和锁定的对象无效）。 【文本】选项卡：通常的文本查找与替换。 【GREP】选项卡：复杂的文本查找与替换（需要使用正则表达式）
	查找范围	搜索区域	在【搜索】中选取。 【文档】：整篇文档。 【文章】：选中的或光标所在框架里的文本（如有串接，则包含全部与之串接的框架）。 【到文章末尾】：从光标位置至本文本流结尾。 【选区】：选中的文本。 [包含隐藏的图层和隐藏的对象]图标：包含隐藏图层和对象（默认不含）。 [包含主页]图标：包含来自主页的内容和主页本身（默认不包含）。 [包含脚注]图标：不选中表示包含（默认），选中表示不包含
		区分大小写	[区分大小写]图标：区分大小写（默认不区分）。 对于【GREP】，无此选项，一律区分大小写
		区分全角半角	[区分全角/半角]图标：不选中表示区分（默认区分）！选中表示不区分
		全字匹配	[全字匹配]图标。 对于英文：只匹配整个单词，不匹配单词的局部（默认匹配局部）。 对于中文：只匹配孤立的字（前后有标点或空格也算孤立），不匹配连续文本中的局部（默认匹配局部）
	要查找的	内容	【查找内容】：输入文本或正则表达式。单击右侧[要搜索的特殊字符]图标，可输入段落标记、制表符、空格等
		格式	【查找格式】：单击下方的方框，设置要查找的格式，如字符段落样式、字体、颜色等。单击右侧[清除指定的属性]图标可删除已设置的格式
	要替换的	内容	【更改为】：输入文本。 如果只需要更改格式或删除查找的内容，那么这里要保持空白
		格式	【更改格式】：单击下方的方框，设置要更改的格式，如字符段落样式、字体、颜色等。单击右侧[清除指定的属性]图标可删除已设置的格式。 如果要删除查找的内容，那么这里要保持空白
	运作方式		【查找下一个】：单击一次，查找并选中匹配的文本一次。 【更改】：首先单击【查找下一个】，如果不想更改，就继续单击【查找下一个】；如果想更改，就单击【更改】。然后继续单击【查找下一个】……虽然速度慢，但是可以逐个把关。 【全部更改】：自动查找并自动更改。一气呵成，适用于把握大时。 【更改/查找】：与【更改】相似，只是更改后会自动查找下一处
	查找与替换的预设	使用预设	在【查询】里选用
		储存自定义的预设	查找与替换的各项都设置好后，单击上方[存储查询]图标。 如果要删除，就在【查询】里选中，然后[删除查询]图标
		备份预设	C:\Users（用户）\用户名\AppData\Roaming\Adobe\InDesign\Version 版本号\zh_CN\Find-Change Queries，【文本】的预设在"Text"文件夹里；【GREP】的预设在"GREP"文件夹里；【对象】的预设在"Object"文件夹里。 使用时，把预设文件复制到相应的文件夹里即可

C.18 查找与替换对象	打开操作界面		按 Ctrl+F 组合键,【对象】选项卡(只能替换对象的格式,不能替换对象本身)
	查找范围	搜索范围	在【搜索】及下方图标中定义(与前面"查找与替换文本"类似)
		对象类型	在【类型】中选取。 【所有框架】:全部类型的框架(默认)。 【文本框架】:文本框。 【图形框架】:图片框。 【未指定的框架】:用自带工具绘制的图形、线条
	要查找的格式		【查找对象格式】:单击下方的方框,设置要查找的格式,如描边、填色、效果等。单击右侧[清除指定的属性]图标可删除已设置的格式
	要替换的格式		【更改对象格式】:单击下方的方框,设置要更改的格式。单击右侧[清除指定的属性]图标可删除已设置的格式

C.19 图片	置入图片	作为新对象置入	单击空白处(不选中任何对象,光标不处于文本输入状态),按 Ctrl+D 组合键。 若只要置入一张图片,则双击该图片;若要置入多张图片,则选中它们并单击【打开】。 在文中单击(单击哪里不讲究,只要不是空框架)。若上一步选中了多张图片,则单击一次置入一张。 也可以不单击鼠标,而是按住鼠标左键画框(粗略规定宽高尺寸)
		置入已有的空框架	同上,只是最后单击该框架
		替换现有的图片	选中一个现有框架,按 Ctrl+D 组合键,勾选【替换所选项目】,双击图片
	成行成列,快速置入多张图片		按 Ctrl+D 组合键,选中多张图片(必须在一个文件夹里面),【打开】;或者从资源管理器、Bridge 中拖入。 在页面上拖动出一个选框(最外围图片的外缘会对齐其边框),不松开鼠标,按↓键减少行数,按↑键增加行数,按←键减少列数,按→键增加列数,最后松开鼠标。 若要调整间距,在松开鼠标之前,按住 Ctrl 键,按↓键减少行距,按↑键增加行距,按←键减少列距,按→键增加列距(置入下一批图片时,若仍要调整间距,则还需要进行本操作,所以要保持与上一批的调整值一致,有些不便)。 若希望按规定的顺序(文件名开头数字 1、2、3……)排列,就需要使数字的位数相同,如 01、02、03、25……(两位数)和 001、002、003、025、136……(三位数)
	批量置入图片,尺寸、位置能完全控制		(1)准备一个空框架。 新建一个空框架,设置好尺寸(也可以置入一张典型的图片,调整好尺寸,删除图片保留框架);【对象】→【适合】→【框架适合选项】,选【按比例适合内容】【按比例填充框架】;可以应用对象样式。 (2)复制出多个空框架,调整位置。 不要忘记"多重复制""原位粘贴"。在页面多时,不要忘记"主页"。 (3)置入图片。 按上述"置入已有的空框架"的方法,选中多张图片置入。 若希望按规定的顺序(文件名开头数字 1、2、3……)排列,要求同上。如果觉得在文件名前添加"0"麻烦,就分批置入:先置入 1~9,接着置入 10~99,最后置入 100 以后的

C.19 图片	将文档已有的图片放入另外的框架里		选中图片或它的框架,按 Ctrl+C 组合键,选中目标框架,按 Ctrl+Alt+V 组合键。 一个框架只能容纳一个对象,如果框架内已有对象,就会被替换。若选中框架,则框架会连同里面的图片一起进入新框架;若选中里面的图片,则只是图片进入新框架。
	库	新建库	【文件】→【新建】→【库】
		打开库	与打开 InDesign 文档的操作相似
		在库中添加、删除对象	添加对象:从正文拖入【库】面板(若是多个对象,会作为一个整体对待)。定位对象不能使用本方法,必须选中,【库】面板,[新建库项目]图标。可双击更名(仅便于鉴别,没有其他用途)。 删除对象:【库】面板,选中,[删除库项目]图标。 已嵌入文档的图片添加进库中后,在库中也已嵌入;未嵌入文档的图片,在库中也未嵌入,所以原图片文件不能更名、删除、移位。 图片和文本的格式信息(包括所用的样式)会记录在各自的对象里。不同对象里用的样式可重名,但应用在同一文档中时,后置入的会被先置入的替换
		将库中的对象置入到文档中	不讲究位置:【库】面板,拖入文档。 保持原来的位置:在本跨页里单击鼠标或选中本跨页里的某个对象,【库】面板,右击对象,【置入项目】。 对于文本和当初已嵌入的图片,现在也已嵌入。 对于当初未嵌入的图片,现在也未嵌入,所以原图片文件不能更名删除或移位。 图片和文本会保留当初的格式,所用的样式也会一同带来,如果有重名,就会被当前文档里的顶替
	选中框架		使用[选择工具]单击图片(不要单击中间的圆环)
	选中图片		使用[直接选择工具]单击图片;或使用[选择工具]单击中间的圆环
	不变形,同时调整框架和内容的大小		选中框架(可以选中多个),按 Ctrl+Shift 组合键拖动边框;或者控制面板,【X 缩放百分比】【Y 缩放百分比】([约束缩放比例]图标在启动状态)。 如提示"此值会导致一个或多个对象离开粘贴板",就删掉该图,重新置入,但置入时不是单击鼠标,而是拖动出一个矩形
	精确设置图片尺寸		使用[直接选择工具]选中图片,控制面板,输入【W】或【H】值([约束宽度和高度的比例]图标在启动状态)。然后双击框架的四个角之一
	图片大小和位置不变,框架贴紧图片		双击框架的四个角之一
	剪裁图片		拖动框架的边框
	查看图片缩放了多少		使用[直接选择工具]选中图片,控制面板,[X 缩放百分比] [Y 缩放百分比]
	查看图片有效 ppi		选中图片,【链接】面板
	图片转灰度		方法①:用 Photoshop 打开,【图像】→【模式】→【灰度】。 方法②:用 Photoshop 打开,【图像】→【调整】→【通道混合器】,勾选【单色】,可以移动【红色】【绿色】【蓝色】滑块进行微调。可以精细控制。 AI 格式的图片可以用 Illustrator 导出 TIF 格式的图片,然后使用上述方法

C.19 图片	框架不变，调整图片	总则	选中框架，【对象】→【适合】→【框架适合选项】。 【对齐方式】选锚点（默认是中心点），是图片和框架共同的锚点，两者会在锚点处对齐
		图片尺寸不变，可能填不满框架，可能裁切	【适合】选【无】（默认）。 图片的大小不调整
		图片不变形，填满框架，可能裁切	【适合】选【按比例填充框架】。 保证填满框架，不保证图片完整
		图片不变形，不裁切，可能填不满框架	【适合】选【按比例适合内容】。 保证图片完整，不保证填满框架
		图片填满框架，不裁切，可能变形	【适合】选【内容适合框架】。 保证填满框架，也保证图片完整，但图片可能变形
	精确移动对象		选中，按 Ctrl+Shift+M 组合键。 方法①：【水平】，向右为正值，向左为负值；【垂直】，向下为正值，向上为负值。 方法②：【距离】，绝对距离；【角度】，逆时针为正值，顺时针为负值
	对象在页面的位置		选中，【对齐】面板，【对齐】选【对齐页面】【对齐边距】等；【对齐对象】单击[水平居中对齐][垂直居中对齐]等
	旋转	总则	选中框架，框架和图片一起旋转；选中里面的图片，只有图片旋转
		拖动法	只能围绕中心点旋转。 将光标放在边框某个角的外侧附近，在出现双向箭头时，拖动。 按住 Shift 键，会限制为 45° 的整数倍
		数值法	确定围绕哪个点旋转。单击控制面板的最左端那 9 个点；或者使用[旋转工具]单击任意位置，可以在框架外部。 控制面板，[旋转角度]（正值为逆时针，负值为顺时针），或[顺时针旋转 90°][逆时针旋转 90°]； 或者【对象】→【变换】→【旋转】
	旋转出多个副本		用上面数值法中的【变换】旋转，但【旋转】里单击【复制】。 然后重复按 Ctrl+Alt+4 组合键
	水平、垂直镜像		选中框架，按 Ctrl+C 组合键，【编辑】→【原位粘贴】。 【对象】→【变换】→【水平翻转】或【垂直翻转】
	复制	单个复制	按住 Alt 键拖动（按住 Shift 键，则保持水平或垂直位置不变）
		成行、成列复制	方法①：选中框架，【编辑】→【多重复制】（勾选【预览】）；可以勾选【创建为网络】，整排整行复制。 方法②：也可以按住 Alt 键拖动复制一个，然后重复按 Ctrl+Alt+4 组合键（斜着复制更直观）
	隐藏		选中框架，按 Ctrl+3 组合键（大批量时，宜用隐藏图层的方法）。 取消隐藏（只能针对本跨页上的全部隐藏对象）：选中跨页里的任一对象，按 Ctrl+Alt+3 组合键

C.19 图片	自动把"图片的文件名"作为图标或注释	例如，有很多图片，文件名是"张三.jpg""李四.jpg"等，现在希望把"张三""李四"等自动添加在相应图片的下方。 （1）添加图片。 全部正常置入，调整好大小、位置。 （2）建立图标题的段落样式，设置文字与图片的间距。 【对象】→【题注】→【题注设置】。【段落样式】选【新建段落样式】，现在可以不设置格式。在【此前放置文本】添加前缀。 调整【位移】，即文字与图片的间距。 勾选【将题注和图像编组】。 注意：调整的设置，仅对新建的题注有效，对已有的无效！ （3）添加图标题，设置文本格式。 选中全部图片，【对象】→【题注】→【生成静态题注】（也可以只选一部分图片，分批操作）。 修改刚才建立的段落样式。 （4）删除".jpg"".psd"等扩展名。 使用 GREP 查找替换，【查找内容】输入"\.\w{2,4}$"（无引号）；【查找格式】选刚才新建的段落样式
	图片的存放位置	选中，【链接】面板菜单→【在资源管理器中显示】。 对于已嵌入的对象，不存在链接的文件
	用其他程序编辑图片	选中，右击，【编辑工具】→选 Photoshop 等。保存关闭后，InDesign 中的图片等会自动更新（对于已嵌入的对象，无法这样操作）
	将链接的图片转移到其他文件夹里	在【链接】面板中选中，【链接】面板菜单→【实用程序】→【将链接复制到】。 原来的图片可以删除
	将图片嵌入文档	在文中或在【链接】面板中选中，【链接】面板菜单→【嵌入链接】。 原文件的删除或修改从此与本文档无关。 文中图片左上角的链接标志消失；【链接】面板中出现小方框标志
	将已嵌入的图片返回到链接状态	在文中或在【链接】面板中选中，【链接】面板菜单→【取消嵌入链接】，会询问是否链接到原文件。 链接到原文件：选【是】，如果原文件更改了，则需要更新链接。 不要链接到原文件：选【否】，另存到一个地方
	更新图片	! 异常	原因：图片修改了。 单个图片更新：选中，【链接】面板，单击［更新链接］图标。 全部图片更新：【链接】面板菜单→【更新所有链接】
		? 异常	原因：图片找不到了。 选中单个图片，【链接】面板菜单→【重新链接】。 若弹出"已搜索此重新链接的目录，找到并更新链接 × 个缺失的链接"，单击【确定】，就会自动把多个具有相同情况的图片都链接好
	副本文档优先引用原始位置	例如，文件夹 A 里有文档1、图片文件夹 P（链接的图片都在里面），现在把文件夹 A 复制出一个副本，那么副本文档会优先链接原始图片文件夹 P，而不是副本里的图片文件夹 P。只有在不能自动找到时（如原始的文件夹 A 更名了；副本文档转移到了其他电脑），才会使用副本里的图片文件夹 P

C.19 图片	描边	添加描边	选中框架,【描边】面板。仅限框架自身或使用自带工具画的图形。在缩放框架时,描边粗细会随之缩放
		描边位置	【对齐描边】选下列选项之一。 [描边对齐中心]:描边向内外平均扩展(默认)。 [描边居外]:描边只向外扩展。 [描边居内]:描边只向内扩展
		转角类型	【连接】选下列选项之一。 [斜接连接]:尖角(默认类型)。 [圆角连接]:圆形,半径为描边宽度的1/2。 [斜面连接]:削平的尖角
		描边类型	【类型】里选择使用实线、虚线、自定义的描边样式等
		起点箭头、终点箭头	【起始处/结束处】选择使用箭头、圆点等。 【缩放】可调整大小(独立于线条描边粗细)。 起点、终点仅对开放路径可见!闭合路径可设置,但不可见
	新建描边样式	多条直线	【描边】面板菜单→【描边样式】,单击左侧某个选项作为基础,【新建】。 【类型】:选【条纹】。 拖动三角滑块调整直线粗细;拖动黑色区域调整直线分布; 在标尺上单击会添加新直线(可调整粗细和位置,向左或向右拖动可删除)
		一排直径相同的圆点	【描边】面板菜单→【描边样式】,【新建】。 【类型】:选【点线】。 在标尺上单击会添加圆点。拖动可调整分布;向上或向下拖动可删除。 【图案长度】:圆点大小。 【角点】:可选【调整间隙】
		一排方块或圆头方块(可以是多个长度不同的方块)	【描边】面板菜单→【描边样式】,【新建】。 【类型】:选【虚线】。 拖动三角滑块调整方块长度;在标尺上单击会添加新方块(可调整长度和位置,向下拖动可删除)。 【图案长度】:重复单元的长度。更改后,单元里的方块也自动按比例增减。 【角点】:可选【调整线段和间隙】。 【端点】:平头端点、圆头端点等
		3个内置样式	【描边】面板菜单→【描边样式】,【新建】。 【名称】填 Feet,【类型】选虚线; 【名称】填 Lights,【类型】选虚线; 【名称】填 Rainbow,【类型】选条纹。 名称的大小写、类型必须无误
		编辑、删除、存储、载入描边样式	【描边】面板菜单→【描边样式】,选中,【编辑】【删除】【存储】【载入】
	填色	框架、用自带工具画的图形	选中框架,【色板】面板(注意是针对[填色]的还是针对[描边]的),单击某色板
		JPG、TIF、PSD、AI 等图片	先转换成 JPG、TIF 等格式的灰度位图; 然后选中图片(不是框架),【色板】面板(针对[填色],不是[描边]),单击某色板

C.19 图片	建立对象样式	从现有对象创建	设置好格式（如有文本，要建好段落样式），选中框架，【对象样式】面板菜单→【新建对象样式】。 勾选【预览】，勾选【将样式应用于选区】。 段落样式需手动启用:【段落样式】里选希望应用的段落样式。若希望按顺序应用多个段落样式，则需要事先在段落样式里设置好下一样式，然后在此处选首个段落应用的段落样式，并勾选【应用下一样式】。 框架的尺寸、位置需手动设置:【大小和位置选项】的【调整】里选希望控制的
		从现有对象样式创建	【对象样式】面板，右击样式，【直接复制样式】。 默认脱离父样式控制，如果要链接到父样式，就在【基于】中选该父样式。 【基本属性】和【效果】的项目有两个或三个状态。 "勾选"：启用该项目或开启该功能。 "空白"：不启用该项目或关闭该功能。 "小横杠"：不控制该项目（对象的该项目是何状态与本样式无关）
		载入其他文档的对象样式	【对象样式】面板菜单→【载入对象样式】，勾选要载入的样式。 如【与现有样式冲突】栏下有文字，则说明与目标文档里的重名，可在下拉菜单中选【自动重命名】更名；或者选【使用传入定义】替换目标文档的名称。 如果载入的样式有父样式，并且没有选择载入该父样式，此时如果目标文档里有同名的，那么载入的子样式就转为基于该新父样式（但载入的子样式仍继承原父样式的格式。在修改新父样式时，对于新、旧父样式相同的项目，会立刻在该子样式里生效；对于新、旧父样式不同的项目，在该子样式里不生效！除非先设置成相同的过渡一下）；如果目标文档里没有同名的，载入的子样式就会把原来父样式的格式项目继承下来，然后就不基于任何样式
	应用对象样式		选中一个或多个或已编组的框架，【对象样式】面板，单击样式。（对于已编组的对象，样式将应用于组内每个对象）。 样式里有规定的，按规定；没规定的，保持现状，但如果是先前对象样式定义的项目（并且未修改），会改用默认（[基本××]样式规定的）格式。 两个例外：①某对象应用对象样式，接着手动更改该样式控制的项目，然后重新应用该样式，该项目依旧保持手动更改的。除非右击改样式，单击"应用样式，清除优先选项"。②对象样式里的段落样式对串接的文本框无效
	更改默认应用的对象样式		【对象样式】面板，把[新图形对象的样式][新文本框架的样式][使用网络工具绘制的新对象的样式]拖动到希望的对象样式上
	修改对象样式		【对象样式】面板，右击样式→【编辑××样式】
	重命名对象样式		【对象样式】面板，右击样式→【编辑××样式】，重命名【样式名称】。 更名后对文档无影响，原来引用它的对象和对象样式，仍然引用它
	断开与对象样式的链接		选中对象，【对象样式】面板菜单→【断开到样式的链接】
	删除对象样式		【对象样式】面板，右击样式→【删除样式】
	去除对象格式		选中框架，【对象样式】面板，按住 Alt 键单击相应的[基本××]样式

C.20 对象间的排布	调整堆叠次序		方法①：选中框架，【对象】→【排列】。 方法②：按 Ctrl+ [组合键后移一层，按 Ctrl+] 组合键前移一层。 方法③：【图层】面板，单击所在图层名称前面的三角符号，上面的对象堆叠在上面，下面的对象堆叠在下面，上下拖动对象
	选择堆叠在一起的对象		按 Ctrl 键，第 1 次单击选中顶层的，以后每单击一次下移一层；或【图层】面板，单击所在图层名称前面的三角符号，单击对象后面的小方块
	选中多个对象		按住 Shift 键，分别单击；或使用 [选择工具] 框选（对象的一部分在选框内即可）
	编组		选中，按 Ctrl+G 组合键。 编组后的堆叠次序与参与编组中的顶层者相同。若处在不同图层中，则编组后的全体对象都移动到参与编组的顶层图层里。 文本框编组后，不影响文本编辑和串接
	选中组内的某对象		双击该对象。多重编组的，需要多次双击，即有几重编组，就双击几次
	查看是否参与编组		选中，定界框是虚线，表示已编组；定界框是实线，表示未编组
	取消编组		选中，按 Ctrl+Shift+G 组合键。 对象的堆叠次序和所在的图层，将回到编组前的状态
	对象与对象之间的位置	总则	选中它们，【对齐】面板，然后进行如下设置
		中心线对齐	单击某对象作为基准（即该对象不动，其他对象动）。 【对齐对象】单击 [水平居中对齐][垂直居中对齐]
		同一端对齐	单击某对象作为基准 【对齐对象】单击 [左对齐][右对齐][顶对齐][底对齐]
		指定中心线之间的距离	单击某对象作为基准。 【分布对象】下方的【使用间距】，输入间距值。 【分布对象】单击 [垂直居中分布] 或 [水平居中分布]
		指定同一端之间的距离	单击某对象作为基准。 【分布对象】下方的【使用间距】，输入间距值。 【分布对象】单击 [按顶分布][按底分布][按左分布][按右分布]
		两头固定，对象中心线之间的距离相等	【对齐】选【对齐选区】。 【分布对象】单击 [垂直居中分布] 或 [水平居中分布]（不要勾选【使用间距】）
		两头固定，对象同一端之间的距离相等	【对齐】选【对齐选区】。 【分布对象】单击 [按顶分布][按底分布][按左分布][按右分布]（不要勾选【使用间距】）
		两头固定，对象的间隙相等	【对齐】选【对齐选区】。 【分布间距】单击 [水平分布间距] 或 [垂直分布间距]（不要勾选【使用间距】）
		指定间隙值	单击某对象作为基准。 【分布间距】下方的【使用间距】，输入间距值。 【分布间距】单击 [水平分布间距] 或 [垂直分布间距]

C.20 对象间的排布	锁定		选中，按 Ctrl+L 组合键；或者放进图层里，锁定图层
	解除锁定		解锁某对象：正常视图下，被锁定对象的定界框左上侧会出现小锁标记（若没有，就按 Ctrl+H 组合键），单击该标记。 解锁某跨页里的全部锁定对象：在该跨页里单击，【对象】→【解除跨页上的所有锁定内容】。 释放某锁定图层里的全部对象：解除锁定该图层
	对象在版面上的位置	在版心里对齐	选中，【对齐】面板，【对齐】选【对齐边距】。 【对齐对象】单击[左对齐][水平居中对齐][右对齐]等
		在页面里对齐	选中，【对齐】面板，【对齐】选【对齐页面】。 【对齐对象】单击[左对齐][水平居中对齐][右对齐]等
		在跨页里对齐	选中，【对齐】面板，【对齐】选【对齐跨页】。 【对齐对象】单击[左对齐][水平居中对齐][右对齐]等
		在对象样式里规定	对象样式，【大小和位置选项】，【位置】区域。 【调整】：X（水平）、Y（垂直）方向，也可只定义其一。 【参考点】：对象的基准点。 【起自】:【页面边缘】表示成品边缘；【页边距】表示版心边缘。 【X 位移】：在水平方向上，对象的基准点到成品（或版心）左边缘的距离。 【Y 位移】：在垂直方向上，对象的基准点到成品（或版心）上边缘的距离
	文本绕排	总则	选中图片等对象，【文本绕排】面板（与文本可以不在一个图层）。 如果希望下方文本严格按设定的间距绕排，则需要按 Ctrl+K 组合键，【排版】，取消勾选【按行距跳过】
		四面沿定界框绕排	[沿定界框绕排]图标（一切定界框都是矩形的）。 【上位移】【下位移】【左位移】【右位移】可以调节与文字边缘的间距
		四面沿轮廓绕排	[沿对象形状绕排]图标（对象需要有轮廓信息，否则与上面无异），【轮廓选项】选【Alpha 通道】或【Photoshop 路径】。若用【检测边缘】，则需要注意边缘的浅色区域是否压着文字了。 上下左右只能统一调节与文字边缘的间距。 可以使用[直接选择工具]调整绕排的轮廓（可以使用[钢笔工具]添加、删除锚点）。一旦这样调整，【轮廓选项】就会自动变为【用户修改的路径】，如果改用了其他类型的绕排，则这些自定义设置会消失
		上下左、上下右沿定界框绕排	同"四面沿定界框绕排"。只是【绕排至】选【右侧】【左侧】【朝向书脊侧】【背向书脊侧】
		上下左、上下右沿轮廓绕排	同"四面沿轮廓绕排"。只是【绕排至】选【右侧】【左侧】【朝向书脊侧】【背向书脊侧】
		上下沿定界框绕排（左右空白）	[上下型绕排]图标。 上下可单独调节与文字边缘的间距
		同上，但下方文本排入下一栏或框架	[下型绕排]图标。 上方可调节与文字边缘的间距
		忽略文本绕排	如要在设置了绕排的图像内添加说明性文字，就选中该文本框，【对象】→【文本框架选项】，勾选【忽略文本绕排】

C.20 对象间的排布	设置定位对象	设置定位锚点	拖动框架右上边的实心方块到要跟踪字符的左侧。 按住 Alt 键单击图片框架右上边的锚标志，即可打开"定位对象选项"对话框（若当初按住 Alt 键拖动，则自动打开）；或者新建或编辑对象样式，单击左侧的【定位对象选项】。 然后，下面三选一
		图片在行中（像一个字符）	（1）【位置】选【行中或行上】；选中【行中】（其实可以直接选中框架，按 Ctrl+X 组合键，将光标置于文本中，即处在文本输入状态，按 Ctrl+V 组合键；也可以按住 Shift 键拖动框架右上边的实心方块到文本中。这样默认就是图片在行中，前面的步骤都不用了）。 （2）【Y 位移】：图片垂直位移（有限度）。 调整与文本的左右间距：设置环绕方式为 [沿定界框绕排]，调整 [左位移][右位移]。 图片会堆叠在文本下面
		图片在行上（行的上方，前面行的下方，像上下型文本绕排）	（1）【位置】选【行中或行上】；选中【行上方】。 （2）【对齐方式】：图片在栏中（若只有一栏，则是框架）水平方向【左】【居中】【右】等对齐。 （3）【前间距】：图片与上方文本的间距。正值增大间距（调整幅度可以很大）；负值减小间距（调整幅度有限）。 （4）【后间距】：图片与下方文本的间距。正值增大间距（调整幅度可以很大）；负值减小间距（调整幅度可以很大，甚至可以使图片位于行的下方）。 图片会堆叠在：锚点之前文本的上面；锚点之后文本的下面
		图片在其他地方（上述两种情况之外的地方）	（1）【位置】选【自定】。 （2）在【定位对象】区域的【参考点】中单击某个小方框：图片的基准点。 （3）【X 相对于】选下列选项之一，表示水平方向上图片相对于谁定位。 【锚点标志符】【栏边】【文本框架】【页边距】【页面边缘】。 （4）【Y 相对于】选下列选项之一，表示垂直方向上图片相对于谁定位。 【行（基线）】【行（大写字母高度）】【全角字框，上】【全角字框，居中】【全角字框，下】【行（行距上端）】【栏边】【文本框架】【页边距】【页面边缘】。 （5）在【定位位置】区域的【参考点】中单击某个小方框：上面两条确定的参照物的基准点。 （6）【X 位移】【Y 位移】：水平、垂直方向上图片基准点与参照物基准点的距离。 图片会堆叠在文本上面
	选择定位对象		使用 [选择工具] 只能选中一个定位对象（按 Shift 键或框选也是如此）。 如果要同时设置多个定位对象的定位条件，就使用 [文字工具] 选择包含多个定位锚点在内的文本
	解除对象的定位		选中框架，【对象】→【定位对象】→【释放】。解除后，对象的位置不会移动。 如果【释放】是灰色的，则不允许操作，说明该定位对象是行中或行上的定位对象。此时可选中该定位对象，剪切并粘贴，但对象的位置往往会改变

C.21 颜色、特效	创建颜色色板	印刷色	方法①：填入颜色值。 选中框架，【色板】面板菜单→【新建颜色色板】。 【以颜色值命名】勾选表示以颜色值命名，取消勾选表示自定义名称。 【颜色类型】选【印刷色】。 【颜色模式】选【CMYK】，分别输入颜色值。 方法②：选择色库。 选中框架，【色板】面板菜单→【新建颜色色板】。 【颜色模式】选【PANTONE+ Color Bridge Coated】等色库（必须是印刷色库，如果选了专色库，则最后【颜色类型】会自动变为【专色】），然后在其中选取一个颜色。 方法③：模仿现有的颜色。 使用[吸管工具]单击希望模仿的颜色，【色板】面板菜单→【新建颜色色板】，其余同方法1，颜色值会自动填写。注意如果【颜色模式】不是【CMYK】，则要选【CMYK】
		专色	选中框架，【色板】面板菜单→【新建颜色色板】。 【颜色类型】选【专色】。 【颜色模式】选【CMYK】，分别输入颜色值（仅用于在屏幕上模拟显示）。还可以选【PANTONE+ Solid coated】等色库（必须是专色库，如果选了印刷色库，则最后【颜色类型】会自动变为【印刷色】），然后在其中选取一个颜色
		印刷色和专色混合	选中框架，【色板】面板菜单→【新建混合油墨色板】。 勾选需要设置的颜色，输入颜色值
	把RGB色板转为CMYK色板		【色板】面板，右击色板→【色板选项】,【颜色模式】选【CMYK】
	载入其他文档的色板		【色板】面板菜单→【载入色板】。 名称相同、内容相同：不载入。 名称相同、内容不同：自动重命名。 名称不同、内容相同：正常载入
	应用色板		选中框架（或具体的文本），【色板】面板，选择[格式针对容器][格式针对文本]，选择[填色][描边]，单击色板。 还可以在段落样式、对象样式等样式里设置
	把色板变淡		选中对象，【色板】面板，使用某个色板，降低【色调】。 如果很多对象需要这样，则可以建立色调色板：【色板】面板，选中某个色板，【色板】面板菜单→【新建色调色板】。以后，就像普通色板一样使用即可
	修改色板		【色板】面板，右击色板→【色板选项】
	复制色板		【色板】面板，右击色板→【复制色板】
	重命名色板		【色板】面板，右击色板→【色板选项】，取消勾选【以颜色值命名】。 更名后对文档没有影响，原来使用它的文本和图形，仍然使用它
	删除色板		【色板】面板，右击色板→【删除色板】。 【色板】面板菜单→【选择所有未使用的样式】，单击[删除选定的色板/组]图标，即可删除所有未使用的色板

C.21 颜色、特效	创建渐变色板		选中框架,【色板】面板菜单→【新建渐变色板】。 【类型】选【线形】(从左到右)或【径向】(从内到外)。 单击【渐变曲线】的左控制点,【站点颜色】选【CMYK】或【色板】,设置颜色。 同样方法设置右控制点。 可拖动【渐变曲线】左右控制点、中间滑块,调整渐变位置。 可单击【渐变曲线】下方边缘,添加控制点
	应用渐变色板		同"应用色板"
	应用渐变色板后,调整方向等		选中框架(或具体的文本),【色板】面板,确认 [格式针对容器][格式针对文本][填色][描边]。 使用 [渐变色板工具] 画线,起点是左控制点的颜色,终点是右控制点的颜色,按住 Shift 键可水平或垂直画线;也可以【渐变】面板,调整【角度】【位置】,拖动控制点或滑块
	多个对象渐变应用一个渐变(不是分别应用)		选中多个对象,应用渐变,然后使用 [渐变工具] 从一端拖动到另一端
	去除渐变色		使用正常的色板
	透明度		选中框架,【效果】面板,先选中下方选项,然后调整【不透明度】。 【对象】:针对框架及其内容(默认设置)。 【描边】:只针对框架的描边。 【填充】:只针对框架的填充。 【文本】:针对文本(不可单独控制文本的描边和填充)
	混合模式		选中上层的框架,【效果】面板的左上角下拉菜单,【正片叠底】等(对象可以不在一个图层)
	投影、发光、浮雕等		选中框架,【效果】面板,【fx】→【投影】等。【对象】的后面会出现 fx 标志,拖动该标志到其他对象上,出现加号时释放鼠标,可以快速设置
	图片背景过渡	四周过渡	选中框架,【效果】面板,【fx】→【基本羽化】,勾选【预览】。 调节【羽化宽度】,即可调节与背景融合的宽度
		四周深度过渡	选中框架,【效果】面板,【fx】→【渐变羽化】,勾选【预览】。 【类型】选【径向】,左右拖动【渐变色标】上部滑块,即可调节与背景融合的宽度
		某方向上过渡	选中框架,【效果】面板,【fx】→【渐变羽化】,勾选【预览】。 【类型】选【线性】,左右拖动【渐变色标】上部滑块,即可调节与背景融合的宽度。 [渐变羽化工具] 调整在哪个方向融入背景
	清除所有效果并使对象变为不透明		选中框架,【效果】面板,单击 [清除所有效果并使对象变为不透明] 图标
	叠印	设置叠印	针对框架:选中框架,【属性】面板,勾选【叠印填充】【叠印描边】;也可以在对象样式的【填色】【描边】里设置。 针对文本:选中文本,【属性】面板,勾选【叠印填充】【叠印描边】;也可以在字符样式或段落样式的【字符颜色】里设置
		预览叠印效果	【视图】,勾选【叠印预览】,可以模拟显示叠印后的颜色,当然这只是在屏幕上显示,不会影响印刷结果

C.21 颜色、特效	陷印	修改默认使用的陷印预设	【陷印预设】面板，双击【默认】
		新建陷印预设	【陷印预设】面板菜单→【新建预设】
		导入陷印预设	【陷印预设】面板菜单→【载入陷印预设】
		使用陷印预设	【陷印预设】面板菜单→【指定陷印预设】 【陷印预设】选希望应用的预设，【页数】里指定希望应用的页码，【指定】。 【陷印任务】里会列出哪一页应用哪个陷印预设
	导入外来的 ICC		将 ICC 文件复制到 WINDOWS\system32\spool\drivers\color 文件夹中。重新启动 Adobe 程序
	利用 Photoshop 将 RGB 位图转为 CMYK 位图		方法①：用 Photoshop 打开，【图像】→【模式】→【CMYK 颜色】。会使用【工作空间】里的 CMYK ICC 转换。 方法②：用 Photoshop 打开，【编辑】→【转换为配置文件】，在【配置文件】里选择使用的 ICC。注意要选 CMYK ICC
	利用 Illustrator 将 RGB 矢量图转为 CMYK 矢量图		用 Illustrator 打开，【文件】→【文档颜色模式】→【CMYK 颜色】。会使用【工作空间】里的 CMYK ICC 转换
	查看图片在用的 ICC		【链接】面板，选中图片，在【链接信息】里的【ICC 配置文件】查看
	给图片指定 ICC		选中框架，【对象】→【图像颜色设置】，在【配置文件】下拉菜单中指定
	设置工作空间		【编辑】→【颜色设置】，【工作空间】区域的【RGB】【CMYK】。注意本设置是针对程序的，不是针对文档的
	给 InDesign 文档指定 ICC		【编辑】→【指定配置文件】，在【指定配置文件】下拉菜单中指定
	查看 InDesign 文档 ICC（文档在用的 ICC）		【编辑】→【指定配置文件】，【指定配置文件】里显示的 ICC 即是。一般是【工作空间】里的 ICC，但也可以是 InDesign 文档嵌入的 ICC，还可以是给 InDesign 文档指定的 ICC
	设置颜色管理方案		【编辑】→【颜色设置】，在【颜色管理方案】区域的【RGB】【CMYK】中设置。 【保留嵌入配置文件】：如果图片有嵌入的 ICC，则继续使用该 ICC；如果图片没有嵌入的 ICC，则使用 InDesign 文档 ICC。当然如果给图片指定了 ICC，就使用该 ICC。 【保留颜色值（忽略链接配置文件）】：使用 InDesign 文档 ICC，图片嵌入的 ICC 无效。当然如果给图片指定了 ICC，就使用该 ICC。 【关】：无条件使用 InDesign 文档 ICC，其他 ICC 一律无效。 注意本设置是针对程序的，不是针对文档的
	文档的 ICC 或颜色管理方案与程序的不匹配时采用的处理方案		【编辑】→【颜色设置】，【颜色管理方案】区域要勾选【配置文件不匹配：】后面的【打开时提问】（下面两个也可以一并勾选）。首先要完成本步骤，否则，即使不匹配，我们也无法干预。 重新打开 InDesig 文档，若 InDesign 文档的 ICC 或颜色管理方案与程序当前的设置不一致，就会弹出【配置文件或方案不匹配】警告消息。 【调整文档以匹配当前颜色设置】：ICC 和颜色管理方案改用当前设置的。 【将文档保持原样】：ICC 和颜色管理方案仍旧使用原文档的

C.21 颜色、特效	查看转换成 CMYK 模式后的外观、某处的 CMYK 值		【分色预览】面板（或按 Shift+F6 组合键），【视图】选【分色】。将光标放在某处，会显示该处的 CMYK 值。将颜色按 InDesign 文档使用的 CMYK ICC 转换成 CMYK 模式。实际上并没有转换，只是给我们呈现出转换后的模样
	查看总油墨量超过某个值的区域		【分色预览】面板（或按 Shift+F6 组合键），【视图】选【油墨限制】，输入或选择某值，红色区域表示总油墨量超过该值
	导出 PDF 文档时的颜色管理方案		按 Ctrl+E 组合键，【保存类型】选【Adobe PDF(打印)】，【保存】。【Adobe PDF 预设】选【PDF/X-1a:2001(Japan)】等希望使用的预设。【输出】，【颜色转换】。 【无颜色转换】：各个对象的 ICC 保持原样。 【转换为目标配置文件】：所有对象都转换为使用【目标】里规定的 ICC。 【转换为目标配置文件（保留颜色值）】：同上，但本地 CMYK 对象、没有嵌入也没有指定 ICC 的外来 CMYK 对象，不进行颜色转换
C.22 路径	[矩形工具] [矩形框架工具]		拖动，绘制矩形（按住 Shift 键会绘制正方形，按住 Alt 键会以鼠标起点为中心绘制）
	[椭圆工具] [椭圆框架工具]		拖动，绘制椭圆（按住 Shift 键会绘制圆，按住 Alt 键会以鼠标起点为中心绘制）
	[多边形工具] [多边形框架工具]		（1）双击该工具，自定义【边数】。【星形内陷】默认是 0%，若希望得到星形，就改为 50% 等，数字越大，星形的角越尖锐。 （2）拖动，绘制多边形（按住 Shift 键会绘制正多边形，按住 Alt 键会以鼠标起点为中心绘制）。 更改已有的多边形：选中该对象，执行步骤（1）
	[直线工具]		拖动，绘制直线（按住 Shift 键，角度限制为 45°的整数倍）
	[钢笔工具]	绘制直线、折线	单击起始点，单击下一点（按住 Shift 键，角度限制为 45°的整数倍）
		绘制曲线	单击第 1 个点，鼠标不松开，向曲线前进方向拖动；单击下一个点，鼠标不松开，拖动。 控制杆越长，曲线越弯曲。鼠标松开之前，按空格键可移动当前的锚点（按 Ctrl+Z 组合键会后退一步）
		结束绘制	对于开放路径，单击任意其他工具； 对于闭合路径，定位到第 1 个锚点上，出现"。"时单击
		结束后，继续绘制	（仅针对开放路径）对不在编辑状态的图形需要先用 [直接选择工具] 选中。将光标放在首个或末个锚点上，出现"/"时单击
		连接两个独立的开放路径	对不在编辑状态的图形需要先用 [直接选择工具] 选中。在一个路径的首个或末个锚点上出现"/"时单击，在另一路径的首个或末个锚点上出现串接符号时单击
		修改锚点和控制杆	按住 Ctrl 键，将光标移到曲线上，出现"/"时，单击曲线。按住 Ctrl 键，将光标移到锚点或控制杆端点上，出现"□"时，拖动。 使用 [直接选择工具] 也可以移动锚点
		增减锚点	对不在编辑状态的图形需要先用 [直接选择工具] 选中。 增加锚点：将光标放在路径上，出现"+"时单击。 删除锚点：将光标放在锚点上，出现"-"时单击
		角点和平滑点相互转化	对不在编辑状态的图形需要先用 [直接选择工具] 选中。按住 Alt 键，将光标放在锚点上，出现"⌒"时单击

颜色、特效 / 路径

C.22 路径	[铅笔工具]	平滑、不精准	双击 [铅笔工具]，增大【保真度】。如果不满意，就同时增大【平滑度】。单击【默认值】，会恢复默认设置
		精准、不平滑	双击 [铅笔工具]，减小【平滑度】。如果不满意，就同时减小【保真度】
		绘制开放路径	拖动即绘制。结束后，松开鼠标
		绘制闭合路径	同上，但按住 Alt 键，松开鼠标，首尾会自动以直线相连
		连接两个独立的开放路径	选中这两个路径，[铅笔工具]，在一个路径上单击，开始绘制，按 Ctrl 键在另一路径上松开鼠标
		局部修改	选中路径，[铅笔工具]，单击需要修改部分的一端，开始绘制，在需要修改部分的另一端松开鼠标。起点和终点必须在原路径上。如果起点不在原路径上，则会画出一条新路径；如果终点不在原路径上，则原路径的终点改为新路径的终点
		闭合路径改为开放路径	选中路径，[铅笔工具]，单击需要打开的地方，向外绘制，松开鼠标
		开放路径改为闭合路径	选中路径，[铅笔工具]，单击原路径的一个端点，开始绘制，在另一端点上松开鼠标
	导入 Illustrator 路径		Illustrator 里，使用 [选择工具] 拖动路径到 InDesign。描边、填色不能同时没有
	导入 Photoshop 路径		Photoshop 里，使用 [路径选择工具] 拖动路径到 Illustrator，然后拖动到 InDesign
	把文字转为路径		选中文本框，【文字】→【创建轮廓】
	成行、成列快速绘制		[矩形框架工具][多边形框架工具][文字工具]等，在页面上拖动出一个选框，不松开鼠标，按↓键减少行数，按↑键增加行数，按←键减少列数，按→键增加列数，最后松开鼠标。若要调整间距，在松开鼠标之前，按住 Ctrl 键，按↓键减少行距，按↑键增加行距，按←键减少列距，按→键增加列距
	修改形状		不选中该路径，[直接选择工具]，将光标放在锚点附近，光标右下角出现空心小方块时，拖动鼠标，即移动锚点；将光标放在边附近，光标右下角出现斜杠时，拖动鼠标，即移动边（可用 [钢笔工具] 添加、删除锚点，转换角点和平滑点）
	把一个路径分成多个		[剪刀工具]，在路径断开处单击
	删除局部		选中，[抹除工具]（与 [铅笔工具] 在一起），沿原路径拖动鼠标
	更改路径的方向		选中，【路径查找器】面板，[反转路径：更改路径的方向]
	切变对象		选中，控制面板，[X 切变角度]
	框架转角的形状		选中框架，【对象】→【角选项】；或控制面板（在中部偏右）
	多边形、矩形、圆相互转换		选中，【路径查找器】面板，【转换形状】
	合并路径	相加	选中，【路径查找器】面板，[相加]
		只保留底层未重叠的部分	选中，【路径查找器】面板，[减去]（镂空效果）。注意堆叠顺序
		只保留上层未重叠的部分	选中，【路径查找器】面板，[减去后方对象]
		只保留重叠部分	选中，【路径查找器】面板，[交叉]
		扣除重叠部分	选中，【路径查找器】面板，[排除重叠]

C.23 表格	创建表格	从零创建	【表】→【插入表】。如果光标事先处在一个空段落里，就会在该段落里创建表格；如果光标事先不处在文本输入状态，会自动新建一个框架并放置该表格
		从现有文本创建	选中文本，【表】→【将文本转换为表】。文本需要有逗号等以分割列，有回车符等以分割行
		复制其他文档的表格	选中框架或表格，复制、粘贴。 ①如果用到的样式与目标文档的都不重名，那么这些表样式、单元格样式、段落样式会被一同带进目标文档。 ②如果表样式重名，就会被目标文档的替换；它原来用的单元格样式不会被带进来而改用新表样式里规定的单元格样式；它原来用的段落样式会被带进来继续使用。 ③如果单元格样式重名，就会被目标文档的替换；它原来用的段落样式会被带进目标文档并继续使用。 ④如果段落样式重名，就会被目标文档的替换。 ⑤用到的色板会被一同带进目标文档，如果重名，就会自动重命名。 ⑥如果该表用的表样式等有父样式，则父样式会被一同带进目标文档
		置入 Word、Excel 表格	见第 425 页"导入 Word 文档"的"表格"。 见第 427 页"导入 Excel 文档"的"表格"。 表格会独占一个框架
		置入 PPT 表格	先复制并粘贴到 Word 文档里，然后以去除格式的方式导入 InDesign 文档
		置入 PDF 表格	如果无须编辑，就直接置入 PDF 表格；否则，先用 Word 打开，存储为 Word 格式（有的可能效果不佳），然后置入该 Word 表格
	把表格剪切到其他框架里		选中表格，剪切并粘贴到其他框架内
	表格在框架中的位置	水平方向	将光标置于首个单元格里文本的开头，按←键，一个巨大的光标会闪烁在表格左侧。此时可像普通文本一样设置左、右、居中对齐，段落左缩进
		垂直方向	将光标放在表格内，【表】→【表选项】→【表设置】，【表前距】【表后距】。 还受所在段落和相邻段落的段前距和段后距的影响
	在表格上、下方插入文本		如果表格上方或下方已经有文本或空行，则这不是问题。否则，将光标置于首个单元格里文本的开头，按←键，一个巨大的光标会闪烁在表格左侧。 若要在表格上方输入文本，则按 Enter 键，表格上方即可出现一个空行。 若要在表格下方输入文本，则按→键，一个巨大的光标会闪烁在表格右侧，再按 Enter 键，表格下方即可出现一个空行
	整体调整表格大小，行高或列宽大致按比例缩放，但文本大小不变		将光标放在表格内，按住 Shift 键拖动表格最右边或最下面的边框
	选中单元格		将光标放在该单元格内，拖动鼠标或按 Ctrl+/ 组合键。 如果要在【单元格选项】里设置，或者进行单元格样式的操作，则将光标放在单元格内即可（当然只能针对这一个单元格）

C.23 表格	选中行、列	光标处在文本输入状态。 将光标移到左侧外边框，变成箭头时，单击选中行，可上下拖动选中多行；将光标移到顶部外边框，变成箭头时，单击选中列，可左右拖动选中多列
	选中一片区域	小范围：拖动法。 大范围或跨页：选中左上角的单元格，按住 Shift 键单击右下角的单元格
	选中表格	将光标放在表格内，按 Ctrl+Alt+A 组合键。 如果要在【表选项】里设置，或者进行表样式的操作，则将光标放在表内即可
	插入行、列	光标位于相邻的单元格，【表】→【插入】→【行】或【列】。 如果要在最下面或最右边插入，可以打开【表】面板，增加[行数][列数]
	删除行、列	将光标放在行或列（或者选中多行或多列），【表】→【删除】→【行】或【列】。 如果要在最下面或最右边删除，则可以打开【表】面板，减小[行数][列数]
	移动（复制）行、列	选中行、列，将光标移动到这些行、列里，当右下角出现"日"标志时，将这些行、列拖动（按住 Alt 键可进行复制）到希望的位置
	合并单元格	选中单元格，【表】→【合并单元格】
	取消合并单元格	将光标放在单元格内，【表】→【取消合并单元格】
	拆分单元格	选中单元格或行列，【表】→【水平拆分单元格】或【垂直拆分单元格】
	续表自动出现表头、表尾	选中表头行或表尾行（必须选中整行，并且是最前面或最后面的一行或多行），右击，【转换为表头行】或【转换为表尾行】。 如果想恢复原状，就选中，右击，【转换为正文行】
	指定某一行排到下一框架、栏	将光标放在该行内，【表】→【单元格选项】→【行和列】，【起始行】选【下一框架】或【下一文本栏】。注意一行不能分布在两个框架里
	指定某些行保持在同一框架内	选中这些行里的一系列单元格，但最下面一行的不要选。例如，希望第 4、5、6 行不分开，那么选中第 4、5 行。 【表】→【单元格选项】→【行和列】，勾选【与下一行接排】
	合并结构相同的表格	例如，有两个表格结构相同（列宽也相同），希望把第 2 个表格接着第 1 个表格往下排。 (1)在第 1 个表格的下方插入足够多的空行（以放置第 2 个表格）。 (2)选中第 2 个表格，按 Ctrl+C 组合键。 (3)选中第 1 个表格里一整行空行（以放置第 2 个表格的首行），按 Ctrl+V 组合键
	表格在指定位置断开	方法①：把表格制作一个副本。删去前面表格的后面部分，删去后面表格的前面部分。 方法②：缩小表格所在的框架，排不下的部分会流动到串接的框架里，可以用脚本断开串接
	单元格内边距	选中单元格，【表】面板，[上单元格内边距][下单元格内边距][左单元格内边距][右单元格内边距]

C.23 表格	文本方向、对齐	选中单元格，控制面板。 【排版方向】选【直排】【横排】。 [左对齐] [居中对齐] [右对齐] 等；[上对齐] [居中对齐] [下对齐]
	小数点对齐	（1）选中数字所在的单元格（只能是一列，不要多选，并且确保数字在单元格里左对齐），按 Ctrl+Shift+T 组合键。 （2）选中 [对齐小数位（或其他指定字符）制表符]，单击标尺上方的条状区域。拖动该制表符标记，即调整小数点的位置。 （也可以在段落样式的制表符里设置，注意光标要处在某个数字单元格里）
	文本旋转	选中单元格，【表】→【单元格选项】→【文本】,【文本旋转】
	表格边框的粗细、线型、颜色	选中单元格，控制面板。 方格示意图：单击线框即控制作用范围，蓝色表示随后的操作生效，灰色表示随后的操作不生效。 [×× 点]：边框的粗细。 [×× 点] 正下方的框：实线、虚线、波浪线等线型。 [描边]：边框颜色
	折栏表、叠栏表两部分之间的双细线	列线或行线的描边类型设置为双细线，粗细加大。 粗细值越大，两条线的间距越大，单根线越粗。当粗细为 2 点时，单根粗细约为 0.3 点。若不理想，就需要新建描边样式
	行线、列线的堆叠次序	将光标放在任意单元格,【表】→【表选项】→【表设置】,【表格线绘制顺序】。 【最佳连接】（默认）：行线压列线。但是当描边（如双线）交叉时，描边会连接在一起，并且交叉点也会连接在一起。 【行线在上】：行线压列线。 【列线在上】：列线压行线
	表格外边框	单页表格	将光标放在任意单元格,【表】→【表选项】→【表设置】。只针对四边相同的边框。若四边边框不一致，就需要用设置单元格的方法。例如，针对外粗内细的外框，就需要设置左上两边为上粗下细的线型，右下两边为上细下粗的线型
		分页表格（续表）	（1）设置好表格格式，外边框也设置好。 （2）把表头转换为表头行。 （3）在末行的下面插入一行，其上边框线保持原状，其他边框线的粗细都设为 0 点（该行如有填色，设为无），即看似它不存在；将该行转换为表尾行。如果感觉它太占地方，就把行高固定为 1.058mm
	表格填色	一种颜色	选中单元格,【表】→【单元格选项】→【描边和填色】（可以选用渐变色板）
		交替填色	光标位于表内,【表】→【表选项】→【交替填色】。 表头行、表尾行不参与交替填色
	单元格对角线	选中单元格,【表】→【单元格选项】→【对角线】

C.23 表格	行高	行高的范围	行高必须在 1.058mm 至规定的最大值范围内。 最大值默认是 200mm，可以在 1.058～3048mm 范围内任意定义： 【表】→【单元格选项】→【行和列】，【最大值】
		自动适应内容，但不小于某个值	选中行，或者将光标放在该行里的任意单元格内，【表】面板。 [行高] 选【最少】（默认，必要时输入或拖动行线修改该值）。 设置 [上单元格内边距] 和 [下单元格内边距]。 内容所占空间的高度与上下单元格内边距之和，与最少值相比，二者中的较大者，即是行高。 查看实际行高：[行高] 选【精确】，即可在右侧显示
		固定在某个值	选中行，或者将光标放在该行里的任意单元格内，【表】面板。 [行高] 选【精确】，输入或拖动行线修改该值
	列宽	列宽的范围	列宽必须在 1.058～3048mm 范围内
		改变列宽，表格的总宽度会改变	将光标放在表内，拖动本列的右边框线；或者选中列，或者将光标放在该列里的任意单元格内，【表】面板，[列宽]
		改变列宽，表格总宽度不变	将光标放在任意单元格内，按住 Shift 键，拖动两列之间的列线
		只移动两个单元格之间的列线	向左移动：把左侧那个单元格垂直拆分；合并新增的单元格和右侧那个单元格；按住 Shift 键，拖动两个单元格之间的列线。 向右移动：把右侧那个单元格垂直拆分；合并新增的单元格和左侧那个单元格；按住 Shift 键，拖动两个单元格之间的列线
	均匀分布行、列		选中单元格，【表】→【均匀分布行】或【均匀分布列】
	将图片放入单元格里	单元格里空无一物	方法①，适宜在行高已经确定的情况下采用。 选中要放置图片的单元格，【表】→【单元格选项】→【图形】，设置单元格内边距（针对图片）。 把图片从资源管理器拖动到单元格里，图片框架会自动紧贴单元格内边距，图片会采用【按比例填充框架】的方式居中分布在框架内。如果不希望用这种方式，就选中框架，【对象】→【适合】→【按比例适合内容】（还可以用对象样式，在【框架适合选项】里调整）。 如果随后更改了行高、列宽、内边距，框架会自动随之调整，但图片不会自动随之调整。可以逐个手工调整（选中框架，【对象】→【适合】→【按比例适合内容】等），也可以逐个在对象样式里调整（选中框架，在【对象样式】面板里，单击下方的 [清除优先选项] 图标）。 方法②，适宜在行高没有确定的情况下采用。 把图片置入文档，调整好尺寸，选中图片，按 Ctrl+X 组合键，光标置于单元格内，按 Ctrl+V 组合键，即添加定位在行中的定位对象，该对象相当于一个字符。 使用 [文字工具] 单击单元格里的空白处，可与普通文本一样设置对齐方式，设置的单元格内边距（针对文本的）同样有效。 图片可以正常调整尺寸，行高会自动随之调整
		单元格里有文本等	调整好行高。把图片置入文档，调整好尺寸和位置。选中图片，拖动框架右上方的实心方块到单元格里的定位处，即添加位置自定的定位对象。 如果要精确控制图片在单元格里的位置，则需要设置定位参数，并应用对象样式

C.23 表格	建立单元格样式	从零创建	将光标放在没有手动设置过单元格格式的单元格内,【单元格样式】面板菜单→【新建单元格样式】,设置需要控制的项目
		从现有单元格创建	设置单元格格式和文本格式,对文本建立段落样式。 将光标放在单元格内,【单元格样式】面板菜单→【新建单元格样式】。 【段落样式】要手动添加。 如果要控制表样式(含表中的单元格样式)带来的或默认单元格格式,则需要手动添加。 如果不希望控制某项,就删去字段内容,或者选择【(忽略)】或空白框
		从现有单元格样式创建	【单元格样式】面板,右击样式,【直接复制样式】。 默认脱离父样式控制,如果要链接到父样式,就在【基于】中选该父样式
		载入其他文档的单元格样式	【单元格样式】面板菜单→【载入单元格样式】,勾选要载入的样式。 如果重名,可在右侧下拉菜单中选【自动重命名】更名;或者选【使用传入定义】替换目标文档的。 如果载入的样式有父样式,并且没有选择载入该父样式,情况同第440页"字符"的"载入其他文档的字符样式"。 载入的单元格样式里的段落样式、色板会被一同带进目标文档。 段落样式如果重名,就会替换掉目标文档的!色板如果重名,就会自动重命名
	应用单元格样式		选中一个或多个单元格,或者选中整个表,【单元格样式】面板,单击单元格样式。 (1)单元格。 单元格样式里有规定的,按规定执行。但手动设置(应用单元格样式后,再手动修改,也算手动设置)的单元格样式项目不变。 单元格样式里没有规定的,按默认([基本表]样式规定的)格式执行。但手动设置的非单元格样式控制的格式项目不变;表样式(含表中的单元格样式)带来的单元格样式项目不变。 多个单元格应用同一个单元格样式,若边框线有冲突,则右边框和下边框优先。 相邻单元格应用不同的单元格样式,若边框线有冲突,则后应用者优先。 (2)文本。 若原本应用了非[基本段落]样式(不包括单元格样式和表样式带来的段落样式),就一切维持现状不变。 若原本应用了[基本段落],就按单元格样式里的段落样式执行(如果没有规定段落样式,则维持现状不变),但手动设置的字符格式项目或字符样式带来的格式项目不变
	修改单元格样式		【单元格样式】面板,右击样式,【编辑××样式】
	删除单元格样式		【单元格样式】面板,右击样式,【删除样式】。 保留它带来的格式:【并替换为】选[无]。 应用其他单元格样式:【并替换为】选相应的样式

C.23 表格	建立表样式	从现有表创建	整个表可分成表头、表尾、左列、右列、表体单独控制。 表头、表尾：最前面或最后面的一个整行或多个连续整行。 左列、右列：最左边或最右边的一列。 表体：其余部分。 对于跨多列的单元格，设想延长所有列线，使之分成多个不跨列的小单元格，那么最左端的小单元格属于哪列，这个跨多列的单元格就属于哪列。 （1）建立表头、表尾、左列、右列、表体的单元格样式（不必都建，根据需要）。建立单元格样式时，光标要处在最典型的单元格里面。 （2）将光标放在表内，【表样式】面板菜单→【新建表样式】。①【表头行】【表体行】等选择相应的单元格样式（格式有冲突时，优先顺序：表头表尾、左右列、表体）。②设置外框、交替填色、交替行列线、表前后距（如果设置的格式在相关单元格样式里已有规定，则此处的设置无效，因为单元格样式优先）
		从现有表样式创建	【表样式】面板，右击样式，【直接复制样式】。默认脱离父样式控制，如果要链接到父样式，就在【基于】中选该父样式
		载入其他文档的表样式	【表样式】面板菜单→【载入表样式】，勾选要载入的样式。 如果重名，可在右侧下拉菜单中选【自动重命名】更名；或者选【使用传入定义】替换目标文档的。 如果载入的样式有父样式，并且没有选择载入该父样式，情况同第 440 页"字符"的"载入其他文档的字符样式"。 载入的表样式里的单元格样式、段落样式、色板会被一同带进目标文档，如果重名，则会替换掉目标文档的，但色板不会被替换，会被重命名
	应用表样式		如果表样式里设有表头行或表尾行，则要确保表格里已设好它们。 将光标放在表内，【表样式】面板，单击表样式。 表、单元格：按表样式里的规定执行，但手动设置的单元格格式、手动设置的表格式（"表选项"对话框）、使用单元格样式带来的格式不变。 文本：按表样式里规定的段落样式执行，但手动设置的字符段落格式、使用字符段落样式带的格式（不包括来自表样式的段落样式）、使用单元格样式带来的格式项目不变
	修改表样式		【表样式】面板，右击样式→【编辑 ×× 样式】
	复制单元格样式、表样式		【单元格样式】或【表样式】面板，右击样式→【直接复制样式】
	重命名单元格样式、表样式		【单元格样式】或【表样式】面板，右击样式→【编辑 ×× 样式】。更名后对文档没有影响，原来引用它的单元格或表和别的样式，仍然引用它
	断开与单元格样式、表样式的链接		选中对象，【单元格样式】或【表样式】面板→【断开到样式的链接】
	删除表样式		【表样式】面板，右击样式→【删除样式】。 保留它带来的格式：【并替换为】选 [无表样式]。 不保留格式，也不应用其他样式：【并替换为】选 [基本表]。 应用其他表样式：【并替换为】选相应的样式
	清除一切格式（合并、拆分、列宽、行高仍保持原状）		将光标放在表内，按 Ctrl+Alt+A 组合键。 按住 Alt+Shift 组合键单击【基本表】样式，清除表格式。 按住 Alt 键单击【无】单元格样式，清除单元格格式。 按住 Alt+Shift 组合键单击【基本段落】样式，清除文本格式

C.24 脚注	创建脚注		方法①：将光标放在正文中插入脚注编号的地方，【文字】→【插入脚注】。 方法②：导入 Word 文档，与正文一起添加进来。 方法③：从其他 InDesign 文档里复制并粘贴进来。只要复制的文本中含有脚注编号，脚注就会自动被一起添加进来
	脚注的分布	脚注不分栏	【文字】→【文档脚注选项】→【版面】。 勾选【栏间的跨区脚注】（默认）：如果文本框分为了多栏，则脚注文本会跨越这些栏
		正文分栏，脚注分栏	【文字】→【文档脚注选项】→【版面】。 取消勾选【栏间的跨区脚注】：脚注文本在本栏内
		正文不分栏，脚注分栏	（1）在放置脚注的地方建立文本框，添加脚注文本，建立并应用段落样式（用项目符号和编号设置自动编号）。 （2）将光标放在正文中插入脚注编号的地方，建立交叉引用，引用相应的脚注（只显示段落编号，并通过字符样式设置该编号在文中的格式为上标）。 本方法的局限性：注文不会跟踪正文中的脚注编号，可能会出现两者脱节的情况
		注文在本栏排不下时，是否允许流入下一栏	【文字】→【文档脚注选项】，【允许拆分脚注】。 勾选（默认）：注文会流入下一栏。 不勾选：注文不会流入下一栏。包含本脚注编号的正文会强制流入一下栏，导致本栏的空白较大
	脚注编号的起始方式	对于某文本流里的首个脚注	脚注编号只能从头开始。 此处和下面的"头"即起始编号，默认是 1，可以自定义
		对于某文本流里的非首个脚注	【文字】→【文档脚注选项】→【编号与格式】。 （1）不勾选【编码方式】（默认）：接着前面续编。 （2）勾选【编码方式】，在右侧的下拉菜单中选下列选项之一。 【页面】：每面的脚注编号都从头开始，常用。 【跨页】：每跨页的脚注编号都从头开始。 【章节】：每章节的脚注编号都从头开始。这个章节是指在【页码和章节选项】里设置的章节
	起始编号		【文字】→【文档脚注选项】→【编号与格式】，【起始编号】。 全局起作用，不能单独针对某页
	脚注编号的数字形式		【文字】→【文档脚注选项】→【编号与格式】，【样式】
	脚注编号的前后缀		【文字】→【文档脚注选项】→【编号与格式】，勾选【显示前缀/后缀于】，【前缀】【后缀】
	正文中脚注编号的字符格式		先建立字符样式（可与正文的字符大小相同），然后【文字】→【文档脚注选项】→【编号与格式】，【字符样式】（由于脚注编号是上标，因此看起来较小）
	脚注文本的格式		光标处在脚注文本里，或者不处在任何文本里也不选中任何文本框。 【文字】→【文档脚注选项】→【编号与格式】，【段落样式】
	脚注编号和脚注文本的间距		【文字】→【文档脚注选项】→【编号与格式】，【分隔符】。 若不需要悬挂缩进，就用空格；若需要悬挂缩进，就用制表符（在段落样式里设置制表符格式）

C.24 脚注	脚注与正文的间距		（1）不是最后一栏的脚注。只能在栏的底部，并且下对齐框架。可以规定注文与正文的最小间距：【文字】→【文档脚注选项】→【版面】，【第一个脚注前的最小间距】。还要遵循：一条脚注的两处编号（一个在注文开头，一个在正文里），必须在同一面（脚注未分栏）或同一栏（脚注分栏）中。（2）最后一栏的脚注。默认在栏的底部，并且下对齐框架。多了一种选择（正文分栏、脚注不分栏的情况除外）：让脚注紧随正文结尾。【文字】→【文档脚注选项】→【版面】，不勾选【栏间的跨区脚注】，勾选【脚注紧随文章结尾】
	脚注之间的距离		【文字】→【文档脚注选项】→【版面】，【脚注之间的间距】
	脚注线的粗细、颜色、线形、宽度、上下左右移动		【文字】→【文档脚注选项】→【版面】，【脚注线】。【栏中第一个脚注上方】（默认）：针对正常的脚注线。【连续脚注】：脚注发生拆分后，针对后续脚注添加的脚注线。两种脚注线相互独立（需要分别设置），但不会同时出现，后续脚注添加的脚注线会取代正常的脚注线。【位移】：脚注线与脚注框上边框的距离
	在正文中寻找脚注编号的位置		将光标放在相应的脚注文本里，【文字】→【转到脚注引用】。光标就会自动定位到正文里的编号处
	恢复意外删除的脚注编号		将光标放在脚注文本的开头，【文字】→【插入特殊字符】→【标志符】→【脚注编号】
	删除脚注		删除正文中的脚注编号。也可按 Ctrl+F 组合键，【GERP】，【查找内容】输入"~F"，【更改为】设为空白，【全部更改】

C.25 尾注	创建尾注		类似于"创建脚注"，也采用那 3 种方法
	"尾注"二字		【文字】→【文档尾注选项】。【尾注标题】默认是"尾注"，可更改。将光标放在尾注条目里，【段落样式】（控制其格式）选【尾注标题】或已有的段落样式
	尾注编号的数字形式		【文字】→【文档尾注选项】。在【编号】下方的【样式】里选
	尾注编号的前后缀		【文字】→【文档尾注选项】。勾选【显示位置】。【引用和文本】（默认）：对正文和尾注中的编号都生效。【尾注引用】：仅对正文中的尾注编号生效。【尾注文本】：仅对尾注中的编号生效。填写【前缀】【后缀】
	尾注编号的起始方式	连续编号	【文字】→【文档尾注选项】。【模式】选【连续】（默认）
		每个文本流从头开始编号	【文字】→【文档尾注选项】。【模式】选【重新开始每个文章】
	起始编号		【文字】→【文档尾注选项】，【起始编号】
	正文中尾注编号的字符格式		【文字】→【文档尾注选项】。【文本中的尾注引用编号】下方的【位置】。【字符样式】（控制其格式）选【新建字符样式】或已有的字符样式
	尾注文本的格式		光标处在尾注文本里，或者不处在任何文本里也不选中任何文本框。【文字】→【文档尾注选项】，【尾注格式】下方的【段落样式】

C.25 尾注		尾注编号和尾注文本的间距	【文字】→【文档尾注选项】。 【尾注格式】下方的【分隔符】。若不需要悬挂缩进，就用空格；若需要悬挂缩进，就用制表符（在段落样式里设置制表符格式）
		尾注的创建单位	【文字】→【文档尾注选项】，【范围】。 【文档】（默认）：一个文档一个尾注单元。 【文章】：一个文本流一个尾注单元
		尾注的位置	【文字】→【文档尾注选项】，【尾注框架】。 【在新页面上】（默认）：在文档末尾添加一页（主页的使用同原来的尾页），放置尾注。 【载入位置光标】：在创建首个尾注时，我们可以自行决定。在首个尾注确定后，后面的尾注就自动接着往下排。 如果已经创建了尾注，则此处的更改无效
		删除尾注	方法①：删除正文中的尾注编号。与之对应的尾注文本会自动随之删除，但是尾注标志符之内的文本才会这样自动删除，之外的不会自动删除。 方法②：删除整条尾注文本。正文中与之对应的编号会自动随之删除（如果删除整个尾注框架，则会删除正文中所有与之对应的尾注编号）
		从正文中的尾注编号切换到对应尾注文本	光标紧贴着正文中的尾注编号，右击，【转至尾注文本】
		从尾注文本切换到正文中的尾注编号	光标尾注文本里，右击，【转至尾注引用】
		尾注的复制粘贴	在剪切或复制含有尾注编号的文本时，尾注文本也会随之添加到剪贴板。如果把这样的文本复制到其他文档，那么该编号的数字形式等会跟随新文档的规定，但是文本格式仍会沿用原来的
C.26 交叉引用	新建交叉引用	新建文本锚点	（通常不需要本步骤）若被引用的段落不易寻找，或者要生成的内容不同于被引用的段落，就把光标放在被引用的文本中（或选中文本），【交叉引用】面板菜单→【新建超链接目标】，【类型】选【文本锚点】，输入【名称】（所选文本会自动作为名称）。 在光标所在处（或所选文本的左侧）会出现一个文本锚点标志
		创建交叉引用	将光标放在插入处，【交叉引用】面板，[创建新的交叉引用] 图标
		引用的文档	默认引用本文档； 如果要引用其他文档，就在【文档】中选【浏览】（最后关闭该文档时，如果提示是否保存更改，就选择是）
		找到被引用的段落	【链接到】通常选【段落】，在下方左侧窗口中选中被引用段落所用的段落样式，然后在右侧窗口中选择被引用的段落。在该段落的开头（自动编号之后）会出现一个文本锚点标志。 若要引用已做标记的段落，则【链接到】选【文本锚点】，【文本锚点】选择已建好的文本锚点，即会引用对应的段落
		从被引用段落生成的内容（以下简称生成内容）	【格式】选【整个段落和页码】【文本锚点名称和页码】等，含义如下。 整个段落：段落的自动编号 + 段落的全部文本。 段落文本：段落的全部文本（不含自动编号）。 段落编号：段落的自动编号。 文本锚点名称：文本锚点的名称。 页码：被引用段落（锚点）所在的页码

C.26 交叉引用	新建交叉引用	生成内容的前后缀	【格式】右侧的［创建或编辑交叉引用格式］图标（或【交叉引用】面板菜单，【定义交叉引用格式】），在左侧选中要编辑的格式预设。修改后，会对所有使用该预设的交叉引用生效！［+］图标会复制预设，［-］图标会删除预设（但无法删除在用的预设）。如果要添加或删除文本，则在右侧【定义】中操作，需要注意 <> 里的内容代表文本变量，别轻易改动。若希望恢复原状，就单击【交叉引用】面板菜单，【载入交叉引用格式】，选择未编辑过该预设的文档
		生成内容的字符格式	【格式】右侧的［创建或编辑交叉引用格式］图标（或【交叉引用】面板菜单，【定义交叉引用格式】）。勾选【交叉引用字符样式】，应用或新建字符样式
	已有交叉引用	查看	【交叉引用】面板，列出了全部交叉引用。右侧带下画线的数字表示生成内容所在的页码，单击后，会选中这些内容，并将视图转到该处。右侧绿色圆点表示交叉引用处在正常状态，单击后，光标会处在被引用的段落里（在文本锚点标志的右侧），并将视图转到该处
		修改	【交叉引用】面板，双击待修改的交叉引用。选中生成内容，或者将光标置于其中，【交叉引用】面板里会高亮显示该条目
		删除	直接删除生成内容。若要保留生成内容，只是取消交叉引用关系，就单击【交叉引用】面板，选中，［删除所选交叉引用］图标，这些生成内容就会变为静态文本，并且保留自定义的字符格式，但引用的页码会变成当前页码。删除后，交叉引用标志依旧存在。若需要将其删除，就按 Ctrl+F 组合键，在【文本】（不是 GREP）里填写 <FEFF>，进行批量删除。注意索引标志符也会被删除
		移动、复制生成内容	移动后，交叉引用会保持原来的性质。复制而来的副本相当于新建了一条交叉引用，并且与原件相同。若被引用的内容在其他文档里，则一定要事先打开该文档，否则交叉引用会缺失（采用拖动框架的方式移动、复制，没有该问题）
		移动、复制被引用的文本	移动时，一定要连同文本锚点一起移动。复制而来的副本，不会被交叉引用识别
		更新	！异常：更改了被引用的段落或生成的文本。【交叉引用】面板，［更新交叉引用］图标（对选中者有效；不选中则对全体有效）
			？异常（外面是圆圈）：被引用的文档找不到了。【交叉引用】面板菜单，【重新链接交叉引用】（对全体相同情况者有效）
			？异常（外面是红旗）：被引用的段落找不到了。在【交叉引用】面板中，双击页码左侧的文本，逐个重建交叉引用
		副本文档优先引用原始位置	例如，文件夹 A 里有文档 1、文档 2，文档 1 的交叉引用引用了文档 2。现把文件夹 A 复制出一个副本，那么副本文档 1 会优先引用原始文档 2，而不是副本里的文档 2。只有在不能自动找到原始文档 2 时（如原始的文件夹 A 更名了；副本文件转移到了其他电脑），才会使用副本里的文档 2
		修改、删除文本锚点	将光标置于新位置处,【交叉引用】面板菜单→【超链接目标选项】。【类型】选【文本锚点】。【目标】选要更改的锚点。勾选【设置为当前文本插入点】。若当前光标所在的位置不是锚点的位置，就不要勾选

C.27 目录	创建目录	"目录"对话框	不要选中任何文本框，光标也不要处在文本输入状态。【版面】→【目录】，打开"目录"对话框，然后设置下面的项目
		"目录"二字	【标题】默认是"目录"，可更改。【样式】（控制其格式）选【目录标题】段落样式
		添加要加进目录的标题	把【其他样式】中的段落样式，【添加】到【包含段落样式】中，通常按从大到小的顺序添加
		设置标题、页码	不同类别的标题分别设置，首先要选中针对谁，即在【包含段落样式】中选中要设置的标题（习惯按从大到小的顺序），然后设置。 ①整条的文本格式：【条目样式】选【新建段落样式】，填上名称，【基于】可选 [无段落样式]，暂不设格式。 ②页码的位置：【页码】选【条目后】【条目前】【无页码】。 ③页码的字符格式：【页码】右侧的【样式】，选【新建字符样式】，填上名称，暂不设格式（若不需要单独设置其字符格式，就忽略本条）。 ④标题与页码间的字符：【条目与页码间】默认是制表符（若要设置前导符，必须要有它），可更改。 ⑤标题与页码间的字符的字符格式：【条目与页码间】右侧的【样式】，选【新建字符样式】，填上名称，暂不设格式（若不需要单独设置其字符格式，就忽略本条）
		标题的自动编号	如果文中的标题设置了自动编号，则在【编号的段落】里可以选择是否在目录里列出该自动编号
		强制换行符	【移去强制换行符】：不勾选（默认），表示保留强制换行符；勾选，表示删除
		书籍文档	若是书籍，要事先打开书籍文档，然后勾选【包含书籍文档】
		隐藏的图层	若要显示的文本在隐藏图层中，就勾选【包含隐藏图层上的文本】
		生成目录	"目录"对话框，单击【确定】，按住 Shift 键单击版心线的上边框
	设置格式	各级标题的格式	修改相应的段落样式
		页码的字符格式	遵守相应段落样式里的规定。若要另行规定，就修改其字符样式（在上面第③条里建立的）
		标题与页码间字符的字符格式	遵守相应段落样式里的规定。若要另行规定，就修改其字符样式（在上面第⑤条里建立的）
		页码的数字形式	目录中的页码是页面上显示的页码，并且数字形式也一样，如 23、023
		页码前面添加文本（前缀）	【页面】面板，选中需要加前缀的首个页面，【版面】→【页码和章节选项】，【章节前缀】输入前缀，勾选【编排页码时包含前缀】。局限性：一页只能添加一个，并且不随文本流动
	更新目录		将光标放在目录文本里，或者选中目录所在的文本框，【版面】→【更新目录】。手动修改的文本会全部消失
	手动制作目录		优先使用自动目录的方法获取标题和页码，然后增减或重组内容。也可以手动把标题逐条复制、粘贴过来（宜先粘贴到记事本里，以去除格式和不希望的标记）。 可以添加自动页码：把页码通过创建交叉引用的方式逐个添加进目录。在设置交叉引用时，要自定义显示内容，去掉"第""页"

C.28 索引	创建索引条目	确定主题词	确定主题词的层级关系和名称，注意层级关系确定后不宜更改。对于英文，需要区分大小写
		确认两个选项	若是书籍，则要保持文档都打开（直至索引创建完毕），在任一文档中，【索引】面板，勾选【书籍】。 若是笔画排序，则【索引】面板菜单→【排序选项】，【拼音】，右侧下拉箭头，选【笔画】
		添加指向页面的索引条目（主题词对应的内容的位置已知）	（1）将光标置于某主题词对应的文本中。若有多处，当然只能先针对其中一处。附近往往会有该主题词的字符串，适宜选中该字符串。 （2）按 Ctrl+7 组合键，填写主题词。 所选文本会自动作为一级主题词，可单击上、下箭头调整级别。如果步骤1中没有选中文本，则现在只能自行输入。 （3）【确定】，即在光标所在处或选中的文本左侧添加了一个索引标志符。创建了该主题词的条目，并默认引用该标志符所在的页面（可改为继续引用后方若干页面）。 （4）将光标置于下一处该主题词对应的文本中，按 Ctrl+7 组合键，填写主题词（但不必手动填写，因为主题词已有。展开主题词，双击即可自动填写。双击低级别的，高级别的会自动填上）。【确定】后，即添加了一条索引，引用光标所在的位置。 （5）将光标置于下一处该主题词对应的文本中……直至把所有该主题词对应的文本全部添加进索引里
		添加指向页面的索引条目（主题词对应的内容的位置未知，需现看现定）	首先确定：文中与某主题词对应的内容里，可能包含什么字符串？如主题词"货币"，这样的字符串包括"货币""钱""钞票"，即凡是出现这3个字符串之一的地方，都可能有引用价值。当然不是必须这样一对多，也可以一对一。 然后可以使用以下两个方法。 方法①：按 Ctrl+F 组合键，逐处搜索并查看"货币"字符串。在"货币"字符串有引用价值时，就在该处建立一条索引（操作同"主题词对应的内容的位置已知"）；在"货币"字符串无引用价值时，就查看下一处……直至最后一处。 接着，使用同样的方法分别处理"钱""钞票"，注意主题词是"货币"。 方法②：前两步同"主题词对应的内容的位置已知"，只是必须选中"货币"二字，具体哪一处无所谓。单击【全部添加】，【完成】，有多少处"货币"字符串，就自动添加多少条。 需要注意的是，此时需手动剔除无引用价值的。可以按 Ctrl+F 组合键，逐处查看"货币"，若无价值，就删除其左侧的索引标志符；也可以在索引面板中选中一个引用的页面，单击［转到选定标识符］图标，视图即可切换到引用的位置，若无价值，就在索引面板中重新选中该页面，单击［删除选定条目］图标。这样逐个鉴别。 接着，使用同样的方法分别处理"钱""钞票"，注意主题词是"货币"

C.28 索引	创建索引条目	定义引用的页面范围	以上"新建页面引用"对话框里；或事后，【索引】面板，双击指向的页面。【类型】选下列选项之一（更改后，单击[更新预览]图标会刷新结果）。 【当前页】（默认）：索引标志符所在的页面。 【到下一样式更改】：从索引标志符所在的页面起，到本文本流里后续最后一处连续使用本段落样式（索引标志符所在文本使用的段落样式）的文本所在的页面止。 【到下一次使用样式】，在【样式】指定段落样式：从索引标志符所在的页面起，到本文本流里后续最后一处没有使用该指定段落样式的文本所在的页面止。 【到文章末尾】：从索引标志符所在的页面起，到本文本流里末尾处的文本所在的页面止。 【到文档末尾】：从索引标志符所在的页面起，到本文档的最后一面止。 【到章节末尾】：从索引标志符所在的页面起，到本章节（在【页码和章节选项】里设置）的最后一面止。 【后#段】，在【页/段】规定后几段（索引标志符所在的是第1段）：从索引标志符所在的页面起，到本文本流里后续第几段文本（仅指段首的文本）所在的页面止。 【后#页】，在【页/段】规定后几页（索引标志符所在的是第1页）：从索引标志符所在的页面起，到规定的第几页止。 【禁止页面范围】：不引用页面，之后生成的索引里不显示页码
		添加指向其他主题词的索引条目	按Ctrl+7组合键，在相应的级别里输入主题词。若主题词已有，则展开下方主题，双击。【类型】选【自定交叉引用】，【位置】选【主题前】，【自定】输入"见"（"见"后面有一个不间断空格，无法删除。若要使总的空白约等于一个全角空格，则可以输入"见^>^3"）。展开下方主题词，拖动要引用的主题词到【引用】。 为同一个主题词再添加一个指向的主题词（即指向第2个主题词）：操作同上，只是【自定】输入一个英文分号。之后在"生成索引"对话框里，【条目之间】设为空白
	删除索引条目	查看已建立的索引条目	【索引】面板，【引用】，带三角符号的是已建的条目，带页面图标的是引用的页面或其他主题词。 对于引用的页面，后面的数字是页码。选中后，[转到选定标识符]图标，会定位到引用的位置（可见引用标志符，如果不可见，就按Ctrl+Alt+I组合键）。 对于引用的主题词，后面的文本是主题词。选中后，[转到引用主题]图标，会定位到该主题。 如果引用的页面太多，影响浏览主题词，就单击【索引】面板，【主题】，只显示主题词
		删除条目	删除在正文中的索引标志符； 或者【索引】面板，【引用】，展开下方主题，选中页面图标，[删除选定条目]

C.28 索引	生成索引	"索引"对话框	【索引】面板，[生成索引]图标（如果是书籍，则要勾选【包含书籍文档】），然后设置下面的项目
		"索引"二字	【标题】默认是"索引"，可更改。【样式】（控制其格式）默认是【索引标题】段落样式
		各级条目的格式	"中文"两个字和下面拼音字母等：默认是【索引分类标题】段落样式。 各级主题词：默认是【索引级别1】【索引级别2】等段落样式。 页码：【页码】默认不用字符样式。若需要单独设置字符格式，就新建字符样式。 交叉引用的"见"：默认用【索引交叉引用】字符样式。若不需要单独设置字符格式，就选[无]。 被引用的主题词：【交叉引用主题】默认不用字符样式。若需要单独设置字符格式，就新建字符样式
		条目内部不同部分的间隔、条目末尾	在【条目分隔符】板块填写或选择。 【主题后】：主题词与页码之间（可换成一个全角空格）。 【页码之间】：页码之间。 【页码范围】：首末页码之间（可换成连字符）。 【交叉引用之前】：主题词与交叉引用之间（可换成一个全角空格）。 【条目之间】：两个交叉引用之间。 【条目末尾】：条目的末尾
	设置格式	各级条目的格式	修改相应的段落样式
		被引用的主题词等字符格式	修改相应的字符样式
	更改主题词	主题词名称	【索引】面板，双击主题词，先删去全部文本，然后输入新名称
		主题词排序用的拼音	如果拼音有误（如多音字），就单击【索引】面板，双击主题词，【排序依据】右侧的三角图标，更正相应的拼音
		同级别移动主题词	【索引】面板，【引用】，双击主题词，展开下方主题，双击它新的上一级主题
		删除主题词	【索引】面板，选中，[删除选定条目]图标。 删除后，该条目连同在文中的定位也会被一起删除
	中文、数字、英文板块排列顺序		【索引】面板菜单→【排序选项】，选中【中文】【数字】【罗马字】，单击上、下箭头
	更新索引		【索引】面板，[生成索引]图标，勾选【替换现有索引】（默认勾选）
	创建多个索引		把文档复制出多个副本，在副本里创建索引，最后把生成的索引作为普通文本复制并粘贴到一个文档里

C.29 输出	印前检查	新建配置文件	下方滚动条左侧的下拉菜单→【定义配置文件】，在左侧选中某个现有的配置文件作为基准，单击"+"，在右侧定义。 勾选且处于黑色状态：检查该项目。 没有勾选或处于灰色状态：不检查该项目。 横杠：包含了多个子项目，有的检查，有的不检查
		修改配置文件	下方滚动条左侧的下拉菜单→【定义配置文件】，在左侧选中待修改者，在右侧修改内容
		导入配置文件	下方滚动条左侧的下拉菜单→【定义配置文件】，"-"右侧下拉菜单→【载入配置文件】（文件的扩展名是 idpp）
		导出配置文件	下方滚动条左侧的下拉菜单→【定义配置文件】，选中待导出者，"-"右侧下拉菜单→【导出配置文件】
		删除配置文件	下方滚动条左侧的下拉菜单→【定义配置文件】，选中待删除者，单击"-"
		使用配置文件	方案①：仅在当前文档里临时使用。 下方滚动条左侧的下拉菜单→【印前检查面板】，【配置文件】里选择配置文件。或者在下方滚动条左侧【××错误】的左侧下拉菜单中选择。 方案②：在所有文档里都使用。 【印前检查】面板菜单→【印前检查选项】，【工作中的配置文件】选择配置文件，勾选【使用工作中的配置文件】。对于正在打开的文档，关闭并重新打开即生效。 方案③：同方案②，但优先使用文档嵌入的配置文件。 操作同方案②，只是最后勾选【使用嵌入配置文件】
		嵌入配置文件	【印前检查】面板，【配置文件】选择配置文件，右侧 [单击嵌入所选配置文件] 图标。再次单击则取消嵌入
		打开 / 关闭印前检查	下方滚动条左侧的下拉菜单。 仅针对当前文档：勾选 / 取消勾选【印前检查文档】。 针对所有文档：勾选 / 取消勾选【对所有文档启用印前检查】
		印前检查的页面范围	【印前检查】面板，【页数】
		印前检查结果	如果下方滚动条左侧的文字是【无错误】，就不必进行任何操作。 如果下方滚动条左侧的文字是【××个错误】，就双击它，然后展开错误条目。单击最小一级的条目，下方【信息】会显示问题描述，并提供建议。双击最小一级的条目，视图会切换到错误对象并选中它
	文档打包	打包前的预检	【文件】→【打包】，【小结】里带有黄底黑色"！"者为问题项。单击左侧的问题项，选中【仅显示有问题项目】，查看问题
		打包	【文件】→【打包】，填写说明，【继续】。 【选择 PDF 预设】中选【PDF/X-1a:2001(Japan)】等，【打包】。生成的打包文件夹里包含以下内容。 Document fonts：包含用到的英文字体，通常不含中、日、韩字体。里面的字体不用安装，InDesign 会自动临时加载（复合字体中的字体需安装），当然这些临时加载的字体仅限本文档使用。 Links：包含全部链接对象，不含已嵌入的和未使用的链接对象。 INDD 文档：原文档的副本，体积往往会变小。 IDML 文档：原文档的副本，供低版本的 InDesign 打开（可能有意外）。 PDF 文档：导出的 PDF 文档

C.29 输出	导出 PDF 文档	自定义 PDF 预设	例如，提高图片分辨率的上限。 （1）按 Ctrl+E 组合键，【保存类型】选【Adobe PDF(打印)】，【保存】。 （2）【Adobe PDF 预设】选【PDF/X-1a:2001(Japan)】等预设作为基础。 （3）左侧【压缩】，【彩色图像】和【灰度图像】改为 400 像素/英寸（是上面那个，若下面的 450 像素/英寸变了，就改回 450 像素/英寸）。 （4）【存储预设】
		导入 PDF 预设	打开 C:\用户\实际的用户名\AppData\Roaming\Adobe\Adobe PDF\Settings 文件夹，把 PDF 预设文件复制并粘贴到该文件夹。自定义的预设都在这里，可以添加、删除，也可以复制到其他电脑里使用
		正常导出 PDF 文档	（1）按 Ctrl+E 组合键，【保存类型】选【Adobe PDF(打印)】，【保存】。 （2）【Adobe PDF 预设】选【PDF/X-1a:2001(Japan)】等预设。 通常勾选【全部】。 通常勾选【页面】，即单页形式。若希望之后查看 PDF 时，呈两页并排显示（实际仍是单页），就在【版面】里选下列选项之一。 【双联连续（封面）】：首页在右页。 【双联连续（对开）】：首页在左页。 （3）左侧【标记和出血】，勾选【使用文档出血设置】。 通常不勾选任何印刷标记；如果是最终的大版，可勾选【所有印刷标记】。 （4）【导出】
		转曲导出 PDF 文档	用 Acrobat 打开正常导出的 PDF 文档，按 Ctrl+D 组合键，【字体】，如果都【已嵌入子集】，通常不必转曲。 （1）【编辑】→【透明度拼合预设】→【新建】，【名称】转曲，【栅格\矢量平衡】设为 100，【线状图和文本分辨率】设为 2400ppi，【渐变和网格分辨率】设为 400ppi，勾选【将所有文本转换为轮廓】，勾选【将所有描边转换为轮廓】，【确定】，【确定】（之后不需要进行本步骤）。 （2）宜先另存一个文档。在主页里画一个方框（宜画在空白处，小一些），填充某颜色，不透明度设为 0%。对于跨页的主页而言，要每页一个框或一个框跨两页。对于没有应用主页的页面而言，可以特意新建一个主页，也可以直接在页面里添加透明对象。其目的只有一个：所有有文字的页面都含透明对象。 （3）操作同"正常导出 PDF 文档"，只是在【导出】之前，左侧【高级】，【预设】选【转曲】（即自定义的透明度拼合预设）。 注意：①如果 InDesign 文档里有置入的 PDF 文档，那么该 PDF 文档里的文字不会被转曲。②先正常导出 PDF 文档，再用 Acrobat 把 PDF 文档转曲更常用，还解决了上面的问题。③无论哪个方法，在应用时都有风险，都需要校对
		彩色文档，导出灰度的 PDF 文档	方法①：操作同"正常导出 PDF 文档"，但是有如下区别。 【Adobe PDF 预设】选【印刷质量】等预设。 左侧【输出】，【颜色转换】选【转换为目标文件】。【目标】选【Dot Gain 15%】（也可选【Dot Gain 20%】等，数字越小图片越暗，越大图片越亮）。 方法②：正常导出 PDF 文档，然后用 Acrobat 打开该 PDF 文档。在 Acrobat 里，【工具】→【印刷制作】→【印前检查】，展看【PDF 修正】，选中【转为灰度】，【分析和修复】

C.30 书籍	创建短文档（每个可以约 200 页）	（1）创建有代表性的一个短文档，把主页、段落样式、色板等所有格式都尽量设置好，即作为样板。 （2）把该样板文档复制出一个副本，删除副本里全部页面内容（可以把页面删除得仅剩下一两页）。当然主页、各种样式、色板等通常不删除。 （3）把该空壳副本复制出多个副本，并连同那个样板文档，确定好名称，例如，"1-5 章""6-10 章""11-15 章"。 （4）逐个往空壳副本里注入内容。各个短文档里默认含有样板文档的主页、段落样式、色板等。 （5）逐个文档设置格式，根据需要增减页面
	创建书籍	【文件】→【新建】→【书籍】，单击【书籍】面板右下角"+"，添加文档
	调整文档顺序	【书籍】面板，选中要更改的一个或多个文档，拖动
	移除文档	【书籍】面板，选中要移除的一个或多个文档，单击右下角"-"
	替换文档	【书籍】面板，选中要替换的文档，【书籍】面板菜单→【替换文档】
	查看各文档的位置	【书籍】面板，将光标放在文档文件的名称上（不要单击），即可出现位置信息
	同步书籍文档	【书籍】面板，单击要作为样式源的那个文档的左侧方框，使其出现［样式源标识］图标。 选中要同步的文档（按住 Shift 键选中连续多个；按住 Ctrl 选中任意多个。不选中文档表示全部同步），【书籍】面板菜单→【同步选项】，勾选欲同步的样式。 【同步】，选定的项目会从源文档载入指定的文档，遇到有重名的，会将其覆盖
	图层	图层在样式源文档里创建，并且里面有主页的内容，同步后（要勾选主页选项）该图层会出现在其他文档里。除此之外，创建的图层，都只会出现在本文档。 删除图层，只会在本文档里删除，不影响其他文档
	页码	【书籍】面板菜单→【书籍页码选项】，选下列选项之一。 【从上一个文档继续】：页码连续编码（默认）。 【从下一奇数页继续】：后面的文档在下一个奇数页开始编排，必要时会自动在两文档间添加一个空白页（必须勾选【插入空白页面】）。 【从下一偶数页继续】：后面的文档在下一个偶数页开始编排，其余同上
	标题自动编号	（1）如果当初同步过段落样式，并且以后没有更改过列表设置，就不必特意做什么。否则，要在样式源文档里，【段落】面板菜单→【定义列表】，双击正在使用的列表，确保已勾选【跨文章继续编号】和【从书籍中的上一文档继续编号】，然后仅选中【编号列表】同步书籍。 （2）在各文档里正常使用那些带有自动编号的段落样式。编号在不同文档间不会自动更新，需手动更新：【书籍】面板菜单→【更新编号】→【更新章节和段落编号】或【更新所有编号】
	脚注	各个文档相互独立

C.30 书籍	尾注		各个文档相互独立。 把各个文档的尾注集中排在最后一个文档里，操作方法如下所述。 （1）在放置尾注的地方建立文本框，添加尾注文本，建立并应用段落样式（用项目符号和编号设置自动编号）。 （2）针对第1条尾注，将光标放在正文中插入尾注编号的地方，建立交叉引用，引用相应的尾注（只显示段落编号，并通过字符样式设置该编号在文中的格式为上标）。 （3）通过同步，把上述自定义的交叉引用格式、新建的字符样式，载入其余正文文档里。 （4）同样的方法，针对其余各条尾注，通过交叉引用，建立与正文的联系
	交叉引用		交叉引用的格式：默认设置下（【同步选项】里已勾选【交叉引用格式】），同步操作时就会同步。 统一更新：【书籍】面板菜单→【更新所有交叉引用】
	更新	！异常	原因：在书籍关闭期间，文档被编辑，或者页码、章节页码被更改。 更新：【书籍】面板，打开该文档即可
		？异常	原因：文档被移动、重命名或删除。 更新：【书籍】面板，双击该文档，用新文档替换
	创建目录		打开【书籍】面板，打开想要放置目录的文档（若缺少相关标题的段落样式，就同步），创建目录。操作同前，只是在"目录"对话框里要勾选【包含书籍文档】
	印前检查		【书籍】面板菜单→【印前检查书籍】，勾选【整本书】或【仅限所选文档】，【印前检查配置文件】区域选择配置文件，【印前检查】
	打包		适宜打开全部文档，在【书籍】面板中不选中任何文档，【书籍】面板菜单→【打包书籍以供打印】。其余操作同前。 会生成一个打包文件夹，里面含有各个文档、书籍、一个链接文件夹（各个文档用到的链接文件都在这一个文件夹里）、一个字体文件夹（各个文档用到的字体文件都在这一个文件夹里）等
	导出PDF文档		关闭所有文档，在【书籍】面板中选中要输出的文档（不选中文档表示全部输出），【书籍】面板菜单→【将书籍导出为PDF】。其余操作同前

C.31 电子书	新建文档	打开对话框	按Ctrl+N组合键，【移动设备】选项卡，然后设置下列各项
		页数	【页面】。不准确没关系，以后增减页数很方便
		单页、对页	通常不勾选【对页】
		页面尺寸	可以在左侧选预置的设备型号。如果要导出可重排版面的EPUB文档，则尺寸不重要
		出血	可以设为0
		边距	【边距和分栏】。 对象可以紧贴边缘，但为了美观，可以留一点【边距】。如果要导出可重排版面的EPUB，则这里的设置不重要
		主文本框架	可以不勾选【主文本框架】

C.31 电子书	用于可重排版面的 EPUB 文档	文本框	最好一面一个文本框并串接。孤立的文本框，在导出的 EPUB 文档里，排列顺序可能会混乱。有两种解决方案，方案②优先。 方案①：把文本框都相互串接。可能会有段落意外合并。 方案②：在文章里定义 EPUB 文档的导出顺序，即打开【文章】面板。 新建文章：右下角 [新建] 图标。 添加文本框：把文本框，依次拖入文章中。串接的文本框算一个文本框。 在导出 EPUB 文档时，【常规】里的【顺序】选【与文章面板相同】
		文本	按平时的做法设置格式，只是注意，需要使用段前距和段后距设置段落间距，不要使用 Enter 键；不要设置文字倾斜、变形、颜色色调、竖排等复杂格式，因为不支持
		图片	把图片设置成定位对象（多个对象如果要在一起，就要事先编组），否则在播放设备中，图片会排在书的末尾。在有些播放设备中，图片可能会变形
		表格	把表格栅格化，即选中表格所在的框架（如果与正文在一个框架内，则需要为其构造一个框架），【对象】→【对象导出选项】，【EPUB 和 HTML】，【保留版面外观】勾选【栅格化容器】。 表格在栅格化后，已经不是文字，而是图片了
		目录	把段落样式加进去，其他可以保持默认，也不必生成目录
	动画主体动作	打开设置面板	选中框架（可以选多个），【动画】面板，【预设】里选下列选项之一（左下角 [预览跨页 EPUB] 可预览效果；[显示动画代理] 显示动画的起始位置）
		飞入、飞出	飞入：【从底部飞入】【从左侧飞入】【从右侧飞入】【从顶部飞入】。 飞出：【飞出】→【从底部飞出】【从左侧飞出】【从右侧飞出】【从顶部飞出】。 调整飞行轨迹：[直接选择工具] 选中飞行轨迹（绿色的移动路径），拖动锚点。可以用 [钢笔工具] 添加锚点，将角点转为平滑点
		旋转	【旋转】
		缩放	【放大】【缩小】
		渐显、闪烁	【渐显】。【播放】多次就是闪烁
		显示、消失	【显示】【消失】
	上述动作的补充设置	打开设置面板	选中框架（可以选多个），【动画】面板，进行如下设置
		动画从开始到结束的时间	【持续时间】输入时间
		播放次数	【播放】输入次数。勾选【循环】会一直重复
		旋转	【旋转】输入角度；右侧选择基准锚点
		缩放	【宽】【高】输入缩放比例
		渐显、渐隐	【不透明度】里选择
		初始隐藏	勾选【执行动画前隐藏】
		最终隐藏	勾选【执行动画后隐藏】。最后突然消失，与渐隐有区别

C.31 电子书		一个对象先后进行两个动画	正常设置第 1 个动画； 一个对象只能设置一个动画，但与其他对象编组后，这个编组对象就是新对象，可以设置动画（对原来的对象而言，可认为是第 2 个动画）。 可以绘制一个无描边、无填充的小矩形，与原对象编组
	事件的进行次序	上者先，下者后	【计时】面板，列出了全部事件。先创建者默认在前，可拖动调整次序
		几个事件同时	【计时】面板里选中多个对象（单击首个，按住 Shift 键单击末个），右下角 [一起播放] 图标。若要重复进行，就勾选【重复】（拖动这一组，调整次序后，会自动取消勾选）
		比原定时间延后	【计时】面板里选中对象，【延迟】输入延迟量
	多状态对象	新建多状态对象	选中多个对象，【对象状态】面板，单击 [将选定范围转换为多状态对象]。 多状态对象在某一时刻，只能呈现一个状态，其余状态会被隐藏。 面板里顶部是哪个状态，就首先呈现哪个状态；选中哪个状态，当前就临时呈现哪个状态。 状态的上下顺序就是对应对象的堆叠顺序，可以拖动调整
		选中多状态对象	单击空白处，然后单击该多状态对象
		选中多状态对象里的某对象	双击该对象。若该对象没有显现出来，就让其显现出来
		解散多状态对象	选中多状态对象,【对象状态】面板菜单→【释放对象的所有状态】
	单击对象，执行某个事件	打开设置面板	选中该对象,【按钮和表单】面板,【类型】选【按钮】（将该对象转换为按钮），填写【名称】。 单击加号，选下面的动作（可设置多个）
		显示或隐藏某对象	【显示 / 隐藏按钮和表单】，在【可视性】里设置对象（只能是按钮，所以需要事先将相关对象转换成按钮）：忽略（不采取任何动作）；显示；隐藏。 【触发前隐藏】：勾选表示初始状态不显现
		轮换显示多状态对象里的状态	【转至上一状态】【转至下一状态】,【对象】里选多状态对象
		指定显示多状态对象里的某一个状态	【转至状态】,【对象】里选多状态对象,【状态】里选状态
		转到某一页	【转至页面】【转到下一页】【转到上一页】
		播放声音	【声音】,【声音】里选声音文件
		播放视频	【视频】,【视频】里选视频文件。 若要从某导航点开始播放，就在【选项】里选【从导航点播放】（需要事先创建导航点）

C.31 电子书	声音	置入声音	按 Ctrl+D 组合键，或者拖入。宜用 MP3 格式
		打开页面就播放声音	选中声音，【媒体】面板，勾选【载入页面时播放】。可以设置【循环】【翻页时停止】
		声音的放置	宜缩得很小，排在不起眼的地方或角落里。不能误删
	视频	置入视频	按 Ctrl+D 组合键，或者拖入。宜用 MP4 格式
		视频播放前呈现的画面	选中视频，【媒体】面板，【海报】中选下列选项之一。【无】：空白。【使用当前帧】：当前预览窗口里的图像（拖动进度条可更改）。【选择图像】：使用另外的图片
		打开页面就播放视频	选中视频，【媒体】面板，勾选【载入页面时播放】。可以设置【循环】
		视频播放的控制界面	选中视频，【媒体】面板，【控制器】里选。【SkinOverAll】表示显示全部控制按钮
		创建导航点	选中视频，展开查看【导航点】，拖动视频播放进度至希望的地方，单击加号。使用同样的方法，添加下一个导航点
	超链接	打开网站	选中图片框架、文本框架、文字，【超链接】面板，填写地址
		书写电子邮件	选中图片框架、文本框架、文字，【超链接】面板菜单→【新建超链接】。【链接到】选【电子邮件】，填写【地址】【主题】
		转到指定页面	选中图片框架、文本框架、文字，【超链接】面板菜单→【新建超链接】。【链接到】选【页面】
		转到锚点处	选中图片框架、文本框架、文字，【超链接】面板菜单→【新建超链接】。【链接到】选【文本锚点】，【文本锚点】选文本锚点（需要事先创建文本锚点，见第 476 页"新建文本锚点"）
	导出EPUB文档（可重排版面）	打开设置界面	按 Ctrl+E 组合键，【保存类型】选【EPUB（可重排版面）】,【保存】
		版本	【常规】里的【版本】。【EPUB 2.01】：常用。【EPUB 3.0】：支持竖排等
		封面	【常规】里的【封面】。【无】：没有封面。【选择图像】：在【文件位置】中选某图片作为封面
		目录	【常规】里的【导航 TOC】。如果文档设置了目录（不必生成），就选【多级别（TOC 样式）】
		每章的起始位置	【常规】里的【拆分文档】。不勾选【拆分文档】：不同章节一直接排。勾选【拆分文档】:【单个段落样式】选章等标题段落样式，这样每一章都会另面起
		脚注的位置	【文本】里的【脚注】。【章节末尾（尾注）】：将脚注转换为尾注，即脚注排在每章（根据【拆分文档】里的设置判断）的最后面。常用。【段后】：脚注排在本段落的后面
		项目符号和编号的外观	【文本】里的【列表】。【映射到无序列表】：项目符号和编号不按文档中的格式，而按播放设备里设置的格式，所以外观往往与文档里的不同。【转换为文本】：项目符号和编号转换为文字，即外观是按文档设置的，但它们不再是项目符号和编号了

C.31 电子书	导出 EPUB 文档（固定版面）	打开设置界面	按 Ctrl+E 组合键，【保存类型】选【EPUB（固定版面）】,【保存】
		封面	【常规】里的【封面】。 【无】：没有封面。 【栅格化首页】：把第一面当封面，设计时要把第一面设计成封面。 【选择图像】：在【文件位置】中选某图片作为封面
		目录	【常规】里的【导航 TOC】。常选【无】
		单页、对页	【常规】里的【选项】。 【基于文档设置】：单页还是对页按文档的设置。 【将跨页转为横向页】：将跨页转换为横向版面。 【启用合成跨页】：如果文档是单页设置的，现在转为对页。 【停用跨页】：如果文档是对页设置的，现在转为单页
		图片质量	【转换设置】。【格式】：可选【PNG】
	导出 PDF 文档（交互）	打开设置界面	按 Ctrl+E 组合键，【保存类型】选【Adobe PDF(交互)】,【保存】
		单页、对页	【常规】里，勾选【页面】代表单页；勾选【跨页】代表对页
		图片质量	【压缩】里的【图像压缩】
C.32 其他	脚本	导入脚本	【脚本】面板，右击【用户】→【在资源管理器中显示】，打开 Scripts Panel 文件夹，把脚本文件复制到此处
		使用自行导入的脚本	【脚本】面板，【用户】，双击脚本
		使用内置的脚本	【脚本】面板，【应用程序】→【Samples】，进入相应的文件夹，双击脚本
	默认设置	只对当前的文档有效	在当前文档中，使用[选择工具]单击空白处或页面外（即什么都没选），然后单击某字符样式、段落样式、色板、描边、效果等，刚才单击的条目就成了默认设置。自此在新建对象时，就会使用此设置。所以，为了避免误操作，在对样式和色板进行编辑等操作时，宜采取右击方式
		只对新建的文档有效	不打开任何文档，单击上述条目，会更改新建文档的默认设置。例如，不打开任何文档，【段落样式】面板，双击[基本段落]，定义自己最常用的字符段落格式，如字体、标点挤压设置；或者按 Ctrl+Alt+P 组合键，设置最常用的纸张尺寸；或者【版面】→【边距和分栏】，设置最常用的页边距
	恢复提示"警告窗口"		在关闭"警告窗口"时，若选了以后不再提示，以后就不提示了。若希望重新提示，则按 Ctrl+K 组合键，【常规】选项卡，【重置所有警告对话框】（不能只针对某个，只能都恢复提示）
	重置 InDesign		方法①：在启动 InDesign 时，按 Ctrl+Alt+Shift 组合键，【是】。 方法②：在启动 InDesign 之前，进入 C:\Users（用户）\用户名 \AppData\Roaming\Adobe\InDesign\Version 版本号 \zh_CN 文件夹，删除 InDesign Defaults 文件，然后启动 InDesign。 InDesign Defaults 文件会恢复到初始状态。该文件记录了 InDesign 的首选项和默认设置，可以将其备份，并且在需要恢复时，将现在的覆盖
	生成二维码		【对象】→【生成 QR 码】（矢量图）。 【Web 超链接】：扫描后，会自动使用浏览器打开输入的网址。 【名片】：扫描后，会自动创建联系人，并且自动填写相关信息。 在【颜色】里，可更改颜色

附录 D 正则表达式

D.1 普通字符

符号	含义	举例	结果（有底纹者为匹配）	备注
具体的字符（静态字符）	只匹配字符本身	picture	pictures Picture	区分大小写
		喝酒	要喝酒吗 我喝完酒了	

D.2 基本、特殊元字符

符号	含义	举例	结果（有底纹者为匹配）	备注
. （英文句号）	匹配任意单个字符（除了换行符和段落标记）	d.g	dog d.g d-g d g dg drug	一个"."代表一个字符。匹配任意单个字符（含换行符和段落标记）可用 [\d\D]
		喝 ..	我喝完酒了 大口喝，噎着了 大口喝。	
|	或	狗|猫粮	狗 狗粮 猫 猫粮 狗猫粮 狗粮猫粮 狗粮和猫粮	左边的和右边的（如有括号，则限制在当前括号内）被分别当作一个整体对待，不是只针对紧挨着的字符。左边的和右边的，出现哪个匹配哪个，两个都出现，就都匹配
		（狗|猫）粮 狗粮|猫粮	狗 狗粮 猫 猫粮 狗猫粮 狗粮猫粮 狗粮和猫粮	

续表

符 号	含 义	举 例	结果（有底纹者为匹配）	备 注
[ ] [-]	匹配指定范围内的一个字符	r[aou]t	<u>rat</u> <u>rot</u> <u>rut</u> rt root	"[ ]"里无论有多少个字符，最终都只输出一个字符。 "[-]"必须是小的在左边，如 [9-0] 是错误的。 "-"只有在"[ ]"里才是元字符，在其他地方都是普通字符，因此不需要被转义
		喝 [酒水]	要<u>喝酒</u>吗 <u>喝酒</u>水 自带<u>酒水</u>	
		[0-9] 个	<u>0 个</u> <u>1 个</u> <u>9 个</u> <u>10 个</u> 一个	
		[A-Za-z] 版	第 <u>B 版</u> 第 <u>b 版</u> 第 <u>fD 版</u> 第 <u>Gm 版</u> 第 2 版	
[^]	范围内的都不匹配，之外的任意一个字符都匹配，即一个字符串中不包含某个或某些字符	[^0-9] 个	1 个 10 个 <u>一个</u> <u>n 个</u> 许<u>多个</u>	"^"作用于整个"[ ]"里的内容，而不仅限于紧跟在"^"后面的内容。 若要不包含某个字符串，就需要用其他方法。例如，一个段落包含 this，但不包含 that，语句是"^((?!that).)*this((?!that).)*$"
		[^1] 个	1 个 10 个 <u>一个</u> <u>n 个</u> 许<u>多个</u>	
\	对下一个字符转义（把元字符转为普通字符，或者反过来）	d\.g	dog <u>d.g</u> d-g d g	"[ ]""\""^""$""."、"|""?""*""+""( )"属于元字符。 "\"自身是元字符，如果要匹配其自身，则需写为"\\"
		\r	匹配段落标记	"r"是普通字符，通过"\"转义为特殊字符
\t	制表符			
\s	任意一个空白字符			包括空格、换行符、段落标记、制表符、分页符等
\d	任何一个数字字符			等价于 [0-9]
\D	任何一个非数字字符			等价于 [^0-9]

符号	含义	举例	结果（有底纹者为匹配）	备注
\w	任何一个字母、数字、汉字、下画线字符	\w 约翰	好人约翰 好人 约翰 好人：约翰 _约翰 John 约翰 7 约翰 （约翰） @ 约翰	
\W	任何一个非字母、数字、汉字、非下画线字符	\W 约翰	好人约翰 好人 约翰 好人：约翰 _约翰 John 约翰 7 约翰 （约翰） @ 约翰	
~K	任意一个汉字	~K 约翰	好人约翰 好人 约翰 好人：约翰 _约翰 John 约翰 7 约翰 （约翰） @ 约翰	不包括标点
[[:punct:]]	任意一个标点	[[:punct:]]	好吗？好！	

D.3 数量元字符

符号	含义	举例	结果（有底纹者为匹配）	备注
*	匹配前一个字符（集合、子表达式）的0次或多次重复	A.*B	AB ABB A2B AABB A1A23B4B	字符串向前、向后都尽可能多地匹配
*?	* 的懒惰型版本	A.*?B	AB ABB A2B AABB A1A23B4B	字符串向前尽可能多地匹配，向后尽可能少地匹配
		A[^A]*?B	AB ABB A2B AABB A1A23B4B	字符串向前、向后都尽可能少地匹配。注意 A 不用代表字符串

续表

符 号	含 义	举 例	结果（有底纹者为匹配）	备 注
+	匹配前一个字符（集合、子表达式）的一次或多次重复	A.+B	AB ABB A2B AABB A1A23B4B	字符串向前、向后都尽可能多地匹配
+?	+的懒惰型版本	A.+?B	AB ABB A2B AABB A1A23B4B	字符串向前尽可能多地匹配，向后尽可能少地匹配
		A[^A]+?B	AB ABB A2B AABB A1A23B4B	字符串向前、向后都尽可能少地匹配。注意A不用代表字符串
?	匹配前一个字符（集合、子表达式）的0次或一次重复	A.?B	AB ABB A2B AABB A1A23B4B	匹配某个字符（集合、子表达式），可以有它，也可以没有它；当然如果有它，匹配时就包含它，即尽可能多地匹配
{数字}	匹配前一个字符（集合、子表达式）的几次重复	A.{2}B	AB ABB A2B AABB A1A23B4B	前面的字符（集合、子表达式）必须连续出现指定的次数才算匹配
{数字,数字}	匹配前一个字符（集合、子表达式）几次到几次的重复	A.{2,4}B	AB ABB A2B AABB A1A23B4B	前面的字符（集合、子表达式）必须连续出现指定的次数范围才算匹配，并且总是尽可能多地匹配。前面的那个数字可以是0，所以{0,1}等价于?
{数字,}	匹配前一个字符（集合、子表达式）至少重复几次	A.{2,}B	AB ABB A2B AABB A1A23B4B	前面的字符（集合、子表达式）必须连续出现指定的次数或更多次数才算匹配，并且总是尽可能多地匹配
{数字,}?	*的懒惰型版本	A.{2,}?B	AB ABB A2B AABB A1A23B4B	字符串的首端尽可能多地匹配，末端尽可能少地匹配

D.4 位置元字符

符号	含义	举例	结果（有底纹者为匹配）	备注
\b \< \>	匹配单词边界（由字母、数字、下画线组成的字符串，不管数量多少，都是一个单词；单个汉字也是一个单词）	\bcap \<cap	captain cap recap recaps	\b 在左边，只匹配开头，同 \<
		\b 白色 \< 白色	白色 白色 工厂 白色 银白色 white 白色	
		cap\b cap\>	captain cap recap recaps	\b 在右边，只匹配结尾，同 \>
		\bcap\b \<cap\>	captain cap recap recaps	\b 在两边，只匹配孤立的词，同 "\<" "\>"
\B	\b 的反义	\Bcap	captain cap recap recaps	
		cap\B	captain cap recap recaps	
		\Bcap\B	captain cap recap recaps	
^	匹配段落的开头	^白色	（段首）白色的汽车醒目 我们喜欢白色的汽车	强制换行处也算段落
\A	匹配文本流的开头	\A.	匹配文本流开头的首个字符	
$	匹配段落的结尾	书 $	我有一本书（段末） 我有一本书了	包含下面 3 个。但是它只表示位置，如果要替换段落标记，就需要用下面的符号
\Z	匹配文本流的结尾	.\Z	匹配文本流结尾的末个字符	
\r	段落标记			文本流的末端没有段落标记
\n	（强制）换行符			由 Shift+Enter 键产生

D.5 回溯引用、前后查找

符　号	含　义	举　例	结果 （有底纹者为匹配）	备　注
( )	子表达式	(ab){3}c	abababc abbbc ababc	将子表达式作为一个整体对待。子表达式里可以只有一个具体的字符，如 (a)。 子表达式里可以有子表达式，即嵌套
		(19|20)\d{2}	1941\12\7 2018\8\9 19	
\ 数字	匹配第几个子表达式	H([1-3])H\1	H1H1 H2H2 H3H3 H1H2 H3H1	"查找／更改"对话框的【更改为】里要改用"$ 数字"的形式，如"$1"表示引用【查找内容】里的第 1 个子表达式
(?=)	向前查找	北京 (?= 市区)	北京市区北京人口 北京的市区 北京市 北京人口总量 北京 GDP 总量 北京交通 上海市区	匹配时包含该子表达式，输出结果不包含该子表达式。该子表达式可包含"."和"+"之类的元字符
(?!)	负向前查找	北京 (?! 市区)	北京市区北京人口 北京的市区 北京市 北京人口总量 北京 GDP 总量 北京交通 上海市区	只要不包含该子表达式就算匹配
(?<=)	向后查找	(?<= 市区) 面积	北京市区面积大 北京市区的面积 北京的土地面积	匹配时包含该子表达式，输出结果不包含该子表达式！该子表达式只能是固定长度，不能包含"."和"+"之类的元字符
(?<!)	负向后查找	(?<! 市区) 面积	北京市区面积大 北京市区的面积 北京的土地面积	只要不包含该子表达式就算匹配
(?(数字))	如果…，那么…	(\d)([A])?(?(2)B)	8AB 8A 3BB 2	如果第几个子表达式匹配成功，那么继续匹配后面的；否则，就当后面的不存在
(?(数字)|)	如果不…，那么…	(\d)([A])?(?(2)|B)	8AB 8A 3BB 2	如果第几个子表达式匹配不成功，那么继续匹配后面的；否则，就当后面的不存在

附录 E 其他

E.1 隐藏（非打印）字符[①]

标志	名 称	普通代码[②]	GREP代码[③]	添加方法	意 义
¶	段落结尾	^b	~b	Enter 键	段落的结尾。注意最后一段文本的结尾不是该符号，而是"文章结尾"（见下一条）
#	文章（文本流）结尾		\Z	自动添加，不能手动添加	一个独立的文本框或串接的多个文本框里的文本都称为文章（文本流），该符号表示一个文本流到此结束
¬	（强制）换行符	^n	\n	Shift+Enter 组合键	在某处强制换行。换行前后的文本仍属于同一个段落
»	Tab（制表符）	^t	\t	Tab 键	制表符是用来规定文本的排布位置和对齐方式的。注意在排布时，该符号在文本的前面（即该符号是对其后面的文本起作用）
╪	右对齐制表符	^y	~y	Shift+Tab 组合键	该制表符有两个特点：将所有后续文本与文本框架的右边缘对齐；不能写进段落样式
¥	定位锚点	^a	~a	拖动框右上方的实心方块到字符旁边	把单个对象或多个对象的编组定位在文本中，以实现让它们随文本的流动而自动移动
†	在此缩进对齐	^i	~i	Ctrl+\ 组合键	效果同悬挂缩进，影响它所在行之后的全部行（限本段落）。在设置的段落较少时，会比传统设置悬挂缩进的方法快捷。但有时可能不够精确
\	在此处结束嵌套样式	^h	~h	【文字】→【插入特殊符号】→【其他】→【在此处结束嵌套样式】	表示嵌套样式的运行到此为止
·	表意字空格	^(	~(	【文字】→【插入空格】→【表意字空格】	宽度等于一个全角空格。不能排在行首，可以排在行尾。当行尾恰好排了其他字符时，会排到行尾的框架之外；当涉及转行时，会比全角空格有优势
·	全角空格	^m	~m	Ctrl+Shift+M 组合键	宽度等于一个汉字或大写字母 M。不能排在行首，也不能排在行尾

续表

标志	名称	普通代码	GREP代码	添加方法	意义
⊤	半角空格	^>	~>	Ctrl+Shift+N 组合键	宽度等于一个汉字的1/2或大写字母N
∧	不间断空格	^S	~S	Ctrl+Alt+X 组合键	宽度等于一个半角空格，防止在该空格的地方换行
∧	不间断空格（固定宽度）	^s	~s	【文字】→【插入空格】→【不间断空格（固定宽度）】	同上，但宽度始终保持不变，即不会因字距的调整和字间距的设置而变化
●	三分之一空格	^3	~3	【文字】→【插入空格】→【三分之一空格】	宽度为全角空格的1/3
●	四分之一空格	^4	~4	【文字】→【插入空格】→【四分之一空格】	宽度为全角空格的1/4
°	空格	按空格键	按空格键	空格键	宽度为全角空格的1/4，但往往因设置了文本两端对齐等而改变。如果因插入一个或连续多个该空格而发生了转行，则转行的只是这些空格后面的字符，这些空格作为一个整体不会转行
┊	六分之一空格	^%	~%	【文字】→【插入空格】→【六分之一空格】	宽度为全角空格的1/6
⌵	窄空格(1/8)	^<	~<	Ctrl+Alt+Shift+M 组合键	宽度为全角空格的1/8
∷	细空格(1/24)	^|	~|	【文字】→【插入空格】→【细空格】	宽度为全角空格的1/24
!	标点空格	^.	~.	【文字】→【插入空格】→【标点空格】	宽度为英文中的感叹号、句号、分号
#	数字空格	^/	~/	【文字】→【插入空格】→【数字空格】	宽度为数字宽度，用于对齐数字
～	右齐空格	^f	~f	【文字】→【插入空格】→【右齐空格】	对于采用"全部强制双齐"的段落，如果最后一行太稀疏，则可以在行尾添加该空格，以解决这个问题
∨	分栏符	^M	~M	【文字】→【插入分隔符】→【分栏符】	该符号以后的文本会排入下一栏，如果此处已经是框架的最后一栏，则会排入下一串接的文本框
∨∨	框架分隔符	^R	~R	【文字】→【插入分隔符】→【框架分隔符】	该符号以后的文本会排入下一串接的文本框，接收方无限制
●	分页符	^P	~P	【文字】→【插入分隔符】→【分页符】	该符号以后的文本会排入下一串接的文本框，接收方只能在下一页

续表

标志	名 称	普通代码	GREP代码	添加方法	意 义
⌄	奇数页分页符	^L	~L	【文字】→【插入分隔符】→【奇数页分页符】	该符号以后的文本会排入下一串接的文本框，接收方只能在下一奇数页
⌣	偶数页分页符	^E	~E	【文字】→【插入分隔符】→【偶数页分页符】	该符号以后的文本会排入下一串接的文本框，接收方只能在下一偶数页
⌵	可选分隔符	^j	~j	【文字】→【插入特殊符号】→【其他】→【可选分隔符】	在竖排的段落中，如果希望个别英文或数字不横排，就将光标置于其边缘或内部，插入该符号
⁀	自动连字符			见第452页"自动断字（添加连字符）"	避免英文的行长或单词的间距相差过大。 注意：那个横线会被打印
⌐	自由连字符（换行了）	^~	~~	Ctrl+Shift+- 组合键	手动添加的连字符，单词在该符号处（只能在该处）换行了。当然若不需要该单词换行，就不换行（如下例）。 注意：那个横线会被打印
—	自由连字符（没换行）	^~	~~	Ctrl+Shift+- 组合键	手动添加的连字符，目前不需要换行，所以没换行。一旦需要，就会在该符号处换行（如上例）。 显然在单词开头添加该符号会防止其断开，即要么不换行，要么整个单词换行
│	自由换行符	^k	~k	【文字】→【插入分隔符】→【自由换行符】	与"自由连字符"唯一的不同是，换行处没有添加连字符
⋮	文本锚点			新建交叉引用	该标记所在的整段被引用
⋀	索引标志符	^I	~I	创建索引	该符号所在的页码被索引引用
⌐⌐	尾注标志符			创建尾注	一前一后，后面那个还带着段落结尾标志（还可以是文章结尾标志）。该标志符之内的文本，InDesign将其当尾注对待；该标志符之外的文本，InDesign不会将其当尾注对待

注：①隐藏字符属于字符，也随文本正常流动，使其显示、隐藏的组合键为 Ctrl+Alt+I。
②在各种（除GREP）对话框中使用的代码。
③在GREP中使用的代码。

E.2 特殊符号

符号类别	符号内容	添加方法
希腊字母	Α Β Γ Δ Ε Ζ Η Θ Ι Κ Λ Μ Ν Ξ Ο Π Ρ Σ Τ Υ Φ Χ Ψ Ω α β γ δ ε ζ η θ ι κ λ μ ν ξ ο π ρ σ τ υ φ χ ψ ω	软键盘 【希腊字母】
拼音字母	ā á ǎ à ō ó ǒ ò ê ē é ě è ī í ǐ ì ū ú ǔ ù ǖ ǘ ǚ ǜ ü	软键盘 【拼音字母】
标点符号	…（两个组成一个省略号） ——（两个组成一个破折号，应用专业的中文字体后，两个会连成一体） ·（间隔号，如本·罗兰，沁园春·雪，"3·15"消费者权益日） ：（比号，如 16:9，见第 173 页"案例 7-19 减少比号与数字的间距"） ～ ‖ ｜ 〔 〕〈 〉《 》「 」『 』【 】｛ ｝（大尺寸的，见第 59 页、第 269 页）	软键盘 【标点符号】
序号	Ⅰ Ⅱ Ⅲ Ⅳ Ⅴ Ⅵ Ⅶ Ⅷ Ⅸ Ⅹ Ⅺ Ⅻ ㈠ ㈡ ㈢ ㈣ ㈤ ㈥ ㈦ ㈧ ㈨ ㈩ ① ② ③ ④ ⑤ ⑥ ⑦ ⑧ ⑨ ⑩ 1. 2. 3. 4. 5. 6. 7. 8. 9. 10. 11. 12. 13. 14. 15. 16. 17. 18. 19. 20. ⑴ ⑵ ⑶ ⑷ ⑸ ⑹ ⑺ ⑻ ⑼ ⑽ ⑾ ⑿ ⒀ ⒁ ⒂ ⒃ ⒄ ⒅ ⒆ ⒇	软键盘 【数学序号】
序号	⓪①②③④⑤⑥⑦⑧⑨ ⓪①②③④⑤⑥⑦⑧⑨ ❿⓫⓬⓭⓮⓯⓰⓱⓲⓳ ❿⓫⓬⓭⓮⓯⓰⓱⓲⓳ ❶❷❸❹❺❻❼❽❾❿⓫⓬⓭⓮⓯⓰⓱⓲⓳⓴㉑㉒㉓㉔㉕㉖ ㊽ ①②③④⑤⑥⑦⑧⑨⑩⑪⑫⑬⑭⑮⑯⑰⑱⑲⑳㉑㉒㉓㉔㉕㉖ ㊽	Alt+Shift+F11 组合键，字体 Rope Sequence Number HT
	⓪①②③④⑤⑥⑦⑧⑨⓪①②③④⑤⑥⑦⑧⑨ ❿⓫⓬⓭⓮⓯⓰⓱⓲⓳❿⓫⓬⓭⓮⓯⓰⓱⓲⓳ ❶❷❸❹❺❻❼❽❾❿⓫⓬⓭⓮⓯⓰⓱⓲⓳⓴㉑㉒㉓㉔㉕㉖ ㊽ ①②③④⑤⑥⑦⑧⑨⑩⑪⑫⑬⑭⑮⑯⑰⑱⑲⑳㉑㉒㉓㉔㉕㉖ ㊽	Alt+Shift+F11 组合键，字体 Rope Sequence Number ST
数学符号	≈ ≡ ≠ = ≤ ≥ ＜ ＞ ≮ ≯ ∷ ± + - × ÷ ／ ∫ ∮ ∝ ∞ ∧ ∨ ∑ ∪ ∈ ∵ ∴ ⊥ ∥ ∠ ⌒ ⊙ ≌ √	软键盘 【数学符号】
单位	°（角度，如 90°。若感觉它右侧的空白过大，则可以对其设置 [字符间距] 为 -500% 等） ′ ″ $ £ ¥ ‰ ℃ ¢	软键盘 【中文数字】
特殊符号	§ № ☆ ★ ○ ● ◎ ◇ ◆ □ ■ △ ▲ ※ → ← ↑ ↓ ＝ ¤ ♂ ♀	软键盘 【特殊符号】
	↔ ↵ ⇐ ⇑ ⇒ ⇓ ⇔ ∅ △ ▽ ⊕ ⊗ ⊥ ♣ ♠ ♥ ♦ © Ⓒ ® Ⓡ ™ ™	Alt+Shift+F11 组合键，字体 Symbol
	✎✂✁✍📖☎✆✉🖃🖂📬🖅🗏🗐🗄🖿🖹🗉🖻🖺✇🗃🖳🖮🖰🖱👁 ✋👍👎👌☺☹💣☠🏳🏴✈☀❄☁⌨🖰⬚⌘✿●○◯◉✦ ★☆✹✴✳✵✶✷✸❂⌚⌛🕐🕑🕒🕓🕔🕕🕖🕗🕘🕙🕚🕛❈ ⌦⌫◁△▷⟲☊	Alt+Shift+F11 组合键，字体 Wingdings
	✗✓☒✔☒☒☒☒⊘◎ ●⬤○◯◉⊙■□❑❒❏❐ ◆◇◈◆◇◆◇◆■❖●✱✲✳✴✵	Alt+Shift+F11 组合键，字体 Wingdings 2
	←→↑↓⬅➡⬆⬇⇦⇨⇧⇩⇐⇒⇑⇓↞↠↟↡⇤⇥⤒⤓▲▼△▽◀ ◁▶▷▲△▼▽◀◁▶▷↢↣↥↧↤↦↰↱↲↳⇠⇢⇡⇣⇽⇾⇿ ➔⇑⇓⇐⇒↖↗↘↙⬈⬉⬊⬋⬀⬁⬂⬃↖↗↘↙	Alt+Shift+F11 组合键，字体 Wingdings 3

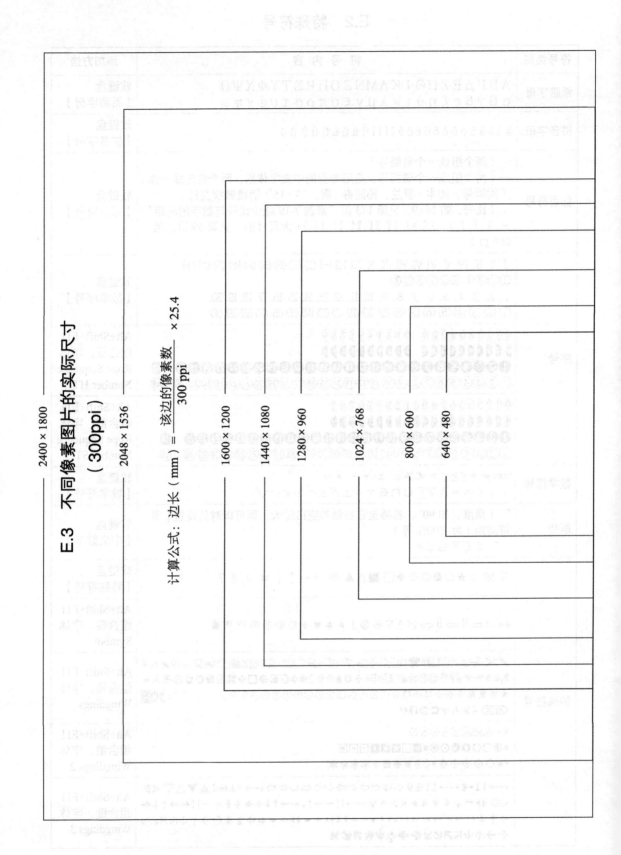

索　引

英文

CDR 格式的图片　194
Excel 里的图片　194
GREP 查找替换　72, 146, 149, 151, 154, 175, 180-191
GREP 样式　168-175
ICC　250-254
Illustrator 制作路径　259-260
Photoshop RGB 转 CMYK　196
Photoshop 调整分辨率　195
Photoshop 制作路径　260-261
PPT 里的图片　194
Word 里的图片　194

A

按钮　349, 350, 351, 352-353

B

白墨　248
背题　134
比号　173
避头尾　133
边码　229
编组　215
标尺参考线　12, 19
标点挤压　102-103, 156-160
表格边框　272
表格的垂直位置　268
表格的水平位置　268
表格交替填色　275-276, 292-293
表格里设置双细线　279
表格里添加图片　275
表样式　286-298
驳接位　6, 201, 202
不透明度　243-244

C

彩插　4
参考文献　304-305, 339-340
参考线　12, 19
查找与替换对象　192
超链接　353
衬页　4
出血　7, 14-15
创建文档　16-20, 356

D

打包　330-332
单色印刷　234
单元格内边距　271
单元格样式　286-298
导出 EPUB 文档（固定版面）　358
导出 EPUB 文档（可重排版面）　342
导出 PDF 文档（打印）　15, 252, 332-334
导出 PDF 文档（交互）　343
导入 Excel 索引数据　321-323
导入 PDF、AI 文档　208
导入 PSD 文档　207
导入 Word 里的脚注　300
导入 Word 里的尾注　304
导入 Word 文档　42-43, 44-45
电子画册里段首空两格　357
电子画册里对象尺寸的设置　357
电子书（纯文字）　342
电子书（图表较多）　343
叠栏表　280-282, 296-297
叠印　247-248, 249
定位对象　223-232
定位在行上　225-226, 226-227
定位在行中　223-224
定位在其他地方　228-229, 229-231, 231
动画迟延播放　347, 348
动画一起播放　345
段后距　105-106
段落边框　130-131
段落底纹　127-129
段落对齐　104-105
段落线　126
段落线用作表格的行线　285, 298
段落样式　108-116, 189
段前距　105-106
段首空两格　102-103, 175

断开文本框串接 47
堆叠次序 131, 214
对齐与分布 216-221
对象样式 67, 210-212
多边形工具 257
多边形框架工具 257
多个动画循环播放 348
多级编号 124
多状态对象 349, 350, 351, 352

F

反白小字 248-249
飞入动画 345, 346
非矩形框架 262-264
扉页 4
分行缩排 56-59, 98
分栏 50-52
分式 56-57
封面 4, 19-20
复合字体 74-79

G

钢笔工具 258
更换图片 197
工作区 10
孤行 134
古书的标点 175
孤字 134
挂线表 58-59

H

行高 271
行距 82-83
行宽 104, 134
换行 54-55
混合模式 244
混合油墨色板 242

J

击凸 248
基线偏移 90, 148
间隔号 76
间隙 218-219, 220-221
渐变色 28, 236-237, 238, 239, 240
渐显动画 344-345

交叉引用 306-308, 340
胶装 6
脚注 144, 300-303
脚注分栏 303
解锁 215
局部 UV 248
矩形工具 256
矩形框架工具 256

K

库 209
跨页图 201, 202
框架网格 135-137, 137-139

L

栏宽 104, 134
勒口 4, 20
链接图片 205
路径查找器 264, 265, 266
路径文字 60-64

M

描边图片 203
目录"标题＋多个小圆点＋页码" 314-315
目录"标题＋斜杠＋页码" 312
目录"段首方头括号里的内容作为标题" 318-319
目录"添加内容概要" 313
目录"添加作者" 316-317
目录"页码＋空格＋标题" 310-311
目录前导符 147-148, 164

N

内封 4

P

排列次序 131, 214
批量置入相片 198-199
屏幕 253, 254
屏幕模式 11

Q

齐肩排 见 悬挂缩进
骑马订 6, 16, 29-31
起始页码 16

铅笔工具　259
前言　5
嵌入图片　205
嵌套样式　161-168
强制不转行　55
强制转行　54-55, 165
切变框架　84
切换图片　349, 350, 351
倾斜字符　84
圈码　119, 301
全线表　269-273, 287-289

S

三线表　273-274, 289-291
三折页　18-19
扫描仪　139, 194
色板　235
色彩管理　250-254
色调　236, 244
删除线　85
上标　96
声音　354
视觉边距对齐　177-178
视频　355
首字下沉　132, 166
书籍（一项功能）　337-340
书脊　5, 19-20
书眉　23-27
书写器　176
输出 PDF　15, 252, 332-334
竖排　52-54, 98, 120
竖排文本的标点居中　77-78, 174
竖排用的引号　53
数据合并（每面多个记录）　70-71
数据合并（每面一个记录）　65-70
数字空格　90
双行夹注　98
双色印刷　234
缩放框架　81
缩放字符　82
所见即所得　253
索引　320-326
锁定　215
锁线胶装　6

T

烫金　248
烫银　248
特效　245-246
题注　199
替换图片　197
条款文本　112
调整图片尺寸　197
透明度　243-244
图层概况　35
图片分辨率　194, 205
图书　4

W

网格指定格数　89
尾注　304-305
文本垂直对齐方式　49, 90
文本块对齐　135-139
文本框串接　41-42, 44-45
文本框内边距　48
文本框自动调整尺寸　66-67
文本描边　91, 92-93
文本绕排　221-222
文本填色　92-93, 97
文字间距　87-88, 167, 173, 175
文字压图　91, 352-353
文字转为轮廓　261, 262
无线胶装　6

X

细线　7
下画线　85, 94-96, 97-98, 154, 167
显示器　253, 254
陷印　247-248
项目编号　118-125, 142-143
项目符号　116-117
消失动画　347
小数点对齐　284
效果　245-246
斜线表头　282
新建电子画册文档　356
新建文档　16-20, 356
星形　257
续表　283-284, 298
悬挂缩进　107-108, 117, 118, 125, 143, 145

旋转框架　83
旋转图片　204
旋转字符　83
循环段落样式　122

Y

颜色模式　196
颜色设置　251-252
腰封　4
页码　23, 29-34
页码被遮挡　36
页眉　23-27
一个文档两种版本　37
移动设备的屏幕参数　357
异常的图片　206
阴阳文字　244-245
印金　248
印前检查　40, 328-330
印刷要求　7
印银　248
英文排版　176-178, 182-183
荧光墨　248
油墨　7, 234
右对齐制表符　111, 154
右翻本　17
右齐空格　112
右缩进　106-107
羽化　246

Z

杂志　6

载入样式　339
章标题另面起　46-47
折栏表　277-279, 293-295
着重号　86
直排内横排　121, 175
直线工具　257
制表符　117, 118, 142-155
置入 PDF、AI 文档　208
置入 PSD 文档　207
置入 Word 文档　42-43, 44-45
置入图片　196
中性灰　245
重复表头　283
主页概况　22
主页里的跨页对象　28
主页嵌套　25-27
专色　241-242
转行　54-55
装订方式　6
自动断字　177-178
字符垂直对齐方式　49, 90
字符描边　91, 92-93
字符填色　92-93, 97
字符样式　94-100, 111, 113, 148, 154, 161
字号　7, 81
字间距　87-88, 167, 173, 175
字体使用　74
字体信息　79-80
字压图　91, 352-353
左翻本　17
左缩进　106-107

反侵权盗版声明

电子工业出版社依法对本作品享有专有出版权。任何未经权利人书面许可，复制、销售或通过信息网络传播本作品的行为；歪曲、篡改、剽窃本作品的行为，均违反《中华人民共和国著作权法》，其行为人应承担相应的民事责任和行政责任，构成犯罪的，将被依法追究刑事责任。

为了维护市场秩序，保护权利人的合法权益，我社将依法查处和打击侵权盗版的单位和个人。欢迎社会各界人士积极举报侵权盗版行为，本社将奖励举报有功人员，并保证举报人的信息不被泄露。

举报电话：（010）88254396；（010）88258888

传　　真：（010）88254397

E-mail：dbqq@phei.com.cn

通信地址：北京市万寿路173信箱　电子工业出版社总编办公室

邮　　编：100036